Vos ressources numériques en ligne !

Un ensemble d'outils numériques spécialement conçus pour vous aider dans l'acquisition des conn

MÉTHODES QUANTITATIVES EN SCIENCES HUMAINES

4e édition

- Un aide-mémoire
- Un guide et des données pour réaliser le cas pratique *Le téléphone cellulaire au collégial* avec Excel
- Les données de l'indicateur de développement humain (fichier Excel)
- Des hyperliens vers des sites d'organismes canadiens et internationaux

Accédez à ces outils en un clic !

www.cheneliere.ca/grenon-viau

Méthodes quantitatives en sciences humaines

De l'échantillon vers la population

Gilles Grenon et Suzanne Viau

4e édition

Conception et rédaction des outils pédagogiques en ligne

Gilles Grenon
Suzanne Viau
Marie-José Dutil

Méthodes quantitatives en sciences humaines
De l'échantillon vers la population, 4e édition

Gilles Grenon et Suzanne Viau

Conception éditoriale: Sophie Gagnon
Édition: Marie Victoire Martin
Coordination: Johanne Losier
Révision linguistique: Marie Auclair
Correction d'épreuves: Christine Langevin
Conception graphique: Josée Poulin (Interscript)
Conception de la couverture: Tatou communication visuelle
Impression: TC Imprimeries Transcontinental

Coordination éditoriale du matériel complémentaire Web: Julie Prince

Sources iconographiques

Page couverture: Moodboard_Images/iStockphoto; **p. 2:** Miroslav Georgijevic/iStockphoto; **p. 4:** Getty images; Kateryna Larina/Shutterstock.com; **p.16:** Albert Harlingue/Roger-Viollet/The Image Works; Dariush M./Shutterstock; **p. 38:** Special Collections Research Center/NCSU Libraries; wdstock/Istockphoto; **p. 54** Science Photo Library; CandyBox Images/Shutterstock; **p. 136:** Mary Evans/The Image Works; wavebreakmedia ltd/Shutterstock; **p. 160: partie 2** Getty Images North America **p. 162:** Wikipedia Commons; Jacobs Stock Photography/Getty images; **p. 192:** A. Barrington Brown/Science photo library; Yuri Arcurs /Shutterstock; **p. 236:** Bettmann/CORBIS; mangostock/Big Stock Photo; **Pictos des exemples**: Renata Novackova/Shutterstock.com; Sergej Khakimullin / Shutterstock.com.

Dans cet ouvrage, le masculin est utilisé comme représentant des deux sexes, sans discrimination à l'égard des hommes et des femmes, et dans le seul but d'alléger le texte.

Le matériel complémentaire mis en ligne dans notre site Web est réservé aux résidants du Canada, et ce, à des fins d'enseignement uniquement.

L'achat en ligne est réservé aux résidants du Canada.

Catalogage avant publication de Bibliothèque et Archives nationales du Québec et Bibliothèque et Archives Canada

Méthodes quantitatives en sciences humaines: de l'échantillon vers la population

4e éd.

Comprend des réf. bibliogr. et un index.
Pour les étudiants du niveau collégial.

ISBN 978-2-7650-3394-3

1. Sciences humaines – Méthodes statistiques. 2. Sciences sociales – Méthodes statistiques. 3. Statistique mathématique. 4. Sciences humaines – Méthodes statistiques – Problèmes et exercices. 5. Sciences sociales – Méthodes statistiques – Problèmes et exercices. I. Viau, Suzanne. II. Titre.

HA29.5.F7G73 2012 300.72'7 C2012-940385-7

5800, rue Saint-Denis, bureau 900
Montréal (Québec) H2S 3L5 Canada
Téléphone : 514 273-1066
Télécopieur : 514 276-0324 ou 1 888 460-3834
info@cheneliere.ca

ISBN 978-2-7650-3394-3

Dépôt légal: 2e trimestre 2012
Bibliothèque et Archives nationales du Québec
Bibliothèque et Archives Canada

Imprimé au Canada

1 2 3 4 5 ITIB 16 15 14 13 12

Nous reconnaissons l'aide financière du gouvernement du Canada par l'entremise du Fonds du livre du Canada (FLC) pour nos activités d'édition.

Gouvernement du Québec – Programme de crédit d'impôt pour l'édition de livres – Gestion SODEC.

Avant-propos

« Le monde a changé, le monde change et le monde changera. Aujourd'hui plus que jamais, le citoyen ou le consommateur décide[1]. »

Les maisons de sondage CROP (Centre de recherche sur l'opinion publique), SOM, Léger Marketing et Angus Reid, ainsi que le Bureau de la statistique du Québec, interrogent les Québécois, les Canadiens, les immigrants, les francophones, les travailleurs, les chômeurs et analysent les résultats. L'opinion des gens est importante sur les plans social, économique, politique et artistique.

Afin d'être en mesure de lire, de comprendre et d'interpréter les résultats d'un sondage, il est indispensable d'avoir quelques notions de statistique.

Cet ouvrage, fruit de nombreuses heures de recherche et de réflexion, constitue un outil de référence utile que l'étudiant consultera non seulement dans le cadre de son cours de méthodes quantitatives, mais aussi pour réaliser des analyses dans d'autres cours.

Après un bref historique, un aperçu de la place de l'étude statistique dans la démarche scientifique, une description des étapes permettant de la réaliser, puis la mise en place du vocabulaire de base, nous abordons l'analyse des différents types de variables.

L'approche par type de variable permet de faire une analyse complète de la variable : présentation sous forme de tableau, de graphique, calcul et interprétation des mesures de tendance centrale, de dispersion et de position, s'il y a lieu. En procédant ainsi, l'étude de la variable est complète et il est facile de s'y reporter dans le cadre de l'analyse qu'exige un travail de recherche.

Commencer par les variables quantitatives discrètes permet d'aborder toutes les mesures de tendance centrale, de dispersion et de position. Viennent ensuite les variables quantitatives continues, pour lesquelles les mêmes notions sont présentées. Cette approche en spirale permet de revoir et de consolider les notions abordées jusque-là.

Enfin, quand arrive le chapitre portant sur les variables qualitatives, il suffit d'expliquer la raison pour laquelle il est impossible de calculer certaines mesures pour que l'étudiant comprenne la distinction entre les deux types de variables.

Après avoir expliqué la distribution normale et la distribution d'échantillonnage, nous présentons l'inférence sur une moyenne et sur une proportion. Enfin, nous terminons par l'étude de l'association de deux variables.

Dans la présentation des notions, nous utilisons de nombreux exemples, généralement tirés de l'actualité, pour capter l'attention de l'étudiant. L'objectif visé est de rendre ce dernier capable de lire, de comprendre et d'interpréter les données

1. [En ligne]. www.legermarketing.com/contenu.php?lang=fr&id=63&titre=À propos de nous (page consultée le 3 février 2012).

statistiques contenues dans les journaux et les revues. C'est l'une des raisons pour lesquelles nous insistons sur l'interprétation des résultats. D'ailleurs, une nouvelle rubrique, intitulée « Méthodes quantitatives en action », montre l'utilisation et les diverses applications des méthodes quantitatives dans différents domaines des sciences humaines.

Des exercices portant directement sur la matière présentée sont suggérés après la présentation d'une nouvelle notion et à la fin du chapitre pour revoir l'ensemble des notions traitées dans celui-ci. On trouve également des exercices récapitulatifs à la fin de chaque chapitre.

Loin de nous l'idée de former des spécialistes de l'application de formules, d'autant plus que les calculatrices et les ordinateurs éliminent la tâche ardue de faire des opérations. Dans cet ordre d'idées, le contenu des chapitres est lié à un cas pratique à réaliser avec Excel. À la fin d'une section ou d'un chapitre, l'étudiant trouvera de l'information sur la partie correspondante du cas pratique. Les étapes de la réalisation de cet exercice sont présentées à la fin de l'ouvrage.

Un corrigé de tous les exercices courants figure à la fin du volume. Il permet à l'étudiant de vérifier et d'améliorer sa compréhension, puis l'incite à soigner la présentation des solutions dans ses devoirs et examens. Quant aux solutions des exercices récapitulatifs, elles sont fournies en ligne dans la section « Enseignant ».

De plus, du matériel complémentaire est offert en ligne à l'étudiant : aide-mémoire, guide d'initiation pas à pas à Excel et guide d'utilisation de la calculatrice.

Bref, ce volume, basé sur les notions mathématiques élémentaires et sur celles qui préparent l'étudiant à l'université, respecte les objectifs du cours *Méthodes quantitatives* et du programme de sciences humaines. Les différentes notions y sont abordées dans un langage simple et accessible. Nous espérons qu'après avoir utilisé cet ouvrage, l'étudiant prêtera un intérêt particulier aux sondages et qu'il les lira avec un esprit plus critique.

Remerciements

Ce volume est le résultat d'un travail d'équipe. La collaboration et le professionnalisme de tous les membres de cette équipe ont permis la réalisation de cette quatrième édition.

Nous adressons des remerciements particuliers à :

- Sophie Gagnon, éditrice conceptrice, qui a cru en nous et nous a soutenus pour la rédaction de ce volume ;
- Marie Victoire Martin, éditrice, avec qui il a été très agréable de travailler à la préparation de cet ouvrage; tout au long de l'écriture, elle nous a incités à actualiser les exemples et les exercices et a eu un très grand souci de clarté concernant la présentation des notions ;
- Johanne Losier, chargée de projet, qui a lu et relu le document. Elle a demandé de nombreuses précisions pour s'assurer de la clarté des propos et a veillé à ce que tout le texte soit cohérent ;
- Julie Prince, pour la coordination de la rubrique *Méthodes quantitatives en action* et celle de la production du matériel complémentaire ;
- Marie Auclair et Christine Langevin, pour la révision linguistique et la correction d'épreuves ;
- Marie-José Dutil, du Collège Ahuntsic, pour son sens critique, ses judicieux conseils et son souci du détail. Elle nous a fait des commentaires très pertinents basés sur les difficultés qu'éprouvent ses étudiants depuis plusieurs sessions ;
- Ginette Bousquet, du Cégep de Sherbrooke, Gilbert Lachaîne, du Collège Édouard-Montpetit, et Pierre Spénard, du Collège de Valleyfield, pour leurs commentaires sur les chapitres ;
- tous les enseignants qui ont participé à l'évaluation du projet : André Ménard, du Collège de Bois-de-Boulogne, Hélène Lambert, du Collège de Maisonneuve, Jacques Paradis, du Cégep de Sainte-Foy, Denis Davesne, du Collège Édouard-Montpetit, Marie-Ève Charest, du Cégep de Saint-Jérôme et Mathieu Royer, du Cégep de Saint-Hyacinthe ;
- tous les enseignants qui ont participé aux groupes de discussion ;
- nos familles, pour leurs encouragements, leur compréhension, leur soutien et leur patience.

Caractéristiques de l'ouvrage

Ouverture de partie

Le volume se divise en deux parties. La première porte sur l'échantillon, la seconde, sur la population.

Objectifs d'apprentissage

Chaque chapitre commence par un énoncé des objectifs d'apprentissage. Le lecteur a donc l'occasion d'y revenir à la fin du chapitre et peut y voir un outil complémentaire à la rubrique *À retenir*.

Mise en situation

Cette mise en situation nous raconte un événement en rapport avec le sujet du chapitre.

Biographie

Une courte biographie d'un personnage historique est présentée afin de permettre au lecteur de saisir la place qu'occupent les méthodes quantitatives dans l'évolution des sciences humaines.

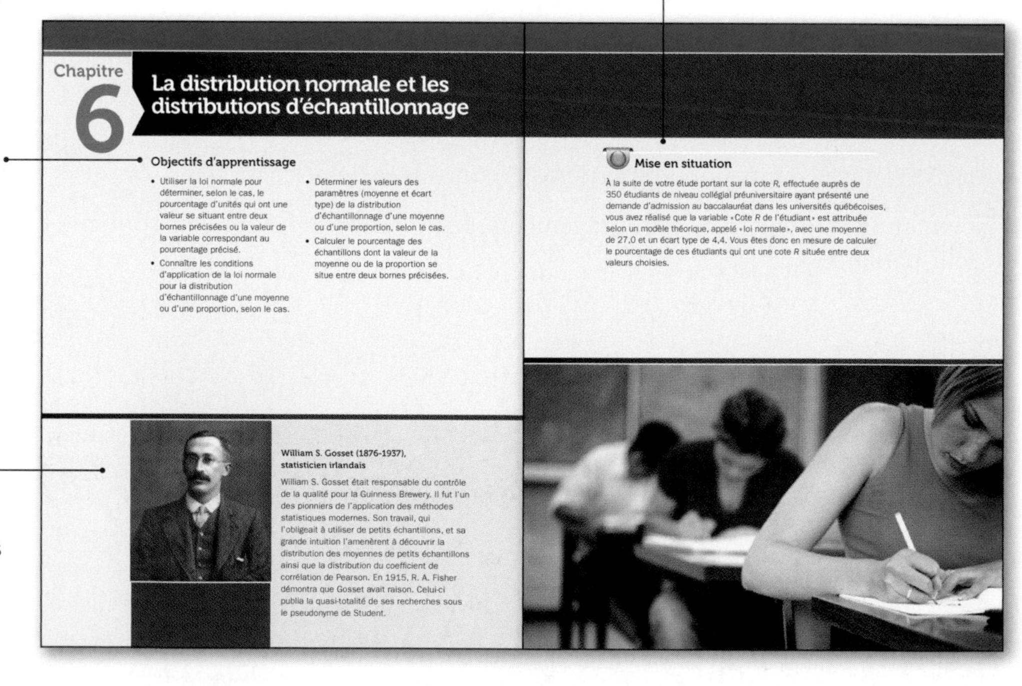

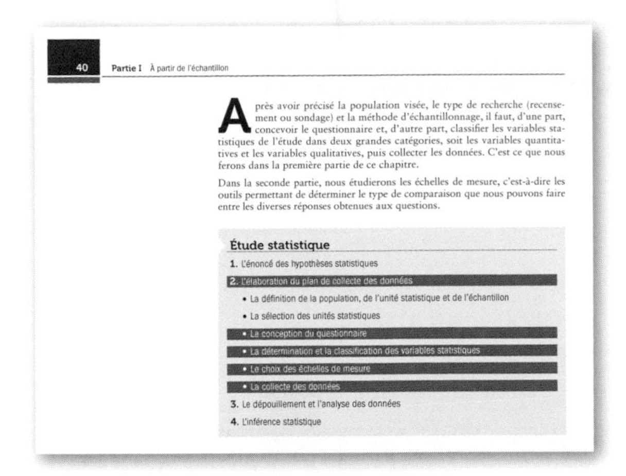
40 **Partie I** À partir de l'échantillon

Après avoir précisé la population visée, le type de recherche (recensement ou sondage) et la méthode d'échantillonnage, il faut, d'une part, concevoir le questionnaire et, d'autre part, classifier les variables statistiques de l'étude dans deux grandes catégories, soit les variables quantitatives et les variables qualitatives, puis collecter les données. C'est ce que nous ferons dans la première partie de ce chapitre.

Dans la seconde partie, nous étudierons les échelles de mesure, c'est-à-dire les outils permettant de déterminer le type de comparaison que nous pouvons faire entre les diverses réponses obtenues aux questions.

Étude statistique

1. L'énoncé des hypothèses statistiques
2. L'élaboration du plan de collecte des données
   - La définition de la population, de l'unité statistique et de l'échantillon
   - La sélection des unités statistiques
   - La conception du questionnaire
   - La détermination et la classification des variables statistiques
   - Le choix des échelles de mesure
   - La collecte des données
3. Le dépouillement et l'analyse des données
4. L'inférence statistique

Démarche scientifique

L'introduction situe le thème du chapitre au regard de la démarche scientifique, à l'aide, entre autres, d'un encadré qui en présente les étapes.

Tableaux et figures

De nombreux tableaux et figures viennent compléter ou illustrer la matière abordée, ce qui en facilite la compréhension.

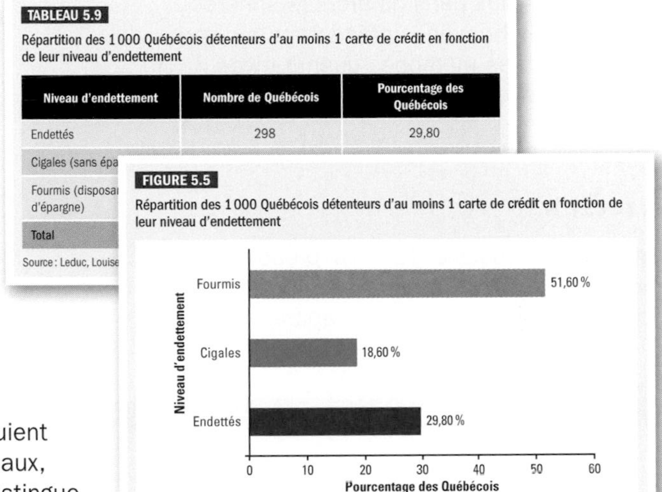
TABLEAU 5.9

Répartition des 1 000 Québécois détenteurs d'au moins 1 carte de crédit en fonction de leur niveau d'endettement

Niveau d'endettement	Nombre de Québécois	Pourcentage des Québécois
Endettés	298	29,80
Cigales (sans épa		
Fourmis (disposa d'épargne)		
Total		

Source : Leduc, Louise

FIGURE 5.5

Répartition des 1 000 Québécois détenteurs d'au moins 1 carte de crédit en fonction de leur niveau d'endettement

Exemples

Une foule d'exemples sont tirés de l'actualité; ils s'appuient généralement sur des données réelles (articles de journaux, sources gouvernementales et firmes de sondage). On distingue trois types d'exemples : ceux qui sont liés à la mise en situation présentée en ouverture de chapitre, ceux qui portent sur des sujets variés et ceux qui font la synthèse de plusieurs notions vues dans un chapitre.

Le **résultat** des analyses et leur **interprétation** sont clairement soulignés dans les exemples.

Exemple 2.6 Sondage sur la construction d'un immeuble en copropriété dans le parc Bellevue

Mise en situation

À partir de la population constituée des 24 737 électeurs inscrits sur la liste électorale, l'enquêteur a attribué un numéro à chacun des électeurs et a tiré au sort 2 500 numéros corre
l'échantillon.

Exemple 4.10 Le guide de voyages

Vous avez postulé un emploi de guide de voyages dans 2 agences, A et B, et vous hésitez entre les 2. L'agence A emploie actuellement 8 guides qui ont fait en moyenne 14,6 voyages au cours des 12 derniers mois et l'agence B emploie

Exemple 4.20 Les enfants qui se réveillent la nuit

Synthèse

Revoyons toutes les notions présentées dans cette section à l'aide de l'exemple suivant.

On a demandé à 92 parents de nourrissons âgés d'environ 2 mois, pris au hasard, combien de fois leur enfant s'était réveillé durant la dernière nuit. Voici une analyse complète de la variable.

Exercices

De nombreux exercices ponctuent les chapitres. Un corrigé de ces exercices se trouve à la fin du volume afin de favoriser l'autoévaluation. De plus, des exercices récapitulatifs sont présentés à la fin de chaque chapitre.

Définitions

Les concepts clés, en bleu dans le texte, sont définis en marge.

Méthodes quantitatives en action

Des acteurs clés dans différentes sphères des sciences humaines présentent la place qu'occupent les méthodes quantitatives dans leur travail.

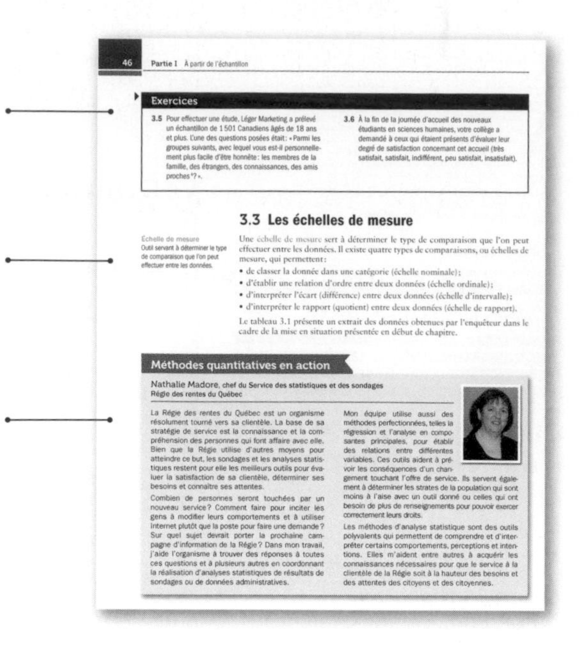

46 Partie I À partir de l'échantillon

Exercices

3.5 Pour effectuer une étude, Léger Marketing a prélevé un échantillon de 1 501 Canadiens âgés de 18 ans et plus. L'une des questions posées était : « Parmi les groupes suivants, avec lequel vous est-il personnellement plus facile d'être honnête : les membres de la famille, des étrangers, des connaissances, des amis proches[4] ? ».

3.6 À la fin de la journée d'accueil des nouveaux étudiants en sciences humaines, votre collège a demandé à ceux qui étaient présents d'évaluer leur degré de satisfaction concernant cet accueil (très satisfait, satisfait, indifférent, peu satisfait, insatisfait).

3.3 Les échelles de mesure

Échelle de mesure
Outil servant à déterminer le type de comparaison que l'on peut effectuer entre les données.

Une échelle de mesure sert à déterminer le type de comparaison que l'on peut effectuer entre les données. Il existe quatre types de comparaisons, ou échelles de mesure, qui permettent :

- de classer la donnée dans une catégorie (échelle nominale) ;
- d'établir une relation d'ordre entre deux données (échelle ordinale) ;
- d'interpréter l'écart (différence) entre deux données (échelle d'intervalle) ;
- d'interpréter le rapport (quotient) entre deux données (échelle de rapport).

Le tableau 3.1 présente un extrait des données obtenues par l'enquêteur dans le cadre de la mise en situation présentée en début de chapitre.

Méthodes quantitatives en action

Nathalie Madore, chef du Service des statistiques et des sondages
Régie des rentes du Québec

La Régie des rentes du Québec est un organisme résolument tourné vers sa clientèle. La base de sa stratégie de service est la connaissance et la compréhension des personnes qui font affaire avec elle. Bien que la Régie utilise d'autres moyens pour atteindre ce but, les sondages et les analyses statistiques restent pour elle les meilleurs outils pour évaluer la satisfaction de sa clientèle, déterminer ses besoins et connaître ses attentes.

Combien de personnes seront touchées par un nouveau service ? Comment faire pour inciter les gens à modifier leurs comportements et à utiliser Internet plutôt que la poste pour faire une demande ? Sur quel sujet devrait porter la prochaine campagne d'information de la Régie ? Dans mon travail, j'aide l'organisme à trouver des réponses à toutes ces questions et à plusieurs autres en coordonnant la réalisation d'analyses statistiques de résultats de sondages ou de données administratives.

Mon équipe utilise aussi des méthodes perfectionnées, telles la régression et l'analyse en composantes principales, pour établir des relations entre différentes variables. Ces outils aident à prévoir les conséquences d'un changement touchant l'offre de service. Ils servent également à déterminer les strates de la population qui sont moins à l'aise avec un outil donné ou celles qui ont besoin de plus de renseignements pour pouvoir exercer correctement leurs droits.

Les méthodes d'analyse statistique sont des outils polyvalents qui permettent de comprendre et d'interpréter certains comportements, perceptions et intentions. Elles m'aident entre autres à acquérir les connaissances nécessaires pour que le service à la clientèle de la Régie soit à la hauteur des besoins et des attentes des citoyens et des citoyennes.

À retenir

Un résumé des concepts clés, présenté sous forme de tableau synthèse, permet à l'étudiant de schématiser le contenu du chapitre.

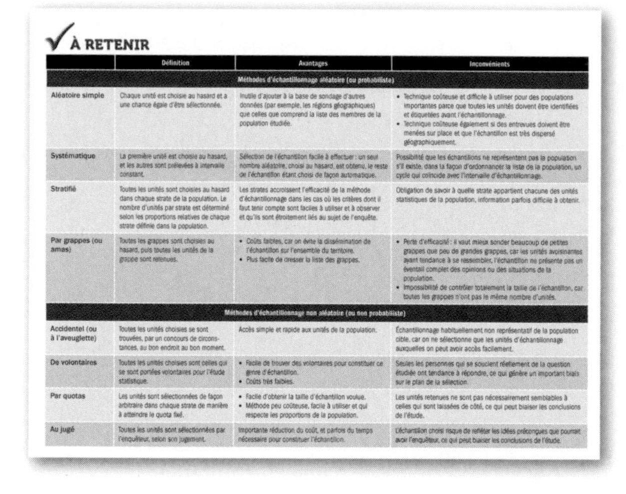

À RETENIR

	Définition	Avantages	Inconvénients
Méthodes d'échantillonnage aléatoire (ou probabiliste)			
Aléatoire simple	Chaque unité est choisie au hasard et a une chance égale d'être sélectionnée.	Inutile d'ajouter à la base de sondage d'autres données (par exemple, les régions géographiques) que celles que comprend la liste des membres de la population étudiée.	• Technique coûteuse et difficile à utiliser pour des populations importantes parce que toutes les unités doivent être identifiées et étiquetées avant l'échantillonnage. • Technique coûteuse également si des entrevues doivent être menées sur place et que l'échantillon est très dispersé géographiquement.
Systématique	La première unité est choisie au hasard, et les autres sont prélevées à intervalle constant.	Sélection de l'échantillon facile à effectuer : un seul nombre aléatoire, choisi au hasard, est obtenu, le reste de l'échantillon étant choisi de façon automatique.	Possibilité que les échantillons ne représentent pas la population s'il existe, dans la façon d'ordonnancer la liste de la population, un cycle qui coïncide avec l'intervalle d'échantillonnage.
Stratifié	Toutes les unités sont choisies au hasard dans chaque strate de la population. Le nombre d'unités par strate est déterminé selon les proportions relatives de chaque strate définie dans la population.	Les strates accroissent l'efficacité de la méthode d'échantillonnage dans les cas où les critères dont il faut tenir compte sont faciles à utiliser et à observer et qu'ils sont étroitement liés au sujet de l'enquête.	Obligation de savoir à quelle strate appartient chacune des unités statistiques de la population, information parfois difficile à obtenir.
Par grappes (ou amas)	Toutes les grappes sont choisies au hasard, puis toutes les unités de la grappe sont retenues.	• Coûts faibles, car on évite la dissémination de l'échantillon sur l'ensemble du territoire. • Plus facile de dresser la liste des grappes.	• Perte d'efficacité : il vaut mieux sonder beaucoup de petites grappes que peu de grandes grappes, car les unités avoisinantes ayant tendance à se ressembler, l'échantillon ne présente pas un éventail complet des opinions ou des situations de la population. • Impossibilité de contrôler totalement la taille de l'échantillon, car toutes les grappes n'ont pas le même nombre d'unités.
Méthodes d'échantillonnage non aléatoire (ou non probabiliste)			
Accidentel (ou à l'aveuglette)	Toutes les unités choisies se sont trouvées, par un concours de circonstances, au bon endroit au bon moment.	Accès simple et rapide aux unités de la population.	Échantillonnage habituellement non représentatif de la population cible, car on ne sélectionne que les unités d'échantillonnage auxquelles on peut avoir accès facilement.
De volontaires	Toutes les unités choisies sont celles qui se sont portées volontaires pour l'étude statistique.	• Facile de trouver des volontaires pour constituer ce genre d'échantillon. • Coûts très faibles.	Seules les personnes qui se soucient réellement de la question étudiée ont tendance à répondre, ce qui génère un important biais sur le plan de la sélection.
Par quotas	Les unités sont sélectionnées de façon arbitraire dans chaque strate de manière à atteindre le quota fixé.	• Facile d'obtenir la taille d'échantillon voulue. • Méthode peu coûteuse, facile à utiliser et qui respecte les proportions de la population.	Les unités retenues ne sont pas nécessairement semblables à celles qui sont laissées de côté, ce qui peut biaiser les conclusions de l'étude.
Au jugé	Toutes les unités sont sélectionnées par l'enquêteur, selon son jugement.	Importante réduction du coût, et parfois du temps nécessaire pour constituer l'échantillon.	L'échantillon choisi risque de refléter les idées préconçues que pourrait avoir l'enquêteur, ce qui peut biaiser les conclusions de l'étude.

Cas pratique

À la fin du volume, un cas pratique est proposé. À l'aide d'Excel, l'étudiant effectue une série d'exercices qui lui permettent d'appliquer les notions apprises.

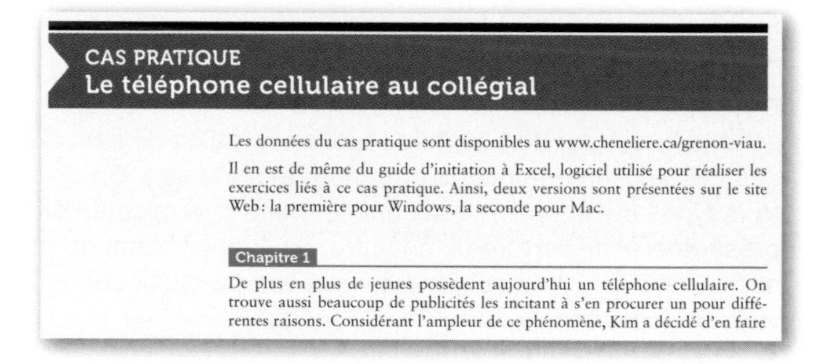

CAS PRATIQUE
Le téléphone cellulaire au collégial

Les données du cas pratique sont disponibles au www.cheneliere.ca/grenon-viau.

Il en est de même du guide d'initiation à Excel, logiciel utilisé pour réaliser les exercices liés à ce cas pratique. Ainsi, deux versions sont présentées sur le site Web : la première pour Windows, la seconde pour Mac.

Chapitre 1

De plus en plus de jeunes possèdent aujourd'hui un téléphone cellulaire. On trouve aussi beaucoup de publicités les incitant à s'en procurer un pour différentes raisons. Considérant l'ampleur de ce phénomène, Kim a décidé d'en faire

Annexes

Différents sujets et tables sont présentés dans les six annexes.

Glossaire

Le glossaire regroupe les principales définitions.

Index

Un index facilite le repérage des expressions et des concepts présentés dans le volume.

Table des matières

PREMIÈRE PARTIE

À partir de l'échantillon

Dans la première partie de l'ouvrage, nous présentons le vocabulaire de base (population, échantillon, unité statistique, variable, etc.) ainsi que différentes méthodes d'échantillonnage servant à collecter des données afin de constituer un échantillon dans le cadre d'une étude statistique. Nous classifions ensuite les variables par types (quantitatives et qualitatives) et précisons les échelles de mesure. Après la collecte des données, nous présentons celles-ci sous forme de tableaux et de graphiques, déterminons ou calculons certaines mesures, puis les interprétons dans le contexte de l'étude effectuée.

Chapitre 1

La place des méthodes quantitatives dans les sciences humaines

Objectifs d'apprentissage

- Connaître les grandes lignes de l'évolution des méthodes quantitatives.
- Connaître les quatre grandes étapes de l'étude statistique.

George H. Gallup (1901-1984), statisticien américain

En 1935, George H. Gallup fonda l'American Institute of Public Opinion et, en 1947, l'International Association of Public Opinion. Il fut le premier à mesurer l'opinion publique de façon objective et scientifique. M. Gallup a reçu plus de 10 doctorats honorifiques d'universités du monde entier.

« Il existe plusieurs histoires des sondages, selon les disciplines et les besoins sociaux qui ont contribué à leur développement. Il y a une histoire statistique, et ceci dans deux domaines [dont] celui de l'échantillonnage [...] Il y a une histoire socio-politique, celle de l'opinion publique, de sa mesure, de son irruption à part entière dans la vie politique ; c'est en parallèle l'histoire de l'avènement de la démocratie, mais aussi celle de la légitimation de la science sociale. Il y a également une histoire économique, celle de la mise en marché, de la recherche marketing qui vise à faire vendre des produits, dont des journaux. Il y a une histoire technique, celle du développement des technologies de l'information. »

Claire Durand et Isabelle Valois, *Histoire des sondages*

De simple collecte d'information sur un sujet, l'étude statistique est devenue une méthode rigoureuse qui suppose une démarche scientifique et qui est utilisée dans de nombreuses disciplines. L'étude statistique est en effet largement employée en sciences humaines, par exemple pour effectuer des études de marché, pour faire des projections démographiques, pour analyser la répartition de la population sur le territoire, pour réaliser des tests de contrôle de la qualité et même pour effectuer le calcul de la cote *R* ! Dans ce chapitre, nous verrons l'évolution des méthodes quantitatives au fil des ans et l'application de la méthode scientifique à l'étude statistique.

1.1 L'historique

C'est au XVIIe siècle qu'apparaissent les méthodes quantitatives dans les études à caractère social en Angleterre, en France et en Allemagne. À la suite de la guerre de Trente Ans (1618-1648), le peuple allemand a senti le besoin de faire le point sur la situation. Le terme « statistique » vient de l'allemand *statistik*, mot qui voulait dire, à l'origine, mélange de géographie, d'histoire, de loi, d'administration publique et de science politique. Dans les villes, les Allemands ont alors recueilli de l'information sur ces différents sujets. Ils ont même créé une école de statistique, dont le siège se trouvait à l'Université de Göttingen.

Toutefois, c'est en Angleterre que l'évolution des méthodes quantitatives dans les études sociales a été la plus marquée, notamment grâce à John Graunt (1620-1674), l'auteur du premier ouvrage d'analyse démographique, publié en 1662. Chercheur remarquable, il a analysé les données statistiques brutes, déterminé les limites de leur comptabilité, etc. L'une de ses plus grandes contributions à la science démographique est l'établissement, pour la première fois dans l'histoire, de tables de mortalité. Son influence s'est d'ailleurs étendue à Jean-Baptiste Colbert, ministre des Finances de France, qui a publié en 1667 un relevé des naissances, des mariages et des décès survenus dans son pays. En 1693, l'astronome anglais Edmond Halley, observateur de la comète qui porte maintenant son nom, a établi une table de mortalité comparable à celle utilisée aujourd'hui par les compagnies d'assurances.

À cette époque, plusieurs gouvernements nationaux voulaient connaître la taille de leur population et de leur armée. En 1697, la France a entrepris « La grande enquête », laquelle portait sur une multitude d'aspects sociaux. L'objectif était de mettre en évidence les conséquences indésirables de la politique de guerre de Louis XIV et de la taxation excessive. On s'est servi des résultats de cette étude jusqu'en 1762, année de la deuxième grande enquête.

De 1750 à 1850, on a assisté à plusieurs études sociales, tant en France qu'en Angleterre. La première estimation de la taille de la population française a été effectuée en 1778, celle-ci ayant été évaluée à 23 687 409 habitants. Marie Jean Antoine Nicolas de Caritat, marquis de Condorcet, philosophe, mathématicien et homme politique français, s'est servi des probabilités en 1785 pour étudier les résultats des verdicts judiciaires et des élections. Dans les années 1785-1789, le chimiste Antoine Laurent de Lavoisier et le mathématicien et physicien Pierre Simon, marquis de Laplace, ont étudié l'organisation des hôpitaux en France et en Europe. En 1800-1801, on a vu naître le Bureau de la statistique de la République. En 1801, l'Angleterre a adopté le principe selon lequel un recensement devait être effectué tous les 10 ans. En 1833, à Paris, on a entrepris des études sur la santé, la justice et la prostitution. En 1880, le fondateur de l'Armée du Salut (1878), William Booth, a mené une étude sur la pauvreté en Angleterre.

Il ne faut toutefois pas croire qu'il ne se passait rien au Canada dans le domaine de la statistique. Déjà, en 1666, l'intendant de la Nouvelle-France, Jean Talon, avait entrepris le dénombrement de la population de la colonie. Au Québec, après 1867, année de la Confédération du Canada (union des provinces du Nouveau-Brunswick, de la Nouvelle-Écosse, de l'Ontario et du Québec), le gouvernement avait voté des lois concernant la collecte de données dans les domaines suivants : l'éducation, l'agriculture, les municipalités et l'état civil.

Depuis 1871, l'une des principales tâches du gouvernement canadien a été d'organiser un recensement tous les 10 ans. En 1905, il a créé le Bureau des recensements et statistiques, mais celui-ci n'a pu mener à bien son nouveau mandat. En effet, il a fait face à la résistance de certains ministères et gouvernements provinciaux. C'est en 1918 que le Bureau fédéral de la statistique a été officiellement créé. En 1971, il est devenu Statistique Canada et, la même année, une nouvelle loi exigeait la tenue d'un recensement de la population canadienne tous les cinq ans. Au Québec, le premier ministre Lomer Gouin a présenté, le 9 décembre 1912, un projet de loi concernant la création du Bureau de la statistique du Québec (BSQ). Le 21 décembre, le projet a obtenu la sanction royale. Dès 1917, le BSQ a publié de l'information sur l'enseignement, les municipalités, la justice, les établissements pénitentiaires et les corporations scolaires.

> C'est [le] 1er avril 1999 que l'Institut de la statistique du Québec (ISQ) entre en fonction, à la suite de l'adoption par l'Assemblée nationale du projet de loi 441 sanctionné le 20 juin 1998. Cet organisme produit les données statistiques les plus à jour et les analyses les plus précises dans des domaines comme l'économie, la démographie, la culture, le travail, la rémunération ou la santé. De façon générale, il diffuse les statistiques officielles sur le Québec.
>
> Référence en matière de statistiques, l'ISQ est plus qu'une source d'information pour tous les Québécois, c'est aussi un outil pour les décideurs et les investisseurs, qu'ils soient nationaux ou étrangers. En effet, l'ISQ répond aux standards internationaux relatifs aux agences de statistiques officielles[1].

De 1890 à 1940, deux statisticiens ont fait en sorte que la statistique devienne une science : il s'agit du mathématicien Karl Pearson et du biologiste Sir Ronald Aylmer Fisher, deux Anglais de la région de Londres. Pendant cette période, l'évolution de la statistique a été favorisée par les Anglais, qui l'utilisaient dans plusieurs domaines. En sciences humaines, il ne s'agissait plus seulement de recueillir de l'information, mais aussi de découvrir les lois qui régissent les phénomènes humains. Dès lors, la science a remplacé l'intuition. Depuis, plusieurs maisons de sondage sont nées : Crop, Gallup, Léger et Léger, SOM, etc. Les gens sont régulièrement informés des résultats de sondages qui peuvent porter sur des sujets aussi divers que les élections, la religion, les émissions de télévision, le chômage et la vie de couple. Les statistiques font maintenant partie de la vie courante !

1. Institut de la statistique du Québec. (1er avril 1999). Communiqué.

L'ère moderne des sondages a commencé au Québec avec la Révolution tranquille. La première firme québécoise a célébré en 2005 son 40e anniversaire : fondé en 1965, le Centre de recherche sur l'opinion publique – mieux connu sous le nom de CROP – a fait sa première enquête auprès des membres de l'Alliance des professeurs de Montréal. L'ère des ordinateurs n'étant pas encore arrivée, le président fondateur de CROP, Yvan Corbeil, en avait compilé les résultats à la main.

En fait, quelques précurseurs avaient déjà tâté du métier : le Groupe de recherches sociales, rattaché à l'Université de Montréal, avait effectué le premier sondage politique québécois en 1959 pour le Parti libéral, lequel cherchait à élaborer son programme électoral et à préparer sa campagne de 1960. Pendant quelques années, les sondages n'ont d'ailleurs été utilisés qu'à des fins confidentielles, d'abord par les gouvernements, puis par les grands manufacturiers et distributeurs de produits de consommation.

Dans les années 1960, les sondages s'intéressaient surtout aux aspects socioculturels : le Québec de la Révolution tranquille avait besoin d'un miroir de lui-même pour opérer certains changements et se moderniser. Les sondeurs en ont cependant tiré une expérience telle qu'ils ont tout naturellement abordé les études de commercialisation. Les années 1970 ont été marquées par l'émergence de l'entrepreneuriat, surtout du marketing : les rares maisons de sondage alors existantes ont convaincu les dirigeants d'entreprises de la nécessité de savoir ce que leurs clients pensaient d'eux et de leurs produits. Depuis le début des années 1980, ce type d'enquête constitue le gros de leur travail.

Aux États-Unis, on utilisait les sondages depuis longtemps. Le journaliste et statisticien américain George H. Gallup a élaboré sa théorie de l'échantillonnage à la fin des années 1920 et effectué son premier sondage préélectoral – pour sa belle-mère, qui se présentait au Sénat ! – en 1932. Mais les sondages ont réellement été utilisés pour la première fois lors des élections américaines de 1936 lorsque M. Gallup a annoncé, contredisant les spécialistes, les médias ainsi que les prévisions publiées dans les journaux à grand tirage, la victoire de Franklin Delano Roosevelt. Dès lors, on ne pouvait plus revenir en arrière.

Au Québec, pourtant, les sondages politiques devaient longtemps rester une méthode controversée. Controversée en raison de ses résultats, controversée parce que l'on en craignait les effets. Cela est peut-être dû à l'incident de parcours, aujourd'hui célèbre, qui a marqué les premiers grands sondages politiques québécois. En 1966, ils donnaient Jean Lesage gagnant aux élections. Or, c'est Daniel Johnson qui est devenu premier ministre ! En réalité, Jean Lesage avait obtenu beaucoup plus de voix que son adversaire, mais les sondages de l'époque ne tenaient pas compte de la répartition par circonscriptions. Aujourd'hui, on évite de commettre ce genre d'erreur.

« Il n'y a pas eu de révolution dans le domaine, dit l'actuel président de CROP, Alain Giguère. Notre travail repose toujours sur les mathématiques statistiques. Toutefois, nos programmes informatiques sont de plus en plus perfectionnés, les techniques plus raffinées, même si les questions sont les mêmes qu'il y a 25 ans. La science du sondage a appris de ses erreurs[2]. »

Le tableau 1.1 présente les principaux faits qui ont marqué l'évolution des méthodes quantitatives.

---

2. Paré, Jean. (1er décembre 1995). « Vox populi », *L'actualité*, p. 59.

TABLEAU 1.1

Principaux faits ayant jalonné l'évolution des méthodes quantitatives

Siècle	Date	Faits
XVIIe siècle	**1662** (Angleterre)	• John Graunt – Publication du premier ouvrage d'analyse démographique
	1666 (Canada)	• Jean Talon – Dénombrement de la population de la colonie
	1667 (France)	• Jean-Baptiste Colbert – Relevé des naissances, des mariages et des décès
	1693 (Angleterre)	• Edmond Halley – Établissement d'une table de mortalité
	1697 (France)	• Réalisation de la première grande enquête
XVIIIe siècle	**1778** (France)	• Première estimation de la population française
	1785 (France)	• Marie Jean Antoine Nicolas de Caritat – Étude des résultats des verdicts judiciaires et des élections
	1785-1789 (France)	• Antoine Laurent de Lavoisier et Pierre Simon, marquis de Laplace – Étude de l'organisation des hôpitaux en France et en Europe
XIXe siècle	**1800-1801** (France)	• Création du Bureau de la statistique de la République
	1801 (Angleterre)	• Adoption du principe de recensement tous les 10 ans
	1833 (France)	• Réalisation d'études sur la santé, la justice et la prostitution à Paris
	1867 (Québec)	• Adoption de lois concernant la collecte de données dans les domaines suivants : éducation, agriculture, municipalités et état civil
	1871 (Canada)	• Premier recensement de la population • Adoption du principe de recensement tous les 10 ans
	1880 (Angleterre)	• William Booth – Réalisation d'une étude sur la pauvreté
	1890-1940 (Angleterre)	• Karl Pearson et Sir Ronald Aylmer Fisher – Découverte des lois qui régissent les phénomènes humains : la statistique devient une science.
XXe siècle	**1905** (Canada)	• Création du Bureau des recensements et statistiques
	1912 (Québec)	• Présentation d'un projet de loi concernant la création du Bureau de la statistique du Québec (BSQ)
	1917 (Québec)	• Publication par le BSQ d'information sur l'enseignement, les municipalités, la justice, les établissements pénitentiaires et les corporations scolaires
	1918 (Canada)	• Création officielle du Bureau fédéral de la statistique
	Années 1920-1940 (États-Unis)	• George H. Gallup – Élaboration de la théorie de l'échantillonnage (fin des années 1920) Réalisation du premier sondage préélectoral (1932) Fondation de l'American Institute of Public Opinion (1935) Création de l'International Association of Public Opinion (1947)
	1959 (Québec)	• Réalisation du premier sondage politique québécois
	Années 1960 (Québec)	• Réalisation de nombreux sondages (surtout socioculturels)
	1965 (Québec)	• Création du Centre de recherche sur l'opinion publique (CROP)
	Années 1970	• Émergence de l'entrepreneuriat et du marketing
	1971 (Canada)	• Changement de nom du Bureau des recensements et statistiques, lequel devient Statistique Canada • Adoption de la loi exigeant la tenue d'un recensement de la population tous les cinq ans
	1999 (Québec)	• Création de l'Institut de la statistique du Québec (ISQ)

1.2 Les sciences humaines et la démarche scientifique

Les sciences humaines ont pour objet l'étude de l'humain et de ses comportements (par exemple, l'anthropologie, la psychologie, la sociologie, l'administration, l'économie, l'histoire, la géographie et la politique). Pour parvenir à examiner, à comprendre et à circonscrire un ou plusieurs phénomènes humains, le spécialiste des sciences humaines doit effectuer une recherche appropriée et méthodique.

Les sources d'information dont dispose le chercheur sont variées. Il peut consulter la documentation existante sur le sujet, procéder par expérimentation, c'est-à-dire par observation directe pendant une expérience, ou effectuer une étude statistique.

À titre d'exemple, Statistique Canada procède régulièrement à des enquêtes sociales auprès des citoyens canadiens. Il peut s'agir de recensements de la population effectués tous les cinq ans, mais aussi d'enquêtes sociales générales qui portent sur différents thèmes comme la famille et les amis, les habitudes de vie ou les immigrants. Les revues et les journaux publient souvent des sondages sur des sujets d'actualité comme l'opinion des Québécois concernant la position des gouvernements à propos du conflit israélo-palestinien, l'effet des messageries instantanées sur la qualité de la langue française au Québec, l'intention de vote des Canadiens ou des Québécois, ou le type de publicité utilisée par les petites et moyennes entreprises (PME). En outre, certaines expériences sont réalisées pour étudier le quotient intellectuel des humains, le temps de réaction en situation de stress, la courtoisie des automobilistes à l'égard des piétons, etc.

De manière générale, dans la plupart des recherches en sciences humaines, le chercheur dispose d'informations statistiques qu'il doit analyser. Les méthodes quantitatives proprement dites consistent, d'une part, à présenter et à analyser ces informations sous forme numérique et, d'autre part, à en tirer des conclusions et à prendre des décisions. L'objectif d'une étude statistique est d'examiner méthodiquement un ou plusieurs faits sociaux grâce à des procédés numériques (méthodes quantitatives). Le chercheur procède donc à une analyse quantitative et, à partir de celle-ci, l'anthropologue, le psychologue, le politicologue, le sociologue ou tout autre spécialiste des sciences humaines effectue une analyse qualitative.

Une recherche en sciences humaines peut être soit qualitative, soit quantitative ou les deux à la fois. La recherche qualitative se déroule habituellement dans le milieu naturel des participants. Il ne s'agit pas de vérifier des hypothèses émises *a priori*, mais d'observer et de décrire le phénomène étudié. Comme le présent ouvrage porte sur les méthodes quantitatives, nous n'aborderons pas les méthodes qualitatives.

La démarche scientifique appliquée à une étude statistique comprend trois grands volets :

I. L'aspect administratif de l'étude statistique

1. La définition de l'objet général de l'étude
2. La détermination de la faisabilité de l'étude

II. L'étude statistique

1. L'énoncé des hypothèses statistiques
2. L'élaboration du plan de collecte des données
   - La définition de la population, de l'unité statistique et de l'échantillon
   - La sélection des unités statistiques
   - La conception du questionnaire

- La détermination et la classification des variables statistiques
- Le choix des échelles de mesure
- La collecte des données

3. Le dépouillement et l'analyse des données
   - La présentation des données sous forme de tableau ou de graphique
   - Le calcul et l'interprétation des mesures de tendance centrale, de dispersion et de position
4. L'inférence statistique
   - L'étude et l'application de modèles théoriques
   - L'estimation d'une moyenne ou d'une proportion
   - La vérification des hypothèses statistiques
   - L'association de deux variables

III. Le rapport final

Dans cet ouvrage, nous nous concentrerons plus précisément sur le deuxième volet, soit l'étude statistique.

Au moment de la conception et de la planification de l'étude statistique, le chercheur prend en considération deux éléments : l'aspect administratif du travail et l'étude statistique en tant que telle.

1.2.1 L'aspect administratif de l'étude statistique

La planification administrative du travail comprend la définition de l'objet général de l'étude et la détermination de la faisabilité de celle-ci.

La définition de l'objet général de l'étude

Avec l'aide du responsable de la recherche, le chercheur doit définir les objectifs poursuivis : Quelle est la problématique ? Pourquoi étudier cette problématique ?

Par exemple, le chercheur veut évaluer l'intégration des immigrants dans les entreprises québécoises, l'utilisation de stimulants chez les étudiants en période d'examen ou le comportement des joueurs compulsifs.

La détermination de la faisabilité de l'étude

Après avoir défini les objectifs, le chercheur en examine la faisabilité, c'est-à-dire le budget, l'échéancier et l'équipe de travail, compte tenu respectivement des ressources financières, organisationnelles et techniques mises à sa disposition. Certains aspects comme le coût et le temps peuvent influer sur l'ampleur du projet ou sur le choix de la méthode d'échantillonnage.

Par exemple, le chercheur se limitera-t-il à une seule catégorie d'emploi (le personnel infirmier dans les hôpitaux québécois) ou visera-t-il plusieurs catégories d'emploi ?

1.2.2 L'étude statistique

La partie concernant l'étude statistique au sens propre comprend quatre étapes.

Première étape : l'énoncé des hypothèses statistiques

Il s'agit de présenter certains aspects de l'objet de l'étude sous forme d'hypothèses à vérifier. Par exemple, le poids moyen des Canadiens âgés de 18 à 20 ans en 2010 a augmenté par rapport à 1990, ou encore plus de 70 % des Canadiens sont d'accord pour dire qu'un patron homosexuel a la même crédibilité auprès de ses employés qu'un patron hétérosexuel. À cette étape, on ne fait qu'énoncer les hypothèses statistiques. La vérification de celles-ci se fera à la quatrième étape.

Deuxième étape : l'élaboration du plan de collecte des données

La définition de la population, de l'unité statistique et de l'échantillon

Il faut définir la population visée en établissant, si cela est possible, la liste exhaustive de toutes ses unités (membres). Il peut s'agir des hommes ou des femmes qui travaillent, des Québécois, des francophones de l'Ontario, des Canadiens âgés de 18 ans et plus, des étudiants faisant usage de Ritalin[MD] pour accroître leur performance, des entreprises inscrites à la Chambre de commerce de Montréal, etc. L'échantillon sera formé des unités statistiques interrogées.

La sélection des unités statistiques

Le chercheur doit déterminer si la recherche sera faite auprès de toute la population (établie par recensement) ou uniquement auprès d'une partie représentative de celle-ci (échantillon).

Dans le cas d'un sondage mené auprès d'un échantillon, les facteurs suivants doivent être pris en compte :

- **La méthode d'échantillonnage.** On doit choisir une méthode de sélection des unités visées par l'étude. La sélection peut se faire de manière aléatoire (quatre méthodes sont présentées à la section 2.2.1) ou non aléatoire (quatre méthodes sont présentées à la section 2.2.2).
- **La taille de l'échantillon.** Il faut déterminer le nombre d'unités à prendre en compte. Ce nombre, appelé « taille de l'échantillon », ainsi que la méthode d'échantillonnage dépendront du niveau de précision désiré, du temps alloué, du budget accordé et du taux de réponse prévu.
- **Le tirage de l'échantillon.** Il s'agit de choisir les unités au moyen de la méthode d'échantillonnage retenue.

La conception du questionnaire

Si un questionnaire s'avère nécessaire, on le concevra en collaboration avec la personne responsable de la recherche, et ce, pour vérifier la pertinence des questions.

La détermination et la classification des variables statistiques

Chacune des questions retenues dans le sondage correspond à une variable. Les différentes variables sont classées en deux grandes catégories : les quantitatives et les qualitatives.

Le choix des échelles de mesure

Pour chacune des variables retenues, on choisira une échelle de mesure. Cette échelle permet de déterminer le type de comparaison qu'il est possible d'effectuer entre les données.

La collecte des données

Il faut maintenant recueillir les données. Mais de quelle façon seront-elles recueillies ? Au moyen d'un entretien téléphonique, d'un envoi postal ou d'un envoi postal suivi d'un rappel téléphonique ? Le choix sera fonction de l'échéancier, du budget alloué à la recherche et de la méthode d'échantillonnage retenue. Il faut tenter de joindre les non-répondants, leur expliquer la nécessité de collaborer

Méthodes quantitatives en action

Jean-Marc Léger, président de Léger Marketing

Dès mon jeune âge, les chiffres ont été au cœur de ma vie. Statisticien d'une ligue de baseball à l'âge de 11 ans, puis président de la plus grande firme de sondage et de recherche en marketing de propriété canadienne, j'ai toujours été fasciné par la logique statistique. Mon métier de sondeur m'a permis de quantifier les opinions, les perceptions, les attitudes et les comportements des Québécois et des Canadiens sur tous les sujets imaginables. De l'achat d'un produit de consommation aux études de marché, en passant par l'évaluation des intentions de vote, je mesure quotidiennement l'état de l'opinion et les grandes tendances de société et de consommation.

Nos techniques se sont sophistiquées au fil des ans. Dans les années 1970, nous nous préoccupions du **Quoi?,** car nous cherchions à obtenir une mesure quantitative exacte. Durant les années 1980, nous avons répondu à la question **Pourquoi?** en élaborant des techniques qualitatives. Par la suite, dans les années 1990, nous nous sommes concentrés sur le **Comment?** en utilisant davantage les analyses multivariées pour comprendre le processus de décision des consommateurs. Au cours des années 2000, nous avons créé de nouvelles techniques quantitatives de prédiction afin de répondre à la question **Et si?** Maintenant, nous travaillons sur des algorithmes d'analyse en temps réel pour répondre à une nouvelle question : **Quand?**

Mais il ne faut jamais oublier que, malgré la grande sophistication des méthodes quantitatives, il existera toujours une part d'incertitude dans la mesure de l'émotion humaine. Même si nous utilisons des méthodes statistiques éprouvées, un chiffre ne demeure qu'une approximation de l'information. C'est pour cela que j'ai toujours présenté le sondage comme la science exacte de l'à-peu-près.

et le principe de confidentialité, leur faire parvenir une enveloppe-réponse timbrée, leur offrir un cadeau ou communiquer avec eux à plusieurs reprises. S'il reste encore des non-répondants, il convient d'étudier les raisons permettant d'expliquer le taux de participation et la répartition des non-répondants.

Troisième étape : le dépouillement et l'analyse des données

La présentation des données sous forme de tableau ou de graphique

Dans un premier temps, il faut dépouiller et compiler les données obtenues et les regrouper sous forme de tableau ou de graphique.

Le calcul et l'interprétation des mesures de tendance centrale, de dispersion et de position

On doit ensuite analyser les données. Pour ce faire, il faut calculer puis interpréter diverses mesures : les mesures de tendance centrale, les mesures de dispersion et les mesures de position.

Quatrième étape : l'inférence statistique

L'étude et l'application de modèles théoriques

Certains modèles théoriques serviront à étudier de façon générale les variables : la distribution normale, la distribution d'échantillonnage d'une moyenne ou d'une proportion.

L'estimation d'une moyenne ou d'une proportion

On s'interrogera également sur la possibilité de généraliser les résultats obtenus à partir d'un échantillon à l'ensemble de la population.

La vérification des hypothèses statistiques

Il s'agit de vérifier une hypothèse émise au sujet d'une moyenne ou d'une proportion, c'est-à-dire tirer des conclusions pour l'ensemble de la population à partir des données d'un échantillon. C'est ce qu'on appelle l'inférence statistique. Il faut alors répondre à certaines questions : Les résultats sont-ils fiables ? Dans quelle proportion ? Quelle est la marge d'erreur associée à ces résultats ? Quelles sont les conclusions de la recherche ? Ces résultats confirment-ils les hypothèses de départ ?

L'association de deux variables

Après avoir analysé les variables séparément et étudié certains modèles théoriques, on peut maintenant analyser l'existence de liens statistiques entre deux questions (ou variables).

1.2.3 Le rapport final

Le dernier volet vise à présenter les conclusions de l'étude en fonction des objectifs généraux poursuivis par la personne responsable de la recherche.

Dans le présent ouvrage, nous verrons comment appliquer une démarche scientifique à une étude statistique. Dans le chapitre 2, nous apprendrons à définir la population visée et à élaborer un plan de collecte des données. À cette fin, nous aurons à choisir entre un recensement ou un sondage et à déterminer la méthode d'échantillonnage. Le chapitre 3 nous montrera à concevoir un questionnaire et à préciser les variables à étudier. L'étape de collecte des données ne faisant pas partie du cadre du présent ouvrage, nous l'aborderons rapidement aux chapitres 4 et 5. Ces deux chapitres seront plutôt consacrés au dépouillement et à l'analyse des données. Nous procéderons à l'inférence statistique dans les chapitres 6, 7 et 8. Dans les deux derniers chapitres, nous vérifierons également les hypothèses émises à l'aide de tests statistiques.

CAS PRATIQUE
Le téléphone cellulaire au collégial

De plus en plus de jeunes possèdent aujourd'hui un téléphone cellulaire. On trouve aussi beaucoup de publicités les incitant à s'en procurer un pour différentes raisons. Considérant l'ampleur de ce phénomène, Kim a décidé d'en faire l'étude dans le cadre de son cours d'initiation pratique à la méthodologie en sciences humaines (IPMSH). Pour ce faire, elle a réalisé des entrevues téléphoniques auprès de 90 étudiants pris au hasard parmi les 1 950 qui sont inscrits à son collège et qui possèdent un cellulaire. Vous trouverez à la page 298 les questions retenues par Kim.

Ce cas pratique vous permettra d'appliquer les notions vues dans les différents chapitres de l'ouvrage.

Démarche scientifique appliquée à une étude statistique

I. L'aspect administratif de l'étude statistique

1. La définition de l'objet général de l'étude
2. La détermination de la faisabilité de l'étude

II. L'étude statistique

1. L'énoncé des hypothèses statistiques
2. L'élaboration du plan de collecte des données
   - La définition de la population, de l'unité statistique et de l'échantillon
   - La sélection des unités statistiques
   - La conception du questionnaire
   - La détermination et la classification des variables statistiques
   - Le choix des échelles de mesure
   - La collecte des données
3. Le dépouillement et l'analyse des données
   - La présentation des données sous forme de tableau ou de graphique
   - Le calcul et l'interprétation des mesures de tendance centrale, de dispersion et de position
4. L'inférence statistique
   - L'étude et l'application de modèles théoriques
   - L'estimation d'une moyenne ou d'une proportion
   - La vérification des hypothèses statistiques
   - L'association de deux variables

III. Le rapport final

« NOTRE OPINION, C'EST LA MOYENNE ENTRE CE QUE L'ON DIT EN PUBLIC ET CE QUE L'ON PENSE EN PRIVÉ. »

JEAN-MARC LÉGER

Chapitre 2

L'échantillonnage

Objectifs d'apprentissage

- Définir l'objet de l'étude.
- Distinguer population, unité statistique et échantillon.
- Différencier recensement et échantillon.
- Discerner échantillonnage aléatoire et non aléatoire.
- Choisir un échantillon selon la méthode d'échantillonnage déterminée.
- Reconnaître la méthode d'échantillonnage utilisée dans une étude.
- Comprendre les avantages et les inconvénients de chacune des méthodes d'échantillonnage présentées.

Alfred Binet (1857-1911), psychologue français

Alfred Binet fut l'auteur du premier test d'intelligence (1905), élaboré à la demande du gouvernement français, lequel désirait déceler les enfants ayant besoin d'une éducation spéciale.

Mise en situation

L'administration de la municipalité où vous demeurez a l'intention d'accorder un permis à un promoteur qui souhaite construire un immeuble en copropriété dans le parc Bellevue. Vous avez décidé de mandater un enquêteur pour mener une étude consultative auprès des citoyens de votre municipalité dans le but de savoir s'ils sont favorables à un tel projet. Pour effectuer le sondage, l'enquêteur a accès à une liste électorale qui répartit les 24 737 électeurs de la municipalité en 100 quartiers de même qu'en fonction de leur langue maternelle. L'enquêteur désire prélever un échantillon d'environ 2 500 électeurs.

Selon les étapes de l'étude statistique, décrites au chapitre 1, il faut, dans un premier temps, énoncer les hypothèses statistiques. Pour les besoins de notre ouvrage, nous supposerons que cette étape a été réalisée. Il faut ensuite procéder à l'élaboration du plan de collecte des données, lequel comprend plusieurs étapes, dont la première est la détermination de la population visée dans l'étude, de l'unité statistique et des unités retenues pour former l'échantillon, s'il y a lieu. Pour sélectionner ces unités qui formeront l'échantillon, on doit choisir une méthode d'échantillonnage. Dans ce chapitre, nous présentons huit façons de choisir environ 2500 personnes sur les 24737 électeurs.

Étude statistique

1. L'énoncé des hypothèses statistiques
2. L'élaboration du plan de collecte des données
   - La définition de la population, de l'unité statistique et de l'échantillon
   - La sélection des unités statistiques
   - La conception du questionnaire
   - La détermination et la classification des variables statistiques
   - Le choix des échelles de mesure
   - La collecte des données
3. Le dépouillement et l'analyse des données
4. L'inférence statistique

2.1 La population, l'unité statistique et l'échantillon

Recensement
Étude menée auprès de toutes les unités statistiques de la population.

À chaque recherche correspond une population précise. Il est important que celle-ci soit clairement définie, car les conclusions que l'on tirera à la fin de l'étude statistique porteront uniquement sur elle.

Une étude peut être faite auprès d'une partie de la population visée, c'est-à-dire un échantillon, ou encore auprès de toute la population visée. Dans ce dernier cas, on parle alors de recensement.

Les raisons pour lesquelles on ne fait pas de recensement, c'est-à-dire que toute la population n'est pas utilisée pour mener une recherche, sont variées. Il peut s'agir, par exemple, de facteurs de faisabilité tels que le coût et le temps.

Lorsqu'on parle de population, d'unité statistique et d'échantillon, on parle des mêmes éléments, mais en tenant compte de quantités différentes (*voir la figure 2.1*).

FIGURE 2.1

Population, unité statistique et échantillon

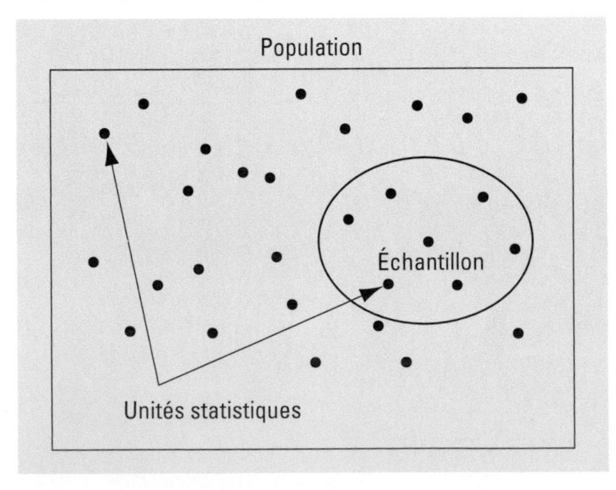

Le nombre d'unités statistiques comprises dans la population se nomme « taille de la population » et est notée par la lettre N, alors que le nombre d'unités dans l'échantillon est appelé « taille de l'échantillon » et est notée par la lettre n.

Par conséquent, si la population étudiée est l'**ensemble des électeurs de votre municipalité** (par exemple, $N = 24\,737$), l'unité statistique sera **un électeur de votre municipalité** et l'échantillon sera composé de **plusieurs électeurs de votre municipalité** (par exemple, $n = 2\,500$).

Lorsqu'on publie les résultats d'un sondage, on précise généralement la méthodologie employée pour déterminer la population à l'étude, la taille de l'échantillon et la méthode d'échantillonnage, c'est-à-dire la façon dont les unités statistiques ont été sélectionnées.

Population
Ensemble de tous les individus, groupes d'individus, objets ou phénomènes visés par une recherche en sciences humaines.

Unité statistique
Chacun des éléments de la population. Chaque unité statistique est considérée comme une source unique d'information. Il peut s'agir d'une personne, d'un objet, d'un groupe, d'un fait, d'un événement, etc.

Échantillon
Ensemble des unités statistiques prises en compte pour mener la recherche.

Exemple 2.1 Le stress fait partie de la vie des Canadiens

Dans une enquête menée en 2010, Statistique Canada a joint 65 000 Canadiens âgés de 12 ans et plus pour les interroger sur plusieurs aspects de leur santé. Le stress en faisait partie.

En 2010, 23,5 % des Canadiens âgés de 12 ans et plus ont reconnu vivre un niveau de stress quotidien assez intense[1].

Objet de l'étude	Connaître l'opinion des Canadiens âgés de 12 ans et plus sur leur stress.
Population	**Tous** les Canadiens âgés de 12 ans et plus.
Taille de la population	La taille de la population, difficile à évaluer, est d'environ 32 000 000 personnes. $N \approx 32\,000\,000$
Unité statistique	**Un** Canadien âgé de 12 ans et plus.
Échantillon	Les **65 000** Canadiens, âgés de 12 ans et plus, interrogés.
Taille de l'échantillon	$n = 65\,000$

Exemple 2.2 Les naissances hors mariage plus nombreuses au Québec

En 2008, il y a eu 87 600 naissances au Québec[2]. De ce nombre, 24 835 sont des naissances provenant de mères non mariées.

Objet de l'étude	Évaluer le nombre de naissances hors mariage au Québec.
Population	**Toutes** les naissances survenues au Québec en 2008.
Taille de la population	La taille de la population est de 87 600 naissances. $N = 87\,600$
Unité statistique	**Une** naissance survenue au Québec en 2008.
Échantillon	**Toutes** les naissances survenues au Québec en 2008.
Taille de l'échantillon	La taille de l'échantillon correspond à la taille de la population, puisqu'il s'agit d'un recensement.

1. Statistique Canada. (2010). *Enquête sur la santé dans les collectivités canadiennes*. [En ligne]. www40.statcan.ca/l02/cst01/health107b-fra.htm (page consultée le 3 février 2012).
2. Institut de la statistique du Québec. (Décembre 2009). *Le bilan démographique du Québec, édition 2009*, p. 35. [En ligne]. www.crelaval.qc.ca/doc/bilan2009.pdf (page consultée le 3 février 2012).

Exemple 2.3 Le bonheur augmente avec l'âge

« Le "papi blues" n'a pas eu lieu. Les têtes blanches sont plus satisfaites de leur vie que les têtes blondes. Et c'est entre 65 et 74 ans que l'euphorie est la plus forte[3]. » Dans cette tranche d'âge, 40 % des Canadiens et 36 % des Canadiennes affirment être satisfaits de leur vie.

Objet de l'étude	Connaître le degré de satisfaction des Canadiens et des Canadiennes au sujet de leur vie.
Population	**Tous** les Canadiens et **toutes** les Canadiennes.
Taille de la population	La taille de la population n'est pas précisée.
Unité statistique	**Un** Canadien ou **une** Canadienne.
Échantillon	**Les** Canadiens et **les** Canadiennes interrogés.
Taille de l'échantillon	La taille de l'échantillon n'est pas précisée.

Exemple 2.4 L'utilisation d'Internet dans les ménages canadiens

« En 2010, 93 % des ménages [canadiens] composés de trois personnes ou plus, ainsi que ceux comptant au moins un membre de moins de 18 ans, avaient un accès à Internet à domicile[4]. » C'est ce qui ressort d'une enquête effectuée par Statistique Canada à partir d'un échantillon d'environ 30 000 ménages canadiens.

Objet de l'étude	Mener une étude sur l'utilisation d'Internet.
Population	**Tous** les ménages canadiens.
Taille de la population	La taille de la population n'est pas précisée.
Unité statistique	**Un** ménage canadien.
Échantillon	Les **30 000** ménages canadiens interrogés.
Taille de l'échantillon	$n = 30\,000$

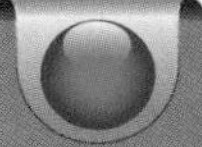

Exemple 2.5 La présence des femmes dans les conseils d'administration

Le Mouvement d'éducation et de défense des actionnaires (MÉDAC) a dressé « un portrait de la situation actuelle à l'aide de l'étude de Spencer Stuart intitulée *Canada Board Index 2009* : cette étude dresse un portrait des 100 plus importantes entreprises canadiennes inscrites à la Bourse [...] sur le plan de la gouvernance, de la composition de leur conseil d'administration et de la rémunération de leurs hauts dirigeants et de leurs membres de conseils d'administration ». « Cette étude vise à déterminer si une présence féminine accrue au sein des conseils d'administration produit une valeur ajoutée[5]. »

Objet de l'étude	Déterminer si une présence féminine accrue au sein des conseils d'administration produit de la valeur ajoutée.
Population	**Toutes** les entreprises canadiennes inscrites à la Bourse.
Taille de la population	La taille de la population n'est pas précisée.
Unité statistique	**Une** entreprise canadienne inscrite à la Bourse.
Échantillon	Les **100** plus importantes entreprises canadiennes inscrites à la Bourse.
Taille de l'échantillon	$n = 100$

3. Nicoud, Anabelle. (27 juillet 2006). *La Presse*, p. 2-3.

4. Statistique Canada. (2010). *Enquête canadienne sur l'utilisation d'Internet*. [En ligne]. www.statcan.gc.ca/daily-quotidien/110525/dq110525b-fra.htm (page consultée le 3 février 2012).

5. Champoux-Paillé, Louise. (14 septembre 2010). *Une masse critique de femmes au sein des conseils : un signal fort de saine gouvernance*, MÉDAC, p. 4 et 2. [En ligne]. www.ccquebec.ca/imports/_uploaded/file/cf_masse.pdf (page consultée le 3 février 2012).

Exercices

2.1 Remplissez le tableau suivant en considérant qu'un sondage (et non un recensement) a été effectué.

Population	Unité statistique	Échantillon
		14 souris blanches du laboratoire SOUBLAN
Toutes les communautés religieuses de l'arrondissement de Montréal		
	1 classe de 4e année du primaire	
		180 cégépiens à la recherche d'un emploi à l'été 2011
	1 tremblement de terre	
		12 manifestations étudiantes au Québec
Tous les dons remis à la Croix-Rouge à la suite du séisme survenu en Haïti		

2.2 Qu'y aurait-il de différent dans le tableau de l'exercice 2.1 s'il s'était agi d'un recensement?

Pour chacun des exercices 2.3 à 2.6, déterminez:

a) l'objet de l'étude;

b) la population;

c) l'unité statistique;

d) l'échantillon;

e) la taille de l'échantillon.

2.3 Le bonheur, c'est la famille!

Un sondage mené par la firme CROP pour Radio-Canada auprès de 1 189 répondants francophones du Québec, du Nouveau-Brunswick et de l'Ontario révèle que 86 % jugent que leurs relations familiales sont harmonieuses[6].

2.4 Que pensent les Canadiens de l'homosexualité dans le monde du sport?

«Dans le cadre de sa campagne "Parler du silence", l'organisme Fondation Émergence a mandaté Léger Marketing afin de sonder la perception et l'opinion des Canadiens à l'égard de l'homosexualité dans le monde du sport en 2010[7].»

L'étude a été réalisée auprès d'un échantillon aléatoire de 1 501 Canadiens âgés de 18 ans et plus et pouvant s'exprimer en français ou en anglais.

Ainsi, 70 % considèrent que le fait de connaître l'orientation sexuelle d'un athlète n'influence aucunement l'appréciation que le public se fait de cet athlète.

2.5 Des étudiants admettent avoir triché

Dans le cadre d'une étude en France, deux sociologues du Centre de recherche en éducation nantais ont enquêté sur la fraude aux examens universitaires. À partir de 1 815 réponses à un questionnaire, ils ont établi que 70,5 % des étudiants avaient triché pendant leur scolarité[8].

2.6 L'activité physique chez les jeunes en milieu scolaire

Un échantillon de 334 enfants âgés de 10 et 11 ans habitant en périphérie de la ville de Québec et inscrits en 5e année du primaire au moment de la collecte de données révèle que les activités favorites des filles sont les suivantes:

- écouter de la musique, lire pour 19 %;
- jouer dehors avec les ami(e)s pour 33 %;
- faire du sport pour 35 %;
- jouer à des jeux vidéo ou faire de l'Internet pour 7 %;
- parler avec les ami(e)s pour 6 %[9].

2.7 Décrivez un contexte dans lequel l'unité statistique est:

a) une troupe de théâtre;

b) une éruption volcanique;

c) un chat siamois;

d) un film québécois.

Vous devez préciser l'objet de l'étude, la population visée et l'échantillon prélevé.

6. Sondage CROP–Radio-Canada. (28 janvier 2007). [En ligne]. www.radio-canada.ca/nouvelles/societe/2007/01/28/001-sondage-famille.shtml (page consultée le 3 février 2012).

7. Léger Marketing. (Avril 2010). *Sondage d'opinion auprès des Canadiens, Perceptions et opinions des Canadiens à l'égard de l'homosexualité dans le monde du sport.*

8. Guibert, Pascal et Michaut, Christophe. (Oct.-nov.-déc. 2009). «Les facteurs individuels et contextuels de la fraude aux examens universitaires», *Revue française de pédagogie,* n° 169. [En ligne]. www.scienceshumaines.com/l-art-de-tricher-quand-on-est-etudiant_fr_26448.html (page consultée le 3 février 2012).

9. Godin, Gaston, Université Laval. (Mai 2006). *Enquête sur la pratique de l'activité physique chez les jeunes en milieu scolaire,* rapport de recherche présenté à la Commission scolaire des Découvreurs.

2.2 Les méthodes d'échantillonnage

Lorsqu'une recherche en sciences humaines est effectuée à l'aide d'un échantillon, il faut d'abord et avant tout s'assurer que celui-ci est représentatif de la population que l'on veut étudier. Comment doit-on s'y prendre pour obtenir un tel échantillon ? La façon de choisir les unités qui le composent est très importante. L'anecdote suivante le montre bien.

Aux États-Unis, pendant les élections présidentielles de 1936, la revue *Literary Digest* a choisi au hasard 12 millions de citoyens américains à qui elle a fait parvenir un questionnaire. Environ 2 500 000 d'entre eux y ont répondu. Les résultats de cet échantillon prédisaient la victoire du candidat républicain Alf Landon. Pourtant, c'est le démocrate Franklin Delano Roosevelt qui a été élu.

De son côté, George Horace Gallup, ayant en main les résultats d'un sondage auprès d'un échantillon d'environ 2 000 personnes, a prédit la victoire de Roosevelt. En se basant sur un échantillon plus de 1 000 fois inférieur, il a fait une meilleure prédiction que la revue *Literary Digest*. Qui, aujourd'hui, n'a pas entendu parler de la maison de sondage Gallup ?

Par la suite, on a tenté d'analyser les résultats obtenus par la revue *Literary Digest*. Celle-ci avait sélectionné le nom de citoyens américains à partir des listes de propriétaires d'automobiles et de l'annuaire téléphonique. Or, en 1936, qui possédait une automobile ou le téléphone sinon les personnes financièrement plus à l'aise au sein de la société ? Comme l'échantillon était constitué d'un trop grand nombre de citoyens bien nantis, il n'était pas représentatif du profil socio-économique général de la population américaine de l'époque.

La morale de cette histoire est qu'un grand échantillon ne garantit pas forcément la représentativité de la population étudiée. Il est donc essentiel d'adopter la méthode d'échantillonnage des unités statistiques la plus adéquate. Il existe plusieurs méthodes d'échantillonnage. Comme le montre le tableau 2.1, celles-ci sont regroupées en deux catégories : les méthodes d'échantillonnage aléatoire (ou probabiliste) et les méthodes d'échantillonnage non aléatoire (ou non probabiliste).

TABLEAU 2.1

Méthodes d'échantillonnage

Méthodes d'échantillonnage aléatoire (ou probabiliste)	Méthodes d'échantillonnage non aléatoire (ou non probabiliste)
• Aléatoire simple	• Accidentel (ou à l'aveuglette)
• Systématique	• De volontaires
• Stratifié	• Par quotas
• Par grappes (ou amas)	• Au jugé

Dans un échantillonnage aléatoire, l'échantillon est prélevé à partir d'une certaine population. Ce choix repose sur la randomisation (sélection au hasard, ou aléatoire) ou sur la chance. L'échantillonnage aléatoire est plus complexe, nécessite plus de temps et coûte normalement plus cher que l'échantillonnage non aléatoire. Cependant, étant donné que les unités de la population sont choisies au hasard et que l'on peut calculer la probabilité que chaque unité soit incluse dans l'échantillon, il est possible d'effectuer des estimations fiables. Cela permet aussi d'évaluer l'erreur d'échantillonnage et de faire des inférences sur la population, ce que nous verrons dans la deuxième partie du présent ouvrage.

À partir de la mise en situation présentée en début de chapitre, nous effectuerons l'échantillonnage des 2 500 électeurs en utilisant chacune des 8 méthodes précitées afin de bien établir les différences existant entre elles. De plus, nous étudierons les avantages et les inconvénients de chacune.

2.2.1 Les méthodes d'échantillonnage aléatoire (ou probabiliste)

Les méthodes d'échantillonnage aléatoire (ou probabiliste) supposent que la liste complète des unités de la population est connue. Cependant, il s'avère parfois impossible d'obtenir une telle liste; l'échantillon est alors choisi à partir d'une liste la plus complète possible appelée « base de sondage ».

Échantillonnage aléatoire (ou probabiliste)
Méthode qui consiste à prélever toutes les unités statistiques au hasard.

Plusieurs sondages utilisent l'annuaire téléphonique comme base, mais il existe un faible pourcentage de ménages qui ne sont pas abonnés à ce service. Au Canada, ce pourcentage est de l'ordre de 1 à 2 %.

Dans son étude publiée en 1997 et portant sur les jeunes après le secondaire, Jeffrey Frank de Statistique Canada a utilisé comme base de sondage les fichiers d'allocations familiales afin d'obtenir la liste la plus complète des jeunes âgés de moins de 15 ans.

Diane Galarneau et Jim Sturrock, également de Statistique Canada, ont publié en 1997 une étude sur le revenu des conjoints après séparation, dans laquelle ils utilisaient comme base de sondage l'ensemble des contribuables et des personnes à leur charge possédant un numéro d'assurance sociale.

Échantillonnage aléatoire simple
Méthode qui consiste à prélever chaque unité statistique au hasard à partir d'une liste de toutes les unités incluses dans la population et numérotées de 1 à *N*.

L'échantillonnage aléatoire simple

L'échantillonnage aléatoire simple est la méthode la plus facile à utiliser (*voir la figure 2.2*). Toutes les unités de la population ont une chance égale d'être choisies. Il faut les numéroter toutes de 1 à *N*. Ensuite, on tire au hasard des nombres compris entre 1 et *N* jusqu'à ce qu'on ait réuni le nombre d'unités désiré pour former l'échantillon. Un numéro ne peut être utilisé plus d'une fois, même s'il est choisi plusieurs fois lors du tirage au sort.

Il existe plusieurs façons d'obtenir des nombres aléatoires: à l'aide d'un boulier (c'est le cas, par exemple, à Loto-Québec), d'une table de nombres aléatoires, d'une calculatrice, d'un ordinateur, etc. Avant l'avènement des calculatrices et des ordinateurs, les tables de nombres aléatoires étaient grandement utilisées, mais, depuis, elles sont devenues désuètes.

FIGURE 2.2
Échantillonnage aléatoire simple

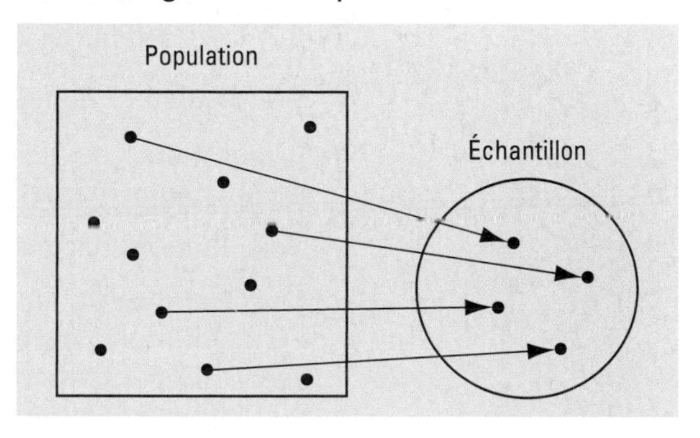

Exemple 2.6 Sondage sur la construction d'un immeuble en copropriété dans le parc Bellevue

À partir de la population constituée des 24737 électeurs inscrits sur la liste électorale, l'enquêteur a attribué un numéro à chacun des électeurs et a tiré au sort 2500 numéros correspondant aux électeurs qui feront partie de l'échantillon. L'échantillon ainsi constitué sera de taille $n = 2500$.

Avantage

Il n'est pas nécessaire d'ajouter à la base de sondage d'autres données (par exemple, les régions géographiques) que celles que comprend la liste des membres de la population étudiée et les coordonnées pour les joindre.

Inconvénients

Même si, dans le cas de petites populations, cette technique est facile à utiliser, il peut être coûteux et difficile de l'employer pour des populations importantes parce que toutes les unités doivent être identifiées et étiquetées avant l'échantillonnage. Cette technique peut aussi être chère à employer si des entrevues doivent être menées sur place, car il est possible que l'échantillon soit très dispersé géographiquement.

Exercice

2.8 Les 6 employés sous votre responsabilité, Fatima, Roxane, Nabil, Élisabeth, Victoria et Renaud, vous ont fait parvenir une demande d'activité de perfectionnement, mais votre budget ne vous permet de répondre positivement à cette demande que pour 2 employés. Énumérez tous les échantillons de taille 2 que vous pouvez former au moyen d'un échantillonnage aléatoire simple.

L'échantillonnage systématique

Échantillonnage systématique
Méthode qui consiste à prélever chaque unité à intervalle constant.

La méthode de l'échantillonnage systématique consiste à prélever chaque unité à intervalle constant. Cet intervalle est appelé « **pas** » du système (K). On l'obtient de la façon suivante :

$$\text{Pas} = K = \frac{\text{Taille de la population}}{\text{Taille de l'échantillon}} = \frac{N}{n}$$

Si le résultat ne donne pas une valeur entière, on l'arrondit à l'entier le plus près.

Il faut numéroter les unités de la population de 1 à N. On choisit d'abord le premier numéro, puis on sélectionne les autres unités en utilisant le pas.

Voici l'une des façons de procéder.

On détermine de façon aléatoire simple un numéro de 1 à K. Ce numéro est l'unité d'origine de la sélection. Pour obtenir l'unité suivante, on additionne la valeur du pas au numéro de l'unité d'origine et l'on poursuit le processus tant que la numérotation obtenue se situe entre 1 et N. Selon le numéro choisi de façon aléatoire, la taille de l'échantillon peut varier d'une seule unité statistique. Puisqu'on choisit un nombre situé entre 1 et K, il n'y a donc que K échantillons possibles pour un échantillonnage systématique.

Exemple 2.7 Sondage sur la construction d'un immeuble en copropriété dans le parc Bellevue (*suite*)

L'enquêteur a attribué un numéro à chacun des électeurs. Il a ensuite calculé le pas en fonction de la taille approximative désirée pour son échantillon.

$$\text{Pas} = K = \frac{\text{Taille de la population}}{\text{Taille de l'échantillon}} = \frac{N}{n} = \frac{24\,737}{2500} = 9{,}89$$

Il a arrondi le pas à 10. Il n'y a donc que 10 échantillons possibles.

Pour déterminer les électeurs qui feront partie de son échantillon, il a choisi au hasard un numéro compris entre 1 et 10; ce numéro servira de point de départ pour la sélection des unités statistiques. Pour choisir les autres unités, il se déplacera dans la liste en utilisant un pas de 10 et en sélectionnant un électeur à tous les 10 noms (*voir la figure 2.3*).

- **Numéro choisi: 1, 2, 3, 4, 5, 6 ou 7**

  Si le numéro choisi au hasard est le 6, l'échantillon comprendra les numéros:

  6, 16, 26, 36..., 406, 416, 426, 436, 446..., 24716, 24726, 24736.

  L'échantillon ainsi constitué sera de taille $n = 2474$.

- **Numéro choisi: 8, 9 ou 10**

  Si le numéro choisi au hasard est le 8, l'échantillon comprendra les numéros:

  8, 18, 28, 38..., 358, 368, 378, 388..., 24708, 24718, 24728.

  L'échantillon ainsi constitué sera de taille $n = 2473$.

La différence entre la taille des échantillons est due au fait que le pas du sondage a été arrondi à l'entier le plus près.

FIGURE 2.3

Échantillonnage systématique

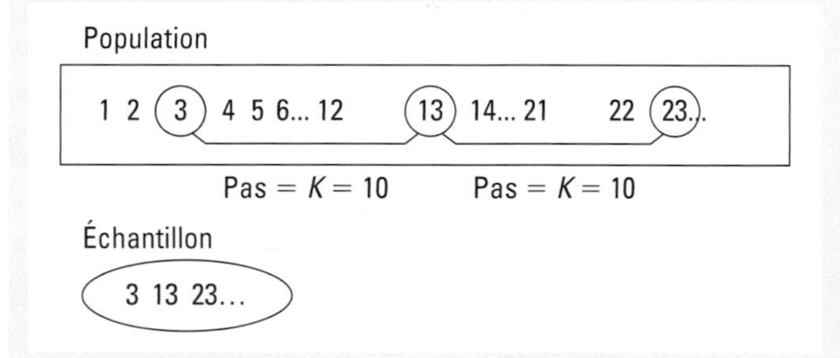

Avantage

La sélection de l'échantillon est très facile à effectuer: le numéro d'une seule unité statistique est choisi au hasard, et les autres unités de l'échantillon suivent de façon automatique.

Inconvénient

Les échantillons peuvent ne pas représenter la population s'il existe, dans la façon d'ordonnancer la liste de la population, un cycle qui coïncide avec l'intervalle d'échantillonnage.

Par exemple, dans un hôpital privé, il y a 10 services (gynécologie, gastrologie, urologie, cardiologie, etc.), chaque service comptant 10 infirmiers ou infirmières pour un total de 100 infirmiers et infirmières.

Supposons que vous souhaitiez réaliser un sondage sur la qualité de l'environnement de travail. Vous attribuez comme suit des numéros aux infirmiers et infirmières en fonction de leur ancienneté : les 10 infirmiers et infirmières en gynécologie reçoivent des numéros allant de 1 à 10, les 10 infirmiers et infirmières en gastrologie, des numéros allant de 11 à 20, les 10 infirmiers et infirmières en urologie, des numéros allant de 21 à 30, et ainsi de suite.

Si votre échantillon est composé de 10 personnes choisies selon la méthode de l'échantillonnage systématique, vous prendrez donc uniquement des personnes qui ont à peu près la même ancienneté. Votre échantillon pourrait alors n'être constitué que des employés les plus expérimentés ou les moins expérimentés. Il ne serait donc pas nécessairement représentatif de la population.

Exercice

2.9 Vous êtes psychologue dans une école primaire. Vous voulez sélectionner quelques élèves de 3e année pour effectuer une étude. Vous avez classé les 46 élèves de 3e année selon l'ordre alphabétique et opté pour un échantillonnage systématique avec un pas de 5. Combien pouvez-vous prélever d'échantillons et de quelle taille sont-ils ?

L'échantillonnage stratifié

Strate
Sous-ensemble d'unités de la population ayant une ou plusieurs caractéristiques communes.

Échantillonnage stratifié
Méthode qui consiste à choisir de façon aléatoire un certain nombre d'unités dans chaque strate de la population.

Une strate est un sous-ensemble d'unités de la population ayant une ou plusieurs caractéristiques communes ; par exemple, avoir la même langue maternelle, être dans la même classe d'âge, demeurer dans la même région, être dans la même tranche de revenu ou avoir le même type d'emploi. Dans une population, lorsque les renseignements varient beaucoup d'une strate à l'autre, mais peu à l'intérieur de chaque strate, il est préférable d'utiliser un échantillonnage stratifié. Celui-ci consiste à choisir de façon aléatoire simple un certain nombre d'unités dans chaque strate de la population à l'étude. L'une des façons de déterminer le nombre d'unités à prélever dans chacune des strates est de faire en sorte que le pourcentage d'unités de chacune des strates de l'échantillon soit le plus près possible du pourcentage d'unités de chacune des strates de la population.

Mise en situation

Exemple 2.8 Sondage sur la construction d'un immeuble en copropriété dans le parc Bellevue (*suite*)

Croyant que la langue maternelle peut avoir une influence sur l'opinion des électeurs de votre municipalité, l'enquêteur répartit les 24 737 électeurs selon leur langue maternelle de la façon suivante (*voir l'annexe à la page 37*) :

- 4 915 sont anglophones ;
- 17 411 sont francophones ;
- 2 411 sont allophones.

Il désire que son échantillon de 2 500 électeurs contienne des proportions de chacune des langues maternelles identiques à celles que l'on trouve dans la population.

Ainsi, les 4 915 anglophones représentent 19,87 % des électeurs, ce qui correspond environ à 497 électeurs sur 2 500 ; les 17 411 francophones représentent 70,38 % des électeurs, ce qui correspond environ à 1 760 électeurs sur 2 500 ; les 2 411 allophones représentent 9,75 % des électeurs, ce qui correspond environ à 244 électeurs sur 2 500 (*voir le tableau 2.2*).

En arrondissant les valeurs obtenues, on obtient un échantillon de taille $n = 2501$.

TABLEAU 2.2

Répartition des électeurs selon la langue maternelle

	Population		Échantillon
	Nombre d'électeurs	Répartition en pourcentage	Nombre d'électeurs
Anglophones	4915	19,87	497
Francophones	17411	70,38	1760
Allophones	2411	9,75	244
Total	24737	100,00	2501

La proportion d'anglophones, de francophones et d'allophones est approximativement la même dans l'échantillon et dans la population (*voir la figure 2.4*).

Ainsi, l'enquêteur choisira de façon aléatoire simple 497 électeurs parmi les 4915 électeurs anglophones, 1760 électeurs parmi les 17411 électeurs francophones et 244 électeurs parmi les 2411 électeurs allophones.

FIGURE 2.4

Échantillonnage stratifié

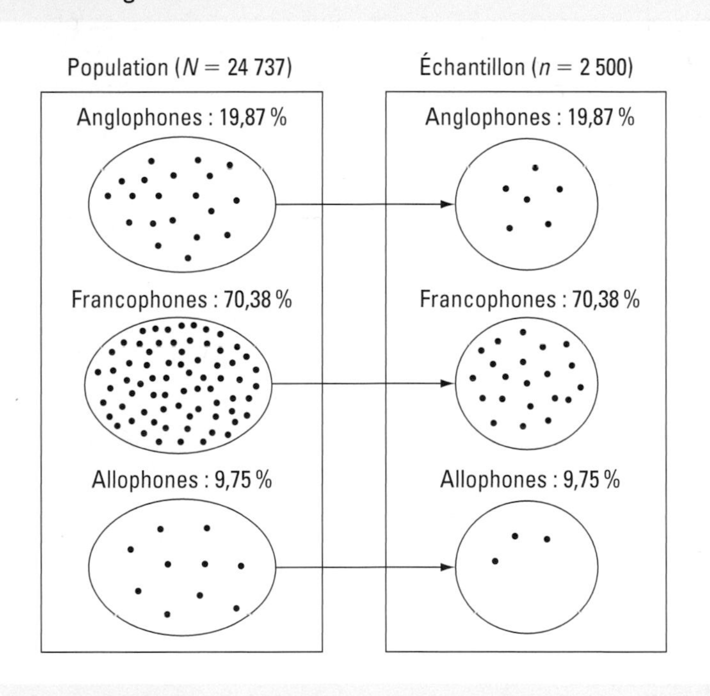

Avantage

La constitution de strates permet d'accroître l'efficacité de la méthode d'échantillonnage dans les cas où les critères dont il faut tenir compte sont faciles à utiliser et à observer et qu'ils sont étroitement liés au sujet de l'enquête.

Inconvénient

Pour utiliser cette méthode, il faut savoir à quelle strate appartient chacune des unités statistiques de la population, mais cette information est parfois difficile à obtenir.

Exercice

2.10 Dans le cadre d'une étude sur le taxage dans une école secondaire, vous avez décidé de prélever un échantillon d'environ 250 élèves. Vous avez opté pour un échantillonnage stratifié selon le niveau scolaire des élèves. Il y a 163 élèves en 1re secondaire, 145 en 2e, 135 en 3e, 110 en 4e et 95 en 5e. De quoi sera constitué votre échantillon ?

L'échantillonnage par grappes (ou amas)

Une grappe, ou un amas, est un sous-ensemble de la population dans lequel on trouve des unités provenant des différentes catégories qui la composent, contrairement aux strates, où chacune est constituée d'unités ayant une caractéristique commune. Dans une population, lorsque les renseignements varient beaucoup à l'intérieur de chaque grappe, mais peu d'une grappe à une autre, on peut utiliser un échantillonnage par grappes (ou amas). Une fois les grappes numérotées, l'échantillonnage par grappes consiste à prélever de façon aléatoire simple un certain nombre d'entre elles. Par la suite, on englobe dans l'échantillon toutes les unités incluses dans les grappes sélectionnées. Pour bien illustrer cette technique, il faut la comparer à l'achat d'une grappe de raisin à l'épicerie. Vous choisissez la grappe, mais, une fois que celle-ci est sélectionnée, vous prenez tous les raisins qui y sont attachés.

Échantillonnage par grappes (ou amas)
Méthode qui consiste à choisir de façon aléatoire un certain nombre de grappes.

Exemple 2.9 Sondage sur la construction d'un immeuble en copropriété dans le parc Bellevue (*suite*)

L'enquêteur a divisé la municipalité en 100 quartiers similaires selon la langue maternelle des électeurs. (La division en quartiers et la taille des différents quartiers sont présentées en annexe à la page 37.)

Il a ensuite numéroté les quartiers de 1 à 100. Finalement, il a choisi de façon aléatoire simple 10 des 100 numéros correspondant aux quartiers (*voir la figure 2.5*).

FIGURE 2.5

Échantillonnage par grappes (ou amas)

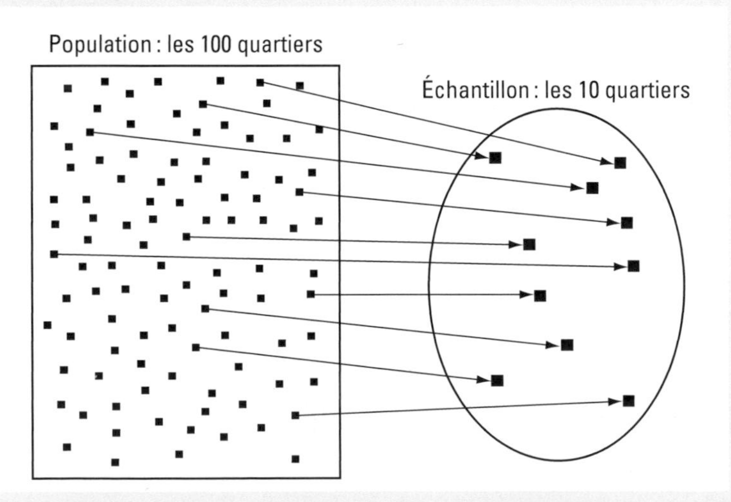

Par exemple, l'un des échantillons possibles pourrait être formé des quartiers 12, 23, 35, 42, 46, 57, 77, 89, 91 et 95. Dans ce cas, l'échantillon ainsi constitué serait de taille $n = 2\,448$.

D'autres échantillons pourraient être formés d'autres quartiers. Leur taille pourrait donc varier légèrement d'un échantillon à l'autre.

Avantages

Ce type d'échantillonnage constitue une façon de réduire les coûts, car il permet la création de grappes (groupes) d'unités échantillonnées, ce qui évite de disséminer l'échantillon sur l'ensemble du territoire. Il est ainsi plus facile de dresser la liste des grappes.

Inconvénients

L'échantillonnage par grappes entraîne une perte d'efficacité. En général, il vaut mieux sonder un grand nombre de petites grappes qu'un petit nombre de grandes grappes. En effet, comme les unités avoisinantes ont tendance à se ressembler, l'échantillon ne présente pas un éventail complet des opinions ou des situations de la population dans son ensemble. De plus, l'échantillonnage par grappes ne permet pas de contrôler totalement la taille finale de l'échantillon, car toutes les grappes ne possèdent pas le même nombre d'unités (par exemple, lorsque les grappes sont des usines ou des écoles).

Exercice

2.11 Le nombre d'employés dans chacune des 8 succursales de votre compagnie est de 135, 124, 120, 160, 152, 141, 155 et 128. Dans le cadre d'une étude portant sur les conditions de travail, vous avez opté pour un échantillonnage par grappes et choisi 3 succursales au hasard. Nommez quelques échantillons possibles et indiquez-en la taille.

Dans les sondages où l'on procède par échantillonnage aléatoire, il y a toujours des unités sélectionnées pour lesquelles on n'obtient pas de réponse pour cause d'absence, de refus de donner son opinion, etc. L'absence de réponse influe sur les résultats de l'étude et peut entraîner la sous-représentation de certains groupes (strates) de la population. Comme la taille de l'échantillon a une influence sur la marge d'erreur des estimations effectuées, il est important d'insister auprès de chacune des personnes ou unités statistiques sélectionnées pour obtenir une réponse afin de minimiser le nombre de non-répondants.

2.2.2 Les méthodes d'échantillonnage non aléatoire (ou non probabiliste)

Contrairement à ce qui se passait dans les méthodes précédentes, ici les unités qui composent l'échantillon ne sont **pas toutes** prises au hasard. Ces méthodes sont dites d'échantillonnage non aléatoire (ou non probabiliste). Pour qu'un échantillonnage soit considéré comme aléatoire, il faut absolument que **toutes** les unités soient choisies au hasard.

Échantillonnage non aléatoire (ou non probabiliste)
Méthode qui consiste à ne pas prélever toutes les unités au hasard.

L'échantillonnage accidentel (ou à l'aveuglette)

En ce qui concerne l'échantillonnage accidentel (ou à l'aveuglette), c'est un concours de circonstances qui fait qu'une unité intègre l'échantillon : elle s'est trouvée au bon endroit au bon moment. Toutes les unités qui n'avaient aucune raison d'être présentes ne pouvaient faire partie de cet échantillon. Les unités sont sélectionnées jusqu'à ce que la taille désirée soit atteinte. Cet échantillonnage ne représente habituellement pas la population cible, car on ne sélectionne que les

Échantillonnage accidentel (ou à l'aveuglette)
Méthode qui consiste à choisir les unités qui, par un concours de circonstances, se trouvent au bon endroit au bon moment.

unités d'échantillonnage auxquelles on peut facilement accéder. Ce type d'échantillonnage est notamment utilisé lors d'entrevues menées dans la rue ou dans un centre commercial.

Mise en situation

Exemple 2.10 Sondage sur la construction d'un immeuble en copropriété dans le parc Bellevue (*suite*)

L'enquêteur fait le tour des différents centres commerciaux de la municipalité et interroge 2500 électeurs au hasard.

L'échantillon ainsi constitué est de taille $n = 2500$.

Avantage

L'accès aux unités de la population est simple et rapide. C'est donc une méthode facile à utiliser.

Inconvénient

Cet échantillonnage n'est normalement pas représentatif de la population.

Exercice

2.12 À la sortie d'un grand magasin, vous avez interrogé 256 clients au sujet du service obtenu. Quelle méthode d'échantillonnage avez-vous utilisée et de quelle taille était l'échantillon ?

L'échantillonnage de volontaires

Échantillonnage de volontaires
Méthode qui consiste à choisir des volontaires pour constituer l'échantillon.

La méthode d'échantillonnage de volontaires est souvent utilisée pour des sondages commandés par les médias ou pour des expériences en psychologie ou en médecine. C'est l'unité qui décide de faire partie ou non de l'échantillon.

Mise en situation

Exemple 2.11 Sondage sur la construction d'un immeuble en copropriété dans le parc Bellevue (*suite*)

L'enquêteur participe à une émission d'une radio locale et demande aux électeurs de téléphoner pour donner leur opinion. La taille de l'échantillon ainsi constitué correspond au nombre d'électeurs qui ont téléphoné.

Avantages

On trouve toujours des volontaires pour constituer ce genre d'échantillon ; par conséquent, les coûts sont très faibles.

Inconvénient

Dans le cas d'un sondage d'opinion, par exemple, seules les personnes qui se soucient réellement de la question étudiée ont tendance à répondre. La majorité silencieuse ne répond généralement pas, ce qui génère un important biais sur le plan de la sélection et, par conséquent, sur les résultats de l'étude.

Exercice

2.13 Vous avez demandé à toutes les personnes qui visitaient votre site Internet de participer à un sondage maison. De ce nombre, 768 ont accepté votre invitation. Quelle méthode d'échantillonnage avez-vous utilisée et de quelle taille était l'échantillon ?

L'échantillonnage par quotas

L'échantillonnage par quotas est comparable à l'échantillonnage stratifié : les unités statistiques sélectionnées dans chaque strate se retrouvent selon les mêmes proportions dans l'échantillon et dans la population. La seule différence est que, pour atteindre son quota (nombre d'unités requis) dans chaque strate, l'enquêteur choisit lui-même de façon arbitraire les unités statistiques qui font partie de l'échantillon. En effectuant un échantillonnage par quotas, il est certain d'obtenir un nombre suffisant d'unités dans chaque strate de la population, car les non-répondants sont simplement remplacés par d'autres répondants faisant partie de la même strate.

Échantillonnage par quotas
Méthode qui consiste à choisir de façon arbitraire un nombre d'unités déterminé dans chaque strate.

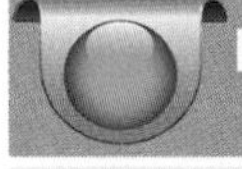

Exemple 2.12 Sondage sur la construction d'un immeuble en copropriété dans le parc Bellevue (*suite*)

Mise en situation

Croyant toujours que la langue maternelle peut avoir une influence sur l'opinion des électeurs, l'enquêteur les répartit selon leur langue maternelle (*voir la section «L'échantillonnage stratifié» à la page 27*).

Il choisit ensuite, à sa guise, 497 électeurs parmi les 4915 électeurs anglophones, 1760 électeurs parmi les 17411 électeurs francophones et 244 électeurs parmi les 2411 électeurs allophones.

Il remplace les non-répondants par des électeurs ayant la même langue maternelle.

L'échantillon ainsi constitué est de taille $n = 2501$.

L'enquêteur pourrait se servir de quotas en fonction de la taille des quartiers et du nombre d'électeurs de chacune des langues maternelles de chaque quartier. Par exemple, dans le quartier 1, représentant 0,98 % de la population, il pourrait, à sa guise, choisir 25 électeurs, dont 5 anglophones, 18 francophones et 2 allophones, ce qui correspond approximativement à la proportion d'anglophones, de francophones et d'allophones de ce quartier (*voir l'annexe à la page 37*).

TABLEAU 2.2 ▶ p. 27

Répartition des électeurs selon la langue maternelle

	Population		Échantillon
	Nombre d'électeurs	Répartition en pourcentage	Nombre d'électeurs
Anglophones	4915	19,87	497
Francophones	17411	70,38	1760
Allophones	2411	9,75	244
Total	24737	100,00	2501

Avantages

Il est facile de satisfaire aux objectifs en ce qui concerne la taille de l'échantillon. De plus, c'est une méthode peu coûteuse, facile à utiliser et qui respecte les proportions de la population.

Inconvénient

Les unités retenues ne sont pas nécessairement semblables à celles qui sont laissées de côté, ce qui peut avoir pour effet de biaiser les conclusions de l'étude.

Méthodes quantitatives en action

Claire Durand, **professeure titulaire**
Département de sociologie de l'Université de Montréal

Les « chiffres » sont omniprésents. Sans arrêt, on nous dit que les étudiants sont contre la hausse des frais de scolarité, que les Québécois sont défavorables à la politique x, mécontents du gouvernement, satisfaits de leur médecin de famille, etc. On nous propose une vision relativement homogène des opinions et des comportements des membres de la société et des groupes qui la composent. Ces statistiques sont souvent réductrices. C'est mon rôle, en tant que chercheuse en sciences sociales, de tenter de comprendre la portée réelle des analyses et d'expliquer les phénomènes plutôt que de simplement les décrire. Par exemple, si un sondage révèle que les Québécois sont insatisfaits du gouvernement, je cherche à expliquer **pourquoi.**

Par ailleurs, pour comprendre les phénomènes qui nous intéressent, il faut souvent faire ses propres enquêtes et analyses. Par exemple, pour comprendre l'effet d'une hausse des frais de scolarité sur la situation financière des étudiants, les méthodes de sondage et l'analyse quantitative des données doivent être utilisées. Des variables telles que le nombre d'heures travaillées, le revenu, le coût du loyer et le niveau d'endettement doivent être analysées. Les résultats d'une telle étude, si elle est menée rigoureusement, pourront aider les décideurs à mieux cibler les programmes d'aide financière aux étudiants.

Pour mener une étude statistique rigoureuse en sciences sociales, il faut donc bien connaître les méthodes, savoir quelles analyses faire dans quelles circonstances, bref, bien les étudier.

Exercice

2.14 Dans le cadre d'une étude portant sur la consommation de drogue dans une école secondaire, vous avez décidé d'interroger des élèves jusqu'à ce que vous ayez retenu 65 élèves de 1re secondaire, 58 de 2e, 54 de 3e, 44 de 4e et 38 de 5e. Quelle méthode d'échantillonnage avez-vous utilisée et de quelle taille était l'échantillon ?

L'échantillonnage au jugé

Échantillonnage au jugé
Méthode qui consiste à laisser à l'enquêteur le choix arbitraire des unités, selon son jugement.

La méthode de l'échantillonnage au jugé consiste à prélever les unités de l'échantillon parmi celles que l'on considère comme représentatives de la population. Ce jugement peut découler de l'expérience ou de l'analyse critique de la situation.

Mise en situation

Exemple 2.13 Sondage sur la construction d'un immeuble en copropriété dans le parc Bellevue (*suite*)

L'enquêteur décide de joindre 2500 électeurs qui sont soutiens de famille, car, selon lui, ces personnes ont une influence sur les autres membres du ménage.

Tout repose ici sur l'objectivité de l'enquêteur. Dans quelle mesure peut-on se fier à son jugement pour constituer un échantillon typique ?

Avantages

La réduction du coût, et parfois du temps nécessaire pour constituer l'échantillon, est considérable.

Inconvénient

L'échantillon choisi risque de refléter toutes les idées préconçues que pourrait avoir l'enquêteur, ce qui aurait pour effet de biaiser de façon importante les conclusions de l'enquête ou du sondage.

Exercice

2.15 Afin d'évaluer la qualité du service que vous offrez sur Internet, vous avez joint 100 clients ayant commandé vos produits au moins 1 fois par mois au cours des 12 derniers mois. Vous croyez que les informations recueillies auprès de ces clients vous permettront de bien préparer votre enquête auprès de l'ensemble de votre clientèle. Quelle méthode d'échantillonnage avez-vous utilisée et de quelle taille était l'échantillon ?

En conclusion, il faut toujours essayer de constituer un échantillon qui soit le plus représentatif possible de la population étudiée, puisque la validité des résultats et des conclusions de l'étude en dépend. Dans le cas d'un échantillonnage aléatoire, il existe des techniques statistiques permettant de vérifier la représentativité d'un échantillon. Le choix d'une méthode d'échantillonnage repose sur le jugement du chercheur et sur certains critères inhérents à l'objet de l'étude. La précision des résultats, le temps requis, l'importance de l'étude et le coût sont des facteurs qui peuvent influer sur le choix de la méthode d'échantillonnage.

Exercices

2.16 La direction d'une université désire connaître l'opinion des étudiants inscrits au baccalauréat sur la qualité des cours. Sachant que les étudiants de 1re année représentent 50 % de ceux qui sont inscrits au baccalauréat, ceux de 2e année, 30 %, et ceux de 3e année, 20 %, comment le chercheur constituera-t-il un échantillon stratifié de 250 étudiants du baccalauréat qui tienne compte de ces 3 niveaux ?

2.17 Une association compte 380 membres, numérotés de 1 à 380. On veut prélever 1 échantillon systématique de taille 20.

a) Quel sera le pas de l'échantillon systématique ?

b) Quels seront les numéros des autres unités de l'échantillon si le premier membre choisi porte le numéro 13 ?

2.18 Soit une population de 15 unités notées $X_1, X_2, \ldots, X_{15}$. Le pas de l'échantillon systématique est de 4. Tous les échantillons possibles auront-ils la même taille ? Justifiez votre réponse.

Exercices

Pour chacun des exercices suivants, déterminez la méthode d'échantillonnage employée.

2.19 Posté à l'entrée de la cafétéria de votre collège, vous interrogez les étudiants afin de connaître leur opinion sur les nouveaux menus offerts.

2.20 Afin de connaître le degré de satisfaction de ses patients concernant le temps d'attente, le CLSC d'une municipalité de la Montérégie demande à une maison de sondage de procéder à une évaluation de leur satisfaction. Pour ce faire, elle doit constituer un échantillon de patients en respectant la répartition selon l'âge : 20 % des patients sont âgés de 20 à moins de 30 ans, 65 %, de 30 à moins de 50 ans, et 15 %, de 50 ans et plus.

2.21 Afin de connaître le degré de satisfaction des clients dans les restaurants du Vieux-Québec, un chercheur effectue un sondage auprès des propriétaires des restaurants pouvant accueillir plus de 100 personnes.

2.22 Afin d'évaluer une nouvelle méthode d'établissement des horaires au collégial, la Fédération des cégeps interroge tous les étudiants de 5 programmes différents choisis au hasard.

2.23 Un cinéaste annonce qu'il a besoin de 40 figurants pour son prochain film. À la suite de cette annonce, 250 personnes se présentent. Le cinéaste donne un numéro à chacune d'elles et choisit au hasard ses 40 figurants.

2.24 Dans le but de former une table ronde pour discuter de la position du gouvernement fédéral au sujet des manifestations en Tunisie, en Égypte et en Algérie, un organisme prônant la paix lance un appel à tous les étudiants en sciences humaines qui ont déjà suivi au moins 2 cours d'histoire. Dix-sept personnes répondent à l'appel.

CAS PRATIQUE

Le téléphone cellulaire au collégial

Dans le cadre de son étude *Le téléphone cellulaire au collégial,* Kim détermine la population, l'unité statistique et l'échantillon. Voyez à la page 299 la façon dont elle procède.

À RETENIR

	Définition	Avantages	Inconvénients
Méthodes d'échantillonnage aléatoire (ou probabiliste)			
Aléatoire simple	Chaque unité est choisie au hasard et a une chance égale d'être sélectionnée.	Inutile d'ajouter à la base de sondage d'autres données (par exemple, les régions géographiques) que celles que comprend la liste des membres de la population étudiée.	• Technique coûteuse et difficile à utiliser pour des populations importantes parce que toutes les unités doivent être identifiées et étiquetées avant l'échantillonnage. • Technique coûteuse également si des entrevues doivent être menées sur place et que l'échantillon est très dispersé géographiquement.
Systématique	La première unité est choisie au hasard, et les autres sont prélevées à intervalle constant.	Sélection de l'échantillon facile à effectuer : un seul nombre aléatoire, choisi au hasard, est obtenu, le reste de l'échantillon étant choisi de façon automatique.	Possibilité que les échantillons ne représentent pas la population s'il existe, dans la façon d'ordonnancer la liste de la population, un cycle qui coïncide avec l'intervalle d'échantillonnage.
Stratifié	Toutes les unités sont choisies au hasard dans chaque strate de la population. Le nombre d'unités par strate est déterminé selon les proportions relatives de chaque strate définie dans la population.	Les strates accroissent l'efficacité de la méthode d'échantillonnage dans les cas où les critères dont il faut tenir compte sont faciles à utiliser et à observer et qu'ils sont étroitement liés au sujet de l'enquête.	Obligation de savoir à quelle strate appartient chacune des unités statistiques de la population, information parfois difficile à obtenir.
Par grappes (ou amas)	Toutes les grappes sont choisies au hasard, puis toutes les unités de la grappe sont retenues.	• Coûts faibles, car on évite la dissémination de l'échantillon sur l'ensemble du territoire. • Plus facile de dresser la liste des grappes.	• Perte d'efficacité : il vaut mieux sonder beaucoup de petites grappes que peu de grandes grappes, car les unités avoisinantes ayant tendance à se ressembler, l'échantillon ne présente pas un éventail complet des opinions ou des situations de la population. • Impossibilité de contrôler totalement la taille de l'échantillon, car toutes les grappes n'ont pas le même nombre d'unités.
Méthodes d'échantillonnage non aléatoire (ou non probabiliste)			
Accidentel (ou à l'aveuglette)	Toutes les unités choisies se sont trouvées, par un concours de circonstances, au bon endroit au bon moment.	Accès simple et rapide aux unités de la population.	Échantillonnage habituellement non représentatif de la population cible, car on ne sélectionne que les unités d'échantillonnage auxquelles on peut avoir accès facilement.
De volontaires	Toutes les unités choisies sont celles qui se sont portées volontaires pour l'étude statistique.	• Facile de trouver des volontaires pour constituer ce genre d'échantillon. • Coûts très faibles.	Seules les personnes qui se soucient réellement de la question étudiée ont tendance à répondre, ce qui génère un important biais sur le plan de la sélection.
Par quotas	Les unités sont sélectionnées de façon arbitraire dans chaque strate de manière à atteindre le quota fixé.	• Facile d'obtenir la taille d'échantillon voulue. • Méthode peu coûteuse, facile à utiliser et qui respecte les proportions de la population.	Les unités retenues ne sont pas nécessairement semblables à celles qui sont laissées de côté, ce qui peut biaiser les conclusions de l'étude.
Au jugé	Toutes les unités sont sélectionnées par l'enquêteur, selon son jugement.	Importante réduction du coût, et parfois du temps nécessaire pour constituer l'échantillon.	L'échantillon choisi risque de refléter les idées préconçues que pourrait avoir l'enquêteur, ce qui peut biaiser les conclusions de l'étude.

Exercices récapitulatifs

Pour chacun des exercices suivants, déterminez :

a) la population visée ;

b) la taille de la population, s'il y a lieu ;

c) l'unité statistique ;

d) l'échantillon ;

e) la taille de l'échantillon ;

f) la méthode d'échantillonnage utilisée. Dites s'il s'agit d'une méthode d'échantillonnage aléatoire ou non aléatoire. Justifiez votre réponse.

2.25 La santé des Canadiens

En 2010, 20,8 % des Canadiens étaient encore fumeurs, 37,3 % portaient toujours un casque de vélo et 6,5 % avaient un trouble de l'humeur. Voilà quelques éléments qui ressortent de l'*Enquête sur la santé dans les collectivités canadiennes* réalisée en 2010 auprès de 65 000 Canadiens âgés de 12 ans et plus[10].

2.26 Qu'en pense le monde ?

« Dévoilant le plus vaste sondage jamais mené dans le monde (53 749 personnes provenant de 68 pays, dont le Canada, les États-Unis, la Grande-Bretagne, la France, le Pakistan, Israël, l'Indonésie, l'Argentine, le Cameroun et la Russie), Léger Marketing et Gallup International Association livrent et analysent l'opinion de citoyens du monde sur les grands enjeux d'aujourd'hui[11]. »

2.27 Les PME et le Web

Selon l'enquête NetPME 2011 effectuée auprès de 1 000 dirigeants de PME québécoises employant de 5 à 499 personnes, 14,3 % des PME québécoises branchées utilisent des applications du Web dans leurs stratégies de communication et de marketing[12]. Le répondant retenu était le dirigeant de l'entreprise, propriétaire ou responsable de l'administration, des TIC, des communications ou du marketing.

2.28 Le jeu, une tendance exponentielle

Un sondage Léger Marketing réalisé en février 2010 auprès de 1 002 répondants québécois âgés de 18 ans et plus conclut : « Au Québec, une personne sur sept joue au poker et 5 % ont déjà joué en ligne sur un site Internet. Cela représente environ 285 000 personnes, dont une majorité de 18 à 34 ans. Et la tendance est exponentielle[13]. »

« LES CHIFFRES SONT AUX ANALYSTES CE QUE LES LAMPADAIRES SONT AUX IVROGNES : ILS FOURNISSENT BIEN PLUS UN APPUI QU'UN ÉCLAIRAGE. »

JEAN DION

10. Statistique Canada. (2010). *Enquête sur la santé dans les collectivités canadiennes*. [En ligne]. www5.statcan.gc.ca/subject-sujet/result-resultat.action?pid=2966&id=2968&lang=fra&type=CST&pageNum=1&more=0 (page consultée le 3 février 2012).

11. Léger Marketing. (2006). « L'opinion du monde », communiqué, Montréal, Éditions Transcontinental.

12. Centre facilitant la recherche et l'innovation dans les organisations (CEFRIO). (Octobre 2011). *NetPME 2011 – L'utilisation des TIC par les PME canadiennes et québécoises*. [En ligne]. www.cefrio.qc.ca/fileadmin/documents/Publication/NetPME_2011_Utilisation_des_TIC-HW.pdf (page consultée le 3 février 2012).

13. Léger, Jean-Marc. (17 février 2010). « Jouer pour gagner », *Journal de Montréal*, p. 25.

Annexe

Le tableau suivant fournit des renseignements complémentaires aux exemples 2.6 à 2.13.

TABLEAU 2.3

Division de la municipalité en 100 quartiers (Q) et répartition des électeurs selon la langue maternelle

	Anglophones	Francophones	Allophones	Total		Anglophones	Francophones	Allophones	Total
Q-1	45	174	24	243	Q-51	50	174	24	248
Q-2	45	177	27	249	Q-52	54	171	21	246
Q-3	45	170	20	235	Q-53	47	176	26	249
Q-4	52	179	29	260	Q-54	54	176	26	256
Q-5	47	176	26	249	Q-55	47	171	21	239
Q-6	49	171	21	241	Q-56	54	171	21	246
Q-7	53	177	27	257	Q-57	51	170	20	241
Q-8	46	173	23	242	Q-58	50	171	21	242
Q-9	51	171	21	243	Q-59	46	171	21	238
Q-10	53	175	25	253	Q-60	47	173	23	243
Q-11	49	173	23	245	Q-61	53	172	22	247
Q-12	46	172	22	240	Q-62	45	176	26	247
Q-13	48	177	27	252	Q-63	46	170	20	236
Q-14	47	178	28	253	Q-64	46	173	23	242
Q-15	45	179	29	253	Q-65	47	176	26	249
Q-16	47	174	24	245	Q-66	51	172	22	245
Q-17	54	173	23	250	Q-67	51	176	26	253
Q-18	52	174	24	250	Q-68	45	172	22	239
Q-19	46	170	20	236	Q-69	51	170	20	241
Q-20	47	174	24	245	Q-70	48	170	20	238
Q-21	47	176	26	249	Q-71	50	174	24	248
Q-22	47	179	29	255	Q-72	46	173	23	242
Q-23	53	178	28	259	Q-73	45	174	24	243
Q-24	46	173	23	242	Q-74	54	176	26	256
Q-25	50	179	29	258	Q-75	47	171	21	239
Q-26	45	177	27	249	Q-76	47	174	24	245
Q-27	52	176	26	254	Q-77	53	172	22	247
Q-28	49	176	26	251	Q-78	50	172	22	244
Q-29	46	176	26	248	Q-79	52	177	27	256
Q-30	48	179	29	256	Q-80	53	170	20	243
Q-31	46	170	20	236	Q-81	51	171	21	243
Q-32	54	171	21	246	Q-82	50	172	22	244
Q-33	48	177	27	252	Q-83	54	178	28	260
Q-34	51	173	23	247	Q-84	45	172	22	239
Q-35	47	171	21	239	Q-85	45	175	25	245
Q-36	50	177	27	254	Q-86	53	175	25	253
Q-37	54	173	23	250	Q-87	53	177	27	257
Q-38	52	174	24	250	Q-88	52	179	29	260
Q-39	47	171	21	239	Q-89	50	170	20	240
Q-40	49	176	26	251	Q-90	53	175	25	253
Q-41	50	179	29	258	Q-91	45	179	29	253
Q-42	48	170	20	238	Q-92	50	177	27	254
Q-43	48	173	23	244	Q-93	53	173	23	249
Q-44	45	172	22	239	Q-94	46	178	28	252
Q-45	49	179	29	257	Q-95	48	172	22	242
Q-46	45	177	27	249	Q-96	53	170	20	243
Q-47	45	179	29	253	Q-97	53	172	22	247
Q-48	54	171	21	246	Q-98	53	175	25	253
Q-49	46	175	25	246	Q-99	45	179	29	253
Q-50	52	174	24	250	Q-100	53	170	20	243
					Total	4 915	17 411	2 411	24 737

Chapitre 3

Les données

Objectifs d'apprentissage

- Concevoir un questionnaire.
- Déterminer la ou les variables à l'étude.
- Préciser le type de chaque variable.
- Déterminer le type d'échelle de mesure utilisée pour chaque variable.
- Différencier variable, donnée et série statistique.

Gertrude Mary Cox (1900-1978), statisticienne américaine

Gertrude Mary Cox s'est donné pour but de simplifier l'utilisation des statistiques pour ceux qui travaillaient en biologie et en agronomie. En 1947, elle créa la Société de biométrie. Trois ans plus tard, elle publia un ouvrage sur les plans d'expériences en statistiques avec la collaboration de William G. Cochran. Elle fut présidente de l'Association américaine des statisticiens en 1956 et de la Société de biométrie en 1968 et en 1969.

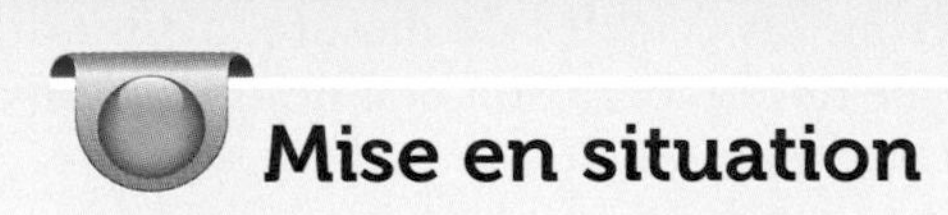

Mise en situation

Après avoir pris connaissance de son mandat, l'enquêteur à qui vous avez fait appel pour réaliser une étude portant sur le projet de construction d'un immeuble en copropriété dans le parc Bellevue a sélectionné les informations dont il avait besoin. Il a ensuite élaboré différentes questions à poser à un échantillon constitué d'environ 2500 électeurs. En plus de sonder l'opinion des électeurs sur ce projet, ses questions visent à tracer un portrait de la population du quartier et, notamment, des utilisateurs du parc.

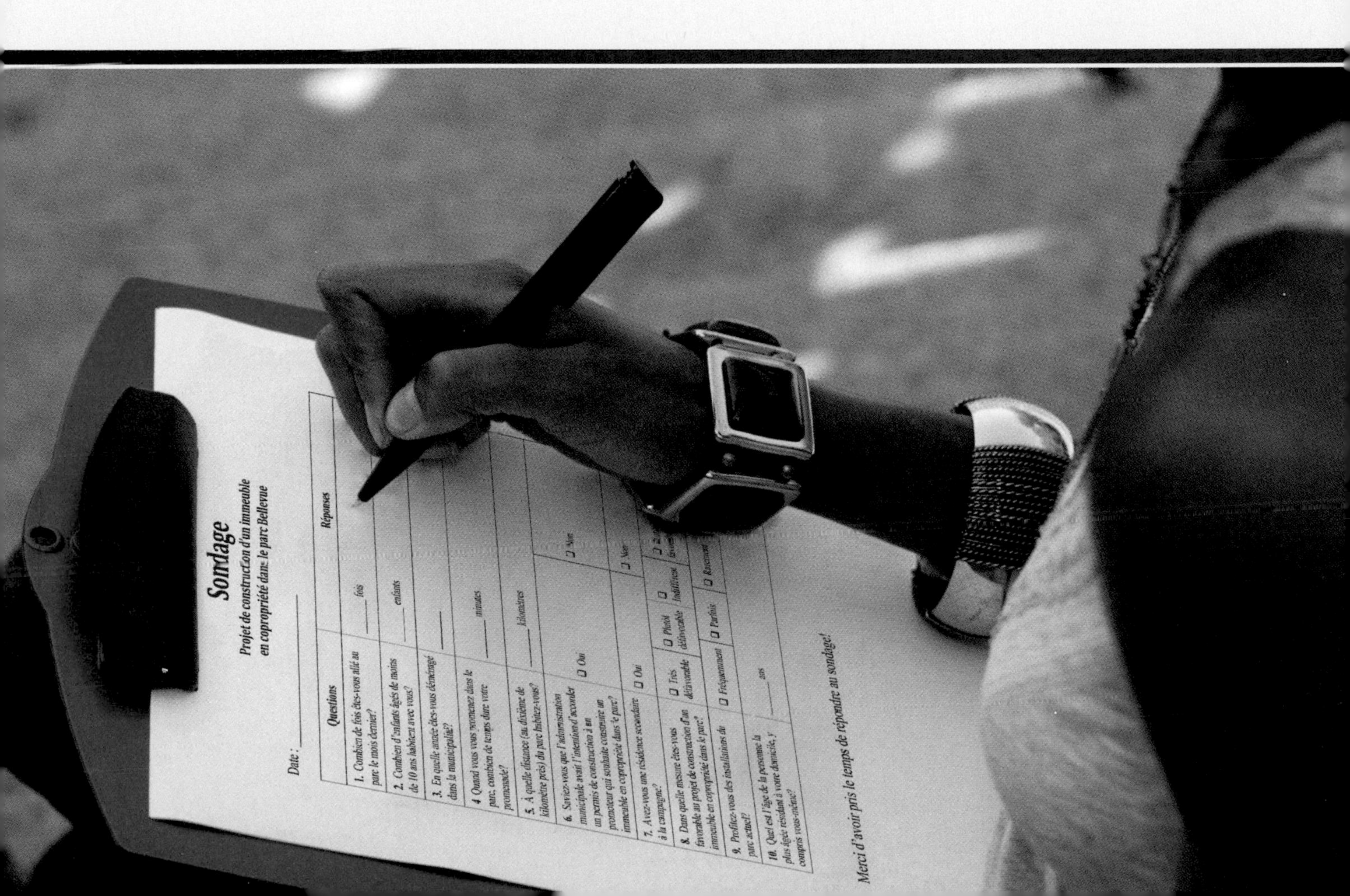

Après avoir précisé la population visée, le type de recherche (recensement ou sondage) et la méthode d'échantillonnage, il faut, d'une part, concevoir le questionnaire et, d'autre part, classifier les variables statistiques de l'étude dans deux grandes catégories, soit les variables quantitatives et les variables qualitatives, puis collecter les données. C'est ce que nous ferons dans la première partie de ce chapitre.

Dans la seconde partie, nous étudierons les échelles de mesure, c'est-à-dire les outils permettant de déterminer le type de comparaison que nous pouvons faire entre les diverses réponses obtenues aux questions.

Étude statistique

1. L'énoncé des hypothèses statistiques
2. **L'élaboration du plan de collecte des données**
   - La définition de la population, de l'unité statistique et de l'échantillon
   - La sélection des unités statistiques
   - **La conception du questionnaire**
   - **La détermination et la classification des variables statistiques**
   - **Le choix des échelles de mesure**
   - **La collecte des données**
3. Le dépouillement et l'analyse des données
4. L'inférence statistique

3.1 La conception du questionnaire

Le questionnaire est l'outil le plus souvent utilisé dans les sondages. Sa conception nécessite une bonne connaissance des objectifs visés. Il importe également de bien formuler les questions afin d'inciter le répondant à prendre le temps de répondre le plus honnêtement possible, ce qui vous permettra au final d'obtenir un meilleur taux de réponse.

Pour vérifier la représentativité des répondants, il faut poser des questions sur des sujets dont les résultats sont connus à propos de cette même population. Les questions d'identification doivent être placées au début et celles qui exigent une opinion personnelle, à la fin. Il faut limiter le nombre de questions ouvertes, c'est-à-dire les questions d'opinion qui ne proposent pas de choix de réponses.

En résumé, pour élaborer le questionnaire, il faut:

- cerner le sujet d'étude de façon précise;
- éviter toute question qui n'est pas absolument nécessaire;
- ne poser que des questions auxquelles la personne sera en mesure de répondre;
- prévoir des questions qui se recoupent pour pouvoir vérifier la fiabilité et la cohérence des réponses;
- formuler des questions claires, concises, neutres et précises.

Exemple 3.1 Sondage sur la construction d'un immeuble en copropriété dans le parc Bellevue

Dans le cadre de l'étude, l'enquêteur a posé les questions suivantes aux électeurs :

1. En quelle année êtes-vous déménagé dans la municipalité ?
2. Quel est l'âge de la personne la plus âgée résidant à votre domicile, y compris vous-même ?
3. Combien de fois êtes-vous allé au parc le mois dernier ?
4. Combien d'enfants âgés de moins de 10 ans habitent avec vous ?
5. Quand vous vous promenez dans le parc, combien de temps dure votre promenade ? (De 0 à moins de 15 minutes, de 15 à moins de 30 minutes, de 30 à moins de 60 minutes, 60 minutes et plus)
6. À quelle distance (au dixième de kilomètre près) du parc habitez-vous ?
7. Saviez-vous que l'administration municipale avait l'intention d'accorder un permis de construction à un promoteur qui souhaite construire un immeuble en copropriété dans le parc ?
8. Avez-vous une résidence secondaire à la campagne ?
9. Profitez-vous des installations du parc actuel ? (Fréquemment, occasionnellement, rarement, jamais)
10. Dans quelle mesure êtes-vous favorable au projet de construction d'un immeuble en copropriété dans le parc ? (Très défavorable, plutôt défavorable, indifférent, plutôt favorable, très favorable)

3.2 Les variables statistiques et les données

Une **variable statistique** correspond à une caractéristique étudiée au sujet d'une population donnée. Par exemple, dans le sondage présenté ci-dessus, l'enquêteur veut connaître le nombre d'enfants âgés de moins de 10 ans (caractéristique étudiée) vivant avec l'électeur (unité statistique). Dans ce cas, la variable à l'étude est le nombre d'enfants âgés de moins de 10 ans vivant avec l'électeur.

Variable statistique
Caractéristique étudiée au sujet d'une population donnée.

Au moment du sondage, il va sans dire que chaque unité statistique interrogée (en l'occurrence, chaque électeur) fournira une réponse à la question : « Combien d'enfants âgés de moins de 10 ans habitent avec vous ? » Comme *le nombre d'enfants âgés de moins de 10 ans* varie d'un électeur à l'autre, chaque réponse obtenue sera considérée comme une **donnée** de la variable. L'ensemble des réponses obtenues à la question, c'est-à-dire toutes les données obtenues sur une variable, constitue une **série statistique**. De même, parce que *le nombre de visites au parc, la distance entre le domicile et le parc, la fréquence d'utilisation du parc* et *l'opinion sur le projet de construction* varient d'un électeur à l'autre, on dit que *le nombre de visites au parc* est une variable, tout comme *la distance entre le domicile et le parc, le temps d'utilisation du parc* et *l'opinion sur le projet de construction.*

Donnée
Réponse (relative à une variable) obtenue de la part d'une unité statistique.

Série statistique
Ensemble des données obtenues sur une variable.

Pour chacune des unités statistiques de l'échantillon, on obtient une donnée sur la variable statistique étudiée. Le nombre de données recueillies au sujet d'une variable statistique est donc égal à la taille de l'échantillon.

Les variables se subdivisent en différentes catégories, présentées dans la figure 3.1.

FIGURE 3.1

Types de variables statistiques

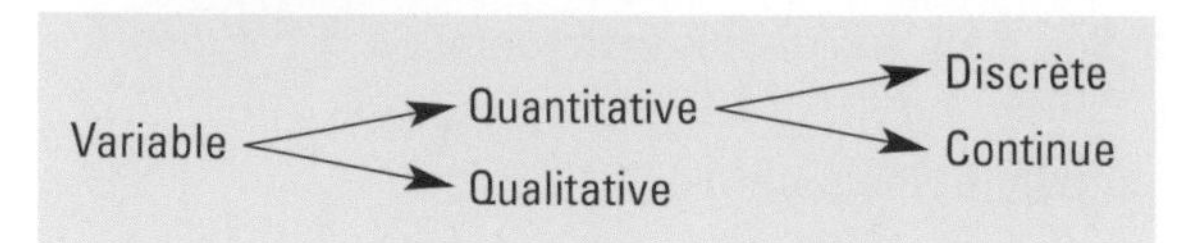

Variable quantitative
Variable pour laquelle les données obtenues sont des quantités numériques.

Variable quantitative discrète
Variable dont il est possible d'énumérer les valeurs.

Valeurs de la variable
Quantités numériques ou choix de réponses possibles dans l'ensemble des données d'une variable quantitative.

3.2.1 Les variables quantitatives

Une variable quantitative est une variable pour laquelle les données obtenues sont des quantités numériques. On distingue deux types de variables : discrète et continue.

Les variables quantitatives discrètes

Une variable quantitative est dite discrète lorsqu'il est possible d'énumérer les valeurs qu'elle peut prendre.

Exemple 3.2 Sondage sur la construction d'un immeuble en copropriété dans le parc Bellevue (*suite*)

Examinons les questions 1, 3 et 4 de l'exemple 3.1.

Question 1	En quelle année êtes-vous déménagé dans la municipalité ?
Variable	L'année où l'électeur est déménagé dans la municipalité.
Type de variable	Variable quantitative discrète. Les valeurs possibles ne sont que des nombres entiers, c'est-à-dire des années. Mais attention, si la question avait été : « À quel moment avez-vous déménagé dans le quartier ? », on aurait obtenu des réponses comme « à la mi-mars 2001 », « le 1er juillet 1992 » et même « le 7 juin 1987 à 17 h 45 ». Il n'aurait alors pas été concevable d'énumérer toutes les valeurs possibles de cette variable.
Donnée	Chaque réponse obtenue, soit 1960, 1982, 2009..., est une donnée.
Valeurs	Toutes les années possibles. (Cependant, on peut fixer un nombre minimal et un nombre maximal basés sur les valeurs obtenues.)
Série statistique	L'ensemble des réponses obtenues à la question portant sur l'année d'arrivée de l'électeur dans la municipalité.

Question 3	Combien de fois êtes-vous allé au parc le mois dernier ?
Variable	Le nombre de fois où l'électeur a fréquenté le parc le mois dernier.
Type de variable	Variable quantitative discrète. Les valeurs possibles ne sont que des nombres entiers.
Donnée	Chaque réponse obtenue, soit 2, 5, 5, 7, 4, 3, 0, 1..., est une donnée.
Valeurs	Tous les entiers supérieurs ou égaux à 0. (Cependant, on peut fixer un nombre maximal basé sur les valeurs obtenues dans le sondage.)
Série statistique	L'ensemble des réponses obtenues à la question portant sur le nombre de fois où l'électeur a fréquenté le parc le mois dernier.

Question 4	Combien d'enfants âgés de moins de 10 ans habitent avec vous ?
Variable	Le nombre d'enfants âgés de moins de 10 ans habitant avec l'électeur.
Type de variable	Variable quantitative discrète. Les valeurs possibles ne sont que des nombres entiers.
Donnée	Chaque réponse obtenue, soit 2, 1, 3, 0, 2, 3, 0, 1..., est une donnée.
Valeurs	Tous les entiers supérieurs ou égaux à 0. (Cependant, on peut fixer un nombre maximal basé sur les valeurs obtenues dans le sondage.)
Série statistique	L'ensemble des réponses obtenues à la question portant sur le nombre d'enfants âgés de moins de 10 ans habitant avec l'électeur.

Les variables quantitatives continues

Une variable quantitative est dite continue quand les données recueillies sont des quantités approximatives ou arrondies.

Variable quantitative continue
Variable pour laquelle les données recueillies sont des quantités numériques approximatives ou arrondies.

Il est impossible de connaître avec exactitude le poids d'une personne. C'est pourquoi on le mesure au centième de kilogramme près, au dixième de kilogramme près ou au kilogramme près. Ainsi, si le poids d'une personne est de 53,364 kg, la donnée recueillie au centième de kg près sera 53,36 kg, tandis qu'au dixième de kg près, ce sera 53,4 kg et, au kg près, 53 kg. Au kg près, tous les poids allant de 52,5 kg à moins de 53,5 kg seront arrondis à 53 kg. Au dixième de kg près, tous les poids allant de 53,35 kg à moins de 53,45 seront arrondis à 53,4 kg.

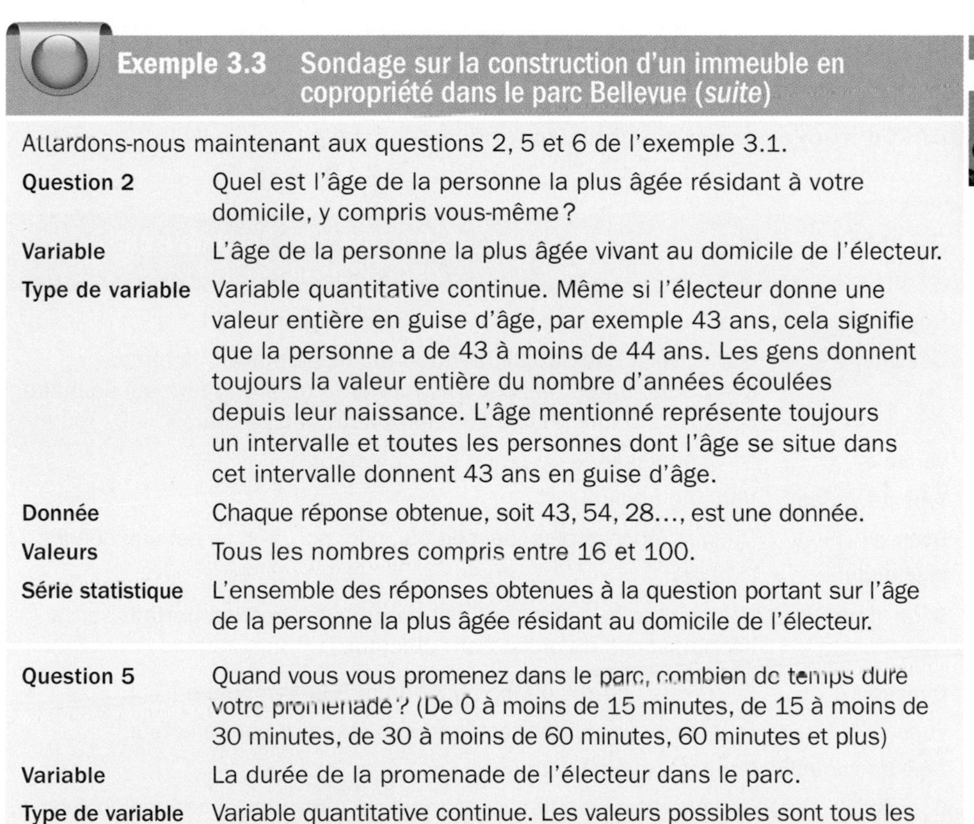

Exemple 3.3 Sondage sur la construction d'un immeuble en copropriété dans le parc Bellevue (*suite*)

Attardons-nous maintenant aux questions 2, 5 et 6 de l'exemple 3.1.

Question 2	Quel est l'âge de la personne la plus âgée résidant à votre domicile, y compris vous-même ?
Variable	L'âge de la personne la plus âgée vivant au domicile de l'électeur.
Type de variable	Variable quantitative continue. Même si l'électeur donne une valeur entière en guise d'âge, par exemple 43 ans, cela signifie que la personne a de 43 à moins de 44 ans. Les gens donnent toujours la valeur entière du nombre d'années écoulées depuis leur naissance. L'âge mentionné représente toujours un intervalle et toutes les personnes dont l'âge se situe dans cet intervalle donnent 43 ans en guise d'âge.
Donnée	Chaque réponse obtenue, soit 43, 54, 28..., est une donnée.
Valeurs	Tous les nombres compris entre 16 et 100.
Série statistique	L'ensemble des réponses obtenues à la question portant sur l'âge de la personne la plus âgée résidant au domicile de l'électeur.

Question 5	Quand vous vous promenez dans le parc, combien de temps dure votre promenade ? (De 0 à moins de 15 minutes, de 15 à moins de 30 minutes, de 30 à moins de 60 minutes, 60 minutes et plus)
Variable	La durée de la promenade de l'électeur dans le parc.
Type de variable	Variable quantitative continue. Les valeurs possibles sont tous les nombres situés entre 0 et un maximum à déterminer. Pour aider l'électeur, on lui offre un choix de réponses sous forme de classes.

Donnée	Chaque réponse obtenue (de 0 à moins de 15 minutes, de 30 à moins de 60 minutes, de 15 à moins de 30 minutes…) est une donnée.
Valeurs	De 0 à moins de 15 minutes, de 15 à moins de 30 minutes, de 30 à moins de 60 minutes, 60 minutes et plus.
Série statistique	L'ensemble des réponses obtenues à la question portant sur le temps que dure la promenade de l'électeur dans le parc.
Question 6	À quelle distance (au dixième de km près) du parc habitez-vous ?
Variable	La distance entre le parc et le domicile de l'électeur.
Type de variable	Variable quantitative continue. Les valeurs possibles sont tous les nombres situés entre 0 et un maximum à déterminer. Il faut comprendre que l'électeur donnera une valeur approximative. Ainsi, la réponse « 4,6 km » veut dire approximativement 4,6 km, mais elle signifie aussi que toutes les valeurs allant de 4,55 à moins de 4,65 km seront arrondies à 4,6 km.
Donnée	Chaque réponse obtenue, soit 0,5 ; 1,2 ; 2,3…, est une donnée.
Valeurs	Tous les nombres compris entre 0 et un maximum que l'on peut fixer en se basant sur les valeurs obtenues dans le sondage.
Série statistique	L'ensemble des réponses obtenues à la question portant sur la distance entre le parc et le domicile de l'électeur.

Variable qualitative
Variable pour laquelle les données obtenues sont des mots, symboles ou expressions ne correspondant pas à des quantités numériques.

Modalités
Réponses ou choix de réponses possibles dans l'ensemble des données d'une variable qualitative.

3.2.2 Les variables qualitatives

Une variable statistique est dite qualitative quand les données obtenues pour cette variable sont des mots, des symboles ou des expressions qui ne correspondent pas à des quantités numériques.

Les modalités d'une variable sont les différentes réponses ou choix de réponses que l'on trouve parmi l'ensemble des données.

Mise en situation

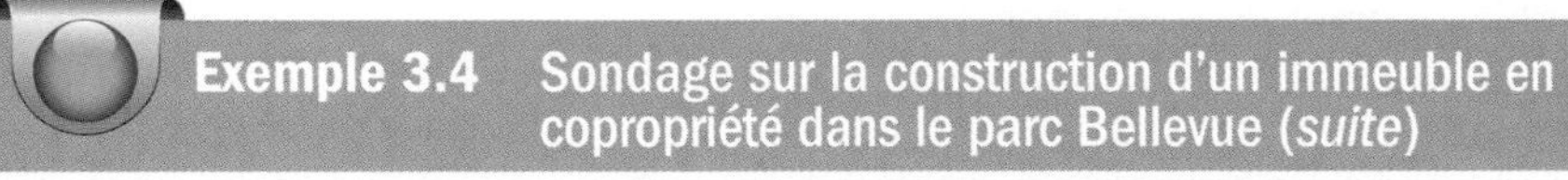
Exemple 3.4 Sondage sur la construction d'un immeuble en copropriété dans le parc Bellevue (*suite*)

Regardons maintenant les questions 7, 8, 9 et 10 de l'exemple 3.1.

Question 7	Saviez-vous que l'administration municipale avait l'intention d'accorder un permis de construction à un promoteur qui souhaite construire un immeuble en copropriété dans le parc ?
Variable	La connaissance du projet par l'électeur.
Type de variable	Variable qualitative.
Donnée	Chaque réponse obtenue, soit oui, non, non, non…, est une donnée.
Modalités	Oui, non.
Série statistique	L'ensemble des réponses obtenues à la question portant sur la connaissance du projet par l'électeur.
Question 8	Avez-vous une résidence secondaire à la campagne ?
Variable	La possession d'une résidence secondaire par l'électeur.
Type de variable	Variable qualitative.
Donnée	Chaque réponse obtenue, soit oui, oui, non, non…, est une donnée.
Modalités	Oui, non.
Série statistique	L'ensemble des réponses obtenues à la question portant sur la possession d'une résidence secondaire par l'électeur.

Question 9	Profitez-vous des installations du parc actuel? (Fréquemment, occasionnellement, rarement, jamais)
Variable	La fréquence d'utilisation du parc par l'électeur.
Type de variable	Variable qualitative.
Donnée	Chaque réponse obtenue, soit jamais, fréquemment, jamais, rarement, jamais, occasionnellement..., est une donnée.
Modalités	Fréquemment, occasionnellement, rarement, jamais.
Série statistique	L'ensemble des réponses obtenues à la question portant sur la fréquence d'utilisation du parc par l'électeur.

Question 10	Dans quelle mesure êtes-vous favorable au projet de construction d'un immeuble en copropriété dans le parc? (Très défavorable, plutôt défavorable, indifférent, plutôt favorable, très favorable)
Variable	L'opinion de l'électeur sur la construction d'un immeuble en copropriété dans le parc.
Type de variable	Variable qualitative.
Donnée	Chaque réponse obtenue, soit très favorable, indifférent, plutôt défavorable..., est une donnée.
Modalités	Très défavorable, plutôt défavorable, indifférent, plutôt favorable, très favorable.
Série statistique	L'ensemble des réponses obtenues à la question portant sur l'opinion de l'électeur sur la construction d'un immeuble en copropriété dans le parc.

Exercices

Pour chacune des situations présentées dans les exercices 3.1 à 3.6, déterminez:

a) la variable;

b) le type de variable;

c) les valeurs ou les modalités.

3.1 Dans un sondage effectué auprès des familles reconstituées du Québec, on a demandé combien d'enfants étaient issus d'unions antérieures.

3.2 Dans l'étude intitulée *Canada Board Index 2009*, Spencer Stuart dresse un portrait des 100 plus importantes entreprises canadiennes inscrites à la Bourse et dont les revenus sont supérieurs à 1 milliard[1]. L'étude s'intéresse notamment à la composition de leur conseil d'administration. Ainsi, en 2009, 19 % des conseils d'administration comptait 0 femme, 33 % en comptait 1, 28 % en comptait 2 et 22 % en comptait 3 ou plus.

3.3 Dans le cadre d'une étude portant sur le style de vie des Canadiens, Léger Marketing a prélevé un échantillon de 1 500 Canadiens âgés de 18 ans et plus. L'une des questions posées était: « En moyenne, combien d'heures dormez-vous par jour[2]? »

3.4 Pour effectuer une étude, Léger Marketing a prélevé un échantillon de 1 008 personnes de 18 ans et plus réparties dans toutes les régions du Québec. De ces répondants, 86 % ne demandent jamais ou rarement des sacs de plastique à la caisse lorsqu'ils font des achats, 10 % en demandent souvent, 3 % en demandent tout le temps et 1 % ont refusé de répondre[3].

1. Champoux-Paillé, Louise. (14 septembre 2010). *Une masse critique de femmes au sein des conseils: un signal fort de saine gouvernance,* MÉDAC, p. 4 et 6. [En ligne]. www.ccquebec.ca/imports/_uploaded/file/cf_masse.pdf (page consultée le 3 février 2012).

2. Presse Canadienne/Léger Marketing. (Octobre 2004). *Les styles de vie des Canadiens,* 15 p.

3. *Journal de Montréal*/Léger Marketing. (Janvier 2011). *Enquêtes sur les sacs réutilisables,* 12 p. [En ligne]. www.legermarketing.com/admin/upload/publi_pdf/020311_sacs_reutilisables.pdf (page consultée le 3 février 2012).

Exercices

3.5 Pour effectuer une étude, Léger Marketing a prélevé un échantillon de 1 501 Canadiens âgés de 18 ans et plus. L'une des questions posées était : « Parmi les groupes suivants, avec lequel vous est-il personnellement plus facile d'être honnête : les membres de la famille, des étrangers, des connaissances, des amis proches[4] ? ».

3.6 À la fin de la journée d'accueil des nouveaux étudiants en sciences humaines, votre collège a demandé à ceux qui étaient présents d'évaluer leur degré de satisfaction concernant cet accueil (très satisfait, satisfait, indifférent, peu satisfait, insatisfait).

3.3 Les échelles de mesure

Échelle de mesure
Outil servant à déterminer le type de comparaison que l'on peut effectuer entre les données.

Une échelle de mesure sert à déterminer le type de comparaison que l'on peut effectuer entre les données. Il existe quatre types de comparaisons, ou échelles de mesure, qui permettent :

- de classer la donnée dans une catégorie (échelle nominale) ;
- d'établir une relation d'ordre entre deux données (échelle ordinale) ;
- d'interpréter l'écart (différence) entre deux données (échelle d'intervalle) ;
- d'interpréter le rapport (quotient) entre deux données (échelle de rapport).

Le tableau 3.1 présente un extrait des données obtenues par l'enquêteur dans le cadre de la mise en situation présentée en début de chapitre.

Méthodes quantitatives en action

Nathalie Madore, chef du Service des statistiques et des sondages
Régie des rentes du Québec

La Régie des rentes du Québec est un organisme résolument tourné vers sa clientèle. La base de sa stratégie de service est la connaissance et la compréhension des personnes qui font affaire avec elle. Bien que la Régie utilise d'autres moyens pour atteindre ce but, les sondages et les analyses statistiques restent pour elle les meilleurs outils pour évaluer la satisfaction de sa clientèle, déterminer ses besoins et connaître ses attentes.

Combien de personnes seront touchées par un nouveau service ? Comment faire pour inciter les gens à modifier leurs comportements et à utiliser Internet plutôt que la poste pour faire une demande ? Sur quel sujet devrait porter la prochaine campagne d'information de la Régie ? Dans mon travail, j'aide l'organisme à trouver des réponses à toutes ces questions et à plusieurs autres en coordonnant la réalisation d'analyses statistiques de résultats de sondages ou de données administratives.

Mon équipe utilise aussi des méthodes perfectionnées, telles la régression et l'analyse en composantes principales, pour établir des relations entre différentes variables. Ces outils aident à prévoir les conséquences d'un changement touchant l'offre de service. Ils servent également à déterminer les strates de la population qui sont moins à l'aise avec un outil donné ou celles qui ont besoin de plus de renseignements pour pouvoir exercer correctement leurs droits.

Les méthodes d'analyse statistique sont des outils polyvalents qui permettent de comprendre et d'interpréter certains comportements, perceptions et intentions. Elles m'aident entre autres à acquérir les connaissances nécessaires pour que le service à la clientèle de la Régie soit à la hauteur des besoins et des attentes des citoyens et des citoyennes.

4. Presse Canadienne/Léger Marketing, *loc. cit.*

TABLEAU 3.1

Extrait des données obtenues par l'enquêteur

	Isabelle	Georges	William	Chloé	Laurence	Kamilia	Charles	Samir
Année du déménagement	1985	1982	1977	1993	2001	1988	2006	1968
Âge de la personne la plus âgée vivant au domicile de l'électeur	43	54	28	73	88	34	55	61
Nombre de visites au parc	6	8	2	3	4	11	9	5
Nombre d'enfants âgés de moins de 10 ans	2	1	0	3	2	1	1	0
Durée de la promenade	De 0 à moins de 15 min	De 15 à moins de 30 min	De 0 à moins de 15 min	De 30 à moins de 60 min	De 30 à moins de 60 min	60 min et plus	De 15 à moins de 30 min	De 0 à moins de 15 min
Distance entre le domicile et le parc	1,2 km	0,4 km	2,4 km	0,8 km	4,8 km	0,3 km	5,1 km	1,2 km
Au courant de la construction	Oui	Non	Oui	Oui	Non	Oui	Non	Oui
Possession d'une résidence secondaire	Oui	Non	Oui	Oui	Non	Oui	Non	Oui
Fréquence d'utilisation du parc	Fréquemment	Fréquemment	Occasionnellement	Rarement	Rarement	Fréquemment	Rarement	Occasionnellement
Opinion sur le projet de construction	Très défavorable	Très défavorable	Indifférent	Plutôt favorable	Très favorable	Plutôt défavorable	Très favorable	Plutôt favorable

3.3.1 L'échelle nominale

Quand on compare deux électeurs selon qu'ils possèdent ou non une résidence secondaire, on ne peut que mentionner la catégorie (modalité) à laquelle ils appartiennent. Les modalités ou les classes utilisées au moment de la collecte des données n'ont pas de relation d'ordre entre elles. Ainsi :

- Isabelle possède une résidence secondaire ;
- Georges n'en possède pas.

Comme il s'agit de la seule comparaison possible, on dit que la variable est fondée sur une échelle nominale.

Échelle nominale
Échelle servant à classer la donnée dans une catégorie.

3.3.2 L'échelle ordinale

Par contre, si l'on compare deux électeurs selon la fréquence de leur utilisation du parc, on peut préciser à quel niveau ils se situent et savoir qui des deux le fréquente le plus souvent. Puisqu'il existe une relation d'ordre entre les modalités de la variable, on peut classer les électeurs par ordre croissant selon la fréquence de leur utilisation. Ainsi, on peut comparer William et Kamilia de la façon suivante :

- William utilise le parc occasionnellement, alors que Kamilia le fait fréquemment ;
- la fréquence d'utilisation de Kamilia est plus élevée que celle de William.

Échelle ordinale
Échelle servant à établir une relation d'ordre entre deux données.

Il existe donc une relation d'ordre entre les fréquences d'utilisation du parc. Lorsqu'une telle relation existe, on dit que la variable est fondée sur une échelle ordinale.

3.3.3 L'échelle d'intervalle

Si l'on compare deux électeurs selon leur année d'arrivée dans la municipalité, on peut les classer par ordre croissant selon cette donnée, puisqu'il existe une relation d'ordre entre les valeurs de la variable. Ainsi, on peut dire que :

- Samir, qui a déménagé dans la municipalité en 1968, est arrivé avant Charles, qui y est arrivé en 2006 ;
- Samir est arrivé 38 ans avant Charles.

Échelle d'intervalle
Échelle servant à interpréter l'écart (différence) entre deux données.

Une différence de 38 ans entre deux données veut toujours dire que l'un des deux est arrivé 38 ans avant l'autre. Donc, des intervalles égaux entre deux données ont toujours la même signification. En effet, entre 1968 et 2006, il y a 38 ans d'écart. Il en est de même entre 1950 et 1988, et entre 1972 et 2010. Dans ce cas, la variable est fondée sur une échelle d'intervalle.

Zéro arbitraire
Valeur zéro qui ne signifie pas « absence de... ».

En utilisant l'année du déménagement dans la municipalité ou l'année de naissance des électeurs, on peut interpréter l'intervalle entre deux années ou deux dates. L'année du déménagement ou la date de naissance est une variable dont la valeur zéro est arbitraire. Ce zéro arbitraire ne signifie pas « absence de... ». On pourrait utiliser un point de départ autre que celui choisi par convention sans modifier les intervalles (différences) entre les données. Certaines variables, telles que la température, le quotient intellectuel, les résultats aux tests d'aptitude ou de personnalité, les coordonnées géographiques (latitude, longitude, altitude), ont un zéro arbitraire.

3.3.4 L'échelle de rapport

Si l'on compare deux électeurs selon la distance qui sépare leur domicile du parc, on peut les classer par ordre croissant selon cette distance, puisqu'il existe une relation d'ordre entre les valeurs de la variable. De plus, on peut évaluer l'écart entre les deux distances : la différence de 3,6 km entre les distances mentionnées par Isabelle et Laurence signifie que :

- Laurence est plus éloignée de 3,6 km du parc qu'Isabelle. Une différence de 3,6 km entre deux données a toujours la même signification ;
- la distance d'éloignement du parc de Laurence est quatre fois plus grande que celle d'Isabelle. Dans ce cas, le rapport (quotient) des deux données est de quatre. Un rapport de quatre entre deux distances a toujours la même signification. L'un des deux électeurs est quatre fois plus éloigné du parc que l'autre ;
- si l'on compare l'éloignement de William et de Chloé, le rapport est de trois. L'un des deux électeurs est trois fois plus éloigné du parc que l'autre. Un rapport de trois entre deux données a toujours la même signification.

Échelle de rapport
Échelle servant à interpréter le rapport (quotient) entre deux données.

Zéro absolu
Valeur zéro qui signifie « absence de... ».

Lorsque le rapport entre deux données d'une variable a toujours la même signification, on dit que cette variable est fondée sur une échelle de rapport. Par contre, un zéro relatif à la variable *Distance* signifie « absence de distance » : on dit alors que ce zéro est un vrai zéro, ou zéro absolu. Lorsque le zéro est un vrai zéro, on peut utiliser une échelle de rapport pour la variable.

Les données de certaines variables quantitatives, comme la durée de la promenade, sont souvent recueillies sous forme de classes. Dans ce cas, on peut dire dans quelle classe se situe la durée de la promenade de chaque électeur. Puisqu'il existe une relation d'ordre entre les classes de la variable, on peut classer les électeurs par ordre croissant selon cette durée. Ainsi, on dira que :

- Georges et Charles sont dans la même classe de durée de la promenade ;
- la durée de la promenade de Kamilia est plus grande que celle de William.

On aurait pu poser la question suivante aux électeurs : « Diriez-vous que la durée de votre promenade au parc est très courte, moyenne, longue ou très longue ? » Les classes éliminent la subjectivité du choix de réponses ; en effet, les termes « très courte », « moyenne », « longue » et « très longue » peuvent prendre une signification différente d'une personne à l'autre. Lorsqu'une variable repose sur des classes au moment de la collecte des données, on ne peut pas calculer l'intervalle (écart) entre deux données. On est donc limité à une échelle ordinale.

Alors, si nous reprenons chacune des 10 questions de l'exemple 3.1, nous pouvons résumer dans le tableau 3.2 les notions abordées jusqu'à présent.

TABLEAU 3.2

Résumé des notions abordées jusqu'à présent à l'aide des 10 questions du sondage

Variable	Données possibles	Type de variable	Échelle de mesure
1. L'année où l'électeur est déménagé dans la municipalité.	1960, 1982, 2009...	Quantitative discrète	Intervalle
2. L'âge de la personne la plus âgée vivant au domicile de l'électeur.	43, 54, 28...	Quantitative continue	Rapport
3. Le nombre de fois où l'électeur a fréquenté le parc le mois dernier.	2, 5, 5, 7, 4, 3, 0, 1...	Quantitative discrète	Rapport
4. Le nombre d'enfants âgés de moins de 10 ans habitant avec l'électeur.	2, 1, 3, 0, 2, 3, 0, 1...	Quantitative discrète	Rapport
5. La durée de la promenade de l'électeur dans le parc.	De 0 à moins de 15 min, de 30 à moins de 60 min, de 15 à moins de 30 min...	Quantitative continue	Ordinale
6. La distance entre le parc et le domicile de l'électeur.	0,5 ; 1,2 ; 2,3...	Quantitative continue	Rapport
7. La connaissance du projet par l'électeur.	Oui, non, non, non...	Qualitative	Nominale
8. La possession d'une résidence secondaire par l'électeur.	Oui, oui, non, non...	Qualitative	Nominale
9. La fréquence d'utilisation du parc par l'électeur.	Jamais, fréquemment, jamais, rarement, jamais, occasionnellement...	Qualitative	Ordinale
10. L'opinion de l'électeur sur la construction d'un immeuble en copropriété dans le parc.	Très favorable, indifférent, plutôt défavorable...	Qualitative	Ordinale

Exercices

Voici quelques questions posées dans différents sondages à des étudiants de niveau collégial. Pour chacun des exercices 3.7 à 3.13, déterminez :

a) la variable ;

b) le type de variable ;

c) les valeurs ou les modalités ;

d) l'échelle de mesure utilisée pour étudier la variable.

3.7 Lequel des énoncés suivants correspond le mieux à votre situation : « Vous avez un poids trop élevé par rapport à votre taille », « Vous avez un poids santé », « Vous avez un poids trop faible par rapport à votre taille[5] » ?

3.8 Parmi les médias suivants, lequel préférez-vous pour suivre l'évolution des conflits en Afrique du Nord : la télévision, la radio, la presse quotidienne, la presse hebdomadaire, Internet[6] ?

3.9 Au cours de la dernière année, avec combien d'établissements financiers avez-vous fait affaire pour vos opérations bancaires comme les dépôts et les prêts ?

3.10 En quelle année avez-vous obtenu votre permis de conduire ?

3.11 Si vous aviez à accorder une note sur 100, quelle serait votre appréciation globale du film *Incendies* de Denis Villeneuve ?

3.12 L'interdiction d'utiliser le cellulaire au volant d'une voiture est-elle justifiée ? (En accord, indifférent, en désaccord)

3.13 Combien d'heures avez-vous consacrées à l'exercice physique, y compris les sports, au cours des 7 derniers jours ?

3.14 Est-il vrai de dire :

a) qu'une série statistique est l'ensemble des données obtenues ?

b) que le nombre de modalités relatives à une variable est en général inférieur au nombre de données relatives à cette même variable ?

c) qu'une variable quantitative est une réponse qui représente une valeur numérique ?

Si vous pensez que l'un ou l'autre des énoncés précédents est faux, justifiez votre réponse.

CAS PRATIQUE

Le téléphone cellulaire au collégial

Dans le cadre de son étude « Le téléphone cellulaire au collégial », Kim a déterminé les variables étudiées et les échelles de mesure utilisées pour les questions A, C, D, E, G et L : « De quel sexe êtes-vous ? », « La semaine dernière, combien de minutes avez-vous consacrées à faire ou à recevoir des appels avec votre cellulaire ? », « Est-il important pour vous de posséder un cellulaire ? », « Qu'est-ce qui a influencé ou motivé l'achat de votre cellulaire ? », « Le mois dernier, à combien s'élevaient les frais d'utilisation de votre cellulaire ? » et « Combien d'appels avez-vous faits ou reçus le mois dernier ? ». Voyez à la page 299 la façon dont Kim procède. À vous maintenant de déterminer ces éléments pour les autres questions.

5. *Le Devoir*/Léger Marketing. (Avril 2004). *Perceptions des Québécoises et Québécois à l'égard du contrôle de l'obésité,* 6 p.

6. Presse Canadienne/Léger Marketing. (Août 2005). *La perception des Canadiens à l'égard des médias,* 11 p.

À RETENIR

	Définition ou caractéristique
Variable statistique	**Caractéristique étudiée au sujet d'une population donnée.**
Variable quantitative	Variable pour laquelle les données obtenues sont des quantités numériques.
Variable quantitative discrète	Variable dont il est possible d'énumérer les valeurs.
Variable quantitative continue	Variable pour laquelle les données recueillies sont des quantités numériques approximatives ou arrondies.
Variable qualitative	Variable pour laquelle les données obtenues sont des mots, des symboles ou des expressions qui ne correspondent pas à des quantités numériques.
Échelle de mesure	**Échelle servant à déterminer le type de comparaison que l'on peut effectuer entre les données.**
Échelle nominale	Aucune comparaison entre les données.
Échelle ordinale	Relation d'ordre entre les données.
Échelle d'intervalle	• Relation d'ordre entre les données. • Écart significatif entre deux données. • Zéro arbitraire ne signifie pas « absence de ».
Échelle de rapport	• Relation d'ordre entre les données. • Écart significatif entre deux données. • Zéro absolu signifie « absence de ». • Rapport (ou quotient) significatif entre deux données.

Types de variables statistiques et échelles de mesure le plus souvent utilisées

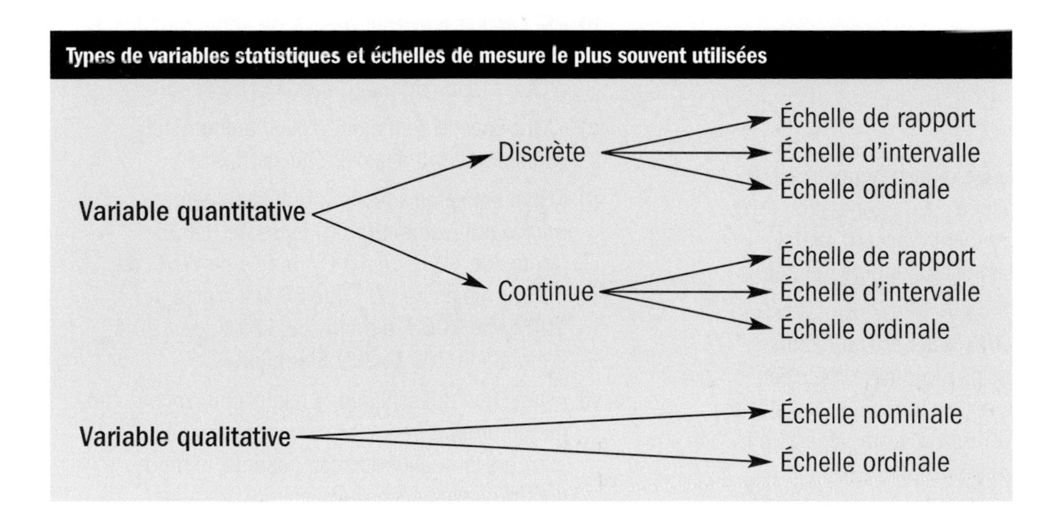

Exercices récapitulatifs

3.15 Parmi les 5 thèmes suggérés, choisissez-en 1 à partir duquel vous formulerez 4 questions couvrant les 2 grands types de variables et les 4 types d'échelles.

Thème A : La sortie d'un nouveau film

Thème B : L'Association générale des étudiants de votre collège

Thème C : Les produits biologiques

Thème D : Les faillites personnelles

Thème E : Cégep en spectacle

Pour chacune des questions formulées, précisez :

a) la variable ;

b) le type de variable ;

c) les modalités ou les valeurs de la variable ;

d) l'échelle de mesure.

3.16 Le choc des générations

Léger Marketing a réalisé une étude auprès de 5 002 Québécoises et Québécois pouvant s'exprimer en français ou en anglais. Les entrevues en ligne ont été faites en janvier 2008[7].

Pour chacune des questions de ce sondage, déterminez :

- la variable ;
- le type de variable ;
- l'échelle de mesure.

a) « Je trouve injuste que les jeunes héritent d'une planète largement polluée par la génération des baby-boomers. (Entièrement d'accord, plutôt d'accord, plutôt en désaccord, entièrement en désaccord) »

b) Parmi les 5 002 Québécoises et Québécois interrogés, 1 338 font partie du groupe des baby-boomers. La question suivante leur a été posée : « Comparativement à votre génération lorsque vous aviez le même âge, est-il beaucoup plus facile, plus facile, plus difficile ou beaucoup plus difficile pour les jeunes d'aujourd'hui de se trouver un bon travail ? »

c) 2 318 baby-boomers ont répondu à la question suivante : « Dans la vingtaine, auriez-vous aimé quitter le Québec pour aller travailler à l'étranger et y demeurer pour plusieurs années ? (Oui, non) »

d) 2 684 jeunes ont répondu à la question suivante : « Aimeriez-vous quitter le Québec pour aller travailler à l'étranger et y demeurer pour plusieurs années ? (Oui, non) »

3.17 L'Institut pour l'éducation financière du public a réalisé une étude sur l'argent et les problématiques financières[8]. Pour ce faire, il a procédé par appel téléphonique auprès d'un échantillon représentatif de la population. Cet échantillon était composé de 803 jeunes Français âgés de 15 à 20 ans, construit selon la méthode des quotas en respectant l'âge et l'activité (étudiant, travailleur, sans travail) de la personne.

Voici un extrait de quelques questions posées dans cette étude :

a) « Utilisez-vous Internet ? (Très souvent, assez souvent, assez rarement, jamais) »

b) « Si l'argent n'existait pas, la vie serait plus facile. (Tout à fait d'accord, plutôt d'accord, plutôt pas d'accord, pas du tout d'accord, NSP) »

c) « Avez-vous le sentiment d'avoir aujourd'hui suffisamment d'argent ? (Oui, non, NSP) »

d) « Quel est selon vous le prix moyen même approximativement [d'un] jeans de marque ? (Moins de 40 €, de 40 € à moins de 60 €, de 60 € à moins de 80 €, de 80 € à moins de 100 €, de 100 € à moins de 120 €, de 120 € à moins de 200 €, 200 € et plus) »

e) « Qu'est-ce qui explique le mieux pour vous qu'un même produit peut être cher ou bon marché ? (La marque, la qualité des composants, la mode, le coût du travail nécessaire pour le produire [...]) »

7. Léger Marketing. (Janvier 2008). *Le choc des générations.*

8. Institut pour l'éducation financière du public. (Novembre 2006). *Étude sur l'argent et les problématiques financières auprès des jeunes 15-20 ans.* [En ligne]. www.lafinancepourtous.com/IMG/pdf/Etudejeunescomplete-IEFP.pdf (page consultée le 3 février 2012).

Exercices récapitulatifs

f) « Concernant la manière dont vous vous organisez avec votre argent, quelle est la situation qui vous correspond le mieux ? (Vous dépensez au fur et à mesure et vous voyez après, vous faites un budget en prévoyant vos dépenses en fonction de l'argent que vous avez, aucune des deux) »

g) « Mettez-vous de l'argent de côté ? (Oui, non) »

h) «Vous mettez de l'argent de côté surtout... (Pour plus tard, pour préparer un projet, une grosse dépense, par sécurité, pour toucher les intérêts, le faire fructifier, pour une autre raison) »

À partir de ces informations, déterminez :

- l'objet de l'étude ;
- la population visée ;
- l'unité statistique ;
- l'échantillon ;
- la méthode d'échantillonnage ;
- les différentes variables.

Pour chacune de ces variables, déterminez le type de variable et l'échelle de mesure utilisée.

« À LA QUESTION : "FAITES-VOUS CONFIANCE AUX SONDAGES ?", 64 % ONT RÉPONDU OUI ET 59 % ONT DIT NON. »

PHILIPPE GELUCK

Chapitre 4

La description statistique des données : les variables quantitatives

Objectifs d'apprentissage

- Présenter les données relatives à une variable quantitative sous forme de tableau.
- Présenter les données relatives à une variable quantitative sous forme de graphique.
- Calculer et interpréter les mesures de tendance centrale : mode, médiane et moyenne.
- Calculer et interpréter les mesures de dispersion : étendue, écart type et coefficient de variation.
- Calculer et interpréter les mesures de position : quantile et cote *z*.
- Analyser dans son ensemble une variable quantitative discrète.
- Analyser dans son ensemble une variable quantitative continue.
- Utiliser le logiciel Excel pour faire l'analyse d'une variable quantitative.

Sir Cyril Burt (1883-1971), psychologue anglais

Sir Cyril Burt fut le psychologue officiel du London County Council, responsable de l'application et de l'interprétation des tests mentaux dans les écoles de Londres. Spécialiste de la statistique psychologique, il succéda à Charles Spearman à la chaire du University College de Londres (1932-1950).

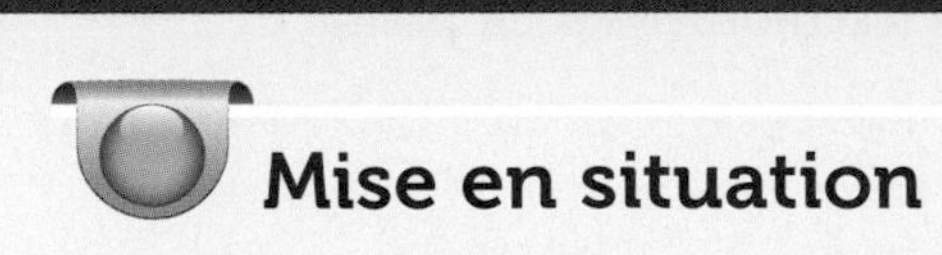

Mise en situation

Le nombre d'échecs et la cote *R* sont deux critères utilisés pour l'admission des étudiants dans certains programmes universitaires contingentés. Afin de comprendre ces deux critères, vous avez décidé de réaliser une étude. Pour ce faire, vous avez prélevé un échantillon de 350 étudiants de niveau collégial préuniversitaire ayant présenté une demande d'admission au baccalauréat dans les universités québécoises.

Après avoir déterminé les variables à l'étude et, le cas échéant, conçu le questionnaire, il faut procéder à la collecte des données auprès des unités statistiques. Une fois les données recueillies, on doit les présenter sous forme de tableau ou de graphique et les analyser à l'aide de différentes mesures. Puisque, dans le cas des variables quantitatives, il est possible d'aborder toutes les mesures et de voir le lien existant entre elles en effectuant l'étude globale d'une variable, nous les aborderons en premier.

Étude statistique

1. L'énoncé des hypothèses statistiques
2. L'élaboration du plan de collecte des données
3. Le dépouillement et l'analyse des données
   - La présentation des données sous forme de tableau ou de graphique
   - Le calcul et l'interprétation des mesures de tendance centrale, de dispersion et de position
4. L'inférence statistique

4.1 Les variables quantitatives discrètes

Pour chacune des variables étudiées, la série de données recueillies auprès des unités statistiques d'un échantillon (ou d'une population) s'appelle « série statistique », ou « série de données brutes » de la variable.

Nous verrons comment présenter ces données sous forme de tableau ou de graphique et comment interpréter certaines mesures calculées à partir des données collectées. Dans cette première partie du chapitre, nous analyserons la variable quantitative discrète « Nombre d'échecs au dossier de l'étudiant ».

4.1.1 La présentation des données sous forme de tableau

La présentation sous forme de tableau consiste à classer les données selon leur valeur. Ce type de classement se nomme « répartition », ou « distribution », d'une série de données brutes.

Mise en situation

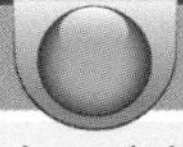

Exemple 4.1 Les demandes d'admission à l'université

Les échecs inscrits au dossier scolaire collégial nuisent-ils à la demande d'admission au baccalauréat à l'université ?

Dans le cadre de votre étude sur les demandes d'admission au baccalauréat faites dans les universités québécoises par des étudiants de niveau collégial préuniversitaire, vous avez pris note du nombre d'échecs au dossier de l'étudiant.

Population	Tous les étudiants de niveau collégial préuniversitaire ayant fait une demande d'admission au baccalauréat dans les universités québécoises.
Unité statistique	Un étudiant de niveau collégial préuniversitaire ayant fait une demande d'admission au baccalauréat dans les universités québécoises.

Taille de l'échantillon $n = 350$
Variable Nombre d'échecs au dossier de l'étudiant.
Type de variable Variable quantitative discrète.

TABLEAU 4.1

Répartition des 350 étudiants de niveau collégial préuniversitaire ayant fait une demande d'admission au baccalauréat dans les universités québécoises en fonction du nombre d'échecs au dossier

Nombre d'échecs au dossier	Nombre d'étudiants	Pourcentage des étudiants	Pourcentage cumulé des étudiants
0	203	58,00	58,00
1	49	14,00	72,00
2	28	8,00	80,00
3	20	5,71	85,71
4	14	4,00	89,71
5	12	3,43	93,14
6	10	2,86	96,00
7	7	2,00	98,00
8	7	2,00	100,00
Total	**350**	**100,00**	

Source : Données inspirées du rapport du Comité de gestion des bulletins d'études collégiales adressé aux membres du Comité de liaison de l'enseignement supérieur relatif au mandat confié au CGBEC à la suite de l'avis du Conseil supérieur de l'éducation. (5 février 2004). *Au collégial – L'orientation au cœur de la réussite.*

Le titre

La variable étudiée

Le pourcentage cumulé indique la quantité d'unités statistiques ayant des valeurs plus petites ou égales à la valeur qui se trouve dans la première colonne.

La fréquence de chacune des valeurs

La taille de l'échantillon

La fréquence de chacune des valeurs, exprimée en pourcentage. La somme donne 100 %.

Le titre d'un tableau doit être rédigé selon la formulation générale suivante : Répartition des « unités statistiques » en fonction de la « variable ».

La somme des nombres de la deuxième colonne correspond au nombre total d'unités de l'échantillon, lequel représente la taille de l'échantillon. Il se peut que l'addition des pourcentages figurant dans certains tableaux ne donne pas 100 %. Cela est dû au fait que les pourcentages ont été arrondis au centième, au dixième ou à la valeur entière près. On doit quand même écrire 100 % comme total, puisqu'on a tenu compte de l'ensemble des unités statistiques.

Dans les journaux, les pourcentages sont arrondis à la valeur entière la plus près, tandis que dans les informations provenant de Statistique Canada ou de l'Institut de la statistique du Québec, ils sont généralement présentés avec une décimale, quelquefois deux. Dans le présent ouvrage, nous utiliserons deux décimales pour les pourcentages, sauf si la deuxième décimale et toutes les suivantes sont 0.

En observant le tableau 4.1, on peut dire que :

- 28 étudiants de niveau collégial préuniversitaire ayant fait une demande d'admission au baccalauréat dans les universités québécoises ont 2 échecs à leur dossier ;
- 3,43 % des étudiants de niveau collégial préuniversitaire ayant fait une demande d'admission au baccalauréat dans les universités québécoises ont 5 échecs à leur dossier;
- 89,71 % des étudiants de niveau collégial préuniversitaire ayant fait une demande d'admission au baccalauréat dans les universités québécoises ont au plus 4 échecs à leur dossier.

4.1.2 La présentation des données sous forme de graphique

Pour présenter la distribution des données sous une forme visuelle, on a recours à différents types de graphiques. Dans le cas de la variable quantitative discrète, le type de graphique le plus utilisé est le **diagramme en bâtons.**

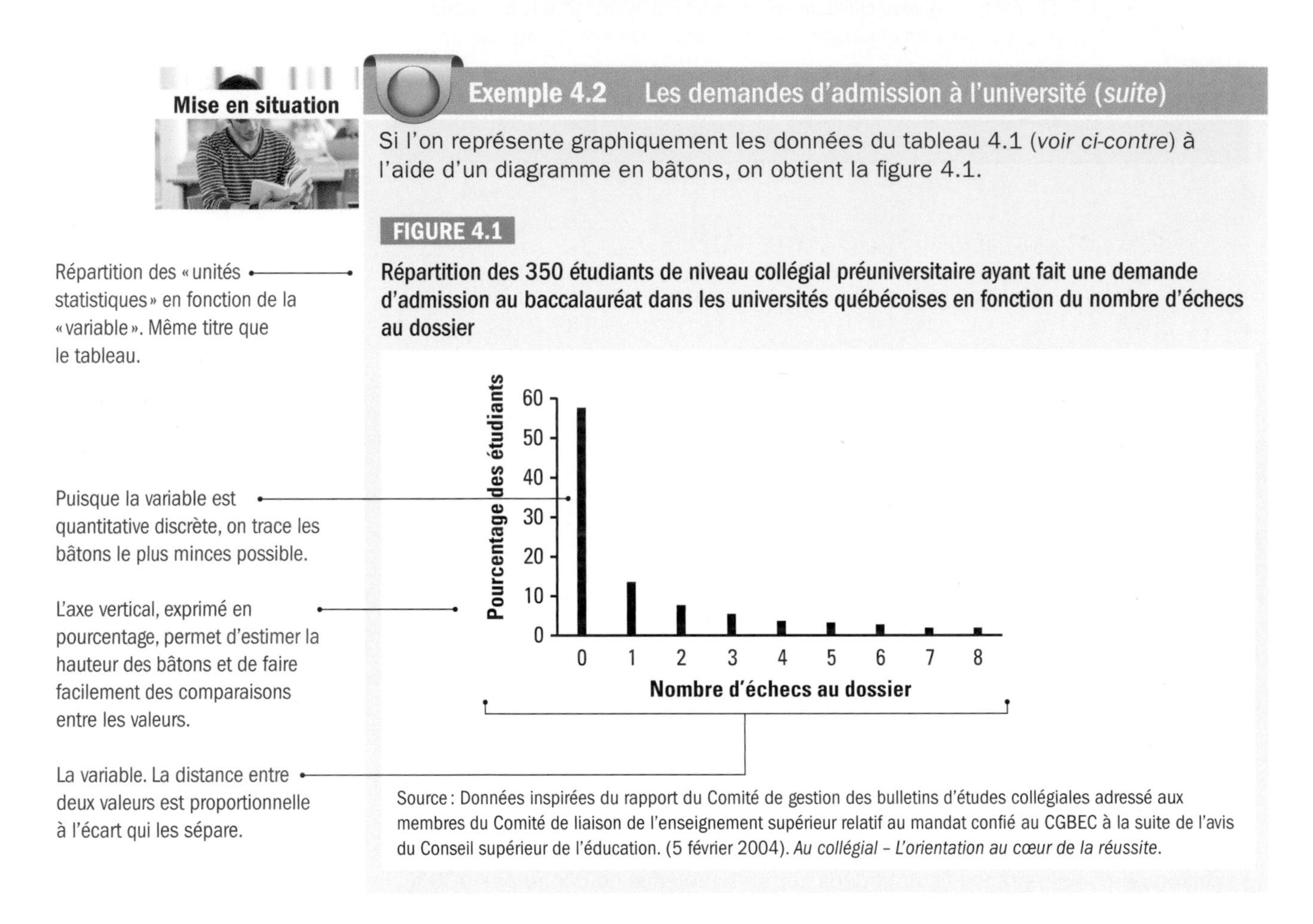

Sur l'axe horizontal, il convient de préciser les unités de mesure utilisées, s'il y a lieu. L'axe vertical peut être placé à gauche ou à droite du graphique. On utilise une échelle qui va de 0 jusqu'au plus haut pourcentage obtenu pour une valeur, arrondi à la hausse. On peut aussi utiliser la fréquence au lieu du pourcentage, mais la comparaison des données ne se fera pas aussi facilement. Dans le présent ouvrage, nous n'utiliserons que les pourcentages pour cet axe.

Une représentation graphique de la distribution permet de faire rapidement des comparaisons du pourcentage de données pour chacune des valeurs, pour autant que l'axe vertical ne soit pas tronqué. Si 40 % des données ont une certaine valeur et 20 % en ont une autre, il est important que la hauteur des bâtons reflète cette situation.

Exercices

4.1 Au cours de la session, vous notez le nombre de périodes d'absence des étudiants de votre groupe au cours *Méthodes quantitatives*. À la fin de la session, vous décidez de présenter vos résultats sous forme de tableau et de graphique.

a) Quel titre donnerez-vous à ceux-ci ?

b) Quel sera le titre de l'axe horizontal ?

c) Quel sera le titre de l'axe vertical ?

4.2 Vous assistez à la période des questions à l'Assemblée nationale et vous notez le nombre de fois où chacun des députés intervient. À la fin de la période, vous présentez un tableau montrant le nombre de députés qui sont intervenus 0, 1, 2... fois.

a) Quel titre donnerez-vous à ce tableau ?

b) Qu'indiquerez-vous dans la 1re colonne du tableau ?

c) Qu'indiquerez-vous dans la 2e colonne du tableau ?

4.1.3 Les mesures de tendance centrale

En plus de la représentation sous forme de tableau ou de graphique, il peut être utile d'ajouter des informations concernant la distribution des données. Puisque celles-ci ont souvent tendance à être concentrées autour d'une valeur, et comme cette valeur est fréquemment placée au centre de la distribution des données brutes, nous tenterons de la déterminer. Cette valeur est une mesure de tendance centrale. Dans le cas de la variable quantitative discrète, nous verrons comment calculer et interpréter trois mesures de tendance centrale : le mode, la médiane et la moyenne.

Mesure de tendance centrale
Valeur numérique utilisée pour représenter le centre d'une distribution de données. Les trois principales mesures sont le mode, la médiane et la moyenne.

Mode
Valeur de la variable qui a la plus grande fréquence ou le pourcentage des unités statistiques le plus élevé dans l'échantillon ou la population.

Le mode (*Mo*)

Le mode est la valeur de la variable étudiée qui a la plus grande fréquence (le plus grand nombre d'unités statistiques) ou le pourcentage des unités statistiques le plus élevé dans l'échantillon ou la population.

Exemple 4.3 Les demandes d'admission à l'université (*suite*)

Mise en situation

À partir de la présentation sous forme de tableau, on peut repérer le mode dans la première colonne du tableau à l'aide de la colonne des fréquences ou des pourcentages.

TABLEAU 4.1 ▶ p. 57

Répartition des 350 étudiants de niveau collégial préuniversitaire ayant fait une demande d'admission au baccalauréat dans les universités québécoises en fonction du nombre d'échecs au dossier

Nombre d'échecs au dossier	Nombre d'étudiants	Pourcentage des étudiants	Pourcentage cumulé des étudiants
0 ◀	203	58,00	58,00
1	49	14,00	72,00
2	28	8,00	80,00
3	20	5,71	85,71
4	14	4,00	89,71
5	12	3,43	93,14
6	10	2,86	96,00
7	7	2,00	98,00
8	7	2,00	100,00
Total	350	100,00	

Dans le cas présent, il s'agit de la valeur 0, que l'on trouve 203 fois dans les 350 données. Comme l'indique la flèche, la valeur 0 représente 58,00 % des données de l'échantillon.

À partir de la présentation sous forme de graphique, on peut repérer le mode en observant la valeur de la variable vis-à-vis de laquelle le bâton est le plus long, la longueur du bâton correspondant au pourcentage d'apparition de la valeur dans l'échantillon.

FIGURE 4.1 ▶ p. 58

Répartition des 350 étudiants de niveau collégial préuniversitaire ayant fait une demande d'admission au baccalauréat dans les universités québécoises en fonction du nombre d'échecs au dossier

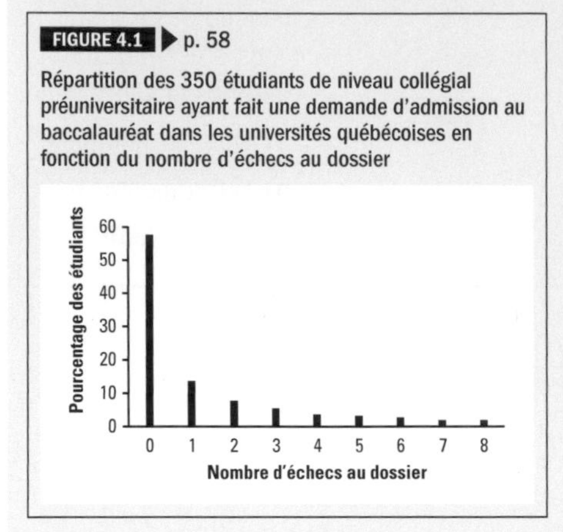

Ainsi, on écrit :

Résultat Mo = 0 échec au dossier

Interprétation Un plus grand nombre d'étudiants de niveau collégial préuniversitaire ayant fait une demande d'admission au baccalauréat dans les universités québécoises ont 0 échec à leur dossier, dans un pourcentage de 58,00 %.

Attention ! Le mode n'est pas 58,00 %, ou 203 étudiants, mais bien 0 échec.

Les expressions à éviter lorsqu'on parle du mode sont « la majorité » et « la plupart », car elles portent à confusion : la majorité est souvent associée à « au moins 50 % », ce qui est rarement le cas du mode ; la plupart signifie « beaucoup plus que 50 % ».

Dans certains cas, il peut arriver que le mode ne soit pas unique, c'est-à-dire que deux, trois ou plusieurs valeurs aient la même fréquence maximale. Une telle distribution de données est dite bimodale, trimodale ou plurimodale, selon le cas. Il peut même y avoir des situations où il n'y a pas de mode.

Exercice

4.3 À partir du tableau 4.2,

a) déterminez quel est le mode et faites-en l'interprétation dans le contexte ;

b) interprétez le pourcentage cumulé 72,92 ;

c) interprétez le nombre 4.

TABLEAU 4.2

Répartition des magasins d'un grand centre en fonction du nombre d'employés à temps partiel

Nombre d'employés à temps partiel	Nombre de magasins	Pourcentage de magasins	Pourcentage cumulé de magasins
5	8	16,67	16,67
6	5	10,42	27,09
7	12	25,00	52,09
8	10	20,83	72,92
9	9	18,75	91,67
10	4	8,33	100,00
Total	48	100,00	

Source : Données fictives.

La médiane (*Md*)

La médiane est la valeur qui occupe la position centrale dans la liste, classée par ordre croissant, de toutes les données de l'échantillon ou de la population. Il s'agit de la valeur qui sépare les données ordonnées en deux groupes de quantités égales.

Médiane
Valeur qui occupe la position centrale dans la liste, classée par ordre croissant, de toutes les données de l'échantillon ou de la population.

Voyons comment appliquer cette définition dans les deux cas suivants.

Exemple 4.4 Médiane dans le cas d'un nombre impair de données

Prenons les 11 données ordonnées suivantes d'une série statistique :

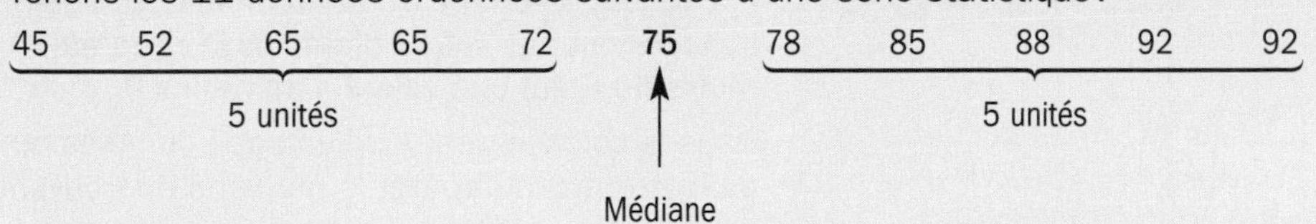

La médiane est donc 75. De part et d'autre de la valeur 75, on trouve le même nombre de données. Ainsi, on peut dire qu'au moins 50 % des données ont une valeur d'au plus 75 et qu'au moins 50 % ont une valeur d'au moins 75. La valeur 75 est donc la seule à laquelle cette double interprétation s'applique.

Exemple 4.5 Médiane dans le cas d'un nombre pair de données

a) Prenons les 10 données ordonnées suivantes d'une série statistique :

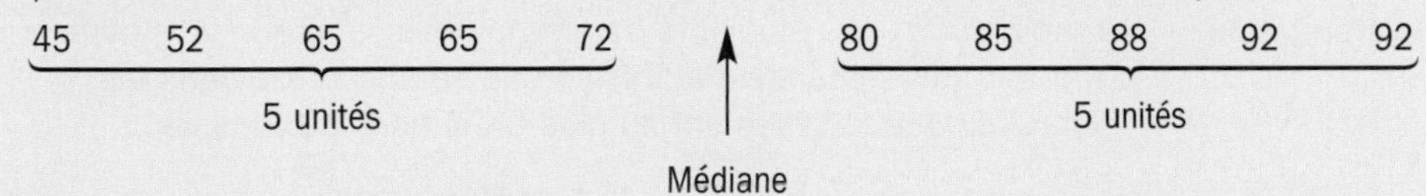

Ici, il n'y a pas de donnée centrale, car le nombre de données est pair. Par convention, la médiane est alors la valeur moyenne des 2 données situées au centre. Par conséquent, la médiane correspond à la moyenne de 72 et 80, soit 76.

Ainsi, on peut dire qu'au moins 50 % des données ont une valeur d'au plus 76 et qu'au moins 50 % ont une valeur d'au moins 76.

b) Prenons les 10 données ordonnées suivantes d'une série statistique :

Dans cette série, les 2 données situées au centre étant identiques, la médiane correspond à la moyenne de 78 et 78, soit 78.

Ainsi, on peut dire qu'au moins 50 % des données ont une valeur d'au plus 78 et qu'au moins 50 % ont une valeur d'au moins 78.

Exemple 4.6 Les demandes d'admission à l'université (*suite*)

En général, lorsque les données sont présentées sous forme de tableau, elles sont placées dans l'ordre croissant. Ainsi, les 203 plus petites données ont 0 pour valeur, les 49 suivantes ont 1, les 28 suivantes ont 2, etc., et la valeur la plus élevée est 8.

La médiane est la valeur qui sépare les 350 données en 2 blocs de 175 données, contenant chacun 50 % des données. Ainsi, la médiane se situe entre 2 données qui ont 0 pour valeur.

 Comme l'indique la flèche dans le tableau ci-contre, la médiane 0 correspond à la plus petite valeur pour laquelle on atteint le cumul de 50 % des données.

TABLEAU 4.1 ▶ p. 57

Répartition des 350 étudiants de niveau collégial préuniversitaire ayant fait une demande d'admission au baccalauréat dans les universités québécoises en fonction du nombre d'échecs au dossier

Nombre d'échecs au dossier	Nombre d'étudiants	Pourcentage des étudiants	Pourcentage cumulé des étudiants
0 ◄	203	58,00	58,00
1	49	14,00	72,00
2	28	8,00	80,00
3	20	5,71	85,71
4	14	4,00	89,71
5	12	3,43	93,14
6	10	2,86	96,00
7	7	2,00	98,00
8	7	2,00	100,00
Total	350	100,00	

Résultat $Md = 0$ échec au dossier

On utilise donc la valeur 0 en tant que médiane, mais on ne peut dire qu'il y a 50 % des données de chaque côté de cette valeur. En effet, il y a 0 donnée à gauche de la valeur 0, soit 0,00 %, et 147 (350 – 203) données à droite, soit 42,00 % (100 % – 58,00 %).

Par contre, on peut dire qu'**au moins 50 % des données ont une valeur d'au plus 0** et qu'**au moins 50 % ont une valeur d'au moins 0.**

Dans la colonne des pourcentages cumulés du tableau, on peut repérer la médiane en trouvant la plus petite valeur pour laquelle on atteint le cumul de 50 % des données. Bien entendu, il s'agit de partir de la plus petite valeur et d'aller vers la plus grande.

Au moins 50 % des étudiants de niveau collégial préuniversitaire ayant fait une demande d'admission au baccalauréat dans les universités québécoises ont au plus 0 échec à leur dossier et au moins 50 % en ont au moins 0. Par convention, l'interprétation de la médiane est abrégée de la façon suivante :

Interprétation Au moins 50 % des étudiants de niveau collégial préuniversitaire ayant fait une demande d'admission au baccalauréat dans les universités québécoises ont au plus 0 échec à leur dossier.

Il faut toujours avoir à l'esprit que la médiane est en réalité la plus petite valeur à laquelle cette interprétation peut s'appliquer. Sinon, on ne pourrait employer la phrase « Au moins 50 %… au plus… et au moins 50 %… au moins… ».

Un pourcentage cumulé précis de 50 % ne peut être obtenu que si le nombre de données est pair et si les valeurs des 2 données centrales sont différentes, comme c'est le cas dans l'exemple 4.5 a) (*voir p. 61*), où l'on prend pour médiane la valeur moyenne des 2 données centrales. La médiane est donc le point milieu entre la valeur qui cumule exactement 50 % et la suivante.

Exercices

4.4 À partir de l'exercice 4.3 (*voir le tableau 4.2 ci-contre*), déterminez quelle est la médiane et faites-en l'interprétation.

4.5 Obtiendrait-on la même médiane si l'on plaçait les données par ordre décroissant plutôt que par ordre croissant ? Sinon, quelle serait la différence d'interprétation ?

4.6 Dans la série suivante, 2, 3, 3, 4, 4, 5, 6, 7 et 8, est-il approprié de ramener la série à l'ensemble des valeurs placées par ordre croissant, soit 2, 3, 4, 5, 6, 7 et 8, en éliminant les répétitions ? Est-il vrai que la médiane, soit 5, est la valeur qui se trouve au centre de cette nouvelle série ?

TABLEAU 4.2 ▶ p. 60

Répartition des magasins d'un grand centre en fonction du nombre d'employés à temps partiel

Nombre d'employés à temps partiel	Nombre de magasins	Pourcentage de magasins	Pourcentage cumulé de magasins
5	8	16,67	16,67
6	5	10,42	27,09
7	12	25,00	52,09
8	10	20,83	72,92
9	9	18,75	91,67
10	4	8,33	100,00
Total	48	100,00	

La moyenne ($\bar{x}$ ou μ)

La **moyenne** représente la valeur unique que chaque unité statistique aurait si la somme des données était répartie à parts égales entre chaque unité statistique.

Moyenne
Valeur unique que chaque unité statistique aurait si la somme des données était répartie à parts égales entre chaque unité statistique.

Le symbole utilisé pour noter la moyenne des données est $\bar{x}$ ou μ, selon qu'il s'agit d'un échantillon ou d'une population. La moyenne se calcule comme suit :

Moyenne

	Échantillon	**Population**
Symbole	$\bar{x}$	μ
Formule	$\bar{x} = \frac{\sum x_i \cdot n_i}{n}$ où $\sum$ signifie « somme » ; x_i représente chacune des valeurs de la variable à tour de rôle ; n_i représente la fréquence de la valeur associée à x_i ; $n = \sum n_i$ est la taille de l'échantillon.	$\mu = \frac{\sum x_i \cdot n_i}{N}$ où $\sum$ signifie « somme » ; x_i représente chacune des valeurs de la variable à tour de rôle ; n_i représente la fréquence de la valeur associée à x_i ; $N = \sum n_i$ est la taille de la population.

Exemple 4.7 Les demandes d'admission à l'université (*suite*)

On trouve le nombre moyen d'échecs dans le tableau 4.1.

$$\bar{x} = \frac{0 \cdot 203 + 1 \cdot 49 + 2 \cdot 28 + 3 \cdot 20 + 4 \cdot 14 + 5 \cdot 12 + 6 \cdot 10 + 7 \cdot 7 + 8 \cdot 7}{350}$$

$$= \frac{446}{350} = 1{,}3$$

La valeur 0 revient 203 fois, la valeur 1, 49 fois, la valeur 2, 28 fois, etc.

Résultat $\bar{x} = 1{,}3$ échec

On a donc 446 échecs pour 350 étudiants.

Généralement, on conserve une seule décimale de plus que le nombre de décimales utilisé pour les valeurs des données. Comme les données sont des valeurs entières, on n'utilise qu'une seule décimale pour la moyenne.

Interprétation Le nombre moyen d'échecs est de 1,3 par étudiant ; si l'on répartissait uniformément tous les échecs, soit 446, entre les 350 étudiants de l'échantillon, chacun aurait 1,3 échec.

Calculatrice
Une calculatrice offrant le mode statistique vous donnera cette valeur très rapidement.

Par contre, dans le cas d'une population, si les fréquences sont inconnues et que seuls les pourcentages p_i associés à chacune des valeurs de la variable sont disponibles, on obtiendra la valeur de la moyenne en utilisant la formule suivante :

$$\mu = \sum \frac{x_i \cdot p_i}{100} = \sum \frac{(\text{Valeur de la variable}) \cdot (\text{Pourcentage de la valeur})}{100}$$

où $\sum p_i = 100$

Bien que la notation de la moyenne diffère selon qu'il s'agit de données provenant d'un échantillon ou d'une population, la calculatrice ne distingue pas les deux cas. La même touche ($\bar{x}$) est utilisée dans les deux situations. Cela n'est pas étonnant, puisque la même formule est sous-jacente.

Exemple 4.8 Les ménages québécois

Le tableau 4.3 donne la répartition des ménages québécois en fonction du nombre de personnes dans le ménage.

Pour le calcul de la moyenne, on prendra la valeur 5 pour la catégorie « 5 et + ». Habituellement, dans le cas d'un tel regroupement, les autres valeurs (6, 7, etc.) ne sont pas très nombreuses.

$$\mu = \frac{(1 \cdot 30,74) + (2 \cdot 34,44) + (3 \cdot 15,52) + (4 \cdot 13,14) + (5 \cdot 6,16)}{100} = \frac{229,54}{100} = 2,3$$

TABLEAU 4.3

Répartition des ménages québécois en fonction du nombre de personnes dans le ménage, en 2006

Nombre de personnes	Pourcentage des ménages
1	30,74
2	34,44
3	15,52
4	13,14
5 et +	6,16
Total	100,00

Source : Statistique Canada. (16 mai 2006). *Recensement de 2006*. [En ligne]. www12.statcan.ca/census-recensement/2006/index-fra.cfm (page consultée le 3 février 2012).

Résultat $\mu = 2,3$ personnes par ménage

Interprétation Le nombre moyen de personnes par ménage dans les ménages québécois en 2006 est de 2,3 personnes.

Exercices

TABLEAU 4.2 ▶ p. 60

Répartition des magasins d'un grand centre en fonction du nombre d'employés à temps partiel

Nombre d'employés à temps partiel	Nombre de magasins	Pourcentage de magasins	Pourcentage cumulé de magasins
5	8	16,67	16,67
6	5	10,42	27,09
7	12	25,00	52,09
8	10	20,83	72,92
9	9	18,75	91,67
10	4	8,33	100,00
Total	48	100,00	

4.7 À partir du tableau 4.2, calculez la moyenne et faites-en l'interprétation.

4.8 Est-il possible d'avoir des valeurs au-dessus de la moyenne ?

4.9 Y a-t-il un cas où il n'y a pas de valeurs sous la moyenne ?

4.10 Les membres d'un groupe d'amis, Kadisha, Clara, Mitri, Thomas et Florence, discutent de leur dossier scolaire à la suite de leur demande d'admission à l'université. Kadisha et Clara ont 1 échec, Mitri a 2 échecs, Thomas a 4 échecs et Florence a 5 échecs. Pour calculer le nombre moyen d'échecs au dossier des membres de ce groupe d'amis, il suffit d'additionner les 4 valeurs et de diviser le total par 4. Confirmez ou infirmez.

Le choix de la mesure de tendance centrale

Les trois mesures de tendance centrale – le mode, la médiane et la moyenne – sont basées sur trois principes différents : la quantité, la séparation en deux et l'équilibre. Laquelle sera la plus représentative de la tendance centrale de notre distribution ? Le mode est très utilisé pour les variables qualitatives, que nous étudierons au chapitre 5. On peut aussi se servir du mode si la distribution en a plus d'un, car, dans ce cas, il se peut qu'il n'y ait pas beaucoup de données près de la médiane et de la moyenne. La présente section propose une façon de choisir entre la moyenne et la médiane pour une distribution unimodale. Il suffit d'avoir, à gauche ou à droite, quelques données ayant des valeurs extrêmes, c'est-à-dire très grandes ou très petites par rapport aux autres données, pour que la moyenne soit touchée, car celle-ci tient compte de toutes les valeurs en leur attribuant la même importance, ce qui n'est pas le cas du mode et de la médiane, lesquels ne sont pas influencés par les valeurs extrêmes de la distribution. Par conséquent, en présence de valeurs extrêmes, à gauche ou à droite, il vaut mieux éviter d'utiliser la moyenne comme mesure de tendance centrale.

Il est donc important d'examiner la forme de la représentation graphique de la distribution.

La distribution symétrique

Lorsque la distribution est symétrique (*voir la figure 4.2*), on constate souvent que les trois mesures de tendance centrale sont rapprochées :

$Mo \approx Md \approx \bar{x}$

Dans ce cas, la moyenne est la mesure de tendance centrale appropriée.

FIGURE 4.2

Distribution symétrique

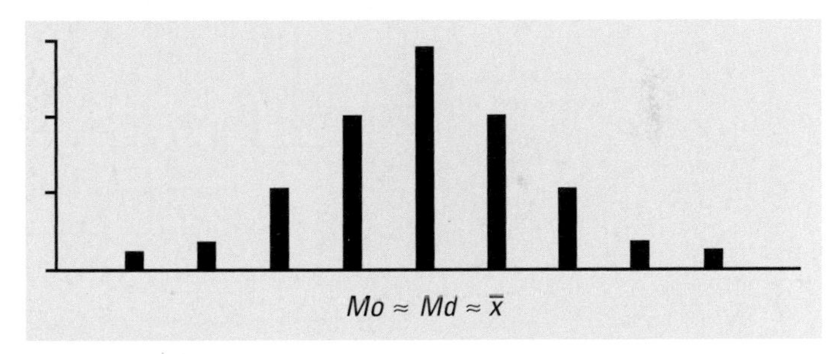

La distribution asymétrique à droite

On dit qu'une représentation graphique est asymétrique à droite (*voir la figure 4.3*) si la distribution n'est pas symétrique et s'allonge vers l'extrême droite de l'axe horizontal. Les valeurs extrêmes sont alors situées à droite.

En général, la relation entre les trois mesures de tendance centrale est la suivante :

$Mo < Md < \bar{x}$

Dans ce cas, la médiane est la mesure de tendance centrale appropriée, puisqu'elle n'est pas influencée par les valeurs extrêmes.

FIGURE 4.3

Distribution asymétrique à droite

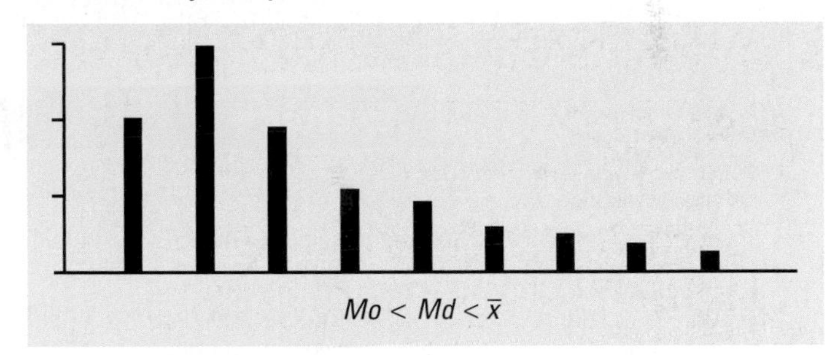

La distribution asymétrique à gauche

Par ailleurs, on dit qu'une représentation graphique est asymétrique à gauche (*voir la figure 4.4*) si la distribution n'est pas symétrique et s'allonge vers l'extrême gauche de l'axe horizontal. Dans ce cas, les valeurs extrêmes sont situées à gauche.

FIGURE 4.4

Distribution asymétrique à gauche

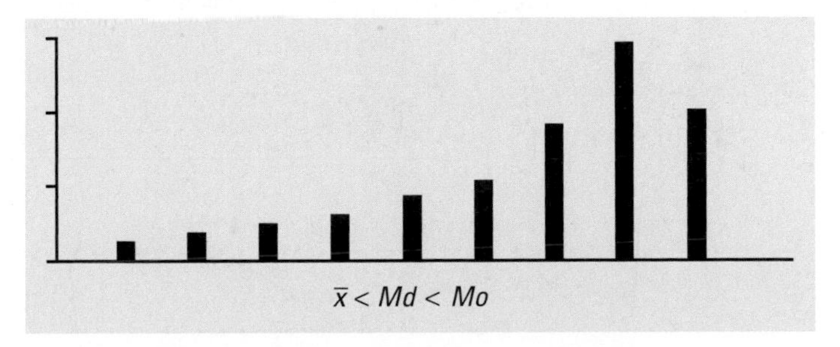

En général, la relation entre les trois mesures de tendance centrale est la suivante :

$\bar{x} < Md < Mo$

En pareil cas, la médiane est la mesure de tendance centrale appropriée, puisqu'elle n'est pas influencée par les valeurs extrêmes.

Mise en situation

Exemple 4.9 Les demandes d'admission à l'université (*suite*)

À partir des exemples précédents portant sur les demandes d'admission à l'université, nous avions obtenu :

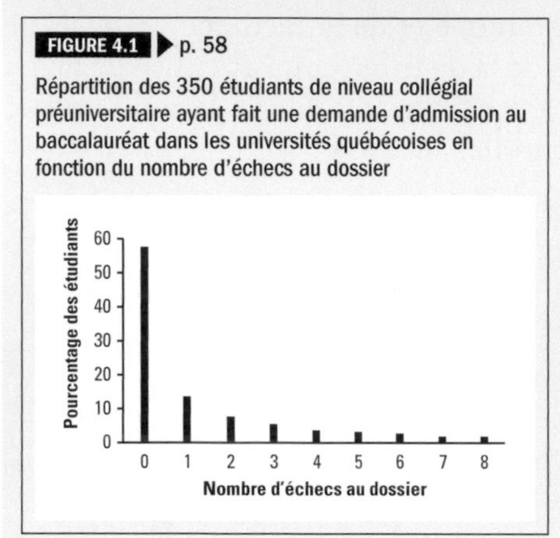

FIGURE 4.1 ▶ p. 58

Répartition des 350 étudiants de niveau collégial préuniversitaire ayant fait une demande d'admission au baccalauréat dans les universités québécoises en fonction du nombre d'échecs au dossier

Mode	0 échec
Médiane	0 échec
Moyenne	1,3 échec

D'une part, en observant le graphique, on peut déceler une certaine asymétrie à droite dans la distribution. D'autre part, la moyenne est légèrement supérieure à la médiane et au mode.

La médiane est ici un choix approprié pour représenter la tendance centrale de la distribution.

Ainsi, pour déterminer si une distribution est symétrique ou asymétrique, il faut se baser sur la représentation graphique et sur la relation existant entre les trois mesures de tendance centrale. Dans certains cas, ce sont ces mesures qui influeront sur le choix qui sera fait et, dans d'autres, ce sera la représentation graphique.

Exercice

4.11 Un peu de prudence avant de tirer trop vite des conclusions...

L'entraîneur d'une équipe de hockey soutient que chaque joueur a eu en moyenne 2,1 présences sur la glace durant la période. Vous songez donc à faire partie de cette équipe. Or, le compte rendu statistique de la période montre que 6 joueurs n'ont eu aucune présence, 8 joueurs ont eu une seule présence, 2 joueurs ont eu 5 présences et 4 joueurs ont eu 6 présences.

a) Analysez la symétrie ou l'asymétrie de la distribution des présences sur la glace des joueurs de cette équipe.

b) Avez-vous toujours l'intention d'en faire partie :

1° si vous êtes un joueur moyen ?
2° si vous êtes un bon joueur ?

4.1.4 Les mesures de dispersion

Est-ce que la mesure de tendance centrale fournit une information suffisante au sujet de la distribution des données ? Examinons l'exemple suivant avant de répondre à cette question.

Exemple 4.10 Le guide de voyages

Vous avez postulé un emploi de guide de voyages dans 2 agences, A et B, et vous hésitez entre les 2. L'agence A emploie actuellement 8 guides qui ont fait en moyenne 14,6 voyages au cours des 12 derniers mois et l'agence B emploie actuellement 8 guides qui en ont fait en moyenne 16,5. En vous basant sur la moyenne, votre choix irait probablement vers l'agence B.

Cependant, vous savez aussi que :

- les guides de l'agence A ont effectué respectivement 4, 15, 16, 16, 15, 12, 13 et 26 voyages ;
- ceux de l'agence B, 10, 10, 9, 8, 9, 30, 28 et 28 voyages.

Comme vous pouvez le voir, le fait de connaître la moyenne d'une distribution ne suffit pas toujours pour se faire une bonne idée de la répartition des données.

Pour évaluer la dispersion des données, il existe des **mesures de dispersion**, notamment l'étendue, l'écart type et le coefficient de variation. Ces mesures servent à comparer la dispersion des données de différentes distributions et à en évaluer l'importance.

Mesure de dispersion
Mesure servant à évaluer la dispersion des données dans une distribution.

L'étendue

L'**étendue** des données, soit l'écart existant entre la plus grande valeur et la plus petite valeur des données, peut servir de guide pour évaluer la dispersion des données dans une distribution. Si l'étendue d'une distribution est beaucoup plus petite que celle d'une autre distribution, on s'attend à ce que la dispersion des données de la première soit plus petite que celle de la seconde, mais il est préférable de se fier à d'autres mesures de dispersion, dont l'écart type et le coefficient de variation. Dans l'exemple précédent, comme le nombre de voyages effectués par les guides des deux agences a la même étendue, soit 22 voyages (26 – 4 = 22 et 30 – 8 = 22), l'étendue ne permet pas d'apprécier la différence de la dispersion des données entre les deux groupes.

Étendue
Écart entre la plus petite donnée et la plus grande.

L'écart type (s ou σ)

L'**écart type** mesure la dispersion des données autour de la moyenne. Sa valeur peut aller de 0 à l'infini. Lorsque la valeur de l'écart type est de 0, il n'y a aucune dispersion, toutes les données ayant la même valeur. Autrement dit, la distance entre la valeur de la donnée et la valeur de la moyenne est de 0 pour toutes les données.

Écart type
Mesure de dispersion qui tient compte de la distance entre la valeur d'une donnée et la valeur de la moyenne, et ce, pour toutes les données.

Plus il y aura de données dont les valeurs s'éloignent de la valeur de la moyenne, plus la valeur de l'écart type augmentera. Il n'est pas facile de déterminer si les données sont plus ou moins dispersées en regardant uniquement la valeur de l'écart type. Il est plus facile de comparer la valeur de l'écart type d'une distribution à celle d'une autre distribution ou aux résultats antérieurs portant sur la même variable.

L'écart type se calcule comme suit[1] :

Écart type

	Échantillon	**Population**
Symbole	s	σ
Formule	$s = \sqrt{\frac{\Sigma (x_i - \bar{x})^2 \cdot n_i}{n - 1}}$ où Σ signifie « somme » ; x_i représente chacune des valeurs de la variable à tour de rôle ; $(x_i - \bar{x})^2$ représente l'écart quadratique (c'est-à-dire l'écart au carré) entre la valeur de la variable et la moyenne ; n_i représente la fréquence de la valeur associée à x_i ; $n = \Sigma n_i$ est la taille de l'échantillon.	$\sigma = \sqrt{\frac{\Sigma (x_i - \mu)^2 \cdot n_i}{N}}$ où Σ signifie « somme » ; x_i représente chacune des valeurs de la variable à tour de rôle ; $(x_i - \mu)^2$ représente l'écart quadratique (c'est-à-dire l'écart au carré) entre la valeur de la variable et la moyenne ; n_i représente la fréquence de la valeur associée à x_i ; $N = \Sigma n_i$ est la taille de la population.

Calculatrice

On obtient rapidement cette valeur au moyen d'une calculatrice offrant le mode statistique. La calculatrice fait aussi cette distinction entre les deux cas, puisqu'on utilise la touche s lors du traitement des données d'un échantillon et la touche σ dans le cas d'une population.

La notation de l'écart type s ou σ est différente selon qu'il s'agit de données d'un échantillon ou d'une population. Non seulement la notation diffère-t-elle, mais la formule permettant de calculer l'écart type n'est pas la même. Dans l'exemple qui suit, nous verrons en détail le calcul de l'écart type.

Mise en situation

Exemple 4.11 Les demandes d'admission à l'université (*suite*)

À l'exemple 4.7 (*voir p. 63*) : la moyenne obtenue est de 1,3 échec.

Pour obtenir l'écart type, voici le détail du calcul que l'on doit faire (*voir le tableau 4.1*) :

TABLEAU 4.1 ▶ p. 57

Répartition des 350 étudiants de niveau collégial préuniversitaire ayant fait une demande d'admission au baccalauréat dans les universités québécoises en fonction du nombre d'échecs au dossier

Nombre d'échecs au dossier	Nombre d'étudiants	Pourcentage des étudiants	Pourcentage cumulé des étudiants
0	203	58,00	58,00
1	49	14,00	72,00
2	28	8,00	80,00
3	20	5,71	85,71
4	14	4,00	89,71
5	12	3,43	93,14
6	10	2,86	96,00
7	7	2,00	98,00
8	7	2,00	100,00
Total	350	100,00	

$$s = \sqrt{\frac{(0 - 1{,}3)^2 \cdot 203 + (1 - 1{,}3)^2 \cdot 49 + (2 - 1{,}3)^2 \cdot 28 + \cdots + (7 - 1{,}3)^2 \cdot 7 + (8 - 1{,}3)^2 \cdot 7}{350 - 1}}$$

$$= 2{,}0$$

L'écart entre la valeur 0 et la moyenne 1,3 revient 203 fois, l'écart entre la valeur 1 et la moyenne 1,3 revient 49 fois, etc.

▶

1. Pour comprendre la raison du $n - 1$ au dénominateur dans la formule pour l'échantillon, vous pouvez consulter l'annexe 3, à la page 391.

Résultat $s = 2{,}0$ échecs

Interprétation La dispersion du nombre d'échecs des 350 étudiants de niveau collégial préuniversitaire ayant fait une demande d'admission au baccalauréat dans les universités québécoises donne un écart type de 2,0 échecs.

Si les fréquences sont inconnues et que seuls les pourcentages associés à chacune des valeurs de la variable sont disponibles, on utilise la même procédure que dans le cas précédent, en apportant deux petites modifications.

On utilisera la formule suivante, correspondant à σ sur la calculatrice :

$$\sigma = \sqrt{\frac{\Sigma\,(\text{Valeur de la variable} - \text{Moyenne})^2 \cdot (\text{Pourcentage de la valeur})}{100}}$$

$$= \sqrt{\frac{\Sigma\,(x_i - \mu)^2 \cdot p_i}{100}}$$

où $\Sigma\, p_i = 100$

L'utilisation de σ procure une bonne approximation de la valeur de s dans le cas où la taille de l'échantillon et les fréquences sont inconnues.

Exemple 4.12 Les ménages québécois (*suite*)

Considérons de nouveau la répartition des ménages québécois en fonction du nombre de personnes dans le ménage et plus précisément l'exemple 4.8 (*voir p. 64*), dans lequel la moyenne obtenue correspondait à 2,3 personnes.

$$\sigma = \sqrt{\frac{(1-2{,}3)^2 \cdot 30{,}74 + (2-2{,}3) \cdot 34{,}44 + (3-2{,}3)^2 \cdot 15{,}52 + (4-2{,}3)^2 \cdot 13{,}14 + (5-2{,}3)^2 \cdot 6{,}16}{100}}$$

$$= 1{,}2$$

Résultat $\sigma = 1{,}2$ personne

Interprétation La dispersion du nombre de personnes dans les ménages québécois donne un écart type de 1,2 personne.

TABLEAU 4.3 ▶ p. 64

Répartition des ménages québécois en fonction du nombre de personnes dans le ménage, en 2006

Nombre de personnes	Pourcentage des ménages
1	30,74
2	34,44
3	15,52
4	13,14
5 et +	6,16
Total	100,00

Exemple 4.13 Les ménages ontariens

Selon les données de 2006 de Statistique Canada, la dispersion du nombre de personnes dans les ménages ontariens donne un écart type de 1,3 personne.

Si l'on compare cet écart type avec celui obtenu pour les ménages québécois en 2006, soit $\sigma = 1{,}2$ personne, on constate que la distribution des données de la population ontarienne est légèrement plus dispersée que celle du Québec.

Exercices

4.12 Les deux séries statistiques ci-dessous représentent le nombre de points obtenus lors d'une compétition:

Série A: 1, 2, 6, 9 et 10, la moyenne étant de 5,6;

Série B: 4; 4,8; 5,5; 6,7 et 7, la moyenne étant de 5,6.

En observant uniquement ces données:

a) précisez l'unité de mesure de la moyenne donnée;

b) sans le calculer, précisez quelle serait l'unité de mesure de l'écart type;

c) déterminez quelle série aura le plus petit écart type et expliquez pourquoi, de façon intuitive;

d) déterminez l'étendue des données de la série A.

4.13 Un professeur a noté le nombre d'étudiants présents à ses cours du matin et du soir pendant 8 jours:

Groupe du matin: 23, 22, 20, 26, 28, 25, 30 et 27;

Groupe du soir: 18, 17, 15, 21, 23, 20, 25 et 22.

En observant ces 2 séries, vous remarquerez qu'il y a toujours 5 étudiants de moins le soir que le matin.

a) Calculez le nombre moyen d'étudiants présents dans chacun de ces groupes.

b) Calculez l'écart type du nombre d'étudiants présents dans chacun de ces groupes.

c) Commentez et expliquez les résultats obtenus.

d) Déterminez l'étendue des données du groupe du matin.

Le coefficient de variation (*CV*)

Coefficient de variation
Mesure de dispersion relative qui représente l'importance de la dispersion par rapport à la valeur de la moyenne.

Le coefficient de variation permet de comparer la dispersion des données, mesurée à l'aide de l'écart type relativisé en fonction de la moyenne. Il s'exprime en pourcentage et son symbole est *CV*.

Le coefficient de variation se calcule comme suit:

Coefficient de variation

	Échantillon	Population
Symbole	CV	CV
Formule	$CV = \frac{s}{\bar{x}}$	$CV = \frac{\sigma}{\mu}$

Le coefficient de variation est toujours présenté en pourcentage. Plus le coefficient est petit, plus on considère que les données sont homogènes.

Mise en situation

Exemple 4.14 Les demandes d'admission à l'université (*suite*)

Considérons de nouveau le cas des 350 étudiants de l'exemple 4.1. Le nombre moyen d'échecs au dossier est de 1,3 échec et l'écart type est de 2,0 échecs.

Résultat $CV = \frac{2,0}{1,3} = 1,5385$ ou 153,85 %

Le coefficient de variation est donc de 153,85 %.

Interprétation La dispersion du nombre d'échecs au dossier de l'étudiant est considérée comme importante, car elle représente 153,85 % du nombre moyen d'échecs, lequel est de 1,3.

Dans le secteur industriel et les laboratoires, on considère souvent que la moyenne est l'objectif à atteindre et que toute lecture ou fabrication ne donnant pas cette valeur entraîne une erreur. Le pourcentage de variation devient donc un pourcentage d'erreur dont on tente de réduire la valeur au minimum. Le coefficient de variation est alors utilisé en tant que mesure de précision du travail exécuté. Plus le pourcentage d'erreur est petit, plus la mesure est précise; pour un ensemble de données, plus le coefficient de variation est petit, plus l'ensemble des mesures est précis.

On mesure l'**homogénéité** ou la précision des données à l'aide du coefficient de variation. En général, on exige que la dispersion représente au plus 15 % de la valeur de la moyenne, c'est-à-dire que le coefficient de variation ne dépasse pas 15 %. Par conséquent, on dit qu'une série de données est homogène si son coefficient de variation ne dépasse pas 15 %.

Exemple 4.15 Les ménages ontariens et les ménages québécois

Selon les données de 2006 de Statistique Canada, le nombre moyen de personnes dans les ménages ontariens était de 2,6 personnes et la dispersion du nombre de personnes dans ces ménages donnait un écart type de 1,3 personne.

Le coefficient de variation était donc de 50,00 %.

Résultat $CV = \frac{1,3}{2,6} = 0,5000$ ou $50,00\,\%$

Pour cette même période, le nombre moyen de personnes dans les ménages québécois était de 2,3 personnes et la dispersion du nombre de personnes dans ces ménages donnait un écart type de 1,2 personne.

Le coefficient de variation était donc de 52,17 %.

Résultat $CV = \frac{1,2}{2,3} = 0,5217$ ou $52,17\,\%$

Interprétation Les données concernant le nombre de personnes dans les ménages ontariens ne sont pas homogènes ($CV > 15\,\%$), ce qui signifie que la dispersion des données est importante par rapport à la valeur de la moyenne. L'importance de la dispersion est cependant semblable à celle des ménages québécois, bien que la valeur de l'écart type pour les ménages ontariens soit supérieure à celle de l'écart type pour les ménages québécois.

Pour déterminer l'importance de la dispersion des données, il ne faut donc pas tenir compte uniquement de la valeur de l'écart type, mais aussi prendre en considération la valeur du coefficient de variation.

Dans le secteur industriel et les laboratoires, on se sert de ce critère pour déterminer si la technique utilisée est satisfaisante. Par contre, en sciences humaines, il est difficile de respecter ce critère, car il est impossible de contrôler les humains comme on le fait avec les machines. Le coefficient de variation sert quand même à comparer l'homogénéité de différentes distributions.

Pour certains, le coefficient de variation est un indicateur de fiabilité de la moyenne. À Statistique Canada, lorsque le coefficient de variation est supérieur à 33 %, on ne publie pas la valeur de la moyenne ; on considère que celle-ci n'est pas une mesure pertinente de la tendance centrale de la distribution. Lorsque le coefficient de variation se situe entre 16,5 % et 33 %, la moyenne est publiée, mais avec restriction, et elle doit être utilisée avec prudence[2].

En ce qui concerne le contrôle de la qualité dans les laboratoires cliniques, les exigences sont encore plus grandes. En effet, pour qu'une méthode d'analyse soit jugée fiable, la valeur correspondant à 3 fois le coefficient de variation ($3 \cdot CV$) doit être inférieure à 10 %. Il est donc essentiel dans certains cas, par exemple

2. McDaniel, Susan A. et Carol Strike. (1994). *La famille et les amis,* Ottawa, Statistique Canada, p. 6.

pour déterminer le taux de cholestérol ou de calcium dans le sang, que les résultats soient le plus précis possible.

Le coefficient de variation devrait être utilisé uniquement avec des variables utilisant des échelles de rapport. Cette particularité sera démontrée dans la section traitant des variables quantitatives continues (*voir p. 104*).

Exercice

4.14 Un enseignant compare les résultats de 2 de ses groupes. Dans le groupe A, le nombre moyen de fautes d'orthographe à l'examen est de 5,6 et l'écart type est de 2,1. Dans le groupe B, le nombre moyen de fautes d'orthographe à l'examen est de 8,7 et l'écart type est de 2,4. Dans lequel des 2 groupes les résultats sont-ils les plus homogènes ? Expliquez pourquoi.

4.1.5 Les mesures de position

Mesure de position
Mesure servant à déterminer la position d'une donnée dans une distribution.

Pour trouver la position d'une donnée dans l'échantillon ou la population, il est possible d'utiliser deux types de **mesures de position** : le quantile et la cote z. Le quantile correspond à une valeur sous laquelle il existe un certain pourcentage de données ; en ce sens, la médiane est un quantile, puisqu'elle donne la valeur sous laquelle se trouvent 50 % des données. La cote z indique à combien de longueurs d'écart type se situe une donnée par rapport à la moyenne.

Les quantiles

Pour trouver les quantiles, il faut placer les données par ordre croissant, comme on le fait dans le cas de la médiane.

Quantile
Chacune des valeurs qui subdivisent le nombre de données placées par ordre croissant en tranches égales.

Les **quantiles** correspondent aux valeurs qui subdivisent le nombre de données placées par ordre croissant en tranches égales, c'est-à-dire qu'entre deux valeurs, le pourcentage de données est le même, alors que la distance entre ces deux valeurs peut différer.

Les quartiles

Quartile
Chacune des valeurs qui subdivisent le nombre de données placées par ordre croissant en tranches contenant chacune 25 % des données.

Les **quartiles** correspondent aux valeurs qui subdivisent le nombre de données placées par ordre croissant en tranches contenant chacune 25 % des données.

La notation utilisée pour les quartiles est Q_1, Q_2 et Q_3. En effet, seules 3 valeurs sont nécessaires pour subdiviser le nombre de données en 4 parties de 25 % ; les notations Q_0 et Q_4 n'existent pas. Le deuxième quantile, Q_2, correspond à la médiane.

25 % | 25 % | 25 % | 25 %

Q_1 Q_2 Q_3

Md

Écart interquartile
Écart entre les quartiles Q_1 et Q_3.

Si l'on a retenu la médiane comme mesure de tendance centrale, l'écart entre les quartiles Q_1 et Q_3 est un bon indicateur de dispersion autour de la médiane. En effet, le pourcentage de données entre ces 2 quartiles est de 50 %. Ainsi, plus l'écart est petit, plus les 50 % des données sont près de la médiane. Cet écart est appelé **écart interquartile**. On utilise aussi les quartiles pour étudier l'asymétrie de la distribution autour de la médiane ; dans une distribution asymétrique, Q_1 et Q_3 ne sont pas à la même distance de la médiane, comme l'illustre le schéma précédent.

Les déciles

Les déciles correspondent aux valeurs qui subdivisent le nombre de données placées par ordre croissant en tranches contenant chacune 10 % des données.

Décile
Chacune des valeurs qui subdivisent le nombre de données placées par ordre croissant en tranches contenant chacune 10 % des données.

La notation utilisée pour les déciles est D_1, D_2..., D_9. Pour les raisons déjà citées, les notations D_0 et D_{10} n'existent pas. Le cinquième décile, D_5, correspond à la médiane.

10 % | 10 % | ... | 10 %

D_1 D_2 D_3 D_4 D_5 D_6 D_7 D_8 D_9
Md

Les centiles

Les centiles correspondent aux valeurs qui subdivisent le nombre de données placées par ordre croissant en tranches contenant chacune 1 % des données.

Centile
Chacune des valeurs qui subdivisent le nombre de données placées par ordre croissant en tranches contenant chacune 1 % des données.

La notation utilisée pour les centiles est C_1, C_2, C_3..., C_{99}. Pour les raisons déjà citées, les notations C_0 et C_{100} n'existent pas. Le cinquantième centile, C_{50}, correspond à la médiane.

1 % | ... | ... | ... | ... | 1 %

$C_1 C_2$ C_{25} C_{50} C_{75} C_{99}
Md

Le choix des quantiles à utiliser est influencé par le nombre de données que contient l'échantillon ; si l'on a 28 données, il sera difficile de les subdiviser en centiles et même en déciles. En effet, cela équivaudrait à subdiviser les 28 données en 100 parties pour les centiles ou en 10 parties pour les déciles, ce qui représente trop de subdivisions pour un nombre de données de cet ordre. On choisira plutôt les quartiles.

Pour déterminer la valeur d'un quantile, il suffit d'observer la colonne des pourcentages cumulés. Le quantile recherché correspond à la valeur de la variable pour laquelle l'on cumule le pourcentage des données du quantile. Par exemple, pour trouver C_{60}, il suffit d'observer la valeur de la variable vis-à-vis de laquelle ce pourcentage de 60 % a été cumulé pour la première fois.

L'interprétation des quantiles (quartiles, déciles, centiles) se fait exactement de la même façon que pour la médiane ; la médiane étant le 50e centile : « Au moins *p* % des... ont au plus... »

Tout comme dans le cas de la médiane, si le pourcentage du quantile recherché se trouve dans la colonne du pourcentage cumulé, cela signifie qu'il se situe entre deux valeurs différentes ; on doit alors prendre le point milieu entre la valeur qui cumule exactement le pourcentage et la valeur suivante.

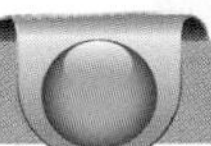

Exemple 4.16 Les demandes d'admission à l'université (*suite*)

Mise en situation

Comme on le sait, lorsque les données sont présentées sous forme de tableau, elles sont en général placées par ordre croissant, comme dans la première colonne du tableau 4.1 (*voir page suivante*).

À l'aide de la colonne du pourcentage cumulé, on peut facilement trouver Q_1, Q_3, D_6 et C_{85}.

Résultat	**Interprétation**
Q_1 = 0 échec	Au moins 25 % des étudiants de niveau collégial préuniversitaire ayant fait une demande d'admission au baccalauréat dans les universités québécoises (en réalité, 58,00 %) ont au plus 0 échec à leur dossier.

Q_3 = 2 échecs Au moins 75 % des étudiants de niveau collégial préuniversitaire ayant fait une demande d'admission au baccalauréat dans les universités québécoises (en réalité, 80,00 %) ont au plus 2 échecs à leur dossier.

D_6 = 1 échec Au moins 60 % des étudiants de niveau collégial préuniversitaire ayant fait une demande d'admission au baccalauréat dans les universités québécoises (en réalité, 72,00 %) ont au plus 1 échec à leur dossier.

C_{85} = 3 échecs Au moins 85 % des étudiants de niveau collégial préuniversitaire ayant fait une demande d'admission au baccalauréat dans les universités québécoises (en réalité, 85,71 %) ont au plus 3 échecs à leur dossier.

TABLEAU 4.1 ▶ p. 57

Répartition des 350 étudiants de niveau collégial préuniversitaire ayant fait une demande d'admission au baccalauréat dans les universités québécoises en fonction du nombre d'échecs au dossier

Nombre d'échecs au dossier	Nombre d'étudiants	Pourcentage des étudiants	Pourcentage cumulé des étudiants
0	203	58,00	58,00
1	49	14,00	72,00
2	28	8,00	80,00
3	20	5,71	85,71
4	14	4,00	89,71
5	12	3,43	93,14
6	10	2,86	96,00
7	7	2,00	98,00
8	7	2,00	100,00
Total	350	100,00	

L'écart entre les 2 quartiles, soit l'écart interquartile, est de 2 échecs. Dans un intervalle de longueur 2 au centre de la distribution, on trouve environ 50 % des données. Il y a environ 50 % des données dans l'écart interquartile.

Ainsi, plus l'écart interquartile est petit, plus les données sont concentrées près de la médiane. L'étude des quartiles peut également nous renseigner sur l'asymétrie de la distribution. Si l'écart entre Q_1 et la médiane est le même que celui qu'il y a entre la médiane et Q_3, la distribution autour de la médiane est symétrique. Mais si l'écart entre Q_1 et la médiane est plus grand que l'écart qu'il y a entre la médiane et Q_3, la distribution est asymétrique à gauche ; l'inverse correspond à une asymétrie à droite. Dans cet exemple, l'écart entre Q_1 (0 échec) et la médiane (0 échec) est de 0 et l'écart entre la médiane (0 échec) et Q_3 (2 échecs) est de 2 ; la distribution est donc asymétrique à droite.

Exemple 4.17 Les étudiants en retard

Un professeur a pris note du nombre d'étudiants qui arrivent en retard à ses cours et a présenté ses données sous forme de tableau.

TABLEAU 4.4

Répartition des cours en fonction du nombre d'étudiants en retard

Nombre d'étudiants en retard	Pourcentage des cours	Pourcentage cumulé des cours
0	10	10
1	15	25
2	8	33
3	22	55
4	20	75
5	13	88
6	12	100
Total	100	

Résultat	Interprétation
$Q_1 = \frac{1+2}{2} = 1{,}5$ étudiant	Dans au moins 25 % des cours, il y a au plus 1,5 étudiant en retard.
$Q_3 = \frac{4+5}{2} = 4{,}5$ étudiants	Dans au moins 75 % des cours, il y a au plus 4,5 étudiants en retard.

Exercice

4.15 Le nombre de caries chez les enfants

Dans une étude auprès de 600 enfants âgés de 7 ans, on a relevé le nombre de caries que chacun d'eux avait. Le tableau 4.5 présente les résultats.

a) Déterminez les quantiles D_4, Q_3, C_{60} et interprétez les résultats.

b) Quelle serait la valeur du décile 9 ?

TABLEAU 4.5

Répartition des enfants de 7 ans en fonction du nombre de caries observées

Nombre de caries	Nombre d'enfants	Pourcentage des enfants	Pourcentage cumulé des enfants
0	225	37,50	37,50
1	190	31,67	69,17
2	125	20,83	90,00
3	35	5,83	95,83
4	25	4,17	100,00
Total	600	100,00	

Source : Données fictives.

La cote z

La cote *z* donne la position, en longueurs d'écart type, d'une donnée par rapport à la moyenne. Elle est exprimée avec deux décimales et se calcule comme suit :

Cote z
Cote donnant la position, en longueurs d'écart type, d'une donnée par rapport à la moyenne.

Cote z

	Échantillon	Population
Symbole	z	z
Formule	$z = \frac{x - \bar{x}}{s}$ où x est la valeur d'une donnée ; $\bar{x}$ est la moyenne de l'échantillon ; s est l'écart type de l'échantillon.	$z = \frac{x - \mu}{\sigma}$ où x est la valeur d'une donnée ; μ est la moyenne de la population ; σ est l'écart type de la population.

Une cote *z* de 0 signifie que la valeur de la donnée est égale à la moyenne. Une cote *z* négative veut dire que la valeur de la donnée se situe sous la moyenne et une cote *z* positive, que la valeur de la donnée se situe au-dessus de la moyenne.

L'interprétation de la cote z est basée sur un modèle théorique : la distribution normale, que nous verrons en détail au chapitre 6. Ce modèle théorique s'applique aux données continues, bien que l'on se serve souvent de la cote z pour les données discrètes. La figure 4.5 montre la **forme symétrique** du modèle théorique.

FIGURE 4.5

Distribution normale

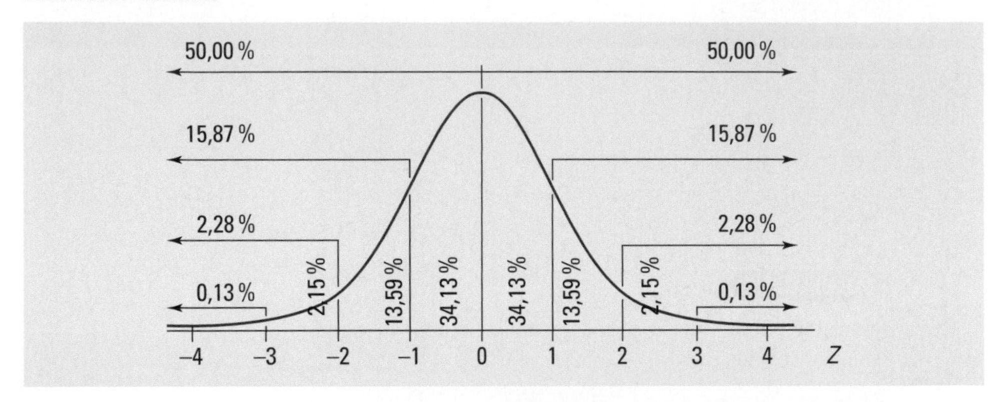

Ce modèle indique qu'environ 34,13 % des données ont une cote z située entre 0 et 1 ; par symétrie, on peut aussi dire qu'environ 34,13 % des données ont une cote z située entre –1 et 0. Environ 2,28 % des données ont une cote z supérieure à 2 ; par symétrie, on peut affirmer qu'environ 2,28 % des données ont une cote z inférieure à –2.

Même si dans ce modèle les valeurs possibles de la variable Z vont de $-\infty$ à $+\infty$, on constate qu'environ 99,74 % des données ont une cote z se situant entre –3 et +3. La cote z d'une donnée se calcule habituellement avec deux décimales ; l'étude plus détaillée des pourcentages, quelle que soit la valeur de la variable z, sera abordée au chapitre 6.

Puisque la cote z tient compte à la fois de l'écart par rapport à la moyenne et de la dispersion des données, elle permet de comparer différents groupes. Par exemple, considérons deux groupes d'étudiants, A et B, et la distribution du nombre de bonnes réponses lors d'un test effectué par chaque groupe dans une discipline donnée. Les résultats de deux étudiants, l'un du groupe A et l'autre du groupe B, ayant la même cote z seront considérés comme équivalents, même s'ils ne sont pas identiques.

Comparons les cotes z de deux étudiants, Mélisa et Antoine, provenant de deux groupes différents.

Résultat personnel de Mélisa	Moyenne des notes du groupe A	Écart type des notes du groupe A	Cote z de Mélisa
78	72	6	1,00
Résultat personnel d'Antoine	**Moyenne des notes du groupe B**	**Écart type des notes du groupe B**	**Cote z d'Antoine**
60	50	10	1,00

Même si Mélisa n'a que 6 points au-dessus de la moyenne, alors qu'Antoine en a 10, les deux étudiants ont des résultats ayant une cote z de +1,00.

Si l'on ne connaît pas la valeur de l'écart type, il faut être prudent dans ses commentaires relatifs aux notes finales d'un groupe.

Deux groupes sont considérés comme équivalents lorsqu'ils sont soumis aux mêmes conditions (même horaire, même évaluation et même professeur) et que les résultats sont les mêmes. Ainsi, si les groupes A et B sont équivalents, les résultats de deux individus ayant la même cote z sont considérés comme équivalents.

Il n'existe pas vraiment de variable qui ait une distribution exactement conforme au modèle théorique de la distribution normale. On adopte ce modèle dans le cas où la distribution réelle d'une variable est assez près du modèle.

Exemple 4.18 Les demandes d'admission à l'université (*suite*)

Mise en situation

Dans notre exemple portant sur les demandes d'admission, nous avons déjà calculé la moyenne et l'écart type ; le nombre moyen d'échecs est de 1,3 et l'écart type, de 2,0 échecs.

Un étudiant qui a 5 échecs à son dossier a une cote z de 1,85.

Résultat $z = \dfrac{5 - 1{,}3}{2{,}0} = 1{,}85$

Interprétation Partant de la moyenne, la donnée 5 se situe à 1,85 écart type, au-dessus de la moyenne de 1,3. Autrement dit :

Valeur = Moyenne + Cote z · Écart type

Ainsi, $5 = 1{,}3 + 1{,}85 \cdot 2{,}0$

Un étudiant qui a 0 échec à son dossier a une cote z de –0,65.

Résultat $z = \dfrac{0 - 1{,}3}{2{,}0} = -0{,}65$

Interprétation Partant de la moyenne, la donnée 0 se situe à 0,65 écart type, sous la moyenne de 1,3. Autrement dit :

Valeur = Moyenne + Cote z · Écart type

Ainsi, $0 = 1{,}3 - 0{,}65 \cdot 2{,}0$

La distribution du nombre d'échecs n'étant pas symétrique, on ne peut se servir du modèle de la distribution normale pour interpréter les cotes z à l'aide des pourcentages.

Exemple 4.19 Les demandes d'admission à l'université (*récapitulation*)

Mise en situation

Après avoir déterminé toutes les mesures requises, il est maintenant temps d'analyser la variable « Nombre d'échecs au dossier de l'étudiant », traitée depuis le début de cette partie du chapitre. Récapitulons toutes les informations obtenues au sujet de cette variable.

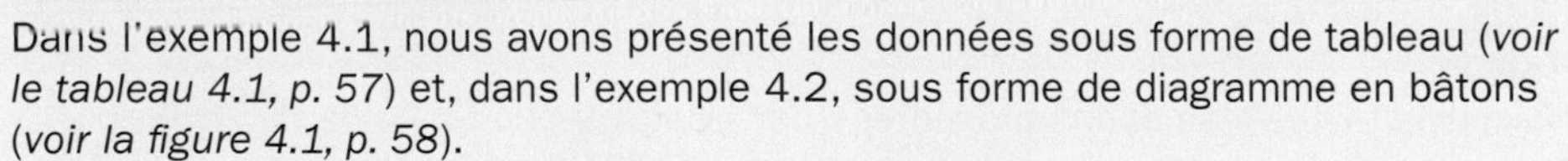

Dans l'exemple 4.1, nous avons présenté les données sous forme de tableau (*voir le tableau 4.1, p. 57*) et, dans l'exemple 4.2, sous forme de diagramme en bâtons (*voir la figure 4.1, p. 58*).

Les mesures de tendance centrale obtenues sont :

Mo = 0 échec

Md = 0 échec

$\bar{x}$ = 1,3 échec

Les mesures de dispersion obtenues sont :

Étendue = 8 échecs

s = 2,0 échecs

CV = 153,85 %

Nous avons aussi déterminé certaines mesures de position, notamment :

Q_1 = 0 échec

Q_3 = 2 échecs

En examinant globalement tous ces résultats, nous pouvons conclure que la distribution est asymétrique à droite, que les données ne sont pas très homogènes (car le CV est supérieur à 15 %) et que la moyenne d'échecs par étudiant n'est pas très élevée.

Exercices

4.16 Reportez-vous au tableau 4.2.

TABLEAU 4.2 ▶ p. 60

Répartition des magasins d'un grand centre en fonction du nombre d'employés à temps partiel

Nombre d'employés à temps partiel	Nombre de magasins	Pourcentage de magasins	Pourcentage cumulé de magasins
5	8	16,67	16,67
6	5	10,42	27,09
7	12	25,00	52,09
8	10	20,83	72,92
9	9	18,75	91,67
10	4	8,33	100,00
Total	48	100,00	

a) Trouvez les quantiles Q_1, D_6 et C_{15} et formulez leur interprétation.

b) Quelle serait la cote z d'un magasin qui a 6 employés à temps partiel ?

c) Combien d'employés à temps partiel aurait un magasin ayant une cote z de 0,40 ?

4.17 Vous avez participé au concours de dictée de votre collège. Le nombre moyen de fautes d'orthographe commises par l'ensemble des participants est de 17,8 avec un écart type de 5,1.

a) Vous avez fait 10 fautes d'orthographe. Calculez votre cote z.

b) Est-il préférable d'avoir une cote z de −2 ou de +2 ? Expliquez pourquoi.

c) Combien de fautes d'orthographe a fait l'un de vos amis si sa cote z est de 0,63 ?

d) Quel serait le nombre de fautes de votre camarade à ce même examen s'il avait une cote z de 2,00 ?

e) Une autre amie de votre groupe a une cote z de −0,94. Pouvez-vous déterminer son nombre de fautes ?

f) Est-il possible d'avoir une cote z de 0,00 et, si oui, quel serait le nombre de fautes de la personne ayant une telle cote z ? Sinon, expliquez pourquoi.

Synthèse

Exemple 4.20 Les enfants qui se réveillent la nuit

Revoyons toutes les notions présentées dans cette section à l'aide de l'exemple suivant.

On a demandé à 92 parents de nourrissons âgés d'environ 2 mois, pris au hasard, combien de fois leur enfant s'était réveillé durant la dernière nuit. Voici une analyse complète de la variable.

TABLEAU 4.6

Répartition des 92 enfants en fonction du nombre de fois où ils se sont réveillés

Nombre de fois	Nombre d'enfants	Pourcentage des enfants	Pourcentage cumulé des enfants
0	5	5,43	5,43
1	42	45,65	51,08
2	28	30,43	81,51
3	11	11,96	93,47
4	6	6,52	100,00
Total	92	100,00	

Source : Données fictives.

Variable	Nombre de fois où l'enfant s'est réveillé durant la dernière nuit.
Type de variable	Variable quantitative discrète.
Échelle de mesure	Échelle de rapport.

FIGURE 4.6

Répartition des 92 enfants en fonction du nombre de fois où ils se sont réveillés

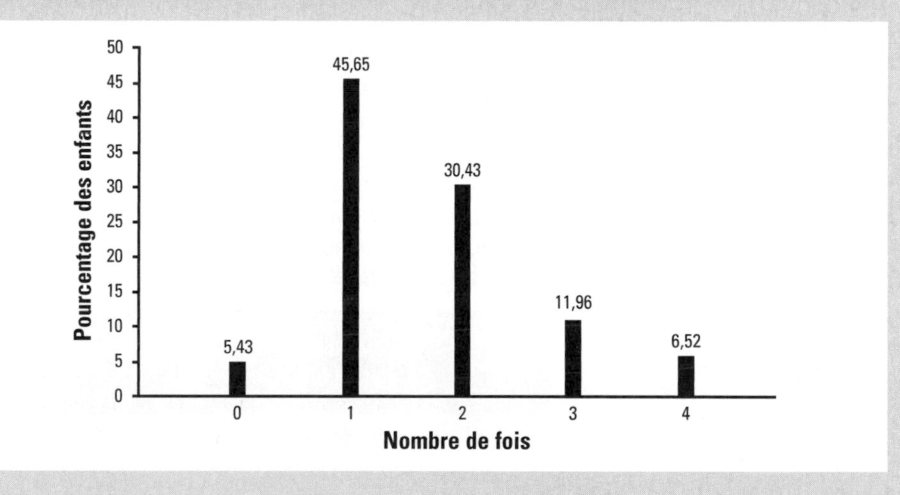

Résultat	**Interprétation**
Mo = 1 fois	Un plus grand nombre d'enfants (45,65 %) se sont réveillés 1 fois durant la dernière nuit.
Md = 1 fois	Au moins 50 % des enfants se sont réveillés au plus 1 fois durant la dernière nuit.
$\overline{x}$ = 1,7 fois (1,6848)	Le nombre moyen de fois où un enfant s'est réveillé durant la dernière nuit est d'environ 1,7 fois.
s = 1,0 fois (0,9826)	La dispersion du nombre de fois où un enfant s'est réveillé durant la dernière nuit correspond à un écart type de 1 fois.
CV = 58,82 %	Les données ne sont pas homogènes, car la dispersion représente plus de 15 % de la valeur de la moyenne.

Q_1 = 1 fois	Au moins 25 % des enfants se sont réveillés au plus 1 fois durant la dernière nuit.
Q_3 = 2 fois	Au moins 75 % des enfants se sont réveillés au plus 2 fois durant la dernière nuit.
$Mo = Md < \bar{x}$	La distribution est asymétrique à droite.

CAS PRATIQUE

Le téléphone cellulaire au collégial

Dans le cadre de son étude « Le téléphone cellulaire au collégial », Kim a effectué, à l'aide d'Excel, l'analyse d'une variable quantitative discrète. Son étude reposait sur la question T : « Pendant le dernier mois, combien de fois vous est-il arrivé d'oublier de désactiver la sonnerie de votre cellulaire avant un cours ? » Voyez à la page 300 la façon de procéder pour réaliser une analyse semblable à celle de Kim.

Exercices

4.18 Le titre d'un tableau de distribution est ainsi libellé : « Répartition des entreprises familiales en fonction du nombre de femmes siégeant à leur conseil d'administration ».

À partir de ce titre, déterminez :

a) l'unité statistique ;

b) la variable.

4.19 Observez la figure 4.7.

FIGURE 4.7

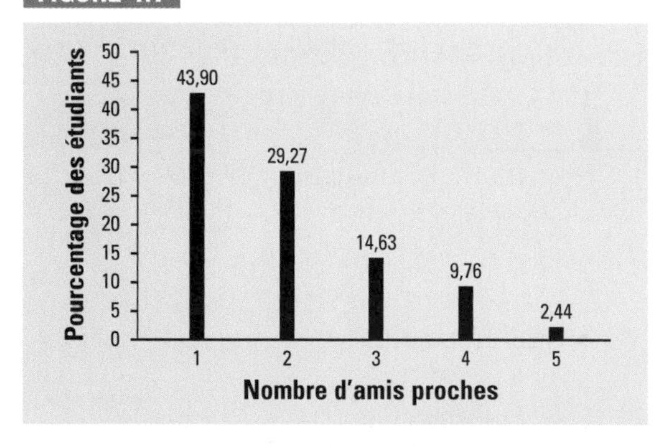

a) Donnez un titre à ce graphique.

b) Déterminez les 3 mesures de tendance centrale de cette distribution et interprétez les résultats.

4.20 Observez le tableau 4.7 ci-contre.

a) Interprétez les 3 quantités numériques des cases blanches.

b) Tracez le graphique correspondant à cette distribution.

c) Déterminez la médiane de cette distribution et interprétez ce résultat.

d) Déterminez l'étendue des données de la distribution.

TABLEAU 4.7

Répartition de 157 étudiants en sciences humaines, profil individu, inscrits à temps complet, en fonction du nombre de cours à leur horaire

Nombre de cours à l'horaire	Nombre d'étudiants	Pourcentage des étudiants	Pourcentage cumulé des étudiants
4	28	17,83	17,83
5	43	27,39	**45,22**
6	49	**31,21**	76,43
7	**37**	23,57	100,00
Total	157	100,00	

4.21 Les jeunes qui donnent et reçoivent de l'aide

Différents types d'aide sont décrits dans un article de la revue *Tendances sociales canadiennes*, notamment le soutien affectif, l'aide pédagogique, les moyens de transport ou les courses, les travaux, l'entretien ménager et la garde d'enfants.

Exercices

Les tableaux 4.8a et 4.8b présentent les données recueillies auprès de 3 200 jeunes âgés de 15 à 24 ans.

TABLEAU 4.8a

Répartition des jeunes en fonction du nombre de types d'aide donnée

Nombre de types d'aide donnée	Pourcentage des jeunes
0	13
1	13
2	19
3	24
4	31
Total	100

Source : Milan, Anne. (Printemps 2006). *Tendances sociales canadiennes*, Statistique Canada, n° 80, p. 12-15.

TABLEAU 4.8b

Répartition des jeunes en fonction du nombre de types d'aide reçue

Nombre de types d'aide reçue	Pourcentage des jeunes
0	22
1	20
2	21
3	22
4	15
Total	100

Source : Milan, Anne. (Printemps 2006). *Tendances sociales canadiennes*, Statistique Canada, n° 80, p. 12-15.

a) Comparez le nombre moyen de types d'aide donnée avec le nombre moyen de types d'aide reçue.

b) Laquelle des 2 distributions est la plus homogène ? Justifiez votre réponse.

c) Quelle mesure devrait-on privilégier pour exprimer la tendance centrale de chacune des distributions (« types d'aide donnée » et « types d'aide reçue ») ?

4.22 Dans le but de réaménager les tâches de certains membres du personnel, une banque effectue une étude. Celle-ci porte sur le nombre de clients servis à l'heure par un préposé travaillant au service à la clientèle du centre d'appels de la banque. Le tableau 4.9 présente les données recueillies.

TABLEAU 4.9

Répartition des 290 périodes de 1 heure en fonction du nombre de clients servis

Nombre de clients servis	Nombre de périodes	Pourcentage des périodes	Pourcentage cumulé des périodes
0	16	5,52	5,52
1	46	15,86	21,38
2	83	28,62	50,00
3	58	20,00	70,00
4	38	13,10	83,10
5	24	8,28	91,38
6	13	4,48	95,86
7	6	2,07	97,93
8	5	1,72	99,66
9	1	0,34	100,00
Total	290	100,00	

Source : Données fictives.

a) Faites une analyse complète de cette distribution.

b) Quel pourcentage des données se trouve entre le 4e et le 7e décile ?

c) Quel est le pourcentage des périodes qui ont au moins 5 clients ?

d) Quel est le pourcentage des périodes qui ont au plus 4 clients ?

e) Quel est le pourcentage des périodes qui ont plus de 6 clients ?

4.23 Les données recueillies lors d'un sondage permettent de dire que les nombres médian et moyen de livres lus par les Québécois durant les vacances estivales sont égaux. Or, après vérification, on s'aperçoit que les 10 % des plus grandes données ont été sous-évaluées. Une correction est donc apportée. Que pouvez-vous dire de la position relative de la moyenne et de la médiane ?

Exercices

4.24 Répondez par vrai ou faux. Si vous répondez faux, vous devez donner un contre-exemple.

a) Si l'on compare l'écart type de deux distributions quelconques, celle qui a le plus petit écart type aura les données les plus homogènes.

b) Dans une distribution symétrique, si vous augmentez chacune des valeurs de la distribution de la même quantité, la médiane demeurera la même, mais la moyenne augmentera de cette quantité.

c) Dans une distribution quelconque de 120 données, si vous éliminez les 10 plus petites données et les 10 plus grandes, la valeur de la médiane reste la même.

d) Dans une distribution quelconque de 150 données, si vous éliminez les 10 plus petites données et les 10 plus grandes, la valeur de la moyenne reste la même.

e) Dans une distribution quelconque de 75 données, si vous éliminez les 10 plus petites données et les 10 plus grandes, la valeur de l'écart type reste la même.

4.25 Si une distribution unimodale est symétrique, peut-on conclure que $\bar{x} \approx Md \approx Mo$?

4.26 Si vous révisez à la baisse les 10 % des plus petites données d'une distribution quelconque, que pouvez-vous dire de la position relative des valeurs de la moyenne et de la médiane, sachant qu'avant cette révision ces 2 valeurs étaient égales ?

4.27 « Les Québécois et l'alcool », sondage réalisé par CROP, nous donne les informations présentées dans le tableau 4.10 sur le nombre de verres d'alcool habituellement pris par les consommateurs d'alcool à chaque occasion en 2007.

a) Diriez-vous que cette distribution est symétrique ou asymétrique ? Justifiez votre réponse.

b) Le consommateur d'alcool qui prend 5 consommations à chaque occasion a-t-il une cote z positive ou négative ? Expliquez.

c) Quelle est la valeur des quantiles suivants : D_4, C_{80} ? Quelle interprétation pouvez-vous en faire ?

d) Quel est le pourcentage des consommateurs qui prennent au plus 2 consommations à chaque occasion ?

e) Déterminez l'étendue des données de la distribution.

TABLEAU 4.10

Répartition des consommateurs d'alcool québécois en fonction du nombre de consommations en 2007

Nombre de consommations	Nombre de consommateurs
1	270
2	260
3	242
4	56
5	47
6	14
7	14
8	20
Total	923

Source : Éduc'alcool. *Les Québécois et l'alcool, 2007*, p. 9. [En ligne]. http://educalcool.qc.ca/faits-conseil-et-outils/faits/les-quebecois-et-lalcool (page consultée le 3 février 2012).

4.28 Voici un exercice qui pourrait être fait en bonne partie à l'aide d'Excel. Un sondage a été effectué auprès de 120 élèves d'un collège de la région de Québec afin d'étudier leur intérêt pour les films présentés dans une salle de cinéma. On leur a donc posé la question suivante : « Combien de films avez-vous vus dans une salle de cinéma au cours du mois d'août ? » Voici les réponses obtenues :

4 4 2 3 4 1 3 2 3 1 4 5 2 1 0 2 4 5 1 2 5 2 6 0 1 1 3 3
3 2 5 0 1 3 2 3 5 2 6 0 1 0 2 1 3 4 2 5 2 3 4 5 2 3 4 1
4 2 3 6 3 4 2 0 0 1 2 1 3 4 1 4 3 2 5 1 1 3 5 6 2 0 0 1
2 2 5 3 5 2 4 2 5 1 4 2 1 5 2 5 4 2 1 6 0 2 4 1 5 2 6 0
2 3 2 0 0 1 2 5

a) Présentez vos données sous forme de tableau.

b) Présentez vos données sous forme de graphique.

c) Trouvez les mesures de tendance centrale et faites l'interprétation de ces résultats.

d) Analysez la symétrie de la distribution des données.

e) Les données sont-elles homogènes ?

f) Quelle est la cote z d'un élève qui a vu 3 films au cinéma durant le mois d'août ?

Méthodes quantitatives en action

Claude Ouimet, statisticien
Ministère des Transports du Québec

La statistique est un monde fabuleux pour quiconque s'intéresse aux phénomènes chiffrés, ses domaines d'application étant des plus variés.

Dans mon travail, je prodigue des conseils dans des secteurs où les domaines d'intérêt sont très diversifiés : les usagers de la route, les entreprises, les ponts et viaducs, et les kilomètres de route représentent autant d'univers à explorer. Quand vient le temps de choisir un plan d'échantillonnage, il faut faire preuve d'imagination, puisque la population à l'étude est répartie sur un vaste territoire.

Le domaine des transports ne se limite toutefois pas qu'aux sondages pour le statisticien. Il existe de nombreux autres défis stimulants : par exemple, la régression et les séries chronologiques m'ont permis de quantifier une perte de revenus commerciaux liée à une expropriation ; des méthodes de classification automatique m'ont facilité la tâche pour la production d'estimations de débit de circulation sur des routes non munies de compteurs, etc.

Enfin, comme les besoins en données fusent au ministère des Transports, le statisticien doit veiller à leur qualité. En participant aux projets avant la collecte des données, je peux ainsi mieux les planifier et en limiter les coûts, puis utiliser en toute quiétude des méthodes statistiques rigoureuses et appropriées quand vient le temps des analyses.

Le spécialiste des méthodes quantitatives est un « plus » pour toute organisation.

4.2 Les variables quantitatives continues

Rappelons qu'une variable quantitative est dite discrète lorsqu'il est possible d'énumérer les valeurs qu'elle peut prendre, alors qu'une variable quantitative est dite continue quand les données recueillies sont des quantités numériques approximatives ou arrondies et que les valeurs théoriques possibles de la variable peuvent s'écrire avec une infinité de décimales.

La présentation d'une variable quantitative continue doit donc refléter l'idée de continuité. Nous verrons dans cette section comment présenter ces données et interpréter les différentes mesures calculées à partir des données groupées en classes.

Nous ferons donc la même démarche effectuée pour les variables quantitatives discrètes pour analyser les variables quantitatives continues. Ce sera une occasion de plus de réviser les différentes mesures. Il existe quelques différences dans la façon de les calculer, mais l'interprétation des résultats est tout à fait semblable.

4.2.1 La présentation des données sous forme de tableau

La présentation sous forme de tableau consiste à classer les données selon leur valeur. Ce type de classement se nomme « répartition », ou « distribution », d'une série de données brutes.

Mise en situation

Exemple 4.21 La cote *R*

Dans la première partie du chapitre, nous avons analysé la variable quantitative discrète « Nombre d'échecs au dossier de l'étudiant ». Dans cette seconde partie, nous analyserons la variable quantitative continue « Cote *R* de l'étudiant ». Voyons d'abord ce qu'est la cote *R* :

> « La cote de rendement (cote *R*) au collégial combine pour chaque cours suivi par un étudiant deux informations : un indicateur de la position de cet étudiant en fonction de la note obtenue dans son groupe (la cote *z*) et un indicateur de la force relative de ce groupe. Ainsi, en plus de retenir tous les avantages de la cote *z*, la cote de rendement au collégial ajoute à celle-ci une correction en permettant de tenir compte des différences initiales entre les groupes.
>
> [...]
>
> Afin de connaître l'indice de la force du groupe ou du facteur de correction à apporter à la cote *z*, il faut appliquer la formule suivante :
>
> Correction = (Moyenne des résultats du groupe au secondaire − 75)/14
>
> [...]
>
> Cette valeur est ajoutée à celle de la cote *z* pour donner la cote *z* corrigée.
>
> $R = (z + \text{correction} + 5) \cdot 5 = (z \text{ corrigée} + 5) \cdot 5$
>
> [...]
>
> Pour obtenir la cote de rendement au collégial, on élimine d'abord les valeurs négatives par l'ajout à la cote *z* corrigée d'une constante de 5. Ensuite, on multiplie ce chiffre par 5 afin de situer les résultats sur une nouvelle échelle ayant une amplitude fixe se situant entre 0 et 50. La plupart des cotes de rendement se situent entre 15 et 35[3]. »

Revenons maintenant à votre étude portant sur les demandes d'admission au baccalauréat dans les universités québécoises faites par des étudiants de niveau collégial préuniversitaire, et traitons la seconde variable ayant attiré votre attention : la cote *R* obtenue par votre échantillon de 350 étudiants.

Les résultats obtenus sont présentés dans le tableau 4.11.

Population	Tous les étudiants de niveau collégial préuniversitaire ayant fait une demande d'admission au baccalauréat dans les universités québécoises.
Unité statistique	Un étudiant de niveau collégial préuniversitaire ayant fait une demande d'admission au baccalauréat dans les universités québécoises.
Taille de l'échantillon	$n = 350$
Variable	Cote *R* de l'étudiant.
Type de variable	Variable quantitative continue.

Le titre d'un tableau doit être rédigé selon la formulation générale suivante : Répartition des « unités statistiques » en fonction de la « variable ».

Les points milieux des classes serviront au calcul de différentes mesures.

La somme des nombres de la troisième colonne correspond au nombre total d'unités dans l'échantillon, lequel représente la taille de l'échantillon. Il se peut que l'addition des pourcentages figurant dans certains tableaux ne donne pas 100 %. Cela est dû au fait que les pourcentages ont été arrondis au centième, au dixième ou à la valeur entière près. On doit quand même écrire 100 % comme total, puisqu'on a tenu compte de l'ensemble des unités statistiques.

3. Conférence des recteurs et des principaux des universités du Québec. (2009). *La cote de rendement au collégial : ce qu'elle est, ce qu'elle fait*, document approuvé le 30 novembre 2000 par le Comité de gestion des bulletins d'études collégiales et mis à jour le 5 février 2009.

TABLEAU 4.11

Répartition des 350 étudiants de niveau collégial préuniversitaire ayant fait une demande d'admission au baccalauréat dans les universités québécoises en fonction de leur cote *R*

Cote *R*	Point milieu	Nombre d'étudiants	Pourcentage des étudiants	Pourcentage cumulé des étudiants
De 18 à moins de 20	19	24	6,86	6,86
De 20 à moins de 22	21	27	7,71	14,57
De 22 à moins de 24	23	40	11,43	26,00
De 24 à moins de 26	25	53	15,14	41,14
De 26 à moins de 28	27	59	16,86	58,00
De 28 à moins de 30	29	55	15,71	73,71
De 30 à moins de 32	31	42	12,00	85,71
De 32 à moins de 34	33	29	8,29	94,00
De 34 à moins de 36	35	21	6,00	100
Total		350	100	

Source : Données inspirées du rapport du Comité de gestion des bulletins d'études collégiales adressé aux membres du Comité de liaison de l'enseignement supérieur relatif au mandat confié au CGBEC à la suite de l'avis du Conseil supérieur de l'éducation. (5 février 2004). *Au collégial – L'orientation au cœur de la réussite.*

Le titre

La variable étudiée

Le pourcentage cumulé indique la quantité d'unités statistiques ayant des valeurs plus petites que la borne supérieure de la classe.

Le point milieu

Les valeurs de la variable groupées en classes

La taille de l'échantillon

La fréquence de chacune des classes, exprimée en pourcentage. La somme donne 100 %.

Dans les journaux, les pourcentages sont arrondis à la valeur entière la plus près, tandis que dans les informations provenant de Statistique Canada ou de l'Institut de la statistique du Québec, ils sont généralement présentés avec une décimale, quelquefois deux. Dans le présent ouvrage, nous utiliserons deux décimales pour les pourcentages, sauf si la deuxième décimale et toutes les suivantes sont 0.

À partir du tableau 4.11, on peut affirmer que :

- 40 étudiants ont une cote *R* se situant dans l'intervalle allant de 22 à moins de 24 ;
- 16,86 % des étudiants ont une cote *R* se situant dans l'intervalle allant de 26 à moins de 28 ;
- 73,71 % des étudiants ont une cote *R* inférieure à 30.

Quel que soit le nombre de classes, il faut respecter deux critères : l'exhaustivité et l'exclusivité. Pour obtenir l'exhaustivité, on doit créer suffisamment de classes pour que toutes les données puissent appartenir à une classe. Pour créer l'exclusivité, il faut créer des classes mutuellement exclusives, de telle sorte qu'aucune donnée ne puisse présenter une valeur appartenant à plus d'une classe.

Exhaustivité
Caractéristique que possède un ensemble de classes lorsque chaque donnée appartient à une classe.

Exclusivité
Caractéristique que possède un ensemble de classes lorsque chaque donnée appartient à au plus une classe.

Nous verrons, dans l'exemple 4.42 présenté à la fin de ce chapitre (*voir p. 125*), comment construire des classes de largeurs égales.

4.2.2 La présentation des données sous forme de graphique

Plusieurs formes de graphiques permettent de représenter les données. Dans le cas d'une variable quantitative continue, les graphiques utilisés sont l'**histogramme**, le **polygone des pourcentages** (ou des densités) et la **courbe des pourcentages cumulés (ogive)**.

Exemple 4.22 La cote *R* (*suite*)

L'histogramme

La figure 4.8 illustre l'histogramme construit à partir des données du tableau 4.11.

TABLEAU 4.11 ▶ p. 85

Répartition des 350 étudiants de niveau collégial préuniversitaire ayant fait une demande d'admission au baccalauréat dans les universités québécoises en fonction de leur cote *R*

Cote *R*	Point milieu	Nombre d'étudiants	Pourcentage des étudiants	Pourcentage cumulé des étudiants
De 18 à moins de 20	19	24	6,86	6,86
De 20 à moins de 22	21	27	7,71	14,57
De 22 à moins de 24	23	40	11,43	26,00
De 24 à moins de 26	25	53	15,14	41,14
De 26 à moins de 28	27	59	16,86	58,00
De 28 à moins de 30	29	55	15,71	73,71
De 30 à moins de 32	31	42	12,00	85,71
De 32 à moins de 34	33	29	8,29	94,00
De 34 à moins de 36	35	21	6,00	100
Total		350	100	

FIGURE 4.8

Répartition des 350 étudiants de niveau collégial préuniversitaire ayant fait une demande d'admission au baccalauréat dans les universités québécoises en fonction de leur cote *R*

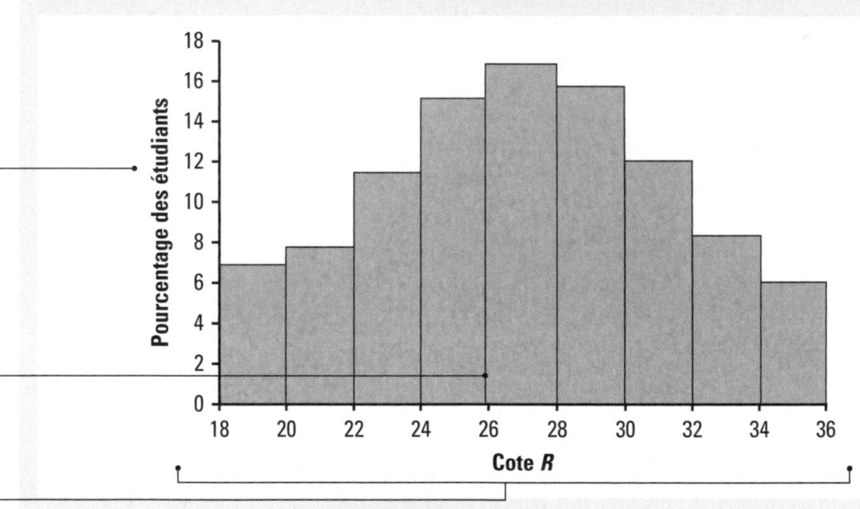

Répartition des « unités statistiques » en fonction de la « variable ». Même titre que le tableau.

L'axe vertical, exprimé en pourcentage, permet d'estimer la hauteur des rectangles et de faire facilement des comparaisons entre les classes.

Puisque la variable est quantitative continue, on trace les rectangles sans mettre d'espace entre eux.

La variable. La distance entre les bornes des classes est proportionnelle à l'écart qui les sépare.

Sur l'axe horizontal, il convient de préciser les unités de mesure utilisées, s'il y a lieu. L'axe vertical peut être placé à gauche ou à droite du graphique. On utilise une échelle qui va de 0 jusqu'au plus haut pourcentage obtenu pour une classe, arrondi à la hausse.

Comme dans le cas des variables quantitatives discrètes, la représentation graphique de la distribution permet de faire rapidement des comparaisons du pourcentage de données de chacune des classes, pour autant que l'axe vertical ne soit pas tronqué. Si une classe représente 40 % des données et qu'une autre en représente 20 %, il est important que la représentation graphique reflète cette situation. L'échelle de l'axe vertical doit donc toujours débuter à 0 % et aller jusqu'au pourcentage le plus élevé.

Le principe fondamental de l'histogramme est que l'aire de chacun de ses rectangles est proportionnelle au pourcentage des données de la classe, ce qui permet de déterminer l'importance relative d'une classe par rapport à une autre. Pour des classes de la même largeur, la méthode décrite respecte ce principe.

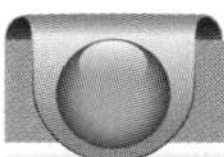

Exemple 4.23 La cote *R* (*suite*)

Mise en situation

Le polygone des pourcentages

L'emploi du polygone est avantageux, car ce type de graphique permet de faire de multiples comparaisons en superposant plusieurs polygones, ce qui est plutôt difficile à faire avec l'histogramme.

L'exemple 4.39 (*voir p. 116*) montre certaines comparaisons.

La figure 4.9 illustre le polygone des pourcentages, construit en se basant sur les données du tableau 4.11.

FIGURE 4.9

Répartition des 350 étudiants de niveau collégial préuniversitaire ayant fait une demande d'admission au baccalauréat dans les universités québécoises en fonction de leur cote *R*

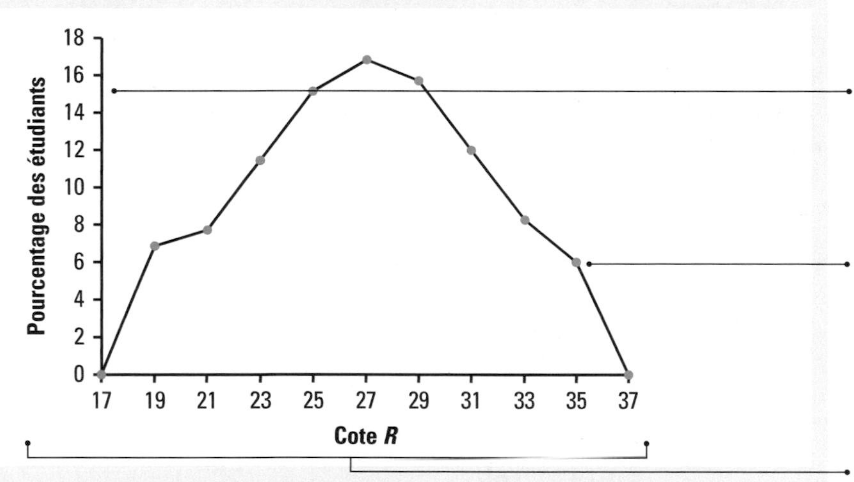

Répartition des « unités statistiques » en fonction de la « variable ». Même titre que le tableau.

L'axe vertical est exprimé en pourcentage.

Vis-à-vis de chaque point milieu, on place un point à une hauteur égale au pourcentage des données de la classe. On joint les points au moyen de segments de droite.

La variable. La distance entre les points milieux des classes est proportionnelle à l'écart qui les sépare.

Pour que la figure soit un polygone, elle doit être fermée aux 2 extrémités ; il faut prévoir à chacune des 2 extrémités une classe de même largeur que les autres ayant 0 % d'unités, puisqu'il n'y a pas de données dont les valeurs se situent dans ces classes. Ici, les classes ayant 0 % d'unités sont « De 16 à moins de 18 » (le point milieu étant 17) et « De 36 à moins de 38 » (le point milieu étant 37).

En observant le polygone, on constate aussi que la distribution est relativement symétrique.

On place les points milieux des classes de la variable sur l'axe horizontal, du plus petit au plus grand. L'axe est désigné par le nom de la variable. S'il y a lieu, il convient de préciser les unités de mesure utilisées.

Sur l'axe vertical, on établit une échelle pour pouvoir placer les pourcentages. Ceux-ci varient de zéro jusqu'au plus haut pourcentage obtenu, arrondi à la hausse.

Il est parfois impossible pour des raisons logiques d'ajouter une classe au début ou à la fin d'une distribution de données groupées. Dans ce cas, on peut tronquer le segment en question.

Mise en situation

Exemple 4.24 La cote *R* (*suite*)

La courbe des pourcentages cumulés (ogive)

La figure 4.10 illustre la courbe des pourcentages cumulés, construite à partir des données du tableau 4.11.

TABLEAU 4.11 ▶ p. 85

Répartition des 350 étudiants de niveau collégial préuniversitaire ayant fait une demande d'admission au baccalauréat dans les universités québécoises en fonction de leur cote *R*

Cote *R*	Point milieu	Nombre d'étudiants	Pourcentage des étudiants	Pourcentage cumulé des étudiants
De 18 à moins de 20	19	24	6,86	6,86
De 20 à moins de 22	21	27	7,71	14,57
De 22 à moins de 24	23	40	11,43	26,00
De 24 à moins de 26	25	53	15,14	41,14
De 26 à moins de 28	27	59	16,86	58,00
De 28 à moins de 30	29	55	15,71	73,71
De 30 à moins de 32	31	42	12,00	85,71
De 32 à moins de 34	33	29	8,29	94,00
De 34 à moins de 36	35	21	6,00	100
Total		350	100	

FIGURE 4.10

Courbe des pourcentages cumulés des « unités statistiques » en fonction de la « variable »

Courbe des pourcentages cumulés des 350 étudiants de niveau collégial préuniversitaire ayant fait une demande d'admission au baccalauréat dans les universités québécoises en fonction de leur cote *R*

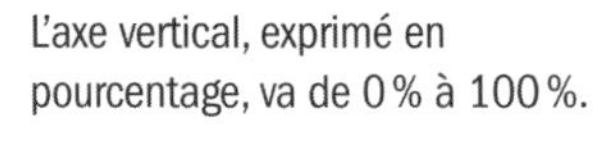

L'axe vertical, exprimé en pourcentage, va de 0 % à 100 %.

Vis-à-vis de chaque borne supérieure des classes, on place un point à une hauteur égale au pourcentage cumulé des données. Vis-à-vis de la borne inférieure de la première classe, on place un point à 0 %. On joint les points au moyen de segments de droite.

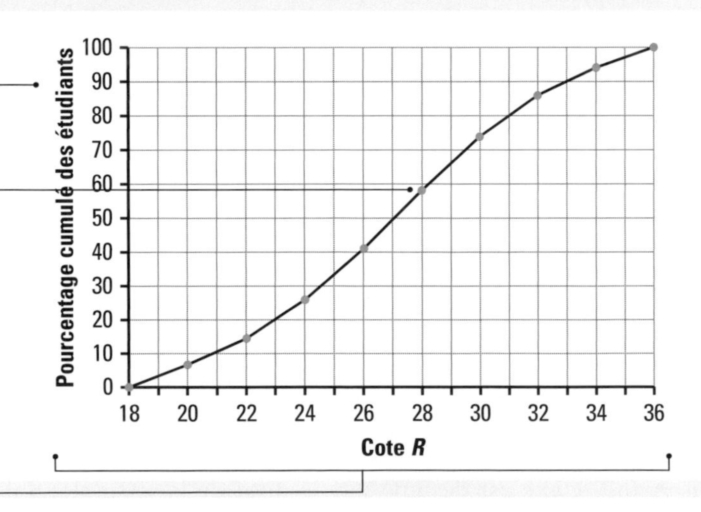

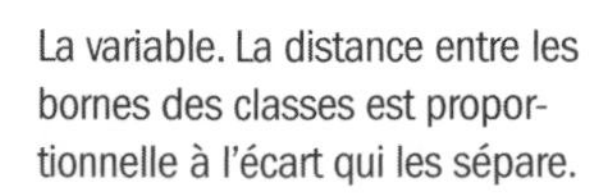

La variable. La distance entre les bornes des classes est proportionnelle à l'écart qui les sépare.

Sur l'axe horizontal, il convient de préciser les unités de mesure utilisées, s'il y a lieu.

Dans le cas des données groupées en classes, on ne connaît pas le pourcentage cumulé des données d'une valeur située entre les bornes d'une classe. Lorsque les données sont réparties uniformément à l'intérieur d'une classe, la fonction qui donne le pourcentage de données cumulées du début à la fin de la classe est une droite. On suppose donc que les données sont réparties uniformément à l'intérieur de chacune des classes, ce qui permet de relier les points déjà tracés par des segments de droite.

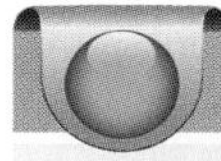

Exemple 4.25 La cote *R* (*suite*)

La courbe des pourcentages cumulés permet de trouver le pourcentage approximatif des étudiants qui ont une cote *R* se trouvant dans un intervalle donné :

- environ 20 % des étudiants de l'échantillon ont une cote *R* d'au plus 23, comme le montre la figure 4.11 ;

FIGURE 4.11

Courbe des pourcentages cumulés des 350 étudiants de niveau collégial préuniversitaire ayant fait une demande d'admission au baccalauréat dans les universités québécoises en fonction de leur cote *R* – pourcentage des étudiants ayant une cote *R* d'au plus 23

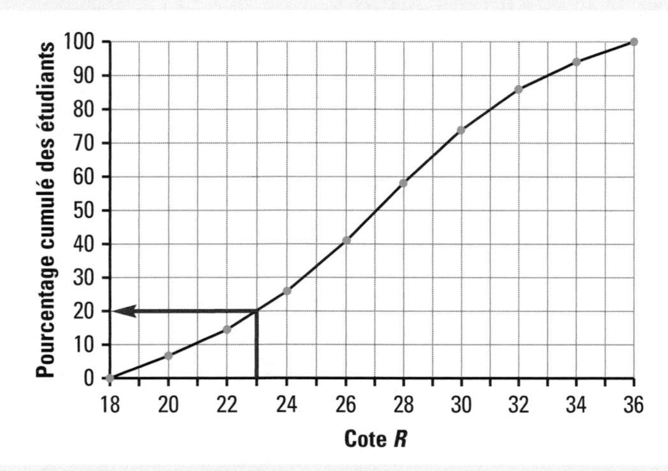

- environ 60 % (80 % – 20 %) des étudiants de l'échantillon ont une cote *R* se situant entre 23 et 31, comme le montre la figure 4.12.

FIGURE 4.12

Courbe des pourcentages cumulés des 350 étudiants de niveau collégial préuniversitaire ayant fait une demande d'admission au baccalauréat dans les universités québécoises en fonction de leur cote *R* – pourcentage des étudiants ayant une cote *R* se situant entre 23 et 31

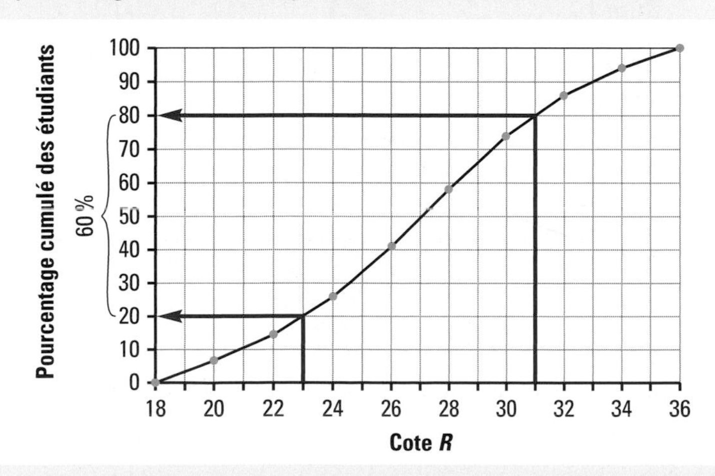

Cette courbe permet aussi de trouver la cote R approximative correspondant à un pourcentage cumulé donné :

- environ 25 % des étudiants de l'échantillon ont une cote R d'au plus 24, comme le montre la figure 4.13 ;

FIGURE 4.13

Courbe des pourcentages cumulés des 350 étudiants de niveau collégial préuniversitaire ayant fait une demande d'admission au baccalauréat dans les universités québécoises en fonction de leur cote *R* – cote *R* maximale des 25 % des étudiants les plus faibles

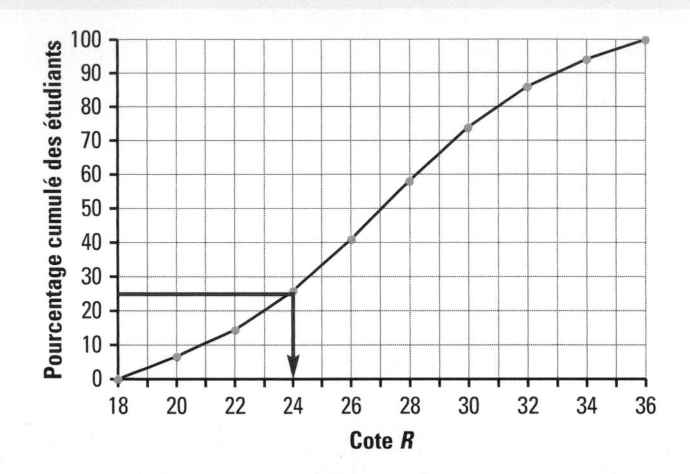

- environ 50 % des étudiants de l'échantillon ont une cote R d'au plus 27, comme le montre la figure 4.14 ;

FIGURE 4.14

Courbe des pourcentages cumulés des 350 étudiants de niveau collégial préuniversitaire ayant fait une demande d'admission au baccalauréat dans les universités québécoises en fonction de leur cote *R* – cote *R* maximale des 50 % des étudiants les plus faibles

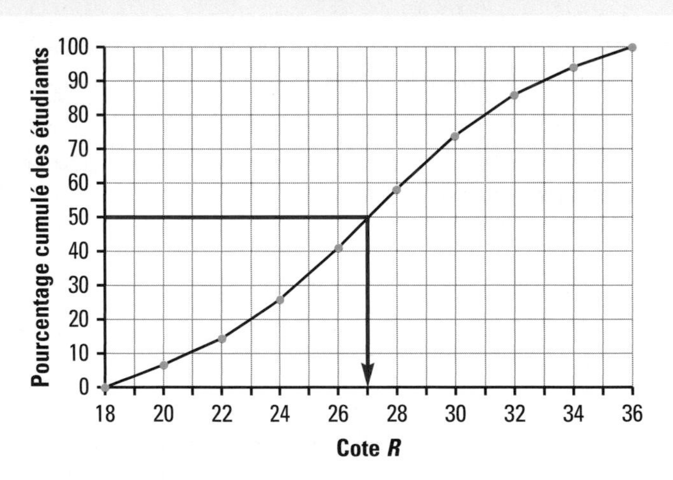

- environ 25 % (100 % – 75 %) des étudiants de l'échantillon ont une cote R d'au moins 30, comme le montre la figure 4.15.

FIGURE 4.15

Courbe des pourcentages cumulés des 350 étudiants de niveau collégial préuniversitaire ayant fait une demande d'admission au baccalauréat dans les universités québécoises en fonction de leur cote *R* – cote *R* minimale des 25 % des étudiants les plus forts

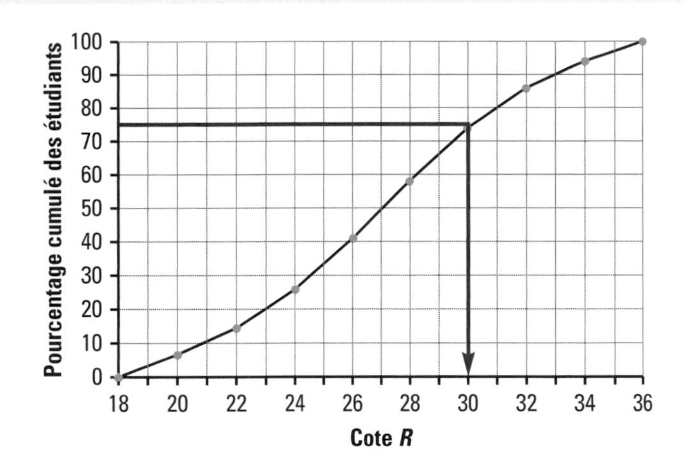

Exercice

4.29 Un sondage CROP portant sur les valeurs des jeunes Québécois révèle que, pour 14 % d'entre eux, le niveau de revenu qu'ils croient pouvoir atteindre se situe entre 20 000 $ et moins de 40 000 $. Le tableau 4.12 résume les résultats obtenus.

a) Quel titre donneriez-vous à ce tableau ?

b) Si vous construisiez l'histogramme associé à ce tableau, quel serait le titre de l'axe vertical ?

c) Construisez l'ogive.

d) À partir de l'ogive, déterminez le pourcentage des jeunes Québécois espérant gagner un revenu d'au moins 65 000 $.

e) À partir de l'ogive, déterminez le revenu minimal des 40 % des jeunes Québécois qui espèrent gagner le plus haut revenu.

f) À partir de l'ogive, déterminez le revenu maximal des 40 % des jeunes Québécois qui espèrent gagner le plus bas revenu.

g) Construisez le polygone des pourcentages.

TABLEAU 4.12

Niveau de revenu pouvant être atteint	Pourcentage des jeunes Québécois
Moins de 20 000 $	1
De 20 000 $ à moins de 40 000 $	14
De 40 000 $ à moins de 60 000 $	26
De 60 000 $ à moins de 80 000 $	28
De 80 000 $ à moins de 100 000 $	13
De 100 000 $ à moins de 120 000 $	18

Source : CROP. (Mars 2007). *Les valeurs des jeunes Québécois et leur perception de l'avenir,* 80 p. [En ligne]. www.slideshare.net/cguy/sondage-crop-les-valeurs-des-jeunes-qubcois (page consultée le 3 février 2012).

4.2.3 Les mesures de tendance centrale

Les mesures de tendance centrale présentées dans la section 4.1.3, portant sur les variables quantitatives discrètes, s'appliquent aussi aux variables quantitatives continues. Toutefois, dans le cas des variables quantitatives continues, les calculs et l'interprétation de ces mesures sont adaptés en fonction des classes plutôt que des valeurs précises.

Le mode (*Mo*) pour les données groupées en classes

Pour la variable quantitative discrète, le mode correspond à la valeur de la variable étudiée ayant la plus grande fréquence (le plus grand nombre d'unités statistiques) dans l'échantillon ou la population. En ce qui concerne la variable quantitative continue, une telle définition ne s'applique pas, car la variable quantitative continue peut prendre toutes les valeurs possibles entre deux valeurs. De ce fait, la donnée obtenue pour une telle variable revient rarement plus que quelques fois; elle ne figure souvent qu'une seule fois. Ainsi, le mode calculé selon la définition précédente n'a aucune signification. Grouper les données d'une variable quantitative continue en classes permet de donner une définition du mode en fonction des classes. On définira d'abord une classe modale. Ensuite, le mode sera défini sous la forme d'une valeur à l'intérieur de cette classe modale.

La classe modale

Classe modale
Classe contenant la plus grande densité de données.

Dans le cas d'une distribution où les classes sont de largeurs égales, la classe modale est celle qui contient le plus grand pourcentage de données. (Le cas des distributions ayant des classes de largeurs inégales sera étudié dans l'exemple 4.40, à la page 120.)

Le mode brut

Mode brut
Valeur centrale de la classe modale.

Le mode brut est la valeur centrale de la classe modale.

Exemple 4.26 La cote *R* (*suite*)

Les classes du tableau 4.11 étant toutes de même largeur (2), la classe modale est « De 26 à moins de 28 ». C'est dans la classe des cotes *R* allant de 26 à moins de 28 que l'on trouve le plus d'étudiants, soit 59, ce qui représente une proportion de 16,86 %.

TABLEAU 4.11 ▶ p. 85

Répartition des 350 étudiants de niveau collégial préuniversitaire ayant fait une demande d'admission au baccalauréat dans les universités québécoises en fonction de leur cote *R*

Cote *R*	Point milieu	Nombre d'étudiants	Pourcentage des étudiants	Pourcentage cumulé des étudiants
De 18 à moins de 20	19	24	6,86	6,86
De 20 à moins de 22	21	27	7,71	14,57
De 22 à moins de 24	23	40	11,43	26,00
De 24 à moins de 26	25	53	15,14	41,14
De 26 à moins de 28	27	59	16,86	58,00
De 28 à moins de 30	29	55	15,71	73,71
De 30 à moins de 32	31	42	12,00	85,71
De 32 à moins de 34	33	29	8,29	94,00
De 34 à moins de 36	35	21	6,00	100
Total		350	100	

Résultat Le mode brut est de 27, soit la valeur centrale de la classe modale.

Interprétation La cote *R* autour de laquelle se trouve une plus forte concentration (densité) d'étudiants est d'environ 27.

Exercices

4.30 À partir du tableau 4.12 ci-contre, trouvez :

a) la classe modale, puis faites-en l'interprétation ;

b) le mode brut, puis faites-en l'interprétation.

4.31 À partir des données brutes recueillies auprès de répondants, par exemple le nombre de kilomètres parcourus à vélo l'été dernier par 100 membres d'un club de triathlon, est-il possible de déterminer le mode de la distribution ? Justifiez votre réponse.

TABLEAU 4.12 ▶ p. 91

Niveau de revenu pouvant être atteint	Pourcentage des jeunes Québécois
Moins de 20 000 $	1
De 20 000 $ à moins de 40 000 $	14
De 40 000 $ à moins de 60 000 $	26
De 60 000 $ à moins de 80 000 $	28
De 80 000 $ à moins de 100 000 $	13
De 100 000 $ à moins de 120 000 $	18

La médiane (*Md*) des données groupées en classes

Lorsque les données sont groupées en classes, il est impossible de trouver la médiane des données brutes. On ne peut en obtenir qu'une valeur approximative. Pour ce faire, on utilise une formule d'interpolation linéaire basée sur la supposition selon laquelle les données sont réparties uniformément dans chacune des classes, notamment dans la classe médiane. On obtient aussi cette valeur en faisant une lecture de la courbe des pourcentages cumulés. La valeur obtenue est la médiane des données groupées.

Médiane
Valeur qui occupe la position centrale dans la liste, classée par ordre croissant, de toutes les données de l'échantillon ou de la population.

Classe médiane
Classe vis-à-vis de laquelle on atteint le cumul de 50 % des données pour la première fois. C'est dans cette classe que se situe la médiane.

La valeur de la médiane à partir de la courbe des pourcentages cumulés (ogive)

Pour trouver la valeur de la médiane à partir de la courbe des pourcentages cumulés, on doit déterminer la valeur (sur l'axe horizontal de l'ogive) pour laquelle le pourcentage cumulé est de 50 %. Ainsi, afin de déterminer la médiane des données groupées, on peut effectuer une simple lecture de l'ogive. Cependant, comme tout graphique est imprécis, nous verrons dans l'exemple qui suit une autre façon d'obtenir la valeur approximative de la médiane à l'aide de l'histogramme.

Exemple 4.27 La cote *R* (*suite*)

Si l'on examine la figure 4.16, on constate que la classe médiane est « De 26 à moins de 28 ». La valeur de la médiane se situe entre ces 2 bornes.

FIGURE 4.16

Courbe des pourcentages cumulés des 350 étudiants de niveau collégial préuniversitaire ayant fait une demande d'admission au baccalauréat dans les universités québécoises en fonction de leur cote *R* – détermination de la médiane

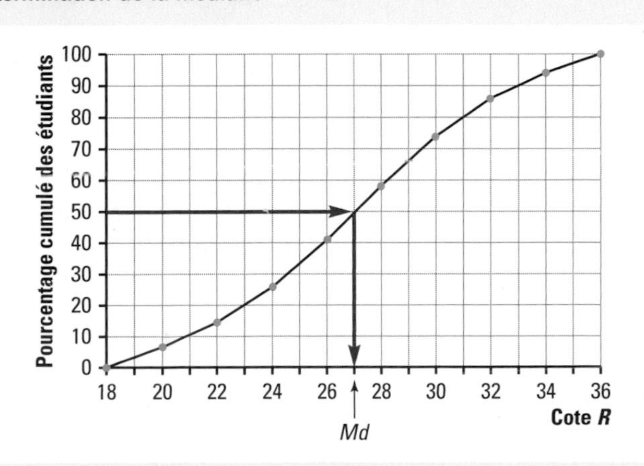

▶

La valeur de la médiane à partir de l'ogive

Pour trouver la valeur de la médiane à partir de l'ogive, il faut trouver à quel endroit se situe le point qui cumule 50 % des données. La figure 4.16 illustre cette démarche.

On peut lire sur ce graphique que la médiane est approximativement égale à 27.

La valeur de la médiane à l'aide de l'histogramme

On trouve la classe médiane à l'aide des pourcentages cumulés. Dans ce cas-ci, le cumul de 50 % est atteint dans la classe qui va de 26 à moins de 28, comme l'illustre la figure 4.17.

Md = borne inférieure de la classe médiane + x

Comme les quatre classes qui précèdent la classe médiane cumulent 41,14 % des données, il manque donc 8,86 % pour atteindre 50 %.

FIGURE 4.17

Répartition des 350 étudiants de niveau collégial préuniversitaire ayant fait une demande d'admission au baccalauréat dans les universités québécoises en fonction de leur cote *R* – détermination de la médiane

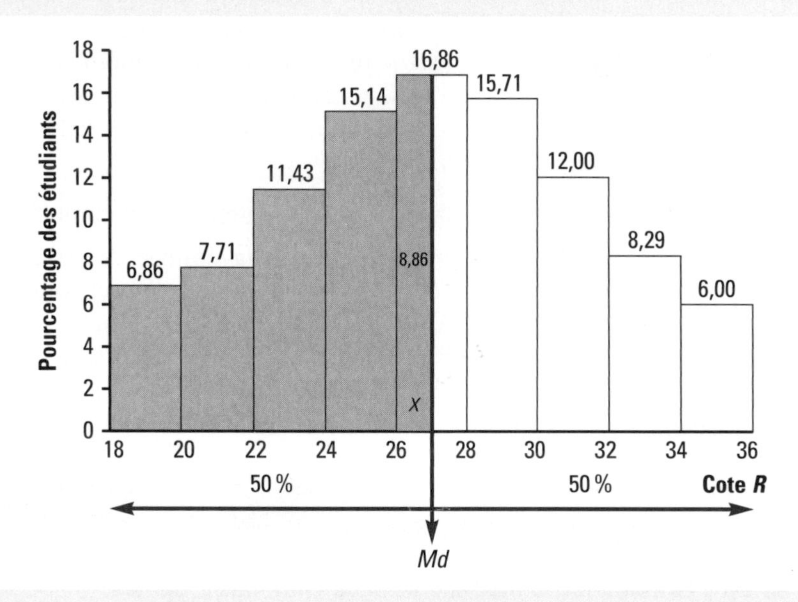

Par conséquent, on doit utiliser 8,86 % sur 16,86 % des données de la classe médiane pour cumuler 50 %. Il faut prendre une proportion de (8,86/16,86), soit 0,5255 des données de cette classe. En supposant que les données sont réparties uniformément dans la classe, la proportion 0,5255 de la classe de largeur 2 représente environ 1,1. Alors, la médiane est donc calculée à partir de la borne inférieure de la classe médiane comme suit :

Résultat $Md = 26 + 1{,}1 = 27{,}1$

Interprétation Environ 50 % des 350 étudiants ont une cote *R* d'au plus 27,1 (ou 27 si l'ogive a été utilisée).

Ici, on emploie l'expression « environ 50 % » au lieu de l'expression « au moins 50 % », laquelle est utilisée dans le cas des variables quantitatives discrètes, car la médiane des données groupées est calculée en supposant que les données sont réparties uniformément à l'intérieur de chacune des classes, ce qui est rarement le cas.

Exercices

4.32 Un sondage a été réalisé auprès de ménages qui consomment du poisson et des fruits de mer dans le but de connaître le montant mensuel alloué à l'achat de ces produits[4]. L'ogive suivante montre les résultats du sondage.

À partir de cette ogive, pouvez-vous déterminer de façon approximative la médiane de la distribution et en faire l'interprétation ?

FIGURE 4.18

Courbe des pourcentages cumulés des ménages en fonction du montant mensuel dépensé pour l'achat de poissons et de fruits de mer

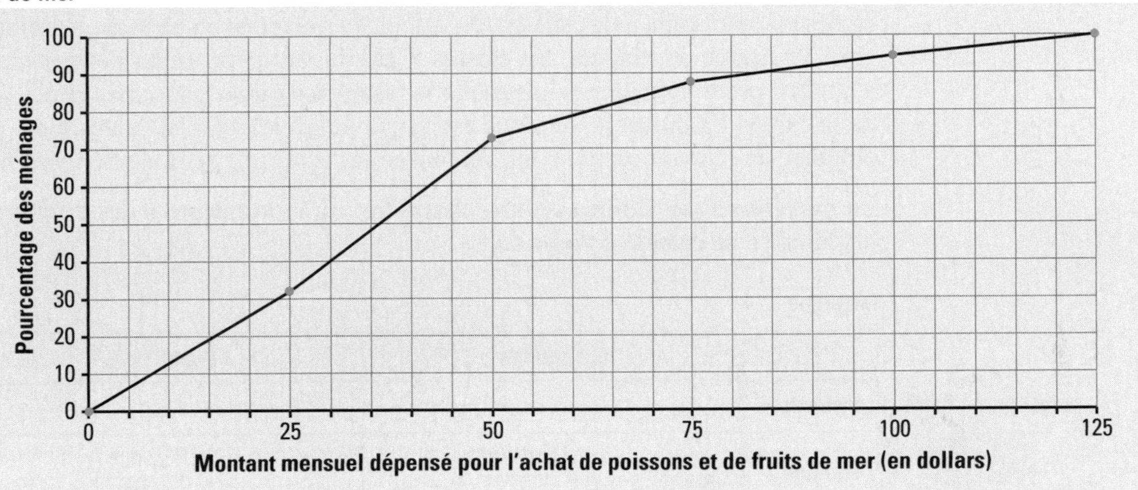

4.33 Le tableau 4.13 présente les résultats d'un sondage express mené auprès de 5 530 internautes qui se disent athées ou incroyants, en fonction de leur âge.

a) Déterminez la médiane et interprétez le résultat.

b) Vérifiez sur la courbe des pourcentages cumulés si la médiane trouvée en a) correspond bien à celle estimée à partir de la courbe.

TABLEAU 4.13

Répartition des internautes qui se disent athées ou incroyants en fonction de leur âge

Âge des internautes qui se disent athées ou incroyants	Nombre d'internautes
De 0 à moins de 15 ans	177
De 15 à moins de 30 ans	2 117
De 30 à moins de 45 ans	1 236
De 45 à moins de 60 ans	1 412
De 60 à moins de 75 ans	588
Total	5 530

Source : [En ligne]. http://atheisme.free.fr/Votre_espace/Resultats.htm, p. 3-4 (page consultée le 3 février 2012).

4. MAPAQ. (2009). *Étude sur les habitudes de consommation de produits marins et aquatiques*, p. 15. [En ligne]. www.agrireseau.qc.ca/Transformation-Alimentaire/documents/Sondage_prod_marins.pdf (page consultée le 3 février 2012).

La moyenne ($\bar{x}$ *ou* μ)

Moyenne
Valeur unique que chaque unité statistique aurait si la somme des données était répartie à parts égales entre chaque unité statistique.

Comme dans le cas de la variable quantitative discrète, la moyenne représente la valeur unique que chaque unité statistique aurait si la somme des données était répartie à parts égales entre chaque unité statistique.

Dans le cas des données groupées en classes, on ne peut trouver qu'une valeur approximative pour la moyenne des données brutes de l'échantillon $\bar{x}$ ou de la population μ. Puisqu'on suppose toujours que les données sont réparties uniformément à l'intérieur de chacune des classes, le point milieu de chacune de celles-ci correspond à la moyenne de ces données. Ce point milieu est utilisé pour représenter les données d'une classe, car toutes ces données seront considérées comme égales au point milieu de celle-ci. On calcule la moyenne en utilisant le point milieu et la fréquence de chacune des classes. Cette façon de procéder permet d'associer à chaque point milieu un poids égal à la fréquence ou au pourcentage des données de la classe. La moyenne obtenue est approximative, mais sa valeur n'est pas très éloignée de celle qu'on pourrait obtenir en utilisant une série de données brutes.

La moyenne $\bar{x}$ des données d'un échantillon ou la moyenne μ des données d'une population se calcule comme suit :

Moyenne

	Échantillon	**Population**
Symbole	$\bar{x}$	μ
Formule	$\bar{x} = \frac{\sum m_i \cdot n_i}{n}$ où $\sum$ signifie « somme » ; m_i représente chacun des points milieux des classes à tour de rôle ; n_i représente la fréquence de la classe associée à m_i ; $n = \sum n_i$ est la taille de l'échantillon.	$\mu = \frac{\sum m_i \cdot n_i}{N}$ où $\sum$ signifie « somme » ; m_i représente chacun des points milieux des classes à tour de rôle ; n_i représente la fréquence de la classe associée à m_i ; $N = \sum n_i$ est la taille de la population.

Si la répartition des données est présentée en pourcentages, on trouve la valeur de la moyenne à l'aide de la formule suivante :

$$\mu = \frac{\sum m_i \cdot p_i}{100} = \frac{\sum \text{(Point de milieu de la classe)} \cdot \text{(Pourcentage de la classe)}}{100}$$

où $\sum p_i = 100$

Mise en situation

Exemple 4.28 La cote *R* (*suite*)

On trouve la cote *R*, moyenne calculée à partir des données groupées en classes, de la façon suivante :

Résultat

$$\bar{x} = \frac{19 \cdot 24 + 21 \cdot 27 + 23 \cdot 40 + 25 \cdot 53 + 27 \cdot 59 + 29 \cdot 55 + 31 \cdot 42 + 33 \cdot 29 + 35 \cdot 21}{350} = 27{,}0$$

TABLEAU 4.11 ▶ p. 85

Répartition des 350 étudiants de niveau collégial préuniversitaire ayant fait une demande d'admission au baccalauréat dans les universités québécoises en fonction de leur cote *R*

Cote *R*	Point milieu	Nombre d'étudiants	Pourcentage des étudiants	Pourcentage cumulé des étudiants
De 18 à moins de 20	19	24	6,86	6,86
De 20 à moins de 22	21	27	7,71	14,57
De 22 à moins de 24	23	40	11,43	26,00
De 24 à moins de 26	25	53	15,14	41,14
De 26 à moins de 28	27	59	16,86	58,00
De 28 à moins de 30	29	55	15,71	73,71
De 30 à moins de 32	31	42	12,00	85,71
De 32 à moins de 34	33	29	8,29	94,00
De 34 à moins de 36	35	21	6,00	100
Total		350	100	

Le point milieu 19 est utilisé 24 fois, le point milieu 21 est utilisé 27 fois, etc.

Interprétation La cote *R* moyenne des 350 étudiants est d'environ 27,0. Cela signifie que si l'on répartissait uniformément la somme totale des cotes *R* entre les 350 étudiants, chacun d'entre eux aurait une cote *R* d'environ 27,0.

Calculatrice

Une calculatrice offrant le mode statistique vous donnera cette valeur très rapidement.

Exemple 4.29 La conduite automobile et l'alcool

Le tableau 4.14 montre la répartition du nombre de conducteurs en état d'ébriété qui ont été impliqués dans des accidents de la route mortels en fonction de leur âge, au Canada, de 2003 à 2005.

TABLEAU 4.14

Répartition des conducteurs en état d'ébriété impliqués dans des accidents de la route mortels, de 2003 à 2005, en fonction de leur âge, au Canada

Âge	Pourcentage des conducteurs en état d'ébriété impliqués dans des accidents de la route mortels	Pourcentage cumulé des conducteurs impliqués dans des accidents de la route mortels
De 15 à moins de 25 ans	32,3	32,3
De 25 à moins de 35 ans	25,1	57,4
De 35 à moins de 45 ans	19,6	77,0
De 45 à moins de 55 ans	13,2	90,2
De 55 à moins de 65 ans	6,2	96,4
De 65 à moins de 75 ans	3,6	100,0
Total	100,0	

Source : Transport Canada. (Novembre 2008). *Un bref aperçu des accidents de la route liés à l'alcool au Canada.* [En ligne]. www.tc.gc.ca/fra/securiteroutiere/tp-tp2436-rs200809-menu-397.htm (page consultée le 3 février 2012).

Résultat	La classe modale est « De 15 à moins de 25 ans ». Le mode brut est de 20 ans.
Interprétation	De 2003 à 2005, l'âge autour duquel il y a eu la plus forte concentration de conducteurs canadiens en état d'ébriété impliqués dans des accidents de la route mortels est de 20 ans.
Résultat	La médiane est de 32,1 ans. En effet, la classe médiane est « De 25 à moins de 35 ans ». Jusqu'à la classe précédente, on avait cumulé 32,3 % des données. Il manque donc 17,7 % (50 % – 32,3 %) des données pour en obtenir 50 %. Il faut donc 17,7 % sur 25,1 % des données de la classe médiane, soit la proportion 0,7052 de la classe de largeur 10, ce qui représente environ 7,1. Alors, la médiane est donc calculée à partir de la borne inférieure de la classe médiane comme suit : 25 + 7,1 = 32,1.
Interprétation	De 2003 à 2005, environ 50 % des conducteurs canadiens en état d'ébriété impliqués dans des accidents de la route mortels étaient âgés d'au plus 32,1 ans.

On calcule la moyenne de la façon suivante :

Résultat

$$\mu = \frac{(20 \cdot 32{,}3) + (30 \cdot 25{,}1) + (40 \cdot 19{,}6) + (50 \cdot 13{,}2) + (60 \cdot 6{,}2) + (70 \cdot 3{,}6)}{100}$$

$$= 34{,}7 \text{ ans}$$

Interprétation De 2003 à 2005, l'âge moyen des conducteurs canadiens en état d'ébriété impliqués dans des accidents de la route mortels était de 34,7 ans.

Exercices

4.34 À partir du tableau 4.13, calculez l'âge moyen des internautes qui se disent athées ou incroyants.

TABLEAU 4.13 ▶ p. 95

Répartition des internautes qui se disent athées ou incroyants en fonction de leur âge

Âge des internautes qui se disent athées ou incroyants	Nombre d'internautes
De 0 à moins de 15 ans	177
De 15 à moins de 30 ans	2117
De 30 à moins de 45 ans	1236
De 45 à moins de 60 ans	1412
De 60 à moins de 75 ans	588
Total	5530

4.35 À partir du tableau 4.12, est-il possible de calculer le revenu moyen que croient pouvoir atteindre les jeunes Québécois ? Si oui, faites ce calcul ; sinon, expliquez pourquoi.

TABLEAU 4.12 ▶ p. 91

Niveau de revenu pouvant être atteint	Pourcentage des jeunes Québécois
Moins de 20000 $	1
De 20000 $ à moins de 40000 $	14
De 40000 $ à moins de 60000 $	26
De 60000 $ à moins de 80000 $	28
De 80000 $ à moins de 100000 $	13
De 100000 $ à moins de 120000 $	18

Le choix de la mesure de tendance centrale

Comme dans le cas d'une variable quantitative discrète, on peut s'intéresser à la forme de la représentation graphique d'une distribution de données d'une variable quantitative continue. Les propriétés de symétrie, d'asymétrie à gauche et d'asymétrie à droite sont définies de façon identique dans les deux cas.

La distribution symétrique

Dans le cas d'une distribution symétrique (*voir la figure 4.19*), on constate souvent que les trois mesures de tendance centrale sont rapprochées :

$Mo \approx Md \approx \overline{x}$

Dans ce cas, la moyenne est la mesure de tendance centrale appropriée.

FIGURE 4.19

Distribution symétrique

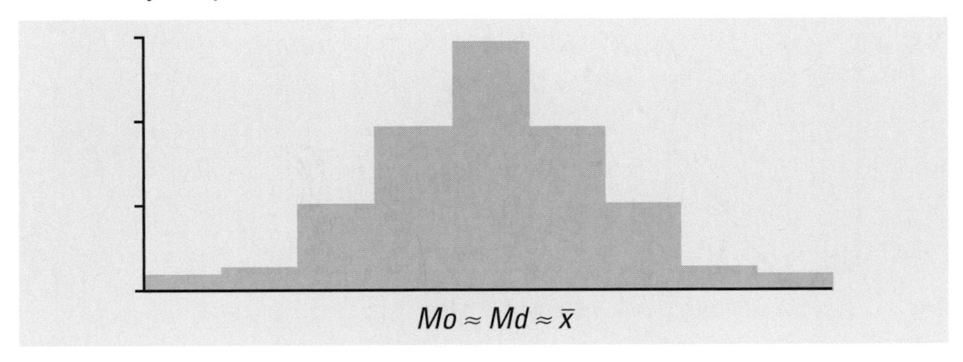

La distribution asymétrique à droite

On dit qu'une représentation graphique est asymétrique à droite (*voir la figure 4.20*) si la distribution n'est pas symétrique et s'allonge vers l'extrême droite de l'axe horizontal. Les valeurs extrêmes sont alors situées à droite.

En général, la relation entre les trois mesures de tendance centrale est la suivante :

$Mo < Md < \overline{x}$

Dans ce cas, la médiane est la mesure de tendance centrale la plus appropriée, puisqu'elle n'est pas influencée par ces valeurs extrêmes.

FIGURE 4.20

Distribution asymétrique à droite

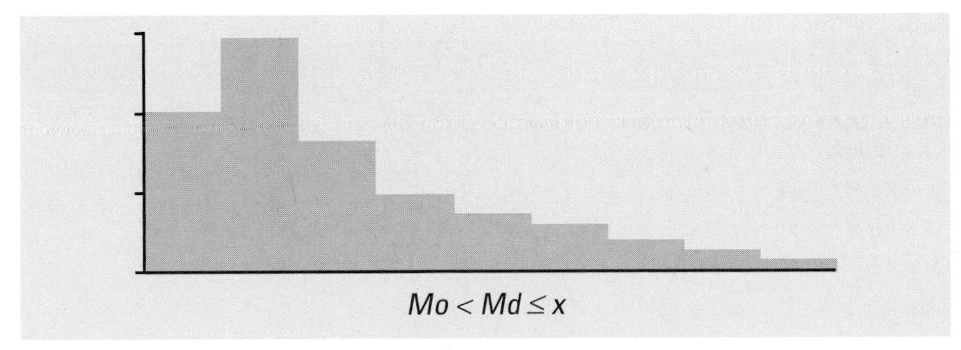

La distribution asymétrique à gauche

Par ailleurs, on dit qu'une représentation graphique est asymétrique à gauche (*voir la figure 4.21*) si la distribution n'est pas symétrique et s'allonge vers l'extrême gauche de l'axe horizontal. Les valeurs extrêmes sont alors situées à gauche.

En général, la relation entre les trois mesures de tendance centrale est la suivante :

$\bar{x} < Md < Mo$

Dans ce cas, la médiane est la mesure de tendance centrale la plus appropriée, puisqu'elle n'est pas influencée par les valeurs extrêmes.

FIGURE 4.21

Distribution asymétrique à gauche

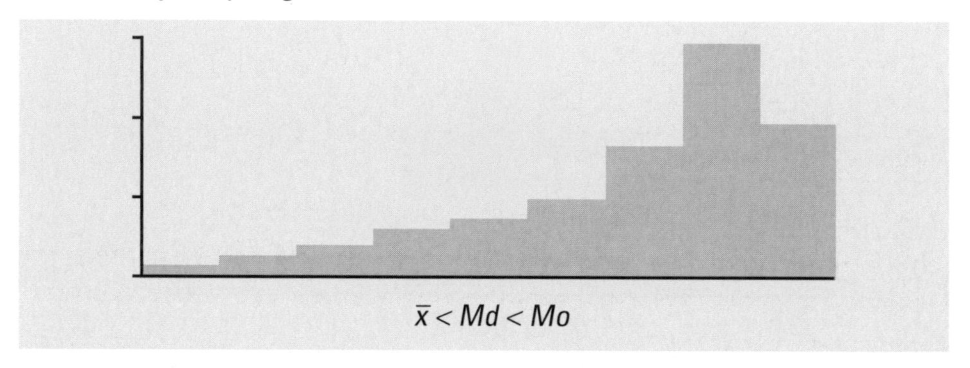

Comme pour les variables quantitatives discrètes, afin de déterminer si une distribution est symétrique ou asymétrique, il faut se baser sur la représentation graphique et sur la relation existant entre les trois mesures de tendance centrale. Dans certains cas, ce sont ces mesures qui influeront sur le choix qui sera fait et, dans d'autres, ce sera la représentation graphique.

Mode

On peut utiliser le mode comme mesure de tendance centrale lorsque la distribution a plus d'un mode. En effet, dans cette situation, il risque d'y avoir peu de données autour de la moyenne et de la médiane.

Mise en situation

Exemple 4.30 La cote *R* (*suite*)

Nous disposons des informations suivantes au sujet de la cote *R* des 350 étudiants :

- la cote *R* modale (mode brut) est d'environ 27,0 ;
- la cote *R* médiane est d'environ 27,1 ;
- la cote *R* moyenne est d'environ 27,0.

FIGURE 4.8 ▶ p. 86

Répartition des 350 étudiants de niveau collégial préuniversitaire ayant fait une demande d'admission au baccalauréat dans les universités québécoises en fonction de leur cote *R*

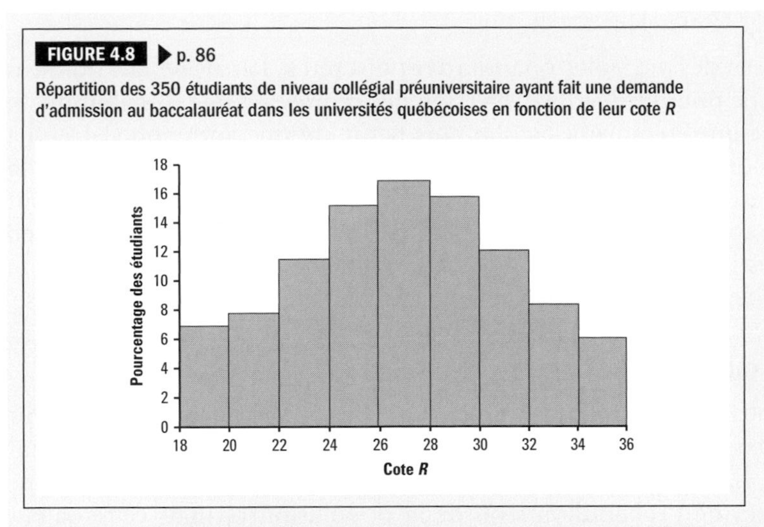

Les 3 mesures de tendance centrale ont des valeurs similaires. De plus, l'histogramme ne montre pas d'asymétrie.

On optera donc pour la moyenne comme mesure de tendance centrale de cette distribution. Ainsi, on dira que la cote *R* moyenne (environ 27,0) est le centre de la distribution.

Exercices

4.36 Après avoir évalué le mode, la médiane et la moyenne des données présentées dans le tableau 4.12, diriez-vous que la distribution est symétrique, asymétrique à gauche ou asymétrique à droite ? Justifiez votre réponse.

TABLEAU 4.12 ▶ p. 91

Niveau de revenu pouvant être atteint	Pourcentage des jeunes Québécois
Moins de 20 000 $	1
De 20 000 $ à moins de 40 000 $	14
De 40 000 $ à moins de 60 000 $	26
De 60 000 $ à moins de 80 000 $	28
De 80 000 $ à moins de 100 000 $	13
De 100 000 $ à moins de 120 000 $	18

4.37 À partir du tableau 4.13, déterminez le mode brut, la médiane et la moyenne et dites si la distribution est symétrique, asymétrique à gauche ou asymétrique à droite. Justifiez votre réponse.

TABLEAU 4.13 ▶ p. 95

Répartition des internautes qui se disent athées ou incroyants en fonction de leur âge

Âge des internautes qui se disent athées ou incroyants	Nombre d'internautes
De 0 à moins de 15 ans	177
De 15 à moins de 30 ans	2 117
De 30 à moins de 45 ans	1 236
De 45 à moins de 60 ans	1 412
De 60 à moins de 75 ans	588
Total	5 530

4.2.4 Les mesures de dispersion

Tout comme dans le cas des variables quantitatives discrètes, il arrive que les mesures de tendance centrale ne fournissent pas toute l'information nécessaire pour décrire la distribution des données. Le cas échéant, on utilise des mesures de dispersion, notamment l'étendue, l'écart type et le coefficient de variation.

L'étendue

Étendue
Écart entre la borne supérieure de la dernière classe et la borne inférieure de la première classe.

Comme dans le cas des variables quantitatives discrètes, l'étendue des données peut servir de guide pour évaluer la dispersion des données d'une distribution. Si une distribution a une étendue beaucoup plus petite qu'une autre, on s'attend à ce que la dispersion des données de la première soit plus petite que celle de la seconde, mais il est préférable de se fier à d'autres mesures de dispersion, dont l'écart type et le coefficient de variation. Dans le cas des données groupées en classes, on peut estimer la valeur de l'étendue à l'aide de l'écart qu'il y a entre la borne supérieure de la dernière classe et la borne inférieure de la première classe.

L'écart type (s ou σ) des données groupées en classes

Écart type
Dans le cas des données groupées en classes, mesure de dispersion qui tient compte de la distance entre le point milieu d'une classe et la valeur de la moyenne, et ce, pour toutes les classes.

Toujours en supposant que les données sont réparties uniformément à l'intérieur de chacune des classes, on calcule l'écart type en utilisant le point milieu de chacune de celles-ci. Là aussi, on obtient une valeur approximative de l'écart type des données brutes de l'échantillon s ou de la population σ, mais cette valeur n'est pas très éloignée de celle qu'on obtiendrait avec la série de données brutes. L'écart type tient compte des écarts entre la valeur de chacune des données et celle de la moyenne, mais, dans ce cas-ci, ce sont les écarts entre les points milieux des classes et la valeur de la moyenne qui sont employés.

L'écart type s d'un échantillon ou l'écart type σ d'une population se calcule comme suit :

Écart type

	Échantillon	Population
Symbole	s	σ
Formule	$s = \sqrt{\dfrac{\sum (m_i - \bar{x})^2 \cdot n_i}{n-1}}$ où $\sum$ signifie « somme » ; m_i représente chacun des points milieux des classes à tour de rôle ; $(m_i - \bar{x})^2$ représente l'écart quadratique (c'est-à-dire l'écart au carré) entre le point milieu de la classe et la moyenne ; n_i représente la fréquence de la classe représentée par m_i ; $n = \sum n_i$ est la taille de l'échantillon.	$\sigma = \sqrt{\dfrac{\sum (m_i - \mu)^2 \cdot n_i}{N}}$ où $\sum$ signifie « somme » ; m_i représente chacun des points milieux des classes à tour de rôle ; $(m_i - \mu)^2$ représente l'écart quadratique (c'est-à-dire l'écart au carré) entre le point milieu de la classe et la moyenne ; n_i représente la fréquence de la classe représentée par m_i ; $N = \sum n_i$ est la taille de la population.

Si la répartition des données est faite en pourcentages, on utilise la même procédure que dans le cas de σ, mais avec une légère différence :

$$\sigma = \sqrt{\frac{\sum (\text{Point de milieu de la classe} - \text{Moyenne})^2 \cdot (\text{Pourcentage de la classe})}{100}}$$

$$= \sqrt{\frac{\sum (m_i - \mu)^2 \cdot p_i}{100}}$$

où $\sum p_i = 100$

Exemple 4.31 La cote *R* (*suite*)

Nous avons déterminé, dans l'exemple 4.28 (*voir p. 96*), que la cote *R* moyenne est de 27,0. Calculons maintenant l'écart type de la distribution des données groupées.

TABLEAU 4.11 ▶ p. 85

Répartition des 350 étudiants de niveau collégial préuniversitaire ayant fait une demande d'admission au baccalauréat dans les universités québécoises en fonction de leur cote *R*

Cote *R*	Point milieu	Nombre d'étudiants	Pourcentage des étudiants	Pourcentage cumulé des étudiants
De 18 à moins de 20	19	24	6,86	6,86
De 20 à moins de 22	21	27	7,71	14,57
De 22 à moins de 24	23	40	11,43	26,00
De 24 à moins de 26	25	53	15,14	41,14
De 26 à moins de 28	27	59	16,86	58,00
De 28 à moins de 30	29	55	15,71	73,71
De 30 à moins de 32	31	42	12,00	85,71
De 32 à moins de 34	33	29	8,29	94,00
De 34 à moins de 36	35	21	6,00	100
Total		350	100	

Résultat

$$s = \sqrt{\frac{(19-27{,}0)^2 \cdot 24 + (21-27{,}0)^2 \cdot 27 + (23-27{,}0)^2 \cdot 40 + \ldots + (33-27{,}0)^2 \cdot 29 + (35-27{,}0)^2 \cdot 21}{350-1}}$$

$$= 4{,}4$$

Interprétation La dispersion de la cote *R* des 350 étudiants donne un écart type approximatif de 4,4.

Calculatrice

On obtient rapidement cette valeur à l'aide d'une calculatrice offrant le mode statistique.

Exemple 4.32 La conduite automobile et l'alcool (*suite*)

Nous avons établi, dans l'exemple 4.29 (*voir p. 97*), que l'âge moyen des conducteurs canadiens en état d'ébriété impliqués dans des accidents de la route mortels, de 2003 à 2005, est de 34,7 ans.

TABLEAU 4.14 ▶ p. 97

Répartition des conducteurs en état d'ébriété impliqués dans des accidents de la route mortels, de 2003 à 2005, en fonction de leur âge, au Canada

Âge	Pourcentage des conducteurs en état d'ébriété impliqués dans des accidents de la route mortels	Pourcentage cumulé des conducteurs impliqués dans des accidents de la route mortels
De 15 à moins de 25 ans	32,3	32,3
De 25 à moins de 35 ans	25,1	57,4
De 35 à moins de 45 ans	19,6	77,0
De 45 à moins de 55 ans	13,2	90,2
De 55 à moins de 65 ans	6,2	96,4
De 65 à moins de 75 ans	3,6	100,0
Total	100,0	

▶

On obtient la valeur de l'écart type de la façon suivante :

Résultat $\sigma = \sqrt{\frac{(20-34{,}7)^2 \cdot 32{,}3 + (30-34{,}7)^2 \cdot 25{,}1 + \ldots + (70-34.7)^2 \cdot 3{,}6}{100}}$

$= 14{,}0$ ans

Interprétation La dispersion de l'âge des conducteurs canadiens en état d'ébriété impliqués dans des accidents de la route mortels, de 2003 à 2005, donne un écart type de 14,0 ans.

Exercices

4.38 Seuls 10 étudiants ont soumis leur candidature à un concours de personnalité. Ils doivent subir un test d'habileté pour déterminer quels sont ceux qui seront sélectionnés. Leurs résultats sur 25 sont les suivants : 19,3 ; 15,7 ; 12,9 ; 21,4 ; 23,2 ; 12,6 ; 18,5 ; 22,9 ; 16,7 ; 20,8.

a) Pour calculer l'écart type de la distribution des résultats à l'aide de la calculatrice, utiliserez-vous la touche s ou la touche σ? Expliquez pourquoi et calculez l'écart type.

b) Déterminez l'étendue des données de la distribution.

4.39 Est-il juste de dire que plus la valeur de l'écart type se rapproche de 0, plus les données se rapprochent de la moyenne ? Justifiez votre réponse.

Le coefficient de variation (*CV*)

Coefficient de variation
Mesure de dispersion relative qui représente l'importance de la dispersion par rapport à la valeur de la moyenne.

Le coefficient de variation se calcule et s'interprète de la même façon, qu'il s'agisse d'une variable quantitative discrète ou d'une variable quantitative continue. Le critère d'homogénéité ou de précision des données est toujours le même, c'est-à-dire qu'elles sont considérées comme homogènes si le coefficient de variation ne dépasse pas 15 %. Toutefois, ce critère n'est pas absolu et peut donc varier. En effet, Statistique Canada et certains laboratoires utilisent d'autres pourcentages pour déterminer l'homogénéité de leurs données.

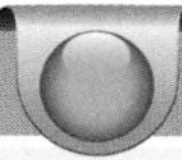

Exemple 4.33 La cote *R* (*suite*)

On calcule le coefficient de variation de la cote *R* des 350 étudiants comme suit :

Résultat $CV = \frac{s}{\bar{x}} = \frac{4{,}4}{27{,}0} = 0{,}1630$ ou $16{,}30\%$

Interprétation Puisque le coefficient de variation se situe près de 15 %, on peut considérer que la distribution est homogène.

Les deux exemples suivants servent de mise en garde concernant l'utilisation du coefficient de variation. Nous vous présentons deux situations : la première comprend une variable quantitative employant une échelle d'intervalle et la seconde, une variable quantitative utilisant une échelle de rapport.

Exemple 4.34 Le coefficient de variation et l'échelle d'intervalle – la température

On a noté la température maximale, exprimée en degrés Celsius, de 10 journées prises au hasard dans l'année. Les données recueillies sont :

−10 25 15 0 30 20 15 5 10 20

Variable Température maximale de la journée.

Type de variable Variable quantitative continue.

Échelle de mesure Échelle d'intervalle.

La moyenne est de 13,0 °C et l'écart type, de 12,1 °C. En outre, le coefficient de variation est de 93,08 %.

Résultat $CV = \frac{12{,}1}{13{,}0} = 0{,}9308$ ou 93,08 %

Si l'on reprend les mêmes températures, exprimées en degrés Fahrenheit, la série de données de l'échantillon devient :

14 77 59 32 86 68 59 41 50 68

La moyenne est de 55,4 °F et l'écart type, de 21,7 °F. En outre, le coefficient de variation est de 39,17 %.

Résultat $CV = \frac{21{,}7}{55{,}4} = 0{,}3917$ ou 39,17 %

On parle des mêmes températures, pourtant, la dispersion relative des données des deux échelles utilisées est différente.

Exemple 4.35 Le coefficient de variation et l'échelle de rapport – le salaire horaire

On a noté le salaire horaire de 10 emplois d'été offerts aux étudiants, exprimé en dollars canadiens ($ CA). Les données recueillies sont :

7,10 12,65 10,50 16,80 8,45 11,25 7,50 7,90 9,00 10,35

Variable Salaire horaire de l'étudiant.

Type de variable Variable quantitative continue.

Échelle de mesure Échelle de rapport.

Le salaire horaire moyen est de 10,15 $ CA et l'écart type, de 2,93 $ CA. En outre, le coefficient de variation est de 28,87 %.

Résultat $CV = \frac{2{,}93}{10{,}15} = 0{,}2887$ ou 28,87 %

Si l'on reprend les mêmes salaires horaires exprimés cette fois en euros (€) et basés sur le taux de change au 30 novembre 2011 (1 $ CA = 0,7280 €), la série de données de l'échantillon devient :

5,17 9,21 7,64 12,23 6,15 8,19 5,46 5,75 6,55 7,53

Le salaire horaire moyen est de 7,39 € et l'écart type, de 2,14 €. En outre, le coefficient de variation est de 28,96 %.

Résultat $CV = \frac{2{,}14}{7{,}39} = 0{,}2896$ ou 28,96 %

Dans ce cas-ci, la dispersion relative est la même dans les 2 systèmes monétaires. La légère différence entre les 2 *CV* est due à l'arrondissement des valeurs au centième d'euro. Il en est toujours ainsi pour les échelles de rapport.

Il est donc préférable d'utiliser le coefficient de variation avec une échelle de rapport.

Exercices

4.40 Des chercheurs analysent les habitudes de vie des habitants de deux pays, A et B, en s'attardant principalement aux montants consacrés à leur alimentation. Les habitants du pays A dépensent en moyenne 115 $ par mois pour la nourriture, avec un écart type de 32 $, alors que ceux du pays B dépensent en moyenne 87 $ par mois, avec un écart type de 25 $. Dans quel pays les données sont-elles le plus homogènes ? Justifiez votre réponse.

4.41 Supposons que vous avez colligé les résultats de 10 participants à un test de mémoire. Si vous avez obtenu un coefficient de variation de 13,45 %, êtes-vous en mesure d'affirmer que toutes les données se situent très près de la moyenne ? Justifiez votre réponse.

4.2.5 Les mesures de position

Quantile
Chacune des valeurs qui subdivisent la surface totale de l'histogramme en tranches correspondant aux pourcentages désirés.

Les mesures de position pour les données quantitatives continues sont les mêmes que pour les données quantitatives discrètes. Ces mesures sont les quantiles et la cote z.

Les quantiles

Dans le cas des données quantitatives continues groupées en classes, les quantiles sont des valeurs qui subdivisent la surface totale de l'histogramme en tranches correspondant aux pourcentages désirés. Les valeurs obtenues sont approximatives, car on suppose encore que les données sont réparties uniformément à l'intérieur des classes. Pour obtenir les quartiles, on doit diviser la surface en tranches de 25 %, les déciles, en tranches de 10 % et les centiles, en tranches de 1 %.

Les notations utilisées sont Q_1, Q_2 et Q_3 pour les quartiles, D_1, D_2, etc., jusqu'à D_9 pour les déciles et C_1, C_2, C_3, etc., jusqu'à C_{99} pour les centiles, en gardant en mémoire que Q_2, D_5 et C_{50} correspondent à la médiane. On trouve les quantiles de la même façon que la médiane, c'est-à-dire à l'aide de la courbe des pourcentages cumulés ou de l'histogramme. Comme dans le cas de la médiane, le centile C_p d'une distribution de données groupées est, sur l'axe horizontal (*voir la figure 4.22*), la valeur qui correspond à un pourcentage cumulé de p %.

FIGURE 4.22

Établissement d'un quantile à partir de la courbe des pourcentages cumulés

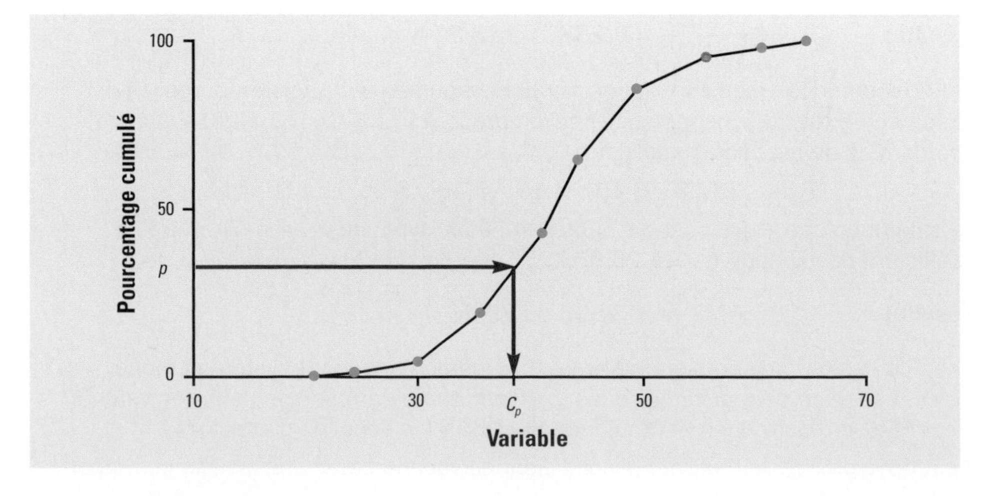

Exemple 4.36 La cote *R* (*suite*)

Revenons à l'exemple 4.21 portant sur la cote *R* des 350 étudiants. Selon le tableau 4.11, la valeur du premier quartile ($Q_1 = C_{25}$) se trouve dans la classe « De 22 à moins de 24 » et la valeur du troisième quartile ($Q_3 = C_{75}$) se trouve dans la classe « De 30 à moins de 32 ».

TABLEAU 4.11 ▶ p. 85

Répartition des 350 étudiants de niveau collégial préuniversitaire ayant fait une demande d'admission au baccalauréat dans les universités québécoises en fonction de leur cote *R*

Cote *R*	Point milieu	Nombre d'étudiants	Pourcentage des étudiants	Pourcentage cumulé des étudiants
De 18 à moins de 20	19	24	6,86	6,86
De 20 à moins de 22	21	27	7,71	14,57
De 22 à moins de 24 ◄	23	40	11,43	26,00
De 24 à moins de 26	25	53	15,14	41,14
De 26 à moins de 28	27	59	16,86	58,00
De 28 à moins de 30	29	55	15,71	73,71
De 30 à moins de 32 ◄	31	42	12,00	85,71
De 32 à moins de 34	33	29	8,29	94,00
De 34 à moins de 36	35	21	6,00	100
Total		350	100	

Sur l'ogive de cette distribution (*voir la figure 4.23*), Q_1 ou C_{25} est, sur l'axe horizontal, la valeur qui correspond à un pourcentage cumulé de 25 %.

FIGURE 4.23

Courbe des pourcentages cumulés des 350 étudiants de niveau collégial préuniversitaire ayant fait une demande d'admission au baccalauréat dans les universités québécoises en fonction de leur cote *R* – quartile 1

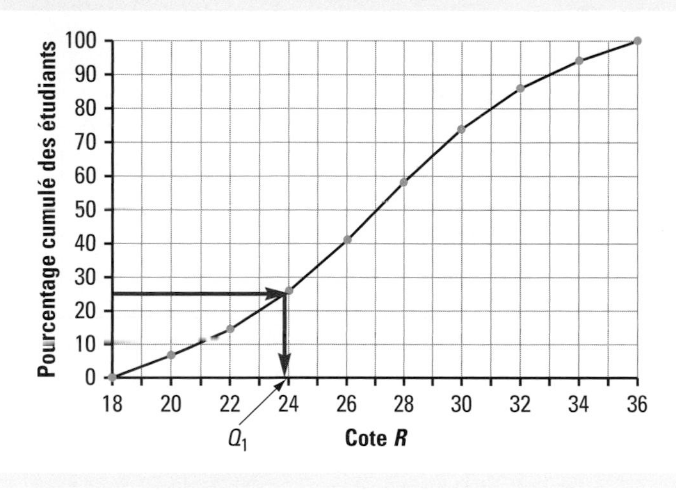

Résultat La valeur de $Q_1 = C_{25}$ correspond à une cote R d'environ 23,8.

Interprétation Environ 25 % des 350 étudiants ont une cote R d'au plus 23,8.

À l'aide de l'histogramme (*voir la figure 4.24*), on trouve la valeur de $Q_1 = C_{25}$ de la façon suivante.

À partir du tableau 4.11, on peut voir que Q_1 se trouve dans la classe « De 22 à moins de 24 ».

Jusqu'à la classe précédente, on avait cumulé 14,57 % des données. Il manque donc 10,43 % (25 % – 14,57 %) des données pour en obtenir 25 %. Il faut donc 10,43 % sur 11,43 % des données de la classe du premier quartile, soit la proportion 0,9125 de la classe de largeur 2, ce qui représente environ 1,8. Alors, le premier quartile est donc calculé à partir de la borne inférieure de la classe médiane comme suit : 22 + 1,8 = 23,8.

TABLEAU 4.11 ▶ p. 85

Répartition des 350 étudiants de niveau collégial préuniversitaire ayant fait une demande d'admission au baccalauréat dans les universités québécoises en fonction de leur cote *R*

Cote *R*	Point milieu	Nombre d'étudiants	Pourcentage des étudiants	Pourcentage cumulé des étudiants
De 18 à moins de 20	19	24	6,86	6,86
De 20 à moins de 22	21	27	7,71	14,57
De 22 à moins de 24	23	40	11,43	26,00
De 24 à moins de 26	25	53	15,14	41,14
De 26 à moins de 28	27	59	16,86	58,00
De 28 à moins de 30	29	55	15,71	73,71
De 30 à moins de 32	31	42	12,00	85,71
De 32 à moins de 34	33	29	8,29	94,00
De 34 à moins de 36	35	21	6,00	100
Total		350	100	

Résultat $Q_1 = 22 + 1,8 = 23,8$

Interprétation Environ 25 % des 350 étudiants ont une cote R d'au plus 23,8.

FIGURE 4.24

Répartition des 350 étudiants de niveau collégial préuniversitaire ayant fait une demande d'admission au baccalauréat dans les universités québécoises en fonction de leur cote *R* – détermination de Q_1

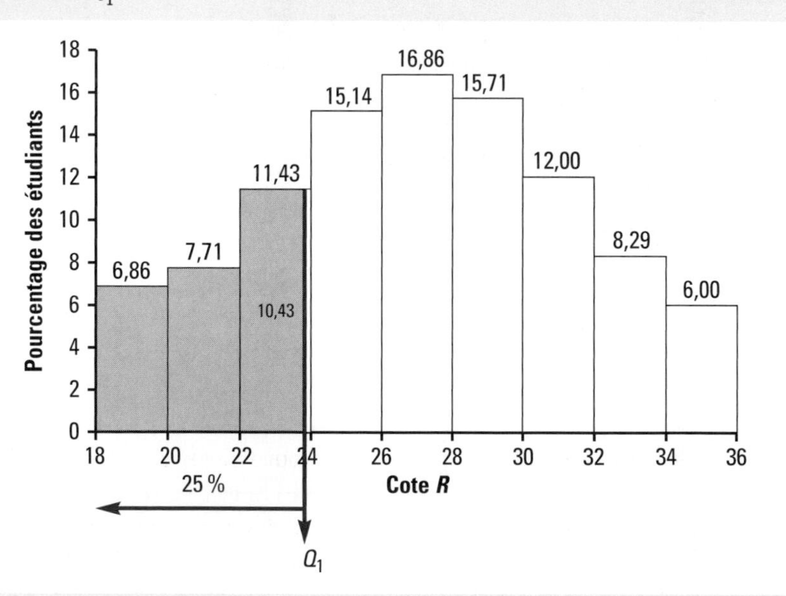

Sur l'ogive de cette distribution (*voir la figure 4.25*), Q_3 ou C_{75} est, sur l'axe horizontal, la valeur qui correspond à un pourcentage cumulé de 75 %.

FIGURE 4.25

Courbe des pourcentages cumulés des 350 étudiants de niveau collégial préuniversitaire ayant fait une demande d'admission au baccalauréat dans les universités québécoises en fonction de leur cote *R* – quartile 3

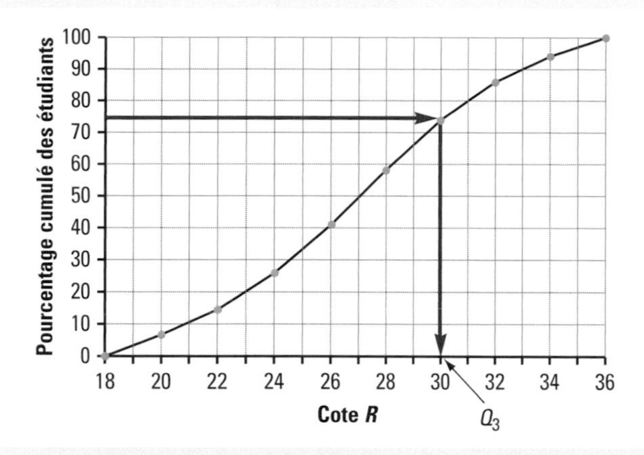

Résultat La valeur de $Q_3 = C_{75}$ correspond à une cote *R* d'environ 30.

Interprétation Environ 75 % des 350 étudiants ont une cote *R* d'au plus 30.

À l'aide de l'histogramme (*voir la figure 4.24*), on trouve la valeur de $Q_3 = C_{75}$ de la façon suivante :

FIGURE 4.26

Répartition des 350 étudiants de niveau collégial préuniversitaire ayant fait une demande d'admission au baccalauréat dans les universités québécoises en fonction de leur cote *R* – détermination de Q_3

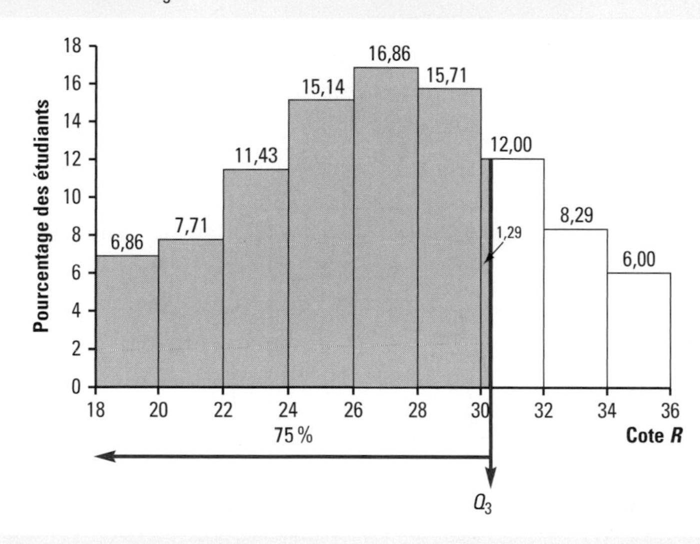

À partir du tableau 4.11, on peut voir que Q_3 se trouve dans la classe « De 30 à moins de 32 ».

Jusqu'à la classe précédente, on avait cumulé 73,71 % des données. Il manque donc 1,29 % (75 % – 73,71 %) des données pour en obtenir 75 %. Il faut donc 1,29 % sur 12,00 % des données de la classe du troisième quartile, soit la proportion 0,1075 de la classe de largeur 2, ce qui représente environ 0,2. Alors, le troisième quartile est donc calculé à partir de la borne inférieure de la classe médiane comme suit : 30 + 0,2 = 30,2.

Résultat $Q_3 = 30 + 0{,}2 = 30{,}2$

Interprétation Environ 75 % des 350 étudiants ont une cote *R* d'au plus 30,2.

Exercices

4.42

FIGURE 4.27

Courbe des pourcentages cumulés de 500 jeunes âgés de 18 à 30 ans en fonction de l'estimation de leur revenu personnel dans 25 ans

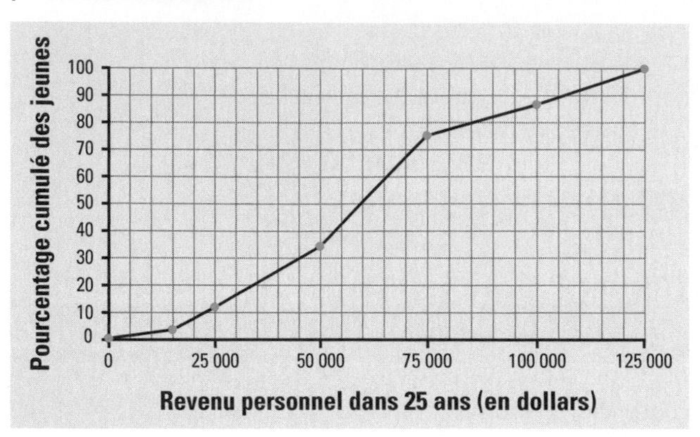

À partir de la courbe des pourcentages cumulé de la figure 4.27, déterminez:

a) le revenu personnel médian approximatif des jeunes dans 25 ans;

b) le revenu personnel maximal approximatif, dans 25 ans, des 80 % des jeunes qui gagneront le moins;

c) le pourcentage approximatif de jeunes qui auront un revenu personnel se situant entre 35 000 $ et 60 000 $ dans 25 ans.

4.43 À partir du tableau 4.13, calculez les quantiles suivants: D_2, C_{40} et C_{75}. Vérifiez vos résultats à l'aide de la courbe des pourcentages cumulés et interprétez-les.

TABLEAU 4.13 ▶ p. 95

Répartition des internautes qui se disent athées ou incroyants en fonction de leur âge

Âge des internautes qui se disent athées ou incroyants	Nombre d'internautes
De 0 à moins de 15 ans	177
De 15 à moins de 30 ans	2 117
De 30 à moins de 45 ans	1 236
De 45 à moins de 60 ans	1 412
De 60 à moins de 75 ans	588
Total	5 530

La cote *z*

Cote z
Cote donnant la position, en longueurs d'écart type, d'une donnée par rapport à la moyenne.

Quel que soit le type de variable quantitative (discrète ou continue), on calcule toujours la cote *z* de la façon suivante:

Cote *z*

	Échantillon	Population
Symbole	z	z
Formule	$z = \frac{x - \bar{x}}{s}$ où x est la valeur de la donnée; $\bar{x}$ est la moyenne de l'échantillon; s est l'écart type de l'échantillon.	$z = \frac{x - \mu}{\sigma}$ où x est la valeur de la donnée; μ est la moyenne de la population; σ est l'écart type de la population.

La cote *z* est exprimée en longueurs d'écart type. Rappelons que l'on fait l'interprétation de la cote *z* en se basant sur le modèle de la distribution normale (*voir la figure 4.5, p. 76*), modèle ayant une forme symétrique.

Cote *z*
La cote z est exprimée avec deux décimales.

Exemple 4.37 La cote *R* (*suite*)

La cote *R* moyenne est de 27,0 et l'écart type est de 4,4.

La cote *z* d'un étudiant ayant une cote *R* de 31,5 se calcule comme suit :

Résultat $z = \frac{31{,}5 - 27{,}0}{4{,}4} = 1{,}02$

Interprétation L'étudiant qui a une cote *R* de 31,5 se situe à environ 1,02 longueur d'écart type au-dessus de la cote *R* moyenne des 350 étudiants.

La cote *z* d'un étudiant ayant une cote *R* de 20,5 se calcule comme suit :

Résultat $z = \frac{20{,}5 - 27{,}0}{4{,}4} = -1{,}48$

Interprétation L'étudiant qui a une cote *R* de 20,5 se situe à environ 1,48 longueur d'écart type au-dessous de la cote *R* moyenne des 350 étudiants.

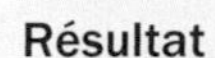

Exercices

4.44 À la fin de la session, l'enseignant du cours *Méthodes quantitatives* donne les résultats. Clara a obtenu une note de 72 %, la moyenne du groupe est de 68 % et l'écart type du groupe est de 13,4 %. Calculez la cote *z* de Clara pour ce cours.

4.45 Une équipe de nageurs s'entraîne pour une compétition. L'entraîneur chronomètre chacun des nageurs et déclare qu'Antoine a obtenu une cote *z* de −0,92, alors que Florence a obtenu une cote *z* de 0,38. Lequel de ces nageurs est le plus rapide ?

Exemple 4.38 Les accidents de la route

Malgré l'amélioration marquée du bilan routier, bon nombre d'accidents causent des décès même si la consommation d'alcool n'est pas en cause.

La présentation des données sous forme de tableau

Le tableau 4.15 présente des données provenant du Bureau du coroner et de la Société de l'assurance automobile du Québec.

TABLEAU 4.15

Répartition des conducteurs décédés dans un accident de la route alors qu'ils avaient un taux d'alcoolémie de 0 en fonction de leur âge

Âge du conducteur	Nombre de conducteurs	Pourcentage des conducteurs	Pourcentage cumulé des conducteurs
De 15 à moins de 25 ans	54	25,00	25,00
De 25 à moins de 35 ans	40	18,52	43,52
De 35 à moins de 45 ans	40	18,52	62,04
De 45 à moins de 55 ans	26	12,04	74,08
De 55 à moins de 65 ans	28	12,96	87,04
De 65 à moins de 75 ans	10	4,63	91,67
De 75 à moins de 85 ans	18	8,33	100,00
Total	216	100,00	

Source : Société de l'assurance automobile du Québec. (2002). *L'alcool et les accidents de la route*. [En ligne]. www.saaq.gouv.qc.ca/prevention/alcool/comprendre/accidents.php (page consultée le 3 février 2012).

À partir des informations contenues dans les 2 premières colonnes du tableau, il est possible de faire une analyse complète de la variable.

Variable Âge du conducteur décédé.

Type de variable Variable quantitative continue.

L'ajout des colonnes 3 et 4 complète cette présentation sous forme de tableau.

La présentation des données sous forme de graphique

L'histogramme

FIGURE 4.28

Répartition des conducteurs décédés dans un accident de la route alors qu'ils avaient un taux d'alcoolémie de 0 en fonction de leur âge

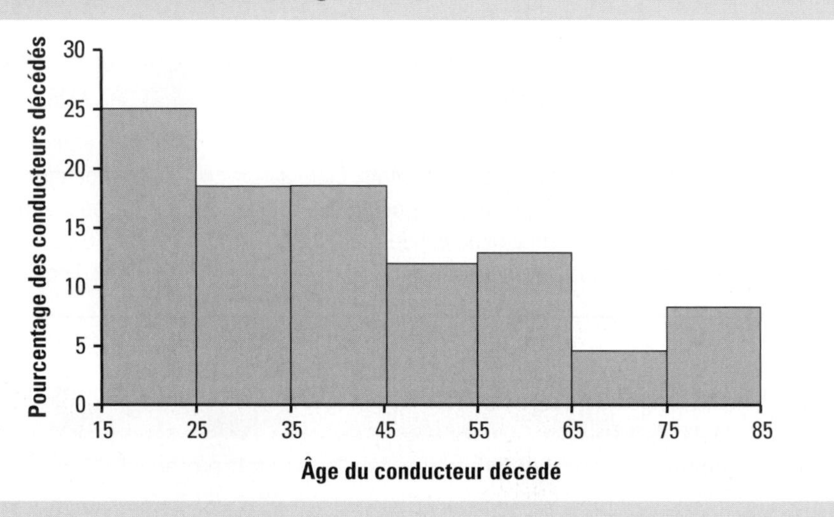

Le polygone des pourcentages

FIGURE 4.29

Répartition des conducteurs décédés dans un accident de la route alors qu'ils avaient un taux d'alcoolémie de 0 en fonction de leur âge

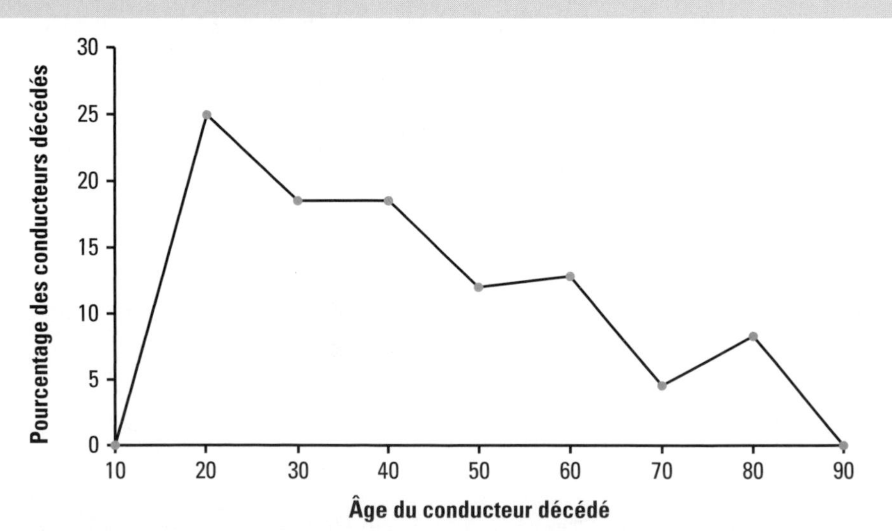

La courbe des pourcentages cumulés

FIGURE 4.30

Courbe des pourcentages cumulés des 216 conducteurs décédés dans un accident de la route alors qu'ils avaient un taux d'alcoolémie de 0 en fonction de leur âge

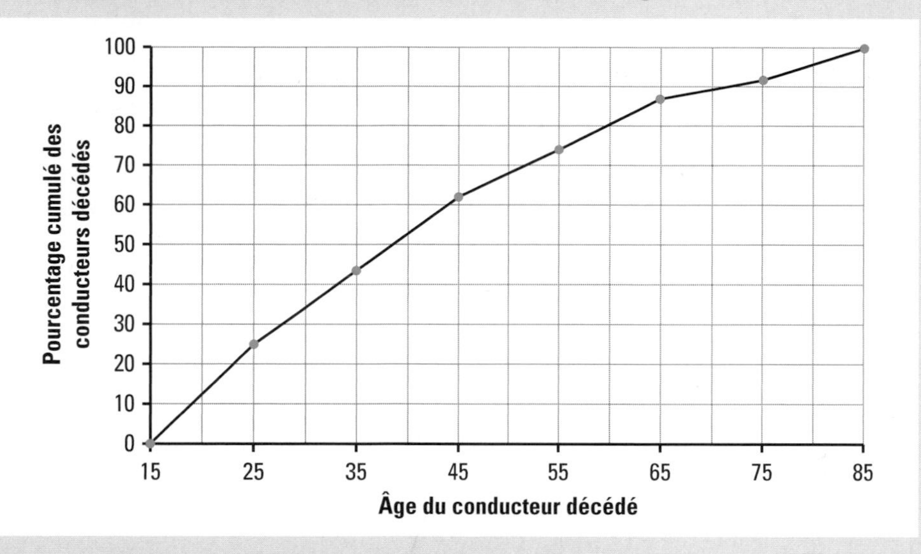

Les mesures de tendance centrale

Classe modale De 15 à moins de 25 ans.

Interprétation C'est dans ce groupe d'âge que l'on trouve le plus grand nombre de conducteurs décédés dans un accident de la route alors qu'ils avaient un taux d'alcoolémie de 0.

Mode brut 20 ans
En effet, c'est la valeur centrale de la classe modale.

Interprétation L'âge des conducteurs décédés dans un accident de la route alors qu'ils avaient un taux d'alcoolémie de 0 autour duquel se trouve la plus forte concentration de conducteurs décédés est d'environ 20 ans.

Médiane ≈ 38,5 ans

TABLEAU 4.15 ▶ p. 111

Répartition des conducteurs décédés dans un accident de la route alors qu'ils avaient un taux d'alcoolémie de 0 en fonction de leur âge

Âge du conducteur	Nombre de conducteurs	Pourcentage des conducteurs	Pourcentage cumulé des conducteurs
De 15 à moins de 25 ans	54	25,00	25,00
De 25 à moins de 35 ans	40	18,52	43,52
De 35 à moins de 45 ans	40	18,52	62,04
De 45 à moins de 55 ans	26	12,04	74,08
De 55 à moins de 65 ans	28	12,96	87,04
De 65 à moins de 75 ans	10	4,63	91,67
De 75 à moins de 85 ans	18	8,33	100,00
Total	216	100,00	

En effet, à partir du tableau 4.15, on peut voir que *Md* se trouve dans la classe « De 35 à moins de 45 ans ».

Jusqu'à la classe précédente, on avait cumulé 43,52 % des données. Il manque donc 6,48 % (50 % – 43,52 %) des données pour en obtenir 50 %. Il faut donc 6,48 % sur 18,52 % des données de la classe médiane, soit la proportion 0,3499 de la classe de largeur 10, ce qui représente environ 3,5. Alors, la médiane est donc calculée à partir de la borne inférieure de la classe médiane comme suit : 35 + 3,5 = 38,5. On peut aussi obtenir ce résultat à l'aide de la courbe des pourcentages cumulés ou de l'histogramme.

Interprétation Environ 50 % des 216 conducteurs décédés dans un accident de la route alors qu'ils avaient un taux d'alcoolémie de 0 sont âgés d'au plus 38,5 ans.

Moyenne 41,7 ans
Ce résultat s'obtient rapidement à l'aide de la calculatrice en mode statistique.

Interprétation L'âge moyen des conducteurs décédés dans un accident de la route alors qu'ils avaient un taux d'alcoolémie de 0 est d'environ 41,7 ans.

Le choix de la mesure de tendance centrale

En observant l'histogramme, on remarque une asymétrie à droite. De plus, $Mo < Md < \bar{x}$.

Dans ce cas, on choisit la médiane comme mesure de tendance centrale.

Les mesures de dispersion

Étendue 85 – 15 = 70 ans

Interprétation La dispersion des âges des conducteurs décédés dans un accident de la route alors qu'ils avaient un taux d'alcoolémie de 0 s'étend sur 70 ans.

Écart type 18,9 ans
Ce résultat s'obtient rapidement à l'aide de la calculatrice en mode statistique.

Interprétation La dispersion de l'âge des conducteurs décédés dans un accident de la route alors qu'ils avaient un taux d'alcoolémie de 0 donne un écart type de 18,9 ans.

Coefficient de variation $\frac{s}{\bar{x}} = 0{,}4532$ ou 45,32 %

Interprétation Puisque le coefficient de variation est supérieur à 15 %, on considère que la distribution de l'âge des conducteurs décédés dans un accident de la route alors qu'ils avaient un taux d'alcoolémie de 0 n'est pas homogène.

Les mesures de position

Quartile 1 25 ans

On peut obtenir ce résultat à partir du tableau 4.15 ou à l'aide de la courbe des pourcentages cumulés ou de l'histogramme.

Interprétation Environ 25 % des 216 conducteurs décédés dans un accident de la route alors qu'ils avaient un taux d'alcoolémie de 0 sont âgés d'au plus 25,0 ans.

Décile 4 33,1 ans

En effet, à partir du tableau 4.15, on peut voir que D_4 se trouve dans la classe « De 25 à moins de 35 ans ».

TABLEAU 4.15 ▶ p. 111

Répartition des conducteurs décédés dans un accident de la route alors qu'ils avaient un taux d'alcoolémie de 0 en fonction de leur âge

Âge du conducteur	Nombre de conducteurs	Pourcentage des conducteurs	Pourcentage cumulé des conducteurs
De 15 à moins de 25 ans	54	25,00	25,00
De 25 à moins de 35 ans	40	18,52	43,52
De 35 à moins de 45 ans	40	18,52	62,04
De 45 à moins de 55 ans	26	12,04	74,08
De 55 à moins de 65 ans	28	12,96	87,04
De 65 à moins de 75 ans	10	4,63	91,67
De 75 à moins de 85 ans	18	8,33	100,00
Total	216	100,00	

Jusqu'à la classe précédente, on avait cumulé 25,00 % des données. Il manque donc 15,00 % (40 % – 25,00 %) des données pour en obtenir 40 %. Il faut donc 15,00 % sur 18,52 % des données de la classe qui contient D_4, soit la proportion 0,8099 de la classe de largeur 10, ce qui représente environ 8,1. Alors, D_4 est donc calculé à partir de la borne inférieure de la classe qui le contient, comme suit : 25 + 8,1 = 33,1. On peut aussi obtenir ce résultat à l'aide de la courbe des pourcentages cumulés ou de l'histogramme.

Interprétation Environ 40 % des 216 conducteurs décédés dans un accident de la route alors qu'ils avaient un taux d'alcoolémie de 0 sont âgés d'au plus 33,1 ans.

Centile 80 59,6 ans

En effet, à partir du tableau 4.15, on peut voir que C_{80} se trouve dans la classe « De 55 à moins de 65 ans ».

Jusqu'à la classe précédente, on avait cumulé 74,08 % des données. Il manque donc 5,92 % (80 % – 74,08 %) des données pour en obtenir 80 %. Il faut donc 5,92 % sur 12,96 % des données de la classe qui contient C_{80}, soit la proportion 0,4568 de la classe de largeur 10, ce qui représente environ 4,6. Alors, C_{80} est donc calculé à partir de la borne inférieure de la classe qui le contient, comme suit : 55 + 4,6 = 59,6. On peut aussi obtenir ce résultat à l'aide de la courbe des pourcentages cumulés ou de l'histogramme.

Interprétation Environ 80 % des 216 conducteurs décédés dans un accident de la route alors qu'ils avaient un taux d'alcoolémie de 0 sont âgés d'au plus 59,6 ans.

Cote *z*

Par exemple, on peut déterminer la cote *z* d'un conducteur, âgé de 19 ans, décédé dans un accident de la route alors qu'il avait un taux d'alcoolémie de 0.

Cote *z* $\frac{x - \bar{x}}{s} = \frac{19 - 41{,}7}{18{,}9} = -1{,}20$

Interprétation Le conducteur, âgé de 19 ans, décédé dans un accident de la route alors qu'il avait un taux d'alcoolémie de 0, se situe à environ 1,20 longueur d'écart type au-dessous de l'âge moyen des conducteurs décédés dans un accident de la route alors qu'ils avaient un taux d'alcoolémie de 0.

4.2.6 Quelques cas particuliers

Dans cette section, nous grouperons les données en classes de manière différente. Nous étudierons en détail trois cas: un cas d'asymétrie, un cas de classes de largeurs inégales et, pour terminer, un cas de classes ouvertes.

Un cas d'asymétrie

Exemple 4.39 État matrimonial: le mariage perd de son attrait et l'union libre gagne en popularité

Le tableau 4.16 présente la situation.

TABLEAU 4.16

Répartition des époux selon leur âge et leur état matrimonial avant le mariage, Québec, 2009

Âge	Célibataires	Veufs	Divorcés	Tous
De 15 à moins de 20 ans	132	0	0	132
De 20 à moins de 25 ans	1 565	0	17	1 582
De 25 à moins de 30 ans	4 701	2	90	4 793
De 30 à moins de 35 ans	4 360	5	306	4 671
De 35 à moins de 40 ans	2 338	8	499	2 845
De 40 à moins de 45 ans	1 421	11	613	2 045
De 45 à moins de 50 ans	888	26	859	1 773
De 50 à moins de 55 ans	490	44	933	1 467
De 55 à moins de 60 ans	217	74	799	1 090
De 60 à moins de 65 ans	81	85	658	824
De 65 à moins de 70 ans	30	76	302	408
De 70 à moins de 75 ans	16	58	127	201
De 75 à moins de 80 ans	6	70	53	129
De 80 à moins de 85 ans	0	68	14	82
Total	**16245**	**527**	**5270**	**22042**

Source: Institut de la statistique du Québec. (14 juin 2011). *Mariages selon l'âge, le sexe et l'état matrimonial, Québec, 2008-2010.* [En ligne]. www.stat.gouv.qc.ca/donstat/societe/demographie/etat_matrm_marg/504_2009.htm (page consultée le 3 février 2012).

La figure 4.31 présente les répartitions des pourcentages, sous forme de polygones, des quatre distributions.

On constate que chacune des distributions a une influence différente sur la distribution de tous les mariages.

- Les célibataires représentent 73,70 % des hommes qui se sont mariés en 2009. La distribution de l'âge a donc une très grande influence sur la distribution globale de l'âge de tous les hommes mariés en 2009.

- Les hommes divorcés ont une distribution presque symétrique, centrée aux alentours de 55 ans. Cela a pour effet de donner un peu plus d'importance à la proportion des mariages survenus vers l'âge de 55 ans (ils représentent 23,91% des mariages).
- Les veufs ont une distribution asymétrique à gauche, ce qui a pour conséquence d'augmenter très légèrement la proportion des mariages des hommes âgés de 65 ans et plus (ils ne représentent que 2,39% des mariages).

FIGURE 4.31

Répartition en pourcentage, sous forme de polygones, des époux en fonction de leur âge pour chaque état matrimonial avant le mariage

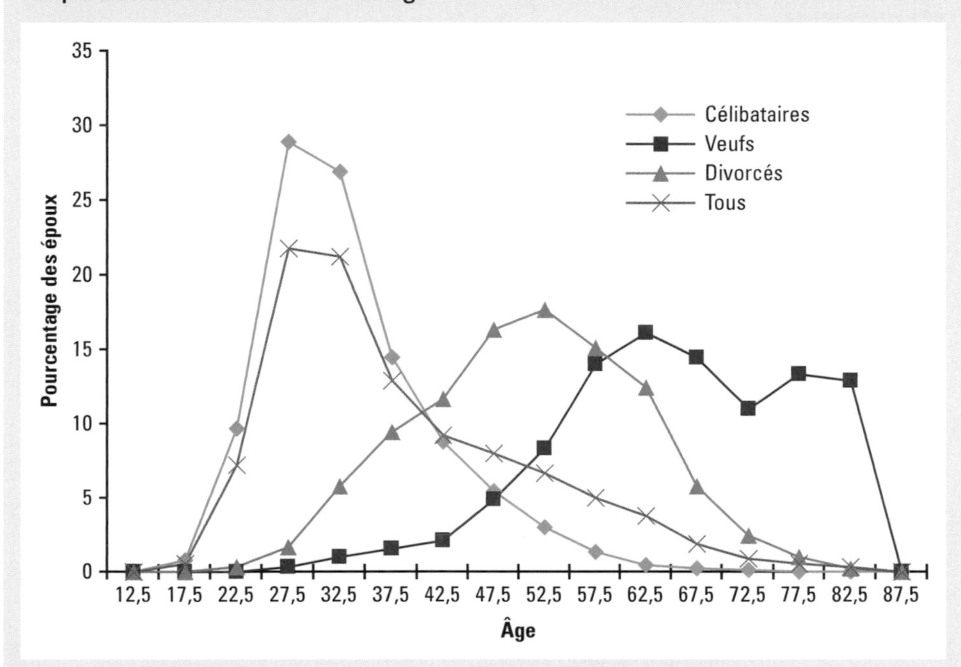

Le tableau 4.17 présente les mesures obtenues dans chacune des catégories.

TABLEAU 4.17

Mesures obtenues chez les célibataires, les veufs, les divorcés et l'ensemble de ces catégories

	Célibataires	Veufs	Divorcés	Tous
Âge moyen	33,6	65,4	51,1	38,5
Écart type	8,5	11,9	10,9	12,6
Mode brut	27,5	62,5	52,5	27,5
Médiane	32,0	65,6	51,3	34,8

Source : Institut de la statistique du Québec. (14 juin 2011). *Mariages selon l'âge, le sexe et l'état matrimonial,* Québec, *2008-2010*. [En ligne]. www.stat.gouv.qc.ca/donstat/societe/demographie/etat_matrm_marg/504_2009.htm (page consultée le 3 février 2012).

À l'aide du tableau des mesures, il est possible de faire les mêmes observations concernant la symétrie ou l'asymétrie des distributions que celles qui ont été faites à l'aide des polygones des pourcentages.

Il existe une relation entre la forme du polygone des pourcentages et celle de la courbe des pourcentages cumulés. La forme de la courbe des pourcentages cumulés est différente selon que la distribution de la variable a une asymétrie à gauche, une asymétrie à droite ou qu'elle est symétrique.

Comparons le polygone des pourcentages et la courbe des pourcentages cumulés de la distribution de l'âge des célibataires, des veufs et des divorcés.

Chez les célibataires (*voir la figure 4.32*), la distribution de l'âge présente une asymétrie à droite, d'où une croissance rapide de la courbe des pourcentages cumulés dès les premières classes et une croissance lente dans le cas des classes suivantes.

FIGURE 4.32

Comparaison entre le polygone des pourcentages et la courbe des pourcentages cumulés dans la distribution de l'âge des célibataires (asymétrie à droite)

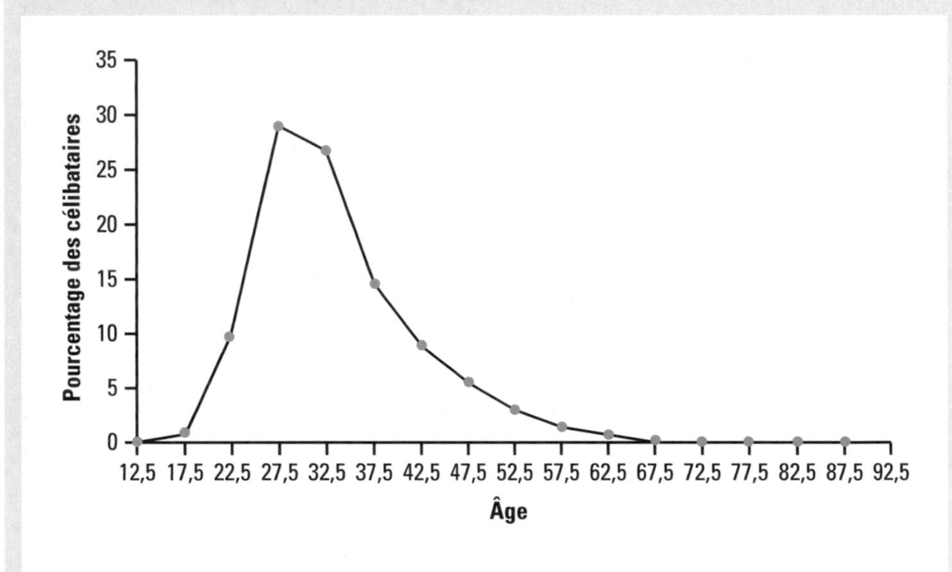

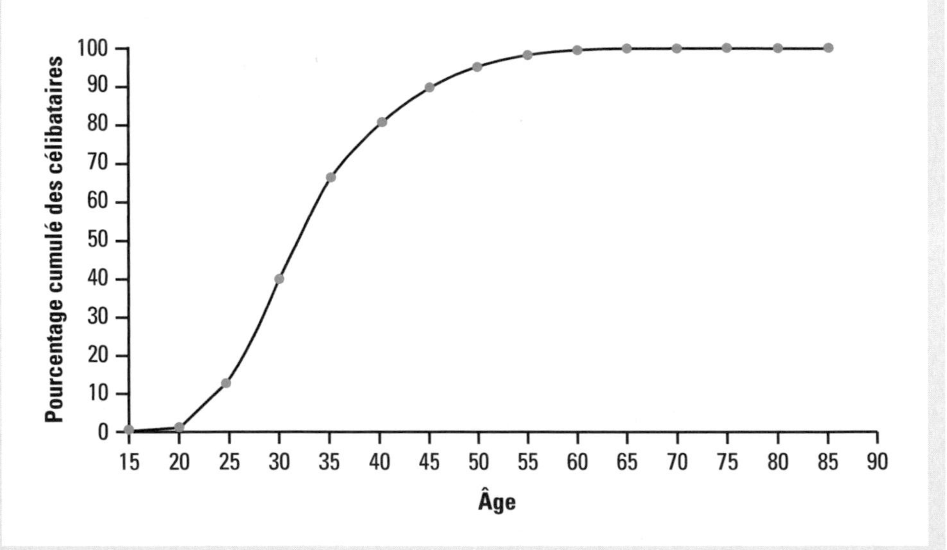

Chez les veufs (*voir la figure 4.33*), la distribution de l'âge présente une asymétrie à gauche, d'où une croissance lente de la courbe des pourcentages cumulés des premières classes et une croissance rapide des dernières.

FIGURE 4.33

Comparaison entre le polygone des pourcentages et la courbe des pourcentages cumulés dans la distribution de l'âge des veufs (asymétrie à gauche)

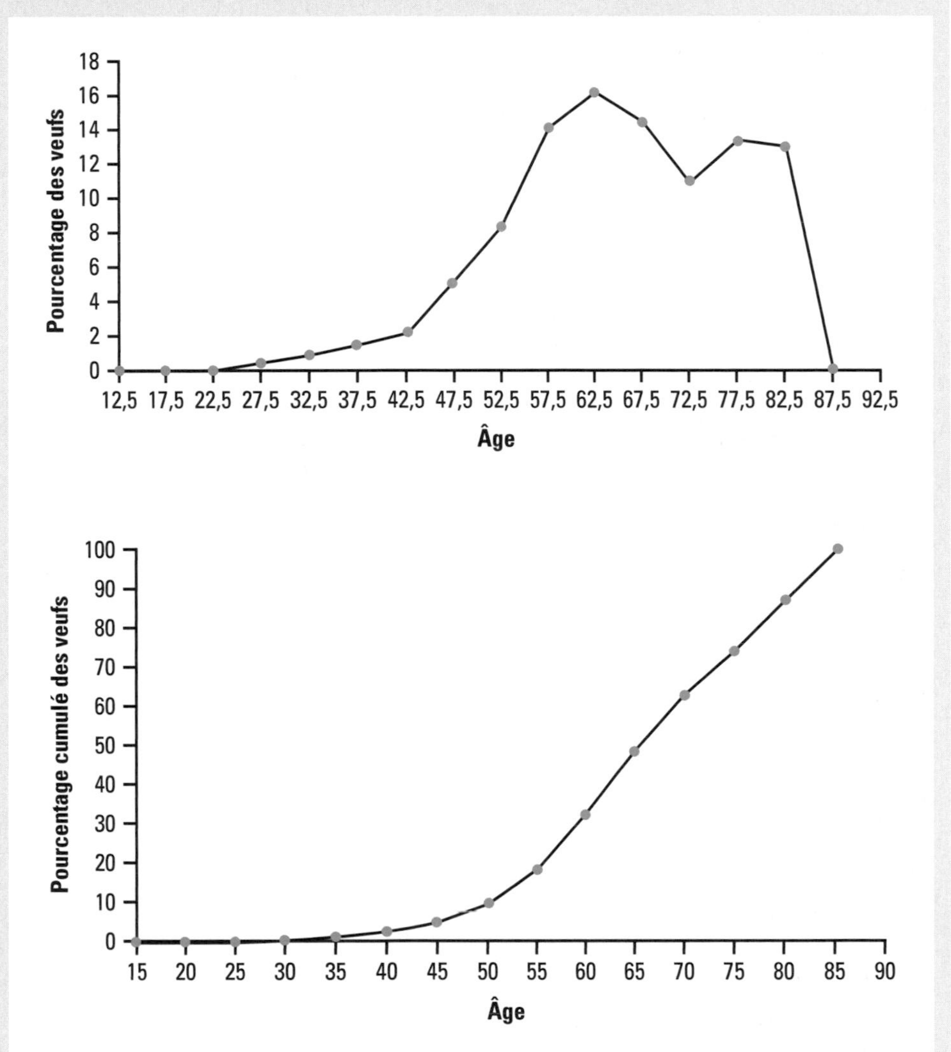

Chez les divorcés (*voir la figure 4.34, à la page suivante*), la distribution de l'âge est assez symétrique, d'où une croissance lente de la courbe des pourcentages cumulés des premières classes, une croissance rapide des classes centrales et une croissance lente des dernières classes.

FIGURE 4.34

Comparaison entre le polygone des pourcentages et la courbe des pourcentages cumulés dans la distribution de l'âge des divorcés (symétrie)

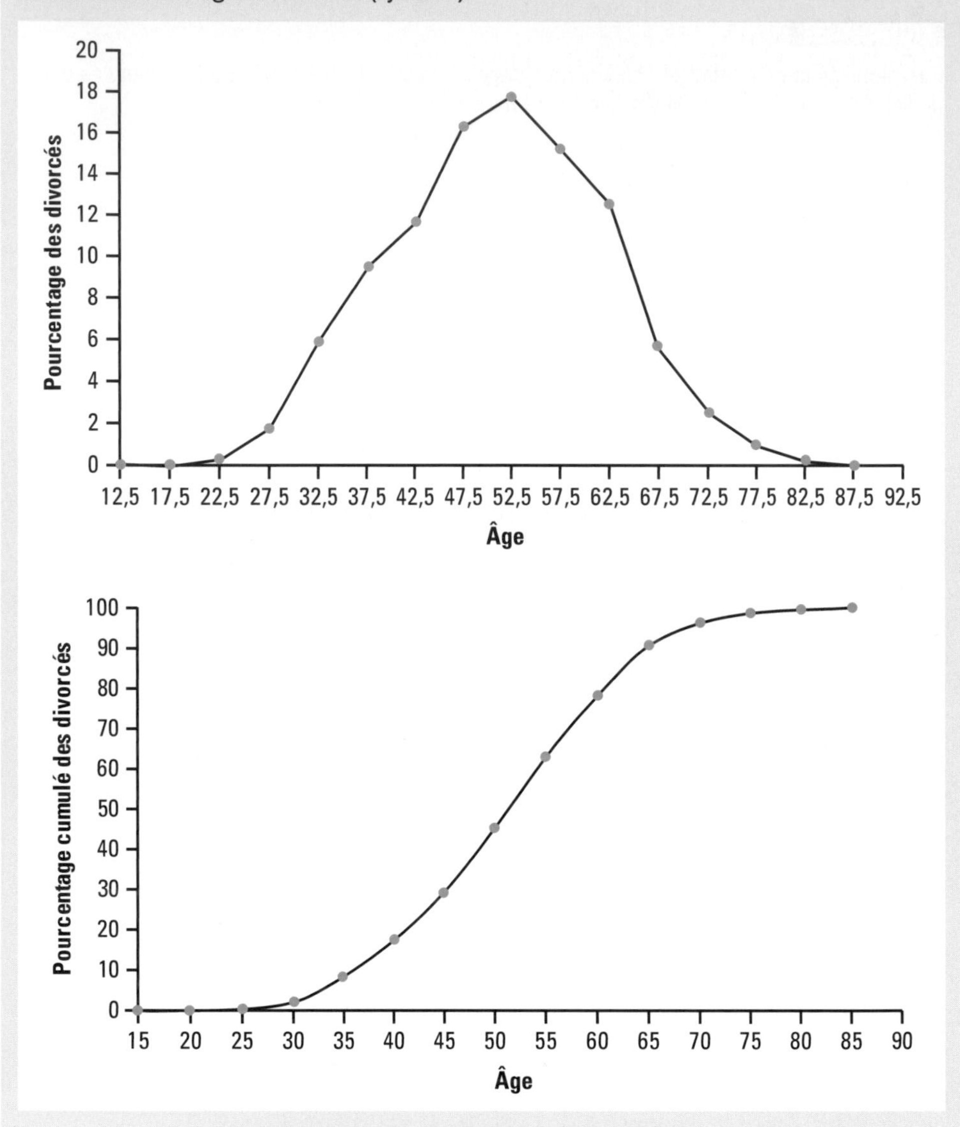

Ainsi, la forme de la courbe des pourcentages cumulés indique si la distribution d'une variable est asymétrique ou symétrique.

Un cas de classes de largeurs inégales

Exemple 4.40 Le coût des fêtes

Un sondage a été réalisé auprès de 1 004 ménages canadiens dans le but de savoir à combien s'élevaient leurs dépenses pour la période des fêtes. La question suivante a été posée aux ménages qui prévoyaient effectuer des achats pour le temps des fêtes : « Pour l'ensemble du ménage, combien pensez-vous dépenser au cours de la prochaine saison des fêtes, incluant les cadeaux, les frais de réception, les repas, les boissons, etc. ? »

Le tableau 4.18 présente les résultats obtenus.

TABLEAU 4.18

Répartition des ménages canadiens en fonction du montant prévu pour les dépenses du temps des fêtes, en 2011

Montant prévu	Pourcentage des ménages canadiens
De 0 $ à moins de 100 $	7
De 100 $ à moins de 200 $	10
De 200 $ à moins de 300 $	11
De 300 $ à moins de 400 $	9
De 400 $ à moins de 500 $	22
De 500 $ à moins de 750 $	9
De 750 $ à moins de 1 000 $	20
De 1 000 $ à moins de 1 500 $	12
Total	100

Source : Tableau adapté de Conseil québécois du commerce de détail. (Novembre 2011). *Les comportements d'achat des Québécois pour les fêtes, sondage téléphonique*, p. 20. [En ligne]. www.cqcd.org/fr/communications/quoi-de-neuf/item/58/ (page consultée le 3 février 2012).

Population Tous les ménages canadiens qui prévoient faire des achats pour le temps des fêtes.

Unité statistique Un ménage canadien qui prévoit faire des achats pour le temps des fêtes.

Taille de l'échantillon 1 004 ménages

Variable Montant prévu des dépenses pour le temps des fêtes.

Type de variable Variable quantitative continue.

La figure 4.35 représente l'histogramme construit de façon conventionnelle, lequel, dans le cas présent, est erroné. Pourquoi ?

FIGURE 4.35

Répartition des ménages canadiens en fonction du montant prévu pour les dépenses du temps des fêtes, en 2011

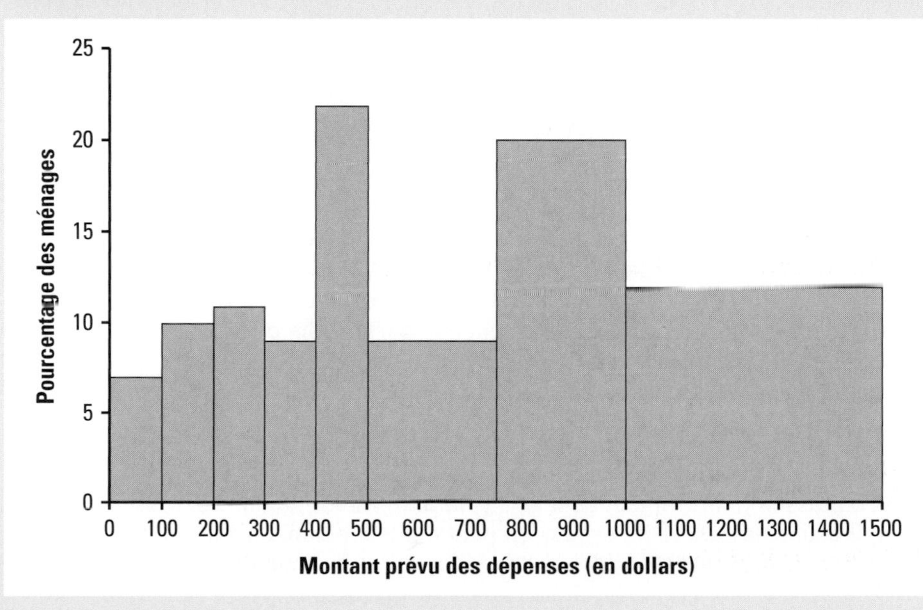

En appliquant le principe des classes de largeurs égales, la lecture de l'histogramme laisse croire qu'environ :

- 7 % des ménages canadiens qui prévoient faire des achats pour le temps des fêtes dépenseront de 0 $ à moins de 100 $, ce qui est vrai ;
- 10 % des ménages canadiens qui prévoient faire des achats pour le temps des fêtes dépenseront de 100 $ à moins de 200 $, ce qui est vrai ;
- 12 % des ménages canadiens qui prévoient faire des achats pour le temps des fêtes dépenseront de 1 000 $ à moins de 1 100 $, ce qui est faux ;
- 12 % des ménages canadiens qui prévoient faire des achats pour le temps des fêtes dépenseront de 1 100 $ à moins de 1 200 $, ce qui est faux.

De la façon dont il est construit, l'histogramme alloue à la classe allant de 1 000 $ à moins de 1 500 $ une surface plus importante que celle de la classe allant de 200 $ à moins de 300 $. Pourtant, les 2 classes ont sensiblement le même pourcentage de données.

Dans un histogramme, l'aire du rectangle doit être proportionnelle au pourcentage de données de la classe. Dans le cas des classes de largeurs égales, cette propriété est respectée, ce qui n'est pas le cas lorsqu'au moins 1 classe a une largeur différente de celle des autres. Pour respecter cette propriété, la surface du rectangle doit être égale au pourcentage des données de la classe, de telle sorte que la somme de toutes les surfaces donne 100 %. Pour y arriver, il faut construire des rectangles basés sur la densité des données de la classe, c'est-à-dire des rectangles dont la hauteur est égale au pourcentage divisé par la largeur de la classe :

$$\text{Hauteur} = \frac{\text{Pourcentage}}{\text{Largeur}}$$

Pour la première classe, la hauteur est de :

$$\frac{7}{100} = 0{,}07$$

Cette valeur signifie que si l'on répartissait uniformément les données de la classe en 100 classes d'une largeur de 1 $, il y aurait 0,07 % (la densité) des données dans chacune de ces 100 classes. On peut donc dire que, de 0 $ à moins de 100 $, la densité est de 0,07 % de ménages par tranche de 1 $.

Pour la deuxième classe, la hauteur est de :

$$\frac{10}{100} = 0{,}10$$

Cette valeur signifie que si l'on répartissait uniformément les données de la classe en 100 classes d'une largeur de 1 $, il y aurait 0,10 % (la densité) des données dans chacune de ces 100 classes. On peut donc dire que, de 100 $ à moins de 200 $, la densité est de 0,10 % de ménages par tranche de 1 $.

Pour la sixième classe, la hauteur est de :

$$\frac{9}{250} = 0{,}036$$

Cette valeur signifie que si l'on répartissait uniformément les données de la classe en 250 classes d'une largeur de 1 $, il y aurait 0,036 % (la densité) des données dans chacune de ces 250 classes. On peut donc dire que, de 500 $ à moins de 750 $, la densité est de 0,036 % de ménages par tranche de 1 $.

Pour la huitième classe, la hauteur est de :

$$\frac{12}{500} = 0{,}024$$

Cette valeur signifie que si l'on répartissait uniformément les données de la classe en 500 classes d'une largeur de 1 $, il y aurait 0,024 % (la densité) des données dans chacune de ces 500 classes. On peut donc dire que, de 1 000 $ à moins de 1 500 $, la densité est de 0,024 % de ménages par tranche de 1 $.

Cette façon de procéder donne des pourcentages (densité) pour des classes qui sont toutes de même largeur, c'est-à-dire une largeur égale à l'unité de mesure, laquelle, dans cet exemple, est de 1 $. On utilise ces pourcentages (densités) pour construire l'histogramme.

Si l'on refait le tableau de la distribution et que l'on y insère la colonne des densités, on obtient le tableau 4.19.

TABLEAU 4.19

Répartition des ménages canadiens en fonction du montant prévu pour les dépenses du temps des fêtes, en 2011

Montant prévu	Densité des ménages canadiens
De 0 $ à moins de 100 $	0,07
De 100 $ à moins de 200 $	0,10
De 200 $ à moins de 300 $	0,11
De 300 $ à moins de 400 $	0,09
De 400 $ à moins de 500 $	0,22
De 500 $ à moins de 750 $	0,036
De 750 $ à moins de 1 000 $	0,08
De 1 000 $ à moins de 1 500 $	0,024

Source : Tableau adapté de Conseil québécois du commerce de détail. (Novembre 2011). *Les comportements d'achat des Québécois pour les fêtes, sondage téléphonique*, p. 20. [En ligne]. www.cqcd.org/fr/communications/quoi-de-neuf/item/58/ (page consultée le 3 février 2012).

En utilisant les densités, le nouvel histogramme devient :

FIGURE 4.36

Répartition des ménages canadiens en fonction du montant prévu pour les dépenses du temps des fêtes, en 2011

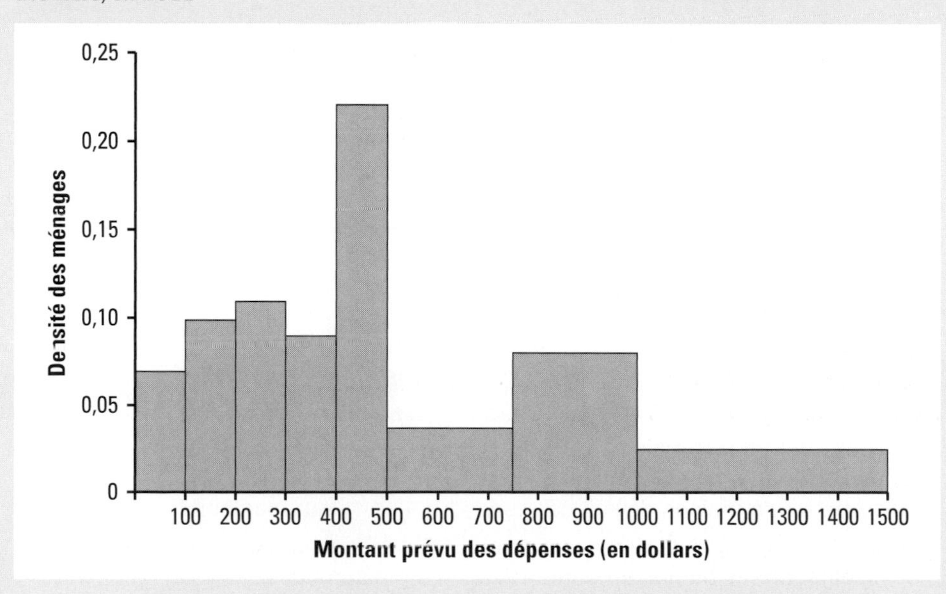

La construction du polygone nécessite aussi l'utilisation de la densité des classes. Cependant, cette façon de procéder ne s'applique pas à la construction de la courbe des pourcentages cumulés, puisque celle-ci ne tient compte que du pourcentage cumulé à la fin de chacune des classes ; dans la classe « De 0 à moins de 100 $ », on a accumulé 7 % des données, que cette classe soit subdivisée ou non.

Dans le cas où les données sont groupées en classes, le mode est la seule mesure touchée par l'utilisation de classes de largeurs inégales, puisque le mode indique justement l'endroit où il y a une plus grande densité de données. Ainsi, on doit utiliser les densités pour déterminer le mode.

En ce qui concerne les graphiques, seuls l'histogramme et le polygone devraient être construits en utilisant les densités des classes.

Exercices

4.46 Est-il vrai que le tracé de la courbe des pourcentages cumulés se fait de la même façon dans le cas des classes de largeurs égales ou inégales ?

4.47 Observez le tableau 4.20.

a) Déterminez la variable à l'étude.

b) Donnez un titre à ce tableau de distribution.

c) Trouvez les mesures de tendance centrale et interprétez-les dans le contexte.

d) Construisez l'histogramme et le polygone des densités associés à cette distribution.

e) Que pouvez-vous conclure de la dispersion des résultats ?

TABLEAU 4.20

Pourcentage du revenu brut consacré à l'épargne	Pourcentage des jeunes
De 0 % à moins de 1 %	29
De 1 % à moins de 5 %	16
De 5 % à moins de 10 %	20
De 10 % à moins de 20 %	15
De 20 % à moins de 30 %	20
Total	**100**

Source : Données fictives.

Un cas de classes ouvertes

Exemple 4.41 Le prix de vente d'une maison

Le prix de vente d'une maison est déterminé à partir d'une multitude de facteurs : la superficie, l'âge, l'emplacement, la qualité de la construction, etc. L'évaluation municipale d'une maison devrait correspondre à sa valeur marchande.

Le tableau 4.21 présente la répartition de 500 maisons unifamiliales d'une grande municipalité, prises au hasard parmi toutes les maisons de la ville en fonction de leur évaluation municipale.

TABLEAU 4.21

Répartition de 500 maisons unifamiliales d'une grande municipalité en fonction de leur évaluation municipale

Évaluation municipale	Nombre de maisons
Moins de 100 000 $	26
De 100 000 $ à moins de 150 000 $	105
De 150 000 $ à moins de 200 000 $	101
De 200 000 $ à moins de 250 000 $	91
De 250 000 $ à moins de 300 000 $	75
De 300 000 $ à moins de 500 000 $	52
De 500 000 $ à moins de 700 000 $	35
700 000 $ et plus	15
Total	**500**

Source : Données fictives.

Population Toutes les maisons unifamiliales de la grande municipalité.

Unité statistique Une maison unifamiliale de la grande municipalité.

Taille de l'échantillon $n = 500$

Variable Évaluation municipale de la maison.

Type de variable Variable quantitative continue.

Les classes de la forme « Moins de 100 000 $ » et « 700 000 $ et plus » sont des classes ouvertes, car seule l'une des deux bornes est précisée. La classe « 700 000 $ et plus » est utilisée parce que si l'on ajoutait d'autres classes de largeur 100 000 $, on risquerait d'obtenir des classes contenant peu ou pas de données.

Les graphiques et le calcul des différentes mesures des données groupées par classes nécessitent d'utiliser les 2 bornes des classes. Il faut donc choisir la borne manquante des classes ouvertes. Pour ce qui est de la première classe, on peut facilement concevoir que 0 $ serait un choix approprié pour la borne inférieure. Cependant, dans le cas de la dernière classe, on ignore jusqu'où va l'évaluation municipale d'une maison. On suppose donc que les valeurs individuelles des unités nous sont inconnues, ce qui est le cas dans les sondages où certains choix de réponses sont des classes. L'une des façons de procéder dans une situation comme celle-ci consiste à prendre une largeur de classe qui est au moins le double de la largeur de la classe précédente. Toutefois, cette décision dépend aussi des valeurs plausibles que l'on peut avoir dans l'échantillon. Dans cet exemple, une borne supérieure de 1 100 000 $ pourrait être envisagée.

L'une des conséquences directes des classes ouvertes est la création de classes de largeurs inégales. Il faut donc envisager l'utilisation de densités pour la construction de l'histogramme et du polygone des pourcentages et pour le calcul du mode.

Exemple 4.42 La construction des classes de largeurs égales

Des classes de largeurs égales

Prenons le cas d'une étude portant sur le pourcentage de satisfaction à l'égard des conditions de travail de 629 employés pris au hasard parmi tous les employés d'une grande compagnie.

Les résultats ordonnés des 629 employés sont : 42 %, 42 %, 44 %..., 93 %, 94 % et 97 %.

Déterminer le nombre de classes

Il faut d'abord choisir le nombre de classes le plus approprié pour grouper les données. Il s'agit d'opter pour un nombre de classes qui ne soit ni trop petit, ni trop grand.

En 1926, W. H. Sturges a présenté une formule pour déterminer le nombre de classes, formule basée sur un modèle qui revient souvent :

Nombre de classes = 1 + 3,322 · log *n*, où *n* représente la taille de l'échantillon.

TABLEAU 4.22

Application de la formule de Sturges

Nombre de données n	Nombre de classes souhaité
$23 \leq n \leq 45$	6
$46 \leq n \leq 90$	7
$91 \leq n \leq 180$	8
$181 \leq n \leq 361$	9
$362 \leq n \leq 723$	10
$724 \leq n \leq 1\,447$	11
$1\,448 \leq n \leq 2\,895$	12
$2\,896 \leq n \leq 5\,791$	13
$5\,792 \leq n \leq 11\,582$	14
$11\,583 \leq n \leq 23\,165$	15

Le tableau 4.22 présente le résultat de la formule de Sturges.

La première colonne fournit le nombre de données et la deuxième, le nombre de classes souhaité. Plusieurs tailles d'échantillons nécessitent le même nombre de classes. Ainsi, toutes les séries de données dont la taille se situe entre 91 et 180 requièrent 8 classes.

Dans l'étude du niveau de satisfaction des employés à l'égard de leurs conditions de travail, on dispose de 629 données. Comme cette taille se situe dans la catégorie 362 à 723, le nombre de classes souhaité est de 10.

Évaluer l'étendue des données

L'**étendue des données** est l'écart existant entre la plus petite donnée et la plus grande.

Ainsi, dans cet exemple, la plus grande donnée est 97 % de satisfaction et la plus petite est 42 % de satisfaction. L'étendue de ces données est donc :

Étendue = 97 % − 42 % = 55 %

Déterminer la largeur des classes

On détermine la **largeur des classes** en divisant l'étendue par le nombre de classes souhaité.

$$\text{Largeur} = \frac{\text{Étendue}}{\text{Nombre de classes souhaité}}$$

À partir de cette valeur, on choisit la largeur à utiliser pour les classes (on choisit souvent un multiple de 5, car cela facilite les calculs et la lecture des graphiques).

Dans cet exemple :

$$\text{Largeur} = \frac{\text{Étendue}}{\text{Nombre de classes souhaité}} = \frac{55}{10} = 5{,}5$$

Pour choisir la largeur des classes, on doit tenir compte de l'ordre de grandeur des données. Ainsi, dans cet exemple, la largeur des classes est de 5 %.

Former des classes

Chaque valeur des données doit entrer dans une classe : cette propriété s'appelle « exhaustivité ». Il faut aussi que chaque valeur puisse entrer dans une seule classe : cette propriété s'appelle « exclusivité ».

Il s'agit maintenant de choisir le point de départ de la première classe, c'est-à-dire la borne inférieure à partir de laquelle les autres seront déterminées.

Ce choix peut entraîner la modification du nombre de classes ou de leur largeur. Il faut retenir que ce choix doit faciliter la représentation graphique ainsi que le calcul des différentes mesures.

Pour respecter la propriété de l'exclusivité, la convention suivante est donc utilisée : la borne inférieure est incluse dans la classe, tandis que la borne supérieure en est exclue. Par conséquent, les classes ont la forme « De... à moins de... ».

Dans cet exemple, si une largeur de 5 % peut couvrir une étendue de 55 %, 11 classes apparaissent suffisantes, mais cela dépend aussi de la borne inférieure de la première classe. La plus petite donnée étant 42 %, 40 % est un bon choix pour commencer la première classe. Avec ce choix, la onzième classe est « De 90 % à moins de 95 % ». Où faut-il placer les données dont les valeurs vont de 95 % à 100 % ? Dans une douzième classe.

Exercices

4.48 Les accidents de la route en 2008

Le tableau 4.23 présente la répartition des victimes d'accidents de la route en 2008 en fonction de leur groupe d'âge.

TABLEAU 4.23

Répartition des victimes d'accidents de la route en 2008 en fonction de leur âge

Âge des victimes	Nombre de victimes
De 0 à moins de 15 ans	3 118
De 15 à moins de 25 ans	12 432
De 25 à moins de 45 ans	14 187
De 45 à moins de 65 ans	10 489
65 ans et plus	3 499
Total	43 725

Source : Société de l'assurance automobile du Québec. (6 octobre 2009). *Données et statistiques 2008*. [En ligne]. www.stat.gouv.qc.ca/publications/referenc/quebec_stat/eco_tra/eco_tra_5.htm (page consultée le 3 février 2012).

À partir de ces données, calculez l'âge moyen des victimes d'accidents de la route en 2008 et l'écart type de cette distribution. Vous devrez préalablement déterminer la borne supérieure de la classe ouverte.

4.49 Dans le cas des personnes atteintes d'un cancer, le temps de déplacement pour recevoir un traitement de chimiothérapie ou de radiothérapie varie d'une région de résidence à l'autre. Le tableau 4.24 présente le temps de déplacement des résidents de la Montérégie.

TABLEAU 4.24

Répartition des patients de la Montérégie ayant subi une chimiothérapie ou une radiothérapie en fonction du temps de déplacement entre leur domicile et le lieu où ils ont reçu la plus grande partie de leur traitement

Temps de déplacement	Pourcentage des patients ayant subi une chimiothérapie	Pourcentage des patients ayant subi une radiothérapie
Moins de 30 minutes	52,1	22,2
De 30 à 60 minutes	38,3	55,0
De 60 à 90 minutes	9,6	22,8
Total	100,0	100,0

Source : Institut de la statistique du Québec. (2010). *Enquête québécoise sur la qualité des services de lutte contre le cancer, 2008 : portrait statistique des personnes ayant reçu un traitement*. [En ligne] www.stat.gouv.qc.ca/publications/sante/pdf2010/portrait_statistique.pdf (page consultée le 3 février 2012).

a) Dans laquelle des 2 situations les données sont-elles le plus homogènes ?

b) Quelle est la cote z d'un patient devant effectuer un déplacement de 42 minutes pour recevoir un traitement de chimiothérapie ?

c) Déterminez l'étendue des données des distributions.

Exercices

4.50 La Centrale des syndicats du Québec (CSQ) et le harcèlement psychologique

Une enquête menée par Angelo Soares auprès des membres de la CSQ révèle que les gens peuvent être victimes de harcèlement psychologique pendant de très longues périodes de temps. Le tableau 4.25 résume depuis combien de temps les gens qui vivent du harcèlement psychologique en sont victimes.

TABLEAU 4.25

Durée du harcèlement psychologique	Pourcentage des victimes
Depuis 5 ans et plus	26
De 2 à moins de 5 ans	21
De 1 à moins de 2 ans	21
De 6 mois à moins de 1 an	11
De 2 à moins de 6 mois	13
Depuis moins de 2 mois	8

Source : Allaire, Luc. (2002). *Un membre de la CSQ sur cinq victime de harcèlement psychologique*, p. 3. [En ligne]. www.securitesociale.csq.qc.net/index.cfm/2,0,1687,9935, 2856,1719.html (page consultée le 3 février 2012).

a) Donnez un titre à ce tableau.

b) Calculez la durée moyenne du harcèlement psychologique. (Considérez la catégorie « Depuis 5 ans et plus » comme une catégorie « De 5 ans à moins de 10 ans ».)

c) Les données de cette distribution sont-elles homogènes ? Justifiez votre réponse.

4.51 Dans une étude réalisée auprès de 423 hommes âgés de 15 à 24 ans, on constate que ces derniers dorment en moyenne 8,5 heures par nuit. Si le coefficient de variation de la distribution des heures de sommeil par nuit est de 0 % :

a) que peut-on conclure de la distribution des heures de sommeil par nuit des 423 hommes ?

b) quelle est la valeur du troisième quartile de la distribution des heures de sommeil par nuit ?

4.52 Sur le marché boursier, on utilise le coefficient de variation pour mesurer la variabilité, c'est-à-dire la volatilité d'un titre, d'une action. On compare le comportement du titre à celui d'un indice comme le GSPTSE. Si le coefficient de variation du titre est inférieur à celui de l'indice, on dit que le titre a été moins actif que le marché ; s'il est supérieur, on dit que le titre a été plus actif que le marché.

Le tableau 4.26 présente les valeurs, sur le marché boursier, de l'indice GSPTSE et des actions de Bombardier, Molson et Saputo du 1er février au 4 mars 2011.

Étudiez la variabilité des actions durant cette période.

TABLEAU 4.26

Valeurs de l'indice GSPTSE et des actions de Bombardier, Molson et Saputo du 1er février au 4 mars 2011

Bombardier	Molson	Saputo	GSPTSE
6,47	44,24	42,00	14 252,77
6,66	44,62	41,31	14 214,72
6,60	44,74	41,45	14 144,02
6,14	45,28	40,76	14 122,85
6,25	45,73	41,16	14 136,50
6,14	45,00	40,94	14 052,13
6,10	46,66	40,74	13 867,31
6,09	45,26	40,38	13 956,19
6,25	45,40	40,21	13 963,68
6,57	45,60	41,40	14 123,11
6,50	45,91	41,13	14 136,18
6,28	45,44	40,30	14 059,18
6,13	44,95	40,32	13 929,35
6,10	44,91	40,20	13 910,77
6,13	45,05	40,06	13 766,76
6,18	45,48	40,26	13 840,57
6,25	47,57	40,34	13 784,30
6,27	48,34	40,30	13 892,52
6,23	48,15	40,47	13 811,93
6,22	47,47	40,79	13 791,85
6,37	48,06	40,65	13 841,35
5,98	47,71	41,25	13 680,29
5,91	47,53	41,52	13 712,62

Source : [En ligne]. http://fr.finance.yahoo.com (page consultée le 4 mars 2011).

Exercices

4.53 On peut calculer les moyennes pondérées de certaines données lorsque les poids (nombres d'unités) alloués aux valeurs ne sont pas des fréquences ; le poids alloué à chacune des valeurs peut être déterminé de différentes façons. Les tableaux 4.27a et 4.27b présentent le bulletin scolaire de la première session en techniques administratives de Marie-Josée et de Jonathan.

Calculez le résultat moyen de Marie-Josée et celui de Jonathan en tenant compte du nombre d'unités (poids) alloué à chacun des cours.

TABLEAU 4.27a

Bulletin de Marie-Josée

Numéro du cours	Titre du cours	Nombre d'unités (poids)	Résultat
340-103-04	*Philosophie*	2,33	70
201-337-77	*Statistique*	2,66	88
383-920-90	*Économie globale*	2,00	62
385-941-91	*Histoire et politique*	2,00	60
401-913-91	*L'entreprise*	2,00	65
601-101-04	*Écriture et littérature*	2,33	80

Source : Données fictives.

TABLEAU 4.27b

Bulletin de Jonathan

Numéro du cours	Titre du cours	Nombre d'unités (poids)	Résultat
340-103-04	*Philosophie*	2,33	65
201-337-77	*Statistique*	2,66	60
383-920-90	*Économie globale*	2,00	70
385-941-91	*Histoire et politique*	2,00	80
401-913-91	*L'entreprise*	2,00	88
601-101-04	*Écriture et littérature*	2,33	62

Source : Données fictives.

4.54 Le revenu moyen des employés de 2 petites et moyennes entreprises (PME) est le même, mais le coefficient de variation de l'une des PME est le double de l'autre. Que peut-on conclure de la dispersion des revenus ?

4.55 a) Un restaurateur a augmenté de 2 $ le prix de chacun de ses plats du jour. Que peut-on dire de la moyenne et de l'écart type de la nouvelle liste de prix des plats du jour comparativement aux anciens prix ?

b) Un autre restaurateur a augmenté de 5 % le prix de chacun de ses plats du jour. Que peut-on dire de la moyenne et de l'écart type de la nouvelle liste de prix des plats du jour comparativement aux anciens prix ?

CAS PRATIQUE

Le téléphone cellulaire au collégial

Dans le cadre de son étude « Le téléphone cellulaire au collégial », Kim a effectué, à l'aide d'Excel, l'analyse d'une variable quantitative continue. Son étude reposait sur la question H : « Quelle a été la durée (arrondie à la minute) de votre conversation la plus longue au cours du mois dernier ? » Voyez à la page 304 la façon de procéder pour réaliser une analyse semblable à celle de Kim.

À RETENIR

	Résumé des notions	
	Variable quantitative discrète	**Variable quantitative continue**
Définition	Une variable est dite quantitative discrète : • si les données obtenues sur cette variable sont des quantités numériques ; • s'il est possible d'énumérer les valeurs qu'elle peut prendre.	Une variable est dite quantitative continue : • si les données obtenues sur cette variable sont des quantités numériques ; • si ces quantités sont approximatives ou arrondies.
Présentation des données	**Tableau** (*voir le tableau 4.1, p. 57*) Le tableau compte 4 colonnes : • la variable et ses valeurs ; • le nombre d'unités statistiques ; • le pourcentage des unités statistiques ; • le pourcentage cumulé des unités statistiques. **Diagramme en bâtons** (*voir la figure 4.1, p. 58*) • Bâtons très minces qui représentent une seule valeur. • Axe horizontal qui présente les différentes valeurs de la variable. • Axe vertical qui présente le pourcentage ou la fréquence des unités statistiques.	**Tableau** (*voir le tableau 4.11, p. 85*) Le tableau compte 5 colonnes : • la variable et ses classes de valeurs ; • le point milieu des classes ; • le nombre d'unités statistiques ; • le pourcentage des unités statistiques ; • le pourcentage cumulé des unités statistiques. **Histogramme** (*voir la figure 4.8, p. 86*) • Bandes larges juxtaposées les unes aux autres pour montrer la continuité de la variable. • Axe horizontal qui présente les différentes bornes des classes de la variable. • Axe vertical qui présente le pourcentage ou la fréquence des unités statistiques. **Polygone des pourcentages** (*voir la figure 4.9, p. 87*) • Segments de droite qui relient différents points. Chaque point se situe vis-à-vis du point milieu de la classe qu'il représente et sa hauteur est déterminée par le pourcentage (ou la densité) d'unités de la classe. • Axe horizontal qui présente les centres des différentes classes de la variable. • Axe vertical qui présente le pourcentage (ou la densité) ou la fréquence des unités statistiques. **Ogive** (*voir la figure 4.10, p. 88*) • Segments de droite qui relient différents points. Vis-à-vis de la valeur de la borne supérieure de chacune des classes, on place un point dont la hauteur égale le pourcentage cumulé. Vis-à-vis de la borne inférieure de la première classe, on place un point de départ d'une hauteur de 0 %. Le point de départ est toujours de 0 % et le point d'arrivée, de 100 %. • Axe horizontal qui présente les bornes des différentes classes de la variable. • Axe vertical qui présente le pourcentage cumulé des unités statistiques.
Mesures de tendance centrale	**Mode** Valeur de la variable que possède un plus grand nombre d'unités statistiques ou le pourcentage d'unités statistiques le plus élevé dans la distribution. **Interprétation** C'est la valeur qui revient le plus souvent dans la distribution.	**Classe modale** Classe à l'intérieur de laquelle il y a le plus haut pourcentage (ou la plus grande fréquence) de données. **Interprétation** C'est dans cette classe que l'on retrouve la plus grande concentration de données.

	Variable quantitative discrète		Variable quantitative continue	
Mesures de tendance centrale			**Mode brut**	Valeur centrale de la classe modale.
			Interprétation	La valeur autour de laquelle se trouve une plus forte concentration est d'environ...
	Médiane	Valeur qui sépare les données ordonnées en 2 groupes de quantités égales.	**Médiane**	Valeur qui sépare les données ordonnées en 2 groupes de quantités égales.
	Interprétation	Au moins 50 %... ont au plus...	**Interprétation**	Environ 50 %... ont au plus...
	Moyenne	Valeur unique que chaque unité statistique aurait si la somme des données était répartie à parts égales entre chaque unité statistique. On la calcule facilement à l'aide d'une calculatrice offrant le mode statistique.	**Moyenne**	Valeur unique que chaque unité statistique aurait si la somme des données était répartie à parts égales entre chaque unité statistique. On la calcule facilement à l'aide d'une calculatrice offrant le mode statistique.
	Interprétation	C'est le nombre moyen de ...	**Interprétation**	C'est le nombre moyen de...
Mesures de dispersion	**Étendue**	Écart entre la plus grande valeur et la plus petite valeur des données.	**Étendue**	Écart entre la borne supérieure de la dernière classe et la borne inférieure de la première classe.
	Interprétation	C'est l'écart entre la plus grande valeur et la plus petite valeur des données.	**Interprétation**	C'est l'écart entre la borne supérieure de la dernière classe et la borne inférieure de la première classe.
	Écart type	On le calcule très facilement à l'aide d'une calculatrice offrant le mode statistique. Cependant, on doit distinguer s (dans le cas d'un échantillon) et σ (dans le cas d'une population).	**Écart type**	On le calcule très facilement à l'aide d'une calculatrice offrant le mode statistique. Cependant, on doit distinguer s (dans le cas d'un échantillon) et σ (dans le cas d'une population).
	Interprétation	La distribution donne un écart type de...	**Interprétation**	La distribution donne un écart type de...
	Coefficient de variation	$CV = \frac{s}{\bar{x}}$ (échantillon) ou $CV = \frac{\sigma}{\mu}$ (population)	**Coefficient de variation**	$CV = \frac{s}{\bar{x}}$ (échantillon) ou $CV = \frac{\sigma}{\mu}$ (population)
	Interprétation	Les données de la distribution sont homogènes si le CV n'est pas supérieur à 15 %.	**Interprétation**	Les données de la distribution sont homogènes si le CV n'est pas supérieur à 15 %.
Mesures de position	**Quantile**	Le quartile, le décile ou le centile est obtenu facilement et rapidement en observant la colonne des pourcentages cumulés.	**Quantile**	Le quartile, le décile ou le centile approximatif est repéré à partir de l'ogive.
	Interprétation	Au moins 25 %, ou 10 %, ou 42 %... (selon le quantile demandé) ... ont au plus...	**Interprétation**	Environ 25 %, ou 10 %, ou 42 %... (selon le quantile demandé)... ont au plus...
	Cote z	$z = \frac{x - \bar{x}}{s}$ (échantillon) ou $z = \frac{x - \mu}{\sigma}$ (population)	**Cote z**	$z = \frac{x - \bar{x}}{s}$ (échantillon) ou $z = \frac{x - \mu}{\sigma}$ (population)
	Interprétation	Une cote z positive de 1,23 (par exemple) signifie que la donnée se situe à 1,23 longueur d'écart type au-dessus de la moyenne, alors qu'une cote z négative de –0,68 (par exemple) signifie que la donnée se situe à 0,68 longueur d'écart type sous la moyenne.	**Interprétation**	Une cote z positive de 1,23 (par exemple) signifie que la donnée se situe à 1,23 longueur d'écart type au-dessus de la moyenne, alors qu'une cote z négative de –0,68 (par exemple) signifie que la donnée se situe à 0,68 longueur d'écart type sous la moyenne.

Résumé des formules		
	Variable quantitative discrète	**Variable quantitative continue**
Mesures de tendance centrale	**Moyenne** Échantillon : $\bar{x} = \frac{\sum x_i \cdot n_i}{n}$ Population : $\mu = \frac{\sum x_i \cdot n_i}{N}$	**Moyenne** Échantillon : $x = \frac{\sum m_i \cdot n_i}{n}$ Population : $\mu = \frac{\sum m_i \cdot n_i}{N}$
Mesures de dispersion	**Écart type** Échantillon : $s = \sqrt{\frac{\sum (x_i - \bar{x})^2 \cdot n_i}{n-1}}$ Population : $\sigma = \sqrt{\frac{\sum (x_i - \mu)^2 \cdot n_i}{N}}$ **Coefficient de variation** Échantillon : $CV = \frac{s}{\bar{x}}$ Population : $CV = \frac{\sigma}{\mu}$	**Écart type** Échantillon : $s = \sqrt{\frac{\sum (m_i - \bar{x})^2 \cdot n_i}{n-1}}$ Population : $\sigma = \sqrt{\frac{\sum (m_i - \mu)^2 \cdot n_i}{N}}$ **Coefficient de variation** Échantillon : $CV = \frac{s}{\bar{x}}$ Population : $CV = \frac{\sigma}{\mu}$
Mesures de position	**Cote *z*** Échantillon : $z = \frac{x - \bar{x}}{s}$ Population : $z = \frac{x - \mu}{\sigma}$	**Cote *z*** Échantillon : $z = \frac{x - \bar{x}}{s}$ Population : $z = \frac{x - \mu}{\sigma}$

Exercices récapitulatifs

4.56 Le tableau 4.28 présente la répartition de 500 jeunes âgés de 18 à 30 ans en fonction du nombre de cartes de crédit qu'ils possèdent.

TABLEAU 4.28

Répartition de 500 jeunes âgés de 18 à 30 ans en fonction du nombre de cartes de crédit qu'ils possèdent

Nombre de cartes de crédit	Nombre de jeunes	Pourcentage des jeunes	Pourcentage cumulé des jeunes
0	105	21	21
1	255	51	72
2	100	20	92
3	35	7	99
4	5	1	100
Total	500	100	

a) Trouvez et interprétez les 3 mesures de tendance centrale de cette distribution.

b) Construisez le graphique approprié pour représenter cette distribution.

c) Commentez la symétrie ou l'asymétrie de cette distribution.

d) Commentez l'homogénéité de cette distribution.

e) Quelle est la cote z d'un jeune qui a 2 cartes de crédit ?

f) Déterminez l'étendue des données de cette distribution.

FIGURE 4.37

Répartition de 500 jeunes âgés de 18 à 30 ans en fonction du montant des dettes actuelles

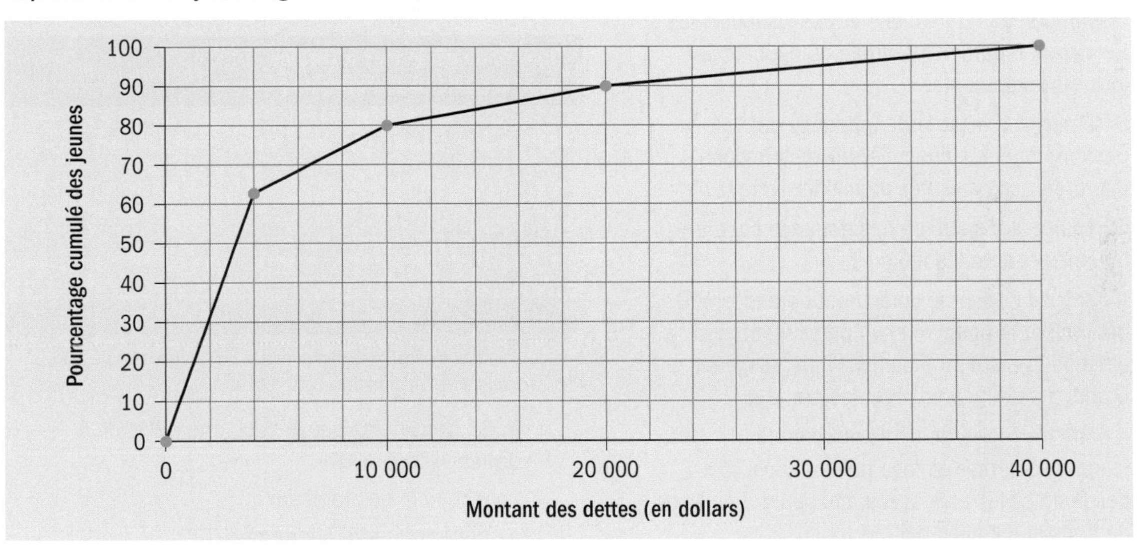

4.57 Un niveau d'endettement préoccupant

La figure 4.37 présente le niveau d'endettement de 500 jeunes âgés de 18 à 30 ans en tenant compte du solde des cartes de crédit et de toute autre dette.

À partir de la courbe des pourcentages cumulés, trouvez, positionnez et interprétez :

a) le quartile 1 ;

b) le décile 4 ;

c) le centile 85 ;

d) la médiane ;

e) le pourcentage des jeunes ayant plus de 12 000 $ de dettes ;

f) le montant maximal des dettes des 28 % les moins endettés.

4.58 Le Programme National Nutrition Santé recommande de manger 5 portions de fruits et légumes par jour. Le tableau 4.29, à la page suivante, présente la répartition des Canadiens qui mangent 5 portions de fruits et légumes par jour en fonction de leur âge et de leur sexe.

Exercices récapitulatifs

TABLEAU 4.29

Répartition des Canadiens qui mangent 5 portions de fruits et légumes par jour en fonction de leur âge et de leur sexe, en 2010

Âge (en ans)	Nombre d'hommes	Nombre de femmes
12 à moins de 20	751 884	769 916
20 à moins de 35	1 187 455	1 598 900
35 à moins de 45	836 207	1 162 508
45 à moins de 65	1 439 912	2 265 361
65 à moins de 85	678 974	1 153 375
Total	4 894 432	6 950 060

Source : Statistique Canada. (2011). *Consommation de fruits et légumes, 5 fois ou plus par jour, selon le groupe d'âge et le sexe.* [En ligne]. www.statcan.gc.ca/pub/82-229-x/2009001/deter/fvc-fra.htm (page consultée le 3 février 2012).

a) Présentez, dans le même graphique, le polygone des densités (par tranche de 1 an) pour la distribution des Canadiens et des Canadiennes mangeant 5 portions de fruits et légumes par jour, puis commentez.

b) Déterminez la mesure de tendance centrale la plus appropriée à chacune des distributions. Interprétez ces mesures et justifiez votre choix.

c) Comparez la dispersion des données chez les hommes et chez les femmes.

d) À partir de l'ogive de la distribution des femmes, déterminez le pourcentage approximatif des femmes âgées d'au moins 42 ans mangeant 5 portions de fruits et légumes par jour.

e) À partir de l'ogive de la distribution des femmes, déterminez l'âge minimal des 35 % des femmes les plus âgées mangeant 5 portions de fruits et légumes par jour.

4.59 Voici un exercice portant sur une variable quantitative discrète présentée sous forme de classes. Le calcul des mesures se fait à l'aide des points milieux, comme dans le cas des variables quantitatives continues.

Dans le cadre de la Semaine de la sécurité de l'information au Québec, un sondage téléphonique ou électronique a été effectué par Léger Marketing auprès de 647 PME québécoises.

Le tableau 4.30 présente le profil des PME sondées par nombre d'employés.

TABLEAU 4.30

Nombre d'employés	Nombre de PME
De 1 à 4	259
De 5 à 9	136
De 10 à 19	129
De 20 à 49	52
De 50 à 249	52
250 et plus	19
Total	647

Source : Institut de sécurité de l'information du Québec (ISIQ). (2007). *Pour la sécurité de l'information,* p. 3, 4 et 9.

N. B. : Considérez que la catégorie « 250 et plus » devient « De 250 à 500 ».

Le tableau 4.31 montre, quant à lui, le nombre de personnes affectées à la sécurité de l'information dans les PME.

TABLEAU 4.31

Nombre de personnes affectées à la sécurité de l'information	Nombre de PME
0	198
0,5	152
De 1 à 2	249
De 3 à 5	34
Plus de 5	14
Total	647

Source : Institut de sécurité de l'information du Québec (ISIQ). (2007). *Pour la sécurité de l'information,* p. 3, 4 et 9.

N. B. : Considérez que la catégorie « Plus de 5 » devient « De 6 à 10 ».

Pour chacun des tableaux :

a) donnez un titre approprié ;

b) déterminez quelle est la mesure de tendance centrale la plus appropriée à chacune des distributions. Interprétez ces valeurs et expliquez votre choix ;

c) analysez la dispersion de ces distributions et interprétez les résultats ;

d) calculez la cote z d'une PME ayant 41 employés ;

e) calculez le nombre d'employés affectés à la sécurité de l'information dans une PME ayant une cote z de 2,16.

Exercices récapitulatifs

4.60 En moyenne, les consommateurs québécois boivent 4 consommations hebdomadairement. Les résultats de l'étude indiquent que ce nombre est nettement supérieur chez les consommateurs réguliers que chez les consommateurs occasionnels, dont plus de la moitié consomment moins de 1 verre par semaine.

TABLEAU 4.32

Nombre de verres habituellement consommés par semaine

Nombre de consommations	Consommateurs réguliers	Consommateurs occasionnels
Aucune consommation	5	225
De 1 à 5 consommations	316	142
De 6 à 10 consommations	116	8
De 11 à 20 consommations	84	0
Total	521	375

Source : Éduc'alcool. (2007). *Les Québécois et l'alcool,* p. 8. [En ligne]. www.educalcool.qc.ca/img/pdf/Les_Quebecois_et_l_alcool_2007.pdf (page consultée le 3 février 2012).

a) Calculez le nombre moyen de consommations des consommateurs réguliers et des consommateurs occasionnels.

b) Vérifiez l'affirmation selon laquelle les Québécois boivent en moyenne 4 consommations hebdomadairement.

4.61 Au cours des 2 dernières années, combien de points d'inaptitude avez-vous perdus ? Un sondage Léger Marketing réalisé auprès de Québécois révèle que 658 conducteurs affirment n'en avoir perdu aucun, 66 disent en avoir perdu de 1 à 2, 66 disent en avoir perdu de 3 à 4 et, 25, en avoir perdu de 5 à 12[5]. Combien de points d'inaptitude les Québécois ont-ils perdu en moyenne ?

4.62 Une semaine dans la vie des cégépiens. « La plupart des Québécois croient les cégépiens paresseux, alors qu'on a plutôt affaire à des workaholics[6]. » Prenez connaissance des résultats obtenus par *L'Actualité*.

TABLEAU 4.33

Nombre d'heures travaillées en dehors des études	Pourcentage des cégépiens
De 0 à moins de 1 heure	30
De 1 à moins de 5 heures	2
De 5 à moins de 10 heures	10
De 10 à moins de 15 heures	14
De 15 à moins de 20 heures	18
De 20 à moins de 25 heures	15
25 heures ou plus	11

Source : « Génération pognon ». (15 septembre 2008). *L'Actualité,* p. 24.

Pour les besoins du problème, considérez la classe « 25 heures ou plus » comme une classe de 25 à moins de 40 heures.

a) Donnez un titre à ce tableau.

b) À partir de l'ogive, estimez la valeur de la médiane.

c) Diriez-vous que les données de cette distribution sont homogènes ? Justifiez votre réponse.

« UN STATISTICIEN EST UNE PERSONNE QUI PEUT AVOIR LA TÊTE DANS LE FOUR ET LES PIEDS DANS LA GLACE ET DIRE QU'EN MOYENNE, IL SE SENT BIEN. »

BENJAMIN DERECA

5. Léger Marketing. (7 juin 2007). *Les Québécois et la sécurité routière,* p. 3.
6. « Génération pognon ». (15 septembre 2008). *L'Actualité,* p. 24.

Chapitre 5

La description statistique des données : les variables qualitatives

Objectifs d'apprentissage

- Présenter les données relatives à une variable qualitative sous forme de tableau.
- Présenter les données relatives à une variable qualitative sous forme de graphique.
- Calculer et interpréter les mesures de tendance centrale : mode et médiane.
- Analyser dans son ensemble une variable qualitative.
- Utiliser le logiciel Excel pour faire l'analyse d'une variable qualitative.

Adolphe Quételet (1796-1874), savant belge

Professeur de mathématiques à l'Université de Gand, Adolphe Quételet fut le fondateur et le directeur de l'Observatoire royal de Bruxelles. Il s'intéressa à la poésie, à la peinture, à la géométrie analytique, aux probabilités, à l'astronomie, à la météorologie, aux statistiques morales et aux recensements de population. Dans l'ouvrage *Sur l'homme et le développement de ses facultés,* publié en 1835, Quételet présenta sa conception de l'homme moyen en tant que valeur centrale autour de laquelle les mesures d'une caractéristique humaine donnée sont groupées suivant une courbe normale.

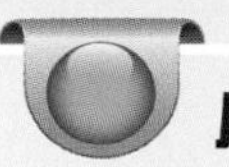

Mise en situation

Près de un Québécois sur trois est endetté. Aujourd'hui, tout le monde possède une carte de crédit. Mais est-ce que tout le monde acquitte son compte de la même façon ? Le risque d'endettement est élevé si l'on se fie à un sondage CROP-*La Presse* mené en ligne auprès de 1 000 volontaires[1]. De ce sondage, nous présentons deux variables : l'acquittement du solde des cartes de crédit et le niveau d'endettement des Québécois.

1. Leduc, Louise. (15 janvier 2011). « Une vie à crédit », *La Presse*, p. A2-A3.

Après avoir conçu le questionnaire et classifié les variables, le sondeur peut procéder à la collecte des données. Une fois celles-ci recueillies, il doit les dépouiller, les présenter sous forme de tableau ou de graphique, puis les analyser.

Étude statistique

1. L'énoncé des hypothèses statistiques
2. L'élaboration du plan de collecte des données
3. Le dépouillement et l'analyse des données
   - La présentation des données sous forme de tableau ou de graphique
   - Le calcul et l'interprétation des mesures de tendance centrale, de dispersion et de position, s'il y a lieu
4. L'inférence statistique

5.1 Les variables qualitatives à échelle ordinale

La variable étant qualitative, les données recueillies ne sont pas des quantités numériques. Dans le cas d'une variable qualitative, les choix possibles sont appelés « modalités ». S'il existe une relation d'ordre entre ces modalités, l'échelle de mesure utilisée est ordinale.

5.1.1 La présentation des données sous forme de tableau

La présentation sous forme de tableau consiste à classer les données selon leur modalité. Ce type de classement se nomme « répartition », ou « distribution », d'une série de données brutes.

Mesures et variables qualitatives : prudence !

Dans le cas d'une variable qualitative, il est impossible de calculer certaines mesures de tendance centrale, de dispersion et de position. Il se peut que la façon de coder les données recueillies se fasse avec des chiffres (1, 2, 3...), mais ceux-ci ne servent qu'à énumérer les choix possibles, car ils ne correspondent pas à des quantités.

Il faut donc être vigilant dans l'interprétation des résultats que fournissent certains logiciels.

Exemple 5.1 L'acquittement du solde des cartes de crédit

Mise en situation

Selon le sondage CROP-*La Presse* mentionné à la page 137, 43 % des Québécois ne paient pas toujours la totalité du solde de leurs cartes de crédit (*voir le tableau 5.1*).

Population	Tous les Québécois détenteurs d'au moins 1 carte de crédit qui ne paient jamais la totalité du solde de leurs cartes de crédit.
Unité statistique	Un Québécois détenteur d'au moins 1 carte de crédit qui ne paie jamais la totalité du solde de ses cartes de crédit.
Taille de l'échantillon	$n = 430$ (ce qui correspond à 43 % des 1000 répondants)
Variable	Type d'acquittement du solde de leurs cartes de crédit.
Type de variable	Variable qualitative.
Échelle de mesure	Échelle ordinale.

TABLEAU 5.1

Répartition des 430 Québécois qui ne paient jamais la totalité du solde de leurs cartes de crédit en fonction de leur type d'acquittement

Type d'acquittement	Nombre de Québécois	Pourcentage des Québécois	Pourcentage cumulé des Québécois
Acquitte parfois le paiement minimal du solde	150	34,88	34,88
Acquitte souvent le paiement minimal du solde	110	25,58	60,46
Acquitte toujours le paiement minimal du solde	170	39,53	100,00
Total	430	100,00	

Source : Données fictives.

Le titre : Répartition des « unités statistiques » en fonction de la « variable »

La variable étudiée

Le pourcentage cumulé indique la quantité d'unités statistiques ayant des modalités de rang inférieur ou égal à la modalité qui se trouve dans la première colonne.

La fréquence de chacune des modalités

La taille de l'échantillon

La fréquence de chacune des modalités, exprimée en pourcentage. La somme donne 100 %.

Il se peut que l'addition des pourcentages figurant dans certains tableaux ne donne pas 100 %. Cela est dû au fait que les pourcentages ont été arrondis au centième, au dixième ou à la valeur entière près. On doit quand même écrire 100 % comme total, puisqu'on a tenu compte de l'ensemble des unités statistiques.

Dans les journaux, les pourcentages sont arrondis à la valeur entière la plus près, tandis que dans les informations provenant de Statistique Canada ou de l'Institut de la statistique du Québec, ils sont généralement présentés avec 1 décimale, quelquefois 2. Dans le présent ouvrage, nous utiliserons 2 décimales pour les pourcentages, sauf si la deuxième décimale et toutes les suivantes sont 0.

Interprétation

- 110 Québécois détenteurs d'au moins 1 carte de crédit qui ne paient jamais la totalité du solde de leurs cartes de crédit acquittent souvent le paiement minimal du solde de leurs cartes de crédit ;
- 34,88 % des Québécois détenteurs d'au moins 1 carte de crédit qui ne paient jamais la totalité du solde de leurs cartes de crédit acquittent parfois le paiement minimal du solde de leurs cartes de crédit ;
- 60,46 % des Québécois détenteurs d'au moins 1 carte de crédit qui ne paient jamais la totalité du solde de leurs cartes de crédit acquittent parfois ou souvent le paiement minimal du solde de leurs cartes de crédit.

5.1.2 La présentation des données sous forme de graphique

Dans le cas des variables qualitatives ayant une échelle de mesure ordinale, plusieurs types de graphiques sont possibles. Les plus utilisés, soit les **diagrammes à bandes verticales** ou **horizontales,** seront présentés dans ce chapitre. Dans ce type de graphique, les bandes peuvent être plus larges que dans les diagrammes en bâtons, réservés aux variables quantitatives discrètes. Ici, comme la variable étudiée a des modalités et non des valeurs, la largeur de la bande n'a donc pas de signification particulière. La longueur de la bande représente le pourcentage des unités statistiques pour une modalité précise.

Mise en situation

Exemple 5.2 L'acquittement du solde des cartes de crédit (*suite*)

Le diagramme à bandes verticales

À partir du tableau 5.1, on peut construire le diagramme à bandes verticales de la figure 5.1 (*voir ci-contre*).

TABLEAU 5.1 ▶ p. 139

Répartition des 430 Québécois qui ne paient jamais la totalité du solde de leurs cartes de crédit en fonction de leur type d'acquittement

Type d'acquittement	Nombre de Québécois	Pourcentage des Québécois	Pourcentage cumulé des Québécois
Acquitte parfois le paiement minimal du solde	150	34,88	34,88
Acquitte souvent le paiement minimal du solde	110	25,58	60,46
Acquitte toujours le paiement minimal du solde	170	39,53	100,00
Total	430	100,00	

On place les modalités de la variable de façon ordonnée sur l'axe horizontal. L'axe est désigné par le nom de la variable.

Sur l'axe vertical, on établit une échelle pour placer les pourcentages. Ceux-ci varient de 0 jusqu'au plus haut pourcentage obtenu, arrondi à la hausse. Cet axe correspond à une échelle qui pourrait être placée à gauche ou à droite du graphique ; elle permet d'estimer la hauteur des bandes. Il convient aussi de désigner l'axe par ce qu'il représente.

Pour chacune des modalités de la variable, sur l'axe horizontal, on trace une bande dont la hauteur correspond au pourcentage. Les bandes sont toutes de la même largeur.

▶

FIGURE 5.1

Répartition des 430 Québécois qui ne paient jamais la totalité du solde de leurs cartes de crédit en fonction de leur type d'acquittement

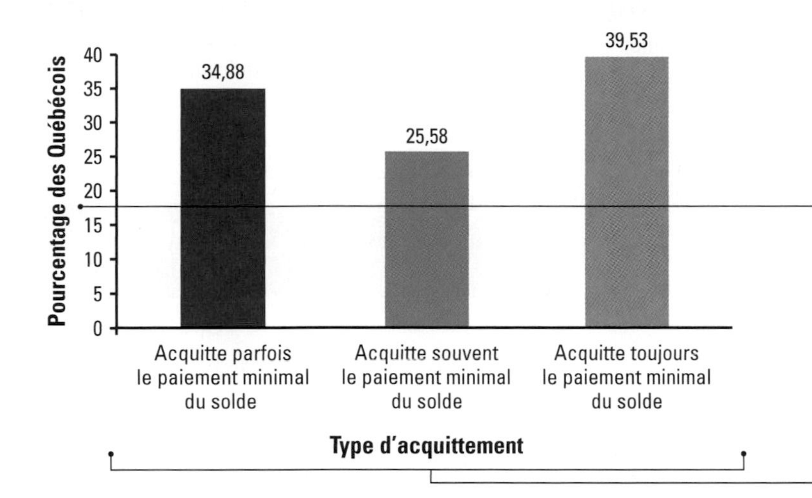

Répartition des « unités statistiques » en fonction de la « variable ». Même titre que le tableau.

L'axe vertical : exprimé en pourcentage, il permet d'estimer la hauteur des bandes et de faire facilement des comparaisons entre les modalités.

L'axe horizontal : les modalités de la variable y sont ordonnées.

Le diagramme à bandes horizontales

À partir du tableau 5.1, on peut aussi construire le diagramme à bandes horizontales de la figure 5.2.

FIGURE 5.2

Répartition des 430 Québécois qui ne paient jamais la totalité du solde de leurs cartes de crédit en fonction de leur type d'acquittement

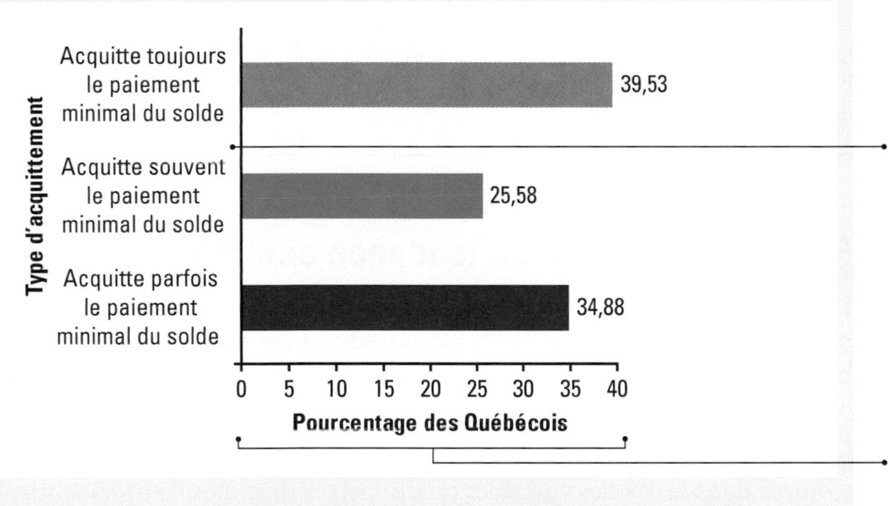

Répartition des « unités statistiques » en fonction de la « variable ». Même titre que le tableau.

L'axe vertical : les modalités de la variable y sont ordonnées.

L'axe horizontal : exprimé en pourcentage, il permet d'estimer la longueur des bandes et de faire facilement des comparaisons entre les modalités.

Le diagramme à bandes horizontales est construit de la même façon que le diagramme à bandes verticales, sauf que les axes horizontaux et verticaux y sont interchangés.

Exercices

5.1 Réussir sa vie

Un sondage en ligne effectué en octobre 2010 auprès de 3060 Québécois âgés de 18 ans et plus révèle les informations présentées dans la figure 5.3 au sujet de la question : « Dans 10 ans, croyez-vous que la nouvelle génération aura plus de chance, autant de chance ou moins de chance de réussir sa vie[2] ? »

FIGURE 5.3

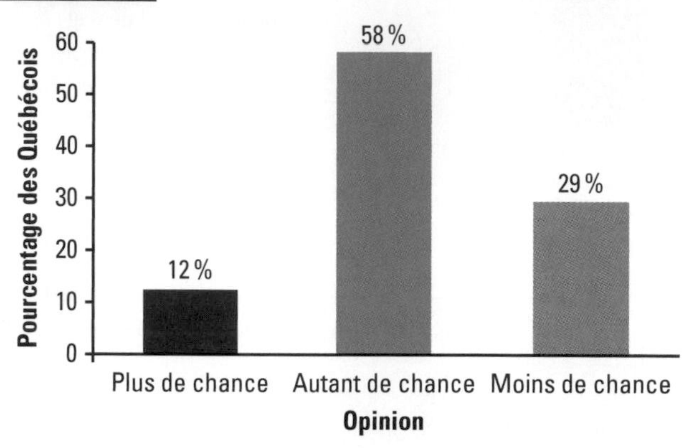

a) Quel titre donneriez-vous à ce graphique ?

b) Évaluez le pourcentage approximatif de Québécois qui pensent que, dans 10 ans, la nouvelle génération aura autant de chance de réussir sa vie.

5.2 Les embouteillages

« Vous êtes pris dans un embouteillage, vous ragez devant les chantiers routiers où personne ne travaille et vous perdez votre bonne humeur. Eh bien, vous n'êtes pas seul[3]... » Le tableau 5.2 présente ce que les 1000 personnes interrogées ont répondu à la question : « Trouvez-vous que la circulation automobile est plus difficile, aussi difficile ou moins difficile qu'avant ? »

TABLEAU 5.2

Opinion	Pourcentage des répondants	
	Montréal	Québec
Plus difficile	75	80
Aussi difficile	24	18
Moins difficile	1	2
Total	**100**	**100**

Source : « Otages de la route ». (27 octobre 2010). *Le Journal de Montréal*, cahier « Nouvelles ».

a) Quel titre donneriez-vous à ce tableau ?

b) Comment interprétez-vous la valeur 24 de ce tableau ?

c) En ne tenant compte que de la région de Montréal, reprenez ce tableau et remplissez-le en y ajoutant la colonne des pourcentages cumulés. Interprétez le pourcentage cumulé se trouvant vis-à-vis de la modalité « Aussi difficile ».

5.1.3 Les mesures de tendance centrale

Dans le cas de la variable qualitative, la notion de distance entre les données n'existe pas. Ainsi, on ne peut obtenir de moyenne, puisque cette mesure est basée sur la notion de distance entre les données.

Le mode (*Mo*)

Mode
Modalité dont la fréquence ou le pourcentage est le plus élevé dans l'échantillon ou dans la population.

Comme dans le cas des variables quantitatives discrètes, le mode correspond à la modalité dont la fréquence ou le pourcentage est le plus élevé dans l'échantillon ou dans la population. Le mode est l'une des modalités qui se trouvent dans la première colonne d'un tableau.

2. Agence QMi. (Novembre 2010). *Le Québec de mes rêves, rapport d'étude*, p. 52.

3. « Otages de la route ». (27 octobre 2010). *Le Journal de Montréal*, cahier « Nouvelles ».

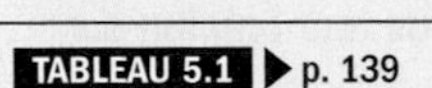

Exemple 5.3 L'acquittement du solde des cartes de crédit (*suite*)

Reprenons les données du tableau 5.1.

TABLEAU 5.1 ▶ p. 139

Répartition des 430 Québécois qui ne paient jamais la totalité du solde de leurs cartes de crédit en fonction de leur type d'acquittement

Type d'acquittement	Nombre de Québécois	Pourcentage des Québécois	Pourcentage cumulé des Québécois
Acquitte parfois le paiement minimal du solde	150	34,88	34,88
Acquitte souvent le paiement minimal du solde	110	25,58	60,46
Acquitte toujours le paiement minimal du solde	170	39,53	100,00
Total	430	100,00	

Résultat *Mo* = Acquitte toujours le paiement minimal du solde

La modalité qui a la plus grande fréquence ou le plus grand pourcentage est « Acquitte toujours le paiement minimal du solde », avec 39,53 %.

Le mode est donc « Acquitte toujours le paiement minimal du solde » ; c'est la fréquence de l'acquittement du solde qui revient le plus souvent dans l'échantillon.

Interprétation Un plus grand nombre de détenteurs de cartes de crédit qui ne paient jamais la totalité du solde de leurs cartes acquittent toujours le paiement minimal du solde de leurs cartes de crédit.

La médiane (*Md*)

Il n'est pas fréquent d'utiliser une autre mesure que le mode en guise de mesure de tendance centrale dans le cas des variables qualitatives. Cependant, il arrive souvent que la fréquence du mode ne se démarque pas suffisamment des fréquences correspondant aux autres modalités pour qu'on le considère vraiment comme la tendance centrale de l'échantillon ou de la population. Dans un tel cas, puisqu'il existe une relation d'ordre entre les modalités de la variable, on peut envisager l'utilisation de la médiane comme mesure de tendance centrale. Toutefois, il faut être prudent dans l'interprétation de celle-ci.

Médiane
Modalité qui sépare les données ordonnées en deux groupes égaux. Pour trouver la médiane, il faut placer les données dans l'ordre.

Exemple 5.4 L'acquittement du solde des cartes de crédit (*suite*)

Reprenons les données du tableau 5.1. Dans ce cas-ci, la première modalité pour laquelle le pourcentage cumulé dépasse 50 % est « Acquitte souvent le paiement minimal du solde ».

Résultat *Md* = Acquitte souvent le paiement minimal du solde

Interprétation Au moins 50 % des détenteurs de cartes de crédit qui ne paient jamais la totalité du solde de leurs cartes acquittent parfois ou souvent le paiement minimal du solde de leurs cartes de crédit.

Exercice

5.3 L'évasion fiscale

«Étonnamment, le travail au noir est assez largement accepté par la population [...] On paie sa femme de ménage ou son peintre sous le manteau sans se poser trop de questions[4].» Le tableau 5.3 présente ce que révèle un sondage CROP-*L'actualité* réalisé auprès des Québécois.

a) Remplissez la colonne des pourcentages cumulés.

b) Déterminez le mode de cette distribution et interprétez ce résultat.

c) Déterminez la médiane de cette distribution et interprétez ce résultat.

TABLEAU 5.3

Répartition des Québécois en fonction de leur opinion sur le travail au noir

Le travail au noir...	Pourcentage des Québécois	Pourcentage cumulé des Québécois
... n'est pas du tout condamnable.	14	
... est peu condamnable.	35	
... est assez condamnable.	33	
... est très condamnable.	18	
Total	100	

Source: «Trois mythes déboulonnés». (15 avril 2011). *L'Actualité*, p. 28.

Le choix de la mesure de tendance centrale

Dans le cas des variables qualitatives, il n'est pas souvent question de symétrie. C'est pourquoi le mode est fréquemment utilisé, mais on peut aussi avoir recours à la médiane lorsque l'échelle est ordinale. Dans une échelle ordinale, les modalités sont fixées à l'avance, leur nombre étant assez restreint. Il n'est pas vraiment possible d'obtenir des données extrêmes. Toutefois, si la fréquence du mode ne se démarque pas suffisamment des autres fréquences pour que l'on considère vraiment celui-ci comme la tendance centrale de l'échantillon ou de la population, on peut opter pour la médiane en tant que mesure de la tendance centrale de la distribution.

Exemple 5.5 L'engagement des jeunes dans leur travail

Dans un sondage CROP, des jeunes Québécois ont répondu à l'affirmation suivante: «Au travail, tout ce que j'entreprends, je le fais d'arrache-pied jusqu'à ce que je sois satisfait(e) du résultat[5].»

Population	Tous les jeunes Québécois.
Unité statistique	Un jeune Québécois.
Taille de l'échantillon	n = non précisé
Variable	L'opinion du jeune Québécois.
Type de variable	Variable qualitative.
Échelle de mesure	Échelle ordinale.

4. «Trois mythes déboulonnés». (15 avril 2011). *L'Actualité*, p. 28.
5. Sondage CROP. (Mars 2007). *Les valeurs des jeunes Québécois*, p. 22. [En ligne]. www.slideshare.net/cguy/sondage-crop-les-valeurs-des-jeunes-quebecois (page consultée le 3 février 2012).

TABLEAU 5.4

Répartition des jeunes Québécois en fonction de leur opinion sur leur engagement au travail

Opinion	Pourcentage des jeunes Québécois	Pourcentage cumulé des jeunes Québécois
Tout à fait d'accord	43	43
Plutôt d'accord	48	91
En désaccord	9	100
Total	100	

Source : Sondage CROP. (Mars 2007). *Les valeurs des jeunes Québécois*, p. 22. [En ligne]. www.slideshare.net/cguy/sondage-crop-les-valeurs-des-jeunes-quebecois (page consultée le 3 février 2012).

Résultat *Mo* = Plutôt d'accord

Interprétation C'est l'opinion qui revient le plus souvent chez les jeunes Québécois, dans un pourcentage de 48 %. Un plus grand nombre de jeunes Québécois sont plutôt d'accord avec le fait qu'au travail, tout ce qu'ils entreprennent, ils le font d'arrache-pied jusqu'à ce qu'ils soient satisfaits du résultat.

Ici, la première modalité pour laquelle le pourcentage cumulé atteint 50 % est « Plutôt d'accord ».

Résultat *Md* = Plutôt d'accord

Interprétation Au moins 50 % des jeunes Québécois sont tout à fait ou plutôt d'accord pour dire qu'au travail, tout ce qu'ils entreprennent, ils le font d'arrache-pied ou jusqu'à ce qu'ils soient satisfaits du résultat.

Comme le mode ne se démarque pas suffisamment des autres modalités, on choisit la médiane en tant que mesure de tendance centrale.

5.1.4 Les mesures de dispersion et de position

En ce qui concerne la variable qualitative, puisque la notion de distance entre les données n'existe pas, on ne peut obtenir d'écart type, de coefficient de variation et de cote z. Les quantiles, sauf parfois la médiane, ne sont pas utilisés dans le cas de la variable qualitative.

Exemple 5.6 Le gaz de schiste

Synthèse

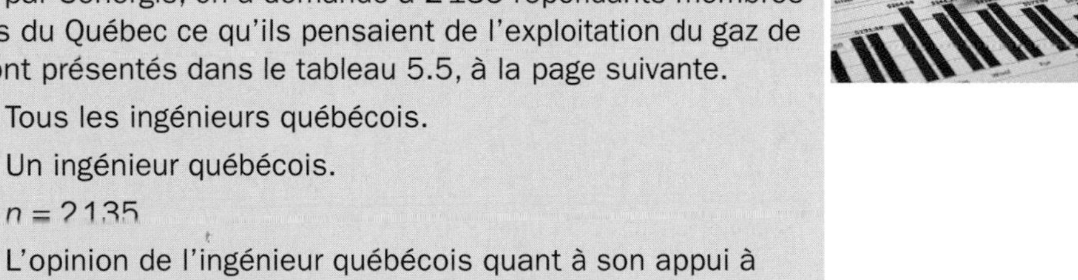

Dans un sondage réalisé par Senergis, on a demandé à 2 135 répondants membres du Réseau des ingénieurs du Québec ce qu'ils pensaient de l'exploitation du gaz de schiste[6]. Les résultats sont présentés dans le tableau 5.5, à la page suivante.

Population Tous les ingénieurs québécois.

Unité statistique Un ingénieur québécois.

Taille de l'échantillon $n = 2\,135$

Variable L'opinion de l'ingénieur québécois quant à son appui à l'égard de l'exploitation du gaz de schiste.

Type de variable Variable qualitative.

Échelle de mesure Échelle ordinale.

6. « Sondage sur le gaz de schiste ». (16 février 2011). *La Presse*, p. A9.

TABLEAU 5.5

Répartition des 2 135 ingénieurs québécois en fonction de leur opinion sur l'exploitation du gaz de schiste

Opinion	Nombre d'ingénieurs québécois	Pourcentage des ingénieurs québécois	Pourcentage cumulé des ingénieurs québécois
Très favorable	171	8,01	8,01
Assez favorable	534	25,01	33,02
Peu favorable	768	35,97	68,99
Pas du tout favorable	491	23,00	91,99
Ne sait pas	171	8,01	100,00
Total	2 135	100,00	

Source : « Sondage sur le gaz de schiste ». (16 février 2011). *La Presse*, p. A9.

Résultat *Mo* = Peu favorable

Interprétation Le mode est la modalité « Peu favorable » ; c'est l'opinion qui revient le plus souvent parmi les ingénieurs québécois, dans un pourcentage de 35,97 %. Un plus grand nombre d'ingénieurs québécois sont peu favorables à l'exploitation du gaz de schiste.

On remarque que le mode ne se démarque pas beaucoup des autres modalités.

Résultat *Md* = Peu favorable

Dans l'interprétation, on énumère les modalités visées par le cumul de 50 %.

Interprétation Au moins 50 % des ingénieurs québécois sont très favorables, assez favorables ou peu favorables à l'exploitation du gaz de schiste.

Le choix le plus approprié pour la mesure de tendance centrale serait la médiane.

Exercices

5.4 La violence au Québec

Dans le sondage *Le Québec de mes rêves*, on a posé la question suivante à 344 Québécois âgés de 18 à 24 ans : « Personnellement, dans 10 ans, croyez-vous que le Québec sera plus violent, moins violent [...][7] ? »

Les résultats de ce sondage sont présentés dans le tableau 5.6.

a) Quel titre donneriez-vous à ce tableau ?

b) Présentez les données sous forme de diagramme à bandes verticales.

c) Quel est le mode de cette distribution ? Interprétez ce résultat.

d) Quelle est la médiane de cette distribution ? Interprétez ce résultat.

TABLEAU 5.6

Opinion	Nombre de Québécois âgés de 18 à 24 ans	Pourcentage des Québécois âgés de 18 à 24 ans
Moins violent	138	40,12
Aucun changement	55	15,99
Plus violent	151	43,90
Total	344	100,00

Source : Agence QMi. (Novembre 2010). *Le Québec de mes rêves, rapport d'étude*, p. 15.

7. Agence QMi. (Novembre 2010). *Le Québec de mes rêves, rapport d'étude*, p. 15.

Exercices

5.5 L'homosexualité et le milieu de travail

Dans un sondage réalisé auprès de 1 525 adultes canadiens, on a posé la question suivante : « Diriez-vous que, de nos jours, il est très facile, assez facile, assez difficile ou très difficile pour une personne d'afficher ouvertement son homosexualité en milieu de travail[8] ? » Le tableau 5.7 résume les résultats obtenus à la question.

TABLEAU 5.7

Répartition des 1 525 adultes canadiens en fonction de leur opinion sur la facilité d'afficher ouvertement son homosexualité en milieu de travail

Facilité d'afficher son homosexualité en milieu de travail	Nombre d'adultes canadiens
Très facile	107
Assez facile	366
Assez difficile	610
Très difficile	320
Ne sait pas/Refus	122
Total	1 525

Source : Gai Écoute/Léger Marketing. (Mai 2006). *Homosexualité et milieu de travail*, p. 5.

a) Quelle est la variable étudiée ?

b) De quel type est cette variable ?

c) Quelle est l'échelle de mesure utilisée ? Justifiez votre réponse.

d) Quelle est la population étudiée ?

e) Quelle est l'unité statistique ?

f) Quelle est la taille de l'échantillon ?

g) Présentez les données sous forme de diagramme à bandes horizontales.

h) Quelle mesure devrait-on privilégier pour présenter la tendance centrale de cette distribution ? Justifiez votre réponse.

5.6 Le temps consacré aux loisirs

Dans le cadre du sondage *Le Québec de mes rêves*, on a demandé à 344 Québécois âgés de 18 à 24 ans s'ils pensaient pouvoir consacrer plus ou moins de temps aux loisirs dans 10 ans[9]. Le tableau 5.8 présente les réponses obtenues.

TABLEAU 5.8

	Nombre de Québécois âgés de 18 à 24 ans	Pourcentage des Québécois âgés de 18 à 24 ans	Pourcentage cumulé des Québécois âgés de 18 à 24 ans
Moins de temps consacré aux loisirs	93		
Même temps consacré aux loisirs		50,00	
Plus de temps consacré aux loisirs			100,00
Total	344		

Source : Agence QMi. (Novembre 2010). *Le Québec de mes rêves, rapport d'étude*, p. 16.

a) Quel titre donneriez-vous à ce tableau ?

b) Remplissez-en toutes les cases vides.

c) Présentez les données sous forme de diagramme à bandes verticales.

d) Déterminez la mesure de tendance centrale la plus appropriée pour cette distribution et expliquez votre choix.

5.7 Selon vous, les affirmations suivantes sont-elles vraies ou fausses ? Justifiez votre réponse.

a) Comme la médiane représente un cumul d'au moins 50 % des données, en plaçant les modalités dans l'ordre croissant, elle correspondra toujours à une modalité supérieure à celle qui correspond au mode.

b) Il est possible de calculer la moyenne dans le cas d'une distribution pour une variable qualitative à échelle ordinale. Il suffit de remplacer les modalités par des codes pour pouvoir interpréter le résultat de cette mesure.

c) Selon que l'on présente une distribution à l'aide d'un diagramme à bandes verticales ou à bandes horizontales, on doit modifier le titre du graphique tout comme on modifie celui des axes.

8. Gai Écoute/Léger Marketing. (Mai 2006). *Homosexualité et milieu de travail*, p. 5.

9. Agence QMi, *op. cit.*, p. 16.

Exercices

5.8 Le service de santé du collège a posé la question suivante à 130 de ses élèves : « Pour vous, consacrer de 2 à 3 heures par semaine à l'activité physique au cours de la prochaine année serait très facile, assez facile, ni facile ni difficile, assez difficile ou très difficile ? »

Les différents choix de réponses ont été codés comme suit :

1. Très facile
2. Assez facile
3. Ni facile ni difficile
4. Assez difficile
5. Très difficile

Les réponses obtenues ont été :

4 3 4 1 2 3 2 1 4 2 1 3
1 3 2 4 1 5 1 2 3 1 2 1
3 1 2 2 1 3 4 1 2 4 3 4
1 4 5 2 1 3 1 1 5 1 2 1
1 2 2 2 5 1 4 1 4 3 1 2
1 4 2 1 3 5 3 1 1 1 2 1
3 1 2 4 1 2 1 3 4 1 2 2
1 1 2 2 1 3 4 1 2 1 4 2
4 3 1 3 2 3 1 4 2 1 2 3
1 2 2 1 1 3 2 3 1 5 4 1
1 1 2 4 1 2 2 1 1 2

Cet exercice peut être réalisé à l'aide d'Excel.

a) Quels sont la variable étudiée, le type de variable et l'échelle de mesure ?

b) Déterminez la population étudiée, l'unité statistique et l'échantillon employé.

c) Présentez les résultats sous forme de tableau.

d) Présentez les résultats sous forme de diagramme à bandes horizontales.

e) Quelles mesures de tendance centrale est-il possible d'évaluer et, en tenant compte du contexte, quelle est la signification de chacune d'entre elles ?

CAS PRATIQUE
Le téléphone cellulaire au collégial

Dans le cadre de son étude « Le téléphone cellulaire au collégial », Kim effectue, à l'aide d'Excel, l'analyse d'une variable qualitative à échelle ordinale. Son étude repose sur la question D : « Est-il important pour vous de posséder un cellulaire ? » Voyez à la page 312 la façon dont procède Kim.

5.2 Les variables qualitatives à échelle nominale

S'il n'y a pas de relation d'ordre dans les modalités de la variable qualitative, l'échelle de mesure utilisée est nominale. Tout comme dans le cas de la variable qualitative ayant une échelle ordinale, il est impossible de calculer certaines mesures de tendance centrale, de dispersion et de position.

5.2.1 La présentation des données sous forme de tableau

La présentation sous forme de tableau consiste à classer les données selon leur modalité. Ce type de classement se nomme « répartition », ou « distribution », d'une série de données brutes.

Exemple 5.7 Le niveau d'endettement des Québécois

Mise en situation

Dans un sondage CROP-*La Presse* mené en ligne auprès de 1000 volontaires, on constate que 29,8 % des Québécois détenant au moins 1 carte de crédit sont endettés[10] (*voir le tableau 5.9*).

Population Tous les Québécois détenteurs d'au moins 1 carte de crédit.

Unité statistique Un Québécois détenteur d'au moins 1 carte de crédit.

Taille de l'échantillon $n = 1000$

Variable Le niveau d'endettement des Québécois.

Type de variable Variable qualitative.

Échelle de mesure Échelle nominale.

TABLEAU 5.9

Répartition des 1000 Québécois détenteurs d'au moins 1 carte de crédit en fonction de leur niveau d'endettement

Niveau d'endettement	Nombre de Québécois	Pourcentage des Québécois
Endettés	298	29,80
Cigales (sans épargne)	186	18,60
Fourmis (disposant d'épargne)	516	51,60
Total	1000	100,00

Source : Leduc, Louise. (15 janvier 2011). « Une vie à crédit », *La Presse*, p. A2-A3.

Le titre : Répartition des « unités statistiques » en fonction de la « variable »

La variable étudiée

La fréquence de chacune des modalités

La fréquence de chacune des modalités, exprimée en pourcentage. La somme donne 100 %.

La taille de l'échantillon

Il se peut que l'addition des pourcentages figurant dans certains tableaux ne donne pas 100 %. Cela est dû au fait que les pourcentages ont été arrondis au centième, au dixième ou à l'entier près. On doit quand même écrire le total de 100 %, puisque l'ensemble des unités statistiques a été pris en compte.

De plus, puisqu'il n'y a pas de relation d'ordre entre les modalités de la variable, la notion de pourcentage cumulé ne peut être interprétée.

Interprétation

- 186 Québécois détenteurs d'au moins 1 carte de crédit sont sans épargne ;
- 29,80 % des Québécois détenteurs d'au moins 1 carte de crédit sont endettés.

10. Leduc, Louise. (15 janvier 2011). « Une vie à crédit », *La Presse*, p. A2-A3.

Méthodes quantitatives en action

Mario Montégiani, statisticien
Société de l'assurance automobile du Québec

La Société de l'assurance automobile du Québec a pour mission de protéger et d'assurer la personne contre les risques liés à l'usage de la route. Pour ce faire, elle contribue, par ses actions, à l'amélioration de la sécurité routière. Aussi a-t-elle souvent recours aux méthodes quantitatives et aux statistiques pour juger de l'efficacité et de la pertinence des actions qu'elle entreprend.

Par exemple, la Société utilise le nombre de décès dans les accidents de véhicules routiers comme indicateur de la sécurité routière au Québec. De 1978 à 2010, le nombre annuel de décès sur les routes est passé de 1765 à 487, ce qui représente une diminution de 72,41%. C'est donc à la lumière de ces statistiques que nous pouvons constater que la sécurité routière s'est grandement améliorée.

Par ailleurs, il est possible, grâce aux méthodes quantitatives, d'être plus précis et de vérifier si une mesure visant à améliorer la sécurité routière le fait réellement. Par exemple, en 1976, le port de la ceinture de sécurité devenait obligatoire pour les passagers avant d'un véhicule; en 1990, cette obligation a été étendue à tous les passagers. Cette décision a été prise parce que des analyses basées sur des méthodes quantitatives plus sophistiquées ont montré que le port de la ceinture de sécurité était effectivement une mesure efficace pour diminuer le nombre de décès dans les accidents et que plus le taux de port de la ceinture était élevé, plus le nombre de vies sauvées augmentait.

Les méthodes statistiques permettent, d'une part, de répondre aux questions d'intérêt et d'interpréter les faits et, d'autre part, d'évaluer les actions entreprises et de prendre les meilleures décisions.

5.2.2 La présentation des données sous forme de graphique

Pour présenter les données d'une variable qualitative à échelle nominale, il existe plusieurs types de graphiques. Nous verrons ci-dessous les principaux, soit le **diagramme à bandes horizontales**, le **diagramme à bandes verticales**, le **diagramme circulaire** et le **diagramme linéaire**.

Le diagramme à bandes verticales

Le diagramme à bandes verticales pour les données à échelle nominale se construit de la même manière que pour les variables qualitatives à échelle ordinale, sauf que, sur l'axe horizontal, l'ordre des modalités n'a pas d'importance. La figure 5.4 illustre cette forme de graphique.

Le diagramme à bandes horizontales

On obtient le diagramme à bandes horizontales en inversant l'axe vertical et l'axe horizontal du diagramme à bandes verticales. On le construit également de la même façon que dans le cas des variables qualitatives à échelle ordinale, sauf que, sur l'axe vertical, l'ordre des modalités n'a pas d'importance. La figure 5.5 (*voir p. 152*) illustre cette forme de graphique.

Le diagramme circulaire

Dans le diagramme circulaire, l'angle de chaque secteur est proportionnel au pourcentage des données de chacune des modalités. En fait, il s'agit de répartir les 360 degrés en fonction du pourcentage des données de chacune des modalités. Ce type de graphique se fait facilement avec Excel.

Cependant, dans ce type de graphique, il est difficile de bien faire ressortir les modalités auxquelles correspond un très faible pourcentage d'unités statistiques. La figure 5.6, à la page suivante, illustre cette forme de graphique.

Le diagramme linéaire

Dans le diagramme linéaire, la longueur de chaque segment est proportionnelle au pourcentage des données de chacune des modalités. Ce type de graphique se fait facilement avec Excel.

Cependant, comme dans le cas du diagramme circulaire, il est difficile de bien faire ressortir les modalités auxquelles correspond un très faible pourcentage d'unités statistiques. La figure 5.7, à la page suivante, illustre cette forme de graphique.

Exemple 5.8 Le niveau d'endettement des Québécois (*suite*)

Mise en situation

Reprenons l'exemple 5.7 portant sur le niveau d'endettement des Québécois ainsi que les données du tableau 5.9 et présentons-les à l'aide de différentes formes graphiques.

TABLEAU 5.9 ▶ p. 149

Répartition des 1 000 Québécois détenteurs d'au moins 1 carte de crédit en fonction de leur niveau d'endettement

Niveau d'endettement	Nombre de Québécois	Pourcentage des Québécois
Endettés	298	29,80
Cigales (sans épargne)	186	18,60
Fourmis (disposant d'épargne)	516	51,60
Total	1 000	100,00

Le diagramme à bandes verticales

FIGURE 5.4

Répartition des 1 000 Québécois détenteurs d'au moins 1 carte de crédit en fonction de leur niveau d'endettement

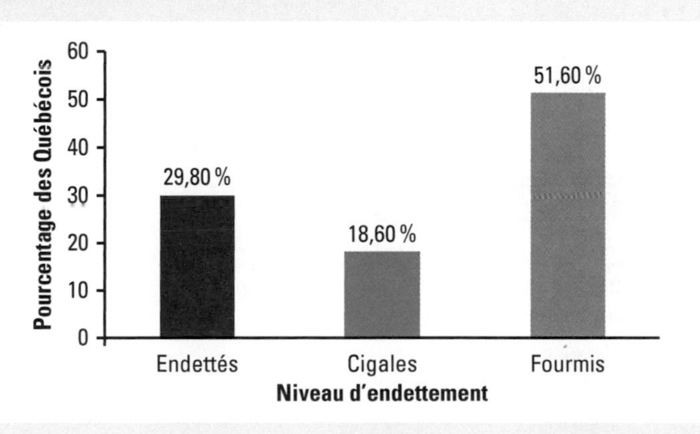

Le diagramme à bandes horizontales

FIGURE 5.5

Répartition des 1 000 Québécois détenteurs d'au moins 1 carte de crédit en fonction de leur niveau d'endettement

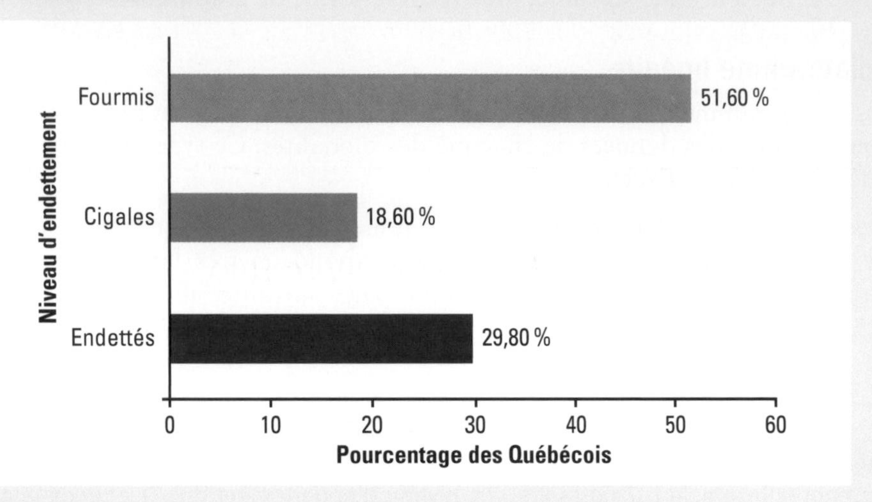

Le diagramme circulaire

FIGURE 5.6

Répartition des 1 000 Québécois détenteurs d'au moins 1 carte de crédit en fonction de leur niveau d'endettement

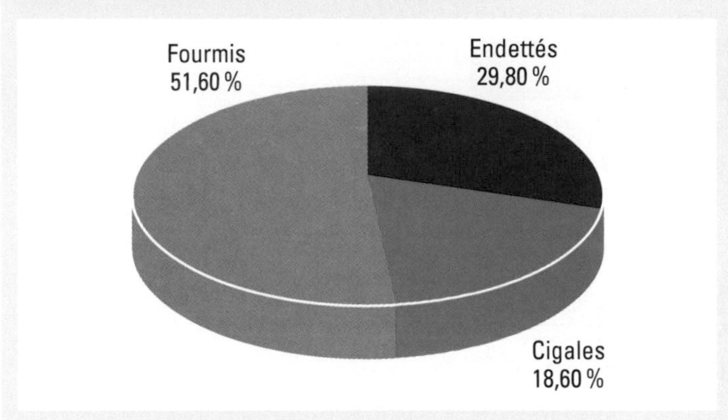

Le diagramme linéaire

FIGURE 5.7

Répartition des 1 000 Québécois détenteurs d'au moins 1 carte de crédit en fonction de leur niveau d'endettement

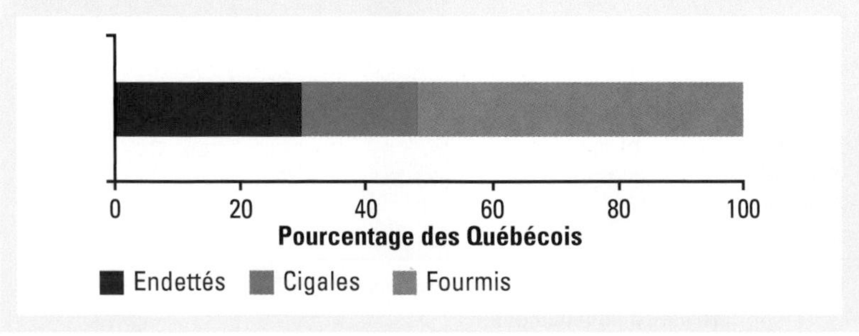

Exercice

5.9 Êtes-vous stressés ?

Vous vous demandez à quoi sert la semaine de relâche ou de vacances du printemps ? Alors prenez connaissance de ce qui suit.

Un sondage réalisé auprès de 3 004 Québécois révèle que 17 % d'entre eux ont déjà fait un « burn-out », 12 % ont peur d'en faire un et 71 % n'en ont jamais fait et ne craignent pas d'en faire un[11]. Présentez ces résultats sous forme de diagramme circulaire.

5.2.3 Les mesures de tendance centrale

Dans le cas des variables qualitatives à échelle nominale, la seule mesure de tendance centrale que l'on peut calculer est le mode. Il faut toujours faire attention au fait que certains logiciels donnent des valeurs pour les autres mesures, ces valeurs étant calculées en fonction de celles qui correspondent aux codes ; il ne faut donc pas en tenir compte.

Le mode (*Mo*)

Le mode correspond toujours à la modalité de la variable étudiée qui a la plus grande fréquence (le plus grand nombre d'unités statistiques) ou le pourcentage le plus élevé dans l'échantillon ou dans la population.

Mode
Modalité dont la fréquence ou le pourcentage est le plus élevé dans l'échantillon ou dans la population.

Exemple 5.9 Le niveau d'endettement des Québécois (*suite*)

Mise en situation

Reprenons les données du tableau 5.9.

TABLEAU 5.9 ▶ p. 149

Répartition des 1 000 Québécois détenteurs d'au moins 1 carte de crédit en fonction de leur niveau d'endettement

Niveau d'endettement	Nombre de Québécois	Pourcentage des Québécois
Endettés	298	29,80
Cigales (sans épargne)	186	18,60
Fourmis (disposant d'épargne)	516	51,60
Total	1 000	100,00

Résultat Mo = Fourmis

La modalité qui a la plus grande fréquence ou le plus grand pourcentage est « Fourmis », avec 51,60 %. Le mode n'est pas 51,60 %, mais plutôt « Fourmis ».

Interprétation Un plus grand nombre de Québécois détenteurs d'au moins 1 carte de crédit disposent d'épargne.

11. Léger Marketing. (Novembre 2007). *Vous êtes stressés*. [En ligne]. www.legerweb.com (page consultée le 3 février 2012).

5.2.4 Les mesures de dispersion et de position

Dans le cas des variables qualitatives à échelle nominale, il n'y a aucune mesure de dispersion. Encore une fois, il faut prêter attention au fait que certains logiciels donnent des valeurs pour ces mesures, ces valeurs ayant été calculées en fonction de celles qui correspondent aux codes; il ne faut donc pas en tenir compte.

De plus, comme il n'y a pas de relation d'ordre entre les données, on ne peut parler de mesure de position.

Exemple 5.10 Quel animal êtes-vous?

«Je vous connais bien davantage que vous vous connaissez vous-même. Vous êtes sceptique. Alors, répondez à cette question: À quel animal aimeriez-vous le plus ressembler? Au loup, au renard, à l'ours, au castor ou au chevreuil? Derrière cette question anodine se cache votre profil psychologique et émotionnel[12] [...]»

Dans le tableau 5.10, voyez les résultats d'un sondage mené auprès de 1000 adultes québécois.

TABLEAU 5.10

Répartition des 1000 adultes québécois en fonction de l'animal auquel ils s'identifient

Animal	Pourcentage des adultes québécois
Loup «Je suis le plus fort»	20
Renard «Je finirai bien par vous avoir»	23
Ours «Je m'en fiche»	14
Castor «Ne me dérangez pas»	16
Chevreuil «Tu me stresses»	27
Total	**100**

Source: Léger Marketing. (Janvier 2008). *Quel animal êtes-vous?* [En ligne]. www.legermarketing.com (page consultée le 3 février 2012).

Population Tous les adultes québécois.
Unité statistique Un adulte québécois.
Taille de l'échantillon $n = 1000$
Variable L'animal auquel l'adulte québécois s'identifie.
Type de variable Variable qualitative.
Échelle de mesure Échelle nominale.

La figure 5.8 présente la répartition.

Résultat Mo = Chevreuil
Interprétation Le chevreuil est l'animal auquel le plus grand nombre d'adultes québécois s'identifient.

C'est donc l'animal qui revient le plus souvent dans l'échantillon, dans une proportion de 27 %.

12. Léger Marketing. (Janvier 2008). *Quel animal êtes-vous?* [En ligne]. www.legermarketing.com (page consultée le 3 février 2012).

FIGURE 5.8

Répartition des 1 000 adultes québécois en fonction de l'animal auquel ils s'identifient

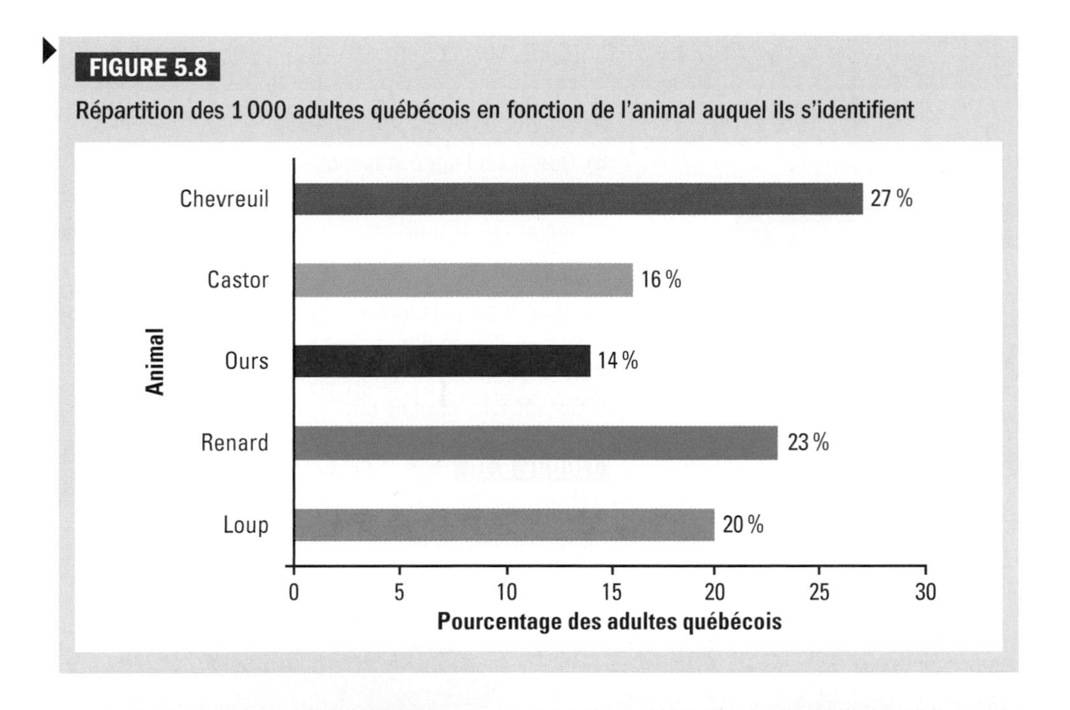

Exercices

5.10 56 660 tonnes de graisse à perdre

« Cinquante-six mille six cent soixante tonnes : c'est la quantité de graisse que les 4,2 millions de Québécoises et de Québécois qui se trouvent trop gros aimeraient perdre [...] Cela équivaut à 313 Boeing 747, ou encore à 6 fois la tour Eiffel[13] ! »

Selon un sondage réalisé auprès de 1 520 Québécois et Québécoises, voyons comment réagissent les hommes et les femmes.

Les réponses à la question : « Aimez-vous votre corps ? » sont présentées dans les tableaux suivants.

1) Chez les femmes

TABLEAU 5.11

Opinion	Pourcentage des Québécoises
Oui	51
Non	43
Indifférente	6
Total	100

Source : Léger Marketing. (Mars 2008). *56 660 tonnes de graisse à perdre*. [En ligne]. www.legerweb.com (page consultée le 3 février 2012).

2) Chez les hommes

TABLEAU 5.12

Opinion	Pourcentage des Québécois
Oui	71
Non	25
Indifférent	4
Total	100

Source : Léger Marketing. (Mars 2008). *56 660 tonnes de graisse à perdre*. [En ligne]. www.legerweb.com (page consultée le 3 février 2012).

Enfin, à la question : « Voulez-vous maigrir ? », les réponses sont tout de même cohérentes par rapport à celles qui ont été données à la question précédente.

3) Chez les femmes

TABLEAU 5.13

Opinion	Pourcentage des Québécoises
Oui	75
Non	25
Total	100

Source : Léger Marketing. (Mars 2008). *56 660 tonnes de graisse à perdre*. [En ligne]. www.legerweb.com (page consultée le 3 février 2012).

13. Léger Marketing. (Mars 2008). *56 660 tonnes de graisse à perdre*. [En ligne]. www.legerweb.com (page consultée le 3 février 2012).

Exercices

4) Chez les hommes

TABLEAU 5.14

Opinion	Pourcentage des Québécois
Oui	64
Non	36
Total	100

Source : Léger Marketing. (Mars 2008). *56 660 tonnes de graisse à perdre*. [En ligne]. www.legerweb.com (page consultée le 3 février 2012).

a) Donnez un titre à chacun de ces tableaux.

b) Présentez le tableau 5.12 sous forme de graphique à bandes verticales.

c) Présentez le tableau 5.13 sous forme de graphique à bandes horizontales.

d) Pour chacune des distributions, déterminez le mode et donnez l'interprétation.

5.11 La circulation automobile

Un sondage a été réalisé auprès de 1 000 Québécois. La figure 5.9 présente leurs réponses à la question : « À quoi attribuez-vous principalement les problèmes de circulation[14] ? »

FIGURE 5.9

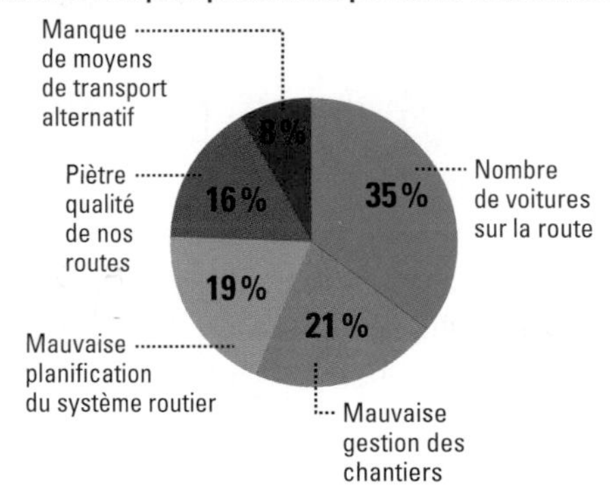

a) Donnez un titre à ce graphique.

b) Quelle est l'unité statistique ?

c) Quel est le mode de cette distribution ? Interprétez ce résultat.

5.12 Le *coming-out*

La figure 5.10 présente les résultats d'un sondage réalisé en France par le réseau CRIPS auprès de 516 internautes qui répondaient à la question : « Pour vous, le "*coming out*"[15]... :

FIGURE 5.10

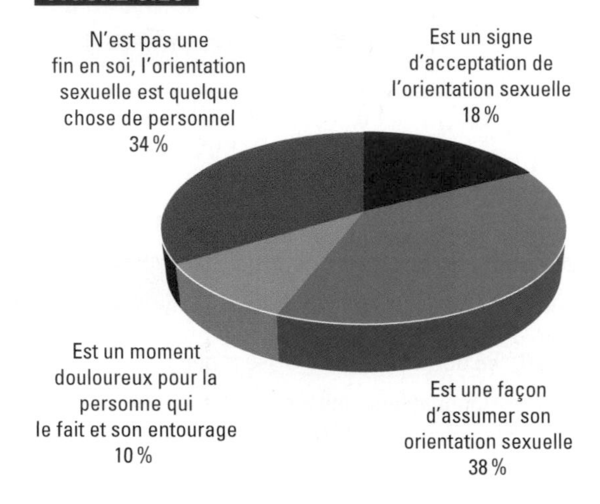

a) Quelle est la variable traitée ?

b) De quel type est cette variable ?

c) Quelle est l'échelle de mesure utilisée ?

d) Quelle est l'unité statistique ?

e) Présentez les résultats sous forme de tableau.

f) Quel est le mode de cette distribution ? Interprétez ce résultat.

CAS PRATIQUE

Le téléphone cellulaire au collégial

Dans le cadre de son étude « Le téléphone cellulaire au collégial », Kim effectue, à l'aide d'Excel, l'analyse d'une variable qualitative à échelle nominale. Son étude repose sur la question E : « Qu'est-ce qui a influencé ou motivé l'achat de votre cellulaire ? » Voyez à la page 315 la façon dont procède Kim.

14. « Intolérable ». (28 octobre 2010). *La Presse,* sondage Léger Marketing.
15. [En ligne]. www.lecrips.net/L/sondage/sondage.asp (page consultée le 3 février 2012).

À RETENIR

	Variable qualitative à échelle ordinale	Variable qualitative à échelle nominale
Définition	Une variable est dite qualitative à échelle ordinale : • si les données obtenues au sujet de cette variable ne sont pas des quantités numériques ; • s'il existe une relation d'ordre entre les données.	Une variable est dite qualitative à échelle nominale : • si les données obtenues au sujet de cette variable ne sont pas des quantités numériques ; • s'il n'existe pas de relation d'ordre entre les données.
Présentation	**Tableau** (*voir le tableau 5.1, p. 139*) Le tableau comporte 4 colonnes : • la variable et ses modalités ; • le nombre d'unités statistiques pour chaque modalité ; • le pourcentage des unités statistiques pour chaque modalité ; • le pourcentage cumulé des unités statistiques pour chaque modalité. **Diagramme à bandes verticales** (*voir la figure 5.1, p. 141*) • Bandes dont chacune représente une modalité préalablement ordonnée. • Axe horizontal qui présente les différentes modalités ordonnées de la variable. • Axe vertical qui présente le pourcentage ou la fréquence des unités statistiques. **Diagramme à bandes horizontales** (*voir la figure 5.2, p. 141*) • Bandes dont chacune représente une modalité préalablement ordonnée. • Axe horizontal qui présente le pourcentage ou la fréquence des unités statistiques • Axe vertical qui présente les différentes modalités ordonnées de la variable.	**Tableau** (*voir le tableau 5.9, p. 149*) Le tableau comporte 3 colonnes : • la variable et ses modalités ; • le nombre d'unités statistiques pour chaque modalité ; • le pourcentage des unités statistiques pour chaque modalité. **Diagramme à bandes verticales** (*voir la figure 5.4, p. 151*) • Bandes dont chacune représente une modalité. • Axe horizontal qui présente les différentes modalités de la variable. • Axe vertical qui présente le pourcentage ou la fréquence des unités statistiques. **Diagramme à bandes horizontales** (*voir la figure 5.5, p. 152*) • Bandes dont chacune représente une modalité. • Axe horizontal qui présente le pourcentage ou la fréquence des unités statistiques. • Axe vertical qui présente les différentes modalités de la variable. **Diagramme circulaire** (*voir la figure 5.6, p. 152*) • Secteurs dont chacun correspond à une modalité. • Angle du secteur qui est proportionnel pourcentage d'unités statistiques de la modalité dans la distribution. **Diagramme linéaire** (*voir la figure 5.7, p. 152*) • Modalités qui sont alignées les unes à la suite des autres. • Longueur du segment représentant une modalité qui est proportionnelle pourcentage d'unités statistiques de la modalité dans la distribution.
Mesures de tendance centrale	**Mode** : Modalité de la variable qui revient le plus souvent dans la distribution. **Interprétation** : Un plus grand nombre de… ont… **Médiane** : Modalité qui sépare les données ordonnées en deux groupes égaux. **Interprétation** : Au moins 50 %… ont [indiquer toutes les modalités qui permettent de cumuler au moins 50 %]…	**Mode** : Modalité de la variable qui revient le plus souvent dans la distribution. **Interprétation** : Un plus grand nombre de… ont…

Exercices récapitulatifs

5.13 Les adolescents, une attitude positive

« Les adolescents ont le sentiment que les jeunes peuvent faire bouger les choses[16] », selon un sondage.

Le tableau 5.15 résume les données recueillies.

TABLEAU 5.15

Répartition des 800 adolescents âgés de 15 à 18 ans en fonction de leur opinion

Opinion	Tout à fait d'accord	Plutôt d'accord	En désaccord	Total
L'argent est le moteur de la société.	52	30	18	100
Les jeunes peuvent faire bouger les choses.	50	35	15	100
Tout le monde a les mêmes chances de réussite.	14	19	67	100

Source : Forum Adolescences. (Mai 2006). *Être adolescent dans un monde incertain,* organisé par la Fondation Wyeth.

a) Présentez sous forme de graphique la variable « Opinion » pour chacun des aspects traités : l'argent est le moteur de la société ; les jeunes peuvent faire bouger les choses ; tout le monde a les mêmes chances de réussite.

b) Faites une analyse globale des résultats présentés dans le tableau.

5.14 La publicité qu'on aime

Le tableau 5.16 présente la distribution des résultats obtenus auprès de 1 000 Québécois à la question : « Qu'est-ce qui est le plus important, que la publicité soit[17]... ? »

TABLEAU 5.16

Opinion	Pourcentage des Québécois
Humoristique	42
Informative	40
Visuellement attrayante	18
Total	100

Source : « La pub de moumoune ». (19 août 2009). *Le Journal de Montréal.*

a) Donnez un titre au tableau de distribution.

b) Présentez les données sous forme de diagramme circulaire.

c) Déterminez le mode de cette distribution et interprétez ce résultat.

« IL EST PROUVÉ QUE FÊTER LES ANNIVERSAIRES EST BON POUR LA SANTÉ. LES STATISTIQUES MONTRENT QUE LES PERSONNES QUI EN FÊTENT LE PLUS DEVIENNENT LES PLUS VIEILLES. »

DEN HARTOG

16. Forum Adolescences. (Mai 2006). *Être adolescent dans un monde incertain,* organisé par la Fondation Wyeth.

17. « La pub de moumoune ». (19 août 2009). *Le Journal de Montréal.*

Principaux concepts étudiés dans les chapitres 2 à 5

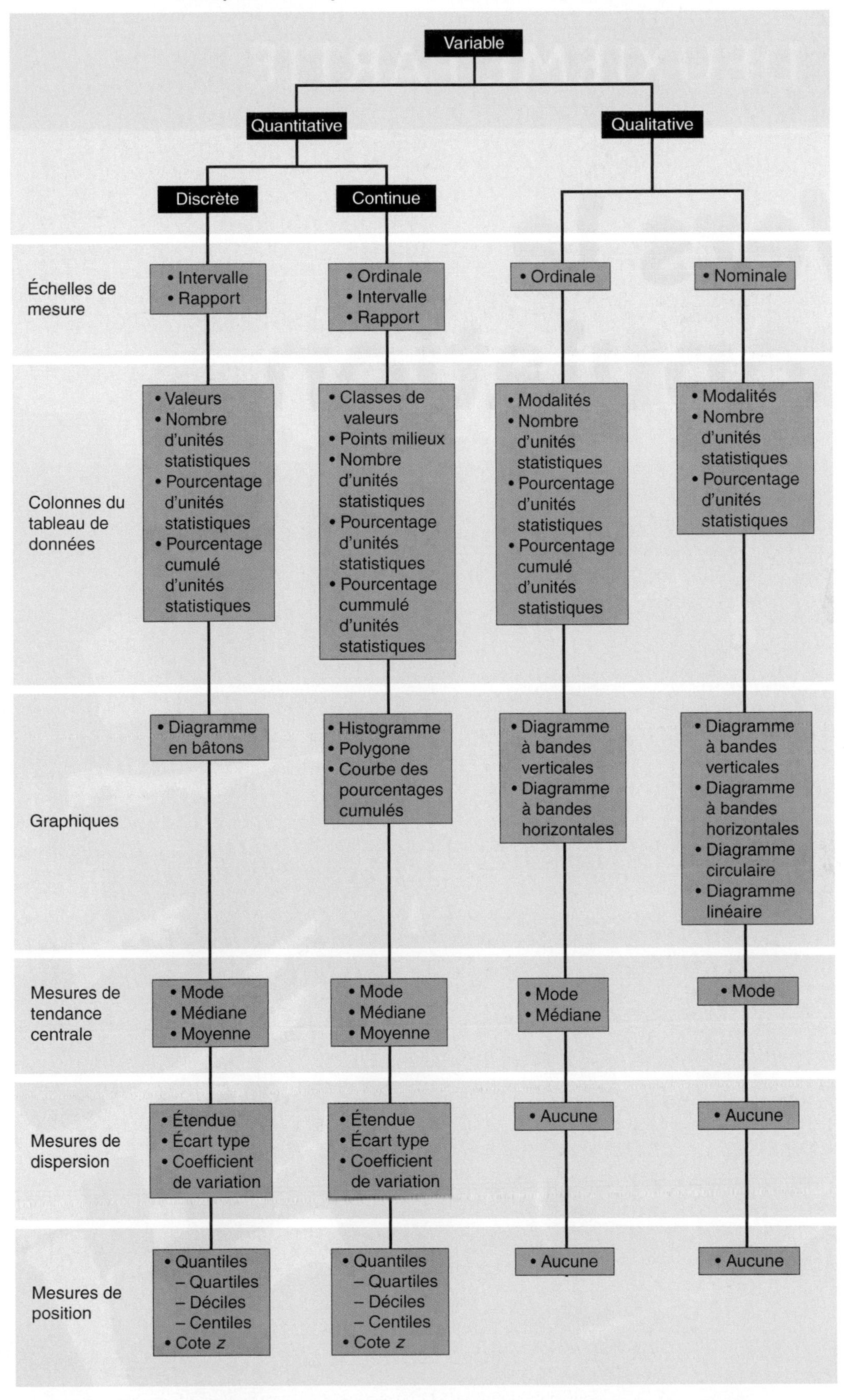

DEUXIÈME PARTIE

Vers la population

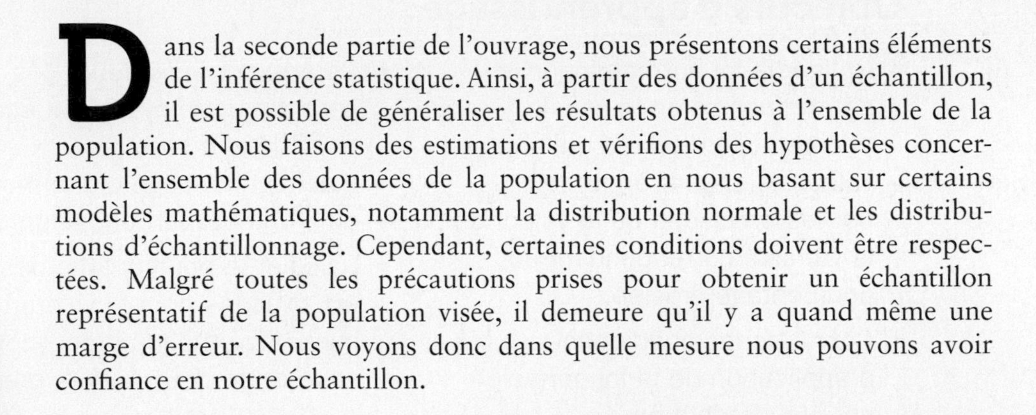

Dans la seconde partie de l'ouvrage, nous présentons certains éléments de l'inférence statistique. Ainsi, à partir des données d'un échantillon, il est possible de généraliser les résultats obtenus à l'ensemble de la population. Nous faisons des estimations et vérifions des hypothèses concernant l'ensemble des données de la population en nous basant sur certains modèles mathématiques, notamment la distribution normale et les distributions d'échantillonnage. Cependant, certaines conditions doivent être respectées. Malgré toutes les précautions prises pour obtenir un échantillon représentatif de la population visée, il demeure qu'il y a quand même une marge d'erreur. Nous voyons donc dans quelle mesure nous pouvons avoir confiance en notre échantillon.

Chapitre 6

La distribution normale et les distributions d'échantillonnage

Objectifs d'apprentissage

- Utiliser la loi normale pour déterminer, selon le cas, le pourcentage d'unités qui ont une valeur se situant entre deux bornes précisées ou la valeur de la variable correspondant au pourcentage précisé.
- Connaître les conditions d'application de la loi normale pour la distribution d'échantillonnage d'une moyenne ou d'une proportion, selon le cas.
- Déterminer les valeurs des paramètres (moyenne et écart type) de la distribution d'échantillonnage d'une moyenne ou d'une proportion, selon le cas.
- Calculer le pourcentage des échantillons dont la valeur de la moyenne ou de la proportion se situe entre deux bornes précisées.

William S. Gosset (1876-1937), statisticien irlandais

William S. Gosset était responsable du contrôle de la qualité pour la Guinness Brewery. Il fut l'un des pionniers de l'application des méthodes statistiques modernes. Son travail, qui l'obligeait à utiliser de petits échantillons, et sa grande intuition l'amenèrent à découvrir la distribution des moyennes de petits échantillons ainsi que la distribution du coefficient de corrélation de Pearson. En 1915, R. A. Fisher démontra que Gosset avait raison. Celui-ci publia la quasi-totalité de ses recherches sous le pseudonyme de Student.

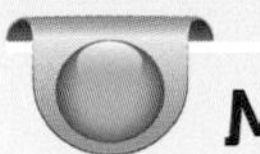

Mise en situation

À la suite de votre étude portant sur la cote *R*, effectuée auprès de 350 étudiants de niveau collégial préuniversitaire ayant présenté une demande d'admission au baccalauréat dans les universités québécoises, vous avez réalisé que la variable « Cote *R* de l'étudiant » est attribuée selon un modèle théorique, appelé « loi normale », avec une moyenne de 27,0 et un écart type de 4,4. Vous êtes donc en mesure de calculer le pourcentage de ces étudiants qui ont une cote *R* située entre deux valeurs choisies.

Après avoir réalisé l'étude statistique d'une variable quantitative, il faut employer un modèle théorique, soit pour étudier de façon générale la variable traitée, soit pour faire des inférences sur cette variable dans la population.

Étude statistique

1. L'énoncé des hypothèses statistiques
2. L'élaboration du plan de collecte des données
3. Le dépouillement et l'analyse des données
4. L'inférence statistique
   - L'étude et l'application de modèles théoriques
   - L'estimation d'une moyenne ou d'une proportion
   - La vérification des hypothèses statistiques
   - L'association de deux variables

6.1 La distribution normale

L'étude d'une ou de plusieurs variables se fait le plus souvent en utilisant un échantillon tiré d'une population donnée. Par exemple, prenons le cas de l'échantillon du chapitre 4 (*voir l'exemple 4.21, p. 84*) concernant la cote *R* de 350 étudiants de niveau collégial préuniversitaire ayant présenté une demande d'admission au baccalauréat dans les universités québécoises. La forme du polygone tracé (en utilisant les densités) à partir des données de cet échantillon sert de base pour déterminer la forme de la distribution de la même variable pour toutes les unités de la population, soit tous les étudiants de niveau collégial préuniversitaire ayant présenté une demande d'admission au baccalauréat dans les universités québécoises. On trace le polygone des densités de la variable « Cote *R* » de l'échantillon (*voir la figure 6.1*) et l'on remarque alors qu'une courbe en forme de cloche peut y être superposée.

FIGURE 6.1

Polygone des densités de la variable « Cote *R* »

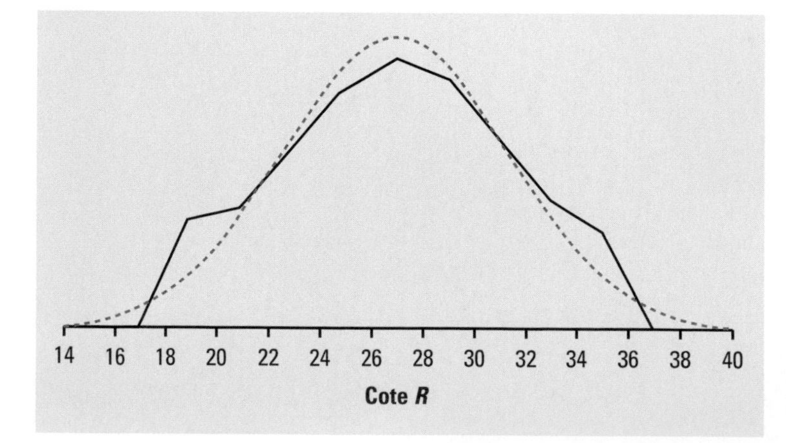

La forme de la cloche montre que la distribution des données de la variable étudiée dans la population obéit à une loi normale.

Lorsque plusieurs facteurs influencent une variable, ce qui est fréquent avec les facteurs humains, on constate que la répartition de toutes les unités statistiques de la population en fonction de cette variable a la forme d'une cloche. C'est le cas de la variable « Cote *R* ».

Même si l'on utilise toutes les unités statistiques de la population, on doit ajouter qu'il est rare, voire impossible, que la répartition ait la forme d'une cloche parfaite. En sciences humaines, cette forme sert souvent de modèle pour étudier la distribution des valeurs d'une variable dans la population. La hauteur de la courbe pour une valeur donnée doit être considérée comme la densité des données autour de cette valeur.

Ce modèle est attribué à Carl Friedrich Gauss, qui l'utilisa en 1809 dans le cadre de calculs d'erreurs en physique. Ce n'est qu'une centaine d'années plus tard qu'il fut vraiment employé en sciences humaines. Aujourd'hui, ce modèle, appelé « distribution normale », « courbe de Gauss » ou « loi normale », s'applique surtout aux variables quantitatives continues, mais il arrive qu'on l'utilise pour certaines variables quantitatives discrètes.

Dans la présente section, nous apprendrons à nous servir de la distribution normale pour calculer des proportions ou des pourcentages.

6.1.1 Les propriétés de la distribution normale

La forme de la courbe de la distribution normale est entièrement déterminée par deux valeurs : la moyenne et l'écart type. Rappelons que le symbole de la moyenne des données d'un échantillon est $\overline{x}$ et que celui de l'écart type est s, tandis que la moyenne des données d'une population est représentée par μ et l'écart type, par σ.

Distribution normale
Distribution dont la courbe est parfaitement symétrique et en forme de cloche.

Toutes les courbes de la distribution normale ont la forme d'une cloche, mais, selon la valeur de l'écart type, elles sont plus ou moins évasées ou aplaties. La figure 6.2 montre la forme générale de la courbe de la distribution normale.

La distribution normale possède les propriétés suivantes :

1. Elle est symétrique par rapport à l'axe vertical passant par la moyenne μ.
2. La moyenne μ est égale à la médiane et au mode.
3. La courbe est toujours située au-dessus de l'axe horizontal et s'en rapproche de plus en plus, mais sans le rencontrer, lorsque les valeurs de la variable s'éloignent de la moyenne vers $-\infty$ et vers $+\infty$.
4. L'aire totale sous la courbe correspond à une proportion de 1 ou à un pourcentage de 100 % ; de même, l'aire sous la courbe, de part et d'autre de la moyenne μ, correspond à une proportion de 0,5 ou à un pourcentage de 50 %.
5. L'aire sous la courbe entre deux valeurs de la variable étudiée correspond approximativement à la proportion des données comprises entre ces deux valeurs de la variable pour l'ensemble des données dans la population. Cette proportion (ou pourcentage) représente également la probabilité d'obtenir une donnée entre les deux valeurs de la variable étudiée.
6. Si l'on calcule la cote z de chacune des valeurs d'une série de données, on obtient une nouvelle série de données ayant une moyenne de zéro et un écart type de un.

   Par exemple, Jeanne a trois enfants, âgés de deux, quatre et six ans. L'âge

FIGURE 6.2

Forme générale de la courbe de la distribution normale

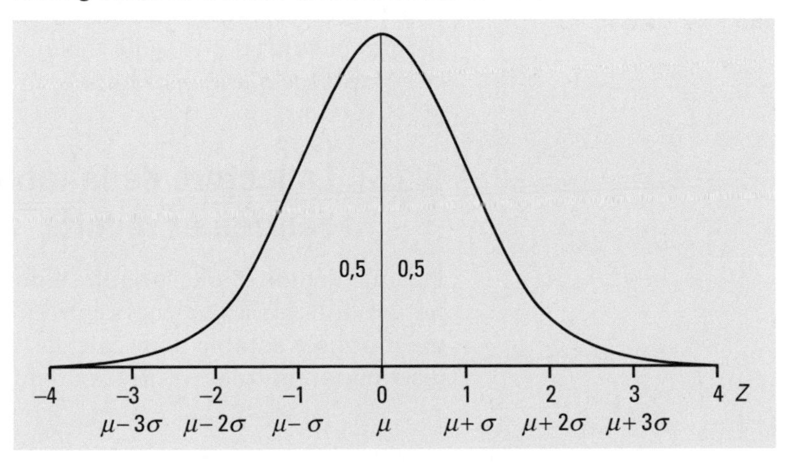

moyen μ des 3 enfants est de 4 ans et l'écart type σ de la distribution des âges est de 1,63 an (ici, les 3 enfants constituent la population étudiée). Les cotes z de l'âge de chacun des enfants de Jeanne sont de −1,23, 0 et 1,23. La moyenne et l'écart type de ces trois cotes z sont respectivement de zéro et de un.

Distribution centrée et réduite
Distribution dont la moyenne est de zéro et l'écart type, de un.

Une **distribution** dont la moyenne est de zéro et l'écart type de un est dite **centrée et réduite**. De plus, si la variable étudiée est distribuée selon un modèle de distribution normale, les cotes z le sont aussi.

7. La proportion des données d'une variable se situant entre les valeurs a et b est égale à la proportion des cotes z comprises entre la cote z de la valeur a et celle de la valeur b.

FIGURE 6.3

Aire sous la courbe entre deux valeurs

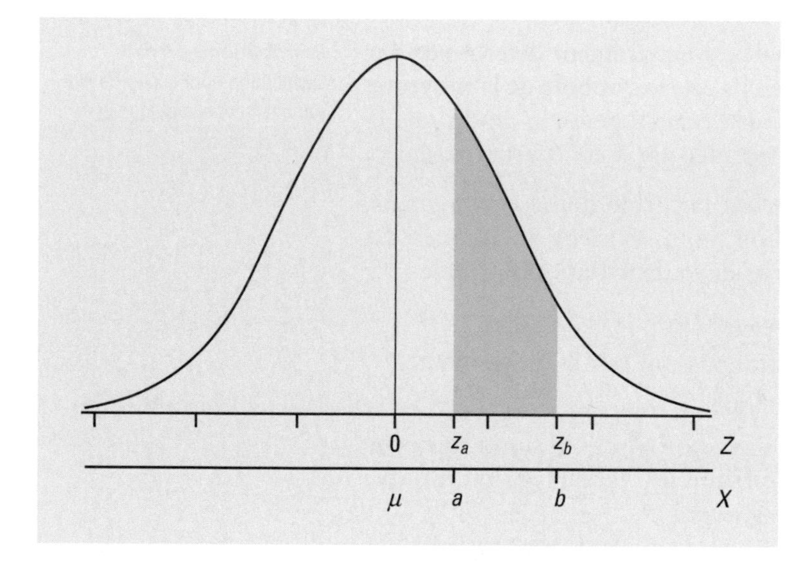

Pour calculer l'aire entre les valeurs a et b de la variable X, il suffit de calculer l'aire entre les cotes z correspondant à ces valeurs (*voir la figure 6.3*).

La notation utilisée est :

$P(a < X < b) = P(z_a < Z < z_b)$

Comme on le sait, la cote z se calcule de la façon suivante :

$$z = \frac{x - \mu}{\sigma} = \frac{\text{Valeur} - \text{Moyenne}}{\text{Écart type}}$$

Rappelons aussi que la cote z indique à combien de longueurs d'écart type se situe une donnée par rapport à la moyenne. Ainsi, une cote z de +3 signifie que la valeur de la variable est à 3 longueurs d'écart type (3σ) au-dessus de la moyenne μ; la valeur de la variable est donc de $\mu + 3\sigma$. Une cote z de −2 signifie que la valeur est à 2 longueurs d'écart type (2σ) sous la moyenne μ; la valeur de la variable est donc de $\mu - 2\sigma$.

Par conséquent, le calcul d'une aire sous la courbe d'une distribution normale dépend de la moyenne et de l'écart type. L'aire entre deux valeurs sous la courbe d'une distribution normale ne peut être obtenue qu'approximativement, à l'aide de tables. Toutefois, puisque l'aire entre deux valeurs est égale à l'aire entre les cotes z correspondantes sous la courbe de la distribution normale centrée et réduite, il suffit d'une seule table pour la calculer, quels que soient la moyenne et l'écart type d'une distribution normale.

6.1.2 La lecture de la table d'une distribution normale centrée et réduite

Puisque l'étude d'une variable X dont la distribution obéit à une loi normale se fait en utilisant les valeurs centrées et réduites z de cette variable, voyons comment utiliser la table pour calculer l'aire entre deux valeurs de la variable d'une distribution normale centrée et réduite Z (*voir la figure 6.4*).

La table de la distribution normale, présentée à l'annexe 6, donne **toujours, et seulement,** l'aire sous la courbe entre zéro et une valeur *z* positive précise. Pour les cotes *z* négatives, on procède par symétrie. Théoriquement, cette courbe va de $-\infty$ à $+\infty$, mais à droite d'une cote *z* de +4 ou à gauche d'une cote *z* de −4, l'aire sous la courbe est négligeable; l'ajout d'aire est donc minime. C'est pourquoi, sur la représentation graphique, la courbe semble rencontrer l'axe horizontal à −4 et à +4, mais, en réalité, la courbe théorique ne rencontre jamais cet axe.

FIGURE 6.4

Lecture d'une aire dans la table d'une distribution normale

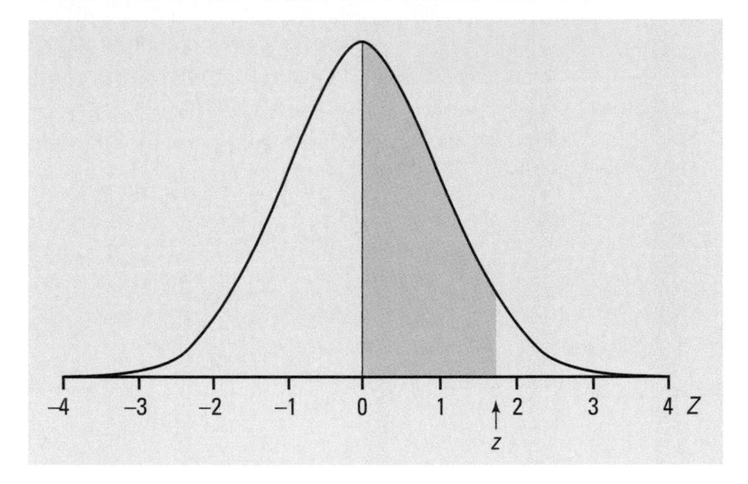

Les cotes *z* s'utilisent avec deux décimales. La première décimale se trouve dans la colonne de gauche et la deuxième, sur la ligne du haut. Dans la table, l'aire se situe à l'intersection des deux valeurs. De plus, les aires sont données avec quatre décimales.

On calcule la cote *z* et l'on arrondit le résultat à deux décimales. À partir de cette cote *z*, on cherche dans la table la proportion des données qui se situent entre zéro et ladite cote *z*.

Ainsi, pour déterminer l'aire entre une cote *z* de 0 et une cote *z* de 1,96, il faut trouver 1,9 dans la colonne de gauche et 0,06 sur la ligne du haut. À l'intersection de cette ligne et de cette colonne, on trouve l'aire 0,4750. Donc, une proportion de 0,4750 de données a des cotes *z* se situant entre 0 et 1,96.

z	0,00	0,01	0,02	0,03	0,04	0,05	0,06	0,07	0,08	0,09
,7	0,4554	0,4564	0,4573	0,4582	0,4591	0,4599	0,4608	0,4616	0,4625	0,4633
,8	0,4641	0,4649	0,4656	0,4664	0,4671	0,4678	0,4686	0,4693	0,4699	0,4706
,9	0,4713	0,4719	0,4726	0,4732	0,4738	0,4744	0,4750	0,4756	0,4761	0,4767
,0	0,4772	0,4778	0,4783	0,4788	0,4793	0,4798	0,4803	0,4808	0,4812	0,4817
,1	0,4821	0,4826	0,4830	0,4834	0,4838	0,4842	0,4846	0,4850	0,4854	0,4857

La notation utilisée sera:

$P(0 < Z < 1{,}96) = 0{,}4750$

Ainsi, environ 47,50 % des données ont des cotes *z* se situant entre 0 et 1,96 dans une population où la variable obéit à une distribution normale.

6.1.3 Le cas général

Pour déterminer l'aire entre deux valeurs située sous une courbe normale de moyenne μ et d'écart type σ, il faut d'abord calculer la cote *z* des valeurs retenues, puis, à l'aide de la table, déterminer l'aire sous la courbe normale des cotes *z*. Celle-ci correspond à l'aire recherchée.

L'exemple 6.1, à la page suivante, présente toutes les situations possibles pour déterminer une aire sous une courbe de distribution normale.

Exemple 6.1 La cote *R*

Reprenons la mise en situation portant sur la variable « Cote *R* de l'étudiant » de niveau collégial préuniversitaire ayant présenté une demande d'admission au baccalauréat dans les universités québécoises et dont la moyenne est de 27,0 et l'écart type, de 4,4.

a) Quelle est la proportion (ou le pourcentage) des étudiants qui ont une cote *R* comprise entre 27 et 33?

On cherche la proportion $P\,(27 < X < 33)$.

Pour trouver la réponse, il faut utiliser les cotes *z* de 27 et de 33.

$$z_{27} = \frac{27 - 27{,}0}{4{,}4} = 0{,}00 \text{ écart type}$$

La valeur de la moyenne a toujours une cote *z* de 0, puisqu'elle est au centre de la distribution.

$$z_{33} = \frac{33 - 27{,}0}{4{,}4} = 1{,}36 \text{ écart type}$$

Ainsi :

$P\,(27 < X < 33) = P\,(0 < Z < 1{,}36)$

FIGURE 6.5

Proportion $P\,(27 < X < 33)$

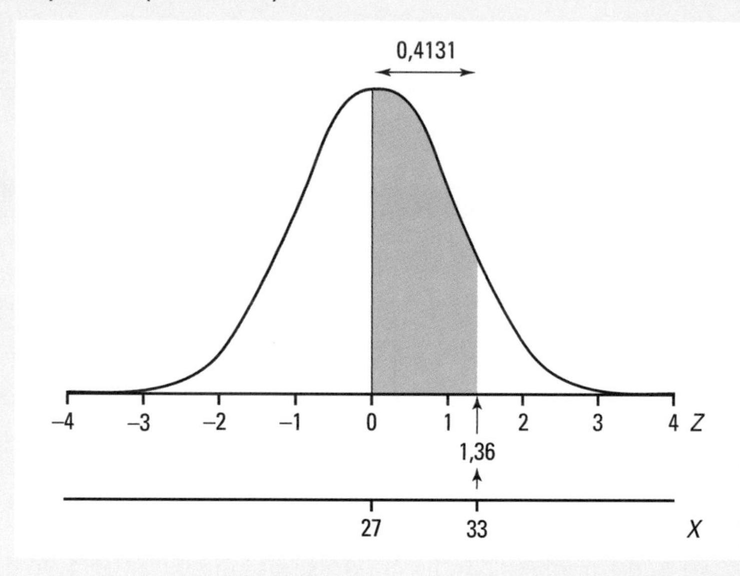

L'aire s'obtient en lisant directement la table. La valeur se lit à l'intersection de 1,3 dans la colonne de gauche et de 0,06 sur la ligne du haut : l'aire entre 0 et 1,36 est de 0,4131.

z	0,00	0,01	0,02	0,03	0,04	0,05	0,06	0,07	0,08	0,09
1,1	0,3643	0,3665	0,3686	0,3708	0,3729	0,3749	0,3770	0,3790	0,3810	0,3830
1,2	0,3849	0,3869	0,3888	0,3907	0,3925	0,3944	0,3962	0,3980	0,3997	0,4015
1,3	0,4032	0,4049	0,4066	0,4082	0,4099	0,4115	0,4131	0,4147	0,4162	0,4177
1,4	0,4192	0,4207	0,4222	0,4236	0,4251	0,4265	0,4279	0,4292	0,4306	0,4319
1,5	0,4332	0,4345	0,4357	0,4370	0,4382	0,4394	0,4406	0,4418	0,4429	0,4441

Résultat $P(27 < X < 33) = P(0 < Z < 1{,}36) = 0{,}4131$

Interprétation Environ 41,31 % des étudiants de niveau collégial préuniversitaire ayant présenté une demande d'admission au baccalauréat dans les universités québécoises ont une cote *R* comprise entre 27 et 33.

b) Quelle est la proportion (ou le pourcentage) des étudiants qui ont une cote *R* comprise entre 21 et 27?

On cherche la proportion $P(21 < X < 27)$.

Pour trouver la réponse, il faut utiliser les cotes *z* de 21 et de 27.

$$z_{21} = \frac{21 - 27{,}0}{4{,}4} = -1{,}36 \text{ écart type}$$

$$z_{27} = \frac{27 - 27{,}0}{4{,}4} = 0{,}00 \text{ écart type}$$

Ainsi:

$P(21 < X < 27) = P(-1{,}36 < Z < 0)$

FIGURE 6.6

Proportion $P(21 < X < 27)$

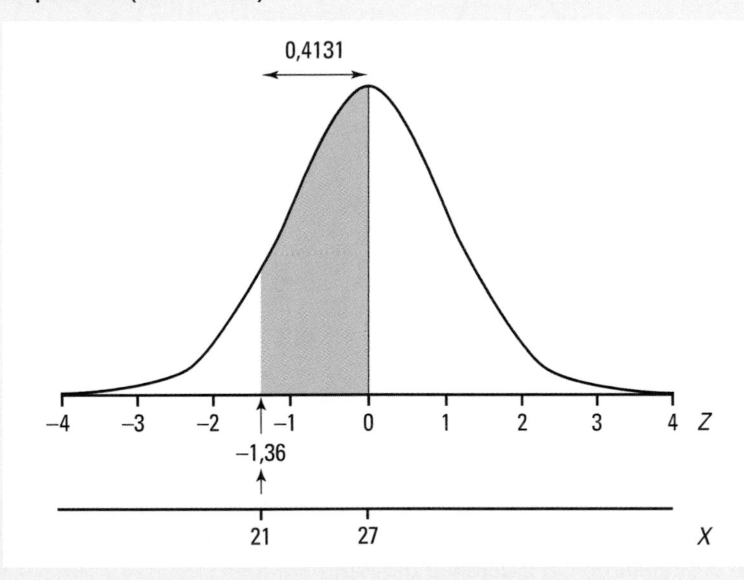

Cette aire est identique à la précédente. Étant donné que la courbe est symétrique, l'aire entre –1,36 et 0 est la même que celle entre 0 et 1,36.
Ainsi:

$P(-1{,}36 < Z < 0) = P(0 < Z < 1{,}36) = 0{,}4131$

Résultat $P(21 < X < 27) = P(-1{,}36 < Z < 0) = 0{,}4131$

Interprétation Environ 41,31 % des étudiants de niveau collégial préuniversitaire ayant présenté une demande d'admission au baccalauréat dans les universités québécoises ont une cote *R* comprise entre 21 et 27.

L'aire entre deux valeurs sous la courbe d'une distribution normale n'est jamais négative; elle représente une proportion. Une cote *z* négative signifie que la valeur est inférieure à la moyenne et une cote *z* positive signifie que la valeur est supérieure à la moyenne, mais la proportion (ou le pourcentage) n'est jamais négative.

c) Quelle est la proportion (ou le pourcentage) des étudiants qui ont une cote *R* comprise entre 30 et 36?

On cherche la proportion $P(30 < X < 36)$.

Pour trouver la réponse, il faut utiliser les cotes *z* de 30 et de 36.

$$z_{30} = \frac{30 - 27{,}0}{4{,}4} = 0{,}68 \text{ écart type}$$

$$z_{36} = \frac{36 - 27{,}0}{4{,}4} = 2{,}05 \text{ écarts types}$$

Ainsi:

$P(30 < X < 36) = P(0{,}68 < Z < 2{,}05)$

FIGURE 6.7

Proportion $P(30 < X < 36)$

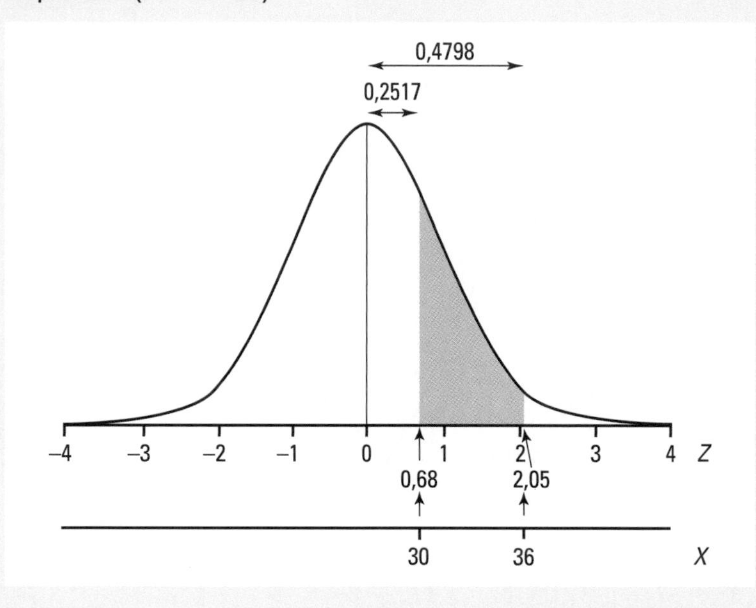

La table ne donne pas directement l'aire recherchée, mais toujours l'aire entre 0 et la cote *z* trouvée. Ainsi, la table indique l'aire entre 0 et 2,05 et l'aire entre 0 et 0,68. Pour obtenir l'aire entre deux cotes *z* positives, il faut calculer la différence d'aires et non la différence de cotes *z*.

Résultat $P(30 < X < 36) = P(0{,}68 < Z < 2{,}05)$
$= P(0 < Z < 2{,}05) - P(0 < Z < 0{,}68)$
$= 0{,}4798 - 0{,}2517 = 0{,}2281$

Interprétation Environ 22,81 % des étudiants de niveau collégial préuniversitaire ayant présenté une demande d'admission au baccalauréat dans les universités québécoises ont une cote *R* comprise entre 30 et 36.

d) Quelle est la proportion (ou le pourcentage) des étudiants qui ont une cote *R* comprise entre 20 et 25?

On cherche la proportion $P(20 < X < 25)$.

Pour trouver la réponse, il faut utiliser les cotes *z* de 20 et de 25.

$$z_{20} = \frac{20 - 27{,}0}{4{,}4} = -1{,}59 \text{ écart type}$$

$$z_{25} = \frac{25 - 27{,}0}{4{,}4} = -0{,}45 \text{ écart type}$$

Ainsi :

$P(20 < X < 25) = P(-1{,}59 < Z < -0{,}45)$

FIGURE 6.8

Proportion $P(20 < X < 25)$

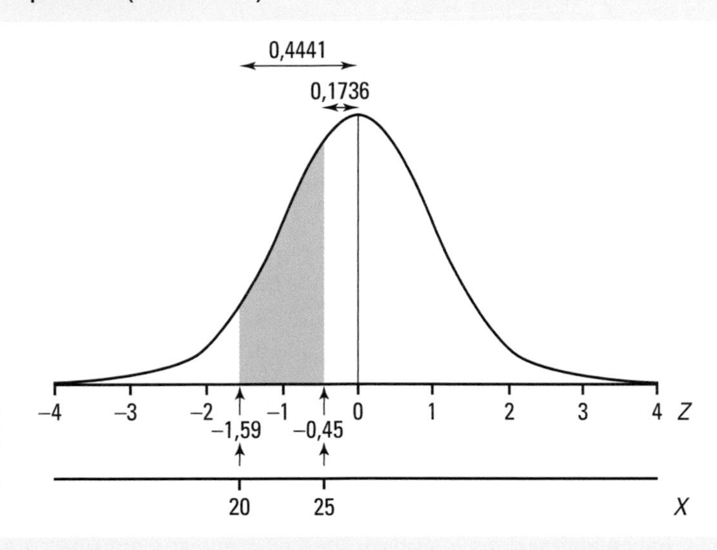

L'aire entre −1,59 et −0,45 est la même que celle entre 0,45 et 1,59, la courbe étant symétrique. Pour obtenir l'aire entre deux cotes *z* négatives, il faut calculer la différence d'aires et non la différence de cotes *z*.

Résultat $P(20 < X < 25) = P(-1{,}59 < Z < -0{,}45)$
$= P(-1{,}59 < Z < 0) - P(-0{,}45 < Z < 0)$
$= P(0 < Z < 1{,}59) - P(0 < Z < 0{,}45)$
$= 0{,}4441 - 0{,}1736 = 0{,}2705$

Interprétation Environ 27,05 % des étudiants de niveau collégial préuniversitaire ayant présenté une demande d'admission au baccalauréat dans les universités québécoises ont une cote *R* comprise entre 20 et de 25.

e) Quelle est la proportion (ou le pourcentage) des étudiants qui ont une cote *R* comprise entre 22 et 37 ?

On cherche la proportion $P(22 < X < 37)$.

Pour trouver la réponse, il faut utiliser les cotes *z* de 22 et de 37.

$$z_{22} = \frac{22 - 27{,}0}{4{,}4} = -1{,}14 \text{ écart type}$$

$$z_{37} = \frac{37 - 27{,}0}{4{,}4} = 2{,}27 \text{ écarts types}$$

Ainsi :

$P(22 < X < 37) = P(-1{,}14 < Z < 2{,}27)$

FIGURE 6.9

Proportion P (22 < X < 37)

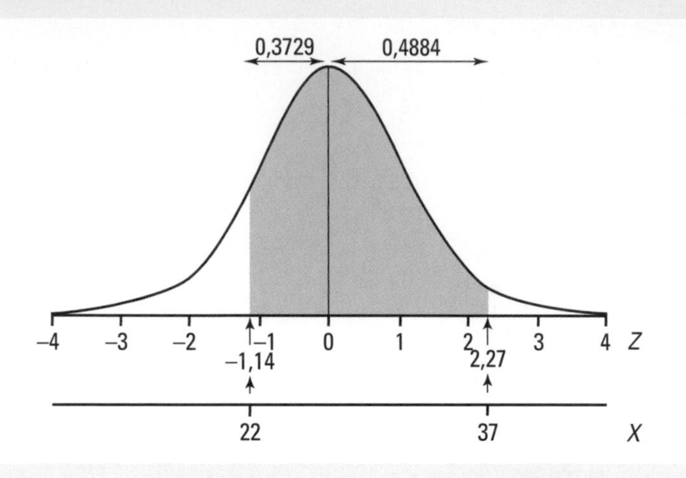

L'aire entre −1,14 et 2,27 s'obtient en additionnant les deux aires. Elle est égale à la somme des aires de −1,14 à 0 et de 0 à 2,27.

Résultat $P(22 < X < 37) = P(-1{,}14 < Z < 2{,}27)$
$= P(-1{,}14 < Z < 0) + P(0 < Z < 2{,}27)$
$= 0{,}3729 + 0{,}4884 = 0{,}8613$

Interprétation Environ 86,13 % des étudiants de niveau collégial préuniversitaire ayant présenté une demande d'admission au baccalauréat dans les universités québécoises ont une cote *R* comprise entre 22 et 37.

f) Quelle est la proportion (ou le pourcentage) des étudiants qui ont une cote *R* comprise entre 49 et 53?

On cherche la proportion $P(49 < X < 53)$.

Pour trouver la réponse, il faut utiliser les cotes z de 49 et de 53.

$$z_{49} = \frac{49 - 27{,}0}{4{,}4} = 5{,}00 \text{ écarts types}$$

$$z_{53} = \frac{53 - 27{,}0}{4{,}4} = 5{,}91 \text{ écarts types}$$

Ainsi:

$P(49 < X < 53) = P(5{,}00 < Z < 5{,}91)$

FIGURE 6.10

Proportion P (49 < X < 53)

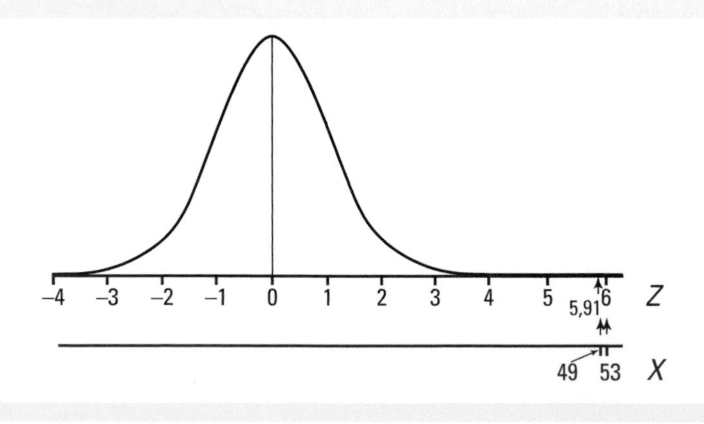

Résultat $P(49 < X < 53) = P(5{,}00 < Z < 5{,}91)$
$= P(0 < Z < 5{,}91) - P(0 < Z < 5{,}00)$
$= 0{,}5000 - 0{,}5000 = 0{,}0000$

En effet, bien que la table ne donne les aires que pour les cotes *z* allant de 0 à 5,09, l'aire ajoutée à partir de cette valeur est négligeable. Ainsi :

$P(0 < Z < 5{,}00) \approx P(0 < Z < 5{,}91) = 0{,}5000$

Dans cette table, lorsque la valeur de la cote *z* est supérieure ou égale à 3,9, on constate que la proportion $P(0 < Z < z)$ est toujours égale à 0,5000.

Interprétation Environ 0 % des étudiants de niveau collégial préuniversitaire ayant présenté une demande d'admission au baccalauréat dans les universités québécoises ont une cote *R* comprise entre 49 et 53.

g) Quelle est la proportion (ou le pourcentage) des étudiants qui ont une cote *R* inférieure à 34 ?

On cherche la proportion $P(X < 34)$.

Pour trouver la réponse, il faut utiliser la cote *z* de 34.

$$z_{34} = \frac{34 - 27{,}0}{4{,}4} = 1{,}59 \text{ écart type}$$

FIGURE 6.11

Proportion *P* (*X* < 34)

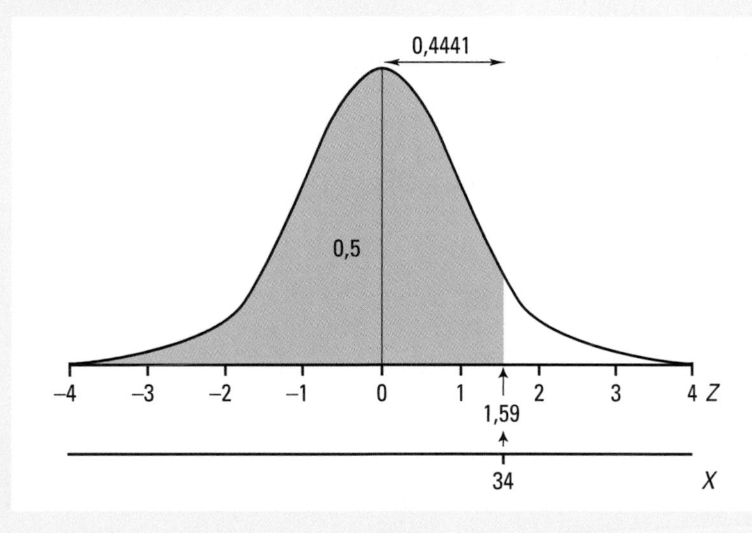

Résultat $P(X < 34) = P(-\infty < Z < 1{,}59)$
$= P(-\infty < Z < 0) + P(0 < Z < 1{,}59)$
$= 0{,}5000 + 0{,}4441$
$= 0{,}9441$

Interprétation Environ 94,41 % des étudiants de niveau collégial préuniversitaire ayant présenté une demande d'admission au baccalauréat dans les universités québécoises ont une cote *R* inférieure à 34.

h) Quelle est la proportion (ou le pourcentage) des étudiants qui ont une cote *R* supérieure à 19 ?

On cherche la proportion $P(X > 19)$.

Pour trouver la réponse, il faut utiliser la cote *z* de 19.

$$z_{19} = \frac{19 - 27{,}0}{4{,}4} = -1{,}82 \text{ écart type}$$

FIGURE 6.12

Proportion $P(X > 19)$

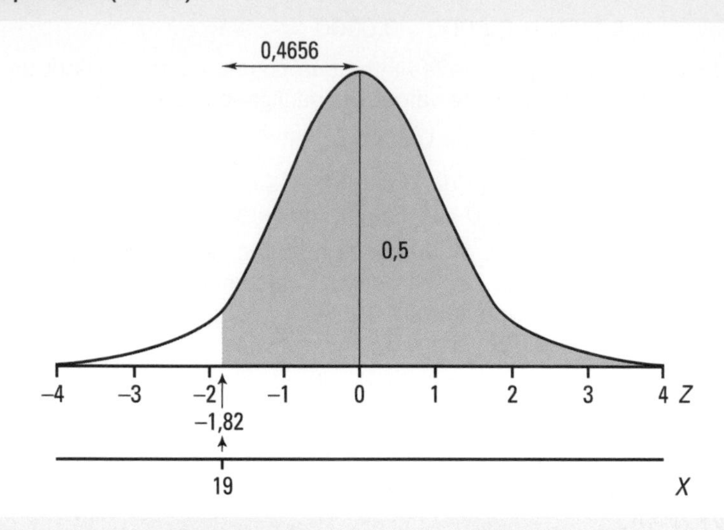

Résultat $P(X > 19) = P(-1{,}82 < Z < +\infty)$

$= P(-1{,}82 < Z < 0) + P(0 < Z < +\infty)$

$= 0{,}4656 + 0{,}5000$

$= 0{,}9656$

Interprétation Environ 96,56 % des étudiants de niveau collégial préuniversitaire ayant présenté une demande d'admission au baccalauréat dans les universités québécoises ont une cote *R* supérieure à 19.

i) Quelle est la proportion (ou le pourcentage) des étudiants qui ont une cote *R* supérieure à 36?

On cherche la proportion $P(X > 36)$.

Pour trouver la réponse, il faut utiliser la cote *z* de 36.

$$z_{36} = \frac{36 - 27{,}0}{4{,}4} = 2{,}05 \text{ écarts types}$$

FIGURE 6.13

Proportion $P(X > 36)$

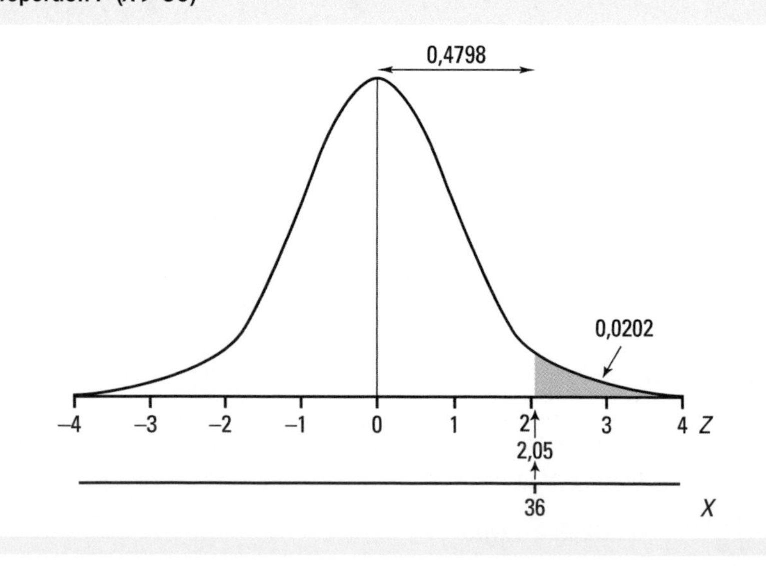

Résultat $P(X > 36) = P(2{,}05 < Z < +\infty)$
$= P(0 < Z < +\infty) - P(0 < Z < 2{,}05)$
$= 0{,}5000 - 0{,}4798$
$= 0{,}0202$

Interprétation Environ 2,02 % des étudiants de niveau collégial préuniversitaire ayant présenté une demande d'admission au baccalauréat dans les universités québécoises ont une cote *R* supérieure à 36.

j) Quelle est la proportion (ou le pourcentage) des étudiants qui ont une cote *R* inférieure à 17 ?

On cherche la proportion $P(X < 17)$.

Pour trouver la réponse, il faut utiliser la cote *z* de 17.

$$z_{17} = \frac{17 - 27{,}0}{4{,}4} = -2{,}27 \text{ écarts types}$$

FIGURE 6.14

Proportion $P(X < 17)$

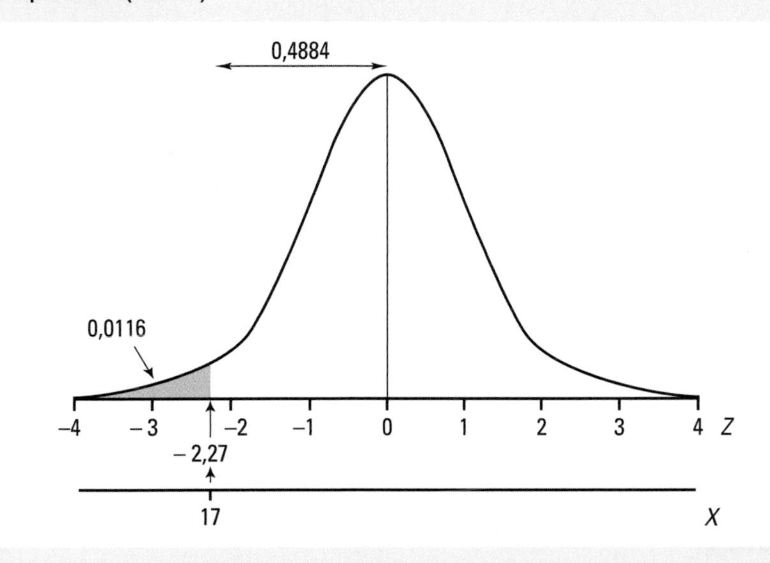

Résultat $P(X < 17) = P(-\infty < Z < -2{,}27)$
$= P(-\infty < Z < 0) - P(-2{,}27 < Z < 0)$
$= 0{,}5000 - 0{,}4884$
$= 0{,}0116$

Interprétation Environ 1,16 % des étudiants de niveau collégial préuniversitaire ayant présenté une demande d'admission au baccalauréat dans les universités québécoises ont une cote *R* inférieure à 17.

k) Quelle est la cote *R* minimale des 2,5 % des étudiants qui ont les cotes *R* les plus élevées ?

Il faut d'abord trouver la cote *z* qui correspond au pourcentage mentionné, puis la cote *R* qui a cette cote *z*.

L'aire connue ne correspond pas à une situation présentée dans la table ; celle-ci donne les aires sous la courbe de 0 à *z* et non de *z* à $+\infty$. Pour utiliser la table, il faut donc chercher l'aire entre 0 et z. Puisque l'aire de 0 à $+\infty$ vaut 0,5000, on a :

$P(Z > z) = P(0 < Z < +\infty) - P(0 < Z < z)$

$0{,}0250 = 0{,}5000 - P(0 < Z < z)$

$P(0 < Z < z) = 0{,}5000 - 0{,}0250 = 0{,}4750$

FIGURE 6.15

Cote z correspondant à la proportion $P(0 < Z < z)$

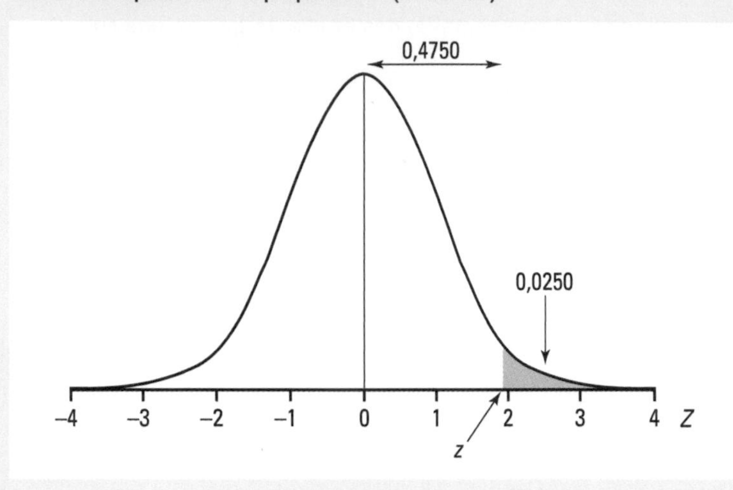

Pour trouver la valeur de la cote z, il faut chercher 0,4750 parmi les aires, puis lire la valeur de la cote z correspondante. Une aire de 0,4750 correspond à $z = 1{,}96$. La cote z de la cote R recherchée est de 1,96.

Puisque $z = \frac{x - \mu}{\sigma}$, alors $1{,}96 = \frac{x - 27{,}0}{4{,}4}$

Ainsi :

Résultat $x = 27{,}0 + 1{,}96 \cdot 4{,}4 = 35{,}6$

Interprétation Donc, environ 2,5 % des étudiants ont une cote R d'au moins 35,6.

l) Quelle est la cote *R* maximale des 10 % des étudiants qui ont les cotes *R* les moins élevées ?

Il faut trouver la cote z qui correspond au pourcentage mentionné, puis la cote R qui a cette cote z.

L'aire connue ne correspond pas à une situation présentée dans la table ; celle-ci donne les aires sous la courbe entre 0 et z et non entre $-\infty$ et z. Pour utiliser la table, il faut donc chercher l'aire entre 0 et z. Puisque l'aire de $-\infty$ à 0 vaut 0,5000, on a :

$P(Z < z) = P(-\infty < Z < 0) - P(z < Z < 0)$

$0{,}10 = 0{,}5000 - P(z < Z < 0)$

$P(z < Z < 0) = 0{,}5000 - 0{,}10 = 0{,}40$

Pour trouver la valeur de la cote z, il faut chercher 0,40 parmi les aires, puis lire la valeur de la cote z correspondante. Une aire de 0,40 correspond à $z = 1{,}28$. La cote z de la cote R recherchée est de $-1{,}28$, car la valeur recherchée est sous la moyenne.

FIGURE 6.16

Cote z correspondant à la proportion $P(z < Z)$

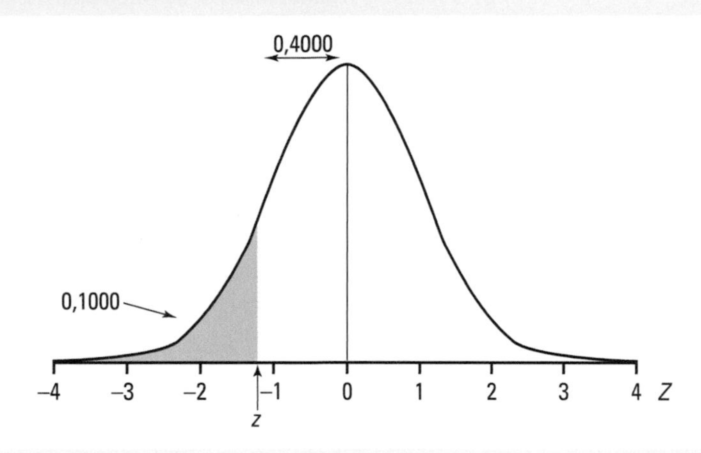

Puisque $z = \frac{x - \mu}{\sigma}$, alors $-1{,}28 = \frac{x - 27{,}0}{4{,}4}$

Résultat $x = 27{,}0 - 1{,}28 \cdot 4{,}4 = 21{,}4$

Interprétation Environ 10 % des étudiants ont une cote R d'au plus 21,4.

Méthodes quantitatives en action

Jean-François Allaire, statisticien
Institut Philippe-Pinel, Montréal

Titulaire d'une maîtrise en statistique, je travaille au Centre de recherche de l'Institut Philippe-Pinel, à Montréal, où je suis responsable du Groupe de consultation en statistique (GCS). Avec mon équipe, je conseille les chercheurs et les étudiants diplômés qui ont des problèmes d'ordre statistique. Je planifie et j'effectue les analyses appropriées et je présente les résultats. Les chercheurs et les étudiants que mon équipe et moi conseillons travaillent principalement dans le domaine de la psychologie. Leurs recherches sont axées sur la santé mentale : ils cherchent à savoir, entre autres, quels sont les facteurs (dépression, alcool, etc.) qui influencent l'agressivité et de quelle manière il est possible de prévenir la récidive d'actes violents.

Pour réaliser ces recherches, les chercheurs et les étudiants ont souvent besoin de soutien et font appel à moi pour, par exemple, les aider à déterminer le nombre de sujets (personnes) que nécessite leur étude ou les analyses statistiques (corrélations, régressions, etc.) à utiliser afin de vérifier leurs hypothèses de recherche. Ils ont aussi besoin de conseils sur l'utilisation de logiciels comme Excel, SAS ou SPSS pour effectuer des analyses statistiques.

Le fait d'être appelé à travailler avec de nombreuses personnes sur différents sujets m'amène constamment à relever de nouveaux défis et me permet d'apprendre une foule de choses.

Exercices

6.1 L'échelle de Stanford-Binet permet d'étudier la distribution du quotient intellectuel (QI) en utilisant une distribution dont la moyenne est de 100 et l'écart type, de 16. De plus, le QI a une distribution normale. Considérons la distribution du QI d'une population étudiée à l'aide de l'échelle de Stanford-Binet[1].

a) Quelle est la proportion (ou le pourcentage) des gens dans la population qui ont un QI compris entre 110 et 120 ?

b) Quelle est la proportion (ou le pourcentage) des gens dans la population qui ont un QI compris entre 85 et 95 ?

c) Quelle est la proportion (ou le pourcentage) des gens dans la population qui ont un QI supérieur à 130 ?

d) Quel est le quotient intellectuel minimal des 5 % des gens dans la population qui ont les QI les plus élevés ?

6.2 L'Institut de la statistique du Québec a publié l'*Annuaire québécois des statistiques du travail* en juin 2011. Dans cet annuaire, on remarque que la rémunération horaire moyenne des personnes ayant un diplôme d'études postsecondaires est de 20,29 $[2].

Supposons que la distribution de la rémunération horaire des personnes de cette catégorie obéisse à une loi normale et que l'écart type de cette distribution soit de 6,22 $.

a) Quelle serait la rémunération horaire d'une personne ayant une cote z de –0,85 ?

b) En comparant la rémunération horaire de Maggy, qui a une cote z de 0,34, à celle de David, qui reçoit 22,00 $ l'heure, laquelle de ces personnes a la meilleure rémunération horaire ?

6.3 Dans certaines universités, les étudiants de premier cycle qui désirent être admis au deuxième cycle doivent subir un test psychologique. On sait que les résultats (cotes sans unité) de ces étudiants au test ont une moyenne de 48 et un écart type de 14. On considère que les résultats au test obéissent à une loi normale.

a) Quel pourcentage des étudiants détenant un diplôme de premier cycle obtiennent un résultat supérieur à 50 à ce test ?

b) Quel est le résultat minimal des étudiants qui font partie du quartile supérieur ?

c) Quel est le résultat minimal des 50 % des étudiants qui ont le mieux réussi ?

d) Dans quel intervalle se situent les résultats du sixième décile ?

e) Quel résultat minimal doit obtenir un étudiant détenant un diplôme de premier cycle pour être sélectionné si seuls 10 % des étudiants détenant un diplôme de premier cycle sont sélectionnés ?

f) Cette année, 1 200 étudiants détenant un diplôme de premier cycle feront une demande. Parmi eux, environ combien devraient obtenir un résultat supérieur à 50 au test ?

6.4 Une firme comptable estime qu'il faut en moyenne 25 minutes pour vérifier une déclaration de revenus de particuliers, et ce, avec un écart type de 3 minutes. Dans cette firme, si le temps pris pour faire la vérification obéit à une loi normale :

a) quelle proportion des déclarations de revenus de particuliers demandent une vérification prenant plus de 30 minutes ?

b) quelle proportion des déclarations de revenus de particuliers demandent une vérification prenant de 20 à 30 minutes ?

c) quelle proportion des déclarations de revenus de particuliers demande une vérification prenant moins de 35 minutes ?

d) Sur 825 déclarations de revenus de particuliers à faire, environ combien nécessiteront une vérification prenant plus de 30 minutes ?

e) L'un des employés de la firme prétend qu'on ne lui donne que les déclarations de revenus les plus longues à vérifier. Il estime aussi qu'il en vérifie 20 %. Quel est le temps minimal nécessaire pour vérifier l'une de ces déclarations de revenus ?

6.5 Le niveau d'endettement des étudiants canadiens

« Un nouveau rapport sur le système canadien de prêts aux étudiants révèle que les dettes de nombreux étudiants des collèges et universités du pays prennent de l'ampleur[3]. »

1. Glass, G. et K. Hopkins. (1984). *Statistical Methods in Education and Psychology* (2e éd.), Englewood Cliffs, Prentice Hall, p. 66.
2. Institut de la statistique du Québec. (Juin 2011). *Annuaire québécois des statistiques du travail. Portrait des principaux indicateurs des conditions et de la dynamique du travail, 2000-2010*, vol. 7, p. 170.
3. La Presse canadienne. (22 septembre 2010). *Le niveau d'endettement de bon nombre d'étudiants canadiens est élevé.*

Exercices

En effet, en 2009, la dette moyenne d'un étudiant à la fin du collégial s'élevait à 13 600 $.

On suppose que la distribution de la dette chez les étudiants du collégial obéit à une loi normale et que l'écart type est de 4 800 $.

a) Quelle proportion des étudiants ont, à la fin du collégial, une dette supérieure à 15 000 $?

b) Quelle proportion des étudiants ont, à la fin du collégial, une dette comprise entre 15 000 $ et 18 000 $?

c) Quelle doit être la dette minimale de l'étudiant à la fin du collégial pour qu'il fasse partie du quartile supérieur des étudiants les plus endettés ?

d) Quelle doit être la dette de l'étudiant à la fin du collégial pour qu'il fasse partie du troisième décile ?

e) À la fin du collégial, quelle sera la dette de l'étudiant s'il a une cote z de 1,75 dans la distribution de la dette ?

f) À la fin du collégial, quelle sera la dette de l'étudiant s'il a une cote z de $-1{,}34$ dans la distribution de la dette ?

6.6 Selon l'*Annuaire québécois des statistiques du travail*, la moyenne des heures hebdomadaires travaillées par les personnes ayant un diplôme d'études post secondaires est de 34,4 heures[4].

Supposons que la distribution des heures hebdomadaires travaillées par les personnes de cette catégorie obéisse à une loi normale et que l'écart type de cette distribution soit de 9,89 heures.

a) Quel est le nombre minimal d'heures hebdomadaires travaillées des 13 % des personnes ayant un diplôme d'études postsecondaires qui travaillent le plus ?

b) Quel est l'intervalle des heures hebdomadaires travaillées dans lequel on trouve 15 % des personnes de part et d'autre de la moyenne ?

6.7 **a)** Dans toutes les distributions normales, quelle est la cote z associée à la valeur de la moyenne ?

b) Dans toutes les distributions normales, quelle est la cote z associée à la valeur de la moyenne augmentée de la valeur de 1 écart type ?

c) Dans toutes les distributions normales, quelle est la cote z associée à la valeur de la moyenne diminuée de la valeur de 2 écarts types ?

d) Trouvez une situation dans laquelle une cote z négative est préférable à une cote z positive.

e) Si vous comparez les notes du cours d'histoire de 2 groupes ayant la même moyenne de 72 %, Léo-Carl et Justine ont tous les 2 une note de 75 %. Dans une telle situation, est-il préférable de faire partie du groupe ayant le plus petit ou le plus grand écart type ? Justifiez votre réponse.

f) Si vous comparez les notes du cours d'histoire de 2 groupes ayant la même moyenne de 78 %, Léo-Carl et Justine ont tous les 2 une note de 75 %. Dans une telle situation, vaut-il mieux faire partie du groupe ayant le plus petit ou le plus grand écart type ? Justifiez votre réponse.

6.2 Les distributions d'échantillonnage

6.2.1 La distribution d'une moyenne

À partir d'une population de taille N, on peut tirer une très grande quantité d'échantillons possibles de taille n.

Une variable X définie pour l'ensemble de la population permet d'obtenir des données x. Les données x obtenues varient d'une unité statistique à l'autre. Voilà pourquoi on parle de la variable X.

De même, à chaque échantillon (regroupement de n données x), on fait correspondre une moyenne $\overline{x}$. Les moyennes obtenues varient d'un échantillon à l'autre. C'est la raison pour laquelle on peut aussi parler de la variable $\overline{X}$. Comme il existe une très grande quantité d'échantillons possibles, il y a autant de moyennes $\overline{x}$.

4. Institut de la statistique du Québec, *op. cit.*, p. 154.

Exemple 6.2 Le nombre d'heures de sommeil des étudiants du cégep

En plus d'aller à leurs cours et de faire leurs travaux, les étudiants du niveau collégial ont souvent d'autres activités, comme un sport ou un emploi. Par conséquent, ils ont peu de temps pour se reposer. Voulant approfondir cette question, vous avez décidé de prendre au hasard 30 étudiants de votre cégep et de noter le nombre d'heures de sommeil de chacun la nuit précédente.

Supposons que les étudiants de votre cégep aient dormi en moyenne 9,00 heures, avec un écart type de 1,00 heure. Vous désirez maintenant connaître les chances que la moyenne d'un échantillon de taille 30 soit près de celle de l'ensemble des étudiants.

FIGURE 6.17

Valeurs $\overline{x}$ de la variable $\overline{X}$

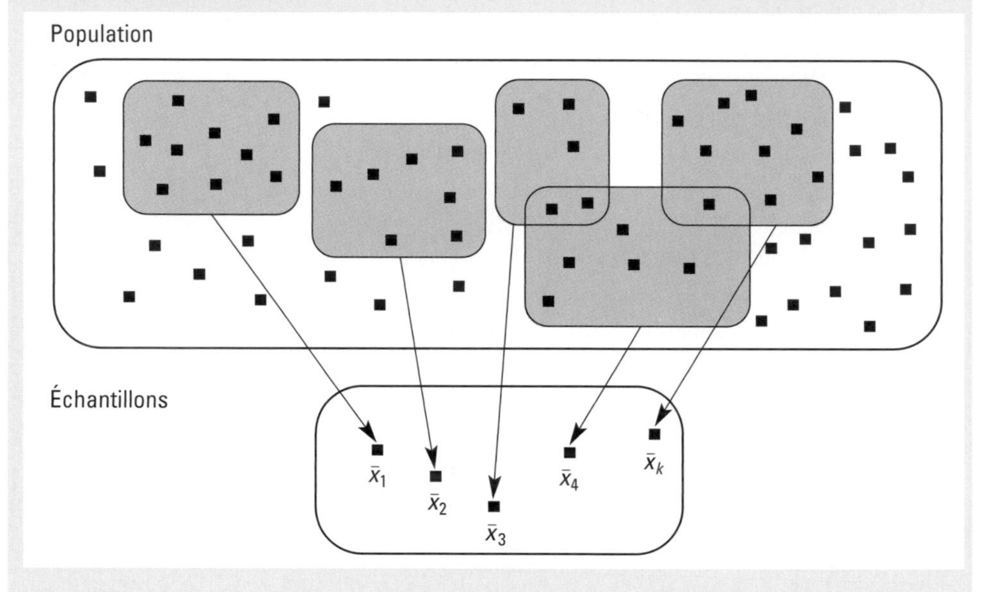

La variable X est la durée du sommeil d'un étudiant de votre cégep ; elle varie d'un étudiant à l'autre. Ainsi, chaque étudiant (unité statistique) nous fournira une valeur x correspondant à la durée de son sommeil. Il y a donc autant de données x qu'il y a d'unités statistiques.

La variable $\overline{X}$ est la durée moyenne du sommeil de 30 étudiants du cégep ; la durée moyenne du sommeil varie d'un échantillon à l'autre. La variable $\overline{X}$ est appliquée à l'ensemble des étudiants de votre cégep, en prenant 30 d'entre eux à la fois, et $\overline{x}$ représente la durée moyenne du sommeil d'un seul échantillon.

Il y a donc autant de moyennes $\overline{x}$ qu'il y a d'échantillons possibles.

Pourquoi prélever un échantillon ?

À partir de la moyenne $\overline{x}$ obtenue pour un échantillon, on souhaite estimer la moyenne μ pour toute la population. Afin de comprendre la façon dont on peut inférer à toute la population une information obtenue à partir d'un échantillon, la connaissance de la distribution de la variable $\overline{X}$ est un atout important.

Il a été démontré, au sujet de la distribution de la variable $\overline{X}$:

- que la valeur moyenne de toutes les valeurs possibles $\overline{x}$, notée $\mu_{\overline{X}}$, est égale à la valeur de la moyenne μ de la variable X pour l'ensemble de la population, c'est-à-dire :

  moyenne des $\overline{x}$ provenant de tous les échantillons de taille n : $\mu_{\overline{X}} = \mu$;

- que la dispersion des valeurs de la variable $\overline{X}$ est beaucoup plus petite que celle de la variable X. Chaque $\overline{x}$ correspond à la moyenne de n données x prises dans la population. Ces moyennes $\overline{x}$ se ressemblent d'un échantillon à l'autre. Comme ces $\overline{x}$ sont très semblables d'un échantillon à l'autre, on peut donc affirmer que la dispersion des moyennes $\overline{x}$ n'est pas très grande comparativement à la dispersion des données x dans la population. Pour obtenir une moyenne à partir d'un échantillon, c'est-à-dire une valeur de $\overline{X}$ éloignée de la moyenne μ, il faut que toutes les données (ou presque) de l'échantillon aient des valeurs éloignées de la moyenne, ce qui est fort peu probable. Dans le cas de la variable X, toutefois, il suffit que la donnée obtenue soit éloignée de la moyenne μ pour que la variable ait une valeur éloignée de la moyenne;
- qu'il existe une relation entre la valeur de l'écart type de la dispersion des valeurs de $\overline{X}$ et la valeur de l'écart type de la variable X. Dans le présent ouvrage, nous traitons uniquement des cas où la taille de l'échantillon est petite par rapport à celle de la population, c'est-à-dire lorsque le taux de sondage est faible (on considère que le taux de sondage est faible lorsque $\frac{n}{N} \leq 0{,}05$). Le lien entre les deux écarts types est le suivant:

  écart type des $\overline{x}$ provenant de tous les échantillons de taille n: $\sigma_{\overline{X}} = \frac{\sigma}{\sqrt{n}}$

Exemple 6.3 Le nombre d'heures de sommeil des étudiants du cégep (*suite*)

Nous savons que:

- la durée moyenne du sommeil de tous les étudiants de votre cégep est de 9,00 heures; la moyenne de toutes les durées moyennes du sommeil calculées pour chacun des échantillons de taille 30 est alors égale à 9,00 heures. En effet:

  moyenne des $\overline{x}$ provenant de tous les échantillons de taille 30

  $\mu_{\overline{X}} = \mu = 9{,}00$ heures;
- l'écart type de la distribution de la durée du sommeil de tous les étudiants de votre cégep est de 1,00 heure; l'écart type de toutes les durées moyennes du sommeil calculées pour chacun des échantillons de taille 30 est alors égal à 0,18 heure. En effet:

  écart type des $\overline{x}$ provenant de tous les échantillons de taille 30:

  $$\sigma_{\overline{X}} = \frac{\sigma}{\sqrt{n}} = \frac{1}{\sqrt{30}} = 0{,}18 \text{ heure}$$

Le taux de sondage est inférieur à 0,05, car il y a plus de 600 étudiants dans votre cégep, d'où:

$$\frac{30}{N} \leq 0{,}05$$

On peut donc dire que la distribution des durées moyennes de sommeil des échantillons de taille 30 est plus concentrée près de la moyenne – 9,00 heures – que ne l'est la distribution de la durée du sommeil individuelle des étudiants de votre cégep, puisque son écart type est plus petit. Ainsi, si l'on prend 30 étudiants au hasard, on a plus de chances d'obtenir une durée moyenne du sommeil située près de 9,00 heures que si l'on prend 1 seul étudiant au hasard.

Il a aussi été démontré que la distribution de la variable $\overline{X}$ obéit à une loi normale lorsque celle de la variable X obéit à une loi normale. Mais que peut-on faire lorsqu'on ignore si la variable X obéit ou non à une loi normale?

Pour répondre à cette question, on utilise le théorème central limite élaboré par De Laplace (1810), Lindeberg (1922) et Feller (1935).

Théorème central limite

Quelle que soit la distribution d'une variable X, celle de la variable $\overline{X}$ tend vers une loi normale au fur et à mesure que la taille de l'échantillon augmente. Cette approximation est jugée acceptable lorsque la taille de l'échantillon est d'au moins 30.

Pour s'en convaincre, on a choisi trois variables ayant des distributions différentes : une distribution normale, une distribution uniforme et une distribution exponentielle. (À noter que ce ne sont pas là les seules distributions possibles.) Dans une distribution uniforme, toutes les valeurs de la variable ont la même chance d'être obtenues. Dans la distribution exponentielle, les chances d'obtenir une valeur diminuent lorsque la valeur de la variable augmente.

Pour chacune de ces variables, on a prélevé d'une population 500 échantillons de chacune des tailles 2, 10 et 30. On a ensuite tracé l'histogramme de la distribution des moyennes échantillonnales (moyennes des échantillons) sous la distribution de la variable correspondante. De plus, on a tracé la courbe normale ayant la même moyenne et le même écart type pour chacune des distributions afin de montrer la précision de l'approximation.

La figure 6.18 montre les différentes distributions pour chacune des tailles.

FIGURE 6.18

Distributions de 500 moyennes provenant d'échantillons de taille 2, 10 et 30

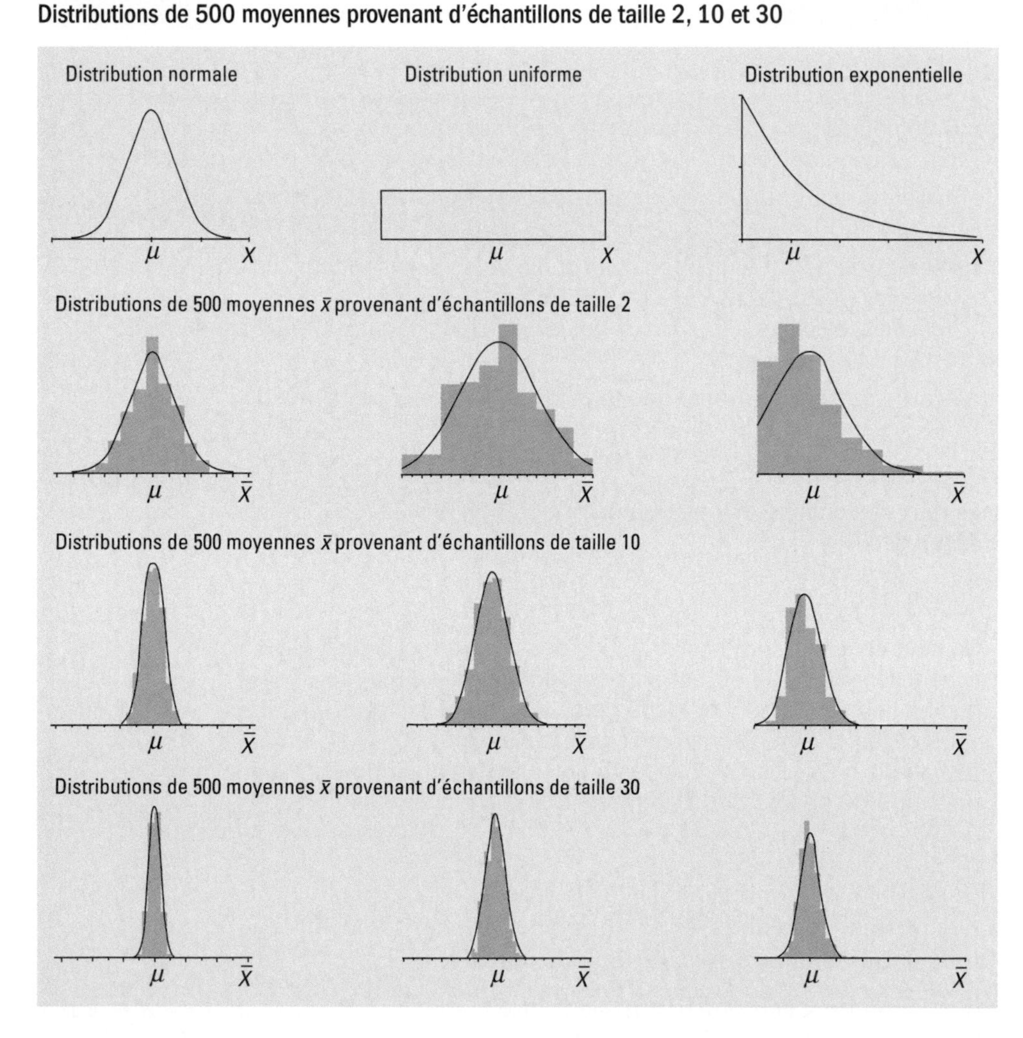

On remarque que la distribution de la variable aléatoire $\overline{X}$ est près de la courbe normale lorsque $n = 30$, et ce, même si l'on n'a que 500 échantillons, ce qui est loin de représenter une infinité d'échantillons. (Pour connaître l'ordre de grandeur du nombre d'échantillons qu'il est possible de prélever dans une population, on peut se reporter à l'annexe 4.) On constate également que la dispersion des valeurs de la variable aléatoire diminue au fur et à mesure que la taille de l'échantillon augmente.

Ainsi, en connaissant la moyenne, l'écart type et la distribution de la variable, on peut calculer les chances d'obtenir une moyenne $\bar{x}$ près de μ.

Exemple 6.4 Le nombre d'heures de sommeil des étudiants du cégep (*suite*)

Puisque $n = 30 \geq 30$, la distribution de la durée moyenne du sommeil des échantillons de taille 30 obéit à une loi normale si la distribution de la durée du sommeil individuelle obéit à une loi normale. Par ailleurs, elle obéit approximativement à une loi normale si la distribution de la durée du sommeil individuelle n'obéit pas à une loi normale.

La figure 6.19 montre la différence de dispersion qui existe entre les deux distributions, celle de X et celle de $\overline{X}$.

FIGURE 6.19

Différence de dispersion entre les distributions de X et de $\overline{X}$

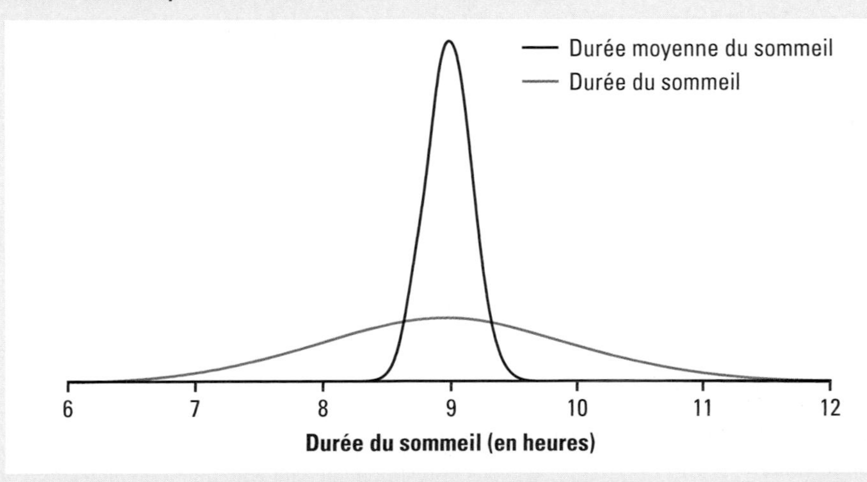

- Quelle est la proportion des échantillons de taille 30 dans lesquels la durée moyenne de sommeil se situe entre 8,9 et 9,1 heures?

Résultat $P(8{,}9 < \overline{X} < 9{,}1) = P(z_{8,9} < Z < z_{9,1})$

$$P\left(\frac{8{,}9 - 9{,}00}{0{,}18} < Z < \frac{9{,}1 - 9{,}00}{0{,}18}\right)$$

$$= P(-0{,}56 < Z < 0{,}56)$$

$$= 0{,}2123 + 0{,}2123 = 0{,}4246 \text{ ou } 42{,}46\,\%$$

Interprétation Dans environ 42,46 % des échantillons de taille 30, la durée moyenne de sommeil se situe entre 8,9 et 9,1 heures.

- Quelle est la proportion des échantillons de taille 30 dans lesquels la durée moyenne de sommeil est supérieure à 9,3 heures?

Résultat $P(\overline{X} > 9{,}3) = P(Z > z_{9,3}) = P\left(Z > \frac{9{,}3 - 9{,}00}{0{,}18}\right)$

$$= P(Z > 1{,}67) = P(0 < Z < +\infty) - P(0 < Z < 1{,}67)$$

$$= 0{,}5000 - 0{,}4525 = 0{,}0475 \text{ ou } 4{,}75\,\%$$

Interprétation Dans environ 4,75 % des échantillons de taille 30, la durée moyenne de sommeil est supérieure à 9,3 heures.

- Quelle est la proportion des échantillons de taille 30 dans lesquels la durée moyenne de sommeil se situe entre 8,6 et 8,8 heures ?

Résultat

$$P(8{,}6 < \overline{X} < 8{,}8) = P(z_{8,6} < Z < z_{8,8})$$

$$= P\left(\frac{8{,}6 - 9{,}00}{0{,}18} < Z < \frac{8{,}8 - 9{,}00}{0{,}18}\right)$$

$$= P(-2{,}22 < Z < -1{,}11) = P(-2{,}22 < Z < 0) - P(-1{,}11 < Z < 0)$$

$$= 0{,}4868 - 0{,}3665 = 0{,}1203 \text{ ou } 12{,}03\,\%$$

Interprétation Dans environ 12,03 % des échantillons de taille 30, la durée moyenne de sommeil se situe entre 8,6 et 8,8 heures.

Exercices

6.8 Les 14 780 employés d'une compagnie payent en moyenne 875 \$ par année pour leur assurance santé, avec un écart type de 103 \$. On a prélevé au hasard un échantillon de 500 de ces employés.

a) Quels sont les deux paramètres (moyenne et écart type) de la distribution de la variable $\overline{X}$?

b) Quel modèle de distribution peut-on utiliser pour la variable $\overline{X}$? Justifiez votre réponse.

c) Déterminez le pourcentage approximatif d'échantillons de 500 employés dans lesquels le montant moyen payé annuellement pour l'assurance santé est inférieur à 880 \$.

d) Déterminez le pourcentage approximatif d'échantillons de 500 employés dans lesquels le montant moyen payé annuellement pour l'assurance santé est supérieur à 900 \$.

e) Que doit-on conclure si le montant moyen payé annuellement par les 500 employés pour l'assurance santé est supérieur à 900 \$?

f) Quel pourcentage des échantillons sont à au plus 2 écarts types de la moyenne μ ?

6.9 Selon l'*Annuaire québécois des statistiques du travail*, les employés âgés de 15 à 24 ans affichent les durées de travail habituelle et réelle les plus faibles de tous les groupes d'âge analysés en 2009 ; la durée de travail réelle de ce groupe d'âge est de 24,6 heures par semaine[5]. On suppose que l'écart type est de 8,3 heures.

a) Quel est le pourcentage des échantillons de 1 025 employés âgés de 15 à 24 ans dont la durée moyenne de travail par semaine se situe entre 24 et 25 heures ?

b) Dans un échantillon de 1 025 employés âgés de 15 à 24 ans, si la moyenne d'heures travaillées par semaine est de 50 heures, que devrait-on conclure ?

c) Déterminez le pourcentage approximatif des échantillons de 1 025 employés âgés de 15 à 24 ans où le nombre moyen d'heures travaillées par semaine est inférieur à 24,2 heures.

d) Quel est le pourcentage des échantillons de 1 025 employés âgés de 15 à 24 ans dans lesquels le nombre moyen d'heures travaillées par semaine est d'au plus 25 heures ?

e) Quel pourcentage des échantillons est à au plus 1 écart type de la moyenne μ ?

6.10 Commentez les affirmations suivantes.

a) Plus la taille de l'échantillon augmente, plus la valeur de l'écart type $\sigma_{\overline{X}}$ augmente et, par conséquent, plus les moyennes $\overline{x}$ des échantillons s'éloignent de la moyenne μ de la population.

b) Même si toutes les données relatives à la variable X d'une population sont identiques, l'écart type $\sigma_{\overline{X}}$ demeure plus petit que σ, car $\sigma_{\overline{X}} = \sigma/\sqrt{n}$.

6.11 En 2009, le nombre moyen de journées d'absence en raison de vacances et de jours fériés chez les employés à temps plein détenant un diplôme d'études postsecondaires est de 20,7 jours par année[6].

5. *Ibid.*, p. 172.

6. *Ibid.*, p. 188.

Exercices

Si l'écart type pour les journées d'absence de cette catégorie d'employés est de 12,4 jours et que l'on veut prendre un échantillon de 250 de ces employés :

a) donnez la valeur de la moyenne pour la variable $\overline{X}$, nombre moyen de journées d'absence en raison de vacances et de jours fériés, chez les employés composant l'échantillon ;

b) donnez la valeur de l'écart type de la variable $\overline{X}$;

c) déterminez le pourcentage approximatif des échantillons de taille 250 dans lesquels le nombre moyen de journées d'absence en raison de vacances et de jours fériés est inférieur à 19,5 jours ;

d) déterminez le pourcentage approximatif des échantillons de taille 250 dans lesquels le nombre moyen de journées d'absence en raison de vacances et de jours fériés est compris entre 21 et 23 jours ;

e) déterminez le pourcentage approximatif des échantillons de taille 250 dans lesquels le nombre moyen de journées d'absence en raison de vacances et de jours fériés est à au plus 2,5 jours du nombre moyen de journées d'absence en raison de vacances et de jours fériés de l'ensemble des employés à temps plein détenant un diplôme d'études postsecondaires.

6.2.2 La distribution d'une proportion

Considérons le cas où l'on s'intéresse à la proportion des unités de la population qui possèdent une caractéristique particulière. Pour faire cette étude, on prend un échantillon de taille n, dans lequel on trouve une proportion p d'unités ayant la caractéristique recherchée. La proportion des unités de la population ayant la caractéristique recherchée est notée π.

Il existe une très grande quantité d'échantillons possibles de taille n que l'on peut tirer à partir d'une population de taille N. À chaque échantillon (regroupement de n unités statistiques), on fait correspondre une proportion p. Les proportions p obtenues varient d'un échantillon à l'autre. Voilà pourquoi on peut parler de la variable P. Comme il existe une très grande quantité d'échantillons possibles, il y a autant de proportions p (*voir la figure 6.20*).

FIGURE 6.20

Valeurs *p* de la variable *P*

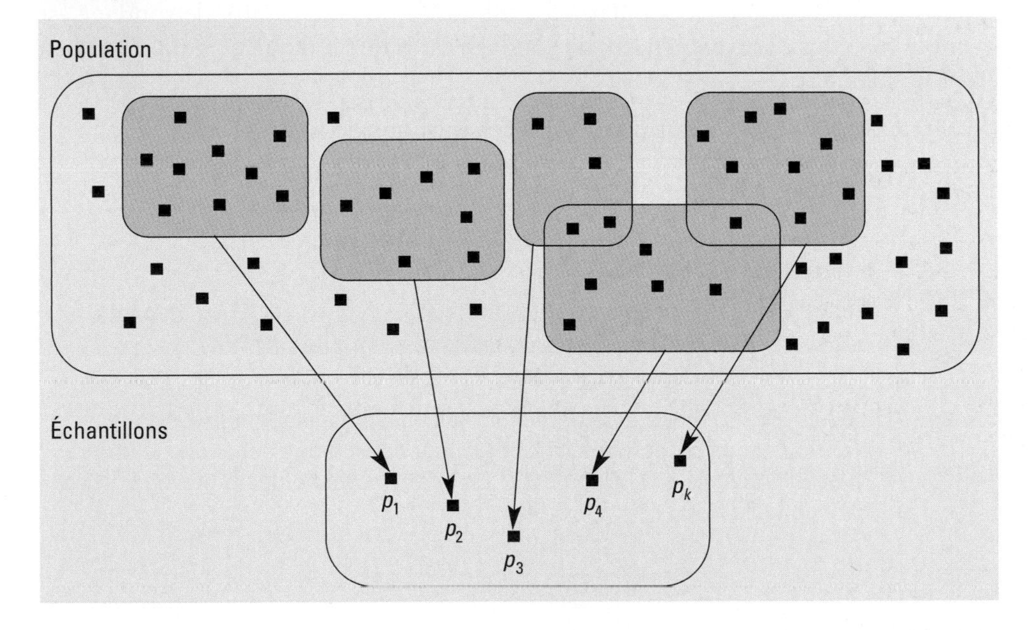

Exemple 6.5 La cote *R* (suite)

Sachant que 60 % des étudiants de niveau collégial préuniversitaire ayant présenté une demande d'admission au baccalauréat dans les universités québécoises n'ont aucun échec dans leur dossier, vous désirez connaître les chances que la proportion dans un échantillon de taille 350 soit près de celle de l'ensemble de tous les étudiants.

Vous avez l'intention de prendre un échantillon de 350 étudiants de niveau collégial préuniversitaire ayant présenté une demande d'admission au baccalauréat dans les universités québécoises et de calculer la proportion de ceux qui n'ont aucun échec à leur dossier.

La variable P est la proportion des 350 étudiants qui n'ont aucun échec à leur dossier ; la proportion varie d'un échantillon à l'autre. La variable P est étudiée pour l'ensemble des étudiants de niveau collégial préuniversitaire ayant présenté une demande d'admission au baccalauréat dans les universités québécoises en les prenant 350 à la fois, et p représente la proportion des étudiants qui n'ont aucun échec à leur dossier dans un seul échantillon.

La proportion des étudiants de niveau collégial préuniversitaire ayant présenté une demande d'admission au baccalauréat dans les universités québécoises qui n'ont aucun échec à leur dossier dans la population est $\pi = 0{,}60$ ou 60 %.

Pourquoi prélever un échantillon ?

À partir de la proportion p obtenue dans un échantillon, on souhaite estimer la proportion π dans toute la population. Afin de comprendre la façon dont on peut inférer à toute la population une information obtenue à partir d'un échantillon, la connaissance de la distribution de la variable P est un atout important.

Il a été démontré, au sujet de la distribution de la variable P :

- que la valeur moyenne de toutes les valeurs possibles p, soit μ_P, est égale à la valeur de la proportion π pour l'ensemble de la population, c'est-à-dire :

  moyenne des p provenant de tous les échantillons de taille n : $\mu_P = \pi$;

- qu'il existe une relation entre la valeur de l'écart type pour la dispersion des valeurs de P et la valeur de π. Dans le cas où la taille de l'échantillon est petite par rapport à celle de la population, c'est-à-dire lorsque le taux de sondage est faible (on considère que le taux de sondage est faible lorsque $\frac{n}{N} \leq 0{,}05$), le lien est le suivant :

  écart type des p provenant de tous les échantillons de taille n :

  $$\sigma_P = \sqrt{\frac{\pi(1-\pi)}{n}}$$

Exemple 6.6 La cote *R* (suite)

Nous savons que :

- dans la population, 60 % des étudiants n'ont aucun échec à leur dossier ; la moyenne de toutes les proportions calculées pour chacun des échantillons de taille 350 est alors égale à 0,60, ou 60 %. En effet : moyenne des p provenant des échantillons de taille 350 : $\mu_P = \pi = 0{,}60$, ou 60 % ;

- l'écart type de toutes les proportions des étudiants qui n'ont aucun échec à leur dossier pour tous les échantillons de taille 350 est de 0,0262, ou 2,62 %. En effet : écart type des p provenant de tous les échantillons de taille 350 :

$$\sigma_P = \sqrt{\frac{\pi(1-\pi)}{n}} = \sqrt{\frac{0{,}60(1-0{,}60)}{350}} = 0{,}0262$$

Pour les proportions, on utilise toujours 4 décimales.

Le taux de sondage est inférieur à 0,05, car il y a plus de 7 000 étudiants :

$$\frac{350}{N} \leq 0{,}05$$

Le théorème central limite s'applique aussi à la variable P, c'est-à-dire que la distribution de la variable P tend vers une loi normale lorsque la taille de l'échantillon augmente. On considère que l'approximation **est acceptable lorsque la taille de l'échantillon est d'au moins 30.** On utilise donc ce théorème pour calculer les chances d'obtenir un échantillon ayant une proportion p près de la proportion π qui existe dans la population.

Exemple 6.7 La cote *R* (*suite*)

Puisque $n = 350 \geq 30$, la distribution de la proportion des étudiants qui n'ont aucun échec à leur dossier pour les échantillons de taille 350 obéit approximativement à une loi normale.

La figure 6.21 montre la distribution de la proportion des étudiants qui n'ont aucun échec à leur dossier pour les échantillons de taille 350.

FIGURE 6.21

Distribution de la variable *P*

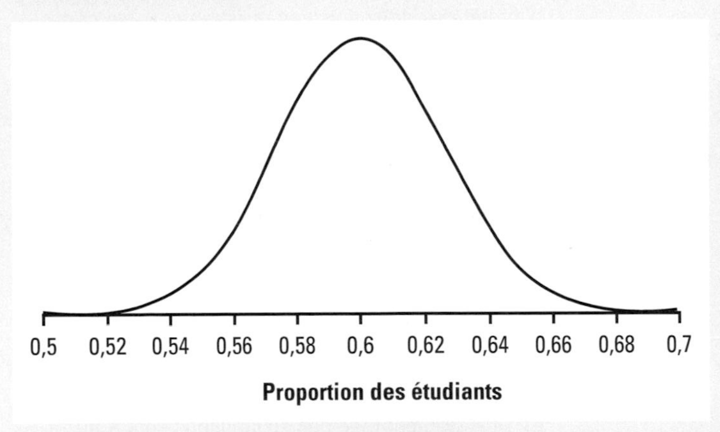

- Quelle est la proportion des échantillons de taille 350 dans lesquels il y a entre 54,86 et 65,14 % des étudiants n'ayant aucun échec à leur dossier?

Résultat $P(0{,}5486 < P < 0{,}6514) = P(z_{0{,}5486} < Z < z_{0{,}6514})$

$$= P\left(\frac{0{,}5486 - 0{,}60}{0{,}0262} < Z < \frac{0{,}6514 - 0{,}60}{0{,}0262}\right)$$

$$= P(-1{,}96 < Z < 1{,}96) = P(-1{,}96 < Z < 0) + P(0 < Z < 1{,}96)$$

$$= 0{,}4750 + 0{,}4750$$

$$= 0{,}9500 \text{ ou } 95{,}00\,\%$$

Interprétation Environ 95,00 % des échantillons de taille 350 contiennent une proportion d'étudiants n'ayant aucun échec à leur dossier qui se situe entre 54,86 et 65,14 %.

- Quelle est la proportion des échantillons de taille 350 dans lesquels il y a moins de 58 % des étudiants n'ayant aucun échec à leur dossier?

Résultat $P(P < 0{,}58) = P(Z < z_{0{,}58}) = P\left(Z < \frac{0{,}58 - 0{,}60}{0{,}0262}\right) = P(Z < -0{,}76)$

$= P(-\infty < Z < 0) - P(-0{,}76 < Z < 0)$

$= 0{,}5 - 0{,}2764 = 0{,}2236$ ou 22,36 %

Interprétation Environ 22,36 % des échantillons de taille 350 contiennent moins de 58 % d'étudiants n'ayant aucun échec à leur dossier.

- Quelle est la proportion des échantillons de taille 350 dans lesquels il y a entre 65 et 70 % des étudiants n'ayant aucun échec à leur dossier?

Résultat $P(0{,}65 < P < 0{,}70) = P(z_{0{,}65} < Z < z_{0{,}70})$

$= P\left(\frac{0{,}65 - 0{,}60}{0{,}0262} < Z < \frac{0{,}70 - 0{,}60}{0{,}0262}\right)$

$= P(1{,}91 < Z < 3{,}82) = P(0 < Z < 3{,}82) - P(0 < Z < 1{,}91)$

$= 0{,}4999 - 0{,}4719 = 0{,}0280$ ou 2,80 %

Interprétation Environ 2,80 % des échantillons de taille 350 contiennent de 65 à 70 % des étudiants n'ayant aucun échec à leur dossier.

Exercices

6.12 On suppose que 15 % des locataires à Montréal n'ont pas d'assurance habitation et l'on prend au hasard 90 logements occupés par des locataires.

a) Quels sont les deux paramètres (moyenne et écart type) de la distribution de la variable P?

b) Quel modèle de distribution peut-on utiliser pour la variable P? Justifiez votre réponse.

c) Déterminez le pourcentage approximatif des échantillons de 90 logements dans lesquels moins de 10 % des logements ne sont pas assurés.

d) Déterminez le pourcentage approximatif des échantillons de 90 logements dans lesquels de 9 à 21 % des logements ne sont pas assurés.

6.13 « Puisque 64 % des Canadiens paient la totalité du solde de leur carte de crédit chaque mois, le taux d'intérêt des deux tiers des utilisateurs d'une carte de crédit est égal à zéro[7]. » Prélevons au hasard un échantillon de 500 Canadiens détenteurs de cartes de crédit.

a) Déterminez le pourcentage approximatif des échantillons de 500 Canadiens détenteurs de cartes de crédit dans lesquels moins de 60 % des détenteurs paient la totalité de leur solde chaque mois.

b) Est-il possible que, dans l'échantillon, plus de 70 % des détenteurs paient la totalité de leur solde chaque mois?

c) Quel pourcentage des échantillons sont à au plus 1 écart type de la proportion π?

7. Association des banquiers canadiens, (19 août 2011). *Les cartes de crédit : statistiques et données.*

Exercices

6.14 Dans une grande compagnie où 65 % des employés sont syndiqués, on prend au hasard un échantillon de 125 employés.

a) Déterminez le pourcentage approximatif des échantillons de 125 employés dans lesquels il y a plus de 60 % de syndiqués.

b) Déterminez le pourcentage approximatif des échantillons de 125 employés dans lesquels il y a moins de 65 % de syndiqués.

c) Quel pourcentage des échantillons sont à au plus 3 écarts types de la proportion π?

6.15 En 2009, 12,4 % des femmes et 16,1 % des hommes ont quitté volontairement leur emploi par insatisfaction[8]. On prélève un échantillon de 800 femmes et un échantillon de 600 hommes.

a) Déterminez le pourcentage approximatif des échantillons de taille 800 dans lesquels le pourcentage des femmes ayant quitté leur emploi par insatisfaction en 2009 est supérieur à 15 %.

b) Déterminez le pourcentage approximatif des échantillons de taille 600 dans lesquels le pourcentage des hommes qui ont quitté leur emploi par insatisfaction en 2009 est compris entre 12 et 15 %.

c) Déterminez le pourcentage approximatif des échantillons de taille 800 dans lesquels le pourcentage des femmes ayant quitté leur emploi par insatisfaction en 2009 est inférieur à 17 %.

d) Déterminez le pourcentage approximatif des échantillons de taille 600 dans lesquels le pourcentage des hommes qui ont quitté leur emploi par insatisfaction en 2009 est d'au plus 20 % ?

CAS PRATIQUE

Le téléphone cellulaire au collégial

Dans le cadre de son étude « Le téléphone cellulaire au collégial », Kim a comparé la distribution des données recueillies à la question H [« Quelle a été la durée (arrondie à la minute) de votre conversation la plus longue au cours du mois dernier ? »] avec une loi normale ayant la même moyenne et le même écart type. Voyez à la page 318 la façon dont Kim procède.

8. Institut de la statistique du Québec, *op. cit.*, p. 199.

La variable X	
Paramètres de la distribution de la variable X : μ σ	Calcul de la proportion des données de la variable comprises entre les valeurs a et b : $P(a < X < b) = P(z_a < Z < z_b) = P\left(\frac{a-\mu}{\sigma} < Z < \frac{b-\mu}{\sigma}\right)$

La variable $\overline{X}$	
Paramètres de la distribution de la variable $\overline{X}$: $\mu_{\overline{X}} = \mu$ $\sigma_{\overline{X}} = \frac{\sigma}{\sqrt{n}}$	Calcul de la proportion des échantillons ayant une moyenne comprise entre les valeurs a et b : $P(a < \overline{X} < b) = P(z_a < Z < z_b) = P\left(\frac{a-\mu_{\overline{X}}}{\sigma_{\overline{X}}} < Z < \frac{b-\mu_{\overline{X}}}{\sigma_{\overline{X}}}\right) = P\left(\frac{a-\mu}{\sigma/\sqrt{n}} < Z < \frac{b-\mu}{\sigma/\sqrt{n}}\right)$

La variable $\overline{P}$	
Paramètres de la distribution de la variable P : $\mu_P = \pi$ $\sigma_P = \sqrt{\frac{\pi(1-\pi)}{n}}$	Calcul de la proportion des échantillons ayant une proportion comprise entre les valeurs a et b : $P(a < P < b) = P(z_a < Z < z_b) = P\left(\frac{a-\mu_P}{\sigma_P} < Z < \frac{b-\mu_P}{\sigma_P}\right) = P\left(\frac{a-\pi}{\sqrt{\frac{\pi(1-\pi)}{n}}} < Z < \frac{b-\pi}{\sqrt{\frac{\pi(1-\pi)}{n}}}\right)$

Exercices récapitulatifs

6.16 On a observé que la distribution de la durée des vols sans escale reliant Montréal à Calgary obéit à une loi normale avec une moyenne de 280 minutes et un écart type de 6 minutes.

a) Quelle proportion (pourcentage) des vols prennent plus de 300 minutes ?

b) Quelle proportion (pourcentage) des vols prennent de 270 à 290 minutes ?

c) Quelle proportion (pourcentage) des vols prennent de 265 à 275 minutes ?

d) Quelle doit être la durée d'un vol pour qu'il fasse partie du septième décile ?

e) Quelle doit être la durée maximale d'un vol pour qu'il fasse partie des 20 % des vols qui prennent le moins de temps ?

6.17 En 2009, l'âge moyen de prise de la retraite était de 64,2 ans chez les travailleurs autonomes (avec un écart type de 4,2 ans) et de 58,6 ans chez les travailleurs du secteur public (avec un écart type de 6,3 ans)[9]. On désire prélever un échantillon aléatoire de 350 travailleurs autonomes et de 400 travailleurs du secteur public.

a) Déterminez le pourcentage approximatif des échantillons de travailleurs autonomes de taille 350 dans lesquels l'âge moyen de la retraite est supérieur à 64,5 ans.

b) Déterminez le pourcentage approximatif des échantillons de travailleurs du secteur public de taille 400 dans lesquels l'âge moyen de la retraite est à au plus 1 an de l'âge moyen de tous les travailleurs du secteur public.

c) Déterminez le pourcentage approximatif des échantillons de travailleurs autonomes de taille 350 dans lesquels l'âge moyen de la retraite est compris entre 63,5 et 64 ans.

6.18 On suppose que 40 % des Québécois ayant un emploi n'ont pas été témoins de conflits (mésentente profonde, harcèlement ou conflit de personnalité) impliquant des collègues durant les 12 derniers mois[10]. On désire prendre un échantillon aléatoire de 600 Québécois ayant un emploi.

a) Déterminez le pourcentage approximatif des échantillons de taille 600 dans lesquels le pourcentage de Québécois ayant un emploi qui n'ont pas été témoins de conflits impliquant des collègues durant les 12 derniers mois est supérieur à 36 %.

b) Déterminez le pourcentage approximatif des échantillons de taille 600 dans lesquels le pourcentage de Québécois ayant un emploi qui n'ont pas été témoins de conflits impliquant des collègues durant les 12 derniers mois est compris entre 44 et 46 %.

c) Déterminez le pourcentage approximatif des échantillons de taille 600 dans lesquels le pourcentage de Québécois ayant un emploi qui n'ont pas été témoins de conflits impliquant des collègues durant les 12 derniers mois est à au plus 8 % de la proportion de tous les Québécois ayant un emploi qui n'ont pas été témoins de conflits impliquant des collègues durant les 12 derniers mois.

d) Est-il possible d'obtenir un échantillon de taille 600 dans lequel le pourcentage de Québécois ayant un emploi qui n'ont pas été témoins de conflits impliquant des collègues durant les 12 derniers mois soit de 50 % ?

« Des chercheurs qui cherchent, on en trouve.
Des chercheurs qui trouvent, on en cherche. »
Charles de Gaulle

9. *Ibid.*, p. 211.

10. CROP/ORHRI. (Décembre 2005). *Les conflits en milieu de travail*, 26 p.

Chapitre 7

L'inférence sur une moyenne et sur une proportion

Objectifs d'apprentissage

- Estimer, à partir des données recueillies dans un échantillon, la valeur de la moyenne d'une variable appliquée aux unités statistiques d'une population.
- Estimer, à partir des données recueillies dans un échantillon, la proportion des unités statistiques d'une population qui ont une certaine caractéristique.
- Vérifier, à partir des données recueillies dans un échantillon, une hypothèse émise sur la valeur de la moyenne d'une variable appliquée aux unités statistiques d'une population.
- Vérifier, à partir des données recueillies dans un échantillon, une hypothèse émise sur la valeur de la proportion des unités statistiques d'une population qui ont une certaine caractéristique.

Sir Ronald Aylmer Fisher (1890-1962), statisticien et généticien britannique

Fondateur de la théorie de l'estimation (prévision de la structure d'une population à partir d'un échantillon aléatoire), sir Ronald Aylmer Fisher appliqua notamment les techniques statistiques à la biologie et à la génétique.

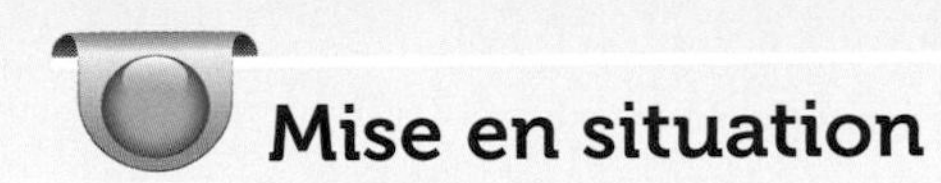

Mise en situation

L'utilisation d'Internet fait partie des habitudes courantes d'un très grand nombre de Québécois. Internet est aussi très utilisé dans l'enseignement à tous les niveaux. Pour bien saisir l'ampleur des habitudes des Québécois dans ce domaine, vous avez mené une étude auprès d'adultes québécois. Deux volets ont retenu votre intérêt : le temps d'utilisation d'Internet durant la semaine et les différentes utilisations qu'en font les adultes québécois.

Après avoir analysé les différentes variables relatives à une étude statistique, on tente d'inférer à l'ensemble de la population les résultats obtenus à partir d'un échantillon.

Étude statistique

1. L'énoncé des hypothèses statistiques
2. L'élaboration du plan de collecte des données
3. Le dépouillement et l'analyse des données
4. **L'inférence statistique**
   - L'étude et l'application de modèles théoriques
   - **L'estimation d'une moyenne ou d'une proportion**
   - **La vérification des hypothèses statistiques**
   - L'association de deux variables

7.1 L'estimation

L'étude du nombre d'heures de sommeil des élèves d'une polyvalente, faite à partir des données d'un échantillon de 30 élèves, peut être effectuée pour différentes raisons, notamment pour estimer le nombre moyen d'heures de sommeil de tous les élèves de la polyvalente. Cette façon de procéder, qui consiste à induire une moyenne pour une population à partir des données d'un échantillon, s'appelle **inférence statistique sur une moyenne**.

Inférence statistique sur une moyenne
Procédure qui consiste à induire une moyenne pour une population à partir des données d'un échantillon.

Statistique
Mesure qui décrit les données d'un échantillon et qui varie en fonction des unités qui le constituent.

Paramètre
Mesure qui décrit toutes les données de la population et qui est considérée comme fixe pour une population donnée.

Nous avons vu qu'il est possible de calculer différentes mesures (mode, médiane, moyenne, etc.) afin de décrire les données d'une variable quantitative. Lorsque ces mesures sont calculées à partir des données d'un échantillon, elles sont appelées **statistiques**. Par contre, lorsqu'elles décrivent toutes les données de la population, elles sont appelées **paramètres**. Une statistique est donc une mesure qui varie en fonction des unités qui constituent l'échantillon, tandis qu'un paramètre est une mesure considérée comme fixe pour une population donnée.

L'utilisation d'une méthode d'échantillonnage aléatoire permet d'appliquer certains modèles mathématiques, telle la distribution normale, pour effectuer l'inférence désirée. Il est possible d'inférer sur la moyenne μ d'une variable dans une population à partir de la moyenne $\overline{x}$ des données d'un échantillon aléatoire.

Jusqu'à quel point peut-on se fier au nombre moyen d'heures de sommeil des 30 élèves d'un échantillon pour inférer sur le nombre moyen d'heures de sommeil de tous les élèves de la polyvalente ? Dans le cas des grands échantillons, c'est-à-dire d'au moins 30 unités, il est possible d'utiliser le modèle de la loi normale pour évaluer approximativement le risque d'erreur de l'inférence.

On peut estimer la moyenne μ d'une variable dans une population :
- de façon ponctuelle ;
- au moyen d'un intervalle de confiance.

7.1.1 L'estimation d'une moyenne

L'estimation ponctuelle

Lors de l'étude d'une variable statistique, lorsqu'on estime la valeur de la moyenne μ de la variable dans la population en utilisant la valeur de la moyenne $\overline{x}$ dans un échantillon, on fait une estimation ponctuelle.

Estimation ponctuelle
Estimation de la moyenne μ de la variable dans la population en utilisant la valeur de la moyenne $\overline{x}$ dans un échantillon.
La moyenne $\overline{x}$ de la variable dans l'échantillon est une statistique.
La moyenne μ de la variable dans la population est un paramètre.

À partir de chaque échantillon formé, il est possible de calculer une moyenne qui variera d'un échantillon à un autre. Chacune des moyennes $\overline{x}$ est une estimation ponctuelle de la moyenne μ dans la population.

On procède souvent de cette façon dans la vie quotidienne, que ce soit en estimant à 1 h 30 min la durée moyenne du trajet de la maison au chalet ou à 20 min celle de la maison au collège. Ce type d'estimation donne l'ordre de grandeur de la moyenne μ dans la population. Comme il est peu probable que la moyenne $\overline{x}$ observée dans un échantillon soit égale à celle trouvée dans la population, la confiance en une telle estimation est pratiquement nulle. On dit que le pourcentage de confiance (niveau de confiance) d'une telle estimation ponctuelle est très faible, souvent même nul, car approximativement 0 % des échantillons peuvent donner une moyenne $\overline{x}$ égale à la moyenne μ dans la population. Pour augmenter le pourcentage de confiance dans une estimation, on procède par intervalle.

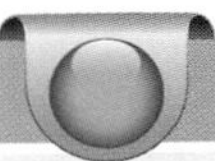

Exemple 7.1 Les habitudes d'utilisation d'Internet des Québécois

Mise en situation

Dans votre étude, vous avez pris un échantillon de 765 adultes québécois internautes (qui ont utilisé Internet au moins une fois durant la semaine). La durée moyenne d'utilisation d'Internet à domicile en une semaine est de 9,9 heures et l'écart type, de 3,1 heures[1].

Population	Tous les adultes québécois internautes.
Unité statistique	Un adulte québécois internaute.
Taille de l'échantillon	$n = 765$
Variable	Le temps passé sur Internet à domicile en une semaine.

En affirmant que le temps moyen que passent tous les adultes québécois internautes sur Internet à domicile en une semaine est de 9,9 heures, on fait une estimation ponctuelle. Il faut être conscient du fait que le temps moyen que passent tous les adultes québécois internautes sur Internet à domicile en une semaine n'est pas de 9,9 heures ; faire une estimation ponctuelle ne signifie pas évaluer avec précision la moyenne de la variable dans la population, mais plutôt en donner un ordre de grandeur. Le pourcentage de confiance d'une estimation ponctuelle est d'environ 0 %.

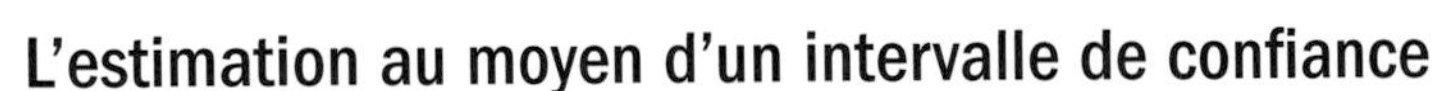

L'estimation au moyen d'un intervalle de confiance

Au chapitre précédent, nous avons vu que pour toute distribution d'une variable X étudiée, lorsque la taille de l'échantillon envisagé est d'au moins 30, la

1. Donnés adaptées de La Presse canadienne. (12 avril 2011). *Les trois quart* [*sic*] *des Québécois branchés sur le web*. [En ligne]. http://technaute.cyberpresse.ca/nouvelles/internet/201104/12/01-4389093-les-trois-quart-des-quebecois-branches-sur-le-web.php (page consultée le 3 février 2012) et de Fontaine, Mélanie. (24 août 2011). *Utilisation d'Internet en août 2011*, NETendances, cefrio. [En ligne]. http://blogue.cefrio.qc.ca/2011/08/utilisation-d_internet-en-aout-2011-resultats-d_aout-netendances-2011/ (page consultée le 3 février 2012).

variable $\overline{X}$, moyenne échantillonnale, a une distribution approximativement normale ayant les paramètres suivants :

$$\mu_{\overline{X}} = \mu$$

$\sigma_{\overline{X}} = \frac{\sigma}{\sqrt{n}}$ (lorsque $\frac{n}{N} \leq 0{,}05$, seul cas traité dans le présent ouvrage).

Mais, dans la plupart des cas, la valeur de l'écart type σ de la variable X est aussi inconnue ; on utilise donc une estimation ponctuelle de σ, c'est-à-dire l'écart type s des données de l'échantillon, d'où :

$\sigma_{\overline{X}} \approx s_{\overline{X}} = \frac{s}{\sqrt{n}}$ (lorsque $\frac{n}{N} \leq 0{,}05$)

FIGURE 7.1

Distribution de la variable $\overline{X}$
$P(-1{,}96 \leq Z \leq 1{,}96)$

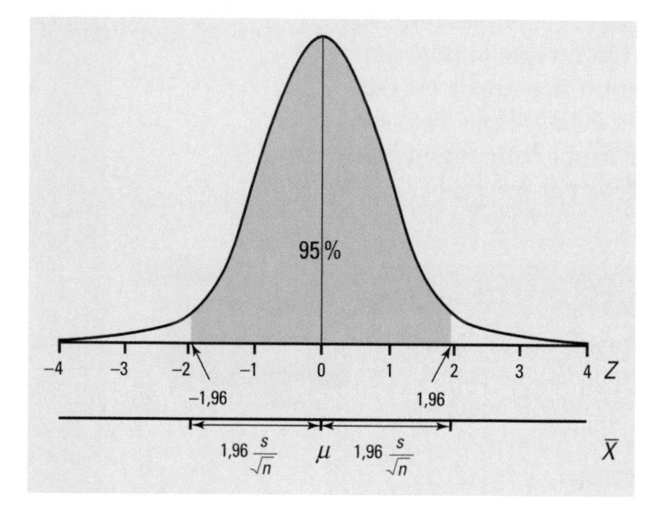

À partir de ces approximations, il est possible de trouver un intervalle plausible pour la moyenne μ de la variable X, dans lequel on aura un certain pourcentage de confiance de trouver la moyenne μ. On utilise habituellement un intervalle de confiance à 95 %.

Dans le cas d'une distribution normale, nous avons vu que 95 % des données se situent à au plus 1,96 longueur d'écart type de part et d'autre de la moyenne μ. Cela s'applique aussi à la distribution de la variable $\overline{X}$, dont l'écart type est approximativement $\frac{s}{\sqrt{n}}$, c'est-à-dire que pour 95 % des échantillons de taille n, on aura une moyenne $\bar{x}$ qui se situera à au plus 1,96 $\frac{s}{\sqrt{n}}$ unités de la moyenne μ (*voir la figure 7.1*).

Donc, si l'écart entre la moyenne μ et 95 % des valeurs $\bar{x}$ est d'au plus 1,96 $\frac{s}{\sqrt{n}}$, on a, pour 95 % des échantillons de taille n, la relation suivante :

$$\bar{x} - 1{,}96\,\frac{s}{\sqrt{n}} \leq \mu \leq \bar{x} + 1{,}96\,\frac{s}{\sqrt{n}}$$

Intervalle de confiance
Intervalle construit autour de la moyenne échantillonnale $\bar{x}$.

Pourcentage de confiance
Pourcentage d'échantillons possibles pour lesquels la moyenne μ se trouve dans l'intervalle de confiance calculé.

Risque d'erreur
Pourcentage d'échantillons possibles pour lesquels la moyenne μ ne se trouve pas dans l'intervalle de confiance calculé.

Marge d'erreur
Écart calculé de part et d'autre de la moyenne échantillonnale $\bar{x}$ pour obtenir l'intervalle de confiance.

Cet intervalle autour de $\bar{x}$ s'appelle **intervalle de confiance** à 95 % pour μ. Il y a donc 95 % des chances d'obtenir un échantillon à partir duquel l'intervalle construit autour de $\bar{x}$ englobe la moyenne μ dans la population.

La valeur 95 % est appelée **pourcentage de confiance**. Pour 95 % des échantillons possibles, la moyenne μ dans la population se trouve dans l'intervalle calculé. Donc, pour 5 % des échantillons possibles, la moyenne dans la population ne se trouve pas dans l'intervalle calculé. On parle alors d'un **risque d'erreur** de 5 %. Puisque les unités de l'échantillon sont prises au hasard, on ne sait pas si l'échantillon prélevé fait partie des 95 % ou des 5 %. On a donc confiance à 95 % dans l'intervalle calculé, car, pour 95 % des échantillons, la moyenne μ dans la population se trouvera entre les deux bornes de cet intervalle. L'expression « 19 fois sur 20 » est souvent utilisée au lieu de « 95 % », puisque 19/20 = 0,95.

Une autre façon d'aborder la situation est de dire que la moyenne μ dans la population est égale à la moyenne $\bar{x}$ dans l'échantillon, avec une **marge d'erreur** plus ou moins grande. La marge d'erreur ME pour un pourcentage de confiance de 95 % est de $1{,}96\frac{s}{\sqrt{n}}$. Cela signifie que pour 95 % des échantillons de taille n, la différence entre la moyenne dans l'échantillon et la moyenne μ dans la population est inférieure ou égale à la marge d'erreur ME.

Exemple 7.2 Les habitudes d'utilisation d'Internet des Québécois (*suite*)

Mise en situation

L'un des objectifs de votre étude est d'estimer le temps moyen que passent tous les adultes québécois internautes sur Internet à domicile en une semaine. En utilisant un intervalle de confiance à 95 %, on obtient :

a) La taille de l'échantillon est $n = 765$.

La marge d'erreur devient :

$$ME = 1{,}96 \frac{s}{\sqrt{n}} = 1{,}96 \frac{3{,}1}{\sqrt{765}} = 0{,}22 \text{ heure}$$

L'intervalle de confiance devient :

$$\bar{x} - ME \leq \mu \leq \bar{x} + ME$$

$$9{,}9 - 0{,}22 \leq \mu \leq 9{,}9 + 0{,}22$$

Résultat $9{,}68$ heures $\leq \mu \leq 10{,}12$ heures

Interprétation Pour 95 % des échantillons de taille 765, le temps moyen que passent les adultes québécois internautes sur Internet à domicile en une semaine est à au plus 0,22 heure du temps moyen que passent tous les adultes québécois internautes sur Internet à domicile en une semaine. En espérant que l'échantillon sélectionné fasse partie de ces 95 %, on peut dire que le temps moyen que passent tous les adultes québécois internautes sur Internet à domicile en une semaine se situe entre 9,68 et 10,12 heures. Autrement dit, l'intervalle calculé nous donnera raison 19 fois sur 20.

b) Si la taille de l'échantillon était $n = 10\,000$,

la marge d'erreur aurait été :

$$ME = 1{,}96 \frac{s}{\sqrt{n}} = 1{,}96 \frac{3{,}1}{\sqrt{10\,000}} = 0{,}06 \text{ heure}$$

L'intervalle de confiance deviendrait :

$$\bar{x} - ME \leq \mu \leq \bar{x} + ME$$

$$9{,}9 - 0{,}06 \leq \mu \leq 9{,}9 + 0{,}06$$

Résultat $9{,}84$ heures $\leq \mu \leq 9{,}96$ heures

Interprétation Pour 95 % des échantillons de taille 10 000, le temps moyen que passent les adultes québécois internautes sur Internet à domicile en une semaine est à au plus 0,06 heure du temps moyen que passent tous les adultes québécois internautes sur Internet à domicile en une semaine. En espérant que l'échantillon sélectionné fasse partie de ces 95 %, on peut dire que le temps moyen que passent tous les adultes québécois internautes sur Internet à domicile en une semaine se situe entre 9,84 et 9,96 heures. Autrement dit, l'intervalle calculé nous donnera raison 19 fois sur 20.

En augmentant la taille de l'échantillon, on réduit la marge d'erreur de l'estimation. La *ME* étant définie par $1{,}96 \frac{s}{\sqrt{n}}$, on remarque qu'une augmentation de la valeur prise par n au dénominateur réduit la valeur de la fraction $\frac{s}{\sqrt{n}}$ et, par conséquent, celle de la *ME*. Dans cet exemple, en augmentant la taille de l'échantillon de 765 à 10 000 unités, la marge d'erreur de l'estimation passe de 0,22 heure à 0,06 heure.

Influence de la cote *z*

Si l'on remplace la valeur de la cote z (1,96) par une autre valeur, le pourcentage de confiance en est modifié (*voir l'exemple 7.3, à la page suivante*).

FIGURE 7.2

Distribution de la variable $\overline{X}$
$P(-2{,}58 \leq Z \leq 2{,}58)$

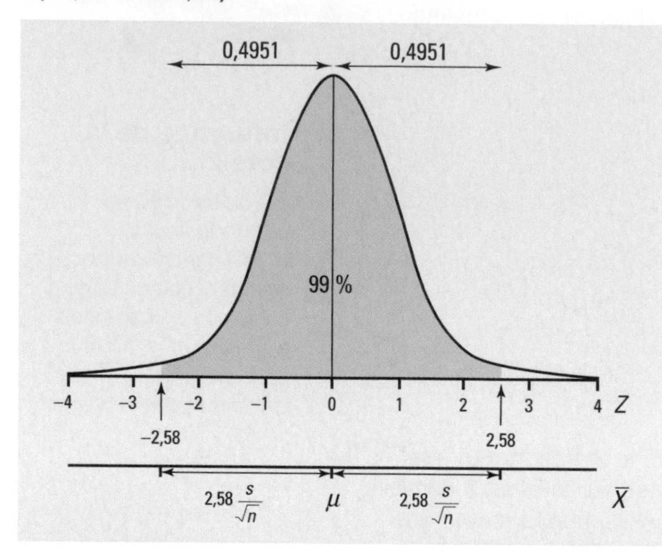

FIGURE 7.3

Distribution de la variable $\overline{X}$
$P(-1{,}96 \leq Z \leq 1{,}96)$ et $P(-2{,}58 \leq Z \leq 2{,}58)$

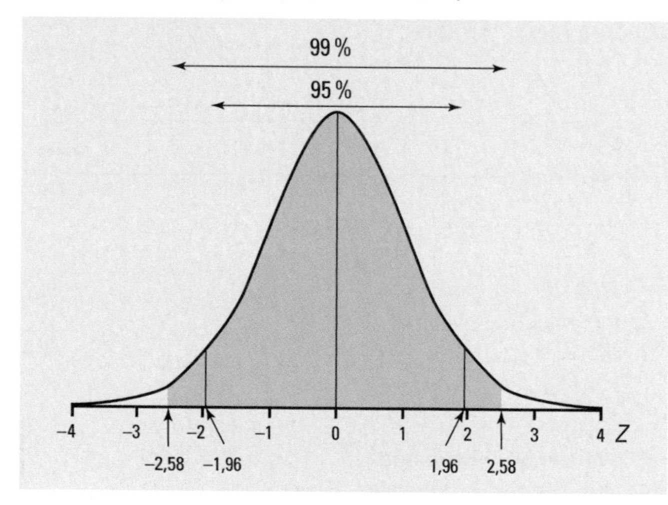

Ainsi, on peut dire que $\overline{x} - ME \leq \mu \leq \overline{x} + ME$, avec un pourcentage de confiance de 95 %.

On peut également trouver un intervalle de confiance pour la moyenne dans une population en utilisant un pourcentage de confiance différent de 95 %. Un pourcentage de confiance de 99 % est souvent employé. Dans ce cas, la cote z qu'il faut utiliser est 2,58, car $P(-2{,}58 \leq Z \leq 2{,}58) = 0{,}99$. En effet, après consultation de la table de distribution de la loi normale (*voir la table 1, annexe 6*), on remarque que 99 % des données se situent à au plus 2,58 longueurs d'écart type de part et d'autre de la moyenne, comme l'illustre le graphique ci-contre (*voir la figure 7.2*).

En augmentant le pourcentage de confiance pour l'estimation d'une moyenne μ, on augmente la quantité d'échantillons possibles pour lesquels l'intervalle calculé contiendra la moyenne μ dans la population. Ainsi, en passant de 95 % à 99 % de confiance, on augmente de 4 % la quantité d'échantillons possibles pour lesquels l'intervalle calculé contiendra la moyenne μ dans la population. Augmenter de 4 % la quantité d'échantillons possibles correspond à aller un peu plus loin de chaque côté de la moyenne μ, c'est-à-dire à augmenter la marge d'erreur (*voir la figure 7.3*).

Par contre, **on peut réduire la marge d'erreur en augmentant la taille de l'échantillon.**

En effet, la marge d'erreur étant $ME = 1{,}96 \frac{s}{\sqrt{n}}$, si l'on augmente la valeur de n (taille de l'échantillon) qui se trouve au dénominateur, la valeur de la marge d'erreur diminue.

Mise en situation

Exemple 7.3 Les habitudes d'utilisation d'Internet des Québécois (*suite*)

Que devient l'intervalle de confiance dans le cas du temps moyen que passent tous les adultes québécois internautes sur Internet à domicile en une semaine si l'on emploie un pourcentage de confiance de 99 % ?

La cote z correspondant à ce pourcentage est 2,58.

a) La taille de l'échantillon était $n = 765$.

La marge d'erreur aurait été :

$$ME = 2{,}58 \frac{s}{\sqrt{n}} = 2{,}58 \frac{3{,}1}{\sqrt{765}} = 0{,}29 \text{ heure}$$

L'intervalle de confiance deviendrait :

$\bar{x} - ME \leq \mu \leq \bar{x} + ME$

$9{,}9 - 0{,}29 \leq \mu \leq 9{,}9 + 0{,}29$

Résultat 9,61 heures $\leq \mu \leq$ 10,19 heures

Interprétation Pour 99 % des échantillons de taille 765, le temps moyen que passent les adultes québécois internautes sur Internet à domicile en une semaine est à au plus 0,29 heure du temps moyen que passent tous les adultes québécois internautes sur Internet à domicile en une semaine. En espérant que l'échantillon sélectionné fasse partie de ces 99 %, on peut dire que le temps moyen que passent tous les adultes québécois internautes sur Internet à domicile en une semaine se situe entre 9,61 et 10,19 heures. Autrement dit, l'intervalle calculé nous donnera raison 99 fois sur 100.

b) Si la taille de l'échantillon était n = 10 000,
la marge d'erreur aurait été :

$$ME = 2{,}58 \frac{s}{\sqrt{n}} = 2{,}58 \frac{3{,}1}{\sqrt{10\,000}} = 0{,}08 \text{ heure}$$

L'intervalle de confiance deviendrait :

$\bar{x} - ME \leq \mu \leq \bar{x} + ME$

$9{,}9 - 0{,}08 \leq \mu \leq 9{,}9 + 0{,}08$

Résultat 9,82 heures $\leq \mu \leq$ 9,98 heures

Interprétation Pour 99 % des échantillons de taille 10 000, le temps moyen que passent les adultes québécois internautes sur Internet à domicile en une semaine est à au plus 0,08 heure du temps moyen que passent tous les adultes québécois internautes sur Internet à domicile en une semaine. En espérant que l'échantillon sélectionné fasse partie de ces 99 %, on peut dire que le temps moyen que passent tous les adultes québécois internautes sur Internet à domicile en une semaine se situe entre 9,82 et 9,98 heures. Autrement dit, l'intervalle calculé nous donne raison 99 fois sur 100.

En augmentant le pourcentage (ou le niveau) de confiance d'un intervalle de confiance, on augmente la marge d'erreur de l'estimation.

Pour un niveau de confiance de 95 %, la *ME* étant définie par $1{,}96 \frac{s}{\sqrt{n}}$, on remarque qu'une augmentation du niveau de confiance à 99 % fait augmenter la valeur de la cote z, laquelle passe de 1,96 à 2,58. Par conséquent, la valeur de la *ME* augmente. Dans cet exemple, en augmentant le pourcentage de confiance de 95 % à 99 %, la marge d'erreur de l'estimation pour les échantillons de taille 765 passe de 0,22 heure à 0,29 heure et, pour les échantillons de taille 10 000, de 0,06 heure à 0,08 heure.

Pourcentage de confiance

Nous avons utilisé un pourcentage de confiance de 99 % dans le but de montrer l'influence de ce pourcentage sur la marge d'erreur. Généralement, un intervalle de confiance à 95 % est employé.

On se sert aussi de la formule de la marge d'erreur pour évaluer la taille d'un échantillon qui procure une marge n'excédant pas une valeur maximale (*MEM*) fixée à l'avance. Puisque cette formule utilise l'écart type s de l'échantillon à venir, on prend d'abord un échantillon préliminaire d'au moins 30 unités, à partir duquel on obtient une valeur pour s. Ensuite, on utilise la formule pour trouver la taille approximative de l'échantillon recherché. Autrement dit, une fois s calculé, on trouve la taille minimale que doit avoir un échantillon, de telle sorte que la ME n'excède pas la MEM. Il faut donc que :

$$ME = 1{,}96 \frac{s}{\sqrt{n}} \leq MEM$$

La taille minimale de l'échantillon doit donc être :

$$n \geq \left(\frac{1{,}96 \cdot s}{MEM}\right)^2$$

Ainsi, on augmente la taille de l'échantillon préliminaire jusqu'à ce que la taille minimale désirée soit atteinte.

Exemple 7.4 Les habitudes d'utilisation d'Internet des Québécois (*suite*)

De quelle taille devra être l'échantillon si l'on désire réduire la marge d'erreur pour qu'elle n'excède pas 0,1 heure, 19 fois sur 20 ?

Il faut que :

$ME = 1{,}96 \frac{s}{\sqrt{n}} = 1{,}96 \frac{3{,}1}{\sqrt{n}} \leq 0{,}1$, puisque $MEM = 0{,}1$, c'est-à-dire $n \geq \left(\frac{1{,}96 \cdot 3{,}1}{0{,}1}\right)^2$

Résultat $n \geq 3691{,}78$

Interprétation L'échantillon doit donc contenir au moins 3692 unités statistiques (adultes québécois internautes), car on ne peut prendre moins de 3691,78 unités. Sinon, avec un écart type échantillonnal de 3,1 heures, on aurait une marge d'erreur supérieure à 0,1 heure. Pour atteindre la taille minimale de 3692 unités statistiques, il faudra prendre 2927 autres unités, puisqu'on en a déjà 765.

Il est à noter que comme la valeur de l'écart type s a été calculée à l'aide de 765 unités (l'échantillon préliminaire), il se peut qu'elle soit légèrement modifiée dans l'échantillon de 3692 unités. On pourrait réévaluer la taille de l'échantillon nécessaire pour conserver une marge d'erreur n'excédant pas 0,1 heure, si ce n'est déjà fait.

Exercices

7.1 Le nombre d'heures de sommeil

D'après les sondages réalisés auprès de 1000 personnes âgées de 18 à 55 ans pour le compte de l'Institut national du sommeil et de la vigilance (INSV) en France, la durée moyenne de sommeil par 24 heures est de 7,1 heures[2]. On suppose que l'écart type de la distribution des heures de sommeil est de 2,1 heures.

a) À l'aide d'une estimation ponctuelle, déterminez le nombre moyen d'heures de sommeil de l'ensemble des personnes âgées de 18 à 55 ans en France.

b) À l'aide d'un intervalle de confiance à 95 %, déterminez le nombre moyen d'heures de sommeil de l'ensemble des personnes âgées de 18 à 55 ans en France.

c) Si le nombre moyen d'heures de sommeil pour l'ensemble des personnes âgées de 18 à 55 ans en France est de 6 heures, diriez-vous que votre échantillon vous a permis de faire une bonne estimation de ce nombre moyen d'heures de sommeil si vous utilisez un pourcentage de confiance de 95 % ? Justifiez votre réponse.

d) En utilisant un pourcentage de confiance de 95 %, devez-vous augmenter la taille de votre échantillon si vous désirez obtenir une marge d'erreur maximale de 0,1 heure ?

2. Institut national du sommeil et de la vigilance. (Mars 2010). *Sommeil, un carnet pour mieux comprendre*, p. 10.

Exercices

7.2 La rémunération des diplômés

En 2009, au Québec, un sondage réalisé auprès de 4 200 Québécois détenant un diplôme universitaire révèle que leur rémunération horaire moyenne est de 28,32 $. On suppose que l'écart type est de 2,14 $[3].

a) À l'aide d'une estimation ponctuelle, déterminez la rémunération horaire moyenne de tous les Québécois détenant un diplôme universitaire en 2009.

b) À l'aide d'un intervalle de confiance à 95 %, déterminez la rémunération horaire moyenne de tous les Québécois détenant un diplôme universitaire en 2009.

7.3 Les jours d'attente pour voir un médecin, plus longs au Québec

Un sondage pancanadien effectué auprès de 18 000 médecins spécialistes et omnipraticiens, dont environ 4 607 Québécois, a révélé que le nombre moyen de jours d'attente pour voir un médecin au Québec, lorsqu'on est dirigé d'urgence vers un docteur, est de 3,66 jours[4]. Supposons que l'écart type des jours d'attente est de 1,3 jour. Calculez la marge d'erreur associée à une estimation par intervalle de confiance à 95 % du nombre moyen de jours d'attente pour voir un médecin au Québec, lorsqu'on est dirigé d'urgence vers un docteur.

7.4 Expliquez dans vos mots à quoi correspond la marge d'erreur.

7.5 Expliquez dans vos mots la différence existant entre la marge d'erreur et le risque d'erreur.

7.6 À la fin d'un sondage, on trouve souvent un texte semblable à celui-ci : « Un échantillon de cette ampleur donne des résultats exacts à 500 $ près dans 19 cas sur 20. » Expliquez à quoi correspondent :

a) le montant de 500 $;

b) l'expression « 19 cas sur 20 ».

7.7 On prélève un échantillon de taille n pour lequel on obtient une moyenne $\overline{x}$ et un écart type s. On est donc en mesure de construire un intervalle de confiance à 95 % pour la moyenne μ de la population étudiée.

a) Quel sera l'effet produit sur la marge d'erreur :

1° si l'on diminue la taille de l'échantillon ?

2° si l'on diminue le niveau de confiance à 90 % ?

b) Quel sera l'effet produit sur l'intervalle de confiance :

1° si l'on diminue la taille de l'échantillon ?

2° si l'on diminue le niveau de confiance à 90 % ?

7.1.2 L'estimation d'une proportion

On peut vouloir étudier l'opinion du parent québécois à partir des données d'un échantillon, et ce, pour différentes raisons, notamment pour estimer la proportion des parents québécois qui trouvent difficile de transmettre des valeurs durables à leurs enfants. Cette façon d'induire la proportion d'une modalité d'une variable statistique dans une population à partir des données d'un échantillon s'appelle « inférence statistique sur une proportion ».

En étudiant une variable statistique qualitative, et quelquefois quantitative, le chercheur tente souvent de déterminer la proportion ou le pourcentage des unités statistiques qui possèdent la caractéristique étudiée dans une population.

Cette proportion, lorsqu'elle représente celle des unités statistiques de l'échantillon dont une caractéristique commune est étudiée, s'appelle **statistique** et est notée p. Par contre, lorsqu'elle représente la proportion des unités statistiques de la population dont une caractéristique commune est étudiée, cette proportion s'appelle **paramètre** et est notée π.

Statistique
Proportion p des unités statistiques de l'échantillon dont une caractéristique commune est étudiée.

Paramètre
Proportion π des unités statistiques de la population dont une caractéristique commune est étudiée.

3. Institut de la statistique du Québec. (Juin 2011). *Annuaire québécois des statistiques du travail, Portrait des principaux indicateurs des conditions et de la dynamique du travail, 2000-2010*, vol. 7, p. 170.

4. Lacoursière, Ariane. (28 juin 2011). « C'est au Québec qu'on attend le plus pour voir un médecin », *La Presse*, p. A5.

L'utilisation d'une méthode d'échantillonnage aléatoire permet d'utiliser la distribution normale pour des échantillons dont la taille est d'au moins 30. La théorie de l'inférence sur une moyenne, que nous avons vue à la section 7.1.1, s'applique aussi aux proportions. C'est l'interprétation qui en est différente.

On peut estimer la proportion π d'une caractéristique dans une population :

- de façon ponctuelle ;
- au moyen d'un intervalle de confiance.

L'estimation ponctuelle

Lors de l'étude d'une variable statistique, si l'on estime la valeur de la proportion π d'une caractéristique étudiée dans la population au moyen d'une valeur de la proportion p de la même caractéristique dans un échantillon, on fait une estimation ponctuelle.

Estimation ponctuelle
Estimation de la proportion π d'une caractéristique étudiée dans la population en utilisant la valeur de la proportion p de la même caractéristique dans un échantillon.

À partir de chaque échantillon formé, on peut calculer une proportion p qui peut varier d'un échantillon à l'autre. Chacune des proportions p est une estimation ponctuelle de la proportion π dans la population.

On procède souvent de cette façon dans la vie quotidienne, que ce soit en estimant la proportion de Québécois qui sont favorables à l'adoption d'un certain projet de loi ou la proportion de chômeurs canadiens. Ce type d'estimation donne l'ordre de grandeur de la proportion π dans la population. Comme il est peu probable que la proportion qui est observée dans un échantillon soit égale à celle que l'on trouve dans la population, le pourcentage de confiance d'une telle estimation ponctuelle est très faible, et souvent nul, car approximativement 0 % des échantillons peut donner une proportion p égale à la proportion π dans la population. Pour augmenter le pourcentage de confiance dans une estimation, on procède par intervalle.

Exemple 7.5 Les habitudes d'utilisation d'Internet des Québécois (*suite*)

Dans l'échantillon de 765 adultes québécois internautes, 627 avaient une connexion Internet haute vitesse.

Population	Tous les adultes québécois internautes.
Unité statistique	Un adulte québécois internaute.
Taille de l'échantillon	$n = 765$
Variable	Le type de connexion Internet.
Type de variable	Variable qualitative.
Caractéristique étudiée	Le fait d'avoir une connexion Internet haute vitesse.

Dans l'échantillon, la proportion des adultes québécois internautes ayant une connexion Internet haute vitesse est :

$$p = \frac{627}{765} = 0{,}8196 \text{ ou } 81{,}96\,\%$$

(Il arrive souvent que cette proportion soit fournie sous forme de pourcentage dans le compte rendu d'un sondage.)

En affirmant que 81,96 % des adultes québécois internautes ont une connexion Internet haute vitesse, on fait une estimation ponctuelle de la proportion π de l'ensemble des adultes québécois internautes ayant une connexion Internet haute vitesse à domicile.

Il faut être conscient du fait que la proportion π des adultes québécois internautes ayant une connexion Internet haute vitesse à domicile n'est pas de 81,96 %; faire une estimation ponctuelle ne signifie pas que l'on évalue avec précision la proportion des unités dans la population qui ont la caractéristique étudiée, mais plutôt en donner l'ordre de grandeur. Le pourcentage de confiance d'une estimation ponctuelle est d'environ 0 %.

L'estimation au moyen d'un intervalle de confiance

Au chapitre précédent, nous avons vu que l'ensemble des proportions p obtenues à partir de chacun des échantillons de taille n, lorsque la taille de l'échantillon envisagée est d'au moins 30, a une distribution approximativement normale ayant les paramètres suivants:

$$\mu_P = \pi$$

$$\sigma_P = \sqrt{\frac{\pi(1-\pi)}{n}} \text{ (lorsque } \frac{n}{N} \leq 0{,}05\text{, seul cas traité dans le présent ouvrage).}$$

La valeur de π étant inconnue, on utilisera donc une estimation ponctuelle de π, c'est-à-dire la proportion p dans l'échantillon, d'où:

$$\sigma_P \approx s_P = \sqrt{\frac{p(1-p)}{n}}$$

À partir de ces approximations, il est possible de trouver un intervalle plausible pour la proportion π, intervalle dans lequel on a un certain pourcentage de confiance de trouver la proportion π. On utilise habituellement un intervalle de confiance à 95 %.

Dans le cas d'une distribution normale, nous avons vu que 95 % des données se situent à au plus 1,96 longueur d'écart type de part et d'autre de la moyenne. Cela s'applique aussi à la distribution de l'ensemble des valeurs p, dont l'écart type est approximativement $\sqrt{\frac{p(1-p)}{n}}$, c'est-à-dire que pour 95 % des échantillons de taille n, on aura une proportion p qui se situe à au plus $1{,}96\sqrt{\frac{p(1-p)}{n}}$ de la proportion π, puisque $\mu_p = \pi$ (*voir la figure 7.4*).

Intervalle de confiance
Intervalle construit autour de la valeur p.

Donc, si l'écart entre la proportion π et 95 % des valeurs p est d'au plus $1{,}96\sqrt{\frac{p(1-p)}{n}}$, on a, pour 95 % des échantillons de taille n, la relation suivante:

$$p - 1{,}96\sqrt{\frac{p(1-p)}{n}} \leq \pi \leq p + 1{,}96\sqrt{\frac{p(1-p)}{n}}$$

Cet intervalle autour de p s'appelle intervalle de confiance à 95 % pour π. Il y a donc 95 % des chances d'obtenir un échantillon à partir duquel l'intervalle construit autour de p englobe la proportion π dans la population.

Comme c'est le cas pour la moyenne, la valeur 95 % est appelée « pourcentage de confiance ». Pour 95 % des échantillons possibles, la proportion π dans la population se trouve dans l'intervalle calculé.

FIGURE 7.4

Distribution de la variable P: $P(-1{,}96 \leq P \leq 1{,}96)$

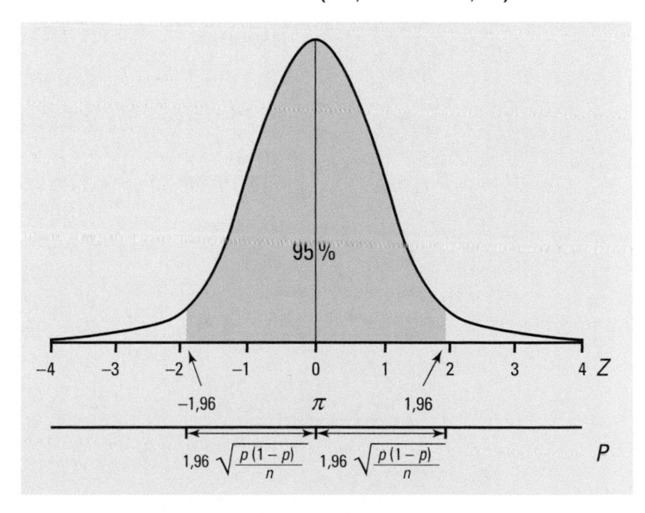

Donc, pour 5 % des échantillons possibles, la proportion π dans la population ne se trouve pas dans l'intervalle calculé. On parle alors de risque d'erreur de 5 %. Puisque les unités de l'échantillon sont prises au hasard, on ignore si l'échantillon prélevé fait partie des 95 % ou des 5 %. On a donc confiance à 95 % dans l'intervalle calculé, car, pour 95 % des échantillons, la proportion π dans la population se trouve entre les deux bornes de cet intervalle. L'expression « 19 fois sur 20 » est souvent utilisée au lieu de « 95 % », puisque 19/20 = 0,95.

Une autre façon d'aborder la situation est de dire que la proportion π dans la population est égale à la proportion p dans l'échantillon, avec une marge d'erreur plus ou moins grande. La marge d'erreur ME pour un pourcentage de confiance de 95 % est de $1{,}96\sqrt{\frac{p(1-p)}{n}}$.

Cela signifie que pour 95 % des échantillons de taille n, la différence entre la proportion p dans l'échantillon et la proportion π dans la population est inférieure ou égale à la marge d'erreur ME.

Ainsi, on peut dire que $p - ME \leq \pi \leq p + ME$, avec un pourcentage de confiance de 95 %.

Influence de la cote z

Si l'on remplace la valeur de la cote z (1,96) par une autre valeur, le pourcentage de confiance en est modifié.

Mise en situation

Exemple 7.6 Les habitudes d'utilisation d'Internet des Québécois (*suite*)

L'un des autres objectifs de votre étude est d'estimer la proportion π de l'ensemble des adultes québécois internautes ayant une connexion Internet haute vitesse. Si l'on construit un intervalle de confiance à 95%, la marge d'erreur devient :

$$ME = 1{,}96\sqrt{\frac{p(1-p)}{n}} = 1{,}96\sqrt{\frac{0{,}8196(1-0{,}8196)}{765}} = 0{,}0272 \text{ ou } 2{,}72\ \%$$

L'intervalle de confiance devient :

$p - ME \leq \pi \leq p + ME$

$0{,}8196 - 0{,}0272 \leq \pi \leq 0{,}8196 + 0{,}0272$

Résultat $0{,}7924 \leq \pi \leq 0{,}8468$

Exprimé en pourcentage, ce résultat devient :

$79{,}24\ \% \leq \pi \leq 84{,}68\%$

Interprétation Pour 95% des échantillons de taille 765, la proportion des adultes québécois internautes ayant une connexion Internet haute vitesse est à au plus 2,72% de la proportion de l'ensemble des adultes québécois internautes ayant une connexion Internet haute vitesse. En espérant que l'échantillon sélectionné fasse partie de ces 95%, on peut dire que la proportion de l'ensemble des adultes québécois internautes ayant une connexion Internet haute vitesse se situe entre 79,24 et 84,68%. Autrement dit, l'intervalle calculé nous donnera raison 19 fois sur 20.

Rappelons que le fait d'**augmenter le pourcentage de confiance a pour conséquence d'augmenter la marge d'erreur**. Par contre, on peut réduire celle-ci en augmentant la taille de l'échantillon.

On se sert aussi de la formule de la marge d'erreur pour évaluer la taille d'un échantillon qui procure une marge n'excédant pas une *MEM* fixée à l'avance. On cherche la taille minimale que doit avoir l'échantillon, de telle sorte que la *ME* n'excède pas la *MEM*. Il faut donc que :

$$ME = 1{,}96\sqrt{\frac{p(1-p)}{n}} \leq MEM$$

Puisque la valeur de p ne sera connue qu'une fois l'échantillon prélevé, on la remplace par la valeur 0,5 (ou 1/2) dans la formule. Cette valeur maximise le produit $p(1-p)$, ce qui permet d'obtenir une taille d'échantillon dont la marge d'erreur ne dépasse pas celle qui a été fixée au point de départ, peu importe la valeur de p dans l'échantillon.

Ainsi, si la valeur de p est différente de 0,5 (ou 1/2), on obtient une marge d'erreur inférieure à celle qui a été fixée, ce qui ne contredit pas l'objectif d'avoir une marge inférieure ou égale à celle du départ.

Ainsi, la taille minimale de l'échantillon doit être :

$$n \geq \frac{1{,}96^2}{4 \cdot MEM^2}$$

En effet,

$$MEM \geq 1{,}96\sqrt{\frac{\frac{1}{2} \cdot \frac{1}{2}}{n}}$$

$$MEM \geq 1{,}96\sqrt{\frac{1}{4 \cdot n}}$$

d'où

$$n \geq \frac{1{,}96^2}{4 \cdot MEM^2}$$

Exemple 7.7 La marge d'erreur dans les sondages publiés par les journaux

Dans les sondages publiés par les journaux, la marge d'erreur est généralement d'environ 3 %. De quelle taille doit être un échantillon pour que l'on soit certain de respecter cette marge ?

$MEM = 0{,}03$

La taille doit donc être :

$$n \geq \frac{1{,}96^2}{4 \cdot MEM^2}$$

$$n \geq \frac{1{,}96^2}{4 \cdot 0{,}03^2}$$

Résultat $n \geq 1067{,}11$

Interprétation L'échantillon doit donc contenir au moins 1 068 unités.

Exemple 7.8 Les habitudes d'utilisation d'Internet des Québécois (*suite*)

Reprenons votre étude effectuée auprès d'un échantillon de 765 adultes québécois internautes, dont 627 ont une connexion Internet haute vitesse. De quelle taille devrait être l'échantillon pour avoir une marge d'erreur n'excédant pas 2,72%, et ce, 19 fois sur 20? «19 fois sur 20» équivaut à 95% et $MEM = 0{,}0272$.

On a donc:

$$n \geq \frac{1{,}96^2}{4 \cdot MEM^2}$$

$$n \geq \frac{1{,}96^2}{4 \cdot 0{,}0272^2}$$

Résultat $n \geq 1\,298{,}12$

Interprétation Pour avoir une marge d'erreur n'excédant pas 2,72%, il faut un échantillon d'au moins 1 299 adultes québécois internautes.

Comme on peut le constater, on a obtenu une marge d'erreur de 2,72% en utilisant un échantillon de taille 765. La formule utilise $\pi = 1/2$ ou 0,5 et l'on a en réalité π près de 0,82. Plus la valeur de π est éloignée de 0,5, plus l'écart est grand entre la taille nécessaire et celle qui est calculée avec la formule. Cependant, celle-ci garantit que la marge d'erreur maximale sera respectée.

Exercices

7.8 Les Canadiens et la météo

«Un sondage téléphonique réalisé auprès de 2 333 Canadiens a été effectué par Ekos Research en 2011 afin de déterminer comment les contribuables réagissent aux alertes et aux prévisions météorologiques. 63 % des répondants avouent que le bulletin météo est important à leurs yeux[5].»

a) À l'aide d'une estimation ponctuelle, déterminez le pourcentage de l'ensemble des Canadiens qui considèrent que le bulletin météo est important à leurs yeux.

b) À l'aide d'un intervalle de confiance à 95 %, estimez le pourcentage de l'ensemble des Canadiens qui considèrent que le bulletin météo est important à leurs yeux.

c) En utilisant un pourcentage de confiance de 95 %, de quelle taille devrait être l'échantillon si la marge d'erreur ne doit pas excéder 1,5 % dans le cas de l'estimation du pourcentage de l'ensemble des Canadiens qui considèrent que le bulletin de météo est important à leurs yeux?

7.9 Un indice de masse corporelle (IMC) supérieur à 30 correspond à un état d'obésité[6]

Supposons que vous ayez pris un échantillon aléatoire de 1 200 Canadiens âgés de 18 à 24 ans dont 132 avaient un indice de masse corporelle (IMC) supérieur à 30.

a) À l'aide d'une estimation ponctuelle, déterminez le pourcentage de l'ensemble des Canadiens âgés de 18 à 24 ans qui sont obèses.

b) À l'aide d'un intervalle de confiance à 95 %, estimez le pourcentage de l'ensemble des Canadiens âgés de 18 à 24 ans qui sont obèses.

7.10 Les réclamations en matière de santé mentale des fonctionnaires

«Parmi 1 850 fonctionnaires provinciaux en "burn-out" ou en dépression recrutés dans le cadre d'une recherche, 1 460 ont fait des réclamations en matière de santé mentale[7].»

a) Trouvez la marge d'erreur associée à une estimation par intervalle de confiance à 95 % du

5. «Les Canadiens ne sont pas obsédés par la météo». (21 novembre 2011). *La Presse*, p. A9.
6. Tjepkema, Michael. (6 juillet 2005). «Obésité chez les adultes au Canada: Poids et grandeur mesurés», *Obésité mesurée*, Statistique Canada.
7. «Les Canadiens ne sont pas obsédés par la météo». (21 novembre 2011). *La Presse*, p. A9.

Exercices

pourcentage de l'ensemble des fonctionnaires provinciaux en « burn-out » ou en dépression qui ont fait des réclamations en matière de santé mentale.

b) À l'aide d'un intervalle de confiance à 95 %, estimez le pourcentage de l'ensemble des fonctionnaires provinciaux en « burn-out » ou en dépression qui ont fait des réclamations en matière de santé mentale.

7.11 Dans chacun des cas suivants, précisez si le pourcentage donné est une statistique ou un paramètre.

a) Selon le recensement de 2006, en 2004, 68,4 % des Canadiens avaient un diplôme d'études secondaires.

b) Selon une enquête menée par le CAA-Québec, 66 % des lecteurs de la revue *Touring* soutiennent que ce qui leur déplaît le plus lorsqu'ils sont au volant est le manque de civisme sur la route[8].

c) « Presque un élève sur deux (48 %) de l'école secondaire aux États-Unis souffre de harcèlement sexuel, directement ou sur Internet, affirme une étude réalisée auprès de 1 965 élèves interrogés par l'Association des femmes américaines universitaires[9]. »

7.12 Vrai ou faux

a) Une marge d'erreur de 5 % correspond à un risque d'erreur de 5 %.

b) Une marge d'erreur de 5 % correspond toujours à un pourcentage de confiance de 95 %.

c) Un risque d'erreur de 5 % correspond toujours à un pourcentage de confiance de 95 %.

d) Pour une taille d'échantillon constante, plus le pourcentage de confiance augmente, plus la marge d'erreur augmente.

e) Pour une taille d'échantillon constante, plus le risque d'erreur augmente, plus la marge d'erreur augmente.

Méthodes quantitatives en action

Gilles Therrien, p.-d. g., SOM inc.

Comme le monsieur Jourdain de Molière, qui faisait de la prose sans le savoir, plusieurs sondeurs font de la statistique sans s'en rendre compte. Par exemple, dans la plupart des sondages que publient les médias, on ignore totalement la marge d'erreur ou l'on en fournit une qui est inexacte, et force est d'admettre que, le plus souvent, cela n'y change rien.

Par contre, les principaux clients des maisons de sondage sont des organisations qui doivent prendre des décisions importantes où des millions de dollars sont parfois en jeu, et qui veulent savoir, par exemple :

- s'il faut subventionner un festival selon les retombées économiques qu'il génère (combien de personnes y participeront et combien elles dépenseront);
- s'il faudrait développer un nouveau programme de cellulaire et en financer la mise en marché (combien de personnes l'achèteront et combien seront-elles prêtes à payer);
- s'il est justifié d'investir dans un programme d'économie d'énergie (combien de ménages économiseront de l'argent grâce à ce programme).

Un sondage donne toujours un résultat approximatif, mais, dans ces cas, étant donné les enjeux financiers, il importe de bien comprendre ce que veut dire « approximatif ». Pour cela, on fera appel à un spécialiste en la matière qui saura, d'une part, obtenir le résultat le plus précis possible en fonction du budget investi et, d'autre part, planifier le sondage pour en arriver à un résultat assez précis pour permettre de prendre une décision éclairée. Voilà le rôle du statisticien : laisser aux monsieurs Jourdain du sondage le loisir de se réjouir de leur aptitude à faire de la statistique sans en avoir rien appris.

8. « Dites-nous… ». (Automne 2010). *Touring*, p. 30.
9. Agence France-Presse. (8 novembre 2011). « Un élève américain sur deux victime de harcèlement sexuel », *La Presse*, Cahier Arts, p. 6.

7.2 La vérification d'une hypothèse

7.2.1 La vérification d'une hypothèse émise sur la moyenne μ

Selon Statistique Canada, les locataires montréalais payaient un loyer mensuel de plus de 500 $ en moyenne en 1991[10]. Pour vérifier si cette affirmation est toujours vraie en 2012, le chercheur devra utiliser un échantillon de logements montréalais occupés par des locataires.

Selon le recensement canadien de 1991, l'âge moyen des travailleurs autonomes canadiens était de 42 ans[11]. L'est-il toujours en 2012 ? Pour répondre à cette question, le chercheur devra baser sa conclusion sur les données provenant d'un échantillon de travailleurs autonomes canadiens.

En 1990, l'âge moyen des femmes canadiennes à la naissance du premier enfant était de 23,5 ans[12]. A-t-il augmenté depuis ?

Les familles canadiennes étaient composées de 3,1 personnes en moyenne en 1991[13]. Qu'en est-il aujourd'hui ? Ce nombre a-t-il diminué ?

Dans tous les exemples précités, le chercheur connaît à l'avance la valeur de la moyenne d'une variable dans une population étudiée (par exemple, le loyer mensuel du logement à Montréal, l'âge des travailleurs autonomes canadiens, etc.). Pour vérifier si ces résultats s'appliquent encore aujourd'hui ou pour les comparer aux résultats connus d'une autre population, il doit effectuer un test d'hypothèses sur la moyenne μ. On distingue deux types de tests d'hypothèses : le test d'hypothèses bilatéral et le test d'hypothèses unilatéral.

Le test d'hypothèses bilatéral sur la moyenne μ

Lorsque le chercheur veut vérifier si la valeur de la moyenne d'une variable étudiée dans une population est bien celle qui a été proposée et que, selon lui, elle pourrait aussi bien être inférieure ou supérieure à la valeur proposée, il opte pour un test d'hypothèses bilatéral. Par exemple, l'âge moyen des travailleurs autonomes canadiens est-il toujours de 42 ans ? Une telle recherche ne tend pas à montrer que l'âge moyen a augmenté ou diminué, mais tout simplement à vérifier si un âge moyen de 42 ans pour cette catégorie de travailleurs est encore plausible.

Le test d'hypothèses bilatéral sur une moyenne μ est utilisé pour vérifier, à l'aide d'un échantillon, si une hypothèse proposant une valeur μ comme moyenne réelle d'une variable étudiée dans une population est plausible.

Si la moyenne μ proposée est la moyenne réelle dans la population, on a 95 % des chances d'obtenir un échantillon dont la moyenne $\overline{x}$ n'est pas à plus de

---

10. Chard, Jennifer. (Automne 1995). « La population multiethnique et croissante de Vancouver », *Tendances sociales canadiennes,* Statistique Canada, n° 38, p. 30.

11. Gardner, Arthur. (Été 1995). « Ils n'ont pas de patron », *Tendances sociales canadiennes,* Statistique Canada, n° 37, p. 26.

12. McDaniel, S. A. et C. Strike. (1994). *La famille et les amis,* Statistique Canada, p. 37.

13. « La famille canadienne : entretien avec Robert Glossop ». (Hiver 1994). *Tendances sociales canadiennes,* Statistique Canada, n° 35, p. 11.

1,96 longueur d'écart type de la moyenne proposée et 5 % des chances d'obtenir un échantillon dont la moyenne $\overline{x}$ est à plus de 1,96 longueur d'écart type de la moyenne proposée, puisque 95 % des échantillons procurent des moyennes qui ne sont pas à plus de 1,96 longueur d'écart type de la moyenne réelle dans la population.

Si l'on prend un échantillon dont la moyenne $\overline{x}$ est à plus de 1,96 longueur d'écart type de la moyenne μ proposée, on peut rejeter cette valeur μ comme n'étant pas une moyenne plausible dans la population. On dit alors que la différence entre $\overline{x}$ et μ est **significative,** c'est-à-dire qu'elle est suffisamment grande pour ne pas accepter la valeur proposée comme une moyenne plausible. Cependant, si la moyenne $\overline{x}$ dans l'échantillon n'est pas à plus de 1,96 longueur d'écart type de la valeur μ proposée, on ne peut la rejeter, car cette valeur μ est considérée comme une moyenne plausible dans la population. Donc, si celle-ci est la moyenne réelle dans la population, on a un risque de 5 % de prendre une mauvaise décision (risque d'erreur).

Cela signifie aussi que si la cote z de la moyenne $\overline{x}$ dans l'échantillon, notée $z_{\overline{x}}$ et calculée par rapport à la moyenne μ proposée, se situe entre −1,96 et 1,96 (zone de non-rejet), on ne peut rejeter celle-ci comme étant la moyenne réelle dans la population. De plus, si la valeur de $z_{\overline{x}}$ est inférieure à −1,96 ou supérieure à 1,96 (zones de rejet), on peut rejeter la moyenne μ proposée comme étant la moyenne réelle dans la population.

En résumé, lorsque la moyenne $\overline{x}$ obtenue dans l'échantillon est près de la moyenne μ (zone de non-rejet), on a tendance à dire que la moyenne μ proposée est plausible. Cependant, lorsque la moyenne $\overline{x}$ obtenue dans l'échantillon est loin de la moyenne μ (zone de rejet), on dit que la moyenne μ proposée n'est pas plausible. On a besoin d'un point ou d'un seuil à partir duquel celle-ci n'est plus acceptée comme moyenne plausible. Ce point est déterminé par le pourcentage de risque de prendre une mauvaise décision, que l'on appelle « seuil de signification » et que l'on note habituellement α. Celui-ci est généralement fixé à 5 %. La cote z (1,96) correspond à ce seuil de 5 % (*voir la figure 7.5*).

FIGURE 7.5

Test d'hypothèses bilatéral – Détermination des zones de rejet et de non-rejet

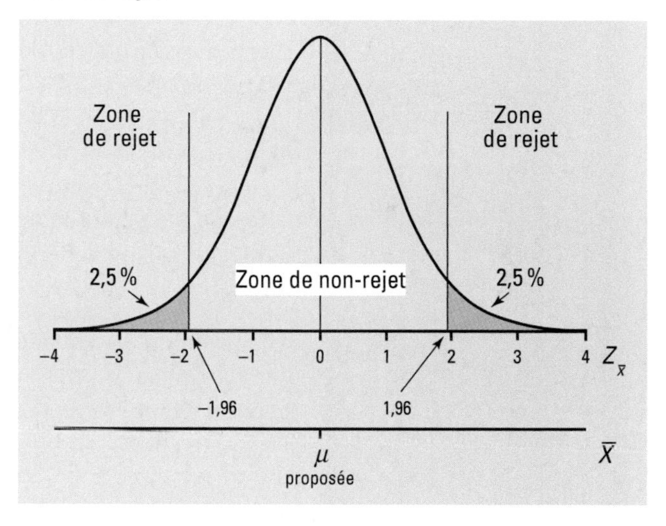

Ce processus de vérification est appelé « test d'hypothèses sur la valeur de la moyenne ». Ce test est formulé à partir de deux hypothèses statistiques, la première étant l'hypothèse nulle H_0 à vérifier, la seconde étant l'hypothèse alternative H_1, ou contre-hypothèse, qu'il faut accepter si la première est rejetée.

Le test d'hypothèses comporte huit étapes.

Première étape : formuler les hypothèses statistiques

H_0 : μ = valeur proposée comme moyenne réelle dans la population

H_1 : $\mu \neq$ valeur proposée

Deuxième étape : indiquer le seuil de signification α

Le seuil de signification α est de 5 %.

Troisième étape : vérifier la taille de l'échantillon

Il faut que $n \geq 30$.

Quatrième étape : préciser la distribution utilisée

Lorsque la taille de l'échantillon est d'au moins 30, on peut utiliser la distribution normale.

Cinquième étape : définir la règle de décision

Si $z_{\bar{x}} < -1{,}96$ ou si $z_{\bar{x}} > 1{,}96$, la moyenne proposée dans l'hypothèse nulle H_0 est rejetée et, par conséquent, l'hypothèse alternative H_1 est acceptée.

Si $-1{,}96 \leq z_{\bar{x}} \leq 1{,}96$, la moyenne proposée dans l'hypothèse nulle H_0 n'est pas rejetée.

Sixième étape : calculer

$$z_{\bar{x}} = \frac{\bar{x} - \mu}{\frac{s}{\sqrt{n}}}$$

Septième étape : appliquer la règle de décision

Si $z_{\bar{x}} < -1{,}96$ ou si $z_{\bar{x}} > 1{,}96$, on peut dire que la différence entre $\bar{x}$ et μ est significative, c'est-à-dire qu'elle est assez grande pour que l'on puisse rejeter la moyenne proposée dans l'hypothèse nulle H_0 et accepter l'hypothèse H_1.

Si $-1{,}96 \leq z_{\bar{x}} \leq 1{,}96$, on peut dire que la différence entre $\bar{x}$ et μ n'est pas significative, c'est-à-dire qu'elle n'est pas assez grande pour que l'on puisse rejeter la moyenne proposée dans l'hypothèse nulle H_0.

Huitième étape : conclure

Il s'agit d'expliquer la décision que l'on a prise en tenant compte du contexte.

Mise en situation

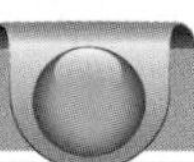

Exemple 7.9 Les habitudes d'utilisation d'Internet des Québécois (*suite*)

Reprenons votre étude effectuée auprès d'adultes québécois internautes au sujet du temps passé sur Internet à domicile en une semaine. Supposons qu'au départ on veuille vérifier si, en utilisant un seuil de signification de 5 %, on peut conclure que le temps moyen passé sur Internet à domicile par l'ensemble des adultes québécois internautes est différent de 10 heures. Pour ce faire, on a pris un échantillon de 765 adultes québécois internautes, pour lequel on a obtenu une moyenne $\bar{x}$ de 9,9 heures et un écart type s de 3,1 heures.

Première étape : formuler les hypothèses statistiques

$H_0 : \mu = 10$ heures

$H_1 : \mu \neq 10$ heures

Deuxième étape : indiquer le seuil de signification α

Le seuil de signification α est de 5 %.

Troisième étape : vérifier la taille de l'échantillon

$n = 765 \geq 30$

Quatrième étape : préciser la distribution utilisée

Puisque la taille de l'échantillon est de $765 \geq 30$, on peut utiliser la distribution normale.

Cinquième étape : définir la règle de décision

Si $z_{\bar{x}} < -1{,}96$ ou si $z_{\bar{x}} > 1{,}96$, la moyenne proposée dans l'hypothèse nulle H_0 est rejetée et, par conséquent, l'hypothèse alternative H_1 est acceptée.

Si $-1{,}96 \leq z_{\bar{x}} \leq 1{,}96$, la moyenne proposée dans l'hypothèse nulle H_0 n'est pas rejetée.

Sixième étape : calculer

$$z_{\bar{x}} = \frac{\bar{x} - \mu}{\frac{s}{\sqrt{n}}} = \frac{9{,}9 - 10}{\frac{3{,}1}{\sqrt{765}}} = -0{,}89$$

Cette cote z signifie que 9,9 heures est à 0,89 longueur d'écart type sous la valeur de la moyenne proposée, laquelle est de 10 heures.

Septième étape : appliquer la règle de décision

Puisque $-1{,}96 \leq -0{,}89 \leq 1{,}96$, la différence entre 9,9 et 10 heures est jugée non significative. On ne peut donc rejeter la moyenne proposée dans l'hypothèse nulle H_0.

Huitième étape : conclure

La moyenne de 10 heures est une moyenne plausible pour le temps moyen passé sur Internet par l'ensemble des adultes québécois internautes. Ainsi, on ne peut conclure que le temps moyen passé sur Internet à domicile par l'ensemble des adultes québécois internautes est différent de 10 heures. Si l'on rejetait l'hypothèse nulle H_0, le risque de prendre une mauvaise décision serait d'au moins 5 %.

FIGURE 7.6

Test d'hypothèses bilatéral – Position de la moyenne $\bar{x}$ obtenue par rapport aux zones de rejet et de non-rejet

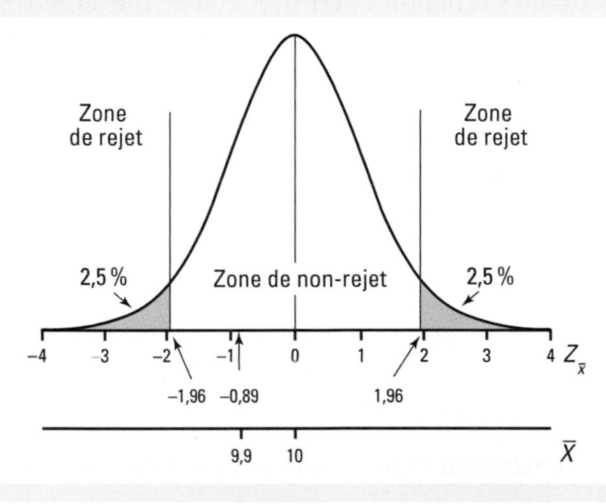

Exercice

7.13 Une patience relative

« Les exigences des consommateurs face à l'attente varient selon le commerce. Ainsi, ils sont prêts à attendre 8,6 minutes à la caisse d'une pharmacie, mais 6,2 dans les magasins à rayons, 5,7 dans les boutiques de vêtements et seulement 3,3 dans les dépanneurs et épiceries[14]. » C'est ce que révèle un sondage mené auprès de 1 005 adultes québécois.

En utilisant un seuil de signification de 5 %, pouvez-vous conclure que le temps d'attente moyen des adultes québécois à la caisse des boutiques de vêtements est différent de 6 minutes ? On suppose que l'écart type du temps d'attente dans les boutiques de vêtements est de 2,3 minutes.

14. Perreault, François. (14 septembre 2008). « En vrac. Plus patients, mais plus frustrés », *La Presse Affaires*, p. 4.

Le test d'hypothèses unilatéral sur la moyenne μ

Pour vérifier si la valeur de la moyenne d'une variable étudiée dans une population est inférieure ou supérieure à la valeur proposée, le chercheur opte pour un test d'hypothèses unilatéral. Par exemple, s'il veut montrer que l'âge moyen des femmes canadiennes à la naissance du premier enfant a augmenté depuis 1990 ou que le nombre moyen de personnes dans les familles canadiennes a diminué depuis 1991, il doit utiliser un test d'hypothèses unilatéral.

Le test d'hypothèses unilatéral permet de vérifier, à l'aide d'un échantillon, si une hypothèse proposant une valeur μ comme moyenne réelle d'une variable étudiée dans une population est plausible ou si la valeur de la moyenne réelle est soit supérieure, soit inférieure de façon significative à la valeur μ proposée.

Dans ces cas, une seule zone de rejet est nécessaire. Le risque de 5 % de prendre une mauvaise décision se concentre alors d'un seul côté, à droite ou à gauche.

Le test d'hypothèses unilatéral à droite sur la moyenne μ

Qu'il s'agisse de montrer que l'espérance de vie moyenne des Canadiens est supérieure à 76 ans, que la durée moyenne de soulagement obtenue grâce un médicament est supérieure à 12 heures, que la durée de vie moyenne des pneus est supérieure à 40 000 km ou encore que la valeur moyenne des maisons d'un quartier est supérieure à 240 000 $, le chercheur prend une décision dans ce sens seulement si la moyenne $\bar{x}$ dans l'échantillon est plus grande que la moyenne μ proposée, et ce, de façon significative. Dans ce cas, il effectue un test d'hypothèses unilatéral à droite, lequel comporte huit étapes.

Première étape: formuler les hypothèses statistiques

H_0 : μ = valeur proposée comme moyenne réelle dans la population

H_1 : μ > valeur proposée

Deuxième étape: indiquer le seuil de signification α

Le seuil de signification α est de 5 %.

FIGURE 7.7

Test d'hypothèses unilatéral à droite – Détermination des zones de rejet et de non-rejet

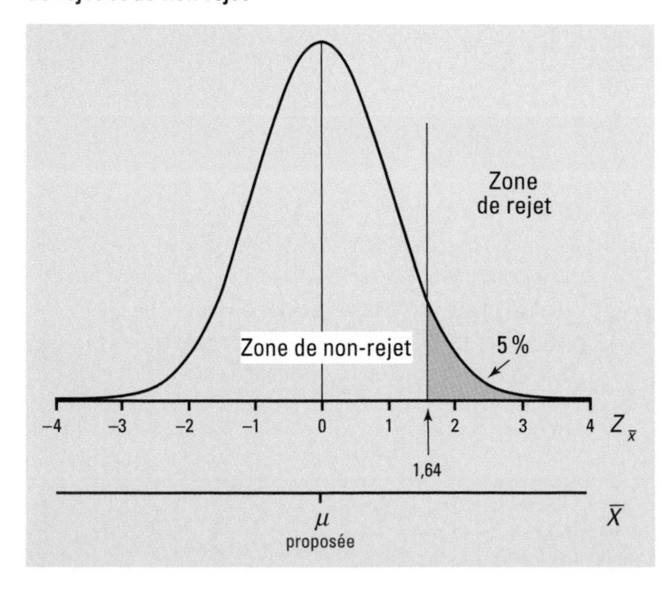

Troisième étape: vérifier la taille de l'échantillon

Il faut que $n \geq 30$.

Quatrième étape: préciser la distribution utilisée

Lorsque la taille de l'échantillon est d'au moins 30, on peut utiliser la distribution normale.

Cinquième étape: définir la règle de décision

La cote z nécessaire pour définir la règle de décision doit d'abord être positive, parce que la zone de rejet est à droite de la moyenne proposée. Ensuite, il faut que l'aire de cette zone de rejet soit de 5 %, ce qui équivaut au seuil de signification. La cote z correspondante est de 1,64.

Si $z_{\bar{x}} > 1,64$, la moyenne proposée dans l'hypothèse nulle H_0 est rejetée et, par conséquent, l'hypothèse alternative H_1 est acceptée.

Si $z_{\bar{x}} \leq 1,64$, la moyenne proposée dans l'hypothèse nulle H_0 n'est pas rejetée (*voir la figure 7.7*).

Sixième étape : calculer

$$z_{\bar{x}} = \frac{\bar{x} - \mu}{\frac{s}{\sqrt{n}}}$$

Septième étape : appliquer la règle de décision

Si $z_{\bar{x}} > 1{,}64$, on peut dire que la différence entre $\bar{x}$ et μ est significative, c'est-à-dire qu'elle est assez grande pour que l'on puisse rejeter la moyenne proposée dans l'hypothèse nulle H_0 et accepter l'hypothèse alternative H_1.

Si $z_{\bar{x}} \leq 1{,}64$, on peut dire que la différence entre $\bar{x}$ et μ n'est pas significative, c'est-à-dire qu'elle n'est pas assez grande pour que l'on puisse rejeter la moyenne proposée dans l'hypothèse nulle H_0.

Huitième étape : conclure

Il s'agit d'expliquer la décision que l'on a prise en tenant compte du contexte.

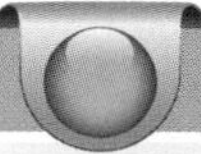

Exemple 7.10 Les habitudes d'utilisation d'Internet des Québécois (*suite*)

Mise en situation

Dans un échantillon de 256 Québécois âgés de 25 à 34 ans ayant utilisé Internet sur leur cellulaire au moins une fois durant la semaine, le temps moyen d'utilisation est de 2,7 heures et l'écart type est de 1,4 heure[15]. Peut-on conclure, en utilisant un seuil de signification de 5 %, que le temps moyen que passent par semaine les Québécois âgés de 25 à 34 ans utilisant Internet sur leur cellulaire est supérieur à 2,5 heures ?

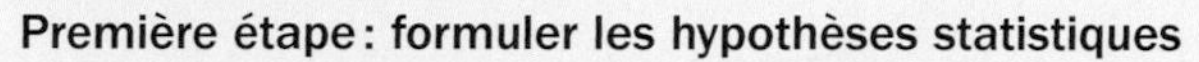

Première étape : formuler les hypothèses statistiques

$H_0 : \mu = 2{,}5$ heures

$H_1 : \mu > 2{,}5$ heures

Deuxième étape : indiquer le seuil de signification α

Le seuil de signification α est de 5 %.

Troisième étape : vérifier la taille de l'échantillon

$n = 256 \geq 30$

Quatrième étape : préciser la distribution utilisée

Puisque la taille de l'échantillon est de $256 \geq 30$, on peut utiliser la distribution normale.

Cinquième étape : définir la règle de décision

Si $z_{\bar{x}} > 1{,}64$, la moyenne proposée dans l'hypothèse nulle H_0 est rejetée et, par conséquent, l'hypothèse alternative H_1 est acceptée.

Si $z_{\bar{x}} \leq 1{,}64$, la moyenne proposée dans l'hypothèse nulle H_0 n'est pas rejetée.

Sixième étape : calculer

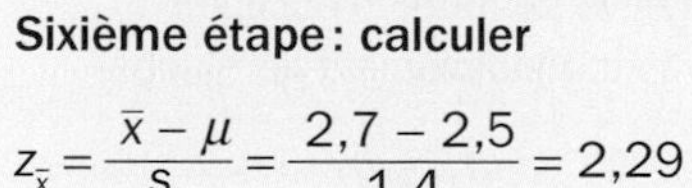

$$z_{\bar{x}} = \frac{\bar{x} - \mu}{\frac{s}{\sqrt{n}}} = \frac{2{,}7 - 2{,}5}{\frac{1{,}4}{\sqrt{256}}} = 2{,}29$$

Cette cote z signifie que 2,7 est à 2,29 longueurs d'écart type au-dessus de la valeur de la moyenne proposée dans l'hypothèse nulle H_0, cette moyenne étant de 2,5 heures.

15. Données adaptées de La Presse canadienne. (12 avril 2011). *Les trois quart* [*sic*] *des Québécois branchés sur le web*. [En ligne]. http://technaute.cyberpresse.ca/nouvelles/internet/201104/12/01-4389093-les-trois-quart-des-quebecois-branches-sur-le-web.php (page consultée le 3 février 2012).

Septième étape : appliquer la règle de décision

Puisque 2,29 > 1,64, la différence entre 2,7 et 2,5 heures est jugée significative. On peut donc rejeter la moyenne proposée dans l'hypothèse nulle H_0 et accepter l'hypothèse alternative H_1.

Huitième étape : conclure

On peut conclure que le temps moyen que passent par semaine les Québécois âgés de 25 à 34 ans utilisant Internet sur leur cellulaire est supérieur à 2,5 heures ; le risque de prendre une mauvaise décision est inférieur à 5 %, soit le seuil de signification.

FIGURE 7.8

Test d'hypothèses unilatéral à droite – Position de la moyenne $\bar{x}$ obtenue par rapport aux zones de rejet et de non-rejet

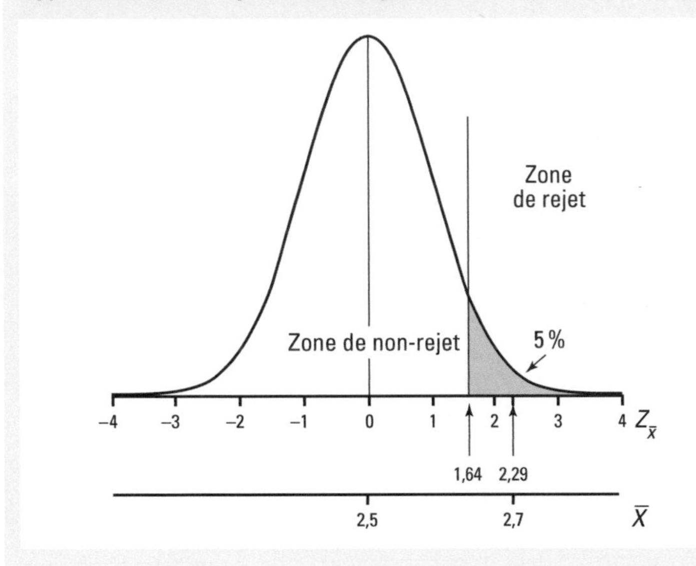

Exercice

7.14 Le kilométrage parcouru par les Québécois

« Chaque Québécois parcourt en moyenne 9 181 km par an à bord d'une automobile[16]. » On suppose que ce résultat a été obtenu auprès d'un échantillon de 874 Québécois et que l'écart type de la distance parcourue est de 2 844 km par an.

Si le seuil de signification est de 5 %, l'échantillon prélevé permet-il d'accepter l'hypothèse selon laquelle le kilométrage moyen que font annuellement les Québécois est supérieur à 9 000 km ?

Le test d'hypothèses unilatéral à gauche sur la moyenne μ

Qu'il s'agisse de montrer que le nombre moyen d'enfants par famille canadienne est inférieur, cette année, à 1,7, que le revenu moyen des Canadiens est inférieur

16. « *L'Actualité* a 35 ans ! 35 chiffres sur l'état de la planète ». (1er mars 2011). *L'Actualité*, p. 68.

à 40 000$ ou encore que le temps moyen que prennent les employés pour exécuter un travail est inférieur à 2 heures, le chercheur prend une décision dans ce sens seulement si la moyenne $\overline{x}$ dans l'échantillon est plus petite que la moyenne μ proposée, et ce, de façon significative. Dans ce cas, il effectue un test d'hypothèses unilatéral à gauche lequel comporte huit étapes.

Première étape: formuler les hypothèses statistiques

H_0: μ = valeur proposée comme moyenne réelle dans la population

H_1: μ < valeur proposée

Deuxième étape: indiquer le seuil de signification α

Le seuil de signification α est de 5 %.

Troisième étape: vérifier la taille de l'échantillon

Il faut que $n \geq 30$.

Quatrième étape: préciser la distribution utilisée

Lorsque la taille de l'échantillon est d'au moins 30, on peut utiliser la distribution normale.

Cinquième étape: définir la règle de décision

La cote z nécessaire pour définir la règle de décision doit d'abord être négative, parce que la zone de rejet est à gauche de la moyenne proposée. Ensuite, il faut que l'aire de la zone de rejet soit de 5 %, ce qui équivaut au seuil de signification. La cote z correspondante est de $-1,64$.

Si $z_{\overline{x}} < -1,64$, la moyenne proposée dans l'hypothèse nulle H_0 est rejetée et, par conséquent, l'hypothèse alternative H_1 est acceptée.

Si $z_{\overline{x}} \geq -1,64$, la moyenne proposée dans l'hypothèse nulle H_0 n'est pas rejetée (*voir la figure 7.9*).

FIGURE 7.9

Test d'hypothèses unilatéral à gauche – Détermination des zones de rejet et de non-rejet

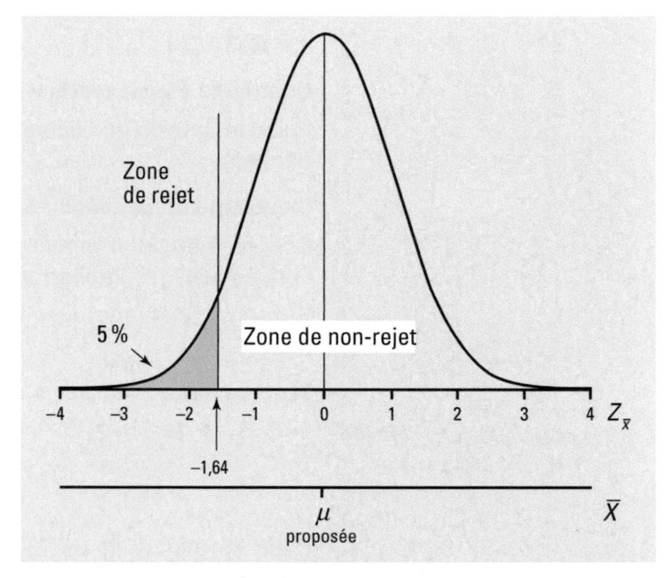

Sixième étape: calculer

$$z_{\overline{x}} = \frac{\overline{x} - \mu}{\frac{s}{\sqrt{n}}}$$

Septième étape: appliquer la règle de décision

Si $z_{\overline{x}} < -1,64$, on peut dire que la différence entre $\overline{x}$ et μ est significative, c'est-à-dire qu'elle est assez grande pour que l'on puisse rejeter la moyenne proposée dans l'hypothèse nulle H_0 et accepter l'hypothèse alternative H_1.

Si $z_{\overline{x}} \geq -1,64$, on peut dire que la différence entre $\overline{x}$ et μ n'est pas significative, c'est-à-dire qu'elle n'est pas assez grande pour que l'on puisse rejeter la moyenne proposée dans l'hypothèse nulle H_0.

Huitième étape: conclure

Il s'agit d'expliquer la décision que l'on a prise en tenant compte du contexte.

Exemple 7.11 Les habitudes d'utilisation d'Internet des Québécois (*suite*)

Dans un échantillon de 653 adultes québécois ayant utilisé Internet au travail au moins une fois durant la semaine, le temps moyen d'utilisation est de 5,8 heures et l'écart type est de 2,2 heures[17]. Peut-on conclure, au moyen du seuil de signification de 5%, que le temps moyen que prennent par semaine les adultes québécois ayant utilisé Internet au travail au moins une fois durant la semaine est inférieur à 6,0 heures?

Première étape: formuler les hypothèses statistiques

$H_0 : \mu = 6{,}0$ heures

$H_1 : \mu < 6{,}0$ heures

Deuxième étape: indiquer le seuil de signification α

Le seuil de signification α est de 5%.

Troisième étape: vérifier la taille de l'échantillon

$n = 653 \geq 30$

Quatrième étape: préciser la distribution utilisée

Puisque la taille de l'échantillon est de 653 ≥ 30, on peut utiliser la distribution normale.

Cinquième étape: définir la règle de décision

Si $z_{\bar{x}} < -1{,}64$, la moyenne proposée dans l'hypothèse nulle H_0 est rejetée et, par conséquent, l'hypothèse alternative H_1 est acceptée.

Si $z_{\bar{x}} \geq -1{,}64$, la moyenne proposée dans l'hypothèse nulle H_0 n'est pas rejetée.

Sixième étape: calculer

$$z_{\bar{x}} = \frac{\bar{x} - \mu}{\frac{s}{\sqrt{n}}} = \frac{5{,}8 - 6{,}0}{\frac{2{,}2}{\sqrt{653}}} = -2{,}32$$

Cette cote z signifie que 5,8 heures est à 2,32 longueurs d'écart type sous la valeur de la moyenne proposée dans l'hypothèse nulle H_0, cette moyenne étant de 6,0 heures.

Septième étape: appliquer la règle de décision

Puisque $-2{,}32 \leq -1{,}64$, la différence entre 5,8 et 6 heures est jugée significative. On peut donc rejeter la moyenne proposée dans l'hypothèse nulle H_0 et accepter l'hypothèse alternative H_1.

Huitième étape: conclure

On peut donc conclure que le temps moyen que prennent par semaine les adultes québécois ayant utilisé Internet au travail au moins une fois durant la semaine est inférieur à 6,0 heures; le risque de prendre une mauvaise décision est inférieur à 5%, soit le seuil de signification.

17. Données adaptées de La Presse canadienne. (12 avril 2011). *Les trois quart* [*sic*] *des Québécois branchés sur le web*. [En ligne]. http://technaute.cyberpresse.ca/nouvelles/internet/201104/12/01-4389093-les-trois-quart-des-quebecois-branches-sur-le-web.php (page consultée le 3 février 2012).

FIGURE 7.10

Test d'hypothèses unilatéral à gauche – Position de la moyenne $\bar{x}$ obtenue par rapport aux zones de rejet et de non-rejet

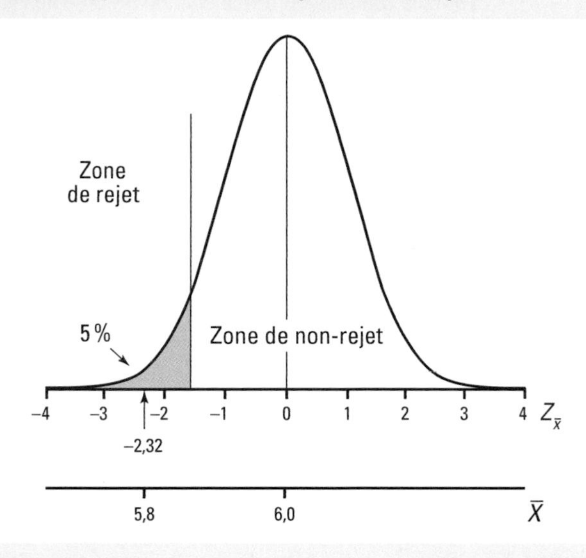

Exercices

7.15 Le mitan de la vie propice à la déprime

« Les jeunes sont très heureux. Les personnes âgées vont très bien, merci. C'est au mitan de la vie que ça se gâte... Les adultes de 40 à 50 ans sont ceux qui se disent les moins heureux. En effet, un sondage réalisé auprès de 30 000 répondants [ayant subi une déprime] de 21 pays d'Europe par le Centre européen de recherche en politique sociale révèle que l'âge [moyen] de la déprime est de 45 ans[18]. » On suppose que l'écart type de l'âge de la déprime est de 7,4 ans.

Si le seuil de signification est de 5 %, l'échantillon prélevé permet-il d'accepter l'hypothèse selon laquelle l'âge moyen de la déprime est inférieur à 50 ans ?

7.16 Le temps de déplacement pour se rendre au travail

« Les travailleurs de la région de Montréal passent en moyenne 31 minutes pour se rendre au boulot. C'est ce que révèle la plus récente étude réalisée par Statistique Canada concernant le temps de déplacement entre la maison et le travail en auto, en transport en commun ou à pied[19]. »

Dans votre région, une firme de sondage a prélevé un échantillon de 897 travailleurs. Le temps moyen de déplacement que prennent ceux-ci pour aller travailler est de 30 minutes et l'écart type est de 15,9 minutes.

Si le seuil de signification est de 5 %, l'échantillon prélevé permet-il de conclure que le temps moyen de déplacement pour aller travailler est inférieur à 31 minutes ?

7.17 La consommation de spaghetti au Canada

Au Canada, la consommation de pâtes est de 6,5 kg par habitant par année[20].

Un groupe ayant à cœur le bien-être des habitants de sa région fait un sondage auprès de 1 519 personnes de la région pour connaître leurs habitudes alimentaires en vue d'organiser des

18. « Santé. L'âge de la déprime : 45 ans ». (15 décembre 2008). *L'Actualité*, édition spéciale 1969-2009, p. 20.

19. Agence QMi. (21 septembre 2011). « Temps de déplacement pour aller travailler : 31 minutes en moyenne dans la région de Montréal », *La Seigneurie*, p. 11.

20. « Le scandale du spaghetti canadien ». (1er juin 2011). *L'Actualité*, p. 31.

Exercices

conférences sur l'importance d'une saine alimentation. Les résultats du sondage révèlent que ces personnes consomment en moyenne chacune 6,4 kg de pâtes par année et que l'écart type est de 2,8 kg.

Si le seuil de signification est de 5 %, diriez-vous que l'échantillon prélevé permet de conclure que la consommation de pâtes des habitants de votre région diffère de la moyenne canadienne ?

7.18 35 ans de changements...

En 1976, la durée de la semaine de travail était de 38,9 heures, alors qu'en 2011, elle est de 35 heures[21].

Dans un échantillon de 12 000 travailleurs prélevé en 1976, la semaine de travail était de 38,5 heures et l'écart type, de 9,4 heures.

En 2011, une étude comparable réalisée auprès d'un échantillon de 10 753 travailleurs révèle que la durée moyenne de la semaine de travail est de 35,5 heures et l'écart type, de 12,7 heures.

Si le seuil de signification est de 5 %, diriez-vous que les échantillons prélevés permettent de conclure :

a) qu'en 1976, la durée moyenne de la semaine de travail était inférieure à 38,9 heures ?

b) qu'en 2011, la durée moyenne de la semaine de travail est supérieure à 35 heures ?

CAS PRATIQUE
Le téléphone cellulaire au collégial

Dans le cadre de son étude « Le téléphone cellulaire au collégial », Kim vérifie si les étudiants possédant un cellulaire dépensent en moyenne plus de 45 $ par mois. Elle utilise les données de la question G pour effectuer son test d'hypothèse, « Le mois dernier, à combien s'élevaient les frais d'utilisation de votre cellulaire ? » Voyez à la page 319 la façon dont Kim procède.

7.2.2 La vérification d'une hypothèse émise sur la proportion π

Selon Statistique Canada, « en 1994, 23 % des ménages canadiens ont utilisé du compost, un composteur ou un service de compostage[22] ». Lorsqu'un chercheur veut vérifier si ce pourcentage s'applique aux ménages québécois d'aujourd'hui, il doit utiliser un échantillon de ménages québécois.

« En 1990, 15 % des Canadiens âgés de 25 ans et plus détenaient un diplôme universitaire[23]. » Si un chercheur veut montrer que la proportion a augmenté depuis ce temps, il doit utiliser un échantillon de Canadiens âgés de 25 ans et plus.

« En 1993, 59 % des travailleurs [canadiens] à temps partiel étaient âgés de 15 à 24 ans[24]. » Qu'en est-il aujourd'hui ?

« Aux États-Unis, 51 % des mères retournent au travail avant que [leur] enfant ait un an[25]. » Ce pourcentage est-il plus élevé au Canada ?

---

21. Ducas, Isabelle. (15 septembre 2011). « Grand dossier : 35 ans de changements… Québec Inc. en deux temps », *L'Actualité*, p. 56.
22. « Au fil de l'actualité ». (Automne 1995). *Tendances sociales canadiennes*, Statistique Canada, n° 38, p. 34.
23. O. Stone, Leroy. (1994). *Emploi et famille : les dimensions de la tension*, Statistique Canada, p. 55.
24. Best, Pamela. (Printemps 1995). « Les femmes, les hommes et le travail », *Tendances sociales canadiennes*, Statistique Canada, n° 36, p. 32.
25. O. Stone, Leroy, *op. cit.*, p. 92.

Dans tous ces exemples, le chercheur connaît à l'avance la valeur de la proportion d'une caractéristique dans une population étudiée (par exemple, le pourcentage des Canadiens âgés de 25 ans et plus détenant un diplôme universitaire, le pourcentage des travailleurs canadiens âgés de 15 à 24 ans parmi ceux qui travaillent à temps partiel, etc.). Pour vérifier si ces résultats s'appliquent encore aujourd'hui ou pour les comparer aux résultats connus d'une autre population, le chercheur doit effectuer un test d'hypothèses sur la proportion π. On distingue deux types de tests d'hypothèses sur la proportion π: le test d'hypothèses bilatéral et le test d'hypothèses unilatéral.

Le test d'hypothèses bilatéral sur la proportion π

Comme dans le cas de la moyenne, lorsque le chercheur veut vérifier si la proportion d'unités ayant la caractéristique étudiée dans une population est bien celle qui a été proposée et que, selon lui, elle pourrait aussi bien être inférieure ou supérieure à la valeur proposée, il opte pour un test d'hypothèses bilatéral. Par exemple, la proportion des Canadiens âgés de 15 à 24 ans est-elle toujours de 59 % chez les travailleurs canadiens à temps partiel ? Une telle recherche ne permettrait pas de montrer que la proportion a augmenté ou diminué, mais tout simplement de vérifier si celle de 59 % est encore plausible.

Le test d'hypothèses bilatéral sur une proportion π permet de vérifier, à l'aide d'un échantillon, si une hypothèse proposant une valeur π comme proportion réelle d'une caractéristique étudiée dans une population est plausible.

Si la proportion π proposée est la proportion réelle dans la population, on a 95 % des chances d'obtenir un échantillon dont la proportion p n'est pas à plus de 1,96 longueur d'écart type de la proportion proposée. De plus, on a 5 % des chances d'obtenir un échantillon dont la proportion p est à plus de 1,96 longueur d'écart type de la proportion proposée. En effet, 95 % des échantillons procurent des proportions p qui ne sont pas à plus de 1,96 longueur d'écart type de la proportion réelle dans la population.

Si l'on prend un échantillon dont la proportion p est à plus de 1,96 longueur d'écart type de la proportion π proposée, on peut rejeter cette valeur π comme n'étant pas une proportion plausible dans la population. On dira que la différence entre p et π est **significative**, c'est-à-dire qu'elle est suffisamment grande pour ne pas accepter la valeur proposée comme une proportion plausible. Cependant, si la proportion p dans l'échantillon n'est pas à plus de 1,96 longueur d'écart type de la valeur π proposée, on ne peut la rejeter. Celle-ci est considérée comme une proportion plausible dans la population. Donc, si la proportion π proposée est la proportion réelle dans la population, on a un risque de 5 % de prendre une mauvaise décision (risque d'erreur).

Cela signifie aussi que si la cote z de la proportion p dans l'échantillon, notée z_p et calculée par rapport à la proportion π proposée, se situe entre −1,96 et 1,96 (zone de non-rejet), on ne peut rejeter la proportion π proposée comme étant la proportion réelle dans la population. De plus, si la valeur de z_p est inférieure à −1,96 ou supérieure à 1,96 (zones de rejet), on peut rejeter la proportion π proposée comme étant la proportion réelle dans la population (*voir la figure 7.11*).

FIGURE 7.11

Test d'hypothèses bilatéral – Détermination des zones de rejet et de non-rejet

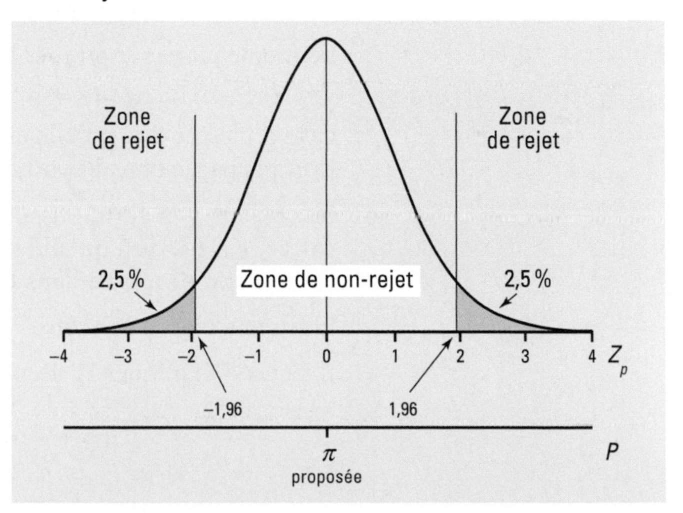

En résumé, lorsque la proportion p obtenue dans l'échantillon est près de la proportion π (zone de non-rejet), on a tendance à dire que la proportion π proposée est plausible. Toutefois, lorsque la proportion p obtenue dans l'échantillon est loin de la proportion π (zones de rejet), on dit que la proportion π proposée n'est pas plausible. On a besoin d'un point, d'un seuil, à partir duquel on n'accepte plus la valeur proposée π comme plausible. Ce point est déterminé par le pourcentage de risque de prendre une mauvaise décision, lequel est le seuil de signification. Celui-ci est généralement fixé à 5 %. La cote z (1,96) correspond à ce seuil de 5 %.

On appelle ce processus de vérification « test d'hypothèses sur la valeur de la proportion ». Comme dans le cas de la moyenne, ce test est formulé à partir de deux hypothèses statistiques, la première étant l'hypothèse nulle H_0 à vérifier, la seconde étant l'hypothèse alternative H_1, ou contre-hypothèse, à accepter si la première est rejetée.

Le test d'hypothèses comporte huit étapes.

Première étape : formuler les hypothèses statistiques

H_0 : π = valeur proposée comme proportion réelle dans la population

H_1 : $\pi \neq$ valeur proposée

Deuxième étape : indiquer le seuil de signification α

Le seuil de signification α est de 5 %.

Troisième étape : vérifier la taille de l'échantillon

Il faut que $n \geq 30$.

Quatrième étape : préciser la distribution utilisée

Lorsque la taille de l'échantillon est d'au moins 30, on peut utiliser la distribution normale.

Cinquième étape : définir la règle de décision

Si $z_p < -1{,}96$ ou si $z_p > 1{,}96$, la proportion proposée dans l'hypothèse nulle H_0 est rejetée et, par conséquent, l'hypothèse alternative H_1 est acceptée.

Si $-1{,}96 \leq z_p \leq 1{,}96$, la proportion proposée dans l'hypothèse nulle H_0 n'est pas rejetée.

Sixième étape : calculer

$$z_p = \frac{p - \pi}{\sqrt{\frac{\pi(1 - \pi)}{n}}}$$

On utilise π de H_0, car on suppose que c'est la proportion dans la population.

Septième étape : appliquer la règle de décision

Si $z_p < -1{,}96$ ou si $z_p > 1{,}96$, on peut dire que la différence entre p et π est significative, c'est-à-dire qu'elle est assez grande pour que l'on puisse rejeter la proportion proposée dans l'hypothèse nulle H_0 et accepter l'hypothèse alternative H_1.

Si $-1{,}96 \leq z_p \leq 1{,}96$, on peut dire que la différence entre p et π n'est pas significative, c'est-à-dire qu'elle n'est pas assez grande pour que l'on puisse rejeter la proportion proposée dans l'hypothèse nulle H_0.

Huitième étape : conclure

Il s'agit d'expliquer la décision que l'on a prise en tenant compte du contexte.

Exemple 7.12 Les habitudes d'utilisation d'Internet des Québécois *(suite)*

Dans un échantillon de 1 001 adultes québécois internautes, 450 utilisaient Internet pour regarder des vidéos[26]. Peut-on conclure, si le seuil de signification est de 5 %, que la proportion de l'ensemble des adultes québécois internautes utilisant Internet pour regarder des vidéos est différente de 50 % ?

Première étape : formuler les hypothèses statistiques

$H_0 : \pi = 0{,}50$

$H_1 : \pi \neq 0{,}50$

Deuxième étape : indiquer le seuil de signification α

Le seuil de signification α est de 5 %.

Troisième étape : vérifier la taille de l'échantillon

$n = 1\,001 \geq 30$

Quatrième étape : préciser la distribution utilisée

Puisque la taille de l'échantillon est de $1\,001 \geq 30$, on peut utiliser la distribution normale.

Cinquième étape : définir la règle de décision

Si $z_p < -1{,}96$ ou si $z_p > 1{,}96$, la proportion proposée dans l'hypothèse nulle H_0 est rejetée et, par conséquent, l'hypothèse alternative H_1 est acceptée.

Si $-1{,}96 \leq z_p \leq 1{,}96$, la proportion proposée dans l'hypothèse nulle H_0 n'est pas rejetée.

Sixième étape : calculer

$$p = \frac{450}{1\,001} = 0{,}4496$$

$$z_p = \frac{0{,}4496 - 0{,}50}{\sqrt{\dfrac{0{,}50(1 - 0{,}50)}{1\,001}}} = -3{,}19$$

Cette cote *z* signifie que 44,96 % est à 3,19 longueurs d'écart type sous la valeur de la proportion proposée dans l'hypothèse nulle H_0, cette proportion étant de 50 %.

FIGURE 7.12

Test d'hypothèses bilatéral – Position de la proportion *p* obtenue par rapport aux zones de rejet et de non-rejet

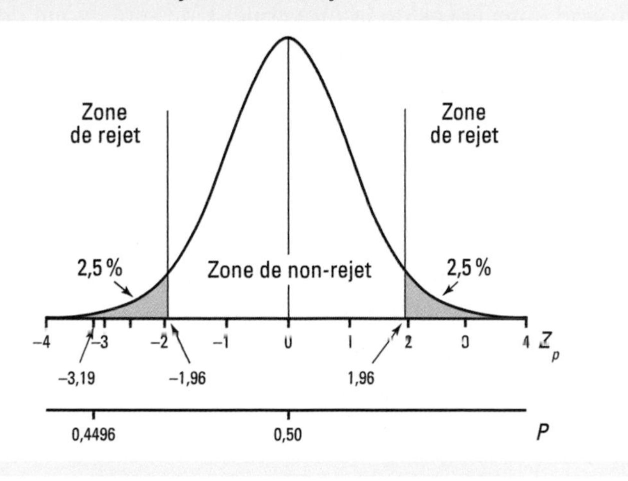

26. Léger Marketing. (5 janvier 2011). « Internet est partout », *Journal de Montréal.* [En ligne]. www.journaldemontreal.com/journaldemontreal/chroniques/jeanmarcleger/archives/2011/01/20110105-050910.html (page consultée le 3 février 2012).

Septième étape : appliquer la règle de décision

Puisque $-3,19 < -1,96$, la différence entre 44,96 et 50 % est jugée significative. On peut donc rejeter la proportion proposée dans l'hypothèse nulle H_0 et accepter l'hypothèse alternative H_1.

Huitième étape : conclure

La proportion de l'ensemble des adultes québécois internautes utilisant Internet pour regarder des vidéos est différente de 50 % ; le risque de prendre une mauvaise décision est inférieur à 5 %, soit le seuil de signification.

Exercice

7.19 Un travailleur sur cinq souffre de détresse

Les résultats d'une étude réalisée auprès de 5 000 travailleurs par l'Institut de recherche en santé et en sécurité du travail révèlent que 18 % des travailleurs présentent un niveau élevé de détresse psychologique[27].

Si le seuil de signification est de 5 %, l'échantillon prélevé permet-il de conclure que le pourcentage des travailleurs en détresse est différent de 20 % ?

Le test d'hypothèses unilatéral sur la proportion π

Pour vérifier si la proportion d'une caractéristique étudiée dans une population est inférieure ou supérieure à la valeur proposée, le chercheur opte pour un test d'hypothèses unilatéral. Par exemple, s'il veut montrer que le pourcentage des Canadiens âgés de 25 ans et plus détenant un diplôme universitaire est supérieur à 15 % ou que la proportion des mères canadiennes qui retournent au travail avant que leur enfant ait un an est inférieure à 51 %, il doit utiliser un test d'hypothèses unilatéral.

Ce test permet de vérifier, à l'aide d'un échantillon, si une hypothèse proposant une valeur π comme proportion réelle d'une caractéristique étudiée dans une population est plausible ou si la valeur de la proportion réelle est supérieure ou inférieure de façon significative à la valeur π proposée.

C'est la même situation que dans le cas de la moyenne. Une seule zone de rejet est nécessaire. Le risque de 5 % de prendre une mauvaise décision se concentre alors d'un seul côté, à droite ou à gauche.

Le test d'hypothèses unilatéral à droite sur la proportion π

Qu'il s'agisse de montrer que la proportion des étudiants québécois opposés à l'augmentation des frais de scolarité est supérieure à 50 % ou que plus de 30 % des conducteurs québécois ont déjà eu un accident, le chercheur prend une décision dans ce sens seulement si la proportion p dans l'échantillon est plus grande que la proportion π proposée, et ce, de façon significative. Dans ce cas, il effectue un test d'hypothèses unilatéral à droite, lequel comporte huit étapes.

Première étape : formuler les hypothèses statistiques

H_0 : $\pi =$ valeur proposée comme proportion réelle dans la population

H_1 : $\pi >$ valeur proposée

27. Larouche, Vincent. (22 septembre 2011). « Un travailleur sur cinq en détresse », *La Presse*, p. A9.

Deuxième étape : indiquer le seuil de signification α

Le seuil de signification α est de 5 %.

Troisième étape : vérifier la taille de l'échantillon

Il faut que $n \geq 30$.

Quatrième étape : préciser la distribution utilisée

Lorsque la taille de l'échantillon est d'au moins 30, on peut utiliser la distribution normale.

Cinquième étape : définir la règle de décision

La cote z nécessaire pour établir la règle de décision doit d'abord être positive, parce que la zone de rejet est à droite de la proportion proposée. Ensuite, il faut que l'aire de la zone de rejet soit de 5 %, soit le seuil de signification. La cote z correspondante est de 1,64.

Si $z_p > 1{,}64$, la proportion proposée dans l'hypothèse nulle H_0 est rejetée et, par conséquent, l'hypothèse alternative H_1 est acceptée.

Si $z_p \leq 1{,}64$, la proportion proposée dans l'hypothèse nulle H_0 n'est pas rejetée (*voir la figure 7.13*).

FIGURE 7.13

Test d'hypothèses unilatéral à droite – Détermination des zones de rejet et de non-rejet

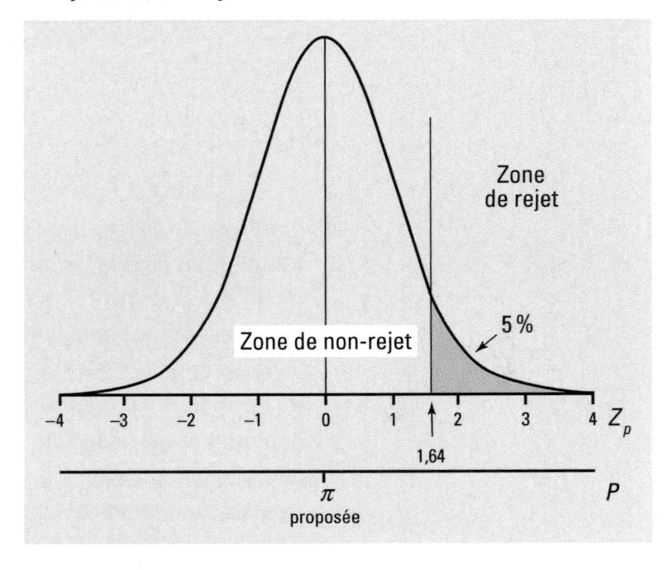

Sixième étape : calculer

$$z_p = \frac{p - \pi}{\sqrt{\dfrac{\pi(1-\pi)}{n}}}$$

Septième étape : appliquer la règle de décision

Si $z_p > 1{,}64$, on peut dire que la différence entre p et π est significative, c'est-à-dire qu'elle est assez grande pour que l'on puisse rejeter la proportion proposée dans l'hypothèse nulle H_0 et accepter l'hypothèse alternative H_1.

Si $z_p \leq 1{,}64$, on peut dire que la différence entre p et π n'est pas significative, c'est-à-dire qu'elle n'est pas assez grande pour que l'on puisse rejeter la proportion proposée dans l'hypothèse nulle H_0.

Huitième étape : conclure

Il s'agit d'expliquer la décision que l'on a prise en tenant compte du contexte.

Exemple 7.13 Les habitudes d'utilisation d'Internet des Québécois (*suite*)

Mise en situation

Dans un échantillon de 1 001 adultes québécois internautes, 260 utilisent Internet pour y déposer des photos[28]. Peut-on conclure, si le seuil de signification est de 5 %, que la proportion de l'ensemble des adultes québécois internautes utilisant Internet pour y déposer des photos est supérieure à 25 % ?

Première étape : formuler les hypothèses statistiques

$H_0 : \pi = 0{,}25$

$H_1 : \pi > 0{,}25$

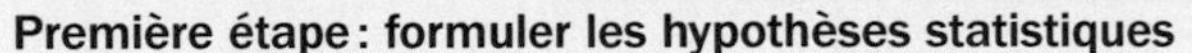

28. Léger Marketing, *op. cit.*

Deuxième étape : indiquer le seuil de signification α

Le seuil de signification α est de 5 %.

Troisième étape : vérifier la taille de l'échantillon

$n = 1\,001 \geq 30$

Quatrième étape : préciser la distribution utilisée

Puisque la taille de l'échantillon est de $1\,001 \geq 30$, on peut utiliser la distribution normale.

Cinquième étape : définir la règle de décision

Si $z_p > 1{,}64$, la proportion proposée dans l'hypothèse nulle H_0 est rejetée et, par conséquent, l'hypothèse alternative H_1 est acceptée.

Si $z_p \leq 1{,}64$, la proportion proposée dans l'hypothèse nulle H_0 n'est pas rejetée.

Sixième étape : calculer

$$p = \frac{260}{1\,001} = 0{,}2597$$

$$z_p = \frac{0{,}2597 - 0{,}25}{\sqrt{\frac{0{,}25(1 - 0{,}25)}{1\,001}}} = 0{,}71$$

Cette cote z signifie que 25,97 % est à 0,71 longueur d'écart type au-dessus de la valeur de la proportion proposée dans l'hypothèse nulle H_0, cette proportion étant de 25 %.

Septième étape : appliquer la règle de décision

Puisque $0{,}71 \leq 1{,}64$, la différence entre 25,97 et 25 % est jugée non significative. On ne peut donc rejeter la proportion proposée dans l'hypothèse nulle H_0.

Huitième étape : conclure

On ne peut conclure, si le seuil de signification est de 5 %, que la proportion de l'ensemble des adultes québécois internautes utilisant Internet pour y déposer des photos est supérieure à 25 %. Cette proportion est plausible. Si l'on rejetait l'hypothèse nulle H_0, le risque de prendre une mauvaise décision serait d'au moins 5 %.

FIGURE 7.14

Test d'hypothèses unilatéral à droite – Position de la proportion p obtenue par rapport aux zones de rejet et de non-rejet

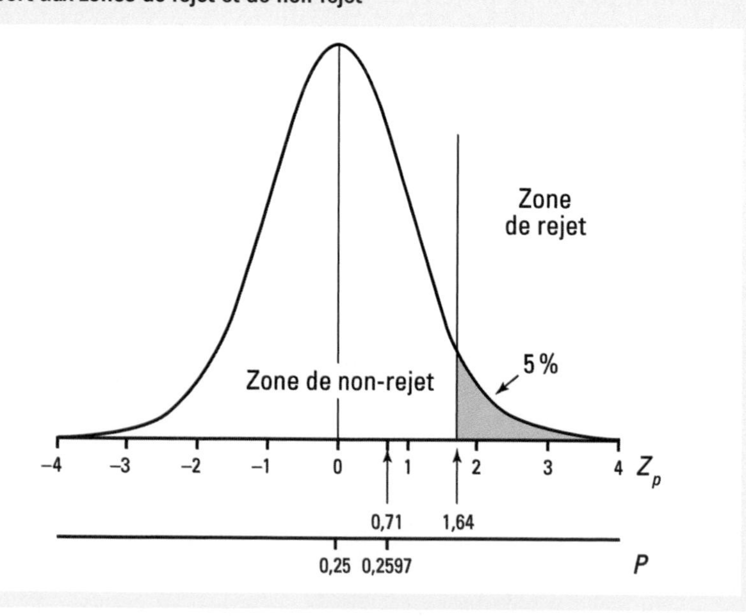

Exercice

7.20 Quarante pour cent des Canadiens dorment mal

Une étude menée auprès de 2 000 personnes de partout au Canada révèle que 4 personnes sur 10 reconnaissent souffrir de troubles du sommeil[29].

Si le seuil de signification est de 5 %, diriez-vous que plus du tiers (33 %) des Canadiens souffrent de troubles du sommeil ?

Le test d'hypothèses unilatéral à gauche sur la proportion π

Qu'il s'agisse de montrer que la proportion des Canadiens favorables au rétablissement de la peine de mort est inférieure à 65 % ou que moins de 30 % des Québécois sont des fumeurs, le chercheur prend une décision dans ce sens seulement si la proportion p dans l'échantillon est plus petite que la proportion π proposée, et ce, de façon significative. Dans ce cas, il effectue un test d'hypothèses unilatéral à gauche.

Le test d'hypothèses unilatéral à gauche comporte huit étapes.

Première étape : formuler les hypothèses statistiques

$H_0 : \pi =$ valeur proposée comme proportion réelle dans la population

$H_1 : \pi <$ valeur proposée

Deuxième étape : indiquer le seuil de signification α

Le seuil de signification α est de 5 %.

Troisième étape : vérifier la taille de l'échantillon

Il faut que $n \geq 30$.

Quatrième étape : préciser la distribution utilisée

Lorsque la taille de l'échantillon est d'au moins 30, on utilise la distribution normale.

Cinquième étape : définir la règle de décision

La cote z nécessaire pour définir la règle de décision doit d'abord être négative, parce que la zone de rejet est à gauche de la proportion proposée. Ensuite, il faut que l'aire de la zone de rejet soit de 5 %, ce qui équivaut au seuil de signification. La cote z correspondante est de −1,64.

Si $z_p < -1{,}64$, la proportion proposée dans l'hypothèse nulle H_0 est rejetée et, par conséquent, l'hypothèse alternative H_1 est acceptée.

Si $z_p \geq -1{,}64$, la proportion proposée dans l'hypothèse nulle H_0 n'est pas rejetée (*voir la figure 7.15*).

FIGURE 7.15

Test d'hypothèses unilatéral à gauche – Détermination des zones de rejet et de non-rejet

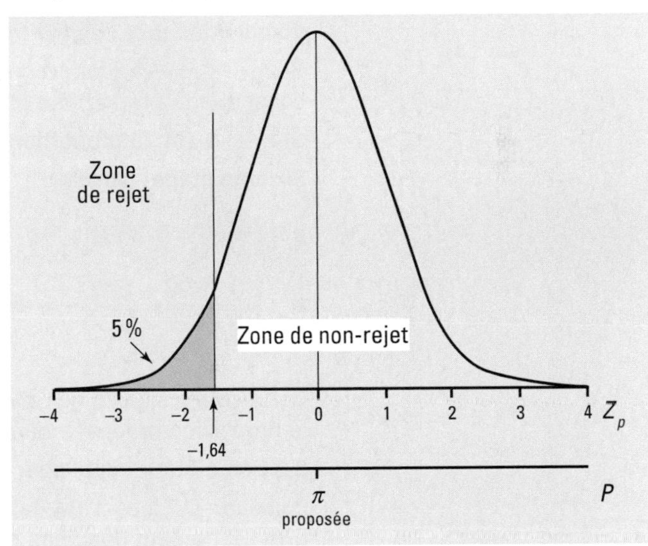

Sixième étape : calculer

$$z_p = \frac{p - \pi}{\sqrt{\frac{\pi(1-\pi)}{n}}}$$

29. Champagne, Sara. (9 septembre 2011). « Quarante pour cent des Canadiens disent mal dormir », *La Presse*, p. A10.

Septième étape : appliquer la règle de décision

Si $z_p < -1{,}64$, on peut dire que la différence entre p et π est significative, c'est-à-dire qu'elle est assez grande pour que l'on puisse rejeter la proportion proposée dans l'hypothèse nulle H_0 et accepter l'hypothèse alternative H_1.

Si $z_p \geq -1{,}64$, on peut dire que la différence entre p et π n'est pas significative, c'est-à-dire qu'elle n'est pas assez grande pour que l'on puisse rejeter la proportion proposée dans l'hypothèse nulle H_0.

Huitième étape : conclure

Il s'agit d'expliquer la décision que l'on a prise en tenant compte du contexte.

Mise en situation

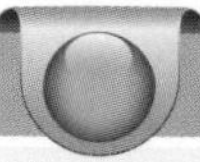

Exemple 7.14 Les habitudes d'utilisation d'Internet des Québécois (*suite*)

Dans un échantillon de 1001 adultes québécois internautes, 290 utilisent Internet pour écouter de la musique[30]. Peut-on conclure, si le seuil de signification est de 5 %, que la proportion de l'ensemble des adultes québécois internautes utilisant Internet pour écouter de la musique est inférieure à 30 % ?

Première étape : formuler les hypothèses statistiques

$H_0 : \pi = 0{,}30$

$H_1 : \pi < 0{,}30$

Deuxième étape : indiquer le seuil de signification α

Le seuil de signification α est de 5 %.

Troisième étape : vérifier la taille de l'échantillon

$n = 1001 \geq 30$

Quatrième étape : préciser la distribution utilisée

Puisque la taille de l'échantillon est de $1001 \geq 30$, on peut utiliser la distribution normale.

Cinquième étape : définir la règle de décision

Si $z_p < -1{,}64$, la proportion proposée dans l'hypothèse nulle H_0 est rejetée et, par conséquent, l'hypothèse alternative H_1 est acceptée.

Si $z_p \geq -1{,}64$, la proportion proposée dans l'hypothèse nulle H_0 n'est pas rejetée.

Sixième étape : calculer

$$p = \frac{290}{1001} = 0{,}2897$$

$$z_p = \frac{0{,}2897 - 0{,}30}{\sqrt{\frac{0{,}30(1 - 0{,}30)}{1001}}} = -0{,}71$$

Cette cote z signifie que 28,97 % est à 0,71 longueur d'écart type sous la valeur de la proportion proposée dans l'hypothèse nulle H_0, cette proportion étant de 30 %.

Septième étape : appliquer la règle de décision

Puisque $-0{,}71 \geq -1{,}64$, la différence entre 28,97 et 30 % n'est pas jugée significative. On ne peut donc pas rejeter la proportion proposée dans l'hypothèse nulle H_0.

Huitième étape : conclure

On ne peut conclure, si le seuil de signification est de 5 %, que la proportion de l'ensemble des adultes québécois internautes utilisant Internet pour écouter de la musique est inférieure à 30 %. Cette proportion est plausible. Si l'on rejette l'hypothèse nulle H_0, le risque de prendre une mauvaise décision est d'au moins 5 %.

30. Léger-Marketing, *op. cit.*

FIGURE 7.16

Test d'hypothèses unilatéral à gauche – Position de la proportion p obtenue par rapport aux zones de rejet et de non-rejet

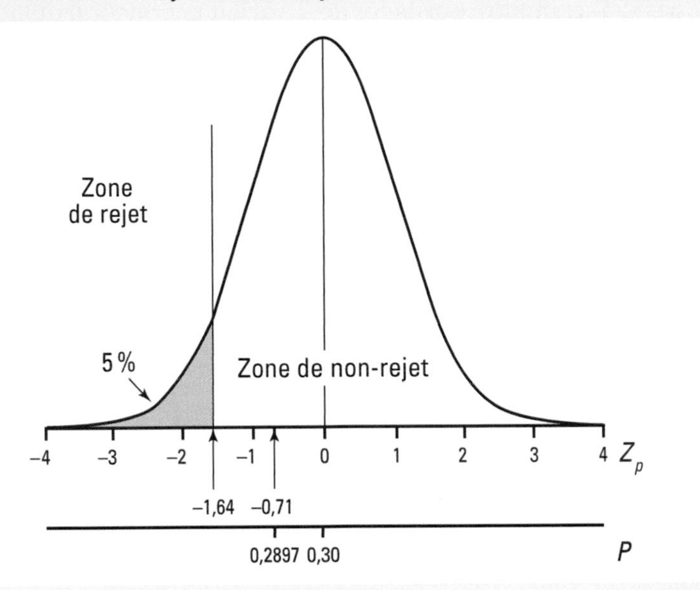

Exercice

7.21 La courtoisie au volant des Québécois

Selon un sondage effectué par la firme Léger Marketing à la demande de la Société d'assurance automobile du Québec, on remarque que :

- 53 % des Québécois trouvent que les automobilistes manquent de courtoisie ;
- 58 % des Québécois estiment que les conducteurs québécois sont agressifs ;
- 51 % des Québécois ont tendance à déplorer le comportement des cyclistes, qu'ils trouvent plus ou moins courtois ;
- 72 % des Québécois trouvent les cyclistes peu ou pas agressifs ;
- 68 % des Québécois n'ont rien à reprocher aux piétons[31].

Supposons que l'échantillon employé est de 853 Québécois.

Si le seuil de signification est de 5 %, diriez-vous que l'échantillon prélevé permet de conclure que :

a) plus de la moitié des Québécois trouvent que les automobilistes manquent de courtoisie ?

b) moins de 60 % des Québécois trouvent que les conducteurs québécois sont agressifs ?

c) le pourcentage des Québécois qui déplorent le comportement des cyclistes diffère de 50 % ?

d) moins de 3 Québécois sur 4 trouvent les cyclistes peu ou pas agressifs ?

e) le pourcentage des Québécois qui n'ont rien à reprocher aux piétons est différent de 70 % ?

7.2.3 Le cas des petits échantillons

Dans le cas des petits échantillons ($n < 30$), lorsque la distribution de la variable aléatoire X étudiée dans la population obéit à une loi normale dont l'écart type est inconnu, il est possible d'obtenir la distribution de la variable aléatoire $\overline{X}$. William S. Gosset a analysé ce cas en 1908. Il travaillait pour une brasserie, la Guinness Brewery d'Irlande, qui interdisait à ses employés de rendre publics les

31. Noël, André. (29 décembre 2010). « La courtoisie au volant laisse à désirer », *La Presse*, p. A6.

résultats de leurs recherches. C'est ce qui explique pourquoi Gosset a publié le fruit de ses recherches sous le pseudonyme de Student. La loi que nous utiliserons porte le nom de « loi de Student », ou loi de T. En fait, Gosset a étudié la distribution de $T = \frac{\overline{X} - \mu}{\frac{S}{\sqrt{n}}}$ et montré que la loi de T variait en fonction du nombre d'éléments dans l'échantillon, plus précisément en fonction de $n - 1$. Ce nombre $n - 1$ s'appelle « nombre de degrés de liberté ».

Donnée n° 1	
Donnée n° 2	
Donnée n° 3	
Total	72

Donnée n° 1	20
Donnée n° 2	?
Donnée n° 3	?
Total	72

Donnée n° 1	20
Donnée n° 2	40
Donnée n° 3	?
Total	72

Pour illustrer la notion de degré de liberté, on imagine un échantillon de taille 3 pour lequel les données relatives à une variable sont inconnues, mais avec une restriction : la somme des 3 données est 72.

Le nombre minimal de données qu'il faut connaître pour déterminer les valeurs des trois données est deux. Par exemple, le fait de savoir que l'une des données a 20 pour valeur n'est pas suffisant pour déterminer la valeur des deux autres.

Toutefois, si l'on sait qu'une autre donnée a 40 pour valeur, on peut alors déduire que la valeur de la troisième donnée est 12, puisque la somme doit être de 72.

Le nombre minimal de données qui doivent être connues au départ est alors de deux, ce qui correspond au nombre de degrés de liberté.

Dans le modèle de la loi de Student pour $T = \frac{\overline{X} - \mu}{\frac{S}{\sqrt{n}}}$, une seule restriction est imposée aux n unités de l'échantillon. Le nombre de degrés de liberté, noté υ, est alors $\upsilon = n - 1$.

La loi de Student a la forme d'une cloche variant selon le nombre de degrés de liberté, soit un peu plus évasée que celle de la loi normale. Cependant, elle s'en rapproche au fur et à mesure que le nombre de degrés de liberté augmente. On continue ainsi d'utiliser la loi normale pour les échantillons dont la taille est d'au moins 30.

FIGURE 7.17

Loi de Student (loi de *T*)

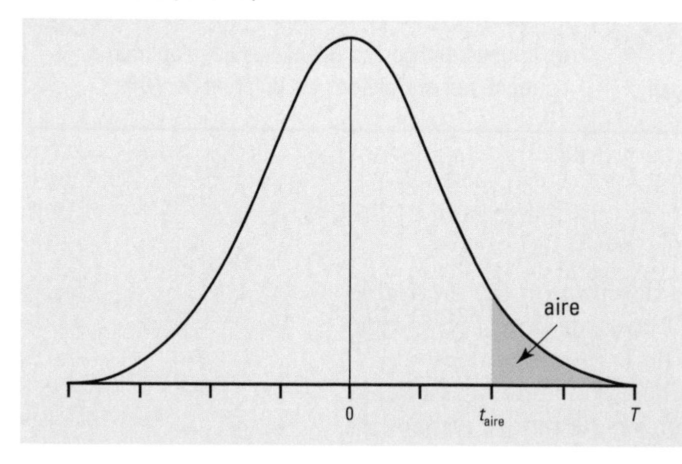

Pour utiliser la loi de Student, il faut donc :

- que la taille de l'échantillon soit petite, $n < 30$;
- que la variable X étudiée obéisse à une loi normale ;
- que l'écart type σ de cette variable dans la population soit inconnu.

Dans ce cas, la variable $T = \frac{\overline{X} - \mu}{\frac{S}{\sqrt{n}}}$ obéit à la loi de Student avec $\upsilon = n - 1$ degrés de liberté.

La table de Student donne, selon le nombre de degrés de liberté υ, la valeur de t qui correspond à une aire donnée sous la courbe, à droite de cette valeur (*voir la figure 7.17*). Les seules valeurs d'aire qui sont prises en compte sont 0,10 ; 0,05 ; 0,025 ; 0,01 et 0,005.

Le tableau 7.1 donne les valeurs de t pour chacun des degrés de liberté selon le seuil de signification.

TABLEAU 7.1

Table de Student

v \ α ou $\alpha/2$	0,10	0,05	0,025	0,01	0,005
1	3,08	6,31	12,71	31,82	63,66
2	1,89	2,92	4,30	6,96	9,92
3	1,64	2,35	3,18	4,54	5,84
4	1,53	2,13	2,78	3,75	4,60
5	1,48	2,02	2,57	3,37	4,03
6	1,44	1,94	2,45	3,14	3,71
7	1,42	1,90	2,37	3,00	3,50
8	1,40	1,86	2,31	2,90	3,36
9	1,38	1,83	2,26	2,82	3,25
10	1,37	1,81	2,23	2,76	3,17
11	1,36	1,80	2,20	2,72	3,11
12	1,36	1,78	2,18	2,68	3,06
13	1,35	1,77	2,16	2,65	3,01
14	1,34	1,76	2,14	2,62	2,98
15	1,34	1,75	2,13	2,60	2,95
16	1,34	1,75	2,12	2,58	2,92
17	1,33	1,74	2,11	2,57	2,90
18	1,33	1,73	2,10	2,55	2,88
19	1,33	1,73	2,09	2,54	2,86
20	1,33	1,73	2,09	2,53	2,85
21	1,32	1,72	2,08	2,52	2,83
22	1,32	1,72	2,07	2,51	2,82
23	1,32	1,71	2,07	2,50	2,81
24	1,32	1,71	2,06	2,49	2,80
25	1,32	1,71	2,06	2,49	2,79
26	1,32	1,71	2,06	2,48	2,78
27	1,31	1,70	2,05	2,47	2,77
28	1,31	1,70	2,05	2,47	2,76
29	1,31	1,70	2,05	2,46	2,76
30	1,31	1,70	2,04	2,46	2,75
∞	1,28	1,64	1,96	2,33	2,58

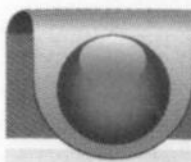

Exemple 7.15 La lecture de la table de Student

La valeur de t pour un échantillon de taille 15 et un seuil de signification α de 5% pour un test d'hypothèses bilatéral est de $t = 2{,}14$. En effet, puisque le test est bilatéral, le seuil de signification est réparti également, en utilisant $\alpha/2$, soit 2,5% de chaque côté. On doit donc lire la colonne de 2,5% (0,025) sur la ligne de $\upsilon = 15 - 1 = 14$.

Dans le cas d'un test d'hypothèses unilatéral à gauche, la valeur de t pour un échantillon de taille 20 et un seuil de signification α de 1% est de $t = -2{,}54$. En effet, puisque le test est unilatéral, le seuil de signification est complètement à gauche, 1%. On doit donc lire la colonne de 1% (0,01) sur la ligne de $\upsilon = 20 - 1 = 19$. Il ne faut pas oublier que dans le cas d'un test unilatéral à gauche, les cotes z ou t sont négatives.

Les tests d'hypothèses effectués avec la loi de Student se traitent exactement de la même façon que ceux que nous avons vus avec la loi normale, mais utilisent une cote t au lieu d'une cote z.

Exemple 7.16 Les habitudes d'utilisation d'Internet des Québécois (*suite*)

Dans un échantillon de 26 Québécois âgés de 60 ans et plus qui consultent Internet sur leur cellulaire au moins une fois par semaine, le temps moyen d'utilisation est de 0,8 heure et l'écart type, de 0,3 heure. Si l'on suppose que le temps d'utilisation obéit à une loi normale, peut-on conclure, si le seuil de signification est de 5%, que le temps moyen d'utilisation des Québécois âgés de 60 ans et plus qui consultent Internet sur leur cellulaire est inférieur à 1 heure par semaine?

Première étape: formuler les hypothèses statistiques

H_0: $\mu = 1{,}0$ heure

H_1: $\mu < 1{,}0$ heure

Deuxième étape: indiquer le seuil de signification α

Le seuil de signification α est de 5%.

Troisième étape: vérifier les conditions

La variable «Temps d'utilisation» obéit à une loi normale dont l'écart type pour la population est inconnu et $n = 26 < 30$.

Quatrième étape: préciser la distribution utilisée

On utilise la loi de Student avec $\upsilon = 26 - 1 = 25$ degrés de liberté.

Cinquième étape: définir la règle de décision

Si $t_{\bar{x}} < -1{,}71$, la moyenne proposée dans l'hypothèse nulle H_0 est rejetée et, par conséquent, l'hypothèse alternative H_1 est acceptée.

Si $t_{\bar{x}} \geq -1{,}71$, la moyenne proposée dans l'hypothèse nulle H_0 n'est pas rejetée.

Sixième étape: calculer

$$t_{\bar{x}} = \frac{\bar{x} - \mu}{\frac{s}{\sqrt{n}}} = \frac{0{,}8 - 1{,}0}{\frac{0{,}3}{\sqrt{26}}} = -3{,}40$$

Cette cote t signifie que 0,8 heure est à 3,40 longueurs d'écart type sous la valeur de la moyenne proposée, laquelle est de 1,0 heure.

Septième étape: appliquer la règle de décision

Puisque $-3{,}40 < -1{,}71$, la différence entre 0,8 et 1,0 heure est jugée significative. On peut donc rejeter la moyenne proposée dans l'hypothèse nulle H_0 et accepter l'hypothèse alternative H_1.

Huitième étape : conclure
On peut conclure que le temps moyen d'utilisation par semaine des Québécois âgés de 60 ans et plus qui consultent Internet sur leur cellulaire est inférieur à 1 heure. Le risque de prendre une mauvaise décision est inférieur à 5 %, soit le seuil de signification.

FIGURE 7.18

Test d'hypothèses unilatéral à gauche – Position de la moyenne $\overline{x}$ obtenue par rapport aux zones de rejet et de non-rejet

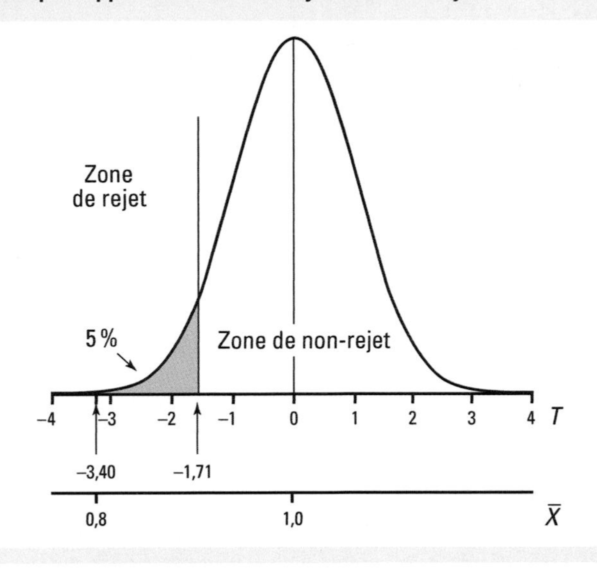

Exercices

7.22 Un sondage réalisé auprès de 26 femmes adultes révèle que celles-ci ont en moyenne 2,3 amies pour un écart type de 1,5 amie[32].

Si le seuil de signification est de 5 %, peut-on conclure que le nombre moyen d'amies chez les femmes adultes est inférieur à 2,5 ?

7.23 Un sondage réalisé auprès de 18 femmes révèle que celles-ci ont été amoureuses en moyenne 2,2 fois au cours de leur vie, avec un écart type de 1,2 fois[33].

Si le seuil de signification est de 1 %, peut-on conclure que le nombre moyen de fois où les femmes ont été amoureuses est différent de 2,5 fois ?

CAS PRATIQUE

Le téléphone cellulaire au collégial

Dans le cadre de son étude « Le téléphone cellulaire au collégial », Kim effectue l'estimation de la proportion des étudiants possédant un téléphone cellulaire qui paient plus cher par mois que le forfait souscrit. Elle utilise les données de la question J : « Le mois dernier, avez-vous payé plus que le forfait souscrit ? » Voyez à la page 319 la façon dont Kim procède.

32. Données inspirées de http://sante.journaldesfemmes.com/psychologie/questionnaire/fiche/13853.
33. Données inspirées de http://sante.journaldesfemmes.com/psychologie/questionnaire/fiche/13544.

À RETENIR

Estimation d'une moyenne μ ou d'une proportion π

	Estimation ponctuelle	Estimation par intervalle de confiance	Marge d'erreur (*ME*)
Estimation d'une moyenne μ	$\bar{x}$	$\bar{x} - 1{,}96\frac{s}{\sqrt{n}} \leq \mu \leq \bar{x} + 1{,}96\frac{s}{\sqrt{n}}$	$1{,}96\frac{s}{\sqrt{n}}$
Estimation d'une proportion π	p	$p - 1{,}96\sqrt{\frac{p(1-p)}{n}} \leq \pi \leq p + 1{,}96\sqrt{\frac{p(1-p)}{n}}$	$1{,}96\sqrt{\frac{p(1-p)}{n}}$

Vérification d'une hypothèse émise sur la moyenne μ

	Test bilatéral	Test unilatéral à droite	Test unilatéral à gauche
Étape 1	Formuler les hypothèses statistiques $H_0: \mu = \mu_0$ et $H_1: \mu \neq \mu_0$ μ_0 : valeur proposée dans l'énoncé du problème	Formuler les hypothèses statistiques $H_0: \mu = \mu_0$ et $H_1: \mu > \mu_0$ μ_0 : valeur proposée dans l'énoncé du problème	Formuler les hypothèses statistiques $H_0: \mu = \mu_0$ et $H_1: \mu < \mu_0$ μ_0 : valeur proposée dans l'énoncé du problème
Étape 2	Indiquer le seuil de signification α • Seuil de signification : α (Il y a α chances sur 100 [1, 2, 5 ou 10 %] que l'on rejette la valeur proposée alors qu'elle est vraie.) • Seuil de signification partagé : $\alpha/2$	Indiquer le seuil de signification α • Seuil de signification : α (Il y a α chances sur 100 [1, 2, 5 ou 10 %] que l'on rejette la valeur proposée alors qu'elle est vraie.)	Indiquer le seuil de signification α • Seuil de signification : α (Il y a α chances sur 100 [1, 2, 5 ou 10 %] que l'on rejette la valeur proposée alors qu'elle est vraie.)
Étape 3	Vérifier la taille de l'échantillon Déterminer le cas (*Z* ou *T*) selon que $n \geq 30$ ou $n < 30$	Vérifier la taille de l'échantillon Déterminer le cas (*Z* ou *T*) selon que $n \geq 30$ ou $n < 30$	Vérifier la taille de l'échantillon Déterminer le cas (*Z* ou *T*) selon que $n \geq 30$ ou $n < 30$
Étape 4	Préciser la distribution de $\bar{X}$	Préciser la distribution de $\bar{X}$	Préciser la distribution de $\bar{X}$
Étape 5	Définir la règle de décision On rejette H_0 si : $z_{\bar{x}} < -z_{critique}$ ou $z_{\bar{x}} > z_{critique}$ $t_{\bar{x}} < -t_{critique}$ ou $t_{\bar{x}} > t_{critique}$ On accepte H_0 si : $-z_{critique} \leq z_{\bar{x}} \leq z_{critique}$ $-t_{critique} \leq t_{\bar{x}} \leq t_{critique}$	Définir la règle de décision On rejette H_0 si : $z_{\bar{x}} > z_{critique}$ $t_{\bar{x}} > t_{critique}$ On accepte H_0 si : $z_{\bar{x}} \leq z_{critique}$ $t_{\bar{x}} \leq t_{critique}$	Définir la règle de décision On rejette H_0 si : $z_{\bar{x}} < -z_{critique}$ $t_{\bar{x}} < -t_{critique}$ On accepte H_0 si : $z_{\bar{x}} \geq -z_{critique}$ $t_{\bar{x}} \geq -t_{critique}$
Étape 6	Calculer $z_{\bar{x}}$ ou $t_{\bar{x}}$ (avec l'échantillon) $z_{\bar{x}} = \frac{\bar{x} - \mu}{\frac{s}{\sqrt{n}}}$ ou $t_{\bar{x}} = \frac{\bar{x} - \mu}{\frac{s}{\sqrt{n}}}$	Calculer $z_{\bar{x}}$ ou $t_{\bar{x}}$ (avec l'échantillon) $z_{\bar{x}} = \frac{\bar{x} - \mu}{\frac{s}{\sqrt{n}}}$ ou $t_{\bar{x}} = \frac{\bar{x} - \mu}{\frac{s}{\sqrt{n}}}$	Calculer $z_{\bar{x}}$ ou $t_{\bar{x}}$ (avec l'échantillon) $z_{\bar{x}} = \frac{\bar{x} - \mu}{\frac{s}{\sqrt{n}}}$ ou $t_{\bar{x}} = \frac{\bar{x} - \mu}{\frac{s}{\sqrt{n}}}$

	Test bilatéral	Test unilatéral à droite	Test unilatéral à gauche
Étape 7	Appliquer la règle de décision • Si $z_{\bar{x}} < -z_{critique}$ ou si $z_{\bar{x}} > z_{critique}$, on peut dire que la différence entre $\bar{x}$ et μ proposée est significative. • Si $-z_{critique} \leq z_{\bar{x}} \leq z_{critique}$, on peut dire que la différence entre $\bar{x}$ et μ proposée n'est pas significative. • Si $t_{\bar{x}} > t_{critique}$ ou si $t_{\bar{x}} < -t_{critique}$, on peut dire que la différence entre $\bar{x}$ et μ proposée est significative. • Si $-t_{critique} \leq t_{\bar{x}} \leq t_{critique}$, on peut dire que la différence entre $\bar{x}$ et μ proposée n'est pas significative.	Appliquer la règle de décision • Si $z_{\bar{x}} > z_{critique}$, on peut dire que la différence entre $\bar{x}$ et μ est significative. • Si $z_{\bar{x}} \leq z_{critique}$, on peut dire que la différence entre $\bar{x}$ et μ n'est pas significative. • Si $t_{\bar{x}} > t_{critique}$, on peut dire que la différence entre $\bar{x}$ et μ est significative. • Si $t_{\bar{x}} \leq t_{critique}$, on peut dire que la différence entre $\bar{x}$ et μ n'est pas significative.	Appliquer la règle de décision • Si $z_{\bar{x}} < -z_{critique}$, on peut dire que la différence entre $\bar{x}$ et μ est significative. • Si $z_{\bar{x}} \geq -z_{critique}$, on peut dire que la différence entre $\bar{x}$ et μ n'est pas significative. • Si $t_{\bar{x}} < -t_{critique}$, on peut dire que la différence entre $\bar{x}$ et μ est significative. • Si $t_{\bar{x}} \geq -t_{critique}$, on peut dire que la différence entre $\bar{x}$ et μ n'est pas significative.
Étape 8	Conclure : expliquer la décision	Conclure : expliquer la décision	Conclure : expliquer la décision

Vérification d'une hypothèse émise sur la proportion π

	Test bilatéral	Test unilatéral à droite	Test unilatéral à gauche
Étape 1	Formuler les hypothèses statistiques $H_0: \pi = \pi_0$ et $H_1: \pi \neq \pi_0$ π_0 : valeur proposée dans l'énoncé du problème	Formuler les hypothèses statistiques $H_0: \pi = \pi_0$ et $H_1: \pi > \pi_0$ π_0 : valeur proposée dans l'énoncé du problème	Formuler les hypothèses statistiques $H_0: \pi = \pi_0$ et $H_1: \pi < \pi_0$ π_0 : valeur proposée dans l'énoncé du problème
Étape 2	Indiquer le seuil de signification α • Seuil de signification : α (Il y a α chances sur 100 [1, 2, 5 ou 10 %] que l'on rejette la valeur proposée alors qu'elle est vraie.) • Seuil de signification partagé : $\alpha/2$	Indiquer le seuil de signification α • Seuil de signification : α (Il y a α chances sur 100 [1, 2, 5 ou 10 %] que l'on rejette la valeur proposée alors qu'elle est vraie.)	Indiquer le seuil de signification α • Seuil de signification : α (Il y a α chances sur 100 [1, 2, 5 ou 10 %] que l'on rejette la valeur proposée alors qu'elle est vraie.)
Étape 3	Vérifier la taille de l'échantillon : $n \geq 30$	Vérifier la taille de l'échantillon : $n \geq 30$	Vérifier la taille de l'échantillon : $n \geq 30$
Étape 4	Préciser la distribution de P	Préciser la distribution de P	Préciser la distribution de P
Étape 5	Définir la règle de décision On rejette H_0 si : $z_p < -z_{critique}$ ou $z_p > z_{critique}$ On accepte H_0 si : $-z_{critique} \leq z_p \leq z_{critique}$	Définir la règle de décision On rejette H_0 si : $z_p > z_{critique}$ On accepte H_0 si : $z_p \leq z_{critique}$	Définir la règle de décision On rejette H_0 si : $z_p < -z_{critique}$ On accepte H_0 si : $z_p \geq -z_{critique}$
Étape 6	Calculer $z_p = \dfrac{p - \pi}{\sqrt{\dfrac{\pi(1-\pi)}{n}}}$	Calculer $z_p = \dfrac{p - \pi}{\sqrt{\dfrac{\pi(1-\pi)}{n}}}$	Calculer $z_p = \dfrac{p - \pi}{\sqrt{\dfrac{\pi(1-\pi)}{n}}}$
Étape 7	Appliquer la règle de décision • Si $z_p < -z_{critique}$ ou si $z_p > z_{critique}$, on peut dire que la différence entre p et π est significative. • Si $-z_{critique} \leq z_p \leq z_{critique}$, on peut dire que la différence entre p et π n'est pas significative.	Appliquer la règle de décision • Si $z_p > z_{critique}$, on peut dire que la différence entre p et π est significative. • Si $z_p \leq z_{critique}$, on peut dire que la différence entre p et π n'est pas significative.	Appliquer la règle de décision • Si $z_p < -z_{critique}$, on peut dire que la différence entre p et π est significative. • Si $z_p \geq -z_{critique}$, on peut dire que la différence entre p et π n'est pas significative.
Étape 8	Conclure : expliquer la décision	Conclure : expliquer la décision	Conclure : expliquer la décision

Exercices récapitulatifs

7.24 Inscription sur Facebook

Un sondage réalisé en ligne auprès de 172 internautes adultes québécois recrutés de façon aléatoire révèle les informations contenues dans le tableau 7.2 au sujet de la question : « Depuis combien de temps êtes-vous inscrit sur Facebook[34] ? »

TABLEAU 7.2

Répartition des 172 internautes adultes québécois en fonction du nombre de mois d'inscription sur Facebook

Nombre de mois où l'internaute est inscrit sur Facebook	Pourcentage des internautes
De 0 à moins de 3 mois	15
De 3 à moins de 12 mois	32
De 12 à moins de 24 mois	40
De 24 à moins de 48 mois	13
Total	**100**

a) À l'aide d'une estimation ponctuelle, déterminez le nombre moyen de mois où l'ensemble des internautes sont inscrits sur Facebook.

b) Calculez la marge d'erreur associée à l'estimation par intervalle de confiance à 95 % du nombre moyen de mois où l'ensemble des internautes sont inscrits sur Facebook.

c) Si le seuil de signification est de 5 %, l'échantillon prélevé permet-il de conclure que le nombre moyen de mois où l'ensemble des internautes sont inscrits sur Facebook est supérieur à 1 an ?

7.25 Les contributions à un REER

On a demandé à 394 travailleurs québécois âgés de 18 ans et plus, pris au hasard, si leur employeur contribuait à leur REER cette année. Parmi eux, 144 ont répondu oui à cette question.

a) À l'aide d'une estimation ponctuelle, déterminez le pourcentage de l'ensemble des travailleurs québécois âgés de 18 ans et plus dont l'employeur contribue à leur REER cette année.

b) À l'aide d'un intervalle de confiance à 95 %, estimez le pourcentage de l'ensemble des travailleurs québécois âgés de 18 ans et plus dont l'employeur contribue à leur REER cette année.

c) Si le seuil de signification est de 5 %, l'échantillon prélevé permet-il de conclure que le pourcentage de l'ensemble des travailleurs québécois âgés de 18 ans et plus dont l'employeur contribue à leur REER cette année est inférieur à 40 % ?

7.26 Les Québécois favorables à la légalisation de l'euthanasie

Un sondage de la firme CROP mené pour le compte de Radio-Canada auprès de 2 200 Québécois révèle que 83 % d'entre eux sont favorables à un projet de loi légalisant l'euthanasie[35].

Si le seuil de signification est de 5 %, l'échantillon prélevé permet-il de conclure que moins de 85 % de l'ensemble des Québécois sont favorables à un projet de loi légalisant l'euthanasie ?

7.27 L'accueil de stagiaires en entreprises

« Un sondage téléphonique a été réalisé auprès d'un échantillon représentatif de 350 dirigeant(e)s d'entreprises du Québec pouvant s'exprimer en français ou en anglais[36]. »

« La grande majorité (88 %) des dirigeants d'entreprises interrogés seraient disposés à accueillir des étudiants pour une session de stage en entreprise. »

Si le seuil de signification est de 5 %, l'échantillon prélevé permet-il de conclure que le pourcentage des entreprises disposées à accueillir des étudiants pour une session de stage en entreprise est différent de 90 % ?

34. [En ligne]. http://blogue.som.ca/facebook (page consultée le 3 février 2012).

35. Radio-Canada. (21 novembre 2010). *Les Québécois en faveur de la légalisation de l'euthanasie*, Nouvelles.

36. Conseil du patronat du Québec. (Décembre 2010). *Étude auprès des dirigeants d'entreprises sur les facteurs déterminants de la prospérité 2010*. [En ligne]. www.bdaa.ca/biblio/recherche/etude_prosperite/etude_prosperite.pdf (page consultée le 3 février 2012).

Exercices récapitulatifs

7.28 Un Québécois sur trois ne fait pas de budget

« L'enquête a découvert que 64 % des Québécois planifient leurs dépenses en fonction de leurs revenus. Cela signifie que 36 % des Québécois dépensent sans se soucier d'un budget[37]. » Le sondage CROP « Je comprends » a été réalisé auprès de 1 814 Québécois.

Si le seuil de signification est de 5 %, l'échantillon prélevé permet-il de conclure que le pourcentage de l'ensemble des Québécois qui dépensent sans se soucier d'un budget est supérieur à 33 % ?

7.29 Les canettes de bière sont-elles pleines ?

Vous travaillez au Service du contrôle de la qualité d'une brasserie. À la suite des plaintes de consommateurs selon lesquelles la quantité moyenne de liquide dans les canettes de bière est très inférieure à la quantité indiquée, on vous a demandé de vérifier si cette hypothèse est plausible. Vous avez pris au hasard 30 canettes de 355 ml et avez obtenu une moyenne de 353,9 ml, l'écart type étant de 2,1 ml. Si le seuil de signification est de 1 %, la plainte des consommateurs est-elle fondée ?

7.30 Des sacs de chips qui font le poids

Vous travaillez au Service du contrôle de la qualité d'une compagnie de production de croustilles. La personne responsable de l'approvisionnement en pommes de terre trouve que la quantité de pommes de terre utilisée pour la production des sacs de 300 g a augmenté. On vous a donc demandé de vérifier si le poids moyen des sacs de 300 g est supérieur à 300 g. Vous avez pris au hasard 100 sacs de 300 g et avez obtenu une moyenne de 303,6 g, l'écart type étant de 1,7 g. Si le seuil de signification est de 5 %, l'impression de la personne responsable de l'approvisionnement est-elle fondée ?

« DANS TOUT SONDAGE, L'INEXACTITUDE DES NOMBRES EST COMPENSÉE PAR LA PRÉCISION DE LA DÉCIMALE. »

ALFRED SAUVY

37. Surprenant, Jean-Claude. (14 novembre 2011). *Sondage: le tiers des Québécois ne font pas de budget,* Équipe Je comprends, Banque Nationale. [En ligne]. www.jecomprends.ca/budget/planification/sondage_le_tiers_des_quebecois_ne_font_pas_de_budget (page consultée le 3 février 2012).

Chapitre 8

L'association de deux variables

Objectifs d'apprentissage

- Présenter les données relatives à deux variables utilisant des échelles nominales ou ordinales sous forme de tableau à double entrée et sous forme de graphique.
- Interpréter les différents pourcentages contenus dans les distributions conjointes, conditionnelles et marginales.
- Vérifier l'existence d'un lien statistique entre deux variables utilisant des échelles nominales ou ordinales à l'aide d'un test du khi deux, et en mesurer la force.
- Présenter les données relatives à deux variables quantitatives utilisant des échelles d'intervalle ou de rapport sous forme de graphique.
- Déterminer l'équation d'une droite de régression linéaire.
- Vérifier l'existence d'un lien linéaire entre deux variables quantitatives utilisant des échelles d'intervalle ou de rapport à l'aide d'un test de Student, et en mesurer la force.
- Utiliser le logiciel Excel pour présenter les distributions conjointes et conditionnelles sous forme de graphique, pour vérifier l'existence d'un lien statistique entre deux variables utilisant des échelles nominales ou ordinales et pour tracer le nuage de points et la droite de régression, et calculer les coefficients de corrélation linéaire et de détermination.

Sir Francis Galton (1822-1911), physiologiste anglais

Cousin de Charles Darwin, sir Francis Galton fut aussi anthropologue, psychologue et explorateur. Reconnu comme un pionnier de l'étude de l'intelligence humaine, il voua la dernière partie de sa vie à l'eugénisme, c'est-à-dire l'amélioration de l'espèce humaine. On lui doit la notion de régression comme relation entre deux variables. Il fut l'un des premiers à utiliser des questionnaires et des techniques d'enquête pour l'étude de l'intelligence humaine.

Mise en situation

Depuis quelques années, les sacs réutilisables sont de plus en plus populaires. Pour favoriser leur utilisation, de nombreux commerces ne fournissent plus les sacs jetables gratuitement. D'autres ont même tout simplement cessé d'en offrir.

Pour approfondir la question, vous avez effectué un sondage auprès de 1 008 adultes québécois, pris au hasard, au sujet de l'utilisation des sacs réutilisables et avez mis en relation, d'une part, la fréquence de l'utilisation de sacs de plastique au lieu de sacs réutilisables et, d'autre part, l'âge de la personne. Par la même occasion, vous avez sondé votre échantillon pour savoir si les Québécois, selon leur âge, pensent que leurs sacs réutilisables pourront être recyclés à la fin de leur vie utile.

Dans les chapitres 4 et 5, nous avons étudié des tableaux et des graphiques portant sur la répartition des unités statistiques pour une seule variable. Or, il arrive souvent qu'une étude porte sur plus d'une variable. L'un des intérêts d'une telle étude est d'établir des liens entre plusieurs variables ou de les comparer. Ces liens et ces comparaisons se font en analysant les distributions conjointes qui existent entre les différentes variables en question.

Après avoir étudié les divers types de variables, le temps est venu d'analyser l'existence potentielle d'un lien statistique entre deux variables.

Étude statistique

1. L'énoncé des hypothèses statistiques
2. L'élaboration du plan de collecte des données
3. Le dépouillement et l'analyse des données
4. L'inférence statistique
   - L'étude et l'application de modèles théoriques
   - L'estimation d'une moyenne ou d'une proportion
   - La vérification des hypothèses statistiques
   - L'association de deux variables

8.1 La lecture d'un tableau à double entrée

Une étude statistique comporte généralement plusieurs variables. Dans un sondage, on pose plusieurs questions, chacune correspondant à une variable. De la même façon, dans une étude portant sur le contrôle de la qualité de la production d'une compagnie, on tient compte de plusieurs facteurs, chacun correspondant à une variable.

En général, dans une étude statistique, on essaie d'établir des liens entre les différentes variables. Certains liens se font plus facilement que d'autres. Dans une enquête sur le travail à temps partiel, on pourrait mettre en relation le fait de travailler à temps partiel et le sexe du travailleur, ou encore son âge, sa profession, son revenu, etc.

L'étude d'une association ou d'un lien entre deux variables utilisant des échelles de mesure ordinales ou nominales se fait à l'aide d'un tableau à double entrée, lequel donne la répartition des données non pas en fonction d'une seule variable, comme nous l'avons vu dans les chapitres 4 et 5, mais en fonction des deux variables étudiées conjointement.

Tableau à double entrée Tableau qui donne la répartition des données en fonction des deux variables étudiées conjointement.

Mise en situation

Exemple 8.1 La demande de sacs de plastique lors des achats

Dans l'étude effectuée auprès de 1008 adultes québécois au sujet des sacs réutilisables, vous avez mis en relation la fréquence d'utilisation des sacs réutilisables et l'âge de la personne en posant les deux questions suivantes : « Est-ce que vous demandez des sacs de plastique à la caisse lorsque vous faites des achats ? » et « Dans quelle tranche d'âge vous situez-vous ? ».

Les tableaux 8.1 et 8.2 illustrent les données recueillies.

TABLEAU 8.1

Répartition des 1 008 adultes québécois en fonction de la fréquence de la demande de sacs de plastique

Fréquence de la demande	Nombre d'adultes québécois
Jamais	243
Rarement	644
Souvent	92
Tout le temps	29
Total	1 008

Source : Journal de Montréal/Léger Marketing. (Janvier 2011). *Enquêtes sur les sacs réutilisables,* 12 p. [En ligne]. www.legermarketing.com (page consultée le 31 janvier 2011).

TABLEAU 8.2

Répartition des 1 008 adultes québécois en fonction de leur âge

Âge	Nombre d'adultes québécois
De 18 à moins de 25 ans	111
De 25 à moins de 35 ans	120
De 35 à moins de 45 ans	104
De 45 à moins de 55 ans	241
De 55 à moins de 65 ans	226
65 ans et plus	206
Total	1 008

Source : Journal de Montréal/Léger Marketing. (Janvier 2011). *Enquêtes sur les sacs réutilisables,* 12 p. [En ligne]. www.legermarketing.com (page consultée le 31 janvier 2011).

8.1.1 Le tableau à double entrée sans pourcentage

Les tableaux 8.1 et 8.2 montrent la répartition des adultes québécois pour une seule variable. Cependant, ils ne donnent pas d'information sur la répartition des adultes québécois en fonction de la fréquence de la demande de sacs de plastique dans chaque tranche d'âge. Pour obtenir ce genre d'information, il faut créer un tableau à double entrée qui donne de l'information conjointe sur deux variables à l'étude, tel le tableau 8.3.

TABLEAU 8.3

Répartition des 1 008 adultes québécois en fonction de la fréquence de la demande de sacs de plastique et de leur âge

Âge	Fréquence de la demande de sacs de plastique				
	Jamais	Rarement	Souvent	Tout le temps	Total
De 18 à moins de 25 ans	11	82	18	0	111
De 25 à moins de 35 ans	13	78	27	2	120
De 35 à moins de 45 ans	20	68	5	11	104
De 45 à moins de 55 ans	55	158	21	7	241
De 55 à moins de 65 ans	70	142	9	5	226
65 ans et plus	74	116	12	4	206
Total	243	644	92	29	1 008

Source : Journal de Montréal/Léger Marketing. (Janvier 2011). *Enquêtes sur les sacs réutilisables,* 12 p. [En ligne]. www.legermarketing.com (page consultée le 31 janvier 2011).

La ligne et la colonne « Total » correspondent aux répartitions individuelles des deux variables que l'on trouve dans les tableaux 8.1 et 8.2. Les autres nombres présentés dans le tableau donnent de l'information conjointe sur les deux variables.

Ainsi :

- 68 répondants âgés de 35 à moins de 45 ans demandent rarement des sacs de plastique ;
- 7 répondants âgés de 45 à moins de 55 ans demandent tout le temps des sacs de plastique ;
- et ainsi de suite.

8.1.2 Le tableau à double entrée avec un seul 100 %

On peut aussi exprimer l'information en pourcentage, tout comme on le faisait pour une seule variable. Si l'on calcule tous les pourcentages par rapport à l'ensemble des 1 008 adultes québécois qui ont répondu à la question, on obtient les résultats présentés dans le tableau 8.4.

Pour obtenir les quantités numériques du tableau 8.4, on procède comme suit :

$$\frac{68}{1\,008} = \frac{x}{100}, \text{ d'où } x = 6{,}75$$

$$\frac{7}{1\,008} = \frac{x}{100}, \text{ d'où } x = 0{,}69$$

TABLEAU 8.4

Répartition des 1 008 adultes québécois en fonction de la fréquence de la demande de sacs de plastique et de leur âge, en pourcentage

Âge	Fréquence de la demande de sacs de plastique				
	Jamais	Rarement	Souvent	Tout le temps	Total
De 18 à moins de 25 ans	1,09	8,13	1,79	0,00	11,01
De 25 à moins de 35 ans	1,29	7,74	2,68	0,20	11,90
De 35 à moins de 45 ans	1,98	6,75	0,50	1,09	10,32
De 45 à moins de 55 ans	5,46	15,67	2,08	0,69	23,91
De 55 à moins de 65 ans	6,94	14,09	0,89	0,50	22,42
65 ans et plus	7,34	11,51	1,19	0,40	20,44
Total	24,11	63,89	9,13	2,88	100,00

Source : Journal de Montréal/Léger Marketing. (Janvier 2011). *Enquêtes sur les sacs réutilisables,* 12 p. [En ligne]. www.legermarketing.com (page consultée le 31 janvier 2011).

Ainsi :

- les 68 répondants âgés de 35 à moins de 45 ans demandant rarement des sacs de plastique représentent 6,75 % de tous les répondants ;
- les 7 répondants âgés de 45 à moins de 55 ans demandant tout le temps des sacs de plastique représentent 0,69 % de tous les répondants ;
- et ainsi de suite.

En plaçant dans le même graphique la distribution conjointe de ces deux variables, on obtient la figure 8.1.

FIGURE 8.1

Répartition des 1 008 adultes québécois en fonction de la fréquence de la demande de sacs de plastique et de leur âge, en pourcentage

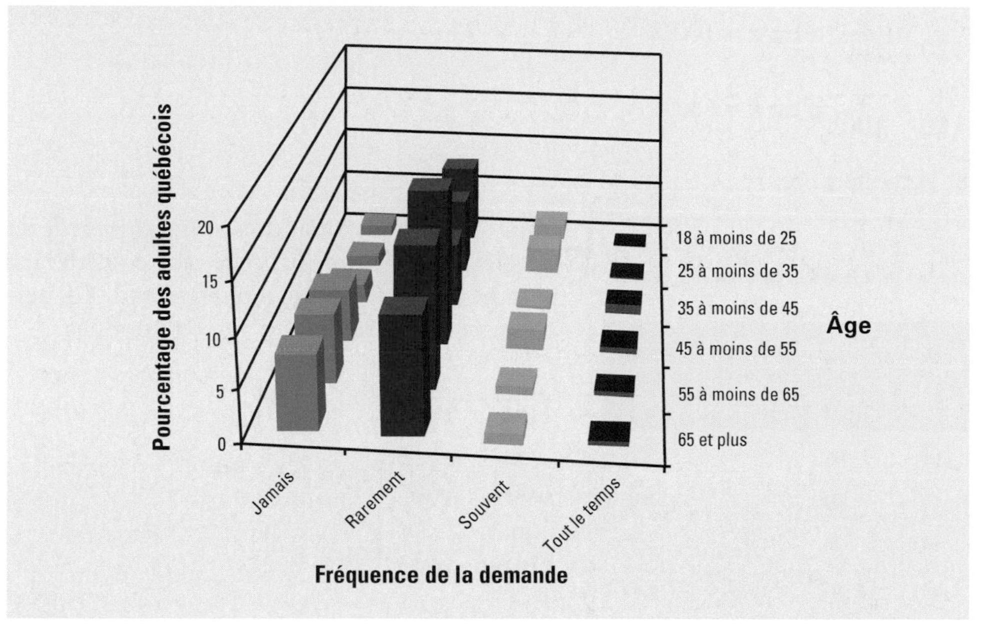

Source : Journal de Montréal/Léger Marketing. (Janvier 2011). *Enquêtes sur les sacs réutilisables,* 12 p. [En ligne]. www.legermarketing.com (page consultée le 31 janvier 2011).

À partir de ce graphique, il est difficile de comparer la distribution de la fréquence dans chacune des tranches d'âge, étant donné que le nombre d'adultes québécois est différent dans chacune de ces tranches.

8.1.3 Le tableau à double entrée avec 100 % partout dans la colonne « Total »

Si l'on effectue une répartition en pourcentage des adultes québécois en fonction de la fréquence de la demande de sacs de plastique pour chacune des tranches d'âge, on obtient les résultats présentés dans le tableau 8.5, à la page suivante. Ce tableau est obtenu à partir du tableau 8.3, en tenant compte à tour de rôle de chaque tranche d'âge comme ensemble de référence.

Ainsi, pour obtenir les quantités numériques de la première ligne du tableau 8.5, on procède en considérant comme un ensemble de référence les 111 personnes ayant de 18 à moins de 25 ans mentionnées à la ligne 1 du tableau 8.3 :

$$\frac{11}{111} = \frac{x}{100}, \text{ d'où } x = 9{,}91$$

$$\frac{82}{111} = \frac{x}{100}, \text{ d'où } x = 73{,}87$$

$$\frac{18}{111} = \frac{x}{100}, \text{ d'où } x = 16{,}22$$

et ainsi de suite.

TABLEAU 8.3 ▶ p. 239

Répartition des 1 008 adultes québécois en fonction de la fréquence de la demande de sacs de plastique et de leur âge

Âge	Fréquence de la demande de sacs de plastique				
	Jamais	Rarement	Souvent	Tout le temps	Total
De 18 à moins de 25 ans	11	82	18	0	111
De 25 à moins de 35 ans	13	78	27	2	120
De 35 à moins de 45 ans	20	68	5	11	104
De 45 à moins de 55 ans	55	158	21	7	241
De 55 à moins de 65 ans	70	142	9	5	226
65 ans et plus	74	116	12	4	206
Total	243	644	92	29	1 008

Pour obtenir les quantités numériques de la deuxième ligne, on procède en considérant comme un ensemble de référence les 120 personnes ayant de 25 à moins de 35 ans mentionnées à la ligne 2 du tableau 8.3 :

$$\frac{13}{120} = \frac{x}{100}, \text{ d'où } x = 10{,}83$$

$$\frac{78}{120} = \frac{x}{100}, \text{ d'où } x = 65{,}00$$

et ainsi de suite.

TABLEAU 8.3 ▶ p. 239

Répartition des 1 008 adultes québécois en fonction de la fréquence de la demande de sacs de plastique et de leur âge

Âge	Fréquence de la demande de sacs de plastique				
	Jamais	Rarement	Souvent	Tout le temps	Total
De 18 à moins de 25 ans	11	82	18	0	111
De 25 à moins de 35 ans	13	78	27	2	120
De 35 à moins de 45 ans	20	68	5	11	104
De 45 à moins de 55 ans	55	158	21	7	241
De 55 à moins de 65 ans	70	142	9	5	226
65 ans et plus	74	116	12	4	206
Total	243	644	92	29	1 008

Pour obtenir les quantités numériques de la dernière ligne, on procède en considérant comme un ensemble de référence les 1 008 personnes toutes tranches d'âge confondues :

$$\frac{243}{1\,008} = \frac{x}{100}, \text{ d'où } x = 24{,}11$$

$$\frac{644}{1\,008} = \frac{x}{100}, \text{ d'où } x = 63{,}89$$

$$\frac{92}{1\,008} = \frac{x}{100}, \text{ d'où } x = 9{,}13$$

et ainsi de suite.

TABLEAU 8.5

Répartition des 1 008 adultes québécois en fonction de la fréquence de la demande de sacs de plastique pour chaque tranche d'âge, en pourcentage

Âge	Fréquence de la demande de sacs de plastique				
	Jamais	Rarement	Souvent	Tout le temps	Total
De 18 à moins de 25 ans	9,91	73,87	16,22	0,00	100,00
De 25 à moins de 35 ans	10,83	65,00	22,50	1,67	100,00
De 35 à moins de 45 ans	19,23	65,38	4,81	10,58	100,00
De 45 à moins de 55 ans	22,82	65,56	8,71	2,90	100,00
De 55 à moins de 65 ans	30,97	62,83	3,98	2,21	100,00
65 ans et plus	35,92	56,31	5,83	1,94	100,00
Ensemble	**24,11**	**63,89**	**9,13**	**2,88**	**100,00**

Source : Journal de Montréal/Léger Marketing. (Janvier 2011). *Enquêtes sur les sacs réutilisables,* 12 p. [En ligne]. www.legermarketing.com (page consultée le 31 janvier 2011).

Comme chaque tranche d'âge totalise 100 %, les adultes québécois faisant partie de la même tranche d'âge sont considérés comme un tout (ensemble référentiel).

Ainsi :

- parmi les adultes québécois âgés de 35 à moins de 45 ans, il y en a :
  - 19,23 % qui ne demandent jamais de sac de plastique à la caisse,
  - 65,38 % qui demandent rarement des sacs de plastique à la caisse,
  - 4,81 % qui demandent souvent des sacs de plastique à la caisse,
  - 10,58 % qui demandent tout le temps des sacs de plastique à la caisse,

  ce qui donne un total de 100 % ;
- parmi les adultes québécois âgés de 55 à moins de 65 ans, il y en a :
  - 30,97 % qui ne demandent jamais de sac de plastique à la caisse,
  - 62,83 % qui demandent rarement des sacs de plastique à la caisse,
  - 3,98 % qui demandent souvent des sacs de plastique à la caisse,
  - 2,21 % qui demandent tout le temps des sacs de plastique à la caisse,

  ce qui donne un total de 100 %.

Cette interprétation s'applique à chacune des tranches d'âge, puisque chaque ligne représente une répartition complète et donne une **distribution** des adultes québécois **conditionnelle** à la tranche d'âge.

La dernière ligne ne représente plus le total, car si l'on additionne les pourcentages de chacune des colonnes, on n'obtient pas la valeur indiquée sur cette ligne. La dernière ligne représente la répartition des adultes québécois en fonction de la fréquence de la demande de sacs de plastique sans tenir compte de chaque tranche d'âge, c'est-à-dire tous les adultes québécois pris ensemble.

C'est la **distribution marginale** des adultes québécois. (Remarquez que le titre de cette ligne est « Ensemble » plutôt que « Total ».)

La figure 8.2 est une représentation graphique des distributions conditionnelles et de la distribution marginale.

FIGURE 8.2

Répartition des 1 008 adultes québécois en fonction de la fréquence de la demande de sacs de plastique pour chaque tranche d'âge, en pourcentage

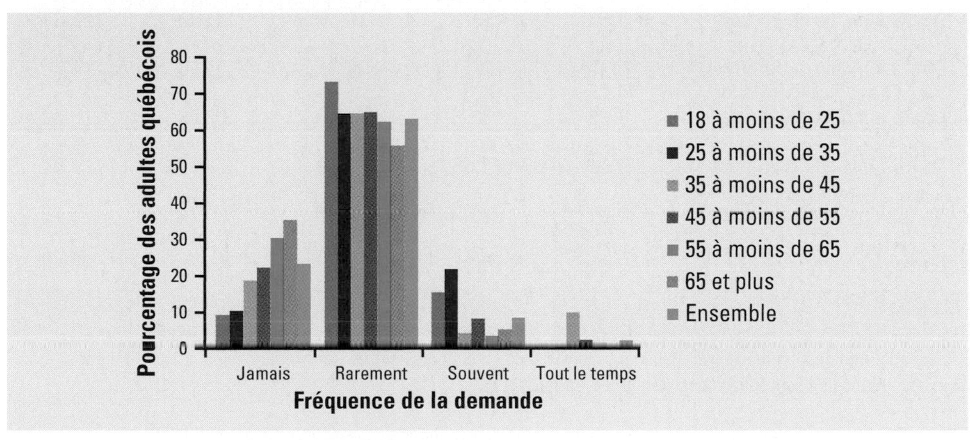

Source : Journal de Montréal/Léger Marketing. (Janvier 2011). *Enquêtes sur les sacs réutilisables,* 12 p. [En ligne]. www.legermarketing.com (page consultée le 31 janvier 2011).

Sur ce graphique, on observe que les répartitions des adultes québécois sont légèrement différentes d'une tranche d'âge à une autre.

8.1.4 Le tableau à double entrée avec 100 % partout sur la ligne « Total »

Si l'on effectue une répartition en pourcentage des adultes québécois en fonction de leur âge pour chaque fréquence de la demande de sacs de plastique, on obtient les résultats présentés dans le tableau 8.6, lequel est construit à partir du tableau 8.3, en considérant à tour de rôle chaque fréquence de la demande de sacs de plastique comme un ensemble de référence.

TABLEAU 8.3 ▶ p. 239

Répartition des 1 008 adultes québécois en fonction de la fréquence de la demande de sacs de plastique et de leur âge

Âge	Fréquence de la demande de sacs de plastique				
	Jamais	Rarement	Souvent	Tout le temps	Total
De 18 à moins de 25 ans	11	82	18	0	111
De 25 à moins de 35 ans	13	78	27	2	120
De 35 à moins de 45 ans	20	68	5	11	104
De 45 à moins de 55 ans	55	158	21	7	241
De 55 à moins de 65 ans	70	142	9	5	226
65 ans et plus	74	116	12	4	206
Total	243	644	92	29	1 008

Ainsi, pour obtenir les quantités numériques de la première colonne du tableau 8.6, on procède en considérant comme un ensemble de référence les 243 personnes qui ne demandent jamais de sac de plastique, personnes répertoriées dans la colonne 1 du tableau 8.3 :

$$\frac{11}{243} = \frac{x}{100}, \text{ d'où } x = 4{,}53$$

$$\frac{13}{243} = \frac{x}{100}, \text{ d'où } x = 5{,}35$$

$$\frac{20}{243} = \frac{x}{100}, \text{ d'où } x = 8{,}23$$

et ainsi de suite.

TABLEAU 8.6

Répartition des 1 008 adultes québécois en fonction de leur âge pour chaque fréquence de la demande de sacs de plastique, en pourcentage

Âge	Fréquence de la demande de sacs de plastique				
	Jamais	Rarement	Souvent	Tout le temps	Ensemble
De 18 à moins de 25 ans	4,53	12,73	19,57	0,00	11,01
De 25 à moins de 35 ans	5,35	12,11	29,35	6,90	11,90
De 35 à moins de 45 ans	8,23	10,56	5,43	37,93	10,32
De 45 à moins de 55 ans	22,63	24,53	22,83	24,14	23,91
De 55 à moins de 65 ans	28,81	22,05	9,78	17,24	22,42
65 ans et plus	30,45	18,01	13,04	13,79	20,44
Total	100,00	100,00	100,00	100,00	100,00

Source : Journal de Montréal/Léger Marketing. (Janvier 2011). *Enquêtes sur les sacs réutilisables,* 12 p. [En ligne]. www.legermarketing.com (page consultée le 31 janvier 2011).

Pour obtenir les quantités numériques de la deuxième colonne, on procède en considérant comme un ensemble de référence les 644 personnes qui demandent rarement des sacs de plastique, personnes répertoriées dans la colonne 2 :

$\frac{82}{644} = \frac{x}{100}$, d'où $x = 12{,}73$

$\frac{78}{644} = \frac{x}{100}$, d'où $x = 12{,}11$

et ainsi de suite.

Pour obtenir les quantités numériques de la dernière colonne, on procède en considérant comme un ensemble de référence les 1 008 personnes, toutes fréquences de demande confondues :

$\frac{111}{1\,008} = \frac{x}{100}$, d'où $x = 11{,}01$

$\frac{120}{1\,008} = \frac{x}{100}$, d'où $x = 11{,}90$

$\frac{104}{1\,008} = \frac{x}{100}$, d'où $x = 10{,}32$

et ainsi de suite.

Comme chaque fréquence totalise 100 %, les adultes québécois de chacune des fréquences sont considérés comme un tout (ensemble référentiel).

Ainsi, parmi les adultes québécois qui ne demandent jamais de sac de plastique :

- 4,53 % ont de 18 à moins de 25 ans,
- 5,35 % ont de 25 à moins de 35 ans,
- 8,23 % ont de 35 à moins de 45 ans,
- 22,63 % ont de 45 à moins de 55 ans,
- 28,81 % ont de 55 à moins de 65 ans,
- 30,45 % ont 65 ans et plus,

ce qui donne un total de 100 %.

Cette interprétation s'applique à chacune des fréquences, puisque chaque colonne représente une répartition complète et donne la **distribution** des adultes québécois, **conditionnelle** à la fréquence de la demande de sacs de plastique.

La dernière colonne ne représente plus le total, car si l'on additionne les pourcentages de chacune des lignes, on n'obtient pas la valeur indiquée dans cette colonne. Elle représente la répartition des adultes québécois en fonction de leur âge, sans tenir compte de la fréquence de la demande de sacs de plastique, c'est-à-dire toutes fréquences confondues. C'est la **distribution marginale** de l'âge. (Remarquez que le titre de cette colonne est « Ensemble » plutôt que « Total ».)

La figure 8.3, à la page suivante, est une représentation graphique des distributions conditionnelles et de la distribution marginale.

FIGURE 8.3

Répartition des 1 008 adultes québécois en fonction de leur âge pour chaque fréquence de la demande de sacs de plastique, en pourcentage

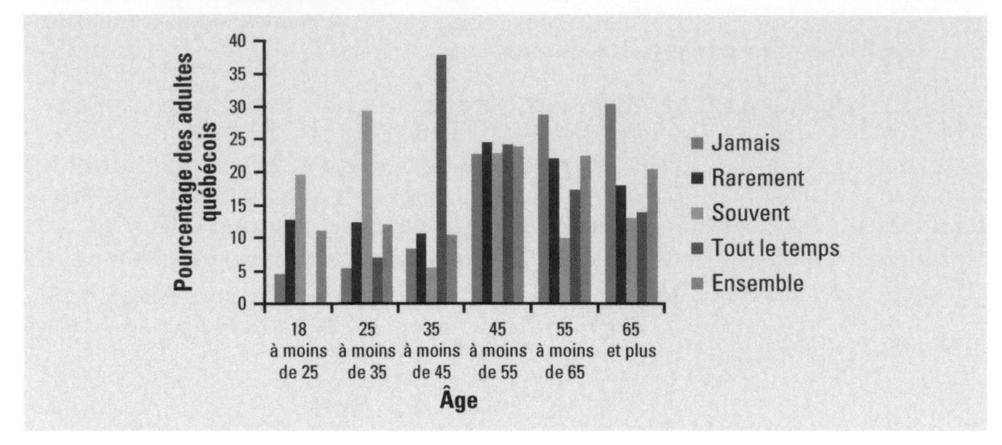

Source : Journal de Montréal/Léger Marketing. (Janvier 2011). *Enquêtes sur les sacs réutilisables*, 12 p. [En ligne]. www.legermarketing.com (page consultée le 31 janvier 2011).

Sur ce graphique, on observe une légère différence dans la distribution de la fréquence de la demande de sacs de plastique entre les tranches d'âge.

Exercices

8.1 Les motivations de départ à la retraite

« Avoir atteint le droit à une retraite au taux plein et souhaiter profiter de la retraite le plus longtemps possible sont les deux premiers motifs de départ[1]. »

TABLEAU 8.7

Moment du départ à la retraite	Situation juste avant le départ à la retraite (en pourcentage)		
	En emploi	Pas en emploi	Ensemble
Dès que possible	70,9	78,2	74,1
Plus tard	26,8	16,0	22,1
Non-réponse	2,3	5,8	3,8
Total	100,0	100,0	100,0

Source : Benallah, S., P. Aubert, N. Barthélémy, M. Cornu-Pauchet et J. Samak. (Janvier 2011). *Études et résultats : Les motivations de départ à la retraite*, n° 745, 8 p.

a) Donnez un titre à ce tableau.

b) Interprétez les valeurs 26,8 et 74,1.

c) Déterminez les distributions conditionnelles et la distribution marginale.

8.2 Mieux vaut en rire

Le tableau 8.8 montre les résultats obtenus auprès des Québécois, en pourcentage, à la question : « Avez-vous ri aujourd'hui pendant au moins une minute ? »

TABLEAU 8.8

Âge	Réponses (en pourcentage)		
	Oui	Non	Total
De 18 à moins de 25 ans	56	44	100
De 25 à moins de 65 ans	45	55	100
65 ans et plus	42	58	100
Ensemble	46	54	100

Source : Léger, Jean-Marc. (24 décembre 2009). « Mieux vaut en rire », *Le Journal de Montréal*, p. 29.

1. Benallah, S., P. Aubert, N. Barthélémy, M. Cornu-Pauchet et J. Samak. (Janvier 2011). *Études et résultats : Les motivations de départ à la retraite*, n° 745, 8 p.

Exercices

a) Donnez un titre à ce tableau.

b) Interprétez les données 54, 55 et 56.

c) Déterminez la distribution marginale.

d) Diriez-vous que les distributions conditionnelles sont semblables à la distribution marginale ?

8.3 Avez-vous menti aujourd'hui ?

TABLEAU 8.9

Répartition des 1 000 répondants en fonction de leur réponse et de leur sexe

Sexe	Mentir		
	Oui	Non	Total
Hommes	84	410	494
Femmes	61	445	506
Total	145	855	1 000

Source : Données inspirées de Sondage Léger Marketing. (31 décembre 2009). « Nouvelles », *Le Journal de Montréal*, p. 33.

a) Transformez ce tableau en un tableau ayant un seul 100 %.

b) Transformez ce tableau pour obtenir les distributions conditionnelles de la variable « Sexe » et la distribution marginale associée.

8.4 Les garçons et les filles au cégep

Supposons que, dans votre cégep, il y ait 40 % de garçons et 60 % de filles. De plus, les garçons représentent 65 % du secteur technique et 35 % du secteur préuniversitaire, alors que les filles représentent 45 % du secteur technique et 55 % du secteur préuniversitaire. À partir de ces informations, remplissez les tableaux 8.10 à 8.15 et donnez un titre à chacun.

a) TABLEAU 8.10

Sexe	(%)
Filles	
Garçons	
Total	100

b) TABLEAU 8.11

Secteur – Garçons	(%)
Technique	
Préuniversitaire	
Total	100

c) TABLEAU 8.12

Secteur – Filles	(%)
Technique	
Préuniversitaire	
Total	100

d) TABLEAU 8.13

Sexe	Secteur technique (%)	Secteur préuniversitaire (%)	Total (%)
Filles			
Garçons			
Total			100

e) TABLEAU 8.14

Sexe	Secteur technique (%)	Secteur préuniversitaire (%)	Total (%)
Filles			100
Garçons			100
Ensemble			100

f) TABLEAU 8.15

Sexe	Secteur technique (%)	Secteur préuniversitaire (%)	Ensemble (%)
Filles			
Garçons			
Total	100	100	100

8.2 Le test du khi deux

L'objectif du test du khi deux est de déterminer s'il existe un lien statistique entre deux variables. C'est le cas lorsque la répartition des données d'une variable diffère de façon significative selon les modalités d'une autre variable : on parle alors de dépendance entre les deux variables. Par contre, s'il n'existe pas de lien, on parle alors de l'indépendance des deux variables. Par exemple, si la distribution de la situation d'emploi diffère de façon significative entre les hommes et les femmes, on dira que la situation d'emploi et le sexe sont deux variables dépendantes ; dans le cas contraire, on dira que la situation d'emploi et le sexe sont deux variables indépendantes. L'existence d'un lien statistique est déterminée à l'aide d'un test d'hypothèses.

Variable dépendante
Variable que l'on cherche à expliquer.

Variable indépendante
Variable qui sert à expliquer la variable à l'étude (variable dépendante).

La variable sur laquelle porte principalement l'étude est la variable à expliquer, appelée **variable dépendante**, tandis que la variable qui sert à expliquer les résultats de la variable dépendante est la variable explicative, appelée **variable indépendante**.

Dans le cas de l'étude portant sur le travail à temps partiel, la variable dépendante est la situation d'emploi et les variables indépendantes possibles sont le sexe, l'âge, la profession, etc.

Exercice

8.5 Avez-vous menti aujourd'hui ? (*suite*)

La répartition des 1 000 répondants en fonction de leur réponse à la question et de leur âge est présentée dans le tableau 8.16.

a) Quelle est la variable dépendante ?

b) Quelle est la variable indépendante ?

TABLEAU 8.16

Répartition des 1 000 répondants en fonction de leur réponse et de leur âge

Âge	Mentir		
	Oui	Non	Total
De 18 à moins de 25 ans	70	80	150
De 25 à moins de 45 ans	61	279	340
45 ans ou plus	31	479	510
Total	162	838	1 000

Source : Données inspirées de Sondage Léger Marketing. (31 décembre 2009). « Nouvelles », *Le Journal de Montréal*, p. 33.

Distribution conditionnelle
Distribution en pourcentage des résultats de la variable dépendante pour chacune des modalités de la variable indépendante.

Distribution marginale
Distribution en pourcentage de la variable dépendante obtenue à partir de toutes les données de l'échantillon ou de la population.

8.2.1 Les distributions conditionnelles et la distribution marginale

Étudions la distribution en pourcentage des résultats de la variable dépendante (la variable à expliquer) pour chacune des modalités de la variable indépendante (la variable explicative). Chacune de ces distributions est une **distribution conditionnelle**, établie en pourcentage. La distribution de la variable dépendante obtenue à partir de toutes les données de l'échantillon ou de la population est la **distribution marginale**.

Exemple 8.2 La demande de sacs de plastique lors des achats (*suite*)

Mise en situation

Reprenons notre exemple présentant une distribution de 1 008 adultes québécois en fonction de la fréquence de la demande de sacs de plastique lors de leurs achats ainsi que de leur âge.

À partir des fréquences observées dans l'échantillon, il est difficile de déterminer l'existence d'un lien statistique entre deux variables.

Population Tous les adultes québécois.
Unité statistique Un adulte québécois.
Taille de l'échantillon $n = 1008$
Variable dépendante La fréquence de la demande de sacs de plastique.
Échelle de mesure Échelle ordinale.
Variable indépendante L'âge de l'adulte québécois.
Échelle de mesure Échelle ordinale.

La variable à expliquer dans cette étude est « La fréquence de la demande de sacs de plastique » ; c'est donc la variable dépendante. Celle que l'on utilise pour expliquer la distribution de la variable dépendante est « L'âge de l'adulte québécois » ; c'est donc la variable indépendante. Le tableau 8.3 présente la distribution conjointe des 1 008 données : on l'appelle « tableau de contingence ». La variable « L'âge de l'adulte québécois » comporte 6 classes ; la variable « La fréquence de la demande de sacs de plastique » comprend 4 modalités. On dit alors qu'il s'agit d'un tableau de contingence 6 × 4 ; on indique en premier le nombre de lignes, puis le nombre de colonnes. La dimension du tableau est déterminée par le nombre de modalités de chacune des variables. Le produit de ces 2 nombres donne le nombre de combinaisons possibles résultant du croisement des modalités des 2 variables, soit 24 intersections. Les fréquences de chacune de ces intersections sont celles qui sont observées dans l'échantillon.

TABLEAU 8.3 ▶ p. 239

Répartition des 1 008 adultes québécois en fonction de la fréquence de la demande de sacs de plastique et de leur âge

Âge	Fréquence de la demande de sacs de plastique				
	Jamais	Rarement	Souvent	Tout le temps	Total
De 18 à moins de 25 ans	11	82	18	0	111
De 25 à moins de 35 ans	13	78	27	2	120
De 35 à moins de 45 ans	20	68	5	11	104
De 45 à moins de 55 ans	55	158	21	7	241
De 55 à moins de 65 ans	70	142	9	5	226
65 ans et plus	74	116	12	4	206
Total	**243**	**644**	**92**	**29**	**1 008**

La position des variables dans le tableau n'a pas d'importance. En effet, la variable dépendante peut aussi bien être placée en colonnes qu'en lignes.

Le but de l'étude est de déterminer si la répartition de la variable dépendante, « La fréquence de la demande de sacs de plastique », est la même quelle que soit la tranche d'âge ou si elle diffère selon la tranche d'âge. Pour ce faire, l'interprétation doit s'effectuer à partir des distributions exprimées en pourcentage pour chacune des modalités de la variable indépendante (*voir le tableau 8.5*). Il serait possible de comparer les distributions à partir des fréquences observées seulement s'il y avait le même nombre d'unités pour chacune des modalités de la variable indépendante ; dans cet exemple, l'échantillon devrait donc être composé

TABLEAU 8.5 ▶ p. 242

Répartition des 1 008 adultes québécois en fonction de la fréquence de la demande de sacs de plastique pour chaque tranche d'âge, en pourcentage

Âge	Fréquence de la demande de sacs de plastique				
	Jamais	Rarement	Souvent	Tout le temps	Total
De 18 à moins de 25 ans	9,91	73,87	16,22	0,00	100,00
De 25 à moins de 35 ans	10,83	65,00	22,50	1,67	100,00
De 35 à moins de 45 ans	19,23	65,38	4,81	10,58	100,00
De 45 à moins de 55 ans	22,82	65,56	8,71	2,90	100,00
De 55 à moins de 65 ans	30,97	62,83	3,98	2,21	100,00
65 ans et plus	35,92	56,31	5,83	1,94	100,00
Ensemble	**24,11**	**63,89**	**9,13**	**2,88**	**100,00**

▶

d'un nombre égal d'adultes québécois dans chaque tranche d'âge. Il est très rare qu'une telle situation se présente. Il est donc préférable d'interpréter les résultats à l'aide de distributions exprimées en pourcentage pour chacune des modalités de la variable indépendante.

Puisque la variable indépendante « L'âge de l'adulte québécois » comporte 6 classes, il y aura 6 distributions conditionnelles. Il y a une distribution conditionnelle de la variable dépendante pour chacune des modalités de la variable indépendante.

- La distribution **marginale** de la variable dépendante « La fréquence de la demande de sacs de plastique » figure à la dernière ligne du tableau 8.5.
- Les distributions **conditionnelles** de la variable dépendante « La fréquence de la demande de sacs de plastique » sont données pour chacune des tranches d'âge.

On constate que la distribution de la variable « La fréquence de la demande de sacs de plastique » diffère légèrement selon la tranche d'âge.

En observant le graphique de la figure 8.2, on remarque également que la distribution de la variable « La fréquence de la demande de sacs de plastique » diffère légèrement selon la tranche d'âge. En effet, on peut voir que la hauteur des bandes représentant chacune des tranches d'âge (distributions conditionnelles) est légèrement différente de celles qui représentent toutes les tranches d'âge confondues (distribution marginale [Ensemble]).

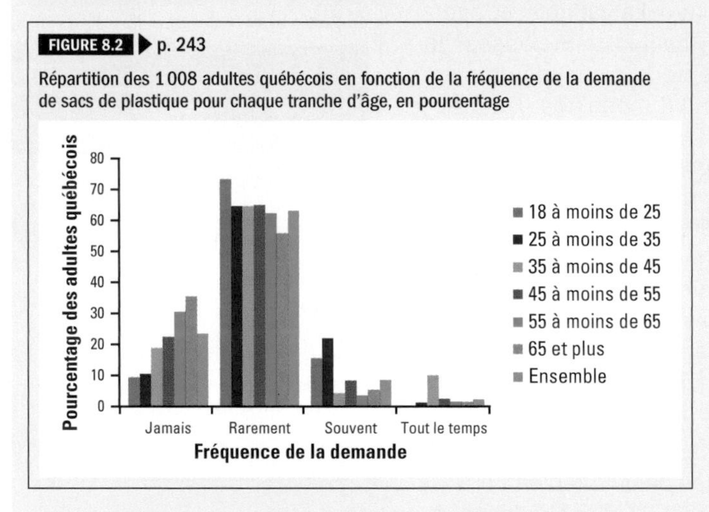

FIGURE 8.2 ▶ p. 243

Répartition des 1 008 adultes québécois en fonction de la fréquence de la demande de sacs de plastique pour chaque tranche d'âge, en pourcentage

Dans la population, pour la variable dépendante, lorsque les distributions conditionnelles sont identiques à la distribution marginale, les deux variables étudiées sont dites « indépendantes ». Cependant, il ne faut pas oublier qu'il s'agit des données d'un échantillon et non de la population. Cela signifie que l'on n'aura jamais de distributions conditionnelles identiques à la distribution marginale même si, dans la population, ces deux variables sont indépendantes. Par conséquent, il faut prendre une décision au sujet de l'indépendance des deux variables pour l'ensemble des données de la population à partir des données de l'échantillon.

La question à laquelle il faut répondre est la suivante : « L'écart entre les distributions conditionnelles et la distribution marginale est-il significatif ? »

Exercice

8.6 Avez-vous menti aujourd'hui? (*suite*)

Revenez au contexte de l'exercice 8.5 et au tableau de la répartition des 1 000 répondants en fonction de leur réponse à la question et de leur âge.

a) Transformez le tableau 8.16 pour obtenir les distributions conditionnelles sur la variable indépendante et la distribution marginale associée.

b) Diriez-vous que les distributions conditionnelles ressemblent à la distribution marginale? Justifiez votre réponse.

TABLEAU 8.16 ▶ p. 248

Répartition des 1 000 répondants en fonction de leur réponse et de leur âge

Âge	Mentir		
	Oui	Non	Total
De 18 à moins de 25 ans	70	80	150
De 25 à moins de 45 ans	61	279	340
45 ans ou plus	31	479	510
Total	162	838	1 000

8.2.2 Les fréquences espérées (ou théoriques)

La décision concernant l'existence d'un lien statistique entre les deux variables repose sur un coefficient qui a été présenté en 1900 par Karl Pearson (1857-1936). Ce coefficient utilise des fréquences et non des pourcentages. La technique consiste à comparer les fréquences observées dans l'échantillon, notées f_o, avec les fréquences que l'on aurait obtenues avec une relation d'indépendance parfaite entre les deux variables. Ces fréquences s'appellent fréquences espérées, ou théoriques, et sont notées f_e.

Fréquences observées (f_o) Fréquences compilées dans l'échantillon.

Fréquences espérées, ou théoriques (f_e) Fréquences que l'on aurait obtenues avec une relation d'indépendance parfaite entre les deux variables à l'étude.

Exemple 8.3 La demande de sacs de plastique lors des achats (*suite*)

Mise en situation

Pour obtenir une indépendance parfaite entre les deux variables, il faudrait que les distributions conditionnelles, en pourcentage, de la variable «La fréquence de la demande de sacs de plastique» pour chaque tranche d'âge des adultes québécois, soient identiques à la distribution marginale. En d'autres mots, il faudrait, pour chacune des modalités de la variable «La fréquence de la demande de sacs de plastique», que la proportion d'adultes québécois soit la même dans chaque tranche d'âge: celle de la distribution marginale.

TABLEAU 8.17

Fréquence de la demande de sacs de plastique – calcul des fréquences espérées

Âge	Fréquence de la demande de sacs de plastique				
	Jamais	Rarement	Souvent	Tout le temps	Total
De 18 à moins de 25 ans					111
De 25 à moins de 35 ans					120
De 35 à moins de 45 ans					104
De 45 à moins de 55 ans					241
De 55 à moins de 65 ans					226
65 ans et plus					206
Total	243	644	92	29	1 008

Source: Journal de Montréal/Léger Marketing. (Janvier 2011). *Enquêtes sur les sacs réutilisables,* 12 p. [En ligne]. www.legermarketing.com (page consultée le 31 janvier 2011).

▶

Pour les 111 adultes québécois âgés de 18 à moins de 25 ans, il faudrait que les proportions de chacune des modalités de la variable « La fréquence de la demande de sacs de plastique » soient les mêmes que dans la distribution marginale de l'échantillon.

- Jamais : $\frac{243}{1\,008} = \frac{f_e}{111}$, c'est-à-dire $f_e = 111 \cdot \frac{243}{1\,008} = 26{,}76$
- Rarement : $\frac{644}{1\,008} = \frac{f_e}{111}$, c'est-à-dire $f_e = 111 \cdot \frac{644}{1\,008} = 70{,}92$
- Souvent : $\frac{92}{1\,008} = \frac{f_e}{111}$, c'est-à-dire $f_e = 111 \cdot \frac{92}{1\,008} = 10{,}13$
- Tout le temps : $\frac{29}{1\,008} = \frac{f_e}{111}$, c'est-à-dire $f_e = 111 \cdot \frac{29}{1\,008} = 3{,}19$

Pour les 120 adultes québécois âgés de 25 à moins de 35 ans, il faudrait que les proportions de chacune des modalités de la variable « La fréquence de la demande de sacs de plastique » soient les mêmes que dans la distribution marginale de l'échantillon.

- Jamais : $\frac{243}{1\,008} = \frac{f_e}{120}$, c'est-à-dire $f_e = 120 \cdot \frac{243}{1\,008} = 28{,}93$
- Rarement : $\frac{644}{1\,008} = \frac{f_e}{120}$, c'est-à-dire $f_e = 120 \cdot \frac{644}{1\,008} = 76{,}67$
- Souvent : $\frac{92}{1\,008} = \frac{f_e}{120}$, c'est-à-dire $f_e = 120 \cdot \frac{92}{1\,008} = 10{,}95$
- Tout le temps : $\frac{29}{1\,008} = \frac{f_e}{120}$, c'est-à-dire $f_e = 120 \cdot \frac{29}{1\,008} = 3{,}45$

On observe que les fréquences espérées peuvent être obtenues à l'aide de la formule suivante :

$$f_e = \frac{\text{Somme de la colonne} \cdot \text{Somme de la ligne}}{\text{Somme totale}}$$

Si l'on regroupe ces renseignements, on obtient le tableau des fréquences espérées, ou théoriques (*voir le tableau 8.18*).

TABLEAU 8.18

Répartition des 1 008 adultes québécois en fonction de la fréquence de la demande de sacs de plastique et de leur âge (fréquences espérées)

Âge	Fréquence de la demande de sacs de plastique				
	Jamais	Rarement	Souvent	Tout le temps	Total
De 18 à moins de 25 ans	26,76	70,92	10,13	3,19	111
De 25 à moins de 35 ans	28,93	76,67	10,95	3,45	120
De 35 à moins de 45 ans	25,07	66,44	9,49	2,99	104
De 45 à moins de 55 ans	58,10	153,97	22,00	6,93	241
De 55 à moins de 65 ans	54,48	144,39	20,63	6,50	226
65 ans et plus	49,66	131,61	18,80	5,93	206
Total	**243**	**644**	**92**	**29**	**1 008**

Source : Journal de Montréal/Léger Marketing. (Janvier 2011). *Enquêtes sur les sacs réutilisables,* 12 p. [En ligne]. www.legermarketing.com (page consultée le 31 janvier 2011).

On peut maintenant comparer les fréquences observées avec les fréquences espérées.

TABLEAU 8.19

Répartition des 1 008 adultes québécois en fonction de la fréquence de la demande de sacs de plastique et de leur âge (fréquences observées et fréquences espérées)

Âge	Fréquence de la demande de sacs de plastique				
	Jamais	Rarement	Souvent	Tout le temps	Total
De 18 à moins de 25 ans					
f_o	11	82	18	0	
f_e	26,76	70,92	10,13	3,19	111
De 25 à moins de 35 ans					
f_o	13	78	27	2	
f_e	28,93	76,67	10,95	3,45	120
De 35 à moins de 45 ans					
f_o	20	68	5	11	
f_e	25,07	66,44	9,49	2,99	104
De 45 à moins de 55 ans					
f_o	55	158	21	7	241
f_e	58,10	153,97	22,00	6,93	
De 55 à moins de 65 ans					
f_o	70	142	9	5	
f_e	54,48	144,39	20,63	6,50	226
65 ans et plus					
f_o	74	116	12	4	
f_e	49,66	131,61	18,80	5,93	206
Total	243	644	92	29	1 008

Source : Journal de Montréal/Léger Marketing. (Janvier 2011). *Enquêtes sur les sacs réutilisables,* 12 p. [En ligne]. www.legermarketing.com (page consultée le 31 janvier 2011).

On note qu'il y a un écart entre les fréquences observées et les fréquences espérées qui ont été calculées. Plus cet écart est grand, plus on s'éloigne du modèle de l'indépendance des deux variables.

Exercice

8.7 Avez-vous menti aujourd'hui ? (*suite*)

Revenons à l'exercice 8.5 et au tableau de la répartition des 1 000 répondants en fonction de leur réponse à la question et de leur âge.

Calculez les fréquences espérées.

TABLEAU 8.16 p. 248

Répartition des 1 000 répondants en fonction de leur réponse et de leur âge

Âge	Mentir		
	Oui	Non	Total
De 18 à moins de 25 ans	70	80	150
De 25 à moins de 45 ans	61	279	340
45 ans ou plus	31	479	510
Total	162	838	1 000

Méthodes quantitatives en action

Frank Vitaro, **professeur titulaire**
École de psychoéducation de l'Université de Montréal

Est-ce que la victimisation par les pairs à l'école entraîne une augmentation des sentiments de détresse chez les enfants victimisés ? Voici le genre de questions que nous nous posons dans nos travaux de recherche en psychoéducation. Pour y répondre adéquatement, nous utilisons des analyses statistiques, parfois simples, parfois complexes, allant de la corrélation bivariée aux analyses par équations structurales, en passant par les analyses de régression. Par exemple, nous utilisons une analyse de régression multivariée (forme de corrélation partielle) pour déterminer si les sentiments de détresse durant l'année scolaire chez les enfants victimisés augmentent indépendamment de la qualité de leur relation avec leur professeur ou leurs parents.

Sans les outils d'analyse statistique, nous serions dans l'impossibilité de conclure avec un degré suffisant de certitude que telle ou telle expérience est déterminante dans la vie des jeunes. Privés de ces outils, il nous serait également impossible de répondre de façon claire et non univoque à la seconde grande catégorie de questions que nous nous posons en psychoéducation : est-ce que nos stratégies d'intervention sont efficaces pour réduire ou prévenir les problèmes d'adaptation chez les enfants et les adolescents ? Les aspects statistiques et méthodologiques occupent une place importante dans la formation des étudiants en psychoéducation, car ils leur permettent d'apprécier de façon critique le bien-fondé des nombreuses stratégies d'intervention qui leur sont proposées et de contribuer à leur tour à l'avancement des connaissances.

8.2.3 La force du lien statistique

Dans un premier temps, la force du lien statistique entre les deux variables s'obtient au moyen du calcul d'un coefficient, le **khi deux,** noté χ^2, qui mesure l'écart entre les fréquences observées et les fréquences espérées. À l'aide du khi deux, on peut ensuite calculer un coefficient qui mesure la force du lien statistique entre les deux variables. Deux coefficients mesurant la force de ce lien seront présentés ici : le **coefficient de contingence,** désigné *C*, et le **coefficient de contingence de Cramer,** désigné *V*.

Le calcul du khi deux

Le khi deux s'obtient à l'aide de la formule suivante :

$$\chi^2 = \sum \frac{(f_o - f_e)^2}{f_e}$$

où

- f_o est la fréquence observée dans l'échantillon ;
- f_e est la fréquence espérée.

Chaque valeur $\frac{(f_o - f_e)^2}{f_e}$ est toujours positive ou nulle. Lorsque la valeur du khi deux (c'est-à-dire la somme de ces valeurs) donne zéro, cela indique que les fréquences observées sont toutes égales aux fréquences espérées ; les variables sont alors indépendantes. Plus les fréquences observées s'éloignent des fréquences espérées, plus grande est la valeur du khi deux.

Exemple 8.4 La demande de sacs de plastique lors des achats (*suite*)

Mise en situation

Reprenons l'exemple portant sur la fréquence de la demande de sacs de plastique et calculons la valeur du khi deux.

TABLEAU 8.20

Fréquence de la demande de sacs de plastique – calcul des valeurs $\frac{(f_o - f_e)^2}{f_e}$

Âge	Fréquence de la demande de sacs de plastique				
	Jamais	Rarement	Souvent	Tout le temps	
De 18 à moins de 25 ans	$\frac{(11-26,76)^2}{26,76}=$ 9,282	$\frac{(82-70,92)^2}{70,92}=$ 1,731	$\frac{(18-10,13)^2}{10,13}=$ 6,114	$\frac{(0-3,19)^2}{3,19}=$ 3,190	
De 25 à moins de 35 ans	$\frac{(13-28,93)^2}{28,93}=$ 8,772	$\frac{(78-76,67)^2}{76,67}=$ 0,023	$\frac{(27-10,95)^2}{10,95}=$ 23,525	$\frac{(2-3,45)^2}{3,45}=$ 0,609	
De 35 à moins de 45 ans	$\frac{(20-25,07)^2}{25,07}=$ 1,025	$\frac{(68-66,44)^2}{66,44}=$ 0,037	$\frac{(5-9,49)^2}{9,49}=$ 2,124	$\frac{(11-2,99)^2}{2,99}=$ 21,458	
De 45 à moins de 55 ans	$\frac{(55-58,10)^2}{58,10}=$ 0,165	$\frac{(158-153,97)^2}{153,97}=$ 0,105	$\frac{(21-22,00)^2}{22,00}=$ 0,045	$\frac{(7-6,93)^2}{6,93}=$ 0,001	
De 55 à moins de 65 ans	$\frac{(70-54,48)^2}{54,48}=$ 4,421	$\frac{(142-144,39)^2}{144,39}=$ 0,040	$\frac{(9-20,63)^2}{20,63}=$ 6,556	$\frac{(5-6,50)^2}{6,50}=$ 0,346	
65 ans et plus	$\frac{(74-49,66)^2}{49,66}=$ 11,930	$\frac{(116-131,61)^2}{131,61}=$ 1,851	$\frac{(12-18,80)^2}{18,80}-$ 2,460	$\frac{(4-5,93)^2}{5,93}=$ 0,628	
Khi deux					**106,438**

Source : Journal de Montréal/Léger Marketing. (Janvier 2011). *Enquêtes sur les sacs réutilisables*, 12 p. [En ligne]. www.legermarketing.com (page consultée le 31 janvier 2011).

La valeur du khi deux est de 106,438.

Plus la valeur du khi deux est près de zéro, plus les fréquences observées sont près des fréquences espérées calculées selon un modèle d'indépendance des deux variables, donc plus la valeur du khi deux est près de zéro, moins l'existence du lien statistique entre les deux variables est probable.

Si l'on doublait la taille de l'échantillon en doublant toutes les fréquences observées dans le tableau, on obtiendrait aussi des fréquences espérées doublées, mais cela ne modifierait pas les distributions conditionnelles en pourcentage. Le lien entre les deux variables serait le même, mais on obtiendrait un khi deux doublé :

$$\chi^2 = \sum \frac{((2 \cdot f_o) - (2 \cdot f_e))^2}{(2 \cdot f_e)} = \sum \frac{4 \cdot (f_o - f_e)^2}{2 \cdot f_e} = \sum 2 \cdot \frac{(f_o - f_e)^2}{f_e} = 2 \cdot \sum \frac{(f_o - f_e)^2}{f_e}$$

Si l'on triplait la taille de l'échantillon en triplant toutes les fréquences observées, on triplerait la valeur du khi deux, etc.

La valeur absolue du khi deux n'est donc pas un bon indicateur de la force du lien pouvant exister entre deux variables.

Des coefficients qui mesurent plus adéquatement la force du lien ont donc été élaborés. Nous en présentons deux ci-dessous.

Exercice

8.8 Avez-vous menti aujourd'hui (*suite*)

Revenons à l'exercice 8.5 et au tableau de la répartition des 1 000 répondants en fonction de leur réponse à la question et de leur âge.

Calculez le χ^2 à partir de cet échantillon.

TABLEAU 8.16 ▶ p. 248

Répartition des 1 000 répondants en fonction de leur réponse et de leur âge

Âge	Mentir		
	Oui	Non	Total
De 18 à moins de 25 ans	70	80	150
De 25 à moins de 45 ans	61	279	340
45 ans ou plus	31	479	510
Total	162	838	1 000

Le coefficient de contingence

Le coefficient de contingence s'obtient à l'aide de la formule suivante :

$$C = \sqrt{\frac{\chi^2}{\chi^2 + n}}$$

où

- χ^2 est la valeur du khi deux qui a été calculée ;
- n est la taille de l'échantillon.

La valeur de ce coefficient se situe entre zéro et un. Quand elle est près de zéro, cela indique que le lien statistique entre les deux variables est nul (inexistant) ; quand elle s'approche de 1, cela indique que le lien statistique est parfait[2]. La valeur du coefficient de contingence ne permet pas de tirer de conclusion au sujet de l'indépendance des deux variables ; elle constitue néanmoins un indicateur de la force du lien existant entre celles-ci, si ce lien existe. Le tableau 8.21 permet d'interpréter la force du lien statistique entre deux variables. Ce coefficient est indépendant de la taille de l'échantillon : même si l'on double ou l'on triple la taille de l'échantillon en doublant ou triplant toutes les fréquences observées, la valeur de C est la même.

$$C = \sqrt{\frac{2\chi^2}{2\chi^2 + 2n}} = \sqrt{\frac{2\chi^2}{2(\chi^2 + n)}} = \sqrt{\frac{\chi^2}{\chi^2 + n}}$$

2. Pour obtenir la valeur maximale du coefficient de contingence, on utilise la formule $\sqrt{\frac{k-1}{k}}$, où k représente le nombre de modalités de la variable qui en a le moins.

TABLEAU 8.21

Force du lien statistique entre deux variables selon la valeur de *C*

Valeur de *C*	Force du lien statistique
0	Un coefficient près de 0 indique un lien statistique nul entre les deux variables.
0,25	Un coefficient près de 0,25 indique un lien statistique faible entre les deux variables.
0,50	Un coefficient près de 0,50 indique un lien statistique moyen entre les deux variables.
0,75	Un coefficient près de 0,75 indique un lien statistique fort entre les deux variables.
1	Un coefficient près de 1 indique un lien statistique très fort entre les deux variables.

La valeur maximale réelle du coefficient dépend du nombre de modalités de chacune des deux variables. À titre d'exemple, la valeur maximale de *C* est de 0,816 dans un tableau 3 × 3, de 0,894 dans un tableau 5 × 5, et de 0,866 dans un tableau 6 × 4 (comme dans l'exemple présenté). Malgré cela, ce coefficient est très utile pour comparer la force du lien statistique entre deux variables dans deux groupes différents ou à deux moments différents. L'intérêt de ce coefficient est d'être indépendant de la taille de l'échantillon, contrairement à la valeur du khi deux, laquelle est influencée par la taille de l'échantillon.

Exemple 8.5 La demande de sacs de plastique lors des achats (*suite*)

Mise en situation

Reprenons l'exemple portant sur la fréquence de la demande de sacs de plastique. Nous avons un échantillon de taille $n = 1\,008$ et $\chi^2 = 106{,}438$.

La valeur du coefficient de contingence *C* est de :

Résultat $C = \sqrt{\dfrac{106{,}438}{106{,}438 + 1\,008}} = 0{,}31$

Interprétation Nous avons donc un lien statistique de force faible entre « La fréquence de la demande de sacs de plastique » et « L'âge de l'adulte québécois ».

Voyons comment cette conclusion pourrait être observée à partir du tableau des distributions conditionnelles et de la distribution marginale.

Si l'on observe attentivement le tableau des distributions conditionnelles et de la distribution marginale (en pourcentage), on constate que les moins de 35 ans ont des distributions qui diffèrent des autres.

TABLEAU 8.5 ▶ p. 242

Répartition des 1 008 adultes québécois en fonction de la fréquence de la demande de sacs de plastique pour chaque tranche d'âge, en pourcentage

Âge	Fréquence de la demande de sacs de plastique				
	Jamais	Rarement	Souvent	Tout le temps	Total
De 18 à moins de 25 ans	9,91	73,87	16,22	0,00	100,00
De 25 à moins de 35 ans	10,83	65,00	22,50	1,67	100,00
De 35 à moins de 45 ans	19,23	65,38	4,81	10,58	100,00
De 45 à moins de 55 ans	22,82	65,56	8,71	2,90	100,00
De 55 à moins de 65 ans	30,97	62,83	3,98	2,21	100,00
65 ans et plus	35,92	56,31	5,83	1,94	100,00
Ensemble	**24,11**	**63,89**	**9,13**	**2,88**	**100,00**

Exercice

8.9 Dans le contexte de l'exercice « Avez-vous menti aujourd'hui ? », nous avons présenté la répartition des répondants en fonction de leur réponse et de leur âge. Dans l'exercice 8.8, nous avons calculé un χ^2 de 141,81.

À partir de cette valeur et sachant que la taille de l'échantillon est de 1 000 répondants :

a) calculez la valeur du coefficient de contingence *C* ;

b) à partir du résultat obtenu en a), déterminez la force du lien statistique.

Le coefficient de contingence de Cramer

Le coefficient de contingence de Cramer s'obtient à l'aide de la formule suivante :

$$V = \sqrt{\frac{\chi^2}{n(k-1)}}$$

où

- χ^2 est la valeur du khi deux qui a été calculée ;
- n est la taille de l'échantillon ;
- k est le nombre de modalités de la variable qui en a le moins.

Les valeurs de ce coefficient se situent toujours entre zéro et un. Tout comme le coefficient de contingence C, plus sa valeur est près de zéro, plus le lien est faible et plus sa valeur se rapproche de un, plus le lien est fort. Contrairement au coefficient de contingence C, le coefficient de contingence de Cramer peut atteindre la valeur un.

Mise en situation

Exemple 8.6 La demande de sacs de plastique lors des achats (*suite*)

Reprenons l'exemple portant sur la fréquence de la demande de sacs de plastique.

Nous avons un échantillon de taille $n = 1\,008$, $\chi^2 = 106{,}438$ et $k = 4$ (puisque c'est la variable « Fréquence de la demande de sacs de plastique » qui a le moins de modalités).

La valeur du coefficient de contingence de Cramer est de :

Résultat $V = \sqrt{\frac{106{,}438}{1\,008 \cdot (4-1)}} = 0{,}19$

Interprétation Nous avons donc un lien statistique de force faible entre « La fréquence de la demande de sacs de plastique » et « L'âge de l'adulte québécois ».

L'examen de chacun des éléments à calculer ou à observer dans l'étude de l'existence d'un lien statistique entre deux variables étant fait, l'objet de la section suivante est de présenter de façon plus rigoureuse les étapes de vérification de l'existence de ce lien.

Exercice

8.10 Avez-vous menti aujourd'hui ? (*suite*)

Nous avons présenté la répartition des répondants en fonction de leur réponse et de leur âge et calculé un χ^2 de 141,81. À partir de cette valeur, et sachant que la taille de l'échantillon est de 1 000 répondants :

a) calculez la valeur du coefficient de contingence de Cramer, V ;

b) à partir du résultat obtenu en a), déterminez la force du lien statistique.

8.2.4 Le test d'hypothèses

Précisons que le nombre d'échantillons possibles de taille n que l'on peut tirer d'une population de taille N est très grand. Il faut tenir compte du fait que deux échantillons sont identiques s'ils contiennent exactement les mêmes unités statistiques, c'est-à-dire que pour obtenir un échantillon différent, il suffit de changer une seule unité. À titre d'exemple, le nombre d'échantillons de taille 15 que l'on peut tirer d'une population de taille 30 est de 155 117 520. Imaginez la quantité d'échantillons de taille 1 000 que l'on peut tirer d'une population d'une taille de 7 000 000 ! La décision que l'on prendra au sujet de l'indépendance des deux variables repose sur les données d'un seul de ces échantillons.

Lorsque les fréquences observées correspondent parfaitement aux fréquences espérées, la valeur du khi deux est de zéro ; dans ce cas, les distributions conditionnelles sont identiques à la distribution marginale et les deux variables sont indépendantes. Cependant, il est peu probable qu'une telle situation se produise, étant donné que les unités de l'échantillon sont prises au hasard. Mais si les deux variables sont indépendantes, la valeur du khi deux qui a été calculée ne devrait pas différer de zéro de façon significative.

Pour aider à prendre une décision au sujet de l'indépendance des deux variables, fondée sur la valeur du khi deux qui a été calculée à partir des données d'un échantillon, nous avons étudié le comportement de la valeur du khi deux pour tous les échantillons de même taille, dans le cas de tableaux de contingence de mêmes dimensions, en supposant que les deux variables sont indépendantes. Cette étude a permis de déterminer les valeurs au-delà desquelles il est peu probable d'obtenir une valeur du khi deux lorsque les deux variables sont indépendantes. Ces valeurs serviront de seuil, c'est-à-dire que si l'on obtient une valeur du khi deux supérieure à ce seuil, on pourra prendre le risque de ne pas accepter l'indépendance des deux variables. Dans ce cas, on dira que l'écart entre les fréquences observées et les fréquences espérées est **significatif.**

Le seuil, ou **valeur critique,** est déterminé en fonction du nombre de modalités des deux variables dans le tableau de contingence. En fait, la valeur critique dépend de ce qu'on appelle « nombre de **degrés de liberté** », nombre qui est représenté par υ (lire *nu*).

Supposons un tableau de contingence (*voir le tableau 8.22*) dans lequel les sommes des lignes et des colonnes sont connues, mais non les valeurs conjointes que comporte le tableau. Le nombre minimal de valeurs conjointes qu'il faut connaître pour être en mesure de déduire la valeur de toutes les autres correspond au nombre de degrés de liberté.

Si l'on connaissait les valeurs qui vont dans les cellules tramées, on serait en mesure de déterminer celles qui vont dans les cellules non tramées. S'il en manquait une seule dans les cellules tramées, on ne serait pas en mesure de déterminer toutes les valeurs qui vont dans les cellules non tramées. Le nombre de degrés de liberté correspond donc au nombre de cellules tramées. On peut voir qu'elles forment un rectangle de 3×4 cellules : une ligne de moins et une colonne de moins que pour le tableau de contingence. Donc, $\upsilon = 12$ degrés de liberté.

TABLEAU 8.22

Tableau de contingence

Variable A	Variable B					
	Modalité 1	Modalité 2	Modalité 3	Modalité 4	Modalité 5	Total
Modalité 1						75
Modalité 2						90
Modalité 3						80
Modalité 4						70
Total	60	50	75	100	30	315

D'une façon générale, le **nombre de degrés de liberté** du tableau de contingence de deux variables s'obtient à l'aide de la formule suivante :

υ = (N[bre] de modalités de la variable $A - 1$) · (N[bre] de modalités de la variable $B - 1$)

Un tableau de contingence de dimensions 3×4 a donc $(3 - 1) \cdot (4 - 1) = 6$ degrés de liberté.

La valeur critique qui sert à déterminer si la valeur du khi deux est significative figure dans le tableau 8.23. Ces valeurs correspondent à un test d'hypothèses comportant un risque maximal de 5 % et de 1 % de prendre une mauvaise décision en rejetant l'hypothèse d'indépendance des deux variables si celles-ci sont réellement indépendantes ; c'est le **seuil de signification** du test. Cela signifie que si les deux variables sont indépendantes, seuls 5 % ou 1 % des échantillons ont des valeurs du khi deux supérieures à cette valeur (*voir la figure 8.4*).

TABLEAU 8.23

Distribution du khi deux

υ	Seuil de signification de 0,01	Seuil de signification de 0,05	υ	Seuil de signification de 0,01	Seuil de signification de 0,05
1	6,63	3,84	16	32,00	26,30
2	9,21	5,99	17	33,41	27,59
3	11,34	7,81	18	34,81	28,87
4	13,28	9,49	19	36,19	30,14
5	15,09	11,07	20	37,57	31,41
6	16,81	12,59	21	38,93	32,67
7	18,48	14,07	22	40,29	33,92
8	20,09	15,51	23	41,64	35,17
9	21,67	16,92	24	42,98	36,42
10	23,21	18,31	25	44,31	37,65
11	24,72	19,68	26	45,64	38,89
12	26,22	21,03	27	46,96	40,11
13	27,69	22,36	28	48,28	41,34
14	29,14	23,68	29	49,59	42,56
15	30,58	25,00	30	50,89	43,77

Par exemple, dans un tableau de contingence de dimensions 4×5, il y a 12 degrés de liberté ; avec un seuil de signification de 5 %, il faut donc que la valeur du khi deux qui sera calculée dans l'échantillon soit supérieure à 21,03 pour que l'on puisse rejeter l'hypothèse de l'indépendance des deux variables.

FIGURE 8.4

Représentation graphique de la zone de rejet

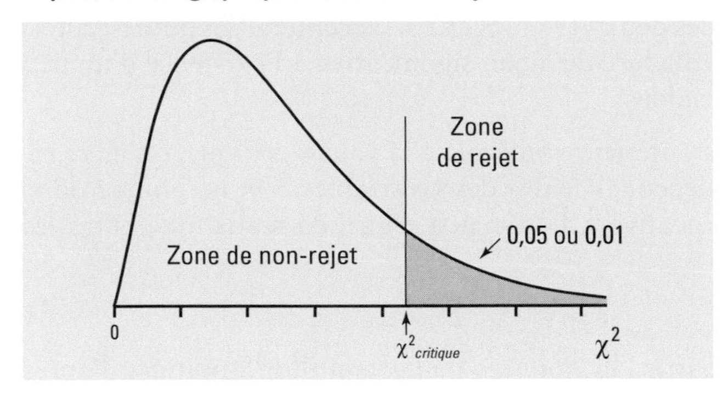

Pour utiliser ces valeurs, il faut remplir deux conditions :

- la taille de l'échantillon doit être d'au moins 30 : $n \geq 30$;
- il est préférable que les fréquences **espérées** soient d'au moins 5 : $f_e \geq 5$, mais on peut tolérer jusqu'à 20 % des fréquences espérées avec des valeurs se situant entre 1 et 5.

Un test d'hypothèses portant sur l'indépendance des deux variables comporte deux hypothèses statistiques, l'une étant l'hypothèse nulle H_0 à vérifier, la seconde étant l'hypothèse alternative ou contre-hypothèse H_1, à accepter si la première est rejetée.

Le test d'hypothèses comprend huit étapes.

Première étape : formuler les hypothèses statistiques

H_0 : Les variables sont indépendantes.

H_1 : Les variables sont dépendantes.

Il faut adapter la formulation des hypothèses selon le contexte du problème.

On calcule les fréquences théoriques en supposant l'indépendance des deux variables ; c'est l'existence de cette indépendance que l'on veut vérifier. L'hypothèse nulle H_0 comporte toujours l'hypothèse d'indépendance que l'on veut vérifier.

Deuxième étape : indiquer le seuil de signification α

Le seuil de signification α est de 5 % ou de 1 %.

Troisième étape : construire le tableau des fréquences espérées et vérifier si les conditions sont respectées

Il faut que $n \geq 30$ et que chaque $f_e \geq 5$, mais pas plus de 20 % ne doivent avoir des valeurs inférieures à 5 (*voir à ce sujet Snedecor et Cochran*[3]). Sinon, on doit reprendre le tableau des fréquences observées et faire des regroupements judicieux de catégories.

Quatrième étape : déterminer le nombre de degrés de liberté

Si les conditions sont remplies, on peut utiliser une distribution du khi deux avec υ degrés de liberté.

3. Snedecor, George W. et William G. Cochran. (1967). *Statistical Methods* (6e éd.), Iowa City, Iowa University Press, p. 235.

Cinquième étape : définir la règle de décision

Si la valeur du χ^2 calculée est supérieure à la valeur critique, on rejettera l'hypothèse de l'indépendance H_0 des deux variables et l'on acceptera l'hypothèse alternative H_1. On pourra alors conclure de façon significative à l'existence d'un lien statistique entre les deux variables.

Si la valeur du χ^2 calculée est inférieure ou égale à la valeur critique, on ne rejettera pas l'hypothèse de l'indépendance des deux variables. On ne pourra donc pas conclure de façon significative à l'existence d'un lien statistique entre les deux variables.

Sixième étape : calculer

Calculer la valeur du χ^2 à partir des données de l'échantillon, toujours d'après l'hypothèse de l'indépendance des deux variables à l'étude.

Septième étape : appliquer la règle de décision

Comparer le χ^2 obtenu à la sixième étape au χ^2 critique de la cinquième étape et appliquer la règle de décision.

Huitième étape : évaluer la force du lien et conclure

Si nécessaire, on évalue la force du lien ; on formule la conclusion et l'on vérifie ce lien selon le contexte, à partir du tableau des distributions conditionnelles et de la distribution marginale, en pourcentage.

Mise en situation

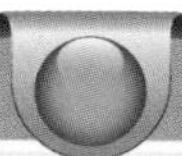

Exemple 8.7 La demande de sacs de plastique lors des achats (*suite*)

Reprenons l'exemple portant sur la fréquence de la demande de sacs de plastique. À l'aide d'un test d'hypothèses avec un seuil de signification de 5 %, analysons le lien existant entre « La fréquence de la demande de sacs de plastique » et « L'âge de l'adulte québécois ».

TABLEAU 8.3 ▶ p. 239

Répartition des 1 008 adultes québécois en fonction de la fréquence de la demande de sacs de plastique et de leur âge

Âge	Fréquence de la demande de sacs de plastique				
	Jamais	Rarement	Souvent	Tout le temps	Total
De 18 à moins de 25 ans	11	82	18	0	111
De 25 à moins de 35 ans	13	78	27	2	120
De 35 à moins de 45 ans	20	68	5	11	104
De 45 à moins de 55 ans	55	158	21	7	241
De 55 à moins de 65 ans	70	142	9	5	226
65 ans et plus	74	116	12	4	206
Total	243	644	92	29	1 008

Première étape : formuler les hypothèses statistiques

H_0 : « La fréquence de la demande de sacs de plastique » est indépendante de « L'âge de l'adulte québécois ».

H_1 : « La fréquence de la demande de sacs de plastique » est dépendante de « L'âge de l'adulte québécois ».

Deuxième étape : indiquer le seuil de signification α

Le seuil de signification α est de 5 %.

Troisième étape : construire le tableau des fréquences espérées et vérifier si les conditions sont respectées

$n = 1\,008 \geq 30$. On a $1 \leq f_e < 5$ pour seulement 3 des 24 f_e, ce qui ne représente pas plus de 20 % des f_e, et $f_e \geq 5$ pour toutes les autres (*voir le tableau 8.18*).

Quatrième étape : déterminer le nombre de degrés de liberté

On utilisera une distribution du khi deux avec :

$\upsilon = (6 - 1) \cdot (4 - 1) = 15$ degrés de liberté.

▶

TABLEAU 8.18 ▶ p. 252

Répartition des 1 008 adultes québécois en fonction de la fréquence de la demande de sacs de plastique et de leur âge (fréquences espérées)

Âge	Fréquence de la demande de sacs de plastique				
	Jamais	Rarement	Souvent	Tout le temps	Total
De 18 à moins de 25 ans	26,76	70,92	10,13	3,19	111
De 25 à moins de 35 ans	28,93	76,67	10,95	3,45	120
De 35 à moins de 45 ans	25,07	66,44	9,49	2,99	104
De 45 à moins de 55 ans	58,10	153,97	22,00	6,93	241
De 55 à moins de 65 ans	54,48	144,39	20,63	6,50	226
65 ans et plus	49,66	131,61	18,80	5,93	206
Total	243	644	92	29	1 008

Cinquième étape : définir la règle de décision

La valeur critique est 25,00.

Si la valeur du χ^2 calculée > 25,00, alors on rejettera l'hypothèse d'indépendance H_0 des deux variables et l'on acceptera l'hypothèse alternative H_1.

Si la valeur du χ^2 calculée $\leq$ 25,00, alors on ne rejettera pas l'hypothèse d'indépendance H_0 des deux variables.

Sixième étape : calculer

Le tableau 8.20 présente les résultats du calcul des valeurs contribuant au χ^2.

Résultat $\chi^2 = 106{,}438$

TABLEAU 8.20 ▶ p. 255

Fréquence de la demande de sacs de plastique – calcul des valeurs $\frac{(f_o - f_e)^2}{f_e}$

Âge	Fréquence de la demande de sacs de plastique				
	Jamais	Rarement	Souvent	Tout le temps	
De 18 à moins de 25 ans	$\frac{(11-26{,}76)^2}{26{,}76}=$ 9,282	$\frac{(82-70{,}92)^2}{70{,}92}=$ 1,731	$\frac{(18-10{,}13)^2}{10{,}13}=$ 6,114	$\frac{(0-3{,}19)^2}{3{,}19}=$ 3,190	
De 25 à moins de 35 ans	$\frac{(13-28{,}93)^2}{28{,}93}=$ 8,772	$\frac{(78-76{,}67)^2}{76{,}67}=$ 0,023	$\frac{(27-10{,}95)^2}{10{,}95}=$ 23,525	$\frac{(2-3{,}45)^2}{3{,}45}=$ 0,609	
De 35 à moins de 45 ans	$\frac{(20-25{,}07)^2}{25{,}07}=$ 1,025	$\frac{(68-66{,}44)^2}{66{,}44}=$ 0,037	$\frac{(5-9{,}49)^2}{9{,}49}=$ 2,124	$\frac{(11-2{,}99)^2}{2{,}99}=$ 21,458	
De 45 à moins de 55 ans	$\frac{(55-58{,}10)^2}{58{,}10}=$ 0,165	$\frac{(158-153{,}97)^2}{153{,}97}=$ 0,105	$\frac{(21-22{,}00)^2}{22{,}00}=$ 0,045	$\frac{(7-6{,}93)^2}{6{,}93}=$ 0,001	
De 55 à moins de 65 ans	$\frac{(70-54{,}48)^2}{54{,}48}=$ 4,421	$\frac{(142-144{,}39)^2}{144{,}39}=$ 0,040	$\frac{(9-20{,}63)^2}{20{,}63}=$ 6,556	$\frac{(5-6{,}50)^2}{6{,}50}=$ 0,346	
65 ans et plus	$\frac{(74-49{,}66)^2}{49{,}66}=$ 11,930	$\frac{(116-131{,}61)^2}{131{,}61}=$ 1,851	$\frac{(12-18{,}80)^2}{18{,}80}=$ 2,460	$\frac{(4-5{,}93)^2}{5{,}93}=$ 0,628	
Khi deux					106,438

Septième étape: appliquer la règle de décision

Interprétation Puisque la valeur du χ^2 qui a été calculée est supérieure à la valeur du χ^2 critique (106,438 > 25,00), il faut rejeter l'hypothèse d'indépendance H_0 et accepter l'hypothèse de dépendance H_1 entre «La fréquence de la demande de sacs de plastique» et «L'âge de l'adulte québécois» (*voir la figure 8.5*).

FIGURE 8.5

Représentation graphique de la zone de rejet

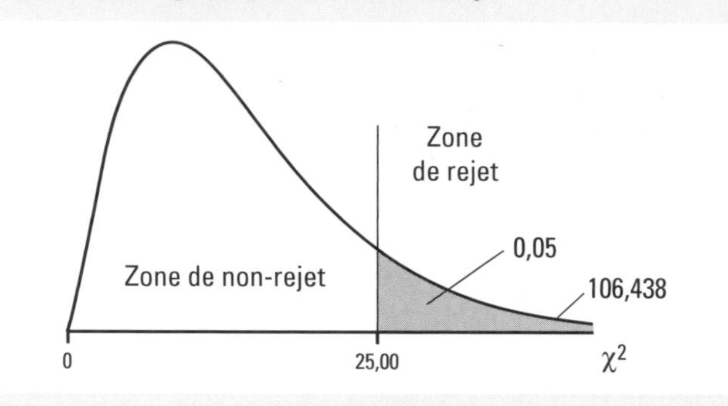

Si les deux variables sont indépendantes, seuls 5% des échantillons ont un khi deux supérieur à 25,00. Alors, en rejetant l'hypothèse d'indépendance, le risque de prendre une mauvaise décision est inférieur à 5%.

Huitième étape: évaluer la force du lien et conclure

Puisqu'il existe un lien statistique entre les deux variables, on peut calculer la force de ce lien:

Résultat $C=\sqrt{\dfrac{106{,}438}{106{,}438+1\,008}}=0{,}31$ ou $V=\sqrt{\dfrac{106{,}438}{1\,008\cdot(4-1)}}=0{,}19$

Interprétation On a donc un lien statistique de force faible entre «La fréquence de la demande de sacs de plastique» et «L'âge de l'adulte québécois».

Cette conclusion peut aussi être confirmée par l'observation du tableau des distributions conditionnelles et de la distribution marginale, de même que par l'observation du graphique basé sur ces distributions.

En effet, dans le tableau 8.5 ou la figure 8.2, on constate que les moins de 35 ans demandent plus souvent des sacs de plastique lors de leurs achats que les autres adultes québécois.

TABLEAU 8.5 p. 242

Répartition des 1 008 adultes québécois en fonction de la fréquence de la demande de sacs de plastique pour chaque tranche d'âge, en pourcentage

Âge	Fréquence de la demande de sacs de plastique				
	Jamais	Rarement	Souvent	Tout le temps	Total
De 18 à moins de 25 ans	9,91	73,87	16,22	0,00	100,00
De 25 à moins de 35 ans	10,83	65,00	22,50	1,67	100,00
De 35 à moins de 45 ans	19,23	65,38	4,81	10,58	100,00
De 45 à moins de 55 ans	22,82	65,56	8,71	2,90	100,00
De 55 à moins de 65 ans	30,97	62,83	3,98	2,21	100,00
65 ans et plus	35,92	56,31	5,83	1,94	100,00
Ensemble	**24,11**	**63,89**	**9,13**	**2,88**	**100,00**

FIGURE 8.2 p. 243

Répartition des 1 008 adultes québécois en fonction de la fréquence de la demande de sacs de plastique pour chaque tranche d'âge, en pourcentage

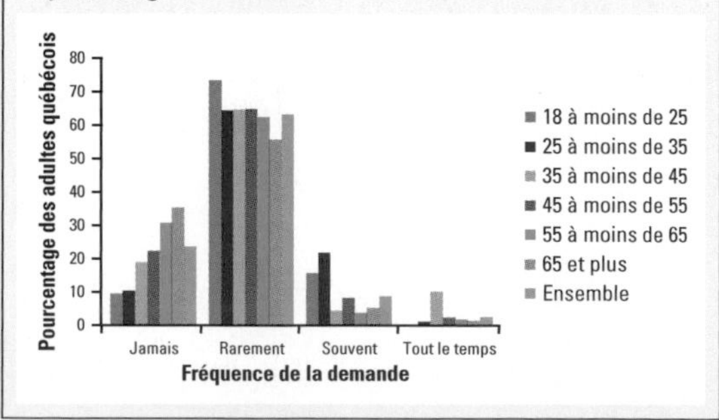

Exemple 8.8 Le recyclage des sacs réutilisables

Mise en situation

Dans votre étude, une autre question a retenu votre attention : « Selon vous, est-ce que vos sacs réutilisables pourront être recyclés à la fin de leur vie utile ? » Vous avez aussi mis cette question en relation avec l'âge de l'adulte québécois. Le tableau à double entrée suivant présente les données conjointes que vous avez recueillies.

TABLEAU 8.24

Répartition des 1 008 adultes québécois en fonction de leur opinion sur le fait que leur sac réutilisable puisse être recyclé à la fin de sa vie utile et en fonction de leur âge

Âge	Opinion			
	Oui	Non	Ne sait pas	Total
De 18 à moins de 25 ans	56	18	37	111
De 25 à moins de 35 ans	56	22	42	120
De 35 à moins de 45 ans	32	28	44	104
De 45 à moins de 55 ans	101	46	94	241
De 55 à moins de 65 ans	98	35	93	226
65 ans et plus	105	29	72	206
Total	448	178	382	1 008

Source : Journal de Montréal/Léger Marketing. (Janvier 2011). *Enquêtes sur les sacs réutilisables,* 12 p. [En ligne]. www.legermarketing.com (page consultée le 31 janvier 2011).

Pouvez-vous conclure, avec un seuil de signification de 1 %, qu'il existe un lien statistique entre l'opinion et l'âge de l'adulte québécois ?

Première étape : formuler les hypothèses statistiques

H_0 : « L'opinion » est indépendante de « L'âge de l'adulte québécois ».

H_1 : « L'opinion » est dépendante de « L'âge de l'adulte québécois ».

Deuxième étape : indiquer le seuil de signification α

Le seuil de signification α est de 1 %.

Troisième étape : construire le tableau des fréquences espérées et vérifier si les conditions sont respectées

$n = 1\,008 \geq 30$ et chaque $f_e \geq 5$

TABLEAU 8.25

Répartition des 1 008 adultes québécois en fonction de leur opinion sur le fait que leur sac réutilisable puisse être recyclé à la fin de sa vie utile et en fonction de leur âge (fréquences espérées)

Âge	Opinion			
	Oui	Non	Ne sait pas	Total
De 18 à moins de 25 ans	49,33	19,60	42,07	111
De 25 à moins de 35 ans	53,33	21,19	45,48	120
De 35 à moins de 45 ans	46,22	18,37	39,41	104
De 45 à moins de 55 ans	107,11	42,56	91,33	241
De 55 à moins de 65 ans	100,44	39,91	85,65	226
65 ans et plus	91,56	36,38	78,07	206
Total	448	178	382	1 008

Source : Journal de Montréal/Léger Marketing. (Janvier 2011). *Enquêtes sur les sacs réutilisables,* 12 p. [En ligne]. www.legermarketing.com (page consultée le 31 janvier 2011).

Quatrième étape : déterminer le nombre de degrés de liberté

On utilisera une distribution du khi deux avec :

$\upsilon = (6 - 1) \cdot (3 - 1) = 10$ degrés de liberté.

Cinquième étape : définir la règle de décision

La valeur critique est 23,21.

Si la valeur du χ^2 calculée > 23,21, alors on rejettera l'hypothèse d'indépendance H_0 des deux variables et l'on acceptera l'hypothèse alternative H_1.

Si la valeur du χ^2 calculée $\leq$ 23,21, alors on ne rejettera pas l'hypothèse d'indépendance H_0 des deux variables.

Sixième étape : calculer

Le tableau 8.26 présente les résultats du calcul des valeurs contribuant au χ^2.

TABLEAU 8.26

Calcul du χ^2

Âge	Opinion			
	Oui	Non	Ne sait pas	
De 18 à moins de 25 ans	0,902	0,131	0,611	
De 25 à moins de 35 ans	0,134	0,031	0,266	
De 35 à moins de 45 ans	4,375	5,048	0,535	
De 45 à moins de 55 ans	0,349	0,278	0,078	
De 55 à moins de 65 ans	0,059	0,604	0,631	
65 ans et plus	1,973	1,497	0,472	
Khi deux				17,974

Résultat $\chi^2 = 17{,}974$

Septième étape : appliquer la règle de décision

Interprétation Puisque la valeur du χ^2 qui a été calculée n'est pas supérieure à la valeur du χ^2 critique (17,974 $\leq$ 23,21), on ne rejettera pas l'hypothèse d'indépendance H_0 entre « L'opinion » et « L'âge de l'adulte québécois » (*voir la figure 8.6*).

FIGURE 8.6

Représentation graphique de la zone de rejet

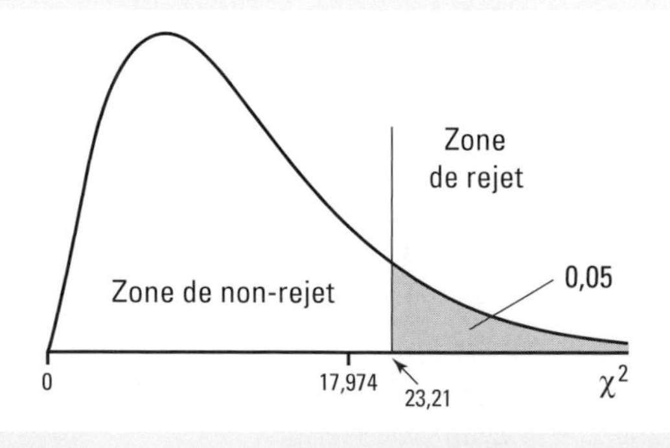

Si les deux variables sont indépendantes, plus de 1 % des échantillons ont un khi deux supérieur à 17,974. Alors, si l'on rejetait l'hypothèse d'indépendance H_0, le risque de prendre une mauvaise décision serait supérieur à 1 % (il serait même supérieur à 5 %, car le khi deux critique pour 5 % est de 18,31).

Huitième étape : évaluer la force du lien et conclure

Puisqu'il n'y a pas de lien statistique entre les deux variables, on n'a pas à interpréter la force du lien. D'ailleurs, les valeurs des deux coefficients de contingence laissaient présager cette décision :

Résultat $C=\sqrt{\frac{17,974}{17,974+1\,008}}=0,13$ ou $V=\sqrt{\frac{17,974}{1\,008\cdot(3-1)}}=0,09$

Interprétation Il n'y a donc pas de lien statistique entre « L'opinion » et « L'âge de l'adulte québécois ».

Cette conclusion peut aussi être confirmée par l'observation du tableau des distributions conditionnelles et de la distribution marginale de même que par celle du graphique basé sur ces distributions.

En effet, dans le tableau 8.27 ou la figure 8.7, on constate que la distribution de la variable « L'opinion sur le fait que leur sac réutilisable puisse être recyclé à la fin de sa vie utile » ne diffère pas beaucoup en fonction de la variable « L'âge de l'adulte québécois ».

TABLEAU 8.27

Répartition des 1 008 adultes québécois en fonction de leur opinion sur le fait que leur sac réutilisable puisse être recyclé à la fin de sa vie utile, pour chaque tranche d'âge

Âge	Opinion			
	Oui	Non	Ne sait pas	Total
De 18 à moins de 25 ans	50,45	16,22	33,33	100,00
De 25 à moins de 35 ans	46,67	18,33	35,00	100,00
De 35 à moins de 45 ans	30,77	26,92	42,31	100,00
De 45 à moins de 55 ans	41,91	19,09	39,00	100,00
De 55 à moins de 65 ans	43,36	15,49	41,15	100,00
65 ans et plus	50,97	14,08	34,95	100,00
Ensemble	**44,44**	**17,66**	**37,90**	**100,00**

Source : Journal de Montréal/Léger Marketing. (Janvier 2011). *Enquêtes sur les sacs réutilisables*, 12 p. [En ligne]. www.legermarketing.com (page consultée le 31 janvier 2011).

FIGURE 8.7

Répartition des 1 008 adultes québécois en fonction de leur opinion sur le fait que leur sac réutilisable puisse être recyclé à la fin de sa vie utile, pour chaque tranche d'âge

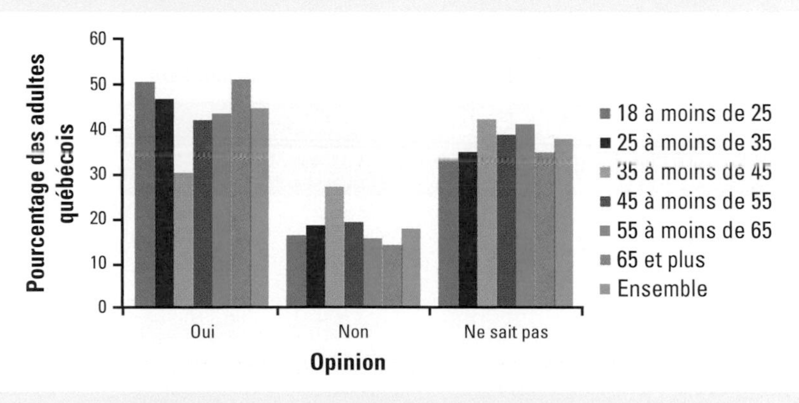

On doit être prudent quand on interprète l'association entre deux variables. Une association forte n'implique pas nécessairement une relation de cause à effet. L'existence d'une association entre le type de maison et le modèle d'automobile possédés par une même famille ne signifie pas que le modèle d'automobile ait déterminé le type de maison. Il se pourrait que le revenu familial soit la cause des deux choix.

Lorsqu'il y a des fréquences théoriques inférieures à 1 ou plus de 20 % de fréquences théoriques comprises entre 1 et 5, l'utilisation de la distribution du khi deux n'est pas recommandée. Pour pouvoir s'en servir, il faut d'abord regrouper des modalités afin d'obtenir des fréquences théoriques acceptables, puis vérifier l'hypothèse de l'indépendance des deux variables. Pour éviter ce genre de situation, il est préférable de prévoir un échantillon suffisamment grand, car le fait de regrouper des modalités entraîne une perte d'information.

CAS PRATIQUE

Le téléphone cellulaire au collégial

Dans le cadre de son étude « Le téléphone cellulaire au collégial », Kim étudie, à l'aide d'Excel, l'existence d'un lien statistique entre le sexe de l'étudiant et la raison principale motivant l'achat d'un cellulaire. Ces deux variables correspondent aux questions A et S : « De quel sexe êtes-vous ? » et « Quelle est la principale raison pour laquelle vous possédez un cellulaire ? ». Voyez à la page 320 la façon dont Kim procède.

Exercices

8.11 Perception de l'état de santé

La perception de l'état de santé varie selon le sexe et l'âge de la personne. Le tableau 8.28 présente les résultats d'un sondage mené auprès de 1 546 adultes québécois mettant en relation la perception de leur état de santé et leur sexe.

a) Quelle est la population étudiée ?

b) Quelle est l'unité statistique ?

c) Quelle est la variable indépendante ?

d) Quelle est la variable dépendante ?

e) Avec un seuil de signification de 5 %, pouvez-vous affirmer qu'il existe un lien statistique entre les 2 variables en présence ?

TABLEAU 8.28

Répartition des 1 546 adultes québécois en fonction de la perception de leur état de santé et de leur sexe

Âge	Perception de l'état de santé			
	Excellent ou très bon	Bon	Passable ou mauvais	Total
Hommes	442	240	85	767
Femmes	474	233	72	779
Total	916	473	157	1 546

Source : Données inspirées de Statistique Canada. (2011). *Santé perçue, selon le sexe, par province et territoire* et de Institut de la statistique du Québec. (2010). *Le bilan démographique du Québec, édition 2010*, p. 23.

Exercices

8.12 La peur d'avoir peur

C'est la première fois qu'un sondage démontre que plus de 50 % des Québécois sont actuellement sous médication. Le tableau 8.29 présente les résultats.

TABLEAU 8.29

Répartition des adultes québécois en fonction de la prise de médicaments, et ce, pour chacune des catégories d'âge

Âge	Prise de médicaments		
	Oui	Non	Total
De 18 à moins de 25 ans	23	77	100
De 25 à moins de 35 ans	31	69	100
De 35 à moins de 45 ans	44	56	100
De 45 à moins de 55 ans	48	52	100
De 55 à moins de 65 ans	72	28	100
65 ans et plus	78	22	100
Ensemble	**51**	**49**	**100**

Source : Léger, Jean-Marc. (Avril 2009). « Peur d'avoir peur », *Journal de Montréal*.

Uniquement en observant le tableau des distributions conditionnelles et de la distribution marginale, diriez-vous qu'il existe un lien statistique entre les deux variables en présence ? Expliquez.

8.13 Plus d'un homme sur quatre a été infidèle

Une étude révèle que 28 % des hommes et 17 % des femmes avouent avoir trompé ou tenté de tromper leur partenaire. Les femmes sont soit plus fidèles, soit plus menteuses. Le sondage ne peut répondre à cette question. Le tableau 8.30 présente les résultats d'un sondage mené auprès de 1 008 adultes québécois et mettant en relation la tromperie et le sexe.

TABLEAU 8.30

Répartition des 1 008 adultes québécois en fonction de la tromperie et de leur sexe

Sexe	Tromperie		
	Oui	Non	Total
Femmes	86	422	508
Hommes	140	360	500
Total	**226**	**782**	**1 008**

Données inspirées de Léger, Jean-Marc. (9 février 2011). « Plus d'un homme sur quatre a été infidèle », *Journal de Montréal*.

a) Quelle est la variable dépendante ?

b) Quelle est la variable indépendante ?

c) Quelle est la population étudiée ?

d) Quelle est l'unité statistique ?

e) Avec un seuil de signification de 5 %, pouvez-vous affirmer qu'il existe un lien statistique entre les deux variables en présence ? Présentez votre conclusion à l'aide d'un tableau et d'un graphique.

8.14 Fréquence du brossage des dents

Les hommes ont-ils le même comportement que les femmes en ce qui a trait au brossage des dents ? Le tableau 8.31 montre les résultats d'un sondage réalisé en 2008 auprès de 1 546 adultes québécois.

TABLEAU 8.31

Répartition des 1 546 adultes québécois en fonction de la fréquence du brossage des dents et de leur sexe

Sexe	Fréquence du brossage des dents			
	Au moins 2 fois par jour	Une fois par jour	Moins d'une fois par jour	Total
Hommes	529	201	34	764
Femmes	689	88	5	782
Total	**1 218**	**289**	**39**	**1 546**

Source : Données inspirées de Institut de la statistique du Québec. (2010). *L'enquête québécoise sur la santé de la population, 2008 : pour en savoir plus sur la santé des Québécois*, Québec, p. 118.

Avec un seuil de signification de 5 %, pouvez-vous affirmer qu'il existe un lien statistique entre la fréquence du brossage des dents et le sexe ?

8.15 Les vacances estivales

On a posé la question suivante à 554 Québécois ayant un emploi, pris au hasard, âgés de 18 ans et plus, aptes à répondre en français : « Habituellement, devez-vous travailler pendant vos vacances, par exemple prendre vos messages, vos courriels, répondre à des urgences, être disponible pour le travail ? »

Le tableau 8.32, à la page suivante, présente les résultats obtenus en fonction du niveau de scolarité.

a) Quelle est la variable dépendante ?

b) Quelle est la variable indépendante ?

c) Quelle est la population étudiée ?

d) Quelle est l'unité statistique ?

Exercices

e) Avec un seuil de signification de 5 %, pouvez-vous affirmer qu'il existe un lien statistique entre les deux variables en présence ? Présentez votre conclusion à l'aide d'un tableau et d'un graphique.

TABLEAU 8.32

Répartition de 554 Québécois en fonction du nombre d'années de scolarité et de leur situation face au travail durant les vacances

Travail durant les vacances	Nombre d'années de scolarité			
	0 à 12 ans	13 à 15 ans	16 ans et plus	Total
Oui	26	38	63	127
Non	138	138	151	427
Total	164	176	214	554

Source : Données fictives.

8.16 a) Commentez chacune des affirmations suivantes.

1° On pourrait tout aussi bien faire un test d'indépendance entre deux variables si l'on interchangeait les libellés des hypothèses H_0 et H_1.

2° Il est impossible de conclure que 2 variables sont indépendantes si l'une des modalités de la variable indépendante a une fréquence 2 fois plus élevée que la fréquence associée à une autre modalité de la même variable.

3° Si les distributions conditionnelles sont très semblables à la distribution marginale, cela signifie que le lien statistique entre les 2 variables en présence est très fort.

b) Si les fréquences observées sont identiques aux fréquences espérées (ou théoriques), que peut-on conclure au sujet des valeurs suivantes ?

1° La valeur du khi deux.

2° La valeur du coefficient de contingence *C*, et celle du coefficient de contingence de Cramer *V*.

c) Quelle hypothèse devez-vous supposer véridique pour faire un test d'hypothèses sur l'indépendance des 2 variables ? Expliquez votre réponse.

8.17 Les Canadiens et l'importance accordée au travail

Les Canadiens travaillent en moyenne 39 heures par semaine. La semaine de travail ne se limite pas aux heures de bureau. Le tableau 8.33 résume la situation.

Avec un seuil de signification de 5 %, pouvez-vous dire, statistiquement, que le nombre d'heures de travail par semaine a une influence sur la fréquence du travail effectué à la maison ?

TABLEAU 8.33

Répartition de 938 Canadiens en fonction de la fréquence du travail à la maison et du nombre d'heures de travail hebdomadaire (fréquences observées)

Nombre d'heures de travail hebdomadaire	Fréquence du travail				
	Souvent	Occasionnellement	Rarement	Jamais	Total
Moins de 35 heures	42	29	31	78	180
35 heures	16	12	13	29	70
Plus de 35 à moins de 40 heures	25	16	21	48	110
40 heures	69	51	63	175	358
Plus de 40 heures	42	27	27	124	220
Total	194	135	155	454	938

Source : Données fictives.

8.3 La corrélation linéaire

Qu'est-ce qui détermine la valeur d'une maison ? Est-ce son âge, le nombre de chambres, sa superficie, la superficie du terrain, etc. ? Une étude mettant en relation ces variables permettrait de mieux répondre à cette question.

Dans la section 8.2, nous avons vu la façon d'étudier le lien entre deux variables pour lesquelles une échelle nominale ou ordinale est utilisée. Dans cette section, nous nous intéresserons au lien existant entre deux variables quantitatives pour lesquelles une échelle de rapport ou d'intervalle est utilisée. Par exemple, existe-t-il un lien entre la taille d'un homme et celle de son fils ?

La variable dépendante (la variable à expliquer) sera notée Y et la variable indépendante (la variable explicative) sera notée X. À la variable X seront assignées certaines valeurs afin de savoir comment se comporte la variable Y. Par exemple, pour une taille x d'un homme, quelle est la taille y du fils ?

Comme dans la section 8.2, montrer qu'il existe un lien statistique entre deux variables ne signifiera jamais qu'il existe un lien de cause à effet. Par exemple, même s'il existe un lien statistique entre la quantité de céleri récolté et la quantité de tomates récoltées en une saison, cela ne signifie pas que ce sont les tomates qui ont aidé les céleris à pousser.

Dans cette section, nous apprendrons à analyser un lien linéaire statistique entre deux variables quantitatives. **Il est important que les unités statistiques de l'échantillon soient toutes prises au hasard.**

Le terme corrélation est utilisé pour désigner un lien statistique entre les données de deux variables quantitatives. Il existe plusieurs liens possibles entre deux variables quantitatives, mais nous n'étudierons que le cas où le lien est linéaire, c'est-à-dire où le lien entre les deux variables est représenté par l'équation d'une droite. Ainsi, nous parlerons de corrélation linéaire entre deux variables lorsque nous chercherons à évaluer la force du lien linéaire entre les deux variables et de régression linéaire lorsque nous trouverons l'équation d'une droite montrant le lien entre les deux variables.

Corrélation
Lien statistique entre les données de deux variables quantitatives.

Corrélation linéaire
Lien linéaire entre deux variables.

Régression linéaire
Équation d'une droite montrant le lien entre deux variables.

Pour l'unité statistique n° i, on appelle x_i la donnée obtenue pour la variable indépendante X, et y_i la donnée obtenue pour la variable dépendante Y, données qui seront notées sous forme de couple $(x_i; y_i)$.

8.3.1 Le nuage de points

Pour étudier la corrélation linéaire entre les variables X et Y, on visualise d'abord les données sous forme de graphique en plaçant dans le plan cartésien tous les couples $(x_i; y_i)$ (l'axe horizontal correspondant à la variable indépendante X et l'axe vertical, à la variable dépendante Y). Ces couples placés dans le plan forment ce qu'on appelle un « **nuage de points** ».

Celui-ci permettra d'avoir un premier aperçu du lien statistique entre les deux variables. On dira qu'il existe un lien linéaire entre les deux variables si la forme du nuage de points montre une tendance linéaire (droite).

Pour faire une étude de régression et de corrélation linéaire, il faut que les données se présentent sous forme de couples, tel $(x_i; y_i)$.

Exemple 8.9 Le taux d'alphabétisation en fonction de l'espérance de vie

L'indice du développement humain (IDH) a été créé par le Programme des Nations Unies (PNUD) en 1990. C'est un nombre sans unité compris entre 0 et 1 qui permet un classement des pays en fonction de 3 grands paramètres évalués à parts égales : l'économie (niveau de vie) au moyen du PIB/habitant (en parité de pouvoir d'achat), la santé au moyen de l'espérance de vie, l'éducation au moyen du taux d'alphabétisation des adultes et du taux de scolarisation des jeunes. Plus l'IDH est près de 1, plus le niveau de développement du pays est élevé.

Dans le cadre d'une étude, vous avez pris au hasard 25 pays et vous avez mis en relation le taux d'alphabétisation et l'espérance de vie. En fait, vous désiriez savoir si le taux d'alphabétisation peut s'exprimer sous forme d'un lien linéaire en fonction de l'espérance de vie.

Population Tous les pays.

Unité statistique Un pays.

Taille de l'échantillon $n = 25$

Variable dépendante Le taux d'alphabétisation.

Échelle de mesure Échelle de rapport.

Variable indépendante L'espérance de vie.

Échelle de mesure Échelle de rapport.

Le tableau 8.34 présente les données recueillies pour les 25 pays.

TABLEAU 8.34

Taux d'alphabétisation de 25 pays en fonction de l'espérance de vie

Pays	Espérance de vie	Taux d'alphabétisation (%)
	X	Y
Arabie saoudite	74,11	85,50
Bhoutan	65,53	55,60
Brésil	72,26	90,00
Canada	81,29	99,00
Équateur	75,30	84,20
États-Unis	78,24	99,00
France	81,00	100,00
Grèce	75,92	97,00
Haïti	61,38	52,90
Hongrie	73,44	98,90
Inde	66,80	74,04
Iran	70,86	84,70
Lesotho	50,67	89,50
Liberia	41,84	55,50
Libye	77,65	88,40

Pays	Espérance de vie	Taux d'alphabétisation (%)
	X	Y
Mozambique	41,18	44,40
Népal	60,94	48,60
Norvège	80,08	100,00
Ouganda	52,72	73,60
Salvador	73,18	82,00
Samoa	71,86	98,70
Sierra Leone	40,93	38,10
Suriname	73,73	90,40
Tanzanie	52,01	72,30
Venezuela	73,45	93,00

Source : PopulationData.net. (s.d.). [En ligne]. www.populationdata.net/index2.php?option=palmares&rid=1&nom=idh (page consultée le 31 janvier 2011).

Le nuage de points présenté dans la figure 8.8 sera donc constitué des 25 couples, soit un couple par pays. Il faut placer les 25 couples $(x_i ; y_i)$ dans le plan cartésien. Sur l'axe horizontal, on indique la variable indépendante X et, sur l'axe vertical, la variable dépendante Y.

FIGURE 8.8

Nuage de points : taux d'alphabétisation en fonction de l'espérance de vie

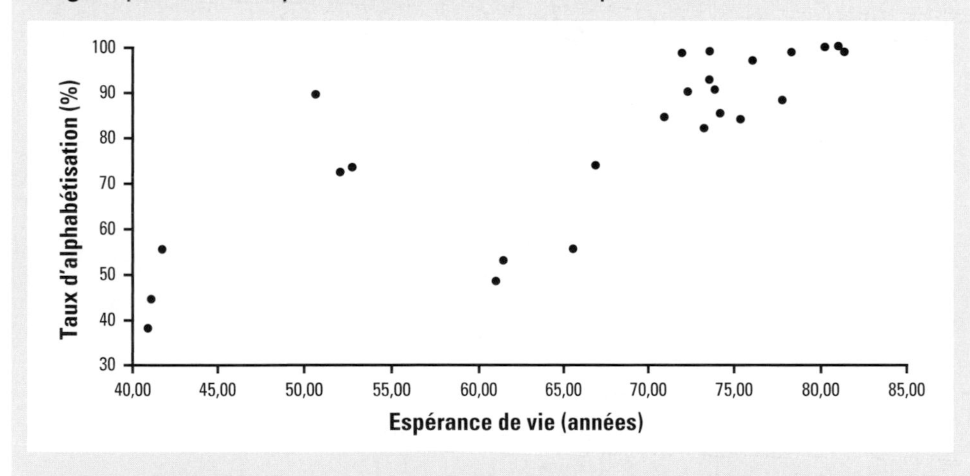

Les points du nuage sont plus ou moins dispersés de part et d'autre d'une droite imaginaire qui traverserait le nuage.

8.3.2 Les droites $x = \bar{x}$ et $y = \bar{y}$

Pour mieux juger du lien statistique entre les deux variables, on trace sur le nuage de points les droites $x = \bar{x}$ et $y = \bar{y}$. Ces deux droites divisent le graphique en quatre parties appelées « quadrants », numérotés de I à IV dans le sens antihoraire.

Une **corrélation** entre les deux variables est dite **positive** lorsqu'une augmentation de la valeur de la variable X entraîne une augmentation de la valeur de la variable Y. Cette situation se remarque quand la majorité des points du nuage sont situés dans les quadrants I et III. La **corrélation** est dite **négative** lorsqu'une augmentation de la valeur de la variable X entraîne une diminution de la valeur de la variable Y. Cette situation se remarque quand la majorité des points du nuage sont situés dans les quadrants II et IV.

Si aucune des situations décrites précédemment ne se produit, cela ne veut pas nécessairement dire qu'il n'y a pas de lien statistique entre les deux variables ; il se peut aussi que le lien soit différent d'un lien linéaire.

Exemple 8.10 Le taux d'alphabétisation en fonction de l'espérance de vie (*suite*)

Reprenons l'exemple portant sur le taux d'alphabétisation.

FIGURE 8.9

Division du graphique en quadrants

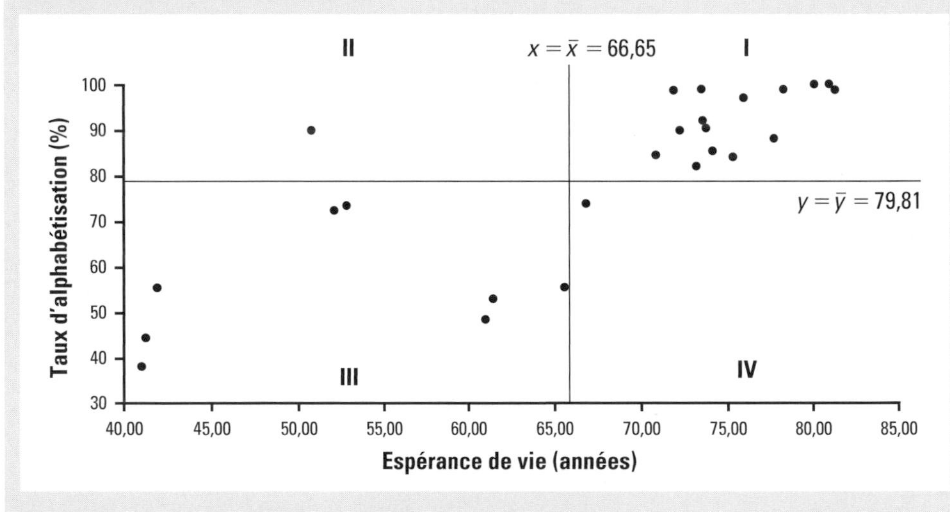

Il s'agit maintenant d'examiner dans quels quadrants sont répartis les points.

La majorité des points du nuage se situent dans les quadrants I et III. Seuls quelques-uns se trouvent dans les quadrants II et IV. Cela signifie que lorsque l'espérance de vie augmente, le taux d'alphabétisation augmente aussi. Il y a donc une corrélation positive entre les deux variables. **La forme du nuage de points laisse présager une corrélation linéaire positive entre les deux variables.**

Exercice

8.18 La grossesse et le poids du bébé

Dans le cadre d'une étude portant sur la grossesse, on a pris au hasard 24 femmes enceintes, puis on a noté la durée de leur grossesse (en jours) et le poids de leur bébé à la naissance.

Les données du tableau 8.35 présentent, pour 24 femmes, la durée de la grossesse ainsi que le poids du bébé à la naissance.

a) Quelle est la variable dépendante ?

b) Quelle est la variable indépendante ?

c) Tracez le nuage de points.

d) Sur le nuage de points, tracez les droites $x = \bar{x}$ et $y = \bar{y}$.

Exercice

TABLEAU 8.35

Poids du bébé en fonction du nombre de jours de grossesse

Femme	Durée de la grossesse (en jours)	Poids du bébé à la naissance (en grammes)	Femme	Durée de la grossesse (en jours)	Poids du bébé à la naissance (en grammes)
1	272	3303	13	271	3292
2	263	3254	14	291	3252
3	277	3266	15	279	3240
4	298	3298	16	291	3310
5	301	3299	17	284	3290
6	287	3356	18	292	3383
7	293	3355	19	283	3221
8	263	3204	20	276	3280
9	298	3336	21	285	3306
10	287	3374	22	272	3297
11	285	3252	23	266	3271
12	264	3299	24	290	3332

Source : Données fictives.

8.3.3 La mesure du degré de corrélation linéaire entre deux variables quantitatives

Lorsque la disposition des points du nuage dans les quadrants indique la présence d'un lien linéaire, il est intéressant de mesurer le degré de corrélation linéaire entre les deux variables. Karl Pearson a trouvé un coefficient permettant de mesurer la force du lien linéaire entre deux variables quantitatives. Il s'agit du coefficient de corrélation linéaire de Pearson, noté r. Cette valeur de r s'obtient rapidement à l'aide d'une calculatrice dotée du mode statistique à deux variables.

Coefficient de corrélation linéaire de Pearson
Coefficient permettant de mesurer la force du lien linéaire entre deux variables quantitatives.

Une façon d'obtenir la valeur du coefficient de corrélation linéaire de Pearson est d'utiliser la formule suivante :

$$r = \frac{\Sigma(x_i - \overline{x})(y_i - \overline{y})}{(n-1)s_x\, s_y}$$

où

- s_x représente l'écart type des données de la variable X ;
- s_y représente l'écart type des données de la variable Y.

Prenons un point $(x_i ; y_i)$ et comparons ses coordonnées aux droites $x = \overline{x}$ et $y = \overline{y}$ (*voir la figure 8.10, à la page suivante*).

FIGURE 8.10

Division du graphique en quadrants

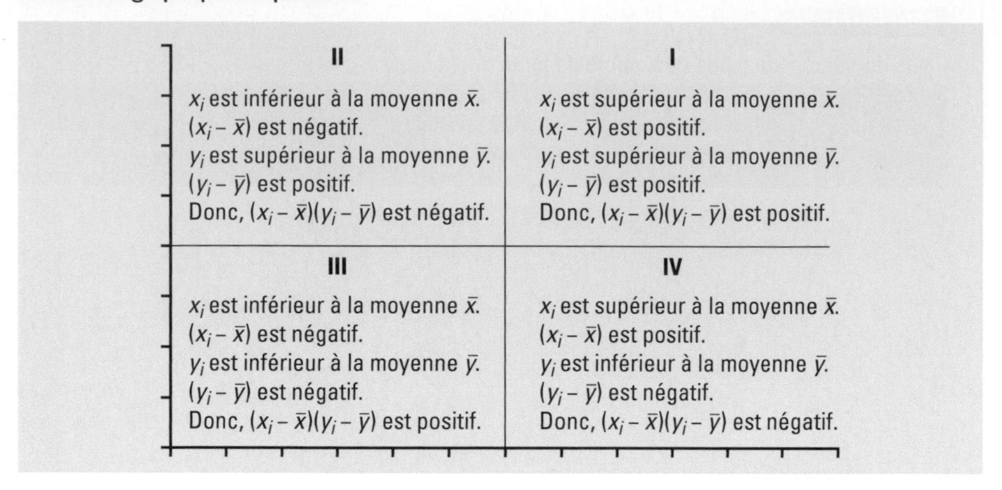

Les points $(x_i; y_i)$ situés dans les quadrants I et III contribuent positivement à la valeur du numérateur de r et les points $(x_i; y_i)$ situés dans les quadrants II et IV contribuent négativement à la valeur du numérateur de r.

Ainsi, lorsque les points situés dans les quadrants I et III ont une contribution plus grande que celle des points des quadrants II et IV, il y a une corrélation positive et lorsque les points des quadrants II et IV ont une contribution plus grande que celle des points des quadrants I et III, il existe une corrélation négative.

La valeur de ce coefficient se situe toujours entre –1 et +1. Le signe et la valeur du coefficient de corrélation linéaire devraient correspondre à l'observation qui a été faite.

Si l'on a observé la présence d'une corrélation linéaire positive, le signe du coefficient de corrélation linéaire sera positif (*voir les figures 8.11 et 8.12*), et plus la forme du nuage ressemblera à une droite, plus la valeur du coefficient sera élevée et se situera près de +1.

FIGURE 8.11

Corrélation linéaire positive

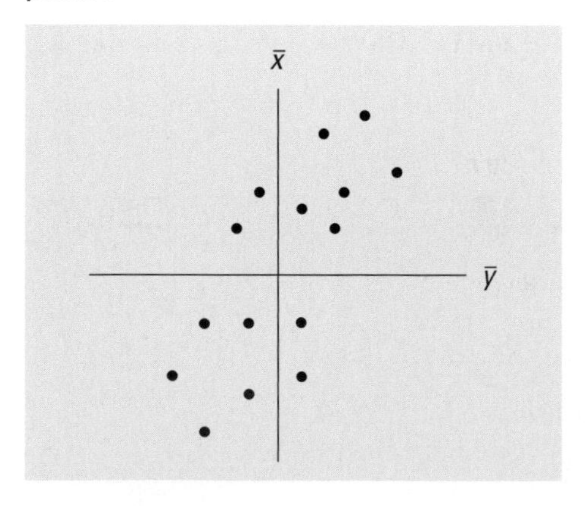

FIGURE 8.12

Corrélation linéaire positive avec une forme de nuage ressemblant à une droite

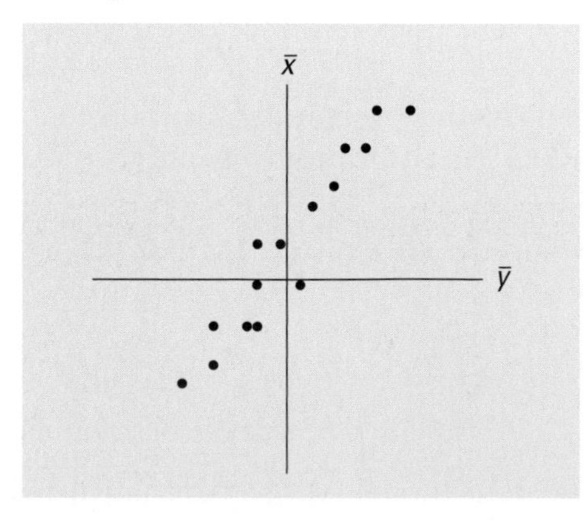

Si l'on a observé la présence d'une corrélation linéaire négative, le signe du coefficient de corrélation linéaire sera négatif (*voir les figures 8.13 et 8.14*), et plus la forme du nuage ressemblera à une droite, plus la valeur du coefficient sera très basse et se situera près de –1.

FIGURE 8.13

Corrélation linéaire négative

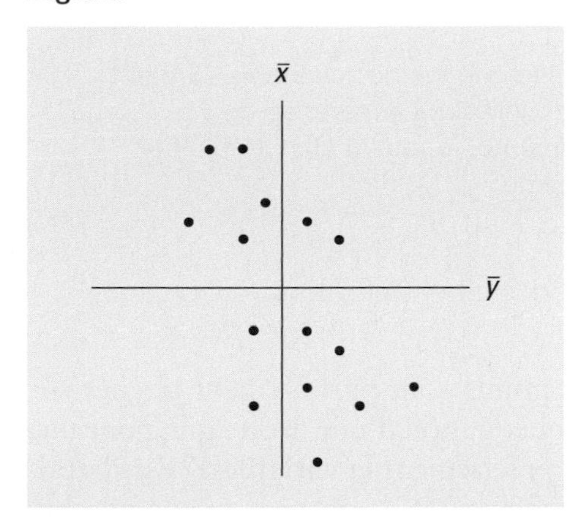

FIGURE 8.14

Corrélation linéaire négative avec une forme de nuage ressemblant à une droite

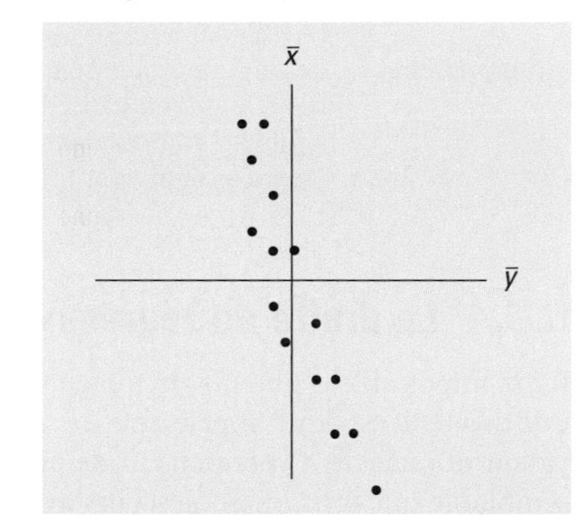

Si la corrélation entre les deux variables n'est pas linéaire, le signe du coefficient de corrélation linéaire pourrait être positif ou négatif (*voir les figures 8.15 et 8.16*), mais sa valeur devrait être près de zéro.

FIGURE 8.15

Absence de corrélation

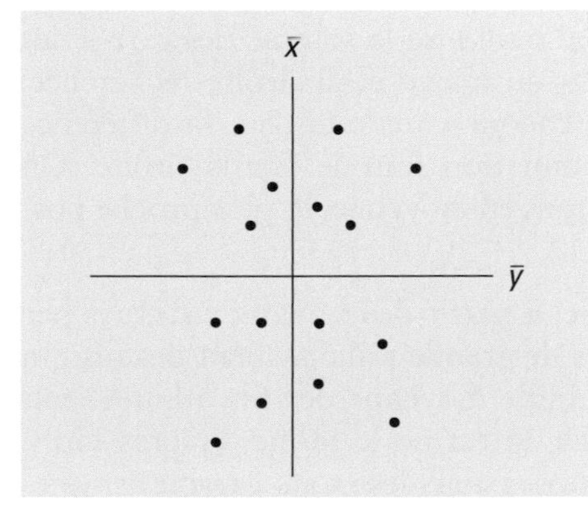

FIGURE 8.16

Corrélation non linéaire

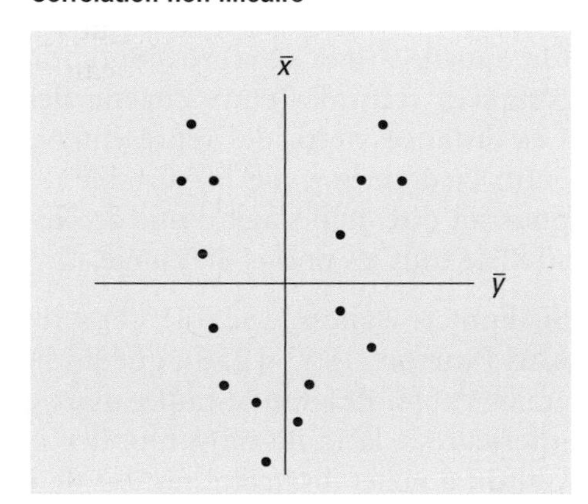

Le tableau 8.36 permet d'interpréter la force du lien linéaire entre deux variables.

TABLEAU 8.36

Force du lien linéaire entre deux variables selon la valeur de *r*

Valeur de r	Force du lien linéaire
0	Un coefficient près de 0 indique un lien linéaire nul entre les deux variables.
±0,50	Un coefficient près de ± 0,50 indique un lien linéaire faible entre les deux variables.
±0,70	Un coefficient près de ± 0,70 indique un lien linéaire moyen entre les deux variables.
±0,87	Un coefficient près de ± 0,87 indique un lien linéaire fort entre les deux variables.
±1	Un coefficient près de ± 1 indique un lien linéaire très fort entre les deux variables.

Exemple 8.11 Le taux d'alphabétisation en fonction de l'espérance de vie (*suite*)

Reprenons l'exemple portant sur le taux d'alphabétisation en fonction de l'espérance de vie. Nous pouvons trouver la valeur du coefficient de corrélation à l'aide de la calculatrice.

Résultat On obtient $r = 0,801$. On est donc en présence d'un lien linéaire de force moyenne entre le taux d'alphabétisation et l'espérance de vie.

Interprétation Le fait que r soit positif signifie que les deux variables varient dans le même sens. En effet, lorsque l'espérance de vie (variable indépendante) augmente, le taux d'alphabétisation (variable dépendante) augmente.

8.3.4 La droite de régression

Il est impossible d'obtenir de nuage où les points sont parfaitement alignés sur une droite. Il est donc impensable de trouver l'équation d'une droite qui, pour une valeur donnée de X, permettrait de prédire précisément la variable Y. Est-il vraisemblable que tous les adolescents ayant le même âge dorment le même nombre d'heures ? Est-ce que tous ceux qui ont le même âge gagnent le même salaire ? Est-il possible que tous les pays affichant la même espérance de vie présentent exactement le même taux d'alphabétisation ?

Alors pourquoi chercher l'équation d'une droite ? La droite recherchée ne donnera pas le taux d'alphabétisation, mais elle permettra d'estimer le taux moyen d'alphabétisation des pays où l'espérance de vie est de 75 ans, 77 ans, 80 ans, etc.

Droite de régression
Droite qui minimise la somme des carrés des distances verticales entre chacun des points du nuage et la droite recherchée.

On appelle droite de régression la droite qui minimise la somme des carrés des distances verticales entre chacun des points du nuage et la droite recherchée. Ces distances verticales représentent, pour chaque couple $(x_i; y_i)$, la différence entre la donnée y_i de la variable Y et l'estimation fournie par la droite. On pourrait dire qu'il s'agit d'une droite qui serait, en moyenne, la plus proche possible de tous les points du nuage.

Sir Francis Galton (1822-1911) a remarqué, à partir des travaux effectués par Karl Pearson (1857-1936), que les hommes de grande taille avaient des fils qui étaient aussi de grande taille, mais que la taille moyenne des fils adultes était inférieure à la taille moyenne des pères. De là est né le terme « régression ». Galton a généralisé cette notion de régression à tous les traits caractéristiques de l'être humain.

La droite de régression est représentée par l'équation $y' = a + b \cdot x$. Dans cette équation, b représente la pente de la droite de régression et a représente l'ordonnée à l'origine. Puisqu'une valeur de r positive correspond à une corrélation linéaire positive, alors b sera positif. De même, si une valeur de r négative correspond à une corrélation linéaire négative, alors b sera négatif.

Le tableau 8.37 résume le lien entre la valeur du coefficient de corrélation linéaire et la droite de régression.

TABLEAU 8.37

Lien entre la valeur du coefficient de corrélation et la droite de régression linéaire

Valeur de *r*	Type de corrélation linéaire	Type de pente	Signe de *b*
Positive	Positive	Positive (ou ascendante)	Positif
Négative	Négative	Négative (ou descendante)	Négatif
Pratiquement nulle	Inexistante	Pratiquement nulle (plutôt horizontale)	Pratiquement nul

On trouvera les valeurs de a et de b à l'aide d'une calculatrice dotée du mode statistique à deux variables.

Les valeurs de a et de b peuvent être obtenues à l'aide des formules suivantes :

$$b = \frac{\Sigma(x_i - \overline{x})(y_i - \overline{y})}{(n-1)s_x^2} = r\,\frac{s_y}{s_x}$$

$$a = \overline{y} - b \cdot \overline{x}$$

Exemple 8.12 Le taux d'alphabétisation en fonction de l'espérance de vie (*suite*)

Reprenons l'exemple portant sur le taux d'alphabétisation en fonction de l'espérance de vie.

Résultat Dans cette situation, $a = -1{,}293$ et $b = 1{,}217$. L'équation de la droite de régression est donc : $y' = -1{,}293 + 1{,}217 \cdot x$

La valeur de r obtenue précédemment était de signe positif ($r = 0{,}801$) et indiquait un lien linéaire de force moyenne. On peut donc utiliser la droite de régression linéaire pour estimer le taux moyen d'alphabétisation en fonction de l'espérance de vie. On remarquera que la valeur de la pente b est aussi de signe positif. La figure 8.17 présente le tracé de cette droite.

FIGURE 8.17

Tracé de la droite de régression

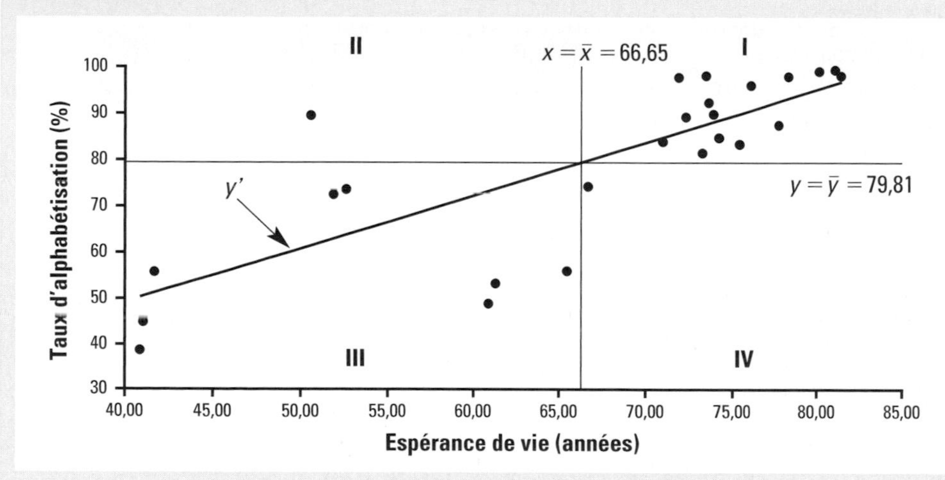

Il est à noter que la droite de régression passe par l'intersection des deux droites $x = \bar{x}$ et $y = \bar{y}$. Cette droite de régression $y' = a + b \cdot x$ est une estimation de la tendance linéaire qui existe entre les valeurs de la variable X et les moyennes des valeurs correspondantes de la variable Y. Elle permet donc d'estimer le taux moyen d'alphabétisation pour différentes espérances de vie.

Interprétation Ainsi, on peut estimer le taux moyen d'alphabétisation pour les pays dont l'espérance de vie est de 52 ans de la façon suivante :

$y' = -1{,}293 + 1{,}217 \cdot 52 = 61{,}99\,\%$.

- L'estimation du taux moyen d'alphabétisation pour les pays dont l'espérance de vie est de 75 ans est de 89,98 %
- L'estimation du taux moyen d'alphabétisation pour les pays dont l'espérance de vie est de 80 ans est de 96,07 %.
- Ainsi de suite.
- La pente $b = 1{,}217$ signifie que le taux moyen d'alphabétisation augmente de 1,217 % lorsque l'espérance de vie augmente d'une année.

Il est très important de retenir qu'un modèle linéaire ne peut s'appliquer que dans l'intervalle des valeurs de la variable *X* prises dans l'échantillon, car ce modèle a été établi à l'aide de ces valeurs. Il se peut qu'il ne soit pas valable à l'extérieur de l'intervalle étudié.

De plus, si l'on estime le taux moyen d'alphabétisation pour les pays dont l'espérance de vie est de 90 ans, on obtient une valeur supérieure à 100 %, ce qui n'a pas de sens.

Exercice

8.19 La grossesse et le poids du bébé *(suite)*

En reprenant le contexte de l'exercice 8.18, où la durée de la grossesse et le poids du bébé ont été mis en relation :

a) déterminez l'équation de la droite de régression ;

b) tracez cette droite de régression sur le nuage de points obtenu à l'exercice 8.18.

TABLEAU 8.35 ▶ p. 275

Poids du bébé en fonction du nombre de jours de grossesse

Femme	Durée de la grossesse (en jours)	Poids du bébé à la naissance (en grammes)	Femme	Durée de la grossesse (en jours)	Poids du bébé à la naissance (en grammes)
1	272	3303	13	271	3292
2	263	3254	14	291	3252
3	277	3266	15	279	3240
4	298	3298	16	291	3310
5	301	3299	17	284	3290
6	287	3356	18	292	3383
7	293	3355	19	283	3221
8	263	3204	20	276	3280
9	298	3336	21	285	3306
10	287	3374	22	272	3297
11	285	3252	23	266	3271
12	264	3299	24	290	3332

8.3.5 Le coefficient de détermination

Dans la figure 8.17 (*voir p. 279*), on observe que les points fluctuent autour de la droite de régression. Ce phénomène est en partie normal, puisque celle-ci se situe en un lieu « moyen » du nuage de points. La droite de régression ne peut, à elle seule, expliquer toutes les fluctuations, puisque certains points sont plus éloignés d'elle que d'autres.

Si quelqu'un demandait d'estimer le taux moyen d'alphabétisation de l'ensemble des pays, on n'aurait pas d'autre choix que de répondre 79,81 % (qui est le taux moyen d'alphabétisation dans l'échantillon), si l'on ne tient pas compte de l'espérance de vie. Cependant, si l'on connaît l'espérance de vie et qu'il y a un lien linéaire entre le taux moyen d'alphabétisation et l'espérance de vie, on peut se servir de la droite de régression et ainsi obtenir une meilleure estimation.

Lorsqu'il existe un lien linéaire entre deux variables, la dispersion des données de la variable Y autour de la valeur y', pour une valeur x donnée, est moindre que la dispersion de l'ensemble des données de la variable Y autour de $\bar{y}$. Le coefficient de détermination, noté r^2, représente sous forme de proportion la diminution de dispersion entre ces deux situations.

Le **coefficient de détermination** mesure la proportion de la dispersion de la variable Y qui est expliquée par l'utilisation de la variable X. Cette mesure est obtenue par la formule suivante :

Coefficient de détermination
Coefficient qui mesure la proportion de la dispersion de la variable dépendante qui est expliquée par l'utilisation de la variable indépendante.

$$r^2 = \frac{\text{Variation expliquée}}{\text{Variation totale}} = \frac{\Sigma(\text{Écart expliqué})^2}{\Sigma(\text{Écart total})^2}$$

Très souvent, ce coefficient est multiplié par 100 afin d'être exprimé en pourcentage.

Comme la notation du coefficient de détermination le suggère, on peut montrer que celui-ci est égal au carré du coefficient de corrélation linéaire.

Exemple 8.13 Le taux d'alphabétisation en fonction de l'espérance de vie (*suite*)

Reprenons l'exemple portant sur le taux d'alphabétisation en fonction de l'espérance de vie et voyons la façon d'illustrer (à partir d'un seul point) le coefficient de détermination.

On considère le taux d'alphabétisation de 90,40 % (y) du Suriname qui fait partie de l'échantillon. Il y a un écart de 10,59 % entre le taux d'alphabétisation de ce pays, 90,40 % (y), et le taux moyen d'alphabétisation de tous les pays de l'échantillon, soit 79,81 % ($\bar{y}$). Le taux moyen d'alphabétisation de 79,81 % est l'estimation du taux moyen d'alphabétisation de tous les pays, sans que l'espérance de vie soit prise en compte. L'écart de 10,59 % est l'écart total entre la donnée et l'estimation du taux moyen d'alphabétisation.

À partir de la droite de régression, c'est-à-dire en tenant compte de l'espérance de vie, on estime que le taux moyen d'alphabétisation de tous les pays affichant une espérance de vie de 73,73 ans est de 88,44 % (y') ; l'écart entre le taux d'alphabétisation de ce pays, soit 90,40 %, et l'estimation du taux moyen d'alphabétisation pour les pays affichant une espérance de vie de 73,73 ans, soit 88,44 %, n'est alors que de 1,96 %.

L'utilisation de la droite de régression basée sur la variable « Espérance de vie » permet de diminuer de 8,63 % (10,59 % – 1,96 %) l'écart entre le taux d'alphabétisation observé et l'estimation du taux moyen d'alphabétisation. Le tableau 8.38, à la page suivante, présente l'écart entre le taux d'alphabétisation observé et l'estimation du taux moyen d'alphabétisation pour le Suriname.

TABLEAU 8.38

Écart entre le taux d'alphabétisation observé et le taux d'alphabétisation espéré (moyenne) pour le Suriname

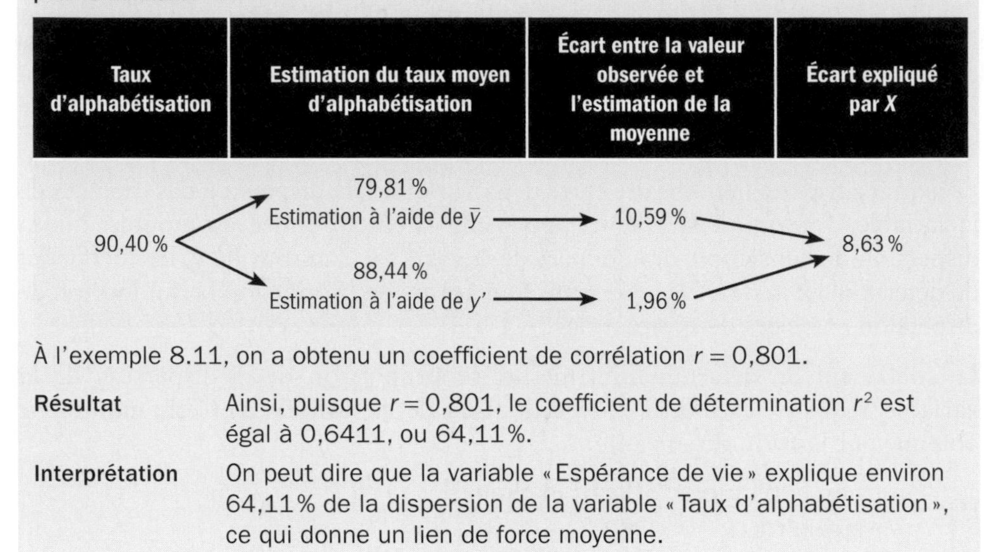

Taux d'alphabétisation	Estimation du taux moyen d'alphabétisation	Écart entre la valeur observée et l'estimation de la moyenne	Écart expliqué par X

À l'exemple 8.11, on a obtenu un coefficient de corrélation $r = 0{,}801$.

Résultat Ainsi, puisque $r = 0{,}801$, le coefficient de détermination r^2 est égal à 0,6411, ou 64,11 %.

Interprétation On peut dire que la variable « Espérance de vie » explique environ 64,11 % de la dispersion de la variable « Taux d'alphabétisation », ce qui donne un lien de force moyenne.

Le tableau 8.39 permet d'interpréter la force du lien linéaire entre les deux variables à l'aide du coefficient de détermination.

TABLEAU 8.39

Force du lien linéaire entre deux variables selon la valeur de r^2

r^2	Force du lien linéaire
0	Un coefficient près de 0 indique un lien linéaire nul entre les deux variables.
0,25	Un coefficient près de 0,25 indique un lien linéaire faible entre les deux variables.
0,50	Un coefficient près de 0,50 indique un lien linéaire moyen entre les deux variables.
0,75	Un coefficient près de 0,75 indique un lien linéaire fort entre les deux variables.
1	Un coefficient près de 1 indique un lien linéaire très fort entre les deux variables.

Le tableau 8.39 équivaut au tableau 8.36 (*voir p. 277*) portant sur l'interprétation des valeurs du coefficient de corrélation linéaire (les valeurs sont simplement élevées au carré, puisque l'interprétation se fait avec r^2 au lieu de r).

Exercice

8.20 La grossesse et le poids du bébé *(suite)*

À partir du tableau de données de l'exercice 8.18 et en utilisant la calculatrice, établissez la valeur du coefficient de détermination et interprétez-la selon le contexte.

TABLEAU 8.35 ▶ p. 275

Poids du bébé en fonction du nombre de jours de grossesse

Femme	Durée de la grossesse (en jours)	Poids du bébé à la naissance (en grammes)	Femme	Durée de la grossesse (en jours)	Poids du bébé à la naissance (en grammes)
1	272	3303	13	271	3292
2	263	3254	14	291	3252
3	277	3266	15	279	3240
4	298	3298	16	291	3310
5	301	3299	17	284	3290
6	287	3356	18	292	3383
7	293	3355	19	283	3221
8	263	3204	20	276	3280
9	298	3336	21	285	3306
10	287	3374	22	272	3297
11	285	3252	23	266	3271
12	264	3299	24	290	3332

Exemple 8.14 Le rendement d'une action

L'indice boursier GSPTSE mesure l'évolution du prix des actions. Il reflète la tendance du marché boursier. Le taux de rendement représente le pourcentage d'augmentation ou de diminution de l'indice entre deux périodes. Le tableau 8.40, à la page suivante, donne le taux de rendement hebdomadaire de l'indice, ainsi que celui des actions de la compagnie Bombardier et de la Banque Royale pour la période allant du 29 juillet au 21 octobre 2011.

L'écart type du rendement hebdomadaire (en pourcentage) de la valeur de l'action de la compagnie Bombardier est de 5,579 %. La variance (l'écart type au carré) est donc de 31,125. Dans le domaine de la gestion de portefeuille, on dit que cette variance représente le risque de l'action. Une partie de ce risque, attribuable aux facteurs macroéconomiques, est expliquée à l'aide de l'indice GSPTSE, lequel montre l'évolution du marché. Le coefficient de détermination représente la proportion de cette variance (risque) qui est expliquée par le marché (l'indice GSPTSE). La valeur du coefficient de détermination r^2 est de 0,2511, ou 25,11 %. Cela signifie que 25,11 % de la variance (dispersion) est attribuable au marché, tandis que le reste, soit 74,89 %, est dû aux facteurs spécifiques de la compagnie Bombardier. Ainsi, 25,11 % du risque lié à l'action de la compagnie Bombardier est imputable au risque du marché, tandis que 74,89 % du risque est attribuable au risque spécifique.

L'écart type du rendement hebdomadaire (en pourcentage) de la valeur de l'action de la Banque Royale est de 5,722 %. La variance est donc de 32,741. La valeur du coefficient de détermination r^2 est de 0,0022, ou 0,22 %. Cela signifie que 0,22 % de la variance (dispersion) est attribuable au marché, tandis que le reste, soit 99,78 %, est dû aux facteurs spécifiques de la Banque Royale. Ainsi, 0,22 % du risque lié à l'action de la Banque Royale est imputable au risque du marché, tandis que 99,78 % du risque est attribuable au risque spécifique.

TABLEAU 8.40

Taux de rendement hebdomadaire pour la période allant du 29 juillet au 21 octobre 2011

Semaine	Taux de rendement hebdomadaire		
	GSPTSE X	Banque Royale Y_1	Bombardier Y_2
1	-6,05	16,76	-9,89
2	3,12	1,12	-0,19
3	-4,26	-4,32	-9,81
4	2,31	0,99	2,56
5	2,59	-0,48	-6,86
6	-1,70	-4,01	-2,01
7	-1,00	-0,42	-2,28
8	-6,53	-5,56	-6,06
9	1,40	2,01	-8,93
10	-0,31	-0,50	7,90
11	4,26	3,83	2,27
12	-1,09	1,08	-1,48

Source : [En ligne]. http://fr.finance.yahoo.com (page consultée le 21 octobre 2011).

8.3.6 La vérification de l'existence d'un lien linéaire

Le coefficient de corrélation linéaire r dans l'échantillon est une estimation du coefficient de corrélation linéaire qui existe entre ces deux variables dans la population, noté ρ. S'il n'existe pas de lien linéaire entre les deux variables, la valeur ρ est de zéro. Notre décision quant à l'existence d'un lien linéaire entre les deux variables est basée sur la valeur de r. La valeur du coefficient de corrélation linéaire dans l'échantillon, r, est-elle différente de zéro **de façon significative** et permet-elle de conclure qu'il existe un lien linéaire entre les deux variables dans la population ? Même lorsqu'il n'y a pas de lien linéaire entre deux variables dans la population, c'est-à-dire lorsque $\rho = 0$, il n'y a pratiquement aucune chance que la valeur du coefficient de corrélation linéaire dans l'échantillon, r, soit égale à zéro. Autrement dit, la valeur de r est toujours différente de zéro, mais est-ce suffisant pour conclure qu'il existe un lien linéaire entre les deux variables ?

Pour aider à prendre une décision quant à l'existence d'un lien linéaire entre les deux variables, on a étudié le comportement de la valeur de r pour tous les échantillons de même taille.

Lorsqu'il n'y a pas de lien linéaire entre les deux variables et que la variable Y a une distribution normale pour chacune des valeurs de la variable X, on utilise la variable suivante :

$$T = \frac{r\sqrt{n-2}}{\sqrt{1-r^2}}$$

La distribution de cette variable est connue : c'est une distribution de Student. En fait, elle dépend du nombre de degrés de liberté, υ, associé à l'échantillon : $\upsilon = n - 2$.

Cette distribution a une forme de cloche un peu plus évasée que celle de la loi normale. Au fur et à mesure que le nombre de degrés de liberté augmente, la distribution de Student se rapproche de la loi normale. C'est à l'aide de cette distribution que l'on trouve les deux valeurs critiques qui nous aideront à prendre une décision quant à l'existence d'un lien linéaire entre les deux variables.

Voici les huit étapes du test d'hypothèses portant sur l'existence d'un lien linéaire entre deux variables.

Première étape : formuler les hypothèses statistiques

H_0 : Il n'y a pas de lien linéaire entre les deux variables, c'est-à-dire $\rho = 0$.

H_1 : Il existe un lien linéaire entre les deux variables, c'est-à-dire $\rho \neq 0$.

Il faut adapter la formulation des hypothèses selon le contexte du problème.

Deuxième étape : indiquer le seuil de signification α

Le seuil de signification α est de 5 % ou 1 %.

Troisième étape : énoncer les conditions d'application

Pour utiliser ce test, il faut supposer que la variable dépendante Y a une distribution normale (distribution symétrique ayant la forme d'une cloche), avec le même écart type, pour chacune des valeurs de la variable indépendante X.

On définit cette condition d'application pour tous les exemples et les exercices présentés dans le présent ouvrage.

Quatrième étape : déterminer les bornes critiques pour t_r

Les valeurs critiques sont symétriques et la table de la distribution de Student nous donne la valeur critique positive en fonction du nombre de degrés de liberté : $\upsilon = n - 2$.

Dans la table de Student (*voir le tableau 8.41, à la page suivante*), la proportion indiquée dans le haut de chaque colonne représente la moitié du seuil de signification, $\alpha/2$. Par exemple, si le seuil de signification est de 5 %, ou 0,05, il faut lire les valeurs critiques dans la colonne 0,025.

Cinquième étape : définir la règle de décision

Si $t_r = \dfrac{r\sqrt{n-2}}{\sqrt{1-r^2}} < -t_{critique}$ ou si $t_r > t_{critique}$, on rejettera l'hypothèse nulle H_0 selon laquelle il n'y a pas de lien linéaire entre les deux variables. Le risque de prendre une mauvaise décision sera inférieur à 1 % ou 5 %, car s'il n'y a pas de lien linéaire entre les deux variables, seuls 1 % ou 5 % des échantillons donneront une valeur t_r qui se trouvera dans la zone de rejet.

Si $-t_{critique} \leq t_r \leq t_{critique}$, on ne pourra rejeter l'hypothèse nulle H_0, soit l'absence de lien linéaire entre les deux variables, car le risque de prendre une mauvaise décision serait d'au moins 5 % ou 1 %.

Sixième étape : calculer r et t_r

La calculatrice donnera la valeur de r rapidement.

Septième étape : appliquer la règle de décision

On compare la valeur t_r obtenue aux valeurs $t_{critique}$.

Huitième étape: conclure

On formule la conclusion en tenant compte de la décision prise et du contexte.

TABLEAU 8.41

Table de Student

v \ $\alpha/2$	0,10	0,05	0,025	0,01	0,005
1	3,08	6,31	12,71	31,82	63,66
2	1,89	2,92	4,30	6,96	9,92
3	1,64	2,35	3,18	4,54	5,84
4	1,53	2,13	2,78	3,75	4,60
5	1,48	2,02	2,57	3,37	4,03
6	1,44	1,94	2,45	3,14	3,71
7	1,42	1,90	2,37	3,00	3,50
8	1,40	1,86	2,31	2,90	3,36
9	1,38	1,83	2,26	2,82	3,25
10	1,37	1,81	2,23	2,76	3,17
11	1,36	1,80	2,20	2,72	3,11
12	1,36	1,78	2,18	2,68	3,06
13	1,35	1,77	2,16	2,65	3,01
14	1,34	1,76	2,14	2,62	2,98
15	1,34	1,75	2,13	2,60	2,95
16	1,34	1,75	2,12	2,58	2,92
17	1,33	1,74	2,11	2,57	2,90
18	1,33	1,73	2,10	2,55	2,88
19	1,33	1,73	2,09	2,54	2,86
20	1,33	1,73	2,09	2,53	2,85
21	1,32	1,72	2,08	2,52	2,83
22	1,32	1,72	2,07	2,51	2,82
23	1,32	1,71	2,07	2,50	2,81
24	1,32	1,71	2,06	2,49	2,80
25	1,32	1,71	2,06	2,49	2,79
26	1,32	1,71	2,06	2,48	2,78
27	1,31	1,70	2,05	2,47	2,77
28	1,31	1,70	2,05	2,47	2,76
29	1,31	1,70	2,05	2,46	2,76
30	1,31	1,70	2,04	2,46	2,75
∞	1,28	1,64	1,96	2,33	2,58

Exemple 8.15 Le taux d'alphabétisation en fonction de l'espérance de vie (*suite*)

Avec un seuil de signification de 5 %, peut-on conclure qu'il existe un lien linéaire entre le taux d'alphabétisation et l'espérance de vie ?

Première étape : formuler les hypothèses statistiques

H_0 : Il n'y a pas de lien linéaire entre le taux d'alphabétisation et l'espérance de vie : $\rho = 0$.

H_1 : Il y a un lien linéaire entre le taux d'alphabétisation et l'espérance de vie : $\rho \neq 0$.

Deuxième étape : indiquer le seuil de signification α

Le seuil de signification α est de 5 %.

Troisième étape : énoncer les conditions d'application

On suppose que le taux d'alphabétisation a une distribution normale, avec le même écart type, pour chaque espérance de vie.

Quatrième étape : déterminer les bornes critiques pour t_r

$\upsilon = n - 2 = 25 - 2 = 23$

Le seuil est de 5 %, ou 0,05, et l'on trouve les valeurs critiques dans la colonne 0,025 de la table de Student.

Les valeurs critiques sont −2,07 et 2,07.

Cinquième étape : définir la règle de décision

Si $t_r < -2{,}07$ ou si $t_r > 2{,}07$, on peut rejeter l'hypothèse nulle H_0 selon laquelle il n'y a pas de lien linéaire entre les deux variables et accepter l'hypothèse alternative H_1.

Si $-2{,}07 \leq t_r \leq 2{,}07$, on ne peut rejeter l'hypothèse nulle H_0 selon laquelle il n'y a pas de lien linéaire entre les deux variables.

Sixième étape : calculer r et t_r

$r = 0{,}801$

$$t_r = \frac{0{,}801\sqrt{25-2}}{\sqrt{1-0{,}801^2}} = 6{,}42$$

Septième étape : appliquer la règle de décision

Puisque $6{,}42 > 2{,}07$, on peut rejeter l'hypothèse nulle H_0 selon laquelle il n'y a pas de lien linéaire entre les deux variables et accepter l'hypothèse alternative H_1.

Huitième étape : conclure

Il existe un lien linéaire entre le taux d'alphabétisation et l'espérance de vie. Ce lien peut être estimé par la droite de régression :

$y' = -1{,}293 + 1{,}217 \cdot x$

Exercice

8.21 La grossesse et le poids du bébé *(suite)*

À partir du contexte de l'exercice 8.18 et des résultats obtenus aux exercices 8.19 et 8.20 :

a) déterminez s'il existe un lien linéaire entre la durée de la grossesse et le poids du bébé à la naissance à l'aide d'un seuil de signification de 5 % ;

b) estimez le poids moyen des nouveau-nés lorsque la durée de la grossesse est de 292 jours.

8.3.7 Les séries chronologiques

Série chronologique
Série qui contient les données d'une seule variable (d'une seule caractéristique ou d'un seul phénomène) observées à différents moments dans le temps.

Une série chronologique est une série qui contient les données d'une seule variable (d'une seule caractéristique ou d'un seul phénomène) observées à différents moments dans le temps, qu'il s'agisse de jours, de semaines, de mois, d'années, etc. Cela peut être le nombre de naissances par trimestre au Canada de 1950 à 2012, le taux de chômage mensuel au Québec de 1980 à 2012 ou le nombre d'automobiles vendues annuellement par la compagnie Toyota de 1990 à 2012.

L'utilité d'une série chronologique est de prédire la valeur de la variable étudiée pour les périodes à venir. Par exemple, on pourra estimer le nombre de naissances pour le premier trimestre de 2013, le taux de chômage pour le mois de janvier 2013 ou le nombre d'automobiles vendues en 2013. De telles prédictions peuvent aider le gestionnaire à prendre des décisions, telles que la quantité d'automobiles à construire ou la somme d'argent à investir pour la publicité d'un produit pour bébés.

L'étude classique d'une série chronologique consiste à dire que les variations dans le temps entre les données peuvent être expliquées par:

- une tendance à long terme;
- une variation cyclique;
- une variation saisonnière;
- une variation irrégulière.

L'estimation de la tendance à long terme peut se faire à l'aide de la droite de régression linéaire que nous venons de voir à la sous-section 8.3.4 (il existe plusieurs autres méthodes pour estimer la tendance à long terme de la série).

Exemple 8.16 L'espérance de vie des Canadiens

Dans le cadre d'une étude, vous avez étudié l'espérance de vie des Canadiens de 1986 à 2009. Comment allez-vous procéder pour prévoir l'espérance de vie pour les années 2010 et 2011 à l'aide d'un lissage linéaire? La série chronologique est présentée dans le tableau 8.42.

La tendance à long terme est estimée par la droite de régression:

$y' = a + b \cdot x$

où

- x est l'année;
- y' est une estimation de l'espérance de vie.

Les valeurs de a et de b, obtenues à l'aide de la calculatrice (en mode statistique à deux variables) ou d'un chiffrier, sont:

$a = 0{,}2076$

$b = -335{,}9459$

La droite de régression linéaire est donc:

$y' = -335{,}9459 + 0{,}2076 \cdot x$

TABLEAU 8.42

Espérance de vie au Canada - 1986 à 2009

Année	Espérance de vie	Année	Espérance de vie
1986	76,440	1998	78,662
1987	76,740	1999	78,883
1988	76,809	2000	79,237
1989	77,066	2001	79,488
1990	77,377	2002	79,590
1991	77,553	2003	79,839
1992	77,321	2004	80,141
1993	77,685	2005	80,293
1994	77,862	2006	80,644
1995	77,978	2007	80,804
1996	78,230	2008	80,965
1997	78,480	2009	81,221

Source : Université de Sherbrooke, Perspective Monde. (s.d.). *Espérance de vie à la naissance (année) au Canada.* [En ligne]. http://perspective.usherbrooke.ca/bilan/servlet/BMTendanceStatPays?langue=fr&codePays=CAN&codeStat=SP.DYN.LE00.IN&codeStat2=x (page consultée le 31 mars 2010).

La figure 8.18 présente la série et la tendance à long terme de l'espérance de vie.

FIGURE 8.18

Représentation de la série et de la tendance à long terme

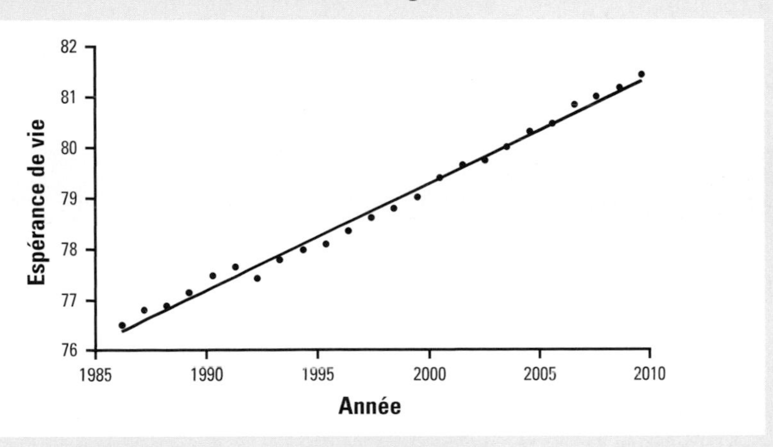

On peut constater que la tendance à long terme de l'espérance de vie est à la hausse depuis 1985.

Une prévision de la tendance à long terme de l'espérance de vie pour 2010 est :

$y' = -335{,}9459 + 0{,}2076 \cdot 2010 = 81{,}33$ ans.

Une prévision de la tendance à long terme de l'espérance de vie pour 2011 est :

$y' = -335{,}9459 + 0{,}2076 \cdot 2011 = 81{,}54$ ans.

Ces prévisions ne tiennent pas compte des variations saisonnière et aléatoire.

Exercices

8.22 Commentez les affirmations suivantes.

a) Un coefficient de corrélation linéaire de 0,3 annonce une corrélation linéaire plus forte, car positive, qu'un coefficient de corrélation linéaire de –0,3.

b) Plus le nombre de points du nuage se rapprochant de la droite de régression est élevé, plus le coefficient de détermination est élevé.

c) Si l'on ignore l'équation de la droite de régression, la meilleure estimation de la variable Y pour une valeur x donnée est $\bar{y}$.

d) Plus les points du nuage sont rapprochés de la droite de régression, plus l'écart inexpliqué est grand.

e) Une fois l'équation de la droite de régression trouvée, on peut s'en servir à la condition de le faire à partir des valeurs x comprises dans l'intervalle de valeurs traitées dans l'échantillon.

8.23 Afin de déterminer le niveau de compréhension et de mémorisation à la lecture d'un texte par des jeunes de la 4e secondaire, vous avez pris au hasard 20 jeunes de la 4e secondaire de la polyvalente de votre région. Vous leur avez soumis un texte et avez noté le temps pris par chaque élève pour le lire, puis vous les avez interrogés sur le texte. Vous avez compilé les résultats sur 100. Le tableau 8.43 présente les résultats que vous avez obtenus.

a) Quelle est la variable dépendante ?

b) De quel type est cette variable ?

c) Quelle est la variable indépendante ?

d) De quel type est cette variable ?

e) Quelle est la population étudiée ?

f) Quelle est l'unité statistique ?

g) Quelle est la taille de l'échantillon ?

h) Tracez le nuage de points.

i) Sur le nuage de points, tracez les droites $x = \bar{x}$ et $y = \bar{y}$.

j) Déterminez l'équation de la droite de régression.

k) Tracez cette droite de régression sur le nuage de points.

l) Déterminez la valeur du coefficient de corrélation et interprétez-la selon le contexte.

m) Déterminez la valeur du coefficient de détermination et interprétez-la selon le contexte.

n) Déterminez s'il existe un lien linéaire entre les deux variables à l'aide d'un seuil de signification de 1 %.

o) Estimez le résultat moyen lorsque les temps pris pour lire le texte sont les suivants :

1° 420 secondes ;

2° 310 secondes.

TABLEAU 8.43

Résultat au test en fonction du temps pris pour lire le texte

Élève	Temps pris pour lire le texte (en s)	Résultat au test (en %)	Élève	Temps pris pour lire le texte (en s)	Résultat au test (en %)
1	302	65,0	11	217	75,9
2	244	77,5	12	283	67,5
3	270	71,6	13	264	74,3
4	305	65,9	14	279	72,7
5	397	60,1	15	427	49,1
6	243	72,4	16	305	71,7
7	331	65,7	17	343	61,8
8	254	70,7	18	322	65,1
9	299	73,5	19	343	67,1
10	230	78,8	20	346	65,4

Exercices

8.24 La valeur marchande d'une maison

La valeur marchande d'une maison dépend de plusieurs facteurs. Le tableau 8.44 (*voir ci-dessous et à la page suivante*) présente la valeur marchande de 40 maisons de la Rive-Sud de Montréal, ainsi que différentes informations au sujet de ces maisons.

a) Laquelle des variables suivantes a le lien linéaire le plus fort avec la valeur marchande des maisons ?

1° L'évaluation municipale du bâtiment.

2° L'évaluation municipale totale.

3° Le montant total payé en taxes.

b) Quelle est la valeur marchande moyenne des maisons de la Rive-Sud de Montréal dont :

1° l'évaluation municipale du bâtiment est de 102 000 $?

2° l'évaluation municipale totale est de 140 000 $?

3° le montant total payé en taxes est de 2 400 $?

TABLEAU 8.44

Facteurs influant sur la valeur marchande d'une maison

Valeur marchande	Nombre de pièces	Nombre de chambres	Évaluation municipale		Taxes		Superficie en m²	
			Terrain	Bâtiment	Municipales	Scolaires	Bâtiment	Terrain
390 000 $	12	5	68 300 $	203 400 $	3 089 $	951 $	284,27	1 242,07
319 000 $	10	5	56 100 $	175 100 $	2 790 $	809 $	274,80	2 411,03
289 000 $	10	3	32 600 $	112 900 $	1 419 $	450 $	199,18	2 262,58
259 000 $	8	5	56 930 $	138 360 $	1 930 $	684 $	204,38	1 016,05
219 000 $	10	6	34 300 $	121 500 $	2 027 $	545 $	199,74	836,10
198 000 $	8	3	27 800 $	108 000 $	1 595 $	475 $	170,56	793,27
189 000 $	10	3	32 400 $	97 400 $	1 731 $	425 $	212,56	771,07
184 900 $	10	4	30 200 $	111 300 $	2 148 $	495 $	145,85	721,65
169 000 $	6	2	42 600 $	89 600 $	932 $	437 $	151,43	4 607,84
159 000 $	7	5	35 800 $	105 400 $	1 538 $	480 $	139,81	4 134,33
149 900 $	8	3	32 600 $	107 500 $	1 773 $	490 $	141,30	466,36
124 900 $	10	5	16 700 $	79 400 $	1 521 $	336 $	116,13	778,87
123 000 $	10	3	26 400 $	63 600 $	1 228 $	315 $	111,02	362,87
118 000 $	7	4	25 200 $	52 200 $	1 406 $	269 $	90,58	696,75
114 900 $	10	5	18 300 $	73 600 $	963 $	322 $	150,87	926,58
109 000 $	7	3	14 900 $	60 040 $	1 003 $	262 $	130,06	276,28
91 900 $	7	4	9 700 $	71 700 $	489 $	285 $	106,28	2 871,20
124 900 $	7	3	31 500 $	65 300 $	1 628 $	338 $	111,48	523,77
110 000 $	4	1	27 400 $	51 500 $	1 744 $	276 $	64,10	1 738,44
850 000 $	14	7	176 300 $	102 500 $	2 523 $	535 $	264,77	546 326,10
629 000 $	12	4	74 000 $	477 200 $	10 401 $	2 001 $	418,05	893,79
485 000 $	8	3	84 300 $	263 500 $	5 639 $	1 035 $	239,87	624,66
449 000 $	10	4	123 000 $	361 600 $	6 488 $	1 700 $	329,33	2 256,36
389 000 $	6	2	130 500 $	87 200 $	2 917 $	762 $	120,77	2 374,99

Exercices

Valeur marchande	Nombre de pièces	Nombre de chambres	Évaluation municipale		Taxes		Superficie en m²	
			Terrain	Bâtiment	Municipales	Scolaires	Bâtiment	Terrain
379000 $	12	6	63200 $	195100 $	5388 $	904 $	204,38	803,40
349000 $	11	5	46600 $	159100 $	3490 $	720 $	387,39	621,59
319000 $	11	5	61200 $	185400 $	4721 $	1836 $	263,84	703,81
298000 $	10	4	67500 $	133000 $	3350 $	701 $	245,72	635,53
272000 $	10	4	40500 $	148600 $	3785 $	661 $	170,56	464,50
215000 $	9	4	48000 $	130400 $	3132 $	400 $	201,04	543,09
194 900 $	7	4	83 600 $	43 600 $	2 243 $	444 $	148,64	1 452,03
179 900 $	10	5	7 300 $	55 900 $	572 $	232 $	123,56	74 219,41
162 900 $	10	3	28 100 $	112 900 $	2 444 $	447 $	166,48	654,95
150 000 $	7	4	43 000 $	73 200 $	1 791 $	239 $	83,98	590,94
132 500 $	11	4	28 100 $	76 000 $	2 070 $	362 $	120,77	371,60
129 900 $	7	3	26 300 $	49 300 $	1 304 $	264 $	104,05	375,78
119 900 $	8	3	24 000 $	70 000 $	1 676 $	325 $	80,27	498,97
105 000 $	9	4	41 300 $	56 800 $	1 697 $	343 $	90,30	634,04
99 000 $	8	4	28 000 $	49 700 $	1 306 $	272 $	100,80	404,12
72 000 $	4	2	19 800 $	41 600 $	1 133 $	215 $	78,04	408,57

Source : Données fictives.

8.25 L'assurance-vie

Bien des personnes âgées achètent de l'assurance-vie en guise de placement qui reviendra à leurs héritiers. Si l'on tient compte de l'espérance de vie, une assurance-vie peut souvent rapporter beaucoup plus que tout autre placement. La prime dépend de plusieurs facteurs, dont le sexe, l'âge, le fait d'être fumeur ou non-fumeur et, surtout, de l'état de santé.

Le tableau 8.45 présente, pour 24 personnes âgées de 60 ans et plus, le montant de l'assurance-vie souscrite ainsi que la prime annuelle.

TABLEAU 8.45

Personne	Montant *X* (milliers de dollars)	Prime annuelle *Y* (dollars)	Personne	Montant *X* (milliers de dollars)	Prime annuelle *Y* (dollars)
1	50	1449,50	13	200	4525,00
2	50	2534,50	14	200	10429,00
3	50	1516,00	15	200	7057,00
4	50	1339,50	16	200	7437,00
5	100	2773,00	17	250	6302,50
6	100	4065,00	18	250	8995,00
7	100	1869,00	19	250	6247,50
8	100	2730,00	20	250	11750,00
9	150	6012,00	21	300	6681,00
10	150	7038,00	22	300	13932,00
11	150	3811,50	23	300	8592,00
12	150	5304,00	24	300	8940,00

Source : Données fictives.

Exercices

a) Quelle est la variable dépendante? indépendante?

b) Tracez la droite de régression linéaire sur le nuage de points.

c) Déterminez s'il existe un lien linéaire entre les deux variables à l'aide d'un seuil de signification de 5 %.

d) Quelle est l'estimation de la prime moyenne annuelle des gens âgés de 60 ans et plus qui souscrivent une assurance-vie de 100 000 $?

8.26 L'indice de fécondité

Dans le cadre d'une étude, vous avez pris 12 pays au hasard et avez mis en relation leur densité d'habitants par km^2 et leur indice de fécondité. Les données sont présentées dans le tableau 8.46.

Déterminez s'il existe un lien linéaire qui met en relation l'indice de fécondité en fonction de la densité d'habitants par km^2 à l'aide d'un seuil de signification de 5 %.

TABLEAU 8.46

Pays	Densité *X* (habitants/km^2)	Indice de fécondité *Y* (enfant/femme)
Bhoutan	50,54	2,48
Brunei	68,52	1,88
Cap-Vert	126,12	2,54
Corée du Nord	191,26	2,00
Maurice	628,28	1,80
Mexique	56,94	2,31
Micronésie	152,64	2,80
Népal	188,00	3,91
Saint-Christophe-et-Niévès	188,98	2,26
Canada	3,42	1,58
Sénégal	71,61	4,86
Serbie	95,25	1,38

Source : PopulationData.net. (s.d.). [En ligne]. www.populationdata.net/index2.php?option=palmares&rid=1&nom=idh (page consultée le 31 janvier 2011).

CAS PRATIQUE

Le téléphone cellulaire au collégial

Dans le cadre de son étude « Le téléphone cellulaire au collégial », Kim étudie, à l'aide d'Excel, l'existence d'un lien linéaire entre le montant des frais payés le mois dernier et la durée de la conversation la plus longue. Elle vérifie si l'on peut prédire la durée moyenne de la conversation la plus longue en fonction du montant des frais payés. Son étude repose sur les questions G et H: « Le mois dernier, à combien s'élevaient les frais d'utilisation de votre cellulaire ? » et « Quelle a été la durée (arrondie à la minute) de votre conversation la plus longue au cours du mois dernier ? ». Voyez à la page 327 la façon dont Kim procède.

À RETENIR

	Test du khi deux	Corrélation linéaire
Quelques définitions	**Tableau à double entrée** : Tableau qui donne la répartition des données en fonction des deux variables étudiées conjointement. **Distribution conditionnelle** : Distribution en pourcentage des résultats de la variable dépendante pour chacune des modalités de la variable indépendante. **Distribution marginale** : Distribution en pourcentage de la variable dépendante obtenue à partir de toutes les données de l'échantillon ou de la population.	**Corrélation** : Lien statistique entre les données de deux variables quantitatives. **Corrélation linéaire** : Lien linéaire entre deux variables. **Droite de régression** : Équation d'une droite montrant le lien entre deux variables. **Coefficient de corrélation linéaire de Pearson** : Coefficient permettant de mesurer la force du lien linéaire entre deux variables quantitatives. **Coefficient de détermination** : Coefficient qui mesure la proportion de la dispersion de la variable dépendante qui est expliquée par l'utilisation de la variable indépendante.
Variables dépendante et indépendante	**Variable dépendante** : Variable que l'on cherche à expliquer. **Variable indépendante** : Variable qui sert à expliquer la variable à l'étude (variable dépendante).	**Variable dépendante** : Variable que l'on cherche à expliquer. **Variable indépendante** : Variable qui sert à expliquer la variable à l'étude (variable dépendante).
	Test d'hypothèses portant sur l'indépendance entre deux variables	**Test d'hypothèses portant sur l'existence d'un lien linéaire entre deux variables**
Étape 1	**Formuler les hypothèses statistiques** H_0 : Les variables sont indépendantes. H_1 : Les variables sont dépendantes.	**Formuler les hypothèses statistiques** H_0 : Il n'y a pas de lien linéaire entre les deux variables, c'est-à-dire $\rho = 0$. H_1 : Il existe un lien linéaire entre les deux variables, c'est-à-dire $\rho \neq 0$.
Étape 2	**Indiquer le seuil de signification α**	**Indiquer le seuil de signification α**

	Test d'hypothèses portant sur l'indépendance entre deux variables	Test d'hypothèses portant sur l'existence d'un lien linéaire entre deux variables
Étape 3	**Construire le tableau des fréquences espérées et vérifier si $n \geq 30$ et $f_e \geq 5$, pas plus de 20 % de $1 \leq f_e \leq 5$**	**Énoncer les conditions d'application** Pour utiliser ce test, il faudra supposer que la variable dépendante *Y* a une distribution normale (une distribution symétrique ayant la forme d'une cloche), avec le même écart type, pour chacune des valeurs de la variable indépendante *X*.
Étape 4	**Déterminer le nombre de degrés de liberté** υ = (N[bre] de modalités de la variable $A - 1$) · (N[bre] de modalités de la variable $B - 1$) Si les conditions sont remplies, on peut utiliser une distribution du khi deux avec υ degrés de liberté.	**Déterminer les bornes critiques pour t_r** Les valeurs critiques sont symétriques et la table de la distribution de Student nous donne la valeur critique positive en fonction du nombre de degrés de liberté : $\upsilon = n - 2$.
Étape 5	**Définir la règle de décision** • Si la valeur du χ^2 qui a été calculée est supérieure à la valeur critique, on rejettera l'hypothèse de l'indépendance H_0 des deux variables et l'on acceptera l'hypothèse alternative H_1. On pourra alors conclure de façon significative à l'existence d'un lien statistique entre les deux variables. • Si la valeur du χ^2 qui a été calculée est inférieure ou égale à la valeur critique, on ne rejettera pas l'hypothèse de l'indépendance des deux variables. On ne pourra donc pas conclure de façon significative à l'existence d'un lien statistique entre les deux variables.	**Définir la règle de décision** • Si $t_r = \frac{r\sqrt{n-2}}{\sqrt{1-r^2}} < -t_{critique}$ ou si $t_r > t_{critique}$, on rejettera l'hypothèse nulle H_0 selon laquelle il n'y a pas de lien linéaire entre les deux variables. • Si $-t_{critique} \leq t_r \leq t_{critique}$, on ne pourra rejeter l'hypothèse nulle H_0, soit l'absence de lien linéaire entre les deux variables.
Étape 6	**Calculer la valeur du χ^2 à partir des données de l'échantillon, toujours selon l'hypothèse de l'indépendance des deux variables à l'étude** $\chi^2 = \sum \frac{(f_o - f_e)^2}{f_e}$	**Calculer *r* et t_r** La calculatrice donnera la valeur de *r* rapidement. $t_r = \frac{r\sqrt{n-2}}{\sqrt{1-r^2}}$
Étape 7	**Appliquer la règle de décision**	**Appliquer la règle de décision**
Étape 8	**Évaluer la force du lien et conclure** $C = \sqrt{\frac{\chi^2}{\chi^2 + n}}$ ou $V = \sqrt{\frac{\chi^2}{n \cdot (k-1)}}$ On formule la conclusion en tenant compte de la décision prise et du contexte.	**Conclure** On formule la conclusion en tenant compte de la décision prise et du contexte.

Exercices récapitulatifs

8.27 Surveiller sa ligne

« Le Canada fait partie des nombreux pays où les taux d'obésité sont à la hausse. L'indice de masse corporelle constitue la norme internationale servant au calcul du taux d'obésité, qui consiste à diviser le poids corporel (évalué en kilogrammes) par le carré de la taille (estimée en mètres). Une personne ayant un indice de masse corporelle égal ou supérieur à 25 est considérée comme ayant un excès de poids, alors qu'une personne ayant un indice égal ou supérieur à 30 est considérée comme obèse », selon Statistique Canada[4].

Le tableau 8.48 présente l'âge et l'indice de masse corporelle de 25 Canadiennes prises au hasard.

TABLEAU 8.48

Indice de masse corporelle en fonction de l'âge

Canadienne	Âge	Indice de masse corporelle
1	19	21,3
2	22	19,2
3	24	22,6
4	27	18,6
5	29	23,5
6	31	27,2
7	33	30,1
8	35	19,1
9	37	22,6
10	39	28,2
11	41	31,3
12	43	20,1
13	46	22,3
14	48	23,1
15	50	27,4
16	52	29,1
17	54	33,4
18	57	23,2
19	59	24,7
20	61	29,8
21	64	34,6
22	67	24,2
23	72	29,8
24	76	23,8
25	78	34,2

Source : Statistique Canada. (26 mai 2003). *Surveiller sa ligne,* Cyberlivre du Canada. [En ligne]. http://142.206.72.67/02/02b/02b_007_f.htm (page consultée le 3 février 2012).

a) Quelle est la variable dépendante ?

b) De quel type est cette variable ?

c) Quelle est la variable indépendante ?

d) De quel type est cette variable ?

e) Quelle est la population étudiée ?

f) Quelle est l'unité statistique ?

g) Quelle est la taille de l'échantillon ?

h) Tracez le nuage de points.

i) Sur le nuage de points, tracez les droites $x = \bar{x}$ et $y = \bar{y}$.

j) Déterminez l'équation de la droite de régression.

k) Tracez cette droite de régression sur le nuage de points.

l) Déterminez la valeur du coefficient de corrélation et interprétez-la selon le contexte.

m) Déterminez la valeur du coefficient de détermination et interprétez-la selon le contexte.

n) Déterminez s'il existe un lien linéaire entre les 2 variables à l'aide d'un seuil de signification de 5 %.

o) Estimez l'indice de masse corporelle moyen pour les Canadiennes âgées de :

1° 35 ans.

2° 75 ans.

8.28 Le tableau 8.47 présente les données d'un échantillon de 4 607 Canadiens âgés de 15 ans et plus, pris au hasard, au sujet du nombre d'heures que consacrent les hommes et les femmes aux travaux ménagers.

4. Statistique Canada. (26 mai 2003). *Surveiller sa ligne,* Cyberlivre du Canada. [En ligne]. http://142.206.72.67/02/02b/02b_007_f.htm (page consultée le 3 février 2012).

Exercices récapitulatifs

TABLEAU 8.47

Répartition de 4 607 Canadiens âgés de 15 ans et plus en fonction de leur sexe et du nombre d'heures consacrées aux travaux ménagers

Nombre d'heures consacrées aux travaux ménagers	Sexe		
	Hommes	Femmes	Total
Aucune	324	157	481
Moins de 5 heures	710	416	1 126
De 5 à moins de 15 heures	735	713	1 448
De 15 à moins de 30 heures	336	582	918
30 heures ou plus	161	473	634
Total	**2 266**	**2 341**	**4 607**

Source : Ministère de la Famille, des Aînés et de la Condition féminine. (2005). *Un portrait statistique des familles au Québec*. Québec, Direction des relations publiques et des communications du ministère, p. 321.

a) Quelle est la variable dépendante ?

b) Quelle est la variable indépendante ?

c) Quelle est la population étudiée ?

d) Quelle est l'unité statistique ?

e) Avec un seuil de signification de 5 %, pouvez-vous affirmer qu'il existe un lien statistique entre les 2 variables en présence ? Présentez votre conclusion à l'aide d'un tableau et d'un graphique.

« JE POURRAIS PROUVER STATISTIQUEMENT L'EXISTENCE DE DIEU. PRENEZ LE CORPS HUMAIN : LA PROBABILITÉ QUE TOUTES LES PARTIES DU CORPS FONCTIONNENT HARMONIEUSEMENT EST UNE MONSTRUOSITÉ STATISTIQUE. »

GEORGE H. GALLUP

CAS PRATIQUE
Le téléphone cellulaire au collégial

Les données du cas pratique sont disponibles au www.cheneliere.ca/grenon-viau.

Il en est de même du guide d'initiation à Excel, logiciel utilisé pour réaliser les exercices liés à ce cas pratique. Ainsi, deux versions sont présentées sur le site Web: la première pour Windows, la seconde pour Mac.

Chapitre 1

De plus en plus de jeunes possèdent aujourd'hui un téléphone cellulaire. On trouve aussi beaucoup de publicités les incitant à s'en procurer un pour différentes raisons. Considérant l'ampleur de ce phénomène, Kim a décidé d'en faire l'étude dans le cadre de son cours d'initiation pratique à la méthodologie en sciences humaines (IPMSH). Pour ce faire, elle a réalisé des entrevues téléphoniques auprès de 90 étudiants pris au hasard parmi les 1 950 qui sont inscrits à son collège et qui possèdent un cellulaire. Voici les questions et la codification des réponses retenues par Kim (*voir l'annexe 2 qui porte sur la codification*).

A. De quel sexe êtes-vous ?
Féminin (1), masculin (2)

B. Quel âge avez-vous ?

C. La semaine dernière, combien de minutes avez-vous consacrées à faire ou à recevoir des appels avec votre cellulaire ?
[0;30[(1), [30;60[(2), [60;90[(3), [90;120[(4), [120;150[(5), [150;180[(6)

D. Est-il important pour vous de posséder un cellulaire ?
Pas important (1), peu important (2), important (3), très important (4)

E. Qu'est-ce qui a influencé ou motivé l'achat de votre cellulaire ?
Parents (1), amis (2), publicité (3), travail (4), autre (5)

F. À quel âge avez-vous eu votre premier cellulaire ?

G. Le mois dernier, à combien s'élevaient les frais d'utilisation de votre cellulaire ?

H. Quelle a été la durée (arrondie à la minute) de votre conversation la plus longue au cours du mois dernier ?

I. Votre cellulaire vous permet-il de prendre des photos ?
Non (1), oui (2)

J. Le mois dernier, avez-vous payé plus que le forfait souscrit ?
Non (1), oui (2)

K. Combien de cellulaires avez-vous eus jusqu'à maintenant ?

L. Combien d'appels avez-vous faits ou reçus le mois dernier ?

M. Combien de messages textes avez-vous envoyés le mois dernier ?

N. Devrait-on interdire l'utilisation du cellulaire au volant d'une automobile ?
Non (1), oui (2)

O. Devrait-on interdire l'utilisation du cellulaire dans les salles de cours du collège ?
Non (1), oui (2)

P. Utilisez-vous votre cellulaire à la maison même s'il y a un appareil fixe ?
Non (1), oui (2)

Q. Combien de personnes demeurant avec vous possèdent un cellulaire ?
R. Hier, durant combien de temps (arrondi à l'heure) avez-vous laissé votre appareil ouvert ?
S. Quelle est la principale raison pour laquelle vous possédez un cellulaire ?
Par indépendance (1), par obligation (2), par utilité (3), par plaisir (4)
T. Pendant le dernier mois, combien de fois vous est-il arrivé d'oublier de désactiver la sonnerie de votre cellulaire avant un cours ?

Chapitre 2

Distinguer la population, l'unité statistique et l'échantillon

À partir des notions abordées au chapitre 2, Kim a pu déterminer les éléments suivants.

Population	**Tous** les étudiants du collège qui possèdent un cellulaire.
Taille de la population	La taille de la population est de 1 950. $N = 1\,950$
Unité statistique	**Un** étudiant du collège qui possède un cellulaire.
Échantillon	**Les 90** étudiants du collège qui possèdent un cellulaire et qui ont été interrogés.
Taille de l'échantillon	La taille de l'échantillon est de 90. $n = 90$
Méthode d'échantillonnage	Aléatoire simple au moyen d'entrevues téléphoniques.

Chapitre 3

Les variables étudiées et les échelles de mesure utilisées

Voici, pour les questions A, C, D, E, G et L de l'étude de Kim, la variable étudiée, le type de variable et l'échelle de mesure utilisée. À vous de déterminer ces éléments pour les autres questions.

A. De quel sexe êtes-vous ?
Féminin (1), masculin (2)

Variable	Le sexe de l'étudiant.
Type de variable	Variable qualitative.
Échelle	Échelle nominale.

C. La semaine dernière, combien de minutes avez-vous consacrées à faire ou à recevoir des appels avec votre cellulaire ?
[0;30[(1), [30;60[(2), [60;90[(3), [90;120[(4), [120;150[(5), [150;180[(6)

Variable	Le temps consacré à faire ou à recevoir des appels.
Type de variable	Variable quantitative continue.
Échelle	Échelle ordinale.

D. Est-il important pour vous de posséder un cellulaire ?

Pas important (1), peu important (2), important (3), très important (4)

Variable	L'opinion de l'étudiant sur l'importance de posséder un cellulaire.
Type de variable	Variable qualitative.
Échelle	Échelle ordinale.

E. Qu'est-ce qui a influencé ou motivé l'achat de votre cellulaire ?

Parents (1), amis (2), publicité (3), travail (4), autre (5)

Variable	La motivation pour l'achat d'un cellulaire.
Type de variable	Variable qualitative.
Échelle	Échelle nominale.

G. Le mois dernier, à combien s'élevaient les frais d'utilisation de votre cellulaire ?

Variable	Le montant des frais d'utilisation du cellulaire du mois dernier.
Type de variable	Variable quantitative continue.
Échelle	Échelle de rapport.

L. Combien d'appels avez-vous faits ou reçus le mois dernier ?

Variable	Le nombre d'appels faits ou reçus le mois dernier.
Type de variable	Variable quantitative discrète.
Échelle	Échelle de rapport.

Chapitre 4

Section 4.1 L'analyse d'une variable quantitative discrète avec Excel

Pour vous familiariser avec Excel, consultez le guide d'initiation disponible au www.cheneliere.ca/grenon-viau. Ce guide vous donnera la procédure à suivre pour Excel 2010 dans Windows et Excel 2011 dans Mac OS.

1 Récupérez le fichier « Le_telephone_cellulaire_au_collegial.xls » dans le site www.cheneliere.ca/grenon-viau. Les données nécessaires pour réaliser cette analyse se trouvent dans les cellules A1 à A90 de la feuille « Question T ».

Effectuer le dépouillement des données

2 Pour obtenir la valeur minimale de vos données, utilisez la fonction **MIN**.

Entrez dans la cellule C2 : =MIN(A1:A90) et appuyez sur **ENTRÉE** ; la valeur 0 apparaîtra.

3 Pour obtenir la valeur maximale de vos données, utilisez la fonction **MAX**.

Entrez dans la cellule D2 : =MAX(A1:A90) et appuyez sur **ENTRÉE** ; la valeur 3 apparaîtra.

4 Pour obtenir la fréquence de chacune des valeurs, inscrivez les valeurs 0, 1, 2 et 3 dans les cellules C10 à C13.

Placez votre curseur dans la cellule D10, insérez la fonction **FREQUENCE**: =FREQUENCE(A1:A90;C10:C13) et appuyez sur **ENTRÉE**; la valeur 22 apparaîtra dans la cellule. Sélectionnez les cellules D10 à D13 et appuyez sur **F2,** puis sur **CTRL + MAJ + ENTRÉE.** (Dans Mac, appuyez sur **CTRL + U,** puis sur ⌘ + Z + ENTRÉE.)

Vous obtiendrez le tableau suivant:

	C	D
9	Valeur	Fréquence
10	0	22
11	1	45
12	2	21
13	3	2

5 Complétez ce tableau en y ajoutant les colonnes *Pourcentage des étudiants* et *Pourcentage cumulé des étudiants.*

Consultez le guide d'initiation à Excel, disponible au www.cheneliere.ca/grenon-viau, pour apprendre à calculer les sommes, les pourcentages et les pourcentages cumulés avec Excel.

	C	D	E	F
9	Nombre de fois	Nombre d'étudiants	Pourcentage des étudiants	Pourcentage cumulé des étudiants
10	0	22	24,44	24,44
11	1	45	50,00	74,44
12	2	21	23,33	97,77
13	3	2	2,22	100,00
14	Total	90	100,00	

Si vous transférez ce tableau dans Word et lui donnez un titre, vous obtiendrez un tableau semblable au tableau 1 obtenu par Kim.

TABLEAU 1

Répartition des 90 étudiants en fonction du nombre de fois où ils ont oublié de désactiver la sonnerie de leur cellulaire avant un cours, pendant le dernier mois

Nombre de fois	Nombre d'étudiants	Pourcentage des étudiants	Pourcentage cumulé des étudiants
0	22	24,44	24,44
1	45	50,00	74,44
2	21	23,33	97,77
3	2	2,22	100,00
Total	90	100,00	

Construire le diagramme en bâtons

6 Sélectionnez les cellules E10 à E13 qui contiennent les pourcentages.

Dans l'onglet **Insertion,** cliquez sur **Colonne** dans le groupe **Graphiques,** puis, dans la catégorie **Histogramme 2D,** cliquez sur **Histogramme groupé.** Le graphique suivant apparaîtra :

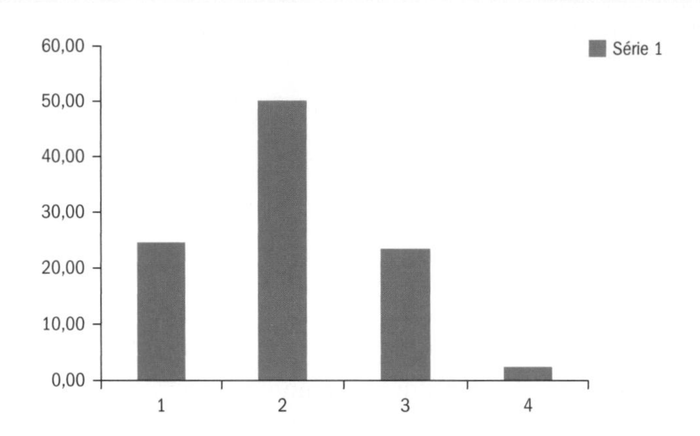

7 Sélectionnez le graphique, puis, dans l'onglet **Création,** cliquez sur **Sélectionner des données.** (Dans Mac, cliquez sur **Données source,** qui se trouve dans le menu déroulant sous la fonction **Graphique** de la barre de menu.)

Dans la zone **Étiquettes de l'axe horizontal** (abscisse), cliquez sur **Modifier.** Dans la zone de dialogue **Plage d'étiquettes des axes,** sélectionnez les cellules C10 à C13, lesquelles contiennent les valeurs de la variable. Cliquez sur **OK,** puis à nouveau sur **OK.**

Dans le graphique, les valeurs 1, 2, 3 et 4 ont été remplacées par les valeurs 0, 1, 2 et 3 sur l'axe horizontal.

8 Pour ajouter les titres des axes, sélectionnez le graphique et cliquez sur l'onglet **Disposition.** (Dans Mac, **Disposition du graphique.**)

Cliquez sur **Légende** et sélectionnez **Aucun.** (Dans Mac, sélectionnez **Aucune Légende.**)

Cliquez sur **Titres des axes** et choisissez **Titre de l'axe horizontal principal**; dans le menu qui apparaît, choisissez **Titre en dessous de l'axe.** Dans l'espace qui apparaît sous l'axe, entrez le nom de la variable *Nombre de fois* et cliquez n'importe où sur le graphique.

Cliquez sur **Titres des axes,** choisissez **Titre de l'axe vertical principal** et, dans le menu qui apparaît, choisissez **Titre pivoté.** Dans l'espace qui apparaît à gauche de l'axe, entrez *Pourcentage des étudiants* et cliquez n'importe où sur le graphique.

9 Pour modifier la largeur des colonnes, sélectionnez le graphique et cliquez sur l'un des bâtons avec le bouton droit de la souris. Sélectionnez **Mettre en forme une série de données.** (Dans Mac, cliquez une fois sur l'un des bâtons. Dans la barre de menu, sous **Format,** choisissez **Série de données.** Dans la fenêtre qui apparaît, choisissez **Options.**)

Dans **Largeur de l'intervalle,** entrez la valeur *500* pour avoir des bandes étroites.

Le diagramme en bâtons est terminé. Vous pouvez l'explorer pour en modifier la couleur ou les motifs, afin d'obtenir un résultat semblable à celui de Kim (*voir la figure 1*).

FIGURE 1

Répartition des 90 étudiants en fonction du nombre de fois où ils ont oublié de désactiver la sonnerie de leur cellulaire avant un cours, pendant le dernier mois

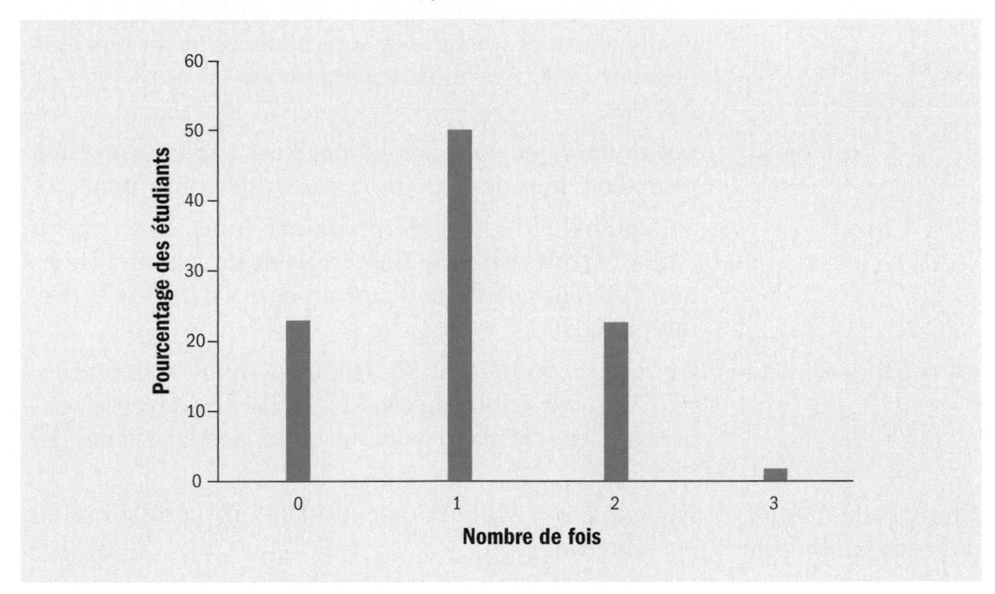

Obtenir les mesures

10 Pour obtenir les différentes mesures, utilisez les fonctions suivantes :

Mode : Dans la cellule E2, saisissez =MODE(A1:A90) et appuyez sur **ENTRÉE.**

Médiane : Dans la cellule F2, saisissez =MEDIANE(A1:A90) et appuyez sur **ENTRÉE.**

Moyenne : Dans la cellule G2, saisissez =MOYENNE(A1:A90) et appuyez sur **ENTRÉE.**

Écart type : Dans la cellule H2, saisissez =ECARTYPE(A1:A90) et appuyez sur **ENTRÉE.**

Vous obtiendrez les résultats suivants :

	E	F	G	H	I	J
1	Mode	Médiane	Moyenne	Écart type	Quartile 1	Quartile 3
2	1	1	1,033	0,756	1	2

Les quartiles 1 et 3 se trouvent facilement à partir du tableau réalisé à l'étape 5. La formule utilisée par Excel pour le calcul de Q_1 et Q_3, pour les variables quantitatives discrètes, est différente de celle que nous utilisons et procure souvent des valeurs autres que celles obtenues avec notre façon de procéder.

Voici maintenant l'interprétation des mesures.

Résultat	Interprétation
Mo = 1 fois	Un plus grand nombre des 90 étudiants (50,00 %) ont oublié une seule fois de désactiver la sonnerie de leur cellulaire avant un cours pendant le dernier mois.

$Md = 1$ fois	Au moins 50 % des 90 étudiants (74,44 %) ont oublié au plus une fois de désactiver la sonnerie de leur cellulaire avant un cours pendant le dernier mois.
$\overline{x} = 1{,}0\ (1{,}033)$ fois	Le nombre moyen de fois où un étudiant a oublié de désactiver la sonnerie de son cellulaire avant un cours pendant le dernier mois est de 1,0 fois.
$s = 0{,}8\ (0{,}756)$ fois	La dispersion du nombre de fois où un étudiant a oublié de désactiver la sonnerie de son cellulaire avant un cours pendant le dernier mois correspond à un écart type de 0,8 fois.
$CV = \frac{s}{\overline{x}} = 80{,}00\ \%$	Les données ne sont pas homogènes, car la dispersion représente plus de 15 % de la valeur de la moyenne.
$Q_1 = 1$ fois	Au moins 25 % des 90 étudiants (plus exactement, 74,44 %) ont oublié au plus 1 fois de désactiver la sonnerie de leur cellulaire avant un cours pendant le dernier mois.
$Q_3 = 2$ fois	Au moins 75 % des 90 étudiants (plus exactement, 97,77 %) ont oublié au plus 2 fois de désactiver la sonnerie de leur cellulaire avant un cours pendant le dernier mois.
Choix de la mesure de tendance centrale	Puisque $Mo = Md \approx \overline{x}$, on considère que la distribution est symétrique.

Nous venons de faire l'analyse de la variable quantitative discrète relative à la question T. Vous pouvez faire de même pour les autres variables quantitatives discrètes.

Section 4.2 L'analyse d'une variable quantitative continue avec Excel

1. Récupérez le fichier « Le_telephone_cellulaire_au_collegial.xls » dans le site www.cheneliere.ca/grenon-viau. Les données nécessaires pour réaliser cette analyse se trouvent dans les cellules A1 à A90 de la feuille « Question H ».

Effectuer le dépouillement des données

2. Pour obtenir la valeur minimale de vos données, utilisez la fonction **MIN.**

   Entrez dans la cellule C2 : =MIN(A1:A90) et appuyez sur **ENTRÉE** ; la valeur 1,5 apparaîtra.

3. Pour obtenir la valeur maximale de vos données, utilisez la fonction **MAX.**

   Entrez dans la cellule D2 : =MAX(A1:A90) et appuyez sur **ENTRÉE** ; la valeur 23,3 apparaîtra.

4. Pour obtenir l'étendue, entrez dans la cellule E2 : =D2–C2 et appuyez sur **ENTRÉE.** La valeur 21,8 apparaîtra.

   Avec 90 données, le nombre de classes suggéré est de 7 (*voir le tableau 4.22, p. 126*).

5. Pour trouver la largeur théorique des classes, inscrivez dans la cellule F2 : =E2/7 et appuyez sur **ENTRÉE.** La valeur 3,11 apparaîtra.

Comme il est recommandé d'utiliser un multiple de 5, nous avons opté pour des classes de largeur 5. Nous avons fait 5 classes: de 0 à moins de 5, de 5 à moins de 10, de 10 à moins de 15, de 15 à moins de 20 et de 20 à moins de 25.

Puisque les données recueillies ont une seule décimale, pour *moins de 5,* on utilisera 4,9; pour *moins de 10,* on utilisera 9,9; pour *moins de 15,* ce sera 14,9; pour *moins de 20,* ce sera 19,9 et pour *moins de 25,* ce sera 24,9.

6 Pour obtenir la fréquence de chacune des classes, placez les valeurs 4,9; 9,9; 14,9; 19,9 et 24,9 dans les cellules C10 à C14.

Placez votre curseur dans la cellule D10, insérez la fonction **FREQUENCE**: =FREQUENCE(A1:A90;C10:C14) et appuyez sur **ENTRÉE**; la valeur 2 apparaîtra dans la cellule. Sélectionnez les cellules D10 à D14 et appuyez sur **F2,** puis sur **CTRL + MAJ + ENTRÉE.** (Dans Mac, appuyez sur **CTRL + U,** puis sur **⌘ + Z + ENTRÉE.**)

Vous obtiendrez le tableau suivant:

	C	D
9	Borne	Fréquence
10	4,9	2
11	9,9	3
12	14,9	39
13	19,9	37
14	24,9	9

7 Complétez ce tableau en y ajoutant les colonnes *Durée de la conversation la plus longue* (sous forme de classes), *Point milieu, Nombre d'étudiants, Pourcentage des étudiants* et *Pourcentage cumulé des étudiants.*

	C	D	E	F	G	H	I
9	Borne	Fréquence	Durée de la conversation la plus longue	Point milieu	Nombre d'étudiants	Pourcentage des étudiants	Pourcentage cumulé des étudiants
10	4,9	2	[0;5[	2,5	2	2,22	2,22
11	9,9	3	[5;10[	7,5	3	3,33	5,56
12	14,9	39	[10;15[	12,5	39	43,33	48,89
13	19,9	37	[15;20[	17,5	37	41,11	90,00
14	24,9	9	[20;25[	22,5	9	10,00	100,00
15			Total		90	100,00	

Si vous transférez ce tableau dans Word et lui donnez un titre, vous obtiendrez un tableau semblable au tableau 2 obtenu par Kim, présenté à la page suivante.

TABLEAU 2

Répartition des 90 étudiants en fonction de la durée de la conversation la plus longue au cours du mois dernier

Durée de la conversation la plus longue (min)	Point milieu	Nombre d'étudiants	Pourcentage des étudiants	Pourcentage cumulé des étudiants
De 0 à moins de 5	2,5	2	2,22	2,22
De 5 à moins de 10	7,5	3	3,33	5,56
De 10 à moins de 15	12,5	39	43,33	48,89
De 15 à moins de 20	17,5	37	41,11	90,00
De 20 à moins de 25	22,5	9	10,00	100,00
Total		90	100,00	

Construire l'histogramme

Il n'est pas facile d'obtenir un histogramme dont les bornes sont adéquatement positionnées sur l'axe horizontal. Nous vous présentons une procédure acceptable que vous pourrez améliorer si vous explorez davantage les possibilités d'insertion d'une zone de texte dans un graphique Excel.

8 Sélectionnez les cellules H10 à H14, lesquelles contiennent les pourcentages. Dans l'onglet **Insertion,** cliquez sur **Colonne** dans le groupe **Graphiques,** puis, dans la catégorie **Histogramme 2D,** cliquez sur **Histogramme groupé.** Le graphique suivant apparaîtra:

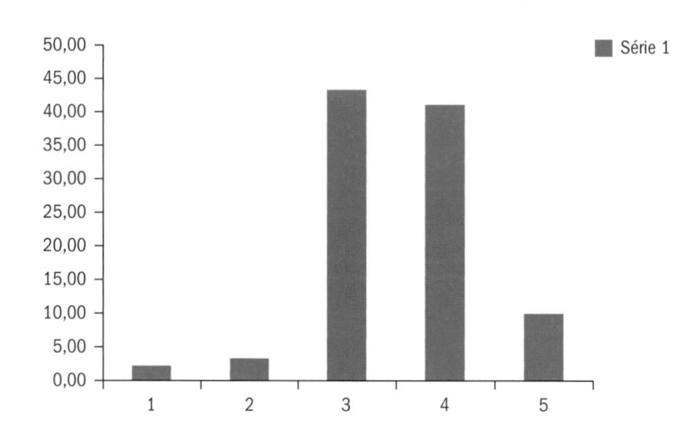

9 Pour ajouter les étiquettes des axes, sélectionnez le graphique, cliquez sur l'onglet **Création,** puis sur **Sélectionner des données.** (Dans Mac, sélectionnez le graphique et cliquez sur **Données source,** dans le menu déroulant sous la fonction **Graphique** de la barre de menu.)

Dans la zone **Étiquettes de l'axe horizontal (abscisse),** cliquez sur **Modifier.** Dans la zone de dialogue **Plage d'étiquettes des axes,** sélectionnez les cellules E10 à E14, lesquelles contiennent les classes de la variable. Cliquez sur **OK,** puis à nouveau sur **OK.**

Dans le graphique, les classes ont remplacé les valeurs 1, 2, 3, 4 et 5 sur l'axe horizontal.

Pour ajouter les titres des axes, sélectionnez le graphique et cliquez sur l'onglet **Disposition.** (Dans Mac, **Disposition du graphique.**) Cliquez ensuite sur **Légende** et sélectionnez **Aucun.** (Dans Mac, sélectionnez **Aucune Légende.**)

Cliquez sur **Titres des axes** et choisissez **Titre de l'axe horizontal principal**; dans le menu qui apparaît, choisissez **Titre en dessous de l'axe.** Dans l'espace qui apparaît sous l'axe, entrez le nom de la variable *Durée de la conversation la plus longue (min)* et cliquez n'importe où sur le graphique.

Cliquez sur **Titres des axes** et choisissez **Titre de l'axe vertical principal**; dans le menu qui apparaît, choisissez **Titre pivoté.** Dans l'espace qui apparaît à gauche de l'axe, entrez *Pourcentage des étudiants* et cliquez n'importe où sur le graphique.

10 Pour modifier la largeur des colonnes, cliquez sur l'un des bâtons avec le bouton droit de la souris. Sélectionnez **Mettre en forme une série de données.** (Dans Mac, sélectionnez le graphique et cliquez une fois sur l'un des bâtons. Dans la barre de menu sous **Format,** choisissez **Série de données.** Dans la fenêtre qui apparaît, choisissez **Options.**)

Sous la rubrique **Largeur de l'intervalle,** entrez la valeur *0* pour avoir des rectangles contigus.

L'histogramme est terminé. Vous pouvez l'explorer pour en modifier la couleur ou les motifs, afin d'obtenir un résultat semblable à celui de Kim (*voir la figure 2*).

FIGURE 2

Répartition des 90 étudiants en fonction de la durée de la conversation la plus longue au cours du mois dernier

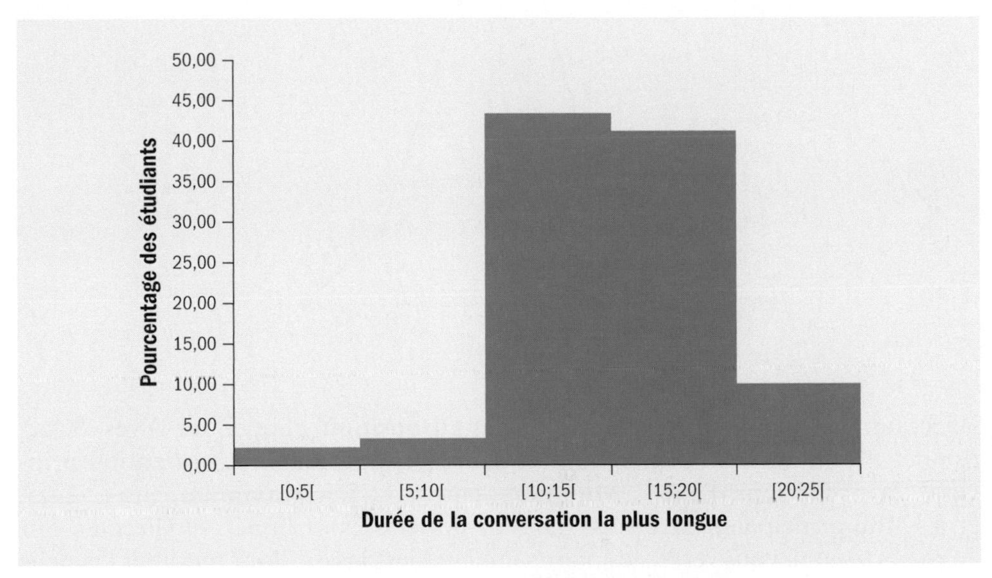

Construire le polygone des pourcentages

11 Dans les cellules C18 à C24, entrez les points milieux des classes, en prenant soin d'ajouter une classe à chacune des extrémités dont les points milieux sont –2,5 et 27,5. Dans les cellules D18 à D24, entrez les pourcentages correspondant aux points milieux, les pourcentages des deux classes ajoutées étant de 0 %.

	C	D
17	Point milieu	Pourcentage des étudiants
18	–2,5	0
19	2,5	2,22
20	7,5	3,33
21	12,5	43,33
22	17,5	41,11
23	22,5	10,00
24	27,5	0

12 Sélectionnez les cellules C18 à D24, lesquelles contiennent les points milieux et les pourcentages de chacune des classes. Dans l'onglet **Insertion,** cliquez sur **Nuage** dans le groupe **Graphiques,** puis cliquez sur **Nuage de points avec courbes droites et marqueurs.** Le graphique suivant apparaîtra :

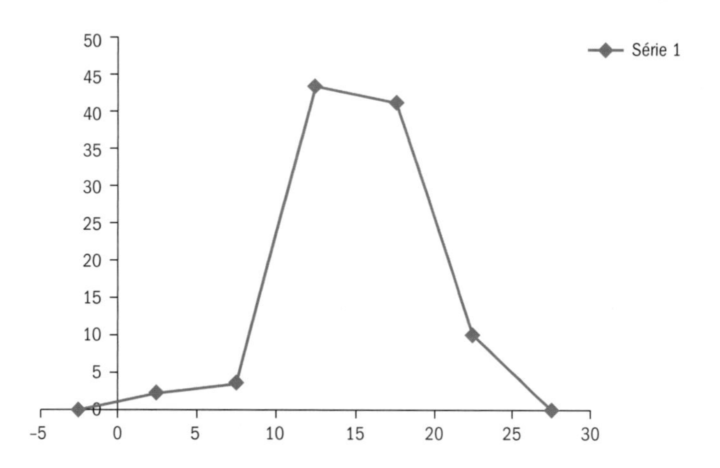

13 Sélectionnez le graphique et, dans l'onglet **Disposition,** cliquez sur **Axes.** Sélectionnez **Axe horizontal principal,** puis **Autres options de l'axe horizontal principal.** Dans **Options d'axe,** à **Minimum,** entrez –2,5, à **Maximum,** entrez 27,5, et à **Unité principale,** entrez 5,0 (largeur des classes). Cliquez sur **Fermer.** Sur l'axe horizontal, vous verrez les points milieux des classes. Pour modifier l'échelle de l'axe vertical, suivez la même procédure.

14 Pour terminer le polygone des pourcentages, sélectionnez le graphique et rendez-vous dans l'onglet **Disposition.**

Cliquez ensuite sur **Légende** et sélectionnez **Aucun.** (Dans Mac, sélectionnez **Aucune Légende.**)

Cliquez sur **Titres des axes,** choisissez **Titre de l'axe horizontal principal** et, dans le menu qui apparaît, choisissez **Titre en dessous de l'axe.** Dans l'espace qui apparaît sous l'axe, entrez le nom de la variable *Durée de la conversation la plus longue (min)* et cliquez n'importe où sur le graphique.

Cliquez sur **Titres des axes,** choisissez **Titre de l'axe vertical principal** et, dans le menu qui apparaît, choisissez **Titre pivoté.** Dans l'espace qui apparaît à gauche de l'axe, entrez *Pourcentage des étudiants* et cliquez n'importe où sur le graphique.

Le polygone des pourcentages est terminé. Si vous transférez ce graphique dans Word et lui donnez un titre, vous obtiendrez un graphique semblable à celui obtenu par Kim (*voir la figure 3*).

FIGURE 3

Répartition des 90 étudiants en fonction de la durée de la conversation la plus longue au cours du mois dernier

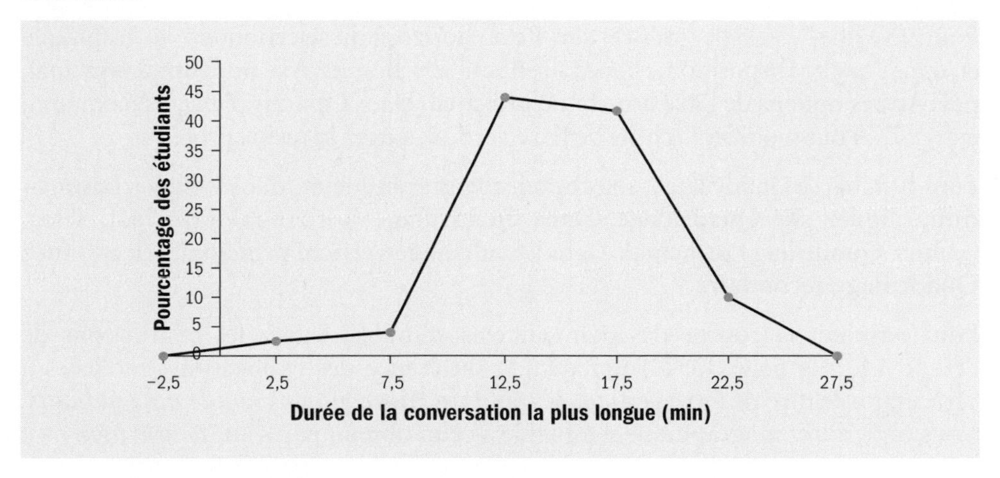

Construire la courbe des pourcentages cumulés

15 Dans les cellules C28 à C33, entrez les bornes des classes, la première borne étant de 0 et les suivantes, de 5, 10, 15, 20 et 25. Dans les cellules D28 à D33, entrez les pourcentages cumulés correspondants, le pourcentage cumulé pour la borne 0 étant de 0 %.

	C	D
27	Borne	Pourcentage cumulé
28	0	0
29	5	2,22
30	10	5,56
31	15	48,89
32	20	90,00
33	25	100,00

16 Sélectionnez les cellules C28 à D33, lesquelles contiennent les bornes et les pourcentages cumulés à chacune des bornes. Dans l'onglet **Insertion,** cliquez sur **Nuage** dans le groupe **Graphiques,** puis cliquez sur **Nuage de points avec courbes droites et marqueurs.** Le graphique suivant apparaîtra :

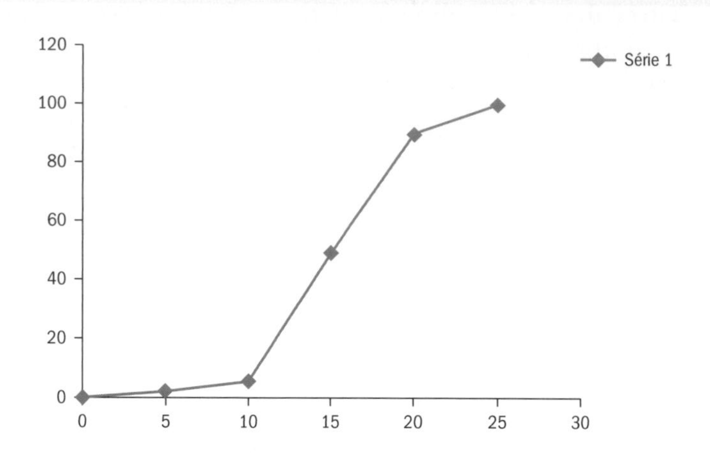

17 Pour modifier l'échelle utilisée sur l'axe horizontal, sélectionnez le graphique et, dans l'onglet **Disposition,** cliquez sur **Axes.** Sélectionnez **Axe horizontal principal,** puis **Autres options de l'axe horizontal principal.** Dans **Options d'axe,** à **Maximum,** entrez 25. Pour modifier l'échelle de l'axe vertical, suivez la même procédure.

18 Pour afficher le quadrillage, sélectionnez le graphique et, dans l'onglet **Disposition,** cliquez sur **Quadrillage.** Dans **Quadrillage horizontal principal,** sélectionnez **Quadrillage principal.** Dans **Quadrillage vertical principal,** sélectionnez **Quadrillage secondaire.**

19 Pour terminer la courbe des pourcentages cumulés, suivez les instructions de l'étape 14, à la page 309. Notez qu'à la différence des explications énoncées à cette étape, le titre de l'axe vertical devrait être *Pourcentage cumulé des étudiants*. Vous obtiendrez un graphique semblable à celui obtenu par Kim (*voir la figure* 4).

FIGURE 4

Courbe des pourcentages cumulés des 90 étudiants en fonction de la durée de la conversation la plus longue au cours du mois dernier

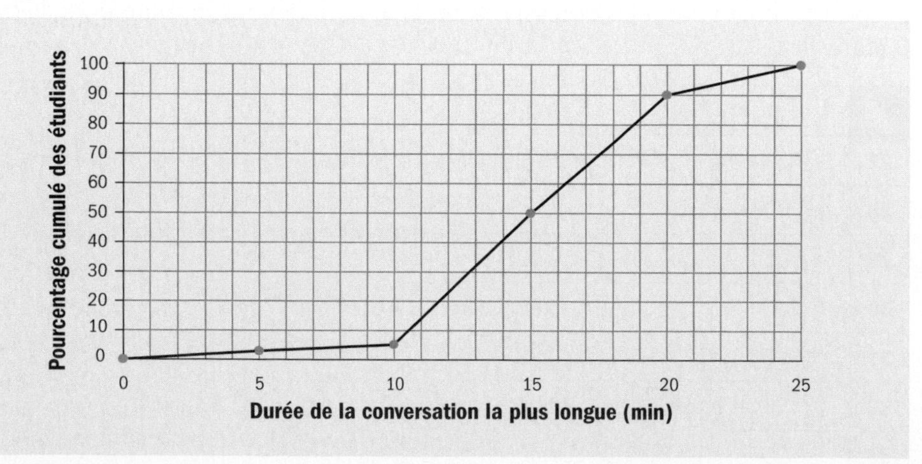

Obtenir les mesures

20 Pour obtenir les différentes mesures calculées à partir des données brutes, utilisez les fonctions suivantes :

Médiane : Dans la cellule G2, saisissez =MEDIANE(A1:A90) et appuyez sur **ENTRÉE.**

Moyenne : Dans la cellule H2, saisissez =MOYENNE(A1:A90) et appuyez sur **ENTRÉE.**

Écart type : Dans la cellule I2, saisissez =ECARTYPE(A1:A90) et appuyez sur **ENTRÉE.**

Quartile 1 : Dans la cellule J2, saisissez =QUARTILE.INCLURE(A1:A90;1) et appuyez sur **ENTRÉE.**

Quartile 3 : Dans la cellule K2, saisissez =QUARTILE.INCLURE(A1:A90;3) et appuyez sur **ENTRÉE.**

Vous obtiendrez les résultats suivants :

	G	H	I	J	K
1	Médiane	Moyenne	Écart type	Quartile 1	Quartile 3
2	15,05	15,17	3,86	12,73	17,20

Voici maintenant l'interprétation des mesures.

Résultat	**Interprétation**
Mode brut = 12,5 minutes	La durée de la conversation la plus longue au cours du mois dernier autour de laquelle il y a la plus grande densité d'étudiants est de 12,5 minutes.
Md = 15,05 minutes	Pour environ 50 % des 90 étudiants, la conversation la plus longue au cours du mois dernier a duré au plus 15,05 minutes.
$\overline{x}$ = 15,17 minutes	La durée moyenne de la conversation la plus longue au cours du mois dernier était de 15,17 minutes.
s = 3,86 minutes	La dispersion de la durée de la conversation la plus longue au cours du mois dernier correspond à un écart type de 3,86 minutes.
$CV = \frac{s}{\overline{x}} = 25{,}44\ \%$	Les données ne sont pas homogènes, car la dispersion représente plus de 15 % de la valeur de la moyenne.
Q_1 = 12,73 minutes	Pour environ 25 % des 90 étudiants, la conversation la plus longue au cours du mois dernier a duré au plus 12,73 minutes.
Q_3 = 17,20 minutes	Pour environ 75 % des 90 étudiants, la conversation la plus longue au cours du mois dernier a duré au plus 17,2 minutes.
Choix de la mesure de tendance centrale	Puisque $Md \approx \overline{x}$, on considère que la distribution est symétrique.

Nous venons de faire l'analyse de la variable quantitative continue relative à la question H. Vous pouvez faire de même pour les autres variables quantitatives continues.

Chapitre 5

Section 5.1 L'analyse d'une variable qualitative à échelle ordinale avec Excel

1 Récupérez le fichier « Le_telephone_cellulaire_au_collegial.xls » dans le site www.cheneliere.ca/grenon-viau. Les données nécessaires pour réaliser cette analyse se trouvent dans les cellules A1 à A90 de la feuille « Question D ».

Effectuer le dépouillement des données

Les données sont représentées par les codes 1, 2, 3 et 4.

2 Pour obtenir la fréquence de chacun des codes, placez les valeurs 1, 2, 3 et 4 dans les cellules C10 à C13. Entrez les modalités correspondant aux codes dans les cellules D10 à D13.

Placez votre curseur dans la cellule E10 et insérez la fonction **FREQUENCE**: =FREQUENCE(A1:A90;C10:C13) et appuyez sur **ENTRÉE**; la valeur 8 apparaîtra dans la cellule.

Sélectionnez les cellules E10 à E13 et appuyez sur **F2,** puis sur **CTRL** + **MAJ** + **ENTRÉE.** (Dans Mac, appuyez sur **CTRL** + **U,** puis sur **⌘** + **Z** + **ENTRÉE.**)

Vous obtiendrez le tableau suivant:

	C	D	E
9	Code	Modalité	Fréquence
10	1	Pas important	8
11	2	Peu important	9
12	3	Important	49
13	4	Très important	24

3 Dans les cellules F10 à F13, écrivez les modalités de la variable et, dans les cellules G10 à G13, la fréquence de chacune des modalités.

4 Complétez ce tableau en ajoutant les colonnes *Pourcentage des étudiants* et *Pourcentage cumulé des étudiants*.

	D	F	G	H
9	Niveau d'importance	Nombre d'étudiants	Pourcentage des étudiants	Pourcentage cumulé des étudiants
10	Pas important	8	8,89	8,89
11	Peu important	9	10,00	18,89
12	Important	49	54,44	73,33
13	Très important	24	26,67	100,00
14	Total	90	100,00	

Si vous transférez ce tableau dans Word et lui donnez un titre, vous obtiendrez un tableau semblable au tableau 3 obtenu par Kim.

TABLEAU 3

Répartition des 90 étudiants en fonction du niveau d'importance accordé à la possession d'un cellulaire

Niveau d'importance	Nombre d'étudiants	Pourcentage des étudiants	Pourcentage cumulé des étudiants
Pas important	8	8,89	8,89
Peu important	9	10,00	18,89
Important	49	54,44	73,33
Très important	24	26,67	100,00
Total	90	100,00	

Construire le diagramme à bandes verticales

5 Sélectionnez les cellules F10 à F13, lesquelles contiennent les pourcentages. Dans l'onglet **Insertion,** cliquez sur **Colonne** dans le groupe **Graphiques,** puis, dans la catégorie **Histogramme 2D,** cliquez sur **Histogramme groupé.** Le graphique suivant apparaîtra :

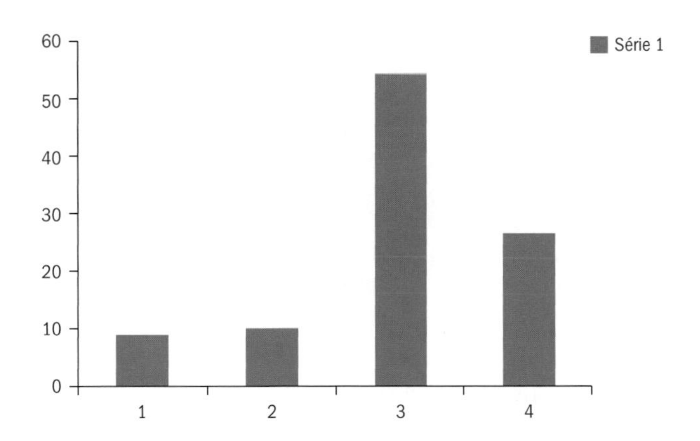

6 Sélectionnez le graphique, rendez-vous dans l'onglet **Création,** puis cliquez sur **Sélectionner les données.** (Dans Mac, cliquez sur **Données source,** dans le menu **Graphiques** de la barre de menu.)

Dans la cellule **Étiquettes de l'axe horizontal (abscisses)** de la zone de dialogue **Plage d'étiquettes des axes,** cliquez sur **Modifier.** Sélectionnez les cellules D10 à D13, lesquelles contiennent les modalités de la variable. Cliquez sur **OK,** puis à nouveau sur **OK.**

Dans le graphique, les modalités ont remplacé les valeurs 1, 2, 3 et 4 sur l'axe horizontal.

7 Sélectionnez le graphique, rendez-vous dans l'onglet **Disposition**, puis cliquez sur **Légende** et sélectionnez **Aucun.** (Dans Mac, sélectionnez **Aucune Légende.**)

Cliquez sur **Titres des axes** et choisissez **Titre de l'axe horizontal principal** et, dans le menu qui apparaît, choisissez **Titre en dessous de l'axe.** Dans l'espace situé sous l'axe, entrez le nom de la variable *Niveau d'importance* et cliquez n'importe où sur le graphique.

Cliquez sur **Titres des axes,** choisissez **Titre de l'axe vertical principal** et, dans le menu qui apparaît, choisissez **Titre pivoté.** Dans l'espace situé à gauche de l'axe, entrez *Pourcentage des étudiants* et cliquez n'importe où sur le graphique.

Le diagramme à bandes verticales est terminé. Vous pouvez l'explorer pour en modifier la couleur ou les motifs, afin d'obtenir un résultat semblable à celui de Kim (*voir la figure 5*).

FIGURE 5

Répartition des 90 étudiants en fonction du niveau d'importance accordé à la possession d'un cellulaire

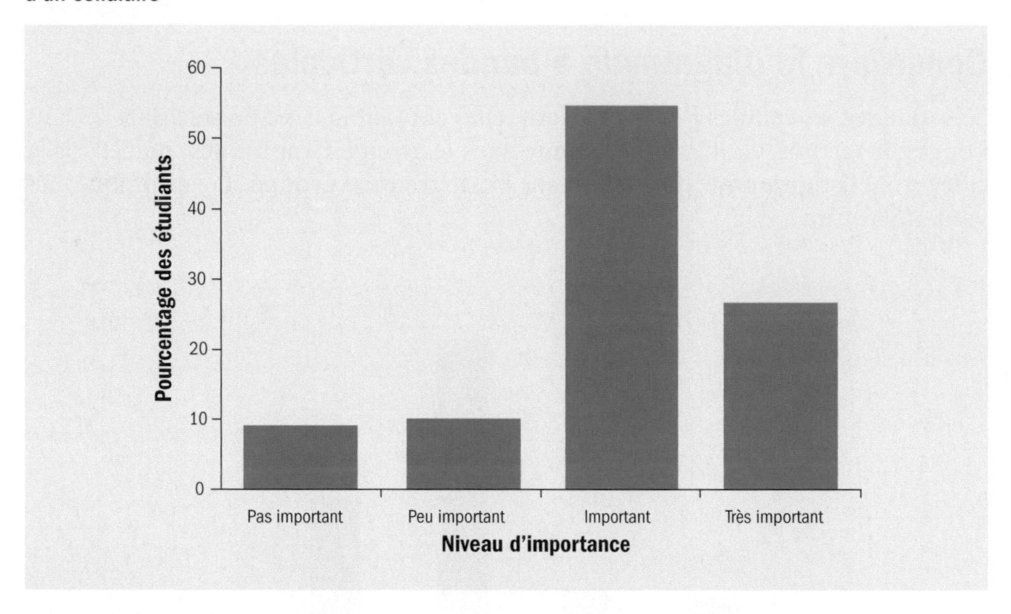

Obtenir les mesures

8 Pour obtenir les différentes mesures, utilisez les fonctions suivantes :

Mode : Dans la case C2, saisissez =MODE(A1:A90) et appuyez sur **ENTRÉE** ; le résultat est 3, c'est-à-dire Important.

Médiane : Dans la case D2, saisissez =MEDIANE(A1:A90) et appuyez sur **ENTRÉE** ; le résultat est 3, c'est-à-dire Important.

Vous obtiendrez les résultats suivants :

	C	D
1	Mode	Médiane
2	3	3

Voici maintenant l'interprétation des mesures.

Résultat	Interprétation
Mo = Important	Un plus grand nombre des 90 étudiants (54,44 %) considèrent que posséder un cellulaire est important.
Md = Important	Au moins 50 % des 90 étudiants (73,33 %) considèrent que posséder un cellulaire n'est pas important, est peu important ou est important.

Nous venons de faire l'analyse de la variable qualitative à échelle ordinale relative à la question D. Vous pouvez faire de même pour les autres variables qualitatives à échelle ordinale.

Section 5.2 L'analyse d'une variable qualitative à échelle nominale avec Excel

1 Récupérez le fichier « Le_telephone_cellulaire_au_collegial.xls » dans le site www.cheneliere.ca/grenon-viau. Les données nécessaires pour réaliser cette analyse se trouvent dans les cellules A1 à A90 de la feuille « Question E ».

Effectuer le dépouillement des données

Les données sont représentées par les codes 1, 2, 3, 4 et 5.

2 Pour obtenir la fréquence de chacun des codes, placez les valeurs 1, 2, 3, 4 et 5 dans les cellules C10 à C14. Entrez les modalités correspondant aux codes dans les cellules D10 à D14.

Placez votre curseur dans la cellule E10 et insérez la fonction **FREQUENCE**: =FREQUENCE(A1:A90;C10:C14). Ensuite, appuyez sur **ENTRÉE**; la valeur 6 apparaîtra dans la cellule.

Sélectionnez les cellules E10 à E14 et appuyez sur **F2**, puis sur **CTRL + MAJ + ENTRÉE.** (Dans Mac, appuyez sur **CTRL + U**, puis sur **⌘ + Z + ENTRÉE.**)

Vous obtiendrez le tableau suivant.

	C	D	E
9	Code	Modalité	Fréquence
10	1	Parents	6
11	2	Amis	34
12	3	Publicité	36
13	4	Travail	7
14	5	Autre	7

3 Dans les cellules F10 à F14, écrivez les modalités de la variable et, dans les cellules G10 à G14, la fréquence de chacune des modalités.

4 Complétez ce tableau en y ajoutant la colonne *Pourcentage des étudiants*.

	D	E	F
9	Motivation	Nombre d'étudiants	Pourcentage des étudiants
10	Parents	6	6,67
11	Amis	34	37,78
12	Publicité	36	40,00
13	Travail	7	7,78
14	Autre	7	7,78
15	Total	90	100,00

Si vous transférez ce tableau dans Word et lui donnez un titre, vous obtiendrez un tableau semblable au tableau 4 obtenu par Kim.

TABLEAU 4

Répartition des 90 étudiants en fonction de ce qui a influencé ou motivé l'achat d'un cellulaire

Motivation	Nombre d'étudiants	Pourcentage des étudiants
Parents	6	6,67
Amis	34	37,78
Publicité	36	40,00
Travail	7	7,78
Autre	7	7,78
Total	**90**	**100,00**

Construire le diagramme circulaire en 3D

5 Sélectionnez les cellules D10 à D14 et F10 à F14 (en utilisant la touche **CTRL**), lesquelles contiennent les modalités et les pourcentages. Dans l'onglet **Insertion**, cliquez sur **Secteurs** dans le groupe **Graphiques,** puis, dans **Secteurs 3D,** cliquez sur **Secteurs en 3D.** Le graphique suivant apparaîtra :

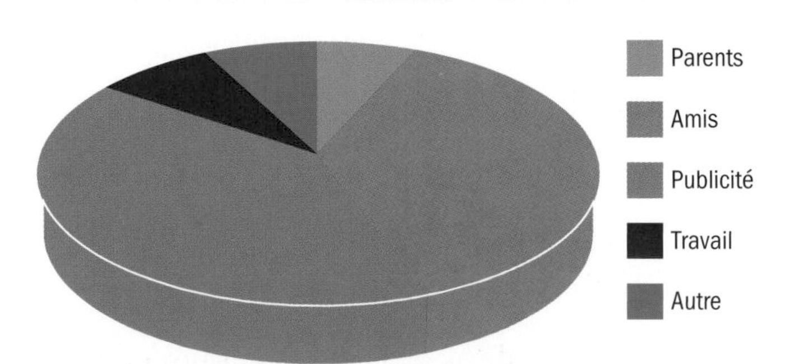

6 Sélectionnez le graphique, rendez-vous dans l'onglet **Disposition,** puis cliquez sur **Légende** et sélectionnez **Aucun.** (Dans Mac, sélectionnez **Aucune Légende.**)

Cliquez ensuite sur **Étiquettes de données** et choisissez **Autres options d'étiquettes de données.** Dans le menu **Options d'étiquettes,** cochez **Nom de catégorie, Pourcentage** et **Bord extérieur.** Cliquez sur **Fermer.**

Pour afficher des pourcentages à deux décimales, sélectionnez le graphique, puis cliquez sur **Étiquettes de données** et choisissez **Autres options d'étiquettes de données.** Dans le menu **Nombre,** sélectionnez la catégorie **Pourcentage.** Si **Lier à la source** est coché, cliquez dans la cellule pour qu'il ne le soit pas et indiquez deux décimales.

Le diagramme circulaire est terminé. Vous pouvez l'explorer pour en modifier la couleur ou les motifs, afin d'obtenir un résultat semblable à celui de Kim (*voir la figure* 6).

FIGURE 6

Répartition des 90 étudiants en fonction de ce qui a influencé ou motivé l'achat d'un cellulaire

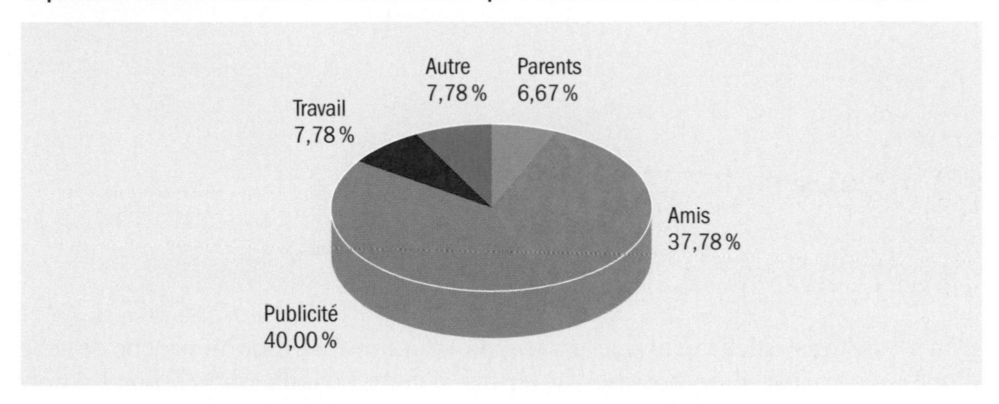

7 Obtenir les mesures

Pour obtenir les différentes mesures, vous pouvez toujours utiliser les fonctions dans Excel.

Mode : Dans la cellule C2, saisissez =MODE(A1:A90) et appuyez sur **ENTRÉE** ; le résultat est 3, c'est-à-dire Publicité.

Vous obtiendrez le résultat suivant :

	C
1	Mode
2	3

Voici maintenant l'interprétation de cette mesure.

Résultat	**Interprétation**
Mo = Publicité	Pour un plus grand nombre des 90 étudiants (40,00 %), c'est la publicité qui a influencé ou motivé l'achat d'un cellulaire.

Nous venons de faire l'analyse de la variable qualitative à échelle nominale relative à la question E. Vous pouvez faire de même pour les autres variables qualitatives à échelle nominale.

Chapitre 6

La loi normale

Kim a comparé la distribution des données recueillies à la question H avec une loi normale ayant la même moyenne et le même écart type. La figure 7 illustre cette comparaison : le graphique contient le polygone des densités de la variable « Durée de la conversation la plus longue » et la fonction de densité de la loi normale correspondante.

FIGURE 7

Comparaison du polygone des densités de la variable avec la loi normale

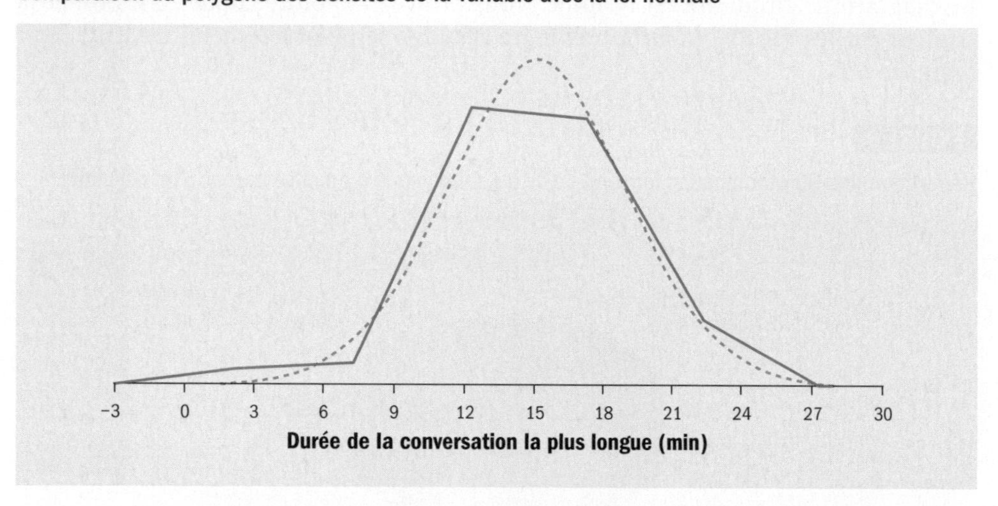

Kim a constaté visuellement que la variable avait une distribution proche de celle d'une loi normale. Il est possible de vérifier si cette variable obéit à une loi normale à l'aide d'un test d'hypothèses comparant les fréquences observées dans l'échantillon avec les fréquences espérées provenant d'une loi normale. Il s'agit d'un test du khi deux que Kim étudiera peut-être dans un autre cours de méthodes quantitatives.

En supposant que la variable obéisse à une loi normale avec une moyenne de 15,17 minutes et un écart type de 3,86 minutes, on peut calculer des pourcentages à l'aide des cotes z et de la table de la loi normale. Ainsi, on pourrait dire qu'il y a approximativement 23,27 % des étudiants, possédant un cellulaire, dont la durée de la conversation la plus longue le mois dernier était supérieure à 18 minutes. En effet :

$$P(X > 18) = P(Z > z_{18}) = P\left(Z > \frac{18 - 15{,}17}{3{,}86}\right) = P(Z > 0{,}73)$$

$$= P(0 < Z < +\infty) - P(0 < Z < 0{,}73) = 0{,}5000 - 0{,}2673 = 0{,}2327 \text{ ou } 23{,}27\ \%$$

Chapitre 7

L'estimation d'une proportion et d'une moyenne

Kim veut vérifier si les étudiants possédant un cellulaire dépensent en moyenne plus de 45 $ par mois. Elle a donc utilisé les données de la question G pour effectuer son test d'hypothèses avec un seuil de signification de 5 %.

$H_0 : \mu = 45{,}00$ \$

$H_1 : \mu > 45{,}00$ \$

Le seuil de signification α est de 5 %.

$n = 90 \geq 30$

Puisque la taille de l'échantillon est de 90 ≥ 30, on peut utiliser la loi normale.

Si $z_{\bar{x}} > 1{,}64$, la moyenne proposée dans l'hypothèse nulle H_0 sera rejetée et, par conséquent, l'hypothèse alternative H_1 sera acceptée.

Si $z_{\bar{x}} \leq 1{,}64$, la moyenne proposée dans l'hypothèse nulle H_0 ne sera pas rejetée.

Pour trouver les valeurs de $\bar{x}$ et s, reportez-vous au fichier de données de la question G.

$$z_{\bar{x}} = \frac{\bar{x} - \mu}{\frac{s}{\sqrt{n}}} = \frac{49{,}57 - 45}{\frac{5{,}18}{\sqrt{90}}} = 8{,}37$$

Cette cote z signifie que 49,57 \$ est à 8,37 longueurs d'écart type au-dessus de la valeur de la moyenne proposée, laquelle est de 45,00 \$.

Puisque 8,37 > 1,64, la différence entre 49,57 et 45,00 \$ est jugée significative. On peut donc rejeter la moyenne proposée dans l'hypothèse nulle H_0 et accepter l'hypothèse alternative H_1.

Le montant moyen dépensé par les étudiants pour leur cellulaire le mois dernier était supérieur à 45,00 \$; le risque qu'une mauvaise décision soit prise est inférieur à 5 %.

D'autre part, Kim veut estimer la proportion des étudiants possédant un cellulaire qui paient plus cher par mois que le forfait souscrit. Elle utilise les données de la question J.

Sur 90 étudiants, 72 ont déclaré avoir payé plus cher le mois dernier que le forfait souscrit. Cela représente une proportion de $p = 72/90 = 0{,}8000$ (ou 80,00 %). C'est une estimation ponctuelle de π, la proportion des étudiants possédant un cellulaire qui ont payé plus cher le mois dernier que le forfait souscrit.

Kim peut aussi calculer son estimation à l'aide d'un intervalle de confiance à 95 % :

$$p - ME \leq \pi \leq p + ME$$

$$p - 1{,}96\sqrt{\frac{p(1-p)}{n}} \leq \pi \leq p + 1{,}96\sqrt{\frac{p(1-p)}{n}}$$

$$0{,}80 - 1{,}96\sqrt{\frac{0{,}80\,(1-0{,}80)}{90}} \leq \pi \leq 0{,}80 + 1{,}96\sqrt{\frac{0{,}80\,(1-0{,}80)}{90}}$$

$$0{,}80 - 0{,}0826 \leq \pi \leq 0{,}80 + 0{,}0826$$

$$0{,}7174 \leq \pi \leq 0{,}8826$$

Kim peut donc dire, avec 95 % de confiance, que le pourcentage des étudiants possédant un cellulaire qui ont payé plus cher le mois dernier que le forfait souscrit se situe entre 71,74 et 88,26 %.

Chapitre 8

Section 8.2 L'analyse de l'existence d'un lien statistique avec Excel

Voici l'analyse de l'existence d'un lien statistique entre les variables relatives aux questions A et S.

Kim a étudié l'existence d'un lien statistique entre le sexe de l'étudiant et la raison principale motivant l'achat d'un cellulaire.

1 Récupérez le fichier « Le_telephone_cellulaire_au_collegial.xls » dans le site www.cheneliere.ca/grenon-viau. On vous avertira que les macros ont été désactivées: cliquez sur **Activer le contenu.** Les données nécessaires pour réaliser cette analyse se trouvent dans les cellules A1 à B91 de la feuille « Questions A et S ».

Construire un tableau à double entrée contenant les fréquences observées

Dans la cellule A1, vous avez le nom de la variable en bref « Raison ». Dans la cellule B1, vous avez le nom de la variable en bref « Sexe ».

2 La construction du tableau à double entrée se fait avec la fonction **Tableau croisé dynamique** dans Excel. Cliquez dans la cellule D1, puis, dans l'onglet **Insertion,** cliquez sur **TblCroiséDynamique.** (Dans Mac, dans le menu **Données,** choisissez **Tableau croisé dynamique.**)

Dans la première zone de saisie **Tableau/Plage,** sélectionnez les cellules A1 à B91. Dans la deuxième zone de saisie, **Emplacement,** cliquez sur **Feuille de calcul existante,** puis sélectionnez la cellule D1. Cliquez sur **OK.**

Dans la fenêtre **Liste de champs de tableau croisé dynamique,** avec votre curseur, glissez *Raison* dans le rectangle sous **Étiquettes de colonnes,** glissez aussi *Sexe* dans le rectangle sous **Étiquettes de lignes.** Enfin, glissez *Raison* sous le rectangle **Valeurs.**

Dans la fenêtre **Liste de champs de tableau croisé dynamique,** cliquez sur la flèche située à droite de **Somme de Raison,** glissez le curseur jusqu'à **Paramètres des champs de valeurs,** sélectionnez **Nombre** et cliquez sur **OK.** (Dans Mac, appuyez sur le ***i*** de la variable *Raison* dans **Étiquettes de colonnes** et, dans la fenêtre qui apparaît, sélectionnez **Nbval** dans **Personnalisés.** Cliquez sur **OK.** Ensuite, appuyez sur le ***i*** de la variable *Sexe* dans **Étiquettes de lignes** et, dans la fenêtre qui apparaît, sélectionnez **Nbval** dans **Personnalisés.** Cliquez sur **OK.** Faites de même avec **NB** sur **Raison** dans **Σ Valeurs.**)

Vous obtenez le tableau suivant:

	D	E	F	G	H	I
1	Nombre de Raison	Raison				
2	Sexe	1	2	3	4	Total général
3	1	21	6	9	8	44
4	2	23	10	3	10	46
5	Total général	44	16	12	18	90

Dans le tableau précédent, remplacez les codes par les modalités correspondantes et insérez le nom des variables pour obtenir :

	D	E	F	G	H	I
1	Nombre de Raison	Raison				
2	Sexe	Indépendance	Obligation	Utilité	Plaisir	Total général
3	Féminin	21	6	9	8	44
4	Masculin	23	10	3	10	46
5	Total général	44	16	12	18	90

Utiliser la macrocommande

Reprenez le tableau à double entrée contenant les fréquences observées de votre échantillon.

	D	E	F	G	H	I
1	Nombre de Raison	Raison				
2	Sexe	Indépendance	Obligation	Utilité	Plaisir	Total général
3	Féminin	21	6	9	8	44
4	Masculin	23	10	3	10	46
5	Total général	44	16	12	18	90

Attention, votre tableau doit avoir exactement cette forme, c'est-à-dire celle du tableau croisé dynamique.

Assurez-vous aussi que l'espace sous votre tableau est libre, car l'exécution de la macrocommande l'occupera.

3 Dans l'onglet **Affichage,** cliquez sur **Macros** et sélectionnez **Afficher les macros.** (Dans Mac, cliquez sur le menu **Outils.**)

Dans la fenêtre qui apparaît, choisissez la macro **Test_du_khi_deux.** Cliquez sur **Exécuter.**

Un message apparaîtra vous avisant qu'un tableau de fréquences espérées et un tableau de calcul du khi deux se positionneront sous le tableau des fréquences observées. Cliquez sur **OK.**

On vous demandera alors de sélectionner tout le tableau croisé obtenu. La sélection doit contenir l'ensemble du tableau croisé dynamique, c'est-à-dire D1:I5. Cliquez sur **OK.**

Une autre fenêtre apparaîtra immédiatement vous demandant si vous désirez obtenir les tableaux des distributions en pourcentage. Cliquez sur **Oui.**

Le tableau des fréquences espérées et celui du calcul du khi deux, des coefficients de contingence, des valeurs critiques et de la valeur-*p* (en anglais, *p-value*) ainsi que des distributions en pourcentage apparaîtront.

Lorsque ce fichier est ouvert, la macro commande peut être utilisée dans tous les autres classeurs ouverts. Vous pouvez travailler dans ce classeur et le sauvegarder sous un autre nom ; la macrocommande reste aussi attachée à ce nouveau fichier.

	D	E	F	G	H	I
10	Fréquences espérées					
11	Nombre de Raison	Raison				
12	Sexe	Indépendance	Obligation	Utilité	Plaisir	Total général
13	Féminin	21,51	7,82	5,87	8,80	44
14	Masculin	22,49	8,18	6,13	9,20	46
15	Total général	44	16	12	18	90

	D	E	F	G	H	I
20	Calcul du khi deux					
21	Nombre de Raison	Raison				
22	Sexe	Indépendance	Obligation	Utilité	Plaisir	
23	Féminin	0,012	0,424	1,673	0,073	
24	Masculin	0,012	0,406	1,601	0,070	
25	Khi deux					4,271
26						
27	Nombre de degrés de liberté					3
28	Valeur-p					0,2337
29	Valeur critique (1 %)					11,34
30	Valeur critique (5 %)					7,81
31	Coefficient de contingence C					0,21
32	Coefficient de contingence de Cramer V					0,22

Avec un seuil de signification de 5 %, on ne peut prendre le risque de rejeter l'hypothèse d'indépendance des deux variables, puisque la valeur du khi deux est inférieure à la valeur critique (4,271 ≤ 7,81).

Avec un seuil de signification de 1 %, on ne peut prendre le risque de rejeter l'hypothèse d'indépendance des deux variables, puisque la valeur du khi deux est inférieure à la valeur critique (4,271 ≤ 11,34).

Le pourcentage de risque de prendre une mauvaise décision si l'on rejette l'hypothèse d'indépendance des deux variables est donné par la valeur-*p* (0,2337). Dans ce cas-ci, il y a un risque de 23,37 % de prendre une mauvaise décision si l'on rejette l'hypothèse d'indépendance des deux variables. Si le pourcentage de risque (valeur-*p*) est inférieur au pourcentage maximal de risque que l'on désire prendre (avec un seuil de signification de 1 % ou de 5 %), on peut prendre le risque de rejeter l'hypothèse d'indépendance des deux variables. Dans ce cas-ci, on ne peut prendre le risque de rejeter l'hypothèse d'indépendance des deux variables.

Les tableaux des distributions en pourcentage suivants ont aussi été générés :

	D	E	F	G	H	I
37	Distributions conditionnelles (% ligne)					
38	Nombre de Raison	Raison				
39	Sexe	Indépendance	Obligation	Utilité	Plaisir	Total général
40	Féminin	47,73	13,64	20,45	18,18	100,00
41	Masculin	50,00	21,74	6,52	21,74	100,00
42	Total général	48,89	17,78	13,33	20,00	100,00

	D	E	F	G	H	I
46	Distributions conditionnelles (% colonne)					
47	Nombre de Raison	Raison				
48	Sexe	Indépendance	Obligation	Utilité	Plaisir	Total général
49	Féminin	47,73	37,50	75,00	44,44	48,89
50	Masculin	52,27	62,50	25,00	55,56	51,11
51	Total général	100,00	100,00	100,00	100,00	100,00

	D	E	F	G	H	I
55	Distribution conjointe (% Total)					
56	Nombre de Raison	Raison				
57	Sexe	Indépendance	Obligation	Utilité	Plaisir	Total général
58	Féminin	23,33	6,67	10,00	8,89	48,89
59	Masculin	25,56	11,11	3,33	11,11	51,11
60	Total général	48,89	17,78	13,33	20,00	100,00

Utilisez le tableau qui correspond à votre situation.

Le test d'hypothèses

Voyons maintenant le test d'hypothèses pour l'analyse de l'existence d'un lien statistique entre les variables « Raison principale motivant l'achat d'un cellulaire » et « Sexe » de l'étudiant.

Première étape : formuler les hypothèses statistiques

H_0 : La raison principale motivant l'achat d'un cellulaire est indépendante du sexe de l'étudiant.

H_1 : La raison principale motivant l'achat d'un cellulaire est dépendante du sexe de l'étudiant.

Deuxième étape : indiquer le seuil de signification α

Le seuil de signification α est de 5 %.

Troisième étape : construire le tableau des fréquences espérées et vérifier si les conditions sont respectées

TABLEAU 5

Répartition des 90 étudiants en fonction de la raison principale motivant l'achat d'un cellulaire selon le sexe de l'étudiant (fréquences espérées)

Sexe	Raison principale				
	Indépendance	Obligation	Utilité	Plaisir	Total général
Féminin	21,51	7,82	5,87	8,80	44
Masculin	22,49	8,18	6,13	9,20	46
Total général	44	16	12	18	90

$n = 90 \geq 30$ et chaque $f_e \geq 5$

Quatrième étape : déterminer le nombre de degrés de liberté

On utilisera une distribution du khi deux avec $(2 - 1) \cdot (4 - 1) = 3$ degrés de liberté.

La valeur critique est 7,81.

Cinquième étape : définir la règle de décision

Si la valeur du χ^2 qui a été calculée > 7,81, alors on rejettera l'hypothèse d'indépendance des deux variables et l'on acceptera l'hypothèse alternative.

Si la valeur du χ^2 qui a été calculée ≤ 7,81, alors on ne rejettera pas l'hypothèse d'indépendance entre les deux variables.

Sixième étape : calculer

$\chi^2 = 4{,}271$

Septième étape : appliquer la règle de décision

Puisque la valeur du χ^2 qui a été calculée n'est pas plus grande que la valeur critique ($4{,}271 \leq 7{,}81$), on ne peut rejeter l'hypothèse d'indépendance de la raison principale motivant l'achat d'un cellulaire par rapport au sexe de l'étudiant.

Huitième étape : évaluer la force du lien et conclure

Puisqu'il n'y a pas de lien statistique entre les deux variables, il n'est pas pertinent d'évaluer la force du lien entre celles-ci.

Cette conclusion peut être confirmée par l'observation du tableau des distributions conditionnelles et de la distribution marginale, de même que par l'observation du graphique basé sur ces distributions (*voir le tableau 6 à la page suivante, et la figure 8 à la page 326*).

TABLEAU 6

Répartition en pourcentage des 90 étudiants en fonction de la raison principale motivant l'achat d'un cellulaire selon le sexe de l'étudiant

Sexe	Raison principale				
	Indépendance	Obligation	Utilité	Plaisir	Total général
Féminin	47,73	13,64	20,45	18,18	100,00
Masculin	50,00	21,74	6,52	21,74	100,00
Ensemble	48,89	17,78	13,33	20,00	100,00

À partir du tableau, on observe de légères différences, mais, dans l'ensemble, la distribution de la raison principale est presque la même chez les garçons que chez les filles.

Construire des graphiques

4 Dans le tableau du pourcentage du total, sélectionnez les modalités et les pourcentages correspondant à ces modalités en omettant la ligne et la colonne Total.

	D	E	F	G	H	I
55	Distribution conjointe (% total)					
56	Nombre de Raison	Raison				
57	Sexe	Indépendance	Obligation	Utilité	Plaisir	Total général
58	Féminin	23,33	6,67	10,00	8,89	48,89
59	Masculin	25,56	11,11	3,33	11,11	51,11
60	Total général	48,89	17,78	13,33	20,00	100,00

Dans l'onglet **Insertion,** cliquez sur **Colonne** dans le groupe **Graphiques,** puis, dans **Histogramme 3D,** cliquez sur **Histogramme 3D.** Le graphique suivant apparaîtra :

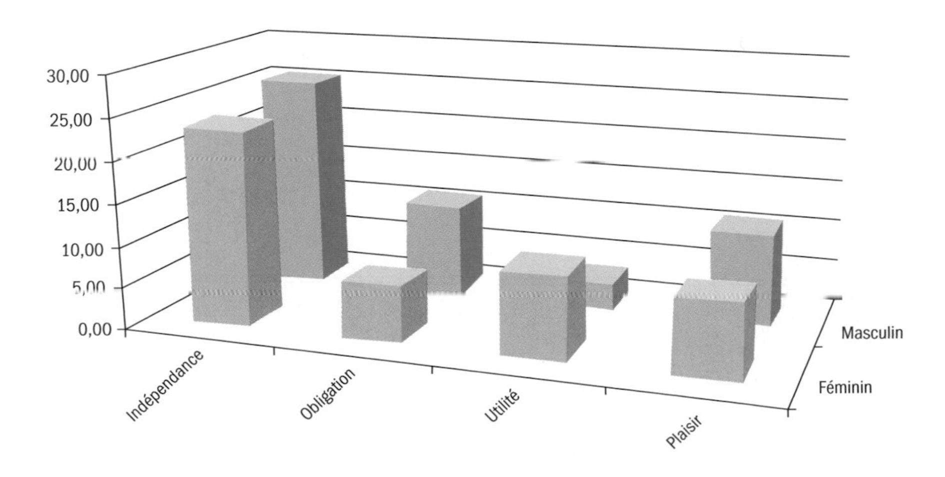

Ce graphique peut être modifié selon les procédures vues précédemment.

5 Dans le tableau des pourcentages par ligne, sélectionnez les modalités et leurs pourcentages de même que la ligne Total général.

	D	E	F	G	H	I
37	Distributions conditionnelles (% ligne)					
38	Nombre de Raison	Raison				
39	Sexe	Indépendance	Obligation	Utilité	Plaisir	Total général
40	Féminin	47,73	13,64	20,45	18,18	100,00
41	Masculin	50,00	21,74	6,52	21,74	100,00
42	Total général	48,89	17,78	13,33	20,00	100,00

6 Dans l'onglet **Insertion,** cliquez sur **Colonne** dans le groupe **Graphiques,** puis, dans la catégorie **Histogramme 2D,** cliquez sur **Histogramme groupé.** Le graphique suivant apparaîtra :

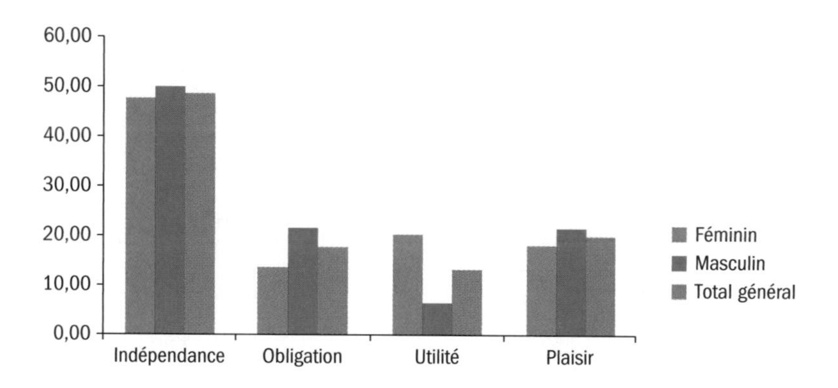

Vous pouvez modifier ce graphique en suivant les procédures vues précédemment pour obtenir la figure 8.

FIGURE 8

Répartition en pourcentage des 90 étudiants en fonction de la raison principale motivant l'achat d'un cellulaire selon le sexe de l'étudiant

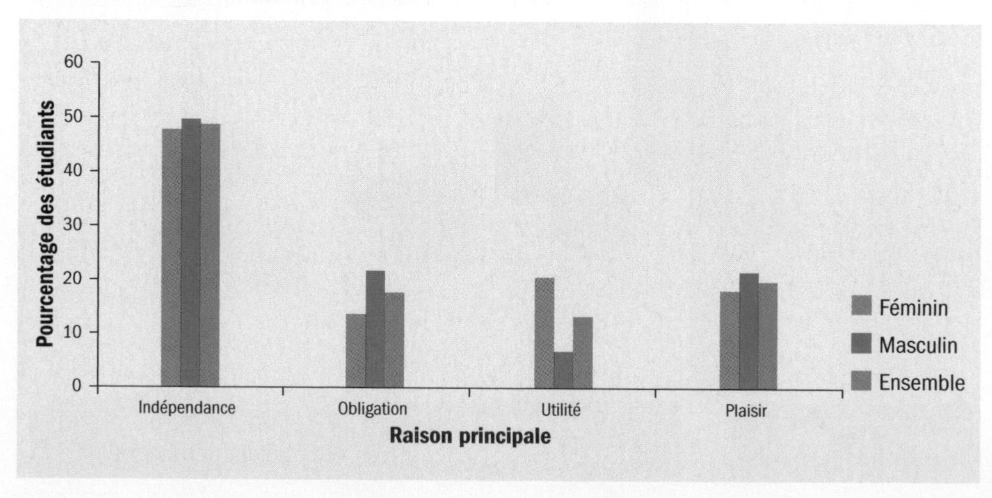

Dans notre exemple, nous avons utilisé le tableau avec les pourcentages sur les lignes, puisque la variable indépendante est le sexe. La procédure est la même si la variable indépendante se trouve en colonnes, sauf que vous auriez à sélectionner les pourcentages sur les colonnes.

Section 8.3 L'analyse de l'existence d'un lien linéaire avec Excel

Kim peut étudier l'existence d'un lien linéaire entre plusieurs variables. Nous présentons ici une possibilité.

Kim a étudié l'existence d'un lien linéaire entre le montant des frais payés le mois dernier et la durée de la conversation la plus longue. Elle vérifiera si l'on peut prédire la durée moyenne de la conversation la plus longue en fonction du montant des frais payés. Son étude repose sur les questions G et H.

1 Récupérez le fichier « Le_telephone_cellulaire_au_collegial.xls » dans le site www.cheneliere.ca/grenon-viau. Les données nécessaires pour réaliser cette analyse se trouvent dans la feuille « Questions G et H ».

2 Sélectionnez les cellules A1 à B90, lesquelles contiennent les données des deux variables. Dans l'onglet **Insertion,** cliquez sur **Nuage** dans le groupe **Graphiques,** puis cliquez sur **Nuage de points avec marqueurs uniquement.** (Dans Mac, choisissez **Avec marques.**)

3 Sélectionnez le graphique et, dans l'onglet **Disposition,** cliquez sur **Axes.** Sélectionnez **Axe horizontal principal,** puis **Autres options de l'axe horizontal principal.** Dans **Options d'axe,** à **Minimum,** entrez 30, à **Maximum,** entrez 65, et à **Unité principale,** entrez 5,0 (le choix de cette valeur dépend de vos données). Cliquez sur **Fermer.** Pour modifier l'échelle de l'axe vertical, suivez la même procédure en indiquant 0 comme minimum et 25 comme maximum.

Cliquez sur **Titres des axes,** choisissez **Titre de l'axe horizontal principal** et, dans le menu qui apparaît, choisissez **Titre en dessous de l'axe.** Dans l'espace qui apparaît sous l'axe, entrez le nom de la variable *Montant des frais (en dollars)* et cliquez n'importe où sur le graphique.

Cliquez sur **Titres des axes,** choisissez **Titre de l'axe vertical principal** et, dans le menu qui apparaît, choisissez **Titre pivoté.** Dans l'espace qui apparaît à gauche de l'axe, entrez *Durée de la conversation la plus longue (en minutes)* et, dans Windows, cliquez n'importe où sur le graphique.

4 Pour obtenir le coefficient de détermination, r^2, l'équation de la droite de régression linéaire et le tracé de cette droite, sélectionnez le graphique. Dans l'onglet **Disposition,** cliquez sur **Courbe de tendance** dans le groupe **Analyse,** puis cliquez sur **Autres options de la courbe de tendance,** cochez **Linéaire,** cochez **Afficher l'équation sur le graphique,** puis cochez **Afficher le coefficient de détermination (R^2) dans le graphique.** Sous la rubrique **Nom de la courbe de tendance,** cochez **Personnalisé** et entrez *y*'. Cliquez sur **Fermer.** (Dans Mac, vous trouverez cette procédure dans le menu **Disposition.**)

Le nuage de points suivant apparaîtra :

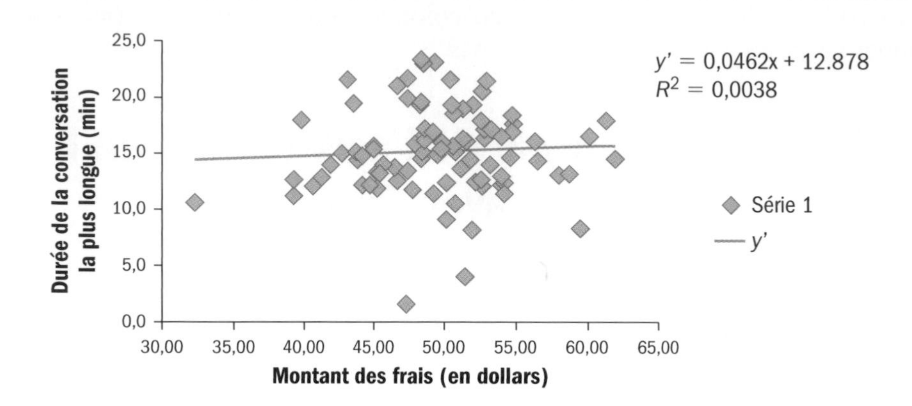

Cliquez une fois sur la légende, puis sur **Série 1** et supprimez-la.

Vous pouvez modifier les points et le nombre de décimales des étiquettes des axes, comme vu précédemment.

5 On peut aussi obtenir les valeurs de *a*, *b*, *r* et r^2 en utilisant les formules suivantes :

- Ordonnée à l'origine : Dans la cellule D2, saisissez =ORDONNEE.ORIGINE (B1:B90;A1:A90) et appuyez sur ENTRÉE.
- Pente : Dans la cellule E2, saisissez =PENTE(B1:B90;A1:A90) et appuyez sur ENTRÉE.
- Coefficient de corrélation linéaire : Dans la cellule F2, saisissez =COEFFICIENT.CORRELATION(B1:B90;A1:A90) et appuyez sur ENTRÉE.
- Coefficient de détermination : Dans la cellule G2, saisissez =COEFFICIENT.DETERMINATION(B1:B90;A1:A90) et appuyez sur ENTRÉE.

Vous obtiendrez les résultats suivants :

	D	E	F	G
1	Ordonnée à l'origine	Pente	Coefficient de corrélation linéaire	Coefficient de détermination
2	12,878	0,0462	0,0620	0,0038

Le test d'hypothèses

Voyons maintenant le test d'hypothèses pour l'analyse de l'existence d'un lien linéaire entre les variables « Montant des frais payés le mois dernier » et « Durée de la conversation la plus longue ».

Première étape : formuler les hypothèses statistiques

H_0 : Il n'y a pas de lien linéaire entre le montant des frais payés le mois dernier et la durée de la conversation la plus longue.

H_1 : Il y a un lien linéaire entre le montant des frais payés le mois dernier et la durée de la conversation la plus longue.

Deuxième étape : indiquer le seuil de signification α

Le seuil de signification α est de 5 %.

Troisième étape : énoncer les conditions d'application

On suppose que le montant des frais payés le mois dernier a une distribution normale, avec le même écart type, pour chaque durée de la conversation la plus longue.

Quatrième étape : déterminer les bornes critiques pour t_r

$\upsilon = n - 2 = 90 - 2 = 88$

Le seuil est de 5 %, ou 0,05 ; on trouve les valeurs critiques dans la colonne 0,025.

Les valeurs critiques sont −1,96 et 1,96.

Cinquième étape : définir la règle de décision

Si $t_r < -1{,}96$ ou si $t_r > 1{,}96$, on peut rejeter l'hypothèse nulle H_0 selon laquelle il n'y a pas de lien linéaire entre les deux variables et accepter l'hypothèse alternative H_1.

Si $-1{,}96 \leq t_r \leq 1{,}96$, on ne peut rejeter l'hypothèse nulle H_0 selon laquelle il n'y a pas de lien linéaire entre les deux variables.

Sixième étape : calculer r et t_r

$r = 0{,}062$

$$t_r = \frac{0{,}062\sqrt{90 - 2}}{\sqrt{1 - 0{,}062^2}} = 0{,}58$$

Septième étape : appliquer la règle de décision

Puisque $-1{,}96 \leq 0{,}58 \leq 1{,}96$, on ne peut rejeter l'hypothèse nulle H_0 selon laquelle il n'y a pas de lien linéaire entre les deux variables.

Huitième étape : conclure

Il n'existe pas de lien linéaire entre le montant des frais payés le mois dernier et la durée de la conversation la plus longue. On ne peut donc utiliser la droite de régression $y' = 12{,}878 + 0{,}0462 \cdot x$ pour estimer la durée moyenne de la conversation la plus longue en fonction du montant des frais payés le mois dernier.

La valeur du coefficient de détermination, 0,0038, montrait déjà l'inexistence d'un lien linéaire entre les deux variables.

À votre tour d'étudier l'existence d'un lien statistique entre d'autres variables.

Corrigé

Chapitre 2

2.1

Population	Unité statistique	Échantillon
Toutes les souris blanches du laboratoire SOUBLAN	Une souris blanche du laboratoire SOUBLAN	14 souris blanches du laboratoire SOUBLAN
Toutes les communautés religieuses de l'arrondissement de Montréal	Une communauté religieuse de l'arrondissement de Montréal	Les communautés religieuses sélectionnées de l'arrondissement de Montréal
Toutes les classes de 4e année du primaire	Une classe de 4e année du primaire	Les classes de 4e année du primaire sélectionnées
Tous les cégépiens à la recherche d'un emploi à l'été 2011	Un cégépien à la recherche d'un emploi à l'été 2011	180 cégépiens à la recherche d'un emploi à l'été 2011
Tous les tremblements de terre	Un tremblement de terre	Les tremblements de terre sélectionnés
Toutes les manifestations étudiantes au Québec	Une manifestation étudiante au Québec	12 manifestations étudiantes au Québec
Tous les dons remis à la Croix-Rouge à la suite du séisme survenu en Haïti	Un don remis à la Croix-Rouge à la suite du séisme survenu en Haïti	Les dons sélectionnés remis à la Croix-Rouge à la suite du séisme survenu en Haïti

2.2 La description de l'échantillon serait identique à celle de la population, car toutes les unités statistiques auraient été prises en compte dans l'étude.

2.3 **a)** Connaître l'opinion des francophones du Québec, du Nouveau-Brunswick et de l'Ontario sur leurs relations familiales.

b) Tous les francophones du Québec, du Nouveau-Brunswick et de l'Ontario.

c) Un francophone du Québec, du Nouveau-Brunswick ou de l'Ontario.

d) 1 189 répondants francophones du Québec, du Nouveau-Brunswick et de l'Ontario.

e) $n = 1\,189$.

2.4 **a)** Connaître l'opinion des Canadiens sur l'homosexualité dans le monde du sport.

b) Tous les adultes canadiens pouvant s'exprimer en français ou en anglais.

c) Un adulte canadien pouvant s'exprimer en français ou en anglais.

d) 1 501 adultes canadiens pouvant s'exprimer en français ou en anglais.

e) $n = 1\,501$.

2.5 **a)** Avoir une idée du degré de tricherie chez les étudiants.

b) Tous les étudiants français de niveau universitaire.

c) Un étudiant français de niveau universitaire.

d) 1 815 étudiants français de niveau universitaire.

e) $n = 1\,815$.

2.6 **a)** Connaître la pratique de l'activité physique chez les jeunes en milieu scolaire.

b) Tous les enfants de 10 et 11 ans habitant en périphérie de la ville de Québec et inscrits en 5e année du primaire.

c) Un enfant de 10 ou 11 ans habitant en périphérie de la ville de Québec et inscrit en 5e année du primaire.

d) 334 enfants de 10 et 11 ans habitant en périphérie de la ville de Québec et inscrits en 5e année du primaire.

e) $n = 334$.

2.7 Réponses libres.

2.8 {Fatima, Roxane}, {Fatima, Nabil}, {Fatima, Élisabeth}, {Fatima,Victoria}, {Fatima, Renaud}, {Roxane, Nabil}, {Roxane, Élisabeth}, {Roxane, Victoria}, {Roxane, Renaud}, {Nabil, Élisabeth}, {Nabil, Victoria}, {Nabil, Renaud}, {Élisabeth, Victoria}, {Élisabeth, Renaud}, {Victoria, Renaud}.

2.9 Il y a 5 échantillons possibles: 1 de taille 10 (celui qui commence par le numéro 1) et 4 de taille 9 (ceux qui commencent par les numéros 2, 3, 4 et 5).

2.10 Le tableau suivant présente la répartition des élèves dans l'école, le pourcentage d'élèves de chaque niveau et le nombre d'élèves de chaque niveau dans l'échantillon, celui-ci respectant les mêmes proportions que l'ensemble de l'école.

Répartition des élèves dans l'école selon leur niveau scolaire

Niveau	Nombre d'élèves de chaque niveau dans l'école	Pourcentage d'élèves de chaque niveau	Nombre d'élèves de chaque niveau dans l'échantillon
1re secondaire	163	25,15	63
2e secondaire	145	22,38	56
3e secondaire	135	20,83	52
4e secondaire	110	16,98	42
5e secondaire	95	14,66	37
Total	648	100,00	250

Source : Données fictives.

2.11 On pourrait choisir les succursales ayant 135, 124 et 120 employés, et la taille de l'échantillon serait alors de 379, ou les succursales ayant 160, 152 et 128 employés, et la taille de l'échantillon serait alors de 440, etc.

2.12 Échantillonnage à l'aveuglette et $n = 256$.

2.13 Échantillonnage de volontaires et $n = 768$.

2.14 Échantillonnage par quotas et $n = 259$.

2.15 Échantillonnage au jugé et $n = 100$.

2.16 Dans un échantillon de 250 étudiants, il y aura :

- 50 % de 250 = 125 étudiants choisis au hasard parmi ceux de 1re année ;
- 30 % de 250 = 75 étudiants choisis au hasard parmi ceux de 2e année ;
- 20 % de 250 = 50 étudiants choisis au hasard parmi ceux de 3e année.

2.17 **a)** Le pas de l'échantillon sera de $380 \div 20 = 19$.

b) Les numéros des unités de l'échantillon seront : 13, 32, 51, 70, 89, 108, 127, 146, 165, 184, 203, 222, 241, 260, 279, 298, 317, 336, 355 et 374.

2.18 Les échantillons possibles sont :

X_1, X_5, X_9, X_{13}

X_2, X_6, X_{10}, X_{14}

X_3, X_7, X_{11}, X_{15}

X_4, X_8, X_{12}

Les échantillons n'ont pas tous la même taille, car le pas a été arrondi à l'entier près.

2.19 Méthode d'échantillonnage accidentel (ou à l'aveuglette).

2.20 Méthode d'échantillonnage stratifié si les unités sont choisies de façon aléatoire ou méthode d'échantillonnage par quotas si les unités ne sont pas choisies de façon aléatoire.

2.21 Méthode d'échantillonnage au jugé.

2.22 Méthode d'échantillonnage par grappes (ou amas).

2.23 Méthode d'échantillonnage aléatoire simple.

2.24 Méthode d'échantillonnage de volontaires.

Chapitre 3

3.1 **a)** Le nombre d'enfants issus d'unions antérieures.

b) Variable quantitative discrète.

c) Les différentes valeurs sont : 1, 2, 3, 4, 5 et 6 (6 étant un nombre maximal plausible).

3.2 **a)** Le nombre de femmes au conseil d'administration de l'entreprise.

b) Variable quantitative discrète.

c) Les différentes valeurs sont : 0, 1, 2, 3, 4, 5, 6, 7, 8, 9 et 10 (10 étant un nombre maximal plausible).

3.3 **a)** Le nombre d'heures de sommeil par jour d'un adulte canadien.

b) Variable quantitative continue.

c) Les différentes valeurs sont toutes celles qui sont comprises entre 0 et 24.

3.4 **a)** La fréquence de demande de sacs de plastique à la caisse lors des achats.

b) Variable qualitative.

c) Les modalités sont : Jamais, rarement, souvent, tout le temps.

3.5 **a)** Le groupe de personnes envers lequel il est le plus facile, pour un adulte canadien, d'être honnête.

b) Variable qualitative.

c) Les modalités sont : Les membres de la famille, des étrangers, des connaissances, des amis proches.

3.6 **a)** Le degré de satisfaction de l'étudiant au sujet de l'accueil.

b) Variable qualitative.

c) Les modalités sont : Très satisfait, satisfait, indifférent, peu satisfait, insatisfait.

3.7 **a)** La perception qu'a l'étudiant de niveau collégial de son poids.

b) Variable qualitative.

c) Les modalités sont : Un poids trop élevé par rapport à votre taille, un poids santé, un poids trop faible par rapport à votre taille.

d) Échelle ordinale.

3.8 **a)** Le média préféré de l'étudiant de niveau collégial pour suivre l'évolution des conflits en Afrique du Nord.

b) Variable qualitative.

c) Les modalités sont : La télévision, la radio, la presse quotidienne, la presse hebdomadaire, Internet.

d) Échelle nominale.

3.9 **a)** Le nombre d'établissements financiers avec lesquels l'étudiant de niveau collégial a fait affaire pour ses opérations bancaires au cours de la dernière année.

b) Variable quantitative discrète.

c) Les valeurs possibles sont : 0, 1, 2, 3, 4 et 5 (5 étant un nombre maximal plausible).

d) Échelle de rapport.

3.10 **a)** L'année d'obtention du permis de conduire de l'étudiant de niveau collégial.

b) Variable quantitative discrète.

c) Les valeurs possibles sont toutes les années comprises entre l'année d'obtention du permis la plus ancienne et la plus récente.

d) Échelle d'intervalle.

3.11 **a)** L'appréciation globale en pourcentage de l'étudiant de niveau collégial à l'égard du film *Incendies* de Denis Villeneuve.

b) Variable quantitative continue.

c) Toutes les valeurs comprises entre 0 et 100.

d) Échelle de rapport.

3.12 **a)** L'opinion de l'étudiant de niveau collégial sur l'interdiction d'utiliser le cellulaire au volant d'une voiture.

b) Variable qualitative.

c) Les modalités sont : En accord, indifférent, en désaccord.

d) Échelle ordinale.

3.13 **a)** Le nombre d'heures consacrées à l'exercice physique, y compris les sports, par l'étudiant de niveau collégial au cours des 7 derniers jours.

b) Variable quantitative continue.

c) Toutes les valeurs comprises entre 0 et 50 (50 étant un nombre maximal plausible).

d) Échelle de rapport.

3.14 **a)** Faux. C'est l'ensemble des données obtenues sur une variable.

b) Vrai.

c) Faux. Une variable n'est pas une réponse. La réponse obtenue avec une variable quantitative est une valeur numérique.

Chapitre 4

4.1 **a)** Répartition des étudiants en fonction du nombre de périodes d'absence.

b) Nombre de périodes d'absence.

c) Pourcentage des étudiants.

4.2 **a)** Répartition des députés en fonction du nombre d'interventions.

b) La variable « Nombre d'interventions » et ses valeurs.

c) Le nombre de députés.

4.3 **a)** $Mo = 7$ employés à temps partiel. Dans un plus grand nombre de magasins d'un grand centre, on trouve 7 employés à temps partiel, dans une proportion de 25,00 %.

b) 72,92 % des magasins d'un grand centre ont au plus 8 employés à temps partiel.

c) Il y a 4 magasins d'un grand centre qui comptent 10 employés à temps partiel.

4.4 $Md = 7$ employés à temps partiel. Au moins 50 % des magasins d'un grand centre comptent au plus 7 employés à temps partiel.

4.5 Oui.

4.6 Non, il n'est pas permis de modifier la série de données en éliminant les répétitions et il est faux de dire que la médiane est 5. La médiane est 4.

4.7 $\bar{x} = 7{,}4$ employés à temps partiel. Si l'on répartissait uniformément tous les employés à temps partiel entre les 48 magasins d'un grand centre, il y aurait environ 7,4 employés à temps partiel par magasin.

4.8 Oui.

4.9 Oui, lorsque toutes les données sont identiques.

4.10 Non, il faut tenir compte du fait que la valeur 1 revient 2 fois, car il y a 2 personnes qui ont 1 échec.

4.11 **a)** À partir des données, on obtient :

- $Mo = 1$ présence ;
- $Md = 1$ présence ;
- $\bar{x} = 2{,}1$ présences.
- On peut donc dire que la distribution est asymétrique à droite.

b) 1° Un joueur moyen sera hésitant à faire partie de cette équipe, car peu de joueurs ont plus de 1 présence.

2° Un bon joueur sera intéressé à faire partie de cette équipe, car les bons joueurs ont plusieurs présences sur la glace durant une période.

4.12 **a)** Nombre de points obtenus.

b) Nombre de points obtenus.

c) La série B, car il y a peu d'écart entre les données.

d) Étendue $= 10 - 1 = 9$ points. La dispersion du nombre de points obtenus s'étend sur 9 points.

4.13 **a)** Groupe du matin : $\bar{x} = 25{,}1$ étudiants.

Groupe du soir : $\bar{x} = 20{,}1$ étudiants.

b) Groupe du matin : $s = 3{,}3$ étudiants.

Groupe du soir : $s = 3{,}3$ étudiants.

c) Comme chaque donnée diminue de 5 dans le groupe du soir comparativement au groupe du jour, il est normal que la moyenne du groupe du soir soit de 5 de moins que celle du groupe du jour. Aussi, dans les deux groupes, il y a toujours le même écart entre les données. C'est pourquoi la valeur de l'écart type ne change pas d'un groupe à l'autre.

d) Étendue $= 30 - 20 = 10$ étudiants. La dispersion du nombre d'étudiants s'étend sur 10 étudiants.

4.14 – Dans le groupe A :

$$CV = \frac{s}{\bar{x}} = \frac{2{,}1}{5{,}6} = 0{,}3750 \text{ ou } 37{,}50\,\%.$$

– Dans le groupe B :

$$CV = \frac{s}{\bar{x}} = \frac{2{,}4}{8{,}7} = 0{,}2759 \text{ ou } 27{,}59\,\%.$$

Les données sont plus homogènes dans le groupe B, car c'est dans ce groupe que le coefficient de variation est le plus petit.

4.15 **a)**

- $D_4 = 1$ carie. Au moins 40 % des enfants âgés de 7 ans avaient au plus 1 carie.
- $Q_3 = 2$ caries. Au moins 75 % des enfants âgés de 7 ans avaient au plus 2 caries.
- $C_{60} = 1$ carie. Au moins 60 % des enfants âgés de 7 ans avaient au plus 1 carie.

b) $D_9 = 2{,}5$ caries.

4.16 **a)**

- $Q_1 = 6$ employés à temps partiel. Au moins 25 % des magasins d'un grand centre ont au plus 6 employés à temps partiel.
- $D_6 = 8$ employés à temps partiel. Au moins 60 % des magasins d'un grand centre ont au plus 8 employés à temps partiel.
- $C_{15} = 5$ employés à temps partiel. Au moins 15 % des magasins d'un grand centre ont au plus 5 employés à temps partiel.

b) $z_6 = \dfrac{6 - 7{,}4}{1{,}5} = -0{,}93$ écart type. Un magasin d'un grand centre ayant 6 employés à temps partiel aurait une cote z de $-0{,}93$ écart type.

c) $\dfrac{x - 7{,}4}{1{,}5} = 0{,}40$, d'où $x = 8$ employés à temps partiel. Ainsi, un magasin d'un grand centre qui a une cote z de 0,40 écart type aurait 8 employés à temps partiel.

4.17 **a)** $z_{10} = \dfrac{10 - 17{,}8}{5{,}1} = -1{,}53$ écart type.

b) Dans ce contexte, il est préférable d'avoir une cote z négative, car cela signifie que le nombre de fautes est inférieur à la moyenne. Ainsi, la performance au concours est meilleure.

c) $\dfrac{x - 17{,}8}{5{,}1} = 0{,}63$, d'où $x = 21{,}0$ fautes.

d) $\dfrac{x - 17{,}8}{5{,}1} = 2{,}00$, d'où $x = 28{,}0$ fautes.

e) $\dfrac{x - 17{,}8}{5{,}1} = -0{,}94$, d'où $x = 13{,}0$ fautes.

f) Une cote z de 0,00 signifie que la personne a fait exactement 17,8 fautes, soit la valeur de la moyenne.

4.18 a) Une entreprise familiale.

b) Le nombre de femmes siégeant au conseil d'administration de l'entreprise.

4.19 a) Répartition des étudiants en fonction du nombre d'amis proches.

b)

- $Mo = 1$ ami proche. Un plus grand nombre d'étudiants ont 1 seul ami proche, dans un pourcentage de 43,90 %.
- $Md = 2$ amis proches. Au moins 50 % des étudiants ont au plus 2 amis proches.
- $\mu = 2{,}0$ amis proches. En moyenne, chaque étudiant a 2,0 amis proches. Cela signifie que si l'on répartissait uniformément tous les amis proches entre tous les étudiants, chacun des étudiants aurait 2,0 amis proches.

4.20

a)

- 37 étudiants en sciences humaines, profil individu, inscrits à temps complet ont 7 cours à leur horaire.
- 31,21 % des étudiants en sciences humaines, profil individu, inscrits à temps complet ont 6 cours à leur horaire.
- 45,22 % des étudiants en sciences humaines, profil individu, inscrits à temps complet ont au plus 5 cours à leur horaire.

b)

Répartition des 157 étudiants en sciences humaines, profil individu, inscrits à temps complet en fonction du nombre de cours à leur horaire

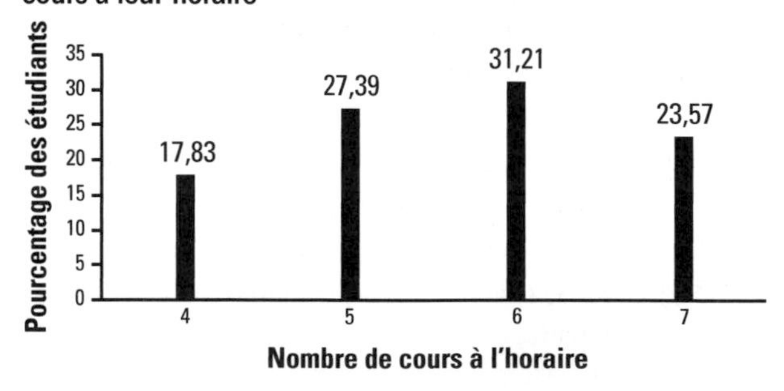

c) $Md = 6$ cours à l'horaire. Au moins 50 % des étudiants en sciences humaines, profil individu, inscrits à temps complet ont au plus 6 cours à leur horaire.

d) Étendue = 7 – 4 = 3 cours à l'horaire. La dispersion du nombre de cours à l'horaire s'étend sur 3 cours.

4.21 a)

	Moyenne
Types d'aide donnée	2,5
Types d'aide reçue	1,9

Le nombre moyen de types d'aide donnée (2,5) est supérieur au nombre moyen de types d'aide reçue (1,9).

b)

Types d'aide	Moyenne	Écart type	Coefficient de variation
Donnée	2,5	1,4	$CV = \frac{1,4}{2,5} = 0,5600$ $= 56,00\,\%$
Reçue	1,9	1,4	$CV = \frac{1,4}{1,9} = 0,7368$ $= 73,68\,\%$

La distribution des types d'aide donnée est plus homogène que celle des types d'aide reçue, car son coefficient de variation est plus faible. Cependant, comme les 2 coefficients de variation sont supérieurs à 15 %, on peut dire qu'aucune des distributions n'est homogène.

c)

Mesures de tendance centrale pour les types d'aide donnée

	Type d'aide donnée
Mode	4
Médiane	3
Moyenne	2,5

Comme $Mo > Md > \bar{x}$, la distribution est asymétrique à gauche et la médiane doit être privilégiée en tant que mesure de tendance centrale.

Mesures de tendance centrale pour les types d'aide reçue

	Type d'aide reçue
Mode	0 et 3
Médiane	2
Moyenne	1,9

Comme la distribution est bimodale, la médiane doit être privilégiée en tant que mesure de tendance centrale.

4.22 a)

- Variable : Le nombre de clients servis.
- Unité statistique : Une période de 1 heure.

Répartition des 290 périodes de 1 heure en fonction du nombre de clients servis

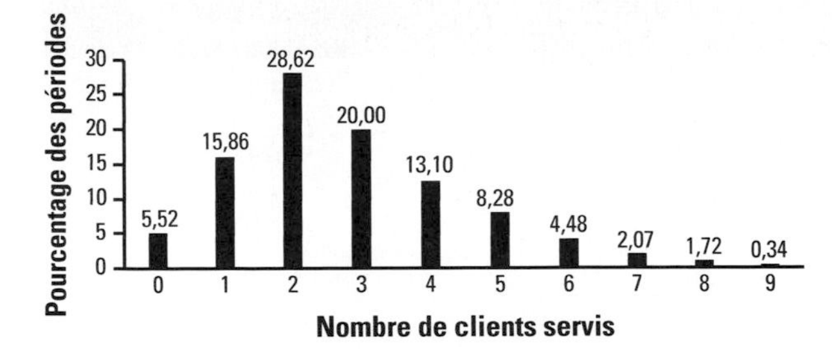

- $Mo = 2$ clients. Le nombre de clients dont s'occupe le préposé à la clientèle du centre d'appels de la banque qui revient le plus souvent par période de 1 heure est 2, dans un pourcentage de 28,62 %.
- $Md = 2{,}5$ clients. Dans au moins 50 % des périodes de 1 heure, le préposé du service à la clientèle du centre d'appels de la banque sert au plus 2,5 clients.
- $\bar{x} = 2{,}9$ clients. Le nombre moyen de clients dont s'occupe le préposé du service à la clientèle du centre d'appels de la banque est de 2,9 par heure. (Cela signifie que si l'on répartissait uniformément tous les clients servis par le préposé du service à la clientèle entre toutes les périodes de 1 heure, chacune des périodes comprendrait 2,9 clients.)
- $Md < \bar{x}$ et le graphique montre une certaine asymétrie à droite. Dans ce cas, la médiane est la mesure à retenir pour représenter la tendance centrale de la distribution.
- Étendue = 9 − 0 = 9 clients.
- $s = 1{,}8$ client. La dispersion du nombre de clients par période de 1 heure donne un écart type de 1,8 client.
- $CV = \frac{1{,}8}{2{,}9} = 0{,}6207$ ou 62,07 %. La dispersion est considérée comme importante, car elle représente 62,07 % de la valeur de la moyenne. Les données ne sont donc pas homogènes.

b) $D_4 = 2$ clients ; $D_7 = 3{,}5$ clients. Il y a environ 30 % des données entre le 4e et le 7e décile.

c) 8,28 + 4,48 + 2,07 + 1,72 + 0,34 = 16,89 %. Il y a 16,89 % des périodes qui ont au moins 5 clients.

d) 5,52 + 15,86 + 28,62 + 20,00 + 13,10 = 83,10 %. Il y a 83,10 % des périodes qui ont au plus 4 clients.

e) 2,07 + 1,72 + 0,34 = 4,13 %. Il y a 4,13 % des périodes qui ont plus de 6 clients.

4.23 Le fait que 10 % des plus grandes données aient été sous-évaluées signifie que la nouvelle moyenne augmentera, alors que la médiane ne sera pas affectée. Ainsi, la nouvelle moyenne sera supérieure à la médiane.

4.24 **a)** Faux.

Exemple :

Série A : Moyenne 50, écart type 10, d'où $CV = 20\,\%$;

Série B : Moyenne 100, écart type 15, d'où $CV = 15\,\%$.

La valeur du CV dépend aussi de la valeur de la moyenne.

b) Faux. La médiane augmentera aussi de cette même quantité.

Série : 2, 4, 6. Médiane = 4. Moyenne = 4.

Série augmentée de 10 : 12, 14, 16.
Médiane = 14. Moyenne = 14.

c) Vrai.

d) Faux. Ça dépend de la valeur des données éliminées.

Série : 2, 4, 6, 8, 20. Moyenne = 8.

Si l'on enlève la plus petite et la plus grande : série modifiée : 4, 6, 8. Moyenne = 6.

e) Faux. Ça dépend aussi de la valeur des données éliminées.

Série : 2, 4, 6, 8, 20. Écart type = 7,1, Si l'on enlève la plus petite et la plus grande : série modifiée : 4, 6, 8. Écart type = 2.

4.25 Oui, les 3 mesures de tendance centrale sont approximativement égales dans le cas d'une distribution symétrique.

4.26 Le fait que 10 % des plus petites données ont été surévaluées signifie que la nouvelle moyenne diminuera, alors que la médiane ne sera pas affectée. Ainsi, la nouvelle moyenne sera inférieure à la médiane.

4.27 **a)** $Mo = 1$ consommation.

$Md = 2$ consommations.

$\bar{x} = 2{,}5$ consommations.

Étant donné que $Mo < Md < \bar{x}$, on pourrait dire que la distribution est asymétrique à droite.

Répartition des consommateurs québécois en fonction du nombre de consommations

Nombre de consommations	Nombre de consommateurs	Pourcentage des consommateurs	Pourcentage cumulé des consommateurs
1	270	29,25	29,25
2	260	28,17	57,42
3	242	26,22	83,64
4	56	6,07	89,71
5	47	5,09	94,80
6	14	1,52	96,32
7	14	1,52	97,84
8	20	2,17	100,00
Total	923	100,00	

b) Le consommateur qui prend 5 consommations a une cote *z* positive, car son nombre de consommations est au-dessus de la moyenne.

c) $D_4 = 2$ consommations. Au moins 40 % des consommateurs prennent au plus 2 consommations.

$C_{80} = 3$ consommations. Au moins 80 % des consommateurs prennent au plus 3 consommations.

d) $29{,}25 + 28{,}17 = 57{,}42$ %. Il y a 57,42 % des consommateurs qui prennent au plus 2 consommations.

e) Étendue $= 8 - 1 = 7$ consommations. La dispersion du nombre de consommations s'étend sur 7 consommations.

4.28 a)

Répartition des 120 élèves du collège en fonction du nombre de films qu'ils ont vus dans une salle de cinéma au cours du mois d'août

Nombre de films vus	Nombre d'élèves	Pourcentage des élèves	Pourcentage cumulé des élèves
0	13	10,83	10,83
1	21	17,50	28,33
2	30	25,00	53,33
3	18	15,00	68,33
4	16	13,33	81,66
5	16	13,33	94,99
6	6	5,00	100,00
Total	120	100,00	

b)

Répartition des 120 élèves du collège en fonction du nombre de films qu'ils ont vus dans une salle de cinéma au cours du mois d'août

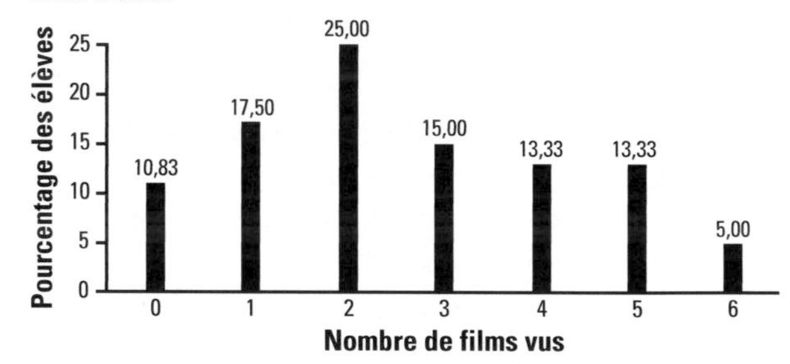

c)

- *Mo* = 2 films. C'est le nombre de films qu'ont vus les élèves dans une salle de cinéma au cours du mois d'août qui revient le plus souvent dans la distribution, dans un pourcentage de 25 %.
- *Md* = 2 films. Au cours du mois d'août, au moins 50 % des élèves ont vu au plus 2 films dans une salle de cinéma.
- $\bar{x} = 2{,}6$ films. En moyenne, les élèves ont donc vu 2,6 films dans une salle de cinéma au cours du mois d'août.

d) Le graphique de la distribution montre une légère asymétrie à droite.

e)

- $s = 1{,}7$ film. La dispersion du nombre de films qu'ont vus les élèves dans une salle de cinéma au cours du mois d'août correspond à un écart type d'environ 1,7 film.
- $CV = 65{,}38$ %. Les données sont très peu homogènes, puisque le coefficient de variation est très élevé ($CV > 15$ %).

f) $z_3 = \dfrac{3 - 2{,}6}{1{,}7} = 0{,}24$. Un élève qui a vu 3 films dans une salle de cinéma se situe à 0,24 écart type au-dessus de la moyenne.

4.29 a) Répartition des jeunes Québécois en fonction du niveau de revenu qu'ils pourraient atteindre.

b) Pourcentage des jeunes Québécois.

c)

Courbe des pourcentages cumulés des jeunes Québécois en fonction du revenu qu'ils pourraient atteindre

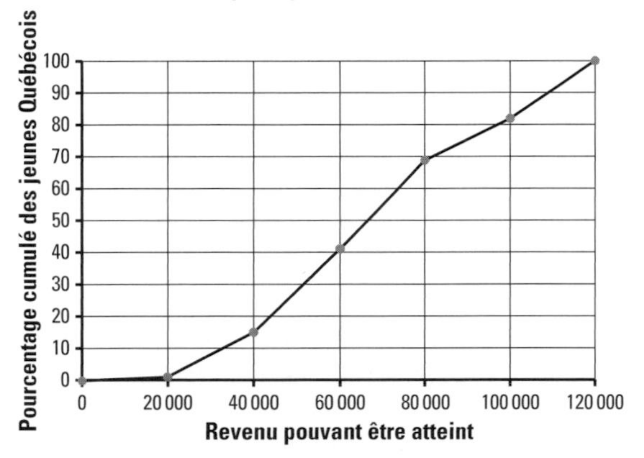

d) Environ 52 % des jeunes Québécois espèrent gagner un revenu d'au moins 65 000 $.

e) Environ 73 600 $ est le revenu minimal des jeunes Québécois qui espèrent être dans la catégorie des 40 % ayant le plus haut revenu.

f) Environ 59 000 $ est le revenu maximal des jeunes Québécois qui espèrent être dans la catégorie des 40 % ayant le plus bas revenu.

g)

Répartition des jeunes Québécois en fonction du niveau de revenu qu'ils pourraient atteindre

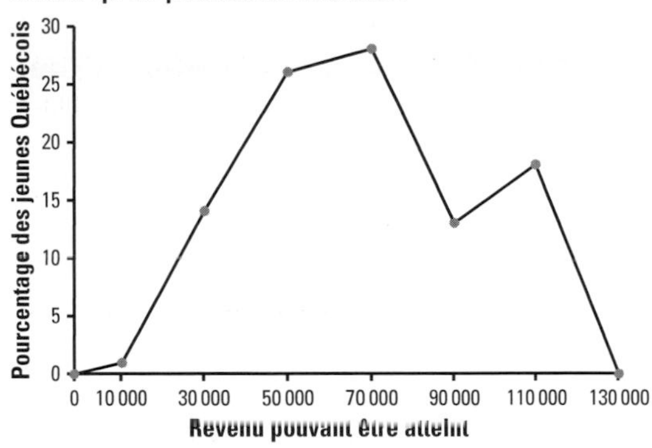

4.30 a) La classe modale est « De 60 000 à moins de 80 000 $ ». C'est dans cette classe de revenu espéré que l'on trouve le plus de jeunes Québécois, soit 28 %.

b) Le mode brut est 70 000 $. Le revenu espéré autour duquel se trouve une plus forte concentration de jeunes Québécois est d'environ 70 000 $.

4.31 Comme les données recueillies risquent d'être très différentes les unes des autres, il est fort possible qu'il n'y ait pas de répétitions d'une même valeur. Dans ce cas, on ne pourrait pas parler de mode.

4.32 $Md \approx 37$ $. Environ 50 % des ménages dépensent au plus 37 $ pour faire l'achat de poissons et de fruits de mer.

4.33 a)

Répartition des internautes qui se disent athées ou incroyants en fonction de leur âge

Âge des internautes qui se disent athées ou incroyants	Nombre d'internautes	Pourcentage des internautes	Pourcentage cumulé des internautes
De 0 à moins de 15 ans	177	3,20	3,20
De 15 à moins de 30 ans	2117	38,28	41,48
De 30 à moins de 45 ans	1236	22,35	63,83
De 45 à moins de 60 ans	1412	25,53	89,36
De 60 à moins de 75 ans	588	10,63	100,00
Total	5530	100,00	

La médiane devrait se situer dans la classe de 30 à moins de 45 ans et environ au tiers de cette classe. Sa valeur approximative est d'environ 35,7 ans.

Environ 50 % des internautes qui se disent athées ou incroyants sont âgés d'au plus 35,7 ans.

b)

Courbe des pourcentages cumulés des internautes qui se disent athées ou incroyants en fonction de leur âge

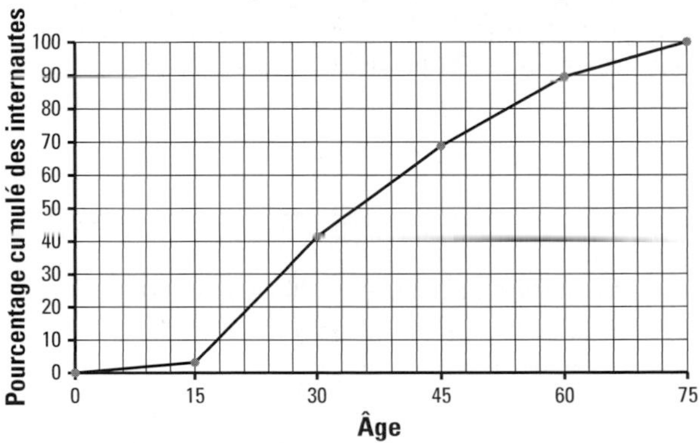

Sur cette courbe, on peut lire que la médiane est d'environ 36 ans.

4.34 $\bar{x} = 37{,}8$ ans. L'âge moyen des internautes qui se disent athées ou incroyants est d'environ 37,8 ans.

4.35 $\bar{x} = 68\,400$ \$. Le revenu moyen que croient pouvoir atteindre les jeunes Québécois est de 68 400 \$.

4.36 Mode brut = 70 000 \$.

$Md \approx 66\,400$ \$.

$\bar{x} = 68\,400$ \$.

Comme $Md < \bar{x}$, on pourrait dire que la distribution est asymétrique à droite.

4.37 – Mode brut = 22,5 ans.

– $Md \approx 35{,}7$ ans.

– $\bar{x} = 37{,}8$ ans.

Comme $Mo < Md < \bar{x}$, on pourrait dire que la distribution est asymétrique à droite.

4.38 **a)** Pour calculer l'écart type, on utilisera la touche σ car il s'agit d'une population. $\sigma = 3{,}65$ points.

b) Étendue = 23,2 – 12,6 = 10,6 points. La dispersion des résultats s'étend sur 10,6 points.

4.39 Oui, puisque $s = \sqrt{\dfrac{\sum(x_i - \bar{x})^2 \cdot n_i}{n-1}}$.

Pour que la valeur de s se rapproche de 0, il faut que toutes les valeurs de $(x_i - \bar{x})^2$ se rapprochent de 0, c'est-à-dire que toutes les valeurs de la variable se rapprochent de la valeur de la moyenne.

4.40 Pays A $CV = \dfrac{s}{\bar{x}} = \dfrac{32}{115} = 0{,}2783$ ou 27,83 %.

Pays B $CV = \dfrac{s}{\bar{x}} = \dfrac{25}{87} = 0{,}2874$ ou 28,74 %.

C'est donc dans le pays A que les données sont le plus homogènes, car le coefficient de variation est légèrement plus petit que celui du pays B.

4.41 Comme le coefficient de variation, 13,45 %, est inférieur à 15 %, on peut affirmer que les données sont relativement homogènes, donc qu'elles se situent près de la moyenne.

4.42 **a)** Le revenu médian, dans 25 ans, des jeunes âgés de 18 à 30 ans sera d'environ 60 000 \$. Environ 50 % des jeunes âgés de 18 à 30 ans auront un revenu d'au plus 60 000 \$ dans 25 ans.

b) Le revenu personnel maximal approximatif, dans 25 ans, des 80 % des jeunes qui gagneront le moins est d'environ 85 000 \$.

c) Le pourcentage approximatif des jeunes qui auront un revenu personnel se situant entre 35 000 \$ et 60 000 \$ dans 25 ans est d'environ 29 % (50 % – 21 %).

4.43 – $D_2 \approx 22$ ans. Environ 20 % des internautes qui se disent athées ou incroyants ont au plus 22 ans.

– $C_{40} \approx 29$ ans. Environ 40 % des internautes qui se disent athées ou incroyants ont au plus 29 ans.

– $C_{75} \approx 52$ ans. Environ 75 % des internautes qui se disent athées ou incroyants ont au plus 52 ans.

4.44 $z_{72} = \dfrac{72 - 68}{13{,}4} = 0{,}30$ écart type. Clara se situe donc à 0,30 écart type au-dessus de la moyenne.

4.45 Le plus rapide est Antoine, car il a obtenu une cote z négative, ce qui signifie qu'il a obtenu un temps inférieur à la moyenne.

4.46 Oui, car on ne tient compte que du pourcentage cumulé des données à la fin de chaque classe.

4.47 **a)** Le pourcentage du revenu brut consacré à l'épargne.

b) Répartition des jeunes en fonction du pourcentage du revenu brut consacré à l'épargne.

c)

– Mode brut = 0,5 %. C'est le pourcentage du revenu brut consacré à l'épargne autour duquel il y a la plus forte concentration de jeunes, dans un pourcentage d'environ 29 %.

– $Md \approx 6{,}25$ %. Environ 50 % des jeunes consacrent au plus 6,25 % de leur revenu brut à l'épargne.

– $\bar{x} = 9{,}38$ %. Les jeunes consacrent en moyenne 9,38 % de leur revenu brut à l'épargne.

d)

Répartition des jeunes en fonction du pourcentage du revenu brut consacré à l'épargne

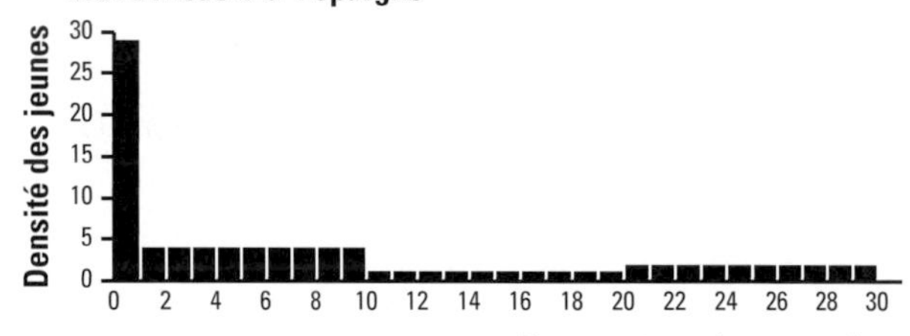

Répartition des jeunes en fonction du pourcentage du revenu brut consacré à l'épargne

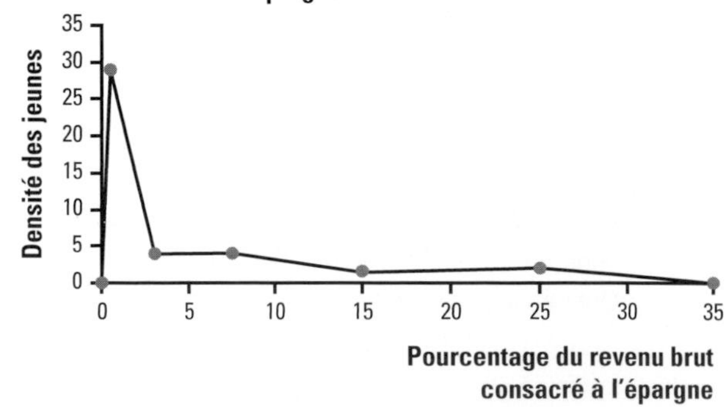

e)

- $s = 9{,}14\,\%$. La dispersion du pourcentage du revenu brut consacré à l'épargne donne un écart type de 9,14 %.
- $CV = \frac{s}{\bar{x}} = \frac{9{,}14}{9{,}38} = 0{,}9744$ ou 97,44 %.

Le coefficient de variation est très élevé. On constate l'importance de la dispersion des données par rapport à la valeur de la moyenne. On peut en déduire que les données ne sont pas homogènes.

4.48 Considérons que la dernière classe ira de 65 ans à moins de 85 ans :

- $\mu = 36{,}8$ ans. L'âge moyen des victimes d'accidents de la route en 2008 est de 36,8 ans.
- $\sigma = 18{,}4$ ans. La dispersion de l'âge des victimes d'accidents de la route en 2008 donne un écart type de 18,4 ans.

4.49 a)

Chimiothérapie

- $\bar{x} = 32{,}3$ minutes.
- $s = 19{,}8$ minutes.
- $CV = \frac{s}{\bar{x}} = \frac{19{,}8}{32{,}3} = 0{,}6130$ ou 61,30 %.

Radiothérapie

- $\bar{x} = 45{,}2$ minutes.
- $s = 20{,}1$ minutes.
- $CV = \frac{s}{\bar{x}} = \frac{20{,}1}{45{,}2} = 0{,}4447$ ou 44,47 %.

C'est dans le cas des traitements de radiothérapie que les données sont le plus homogènes, car le coefficient de variation de cette catégorie est plus petit que celui de la catégorie de la chimiothérapie.

b) $z_{42} = \frac{42 - 32{,}3}{19{,}8} = 0{,}49$ écart type. Un patient qui prend 42 minutes pour se rendre à son traitement de chimiothérapie se situe à 0,49 longueur d'écart type au-dessus de la moyenne.

c) Étendue = 90 − 0 = 90 minutes. La dispersion des temps de déplacement s'étend sur 90 minutes.

4.50 a) Répartition des victimes en fonction de la durée du harcèlement psychologique chez les membres de la Centrale des syndicats du Québec.

b) Considérez que la catégorie « Depuis 5 ans et plus » devient « De 5 à moins de 10 ans ».
$\mu = 37{,}6$ mois. La durée moyenne du harcèlement psychologique chez les membres de la Centrale des syndicats du Québec est de 37,6 mois.

c) $CV = \frac{\sigma}{\mu} = \frac{33{,}8}{37{,}6} = 0{,}8989$ ou 89,89 %.
Les données de cette distribution ne sont pas homogènes, car le coefficient de variation est supérieur à 15 %.

4.51 a) Tous les hommes dorment 8,5 heures par nuit. Les données sont toutes identiques.

b) $Q_3 = 8{,}5$ heures. Environ 75 % des 423 hommes âgés de 15 à 24 ans dorment au plus 8,5 heures par nuit.

4.52 Voici les moyennes, les écarts types et les coefficients de variation de l'indice des différents titres.

	Moyenne	Écart type	Coefficient de variation
Bombardier	6,25	0,20	3,20
Molson	46,05	1,31	2,84
Saputo	40,78	0,53	1,30
GSPTSE	13 956,13	167,94	1,20

Les titres Bombardier et Molson ont été plus actifs que le marché, car leur coefficient de variation est plus élevé que celui de l'indice GSPTSE. Par contre, le titre de Saputo a suivi le marché, car son coefficient de variation est très près de l'indice GSPTSE.

4.53 Pour calculer le résultat moyen des deux étudiants, on doit tenir compte du nombre d'unités alloué à chacun des cours.

Marie-Josée

Résultat moyen =

$$\frac{70 \cdot 2{,}33 + 88 \cdot 2{,}66 + 62 \cdot 2{,}00 + 60 \cdot 2{,}00 + 65 \cdot 2{,}00 + 80 \cdot 2{,}33}{2{,}33 + 2{,}66 + 2{,}00 + 2{,}00 + 2{,}00 + 2{,}33}$$

$$= \frac{957{,}58}{13{,}32} = 71{,}9.$$

(Ce résultat s'obtient rapidement à l'aide d'une calculatrice en mode statistique.)

Le résultat moyen de Marie-Josée est donc de 71,9 % pour la session. Comme les résultats des cours *Statistique*, *Philosophie* et *Écriture et littérature* sont plus forts et ont une plus grande pondération que les autres, ils affectent la moyenne de Marie-Josée à la hausse.

Jonathan

Résultat moyen =

$$\frac{65 \cdot 2{,}33 + 60 \cdot 2{,}66 + 70 \cdot 2{,}00 + 80 \cdot 2{,}00 + 88 \cdot 2{,}00 + 62 \cdot 2{,}33}{2{,}33 + 2{,}66 + 2{,}00 + 2{,}00 + 2{,}00 + 2{,}33}$$

$$= \frac{931{,}51}{13{,}32} = 69{,}9.$$

(Ce résultat s'obtient rapidement à l'aide d'une calculatrice en mode statistique.)

Le résultat moyen de Jonathan est donc de 69,9 % pour la session. Comme les résultats des cours *Statistique, Philosophie* et *Écriture et littérature* sont plus faibles et ont une plus grande pondération que les autres, ils affectent la moyenne de Jonathan à la baisse.

Et pourtant, Marie-Josée et Jonathan ont exactement les mêmes notes. Le poids accordé à chaque note a donc de l'importance.

4.54 La PME pour laquelle le coefficient de variation est le plus élevé a des revenus plus dispersés que l'autre PME.

4.55 a) La moyenne augmentera de 2 $, alors que l'écart type demeurera inchangé.

b) La moyenne et l'écart type augmentent eux aussi de 5 %.

Chapitre 5

5.1 a) Répartition des Québécois en fonction de leur opinion sur la réussite de la vie de la nouvelle génération dans 10 ans.

b) Environ 58 % des Québécois pensent que la nouvelle génération aura autant de chance de réussir sa vie dans 10 ans.

5.2 a) Répartition des répondants en fonction de leur opinion au sujet de la difficulté de circuler en automobile.

b) 24 % des répondants pensent qu'il est aussi difficile qu'avant de circuler en automobile à Montréal.

c)

Répartition des répondants en fonction de leur opinion au sujet de la difficulté de circuler en automobile

Opinion	Pourcentage des répondants	Pourcentage cumulé des répondants
Plus difficile	75	75
Aussi difficile	24	99
Moins difficile	1	100
Total	100	

99 % des répondants pensent qu'il est plus difficile ou aussi difficile qu'avant de circuler en automobile à Montréal.

5.3 a)

Répartition des Québécois en fonction de leur opinion sur le travail au noir

Le travail au noir...	Pourcentage des Québécois	Pourcentage cumulé des Québécois
... n'est pas du tout condamnable.	14	14
... est peu condamnable.	35	49
... est assez condamnable.	33	82
... est très condamnable.	18	100
Total	100	

b) *Mo* = Le travail au noir est peu condamnable. Un plus grand nombre de Québécois sont d'avis que le travail au noir est peu condamnable, et ce, dans une proportion de 35 %.

c) *Md* = Le travail au noir est assez condamnable. Au moins 50 % des Québécois sont d'avis que le travail au noir n'est pas du tout, peu ou assez condamnable.

5.4 a) Répartition des 344 Québécois âgés de 18 à 24 ans en fonction de leur opinion au sujet de la violence au Québec dans 10 ans.

b)

Répartition des 344 Québécois âgés de 18 à 24 ans en fonction de leur opinion sur la violence au Québec dans 10 ans

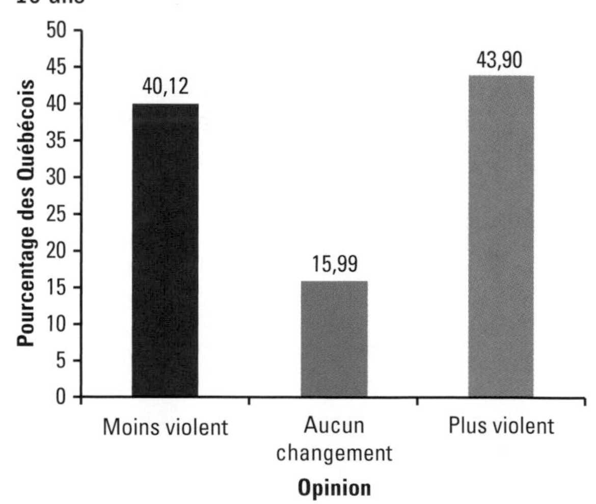

c) *Mo* = Plus violent. Parmi les 344 Québécois interrogés, l'opinion qui revient le plus souvent est que le Québec sera plus violent dans 10 ans, et ce, dans une proportion de 43,90 %.

d) *Md* = Aucun changement. En calculant les pourcentages cumulés, on s'aperçoit qu'au moins 50 % des 344 Québécois interrogés sont d'avis que, dans 10 ans, le Québec sera moins violent ou qu'il n'y aura aucun changement à ce sujet par rapport à aujourd'hui.

5.5 a) L'opinion sur la facilité d'afficher son homosexualité dans son milieu de travail.

b) C'est une variable qualitative.

c) Échelle ordinale ; il existe une relation d'ordre entre les modalités de la variable.

d) Tous les adultes canadiens.

e) Un adulte canadien.

f) $n = 1\,525$.

g)

Répartition des 1 525 adultes canadiens en fonction de leur opinion sur la facilité d'afficher ouvertement son homosexualité dans son milieu de travail

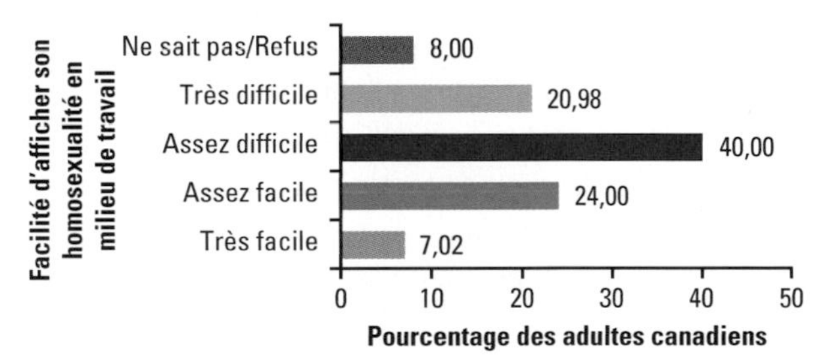

h) Comme le mode ne se démarque pas de façon importante des autres modalités, nous optons pour la médiane comme mesure de tendance centrale.

5.6 a) Répartition des 344 Québécois âgés de 18 à 24 ans en fonction de leur opinion sur le temps disponible pour les loisirs dans 10 ans.

b)

Répartition des 344 Québécois âgés de 18 à 24 ans en fonction de leur opinion sur le temps consacré aux loisirs dans 10 ans

	Nombre de Québécois	Pourcentage des Québécois	Pourcentage cumulé des Québécois
Moins de temps consacré aux loisirs	93	27,03	27,03
Même temps consacré aux loisirs	172	50,00	77,03
Plus de temps consacré aux loisirs	79	22,97	100,00
Total	344	100,00	

c)

Répartition des 344 Québécois âgés de 18 à 24 ans en fonction de leur opinion sur le temps consacré aux loisirs dans 10 ans

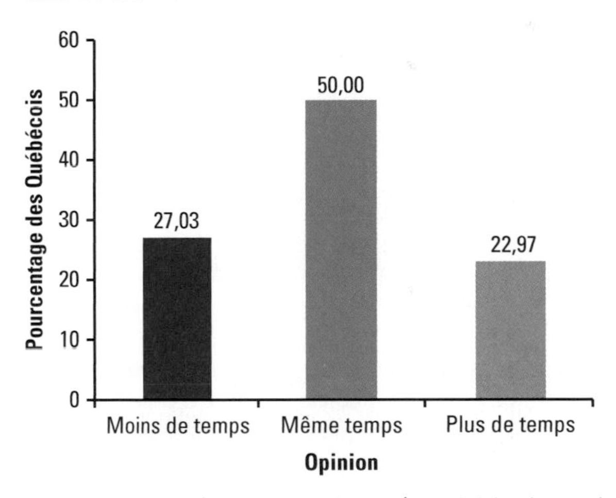

d) *Mo* = Même temps consacré aux loisirs. Le mode se démarque de façon importante des autres modalités. Nous optons donc pour celui-ci comme mesure de tendance centrale de la distribution.

5.7 **a)** Faux. Cela dépend de la distribution.

b) Faux. Les modalités ont été remplacées par des codes.

c) Faux. Seule la présentation visuelle est différente.

5.8 **a)** Le degré de difficulté à consacrer de 2 à 3 heures par semaine à l'activité physique au cours de la prochaine année. C'est une variable qualitative. On utilise une échelle ordinale ; il existe une relation d'ordre entre les modalités de la variable.

b) Population : Tous les élèves du collège.
Unité statistique : Un élève du collège.
Échantillon : Les 130 élèves du collège.

c)

Répartition des 130 élèves du collège en fonction de leur degré de difficulté à consacrer de 2 à 3 heures par semaine à l'activité physique au cours de la prochaine année

Degré de difficulté	Nombre d'élèves	Pourcentage des élèves	Pourcentage cumulé des élèves
Très facile	49	37,69	37,69
Assez facile	35	26,92	64,61
Ni facile ni difficile	21	16,15	80,76
Assez difficile	19	14,62	95,38
Très difficile	6	4,62	100,00
Total	**130**	**100,00**	

d)

Répartition des 130 élèves du collège en fonction de leur degré de difficulté à consacrer de 2 à 3 heures par semaine à l'activité physique au cours de la prochaine année

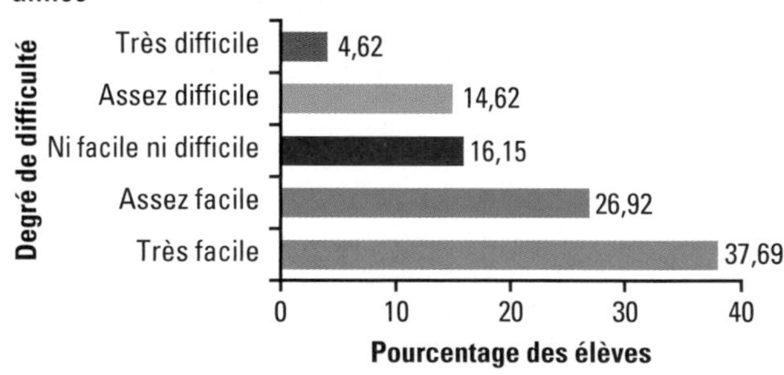

e) *Mo* = Très facile. Un plus grand nombre d'élèves trouvent qu'il est très facile de consacrer de 2 à 3 heures par semaine à l'activité physique, dans une proportion de 37,69 %.

Md = Assez facile. Au moins 50 % des 130 élèves trouvent très facile ou assez facile de consacrer de 2 à 3 heures par semaine à l'activité physique au cours de la prochaine année.

Comme le mode ne se démarque pas de façon importante des autres modalités, nous optons pour la médiane comme mesure de tendance centrale.

5.9

Répartition des 3 004 Québécois en fonction de leur situation par rapport au « burn-out »

J'ai fait un « burn-out ». 17 %

J'ai peur de faire un « burn-out ». 12 %

Ni l'un ni l'autre. 71 %

5.10 **a)** **1)** Répartition des femmes québécoises en fonction de leur opinion sur l'estime de leur corps.

2) Répartition des hommes québécois en fonction de leur opinion sur l'estime de leur corps.

3) Répartition des femmes québécoises en fonction de leur opinion sur leur volonté de maigrir.

4) Répartition des hommes québécois en fonction de leur opinion sur leur volonté de maigrir.

b)

Répartition des hommes québécois en fonction de leur opinion sur l'estime de leur corps

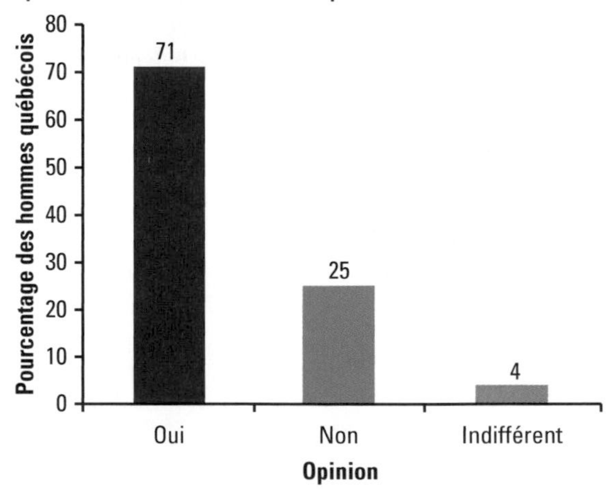

c)

Répartition des femmes québécoises en fonction de leur opinion sur leur volonté de maigrir

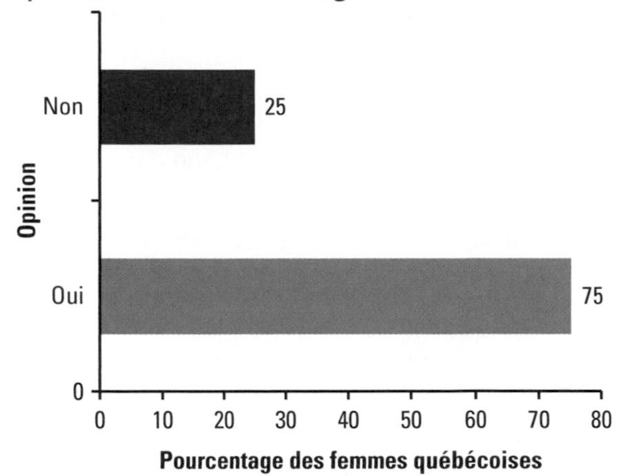

d) 1) *Mo* = Oui. Un plus grand nombre de Québécoises aiment leur corps, et ce, dans une proportion de 51 %.

2) *Mo* = Oui. Un plus grand nombre de Québécois aiment leur corps, et ce, dans une proportion de 71 %.

3) *Mo* = Oui. Un plus grand nombre de Québécoises veulent maigrir, et ce, dans une proportion de 75 %.

4) *Mo* = Oui. Un plus grand nombre de Québécois veulent maigrir, et ce, dans une proportion de 64 %.

5.11 a) Répartition des 1000 Québécois en fonction de leur opinion sur la cause des problèmes de circulation.

b) Un Québécois.

c) *Mo* = Le nombre de voitures sur la route. Un plus grand nombre de Québécois attribuent les problèmes de circulation au nombre de voitures présentes sur la route, et ce, dans une proportion de 35 %.

5.12 a) L'expression qui définit le mieux le « *coming out* » pour l'internaute.

b) C'est une variable qualitative.

c) Il s'agit d'une échelle nominale.

d) Un internaute.

e)

Répartition des 516 internautes en fonction de l'expression qui définit le mieux le « *coming out* »

Expression	Pourcentage des internautes
Est un signe d'acceptation de l'orientation sexuelle.	18
Est une façon d'assumer son orientation sexuelle.	38
Est un moment douloureux pour la personne qui le fait et son entourage.	10
N'est pas une fin en soi, l'orientation sexuelle étant quelque chose de personnel.	34
Total	100

f) *Mo* = Est une façon d'assumer son orientation sexuelle. Un plus grand nombre d'internautes considèrent que cette expression définit le mieux le « *coming out* » , et ce, dans une proportion de 38 %.

Chapitre 6

6.1 a) $z_{110} = \dfrac{110 - 100}{16} = 0{,}63$ écart type.

$z_{120} = \dfrac{120 - 100}{16} = 1{,}25$ écart type.

$P(110 < X < 120) = P(0{,}63 < Z < 1{,}25)$
$= 0{,}3944 - 0{,}2357$

$= 0{,}1587.$

Environ 15,87 % des gens dans la population ont un QI compris entre 110 et 120.

b) $z_{85} = \dfrac{85 - 100}{16} = -0{,}94$ écart type.

$z_{95} = \dfrac{95 - 100}{16} = -0{,}31$ écart type.

$P(85 < X < 95) = P(-0{,}94 < Z < -0{,}31)$
$= 0{,}3264 - 0{,}1217$

$= 0{,}2047.$

Environ 20,47 % des gens dans la population ont un QI compris entre 85 et 95.

c) $z_{130} = \dfrac{130 - 100}{16} = 1{,}88$ écart type.

$P(X > 130) = P(Z > 1{,}88) = 0{,}5000 - 0{,}4699$
$= 0{,}0301.$

Environ 3,01 % des gens dans la population ont un QI supérieur à 130.

d) $P(0 < Z < z) = 0{,}5000 - 0{,}05 = 0{,}45$, d'où $z = 1{,}64$.

$\frac{x - 100}{16} = 1{,}64$, d'où $x = 126{,}24$.

Pour faire partie des 5 % des gens qui ont les QI les plus élevés, il faut avoir un QI d'au moins 126.

6.2 a) $z = -0{,}85 = \frac{x - 20{,}29}{6{,}22}$, d'où $x = 15{,}00$ $.

La rémunération horaire de la personne qui a une cote z de $-0{,}85$ est de 15,00 $.

b) $z = 0{,}34 = \frac{x - 20{,}29}{6{,}22}$, d'où $x = 22{,}40$ $.

Maggy a un salaire horaire de 22,40 $. Il est donc plus élevé que celui de David qui, lui, reçoit 22,00 $ l'heure.

6.3 a) $z_{50} = \frac{50 - 48}{14} = 0{,}14$ écart type.

$P(X > 50) = P(Z > 0{,}14) = 0{,}5000 - 0{,}0557 = 0{,}4443$.

Environ 44,43 % des étudiants détenant un diplôme de premier cycle obtiennent un résultat supérieur à 50.

b) $P(0 < Z < z) = 0{,}5000 - 0{,}25 = 0{,}25$, d'où $z = 0{,}67$.

$\frac{x - 48}{14} = 0{,}67$, d'où $x = 57{,}38$.

Pour faire partie du quartile supérieur, un étudiant doit obtenir un résultat minimal de 57,38.

c) Puisque de chaque côté de la moyenne il y a 50 % des données, l'étudiant doit obtenir un résultat minimal de 48.

d) Si l'on divise l'aire sous la courbe en 10 tranches de 10 %, le sixième décile est la sixième tranche de 10 % en partant de la gauche. On cherche les points qui correspondent à un cumul de 50 % et de 60 % (sixième tranche de 10 %).

$P(-\infty < Z < z) = 0{,}5000$, d'où $z = 0{,}00$.

$\frac{x - 48}{14} = 0{,}00$, d'où $x = 48$.

$P(-\infty < Z < z) = 0{,}6000 = P(-\infty < Z < 0) + P(0 < Z < z)$
$= 0{,}5000 + 0{,}1000$, d'où $z = 0{,}25$.

$\frac{x - 48}{14} = 0{,}25$, d'où $x = 51{,}5$.

Pour faire partie du sixième décile, un étudiant doit obtenir un résultat compris entre 48 et 51,5.

e) $P(0 < Z < z) = 0{,}5000 - 0{,}10 = 0{,}40$, d'où $z = 1{,}28$.

$\frac{x - 48}{14} = 1{,}28$, d'où $x = 65{,}92$.

Pour faire partie des 10 % des étudiants sélectionnés, il faut obtenir un résultat d'au moins 65,92.

f) En a), on a trouvé que 44,43 % des étudiants détenant un diplôme de premier cycle obtiennent un résultat supérieur à 50 ; environ 533 des 1 200 étudiants devraient donc obtenir un résultat supérieur à 50.

6.4 a) $z_{30} = \frac{30 - 25}{3} = 1{,}67$ écart type.

$P(X > 30) = P(Z > 1{,}67) = 0{,}5000 - 0{,}4525 = 0{,}0475$.

Environ 4,75 % des déclarations de revenus de particuliers demandent plus de 30 minutes de vérification.

b) $z_{20} = \frac{20 - 25}{3} = -1{,}67$ écart type.

$z_{30} = \frac{30 - 25}{3} = 1{,}67$ écart type.

$P(20 < X < 30) = P(-1{,}67 < Z < 1{,}67) = 0{,}4525 + 0{,}4525 = 0{,}9050$.

Environ 90,50 % des déclarations de revenus de particuliers demandent de 20 à 30 minutes de vérification. Puisque les cotes z sont symétriques, on peut aussi dire qu'il y a environ 90,50 % des déclarations de revenus de particuliers dont le temps de vérification est au plus à 1,67 longueur d'écart type du temps moyen de 25 minutes.

c) $z_{35} = \frac{35 - 25}{3} = 3{,}33$ écarts types.

$P(X < 35) = P(Z < 3{,}33) = 0{,}5000 + 0{,}4996 = 0{,}9996$.

Environ 99,96 % des déclarations de revenus de particuliers demandent moins de 35 minutes de vérification.

d) En a), on a trouvé que 4,75 % des déclarations demandaient plus de 30 minutes de vérification ; environ 39 des 825 déclarations de revenus de particuliers nécessiteront plus de 30 minutes de vérification.

e) $P(0 < Z < z) = 0{,}5000 - 0{,}20 = 0{,}30$, d'où $z = 0{,}84$.

$\frac{x - 25}{3} = 0{,}84$, d'où $x = 27{,}5$.

Le temps minimal nécessaire pour vérifier l'une de ces déclarations est d'environ 27,5 minutes.

6.5 a) $z_{15\,000} = \frac{15\,000 - 13\,600}{4\,800} = 0{,}29$ écart type.

$P(X > 15\,000) = P(Z > 0{,}29) = 0{,}5000 - 0{,}1141 = 0{,}3859$.

Environ 38,59 % des étudiants ont une dette de plus de 15 000 $ à la fin du collégial.

b) $z_{15\,000} = \frac{15\,000 - 13\,600}{4\,800} = 0{,}29$ écart type.

$z_{18\,000} = \frac{18\,000 - 13\,600}{4\,800} = 0{,}92$ écart type.

$P(15\,000 < X < 18\,000) = P(0{,}29 < Z < 0{,}92)$
$= 0{,}3212 - 0{,}1141 = 0{,}2071.$

Environ 20,71 % des étudiants ont une dette comprise entre 15 000 et 18 000 $ à la fin du collégial.

c) $P(0 < Z < z) = 0{,}5000 - 0{,}25 = 0{,}25$, d'où $z = 0{,}67$.

$\frac{x - 13\,600}{4\,800} = 0{,}67$, d'où $x = 16\,816$ $.

La dette minimale que doit avoir l'étudiant à la fin du collégial pour faire partie des 25 % les plus endettés est de 16 816 $.

d) Si l'on divise l'aire sous la courbe en 10 tranches de 10 %, le troisième décile est la troisième tranche de 10 % en partant de la gauche. On cherche les points qui correspondent à un cumul de 20 % et de 30 % (troisième tranche de 10 %).

$P(-\infty < Z < z) = 0{,}2000.$

$P(z < Z < 0) = 0{,}5000 - 0{,}2000 = 0{,}3000$, d'où $z = -0{,}84$.

$\frac{x - 13\,600}{4\,800} = -0{,}84$, d'où $x = 9\,568$ $.

$P(-\infty < Z < z) = 0{,}3000.$

$P(z < Z < 0) = 0{,}5000 - 0{,}3000 = 0{,}2000$, d'où $z = -0{,}52$.

$\frac{x - 13\,600}{4\,800} = -0{,}52$, d'où $x = 11\,104$ $.

Pour faire partie du troisième décile, la dette de l'étudiant à la fin du collégial doit être comprise entre 9 568 et 11 104 $.

e) $\frac{x - 13\,600}{4\,800} = 1{,}75$, d'où $x = 22\,000$ $.

Si l'étudiant a une cote z de 1,75, sa dette à la fin du collégial sera de 22 000 $.

f) $\frac{x - 13\,600}{4\,800} = -1{,}34$, d'où $x = 7\,168$ $.

Si l'étudiant a une cote z de −1,34, sa dette à la fin du collégial sera de 7 168 $.

6.6 a) $P(0 < Z < z) = 0{,}5000 - 0{,}13 = 0{,}37$, d'où $z = 1{,}13$.

$\frac{x - 34{,}4}{9{,}89} = 1{,}13$, d'où $x = 45{,}6$.

Le nombre minimal d'heures hebdomadaires travaillées des 13 % des personnes ayant un diplôme d'études postsecondaires qui travaillent le plus est de 45,6 heures.

b) $P(0 < Z < z) = 0{,}15$, d'où $z = 0{,}29$.

$\frac{x - 34{,}4}{9{,}89} = 0{,}29$, d'où $x = 37{,}3$.

$P(z < Z < 0) = 0{,}15$, d'où $z = -0{,}29$.

$\frac{x - 34{,}4}{9{,}89} = -0{,}29$, d'où $x = 31{,}5$.

La personne qui travaille de 31,5 à 37,3 heures par semaine se trouve dans l'intervalle des 15 % des personnes de part et d'autre de la moyenne.

6.7 a) $\frac{\mu - \mu}{\sigma} = 0{,}00$; la cote z est de 0,00.

b) $\frac{(\mu + \sigma) - \mu}{\sigma} = 1{,}00$; la cote z est de 1,00.

c) $\frac{(\mu - 2{,}00\,\sigma) - \mu}{\sigma} = -2{,}00$; la cote Z est de −2,00.

d) Par exemple, dans une compétition sportive, le temps pris pour effectuer un circuit. En général, c'est la personne la plus rapide qui gagne.

e) Il vaut mieux être dans le groupe dont l'écart type est le plus petit, ce qui donne une plus grande cote z.

f) Pour avoir une meilleure cote z, il vaut mieux faire partie du groupe dont l'écart type est le plus grand.

6.8 a) $\mu_{\bar{x}} = \mu = 875$ $.

$\sigma_{\bar{x}} = \frac{\sigma}{\sqrt{n}} = \frac{103}{\sqrt{500}} = 4{,}61$ $.

b) Puisque $n = 500 \geq 30$, on utilisera la distribution normale.

c) $z_{880} = \frac{880 - 875}{4{,}61} = 1{,}08$ écart type.

$P(\bar{X} < 880) = P(Z < 1{,}08) = 0{,}5000 + 0{,}3599$
$= 0{,}8599.$

Il y a environ 85,99 % des échantillons de 500 employés dans lesquels le montant moyen payé annuellement pour l'assurance santé est inférieur à 880 $.

d) $z_{900} = \frac{900 - 875}{4{,}61} = 5{,}42$ écarts types.

$P(\bar{X} > 900) = P(Z > 5{,}42) = 0{,}5000 - 0{,}5000$
$= 0{,}0000.$

Il y a environ 0 % des échantillons de 500 employés dans lesquels le montant moyen payé annuellement pour l'assurance santé est supérieur à 900 $.

e) En d), on a montré qu'avec une moyenne de 875 $, c'était impossible. Donc, si l'on obtient un échantillon ayant une moyenne supérieure à 900 $, cela est probablement dû au fait que la moyenne n'est pas de 875 $.

f) $P(-2 < Z < 2) = 0{,}4772 + 0{,}4772 = 0{,}9544.$

Il y a environ 95,44 % des échantillons qui sont à au plus 2 écarts types de la moyenne μ.

6.9 a) $\mu_{\bar{x}} = \mu = 24{,}6$ heures.

$\sigma_{\bar{x}} = \frac{\sigma}{\sqrt{n}} = \frac{8{,}3}{\sqrt{1\,025}} = 0{,}26$ heure.

Puisque $n = 1\,025 \geq 30$, on utilisera la distribution normale.

$z_{24} = \frac{24 - 24{,}6}{0{,}26} = -2{,}31$ écarts types.

$z_{25} = \frac{25 - 24{,}6}{0{,}26} = 1{,}54$ écart type.

$P(24 < \bar{X} < 25) = P(-2{,}31 < Z < 1{,}54)$

$= 0{,}4896 + 0{,}4382 = 0{,}9278.$

Il y a environ 92,78 % des échantillons de 1 025 employés âgés de 15 à 24 ans dans lesquels la durée moyenne de travail par semaine se situe entre 24 et 25 heures.

b) $z_{50} = \frac{50 - 24{,}6}{0{,}26} = 97{,}69$ écarts types

Comme 50 heures est à 97,69 longueurs d'écart type au-dessus de la moyenne, il est donc impossible d'obtenir un tel résultat avec une distribution normale dont la moyenne est de 24,6 heures. Si l'on obtient un tel échantillon, c'est probablement dû au fait que la durée moyenne de travail par semaine n'est pas de 24,6 heures.

c) $z_{24{,}2} = \frac{24{,}2 - 24{,}6}{0{,}26} = -1{,}54$ écart type.

$P(\bar{X} < 24{,}2) = P(Z < -1{,}54) = 0{,}5000 - 0{,}4382$
$= 0{,}0618.$

Il y a environ 6,18 % des échantillons de 1 025 employés âgés de 15 à 24 ans dans lesquels le nombre moyen d'heures travaillées par semaine est inférieur à 24,2 heures.

d) $z_{25} = \frac{25 - 24{,}6}{0{,}26} = 1{,}54$ écart type.

$P(\bar{X} < 25) = P(Z < 1{,}54) = 0{,}5000 + 0{,}4382$
$= 0{,}9382.$

Il y a environ 93,82 % des échantillons de 1 025 employés âgés de 15 à 24 ans dans lesquels le nombre moyen d'heures travaillées par semaine est d'au plus 25 heures.

e) $P(-1 < Z < 1) = 0{,}3413 + 0{,}3413 = 0{,}6826.$

Il y a environ 68,26 % des échantillons qui sont à au plus 1 écart type de la moyenne μ.

6.10 a) Faux. Lorsque la taille de l'échantillon augmente, la dispersion de la variable $\bar{X}$ diminue et, par conséquent, les valeurs $\bar{x}$ se rapprochent de μ.

b) Faux. Les deux valeurs sont égales à 0, car il n'y a pas de dispersion.

6.11 a) $\mu_{\bar{X}} = \mu = 20{,}7$ jours.

b) $\sigma_{\bar{X}} = \frac{\sigma}{\sqrt{n}} = \frac{12{,}4}{\sqrt{250}} = 0{,}8$ jour.

c) Puisque $n = 250 \geq 30$, on utilisera la distribution normale.

$z_{19{,}5} = \frac{19{,}5 - 20{,}7}{0{,}8} = -1{,}50$ écart type.

$P(\bar{X} < 19{,}5) = P(Z < -1{,}50) =$
$0{,}5000 - 0{,}4332 = 0{,}0668.$

Il y a environ 6,68 % des échantillons de 250 employés dans lesquels le nombre moyen de journées d'absence en raison de vacances et de jours fériés est inférieur à 19,5 jours.

d) $z_{21} = \frac{21 - 20{,}7}{0{,}8} = 0{,}38$ écart type.

$z_{23} = \frac{23 - 20{,}7}{0{,}8} = 2{,}88$ écarts types.

$P(21 < \bar{X} < 23) = P(0{,}38 < Z < 2{,}88) =$
$0{,}4980 - 0{,}1480 = 0{,}3500.$

Il y a environ 35,00 % des échantillons de 250 employés dans lesquels le nombre moyen de journées d'absence en raison de vacances et de jours fériés se situe entre 21 et 23 jours.

e) $P(20{,}7 - 2{,}5 < \bar{X} < 20{,}7 + 2{,}5) =$
$P(18{,}2 < \bar{X} < 23{,}2).$

$z_{18{,}2} = \frac{18{,}2 - 20{,}7}{0{,}8} = -3{,}13$ écarts types.

$Z_{23{,}2} = \frac{23{,}2 - 20{,}7}{0{,}8} = 3{,}13$ écarts types.

$P(18{,}2 < X < 23{,}2) = P(-3{,}13 < Z < -3{,}13)$
$= 0{,}4991 + 0{,}4991 = 0{,}9982.$

Il y a environ 99,82 % des échantillons de 250 employés dans lesquels le nombre moyen de journées d'absence en raison de vacances et de jours fériés est à au plus 2,5 jours du nombre moyen de journées d'absence en raison de vacances et de jours fériés de l'ensemble des employés à temps plein détenant un diplôme d'études postsecondaires.

6.12 a) $\mu_p = \pi = 0{,}15.$

$\sigma_p = \sqrt{\frac{\pi(1 - \pi)}{n}} = \sqrt{\frac{0{,}15 \cdot 0{,}85}{90}} = 0{,}0376.$

b) Puisque $n = 90 \geq 30$, on utilisera la distribution normale.

c) $z_{0{,}10} = \frac{0{,}10 - 0{,}15}{0{,}0376} = -1{,}33$ écart type.

$P(P < 0{,}10) = P(Z < -1{,}33) = 0{,}5000 - 0{,}4082$
$= 0{,}0918.$

Il y a environ 9,18 % des échantillons de 90 logements occupés par des locataires dans lesquels moins de 10 % des locataires sont sans assurance habitation.

d) $z_{0{,}09} = \frac{0{,}09 - 0{,}15}{0{,}0376} = -1{,}60$ écart type.

$z_{0{,}21} = \frac{0{,}21 - 0{,}15}{0{,}0376} = 1{,}60$ écart type.

$P(0{,}09 < P < 0{,}21) = P(-1{,}60 < Z < 1{,}60)$
$= 0{,}4452 + 0{,}4452$
$= 0{,}8904.$

Il y a environ 89,04 % des échantillons de 90 logements occupés par des locataires dans lesquels entre 9 et 21 % des locataires sont sans assurance habitation.

6.13 a) $\mu_p = \pi = 0{,}64.$

$\sigma_p = \sqrt{\frac{\pi(1-\pi)}{n}} = \sqrt{\frac{0{,}64\,(1-0{,}64)}{500}} = 0{,}0215.$

Puisque $n = 500 \geq 30$, on utilisera la distribution normale.

$z_{0{,}60} = \frac{0{,}60 - 0{,}64}{0{,}0215} = -1{,}86$ écart type.

$P(P < 0{,}60) = P(Z < -1{,}86) = 0{,}5000 - 0{,}4686 = 0{,}0314.$

Il y a environ 3,14 % des échantillons de 500 Canadiens détenteurs de cartes de crédit dans lesquels moins de 60 % des détenteurs paient la totalité de leur solde chaque mois.

b) $z_{0{,}70} = \frac{0{,}70 - 0{,}64}{0{,}0215} = 2{,}79$ écarts types.

$P(P \geq 0{,}70) = P(Z \geq 2{,}79) = 0{,}5000 - 0{,}4974 = 0{,}0026.$

Il y a environ 0,26 % des échantillons de 500 Canadiens détenteurs de cartes de crédit dans lesquels plus de 70 % des détenteurs paient la totalité de leur solde chaque mois.

c) $P(-1 < Z < 1) = 0{,}3413 + 0{,}3413 = 0{,}6826.$

Il y a environ 68,26 % des échantillons qui sont à au plus 1 écart type de la proportion π.

6.14 a) $\mu_p = \pi = 0{,}65.$

$\sigma_p = \sqrt{\frac{\pi(1-\pi)}{n}} = \sqrt{\frac{0{,}65 \cdot 0{,}35}{125}} = 0{,}0427.$

Puisque $n = 125 \geq 30$, on utilisera la distribution normale.

$z_{0{,}60} = \frac{0{,}60 - 0{,}65}{0{,}0427} = -1{,}17$ écart type.

$P(P > 0{,}60) = P(Z > -1{,}17) = 0{,}5000 + 0{,}3790 = 0{,}8790.$

Il y a environ 87,90 % des échantillons de 125 employés dans lesquels on trouve plus de 60 % de syndiqués.

b) $z_{0{,}65} = \frac{0{,}65 - 0{,}65}{0{,}0427} = 0{,}00$ écart type.

$P(P < 0{,}65) = P(Z < 0{,}00) = 0{,}5000 - 0{,}0000 = 0{,}5000.$

Il y a environ 50,00 % des échantillons de 125 employés dans lesquels on trouve moins de 65 % de syndiqués.

c) $P(-3 < Z < 3) = 0{,}4987 + 0{,}4987 = 0{,}9974.$

Il y a environ 99,74 % des échantillons qui sont à au plus 3 écarts types de la proportion π.

6.15 a) $\mu_p = \pi = 0{,}124.$

$\sigma_p = \sqrt{\frac{\pi(1-\pi)}{n}} = \sqrt{\frac{0{,}124 \cdot 0{,}876}{800}} = 0{,}0117.$

Puisque $n = 800 \geq 30$, on utilisera la distribution normale.

$z_{0{,}15} = \frac{0{,}15 - 0{,}124}{0{,}0117} = 2{,}22$ écarts types.

$P(P > 0{,}15) = P(Z > 2{,}22) = 0{,}5000 - 0{,}4868 = 0{,}0132.$

Il y a environ 1,32 % des échantillons de taille 800 dans lesquels le pourcentage des femmes ayant quitté leur emploi par insatisfaction en 2009 est supérieur à 15 %.

b) $\mu_p = \pi = 0{,}161.$

$\sigma_p = \sqrt{\frac{\pi(1-\pi)}{n}} = \sqrt{\frac{0{,}161 \cdot 0{,}839}{600}} = 0{,}0150.$

Puisque $n = 600 \geq 30$, on utilisera la distribution normale.

$z_{0{,}12} = \frac{0{,}12 - 0{,}161}{0{,}0150} = -2{,}73$ écarts types.

$z_{0{,}15} = \frac{0{,}15 - 0{,}161}{0{,}0150} = -0{,}73$ écart type.

$P(0{,}12 < P < 0{,}15) = P(-2{,}73 < Z < -0{,}73) = 0{,}4968 - 0{,}2673 = 0{,}2295.$

Il y a environ 22,95 % des échantillons de taille 600 dans lesquels le pourcentage des hommes qui ont quitté leur emploi par insatisfaction en 2009 est compris entre 12 et 15 %.

c) $\mu_p = \pi = 0{,}124.$

$\sigma_p = \sqrt{\frac{\pi(1-\pi)}{n}} = \sqrt{\frac{0{,}124 \cdot 0{,}876}{800}} = 0{,}0117.$

Puisque $n = 800 \geq 30$, on utilisera la distribution normale.

$z_{0{,}17} = \frac{0{,}17 - 0{,}124}{0{,}0117} = 3{,}93$ écarts types.

$P(P < 0{,}17) = P(Z < 3{,}93) = 0{,}5000 + 0{,}5000 = 1{,}0000.$

Il y a environ 100,00 % des échantillons de taille 800 dans lesquels le pourcentage des femmes ayant quitté leur emploi par insatisfaction en 2009 est inférieur à 17 %.

d) $\mu_p = \pi = 0{,}161.$

$\sigma_p = \sqrt{\frac{\pi(1-\pi)}{n}} = \sqrt{\frac{0{,}161 \cdot 0{,}839}{600}} = 0{,}0150.$

Puisque $n = 600 \geq 30$, on utilisera la distribution normale.

$z_{0{,}20} = \frac{0{,}20 - 0{,}161}{0{,}0150} = 2{,}60$ écarts types.

$P(P \leq 0{,}20) = P(Z \leq 2{,}60) = 0{,}5000 + 0{,}4953 = 0{,}9953.$

Il y a environ 99,53 % des échantillons de taille 600 dans lesquels le pourcentage des hommes qui ont quitté leur emploi par insatisfaction en 2009 est d'au plus 20 %.

Chapitre 7

7.1 a) $\bar{x} = 7{,}1$ heures est une estimation ponctuelle de μ. On estime le nombre moyen d'heures de sommeil de l'ensemble des personnes âgées de 18 à 55 ans, en France, à 7,1 heures.

b) Intervalle de confiance :

$\bar{x} - 1{,}96\frac{s}{\sqrt{n}} \leq \mu \leq \bar{x} + 1{,}96\frac{s}{\sqrt{n}}$.

$7{,}1 - 1{,}96\frac{2{,}1}{\sqrt{1\,000}} \leq \mu \leq 7{,}1 + 1{,}96\frac{2{,}1}{\sqrt{1\,000}}$

$= 7{,}1 - 0{,}13 \leq \mu \leq 7{,}1 + 0{,}13$

$= 6{,}97 \leq \mu \leq 7{,}23$.

Le nombre moyen d'heures de sommeil de l'ensemble des personnes âgées de 18 à 55 ans, en France, se situe entre 6,97 et 7,23 heures, avec un intervalle de confiance à 95 %.

c) Non, car 6 heures ne se trouve pas dans l'intervalle calculé.

d) Pour obtenir une marge d'erreur de 0,1 heure, il faut augmenter la taille de l'échantillon de 695 personnes pour avoir 1 695 personnes âgées de 18 à 55 ans, en France.

En effet,

$ME = 1{,}96\frac{s}{\sqrt{n}} = 1{,}96\frac{2{,}1}{\sqrt{n}} \leq 0{,}1$, puisque $MEM = 0{,}1$,

c'est-à-dire $n \geq \left(\frac{1{,}96 \cdot 2{,}1}{0{,}1}\right)^2$,

d'où $n \geq 1\,694{,}15$.

7.2 a) $\bar{x} = 28{,}32$ \$ est une estimation ponctuelle de μ. On estime la rémunération horaire moyenne de tous les Québécois détenant un diplôme universitaire, en 2009, à 28,32 $.

b) Intervalle de confiance :

$\bar{x} - 1{,}96\frac{s}{\sqrt{n}} \leq \mu \leq \bar{x} + 1{,}96\frac{s}{\sqrt{n}}$.

$28{,}32 - 1{,}96\frac{2{,}14}{\sqrt{4\,200}} \leq \mu \leq 28{,}32 + 1{,}96\frac{2{,}14}{\sqrt{4\,200}}$

$= 28{,}32 - 0{,}06 \leq \mu \leq 28{,}32 + 0{,}06$

$= 28{,}26 \leq \mu \leq 28{,}38$.

La rémunération horaire moyenne de tous les Québécois détenant un diplôme universitaire, en 2009, se situe entre 28,26 et 28,38 $, avec un intervalle de confiance à 95 %.

7.3 $ME = 1{,}96\frac{s}{\sqrt{n}} = \frac{1{,}96\ 1{,}3}{\sqrt{4\,607}} = 0{,}04$ jour.

La marge d'erreur pour une estimation avec 95 % de confiance pour le nombre moyen de jours d'attente pour voir un médecin au Québec, lorsqu'on est dirigé d'urgence vers un docteur, est de 0,04 jour.

7.4 Dans le cas d'un intervalle de confiance à 95 %, la marge d'erreur correspond à l'écart maximal entre la moyenne μ recherchée et la moyenne $\bar{x}$ de 95 % des échantillons de taille n.

7.5 La marge d'erreur représente un écart absolu (*voir n° 7.4*), tandis que le risque d'erreur correspond au pourcentage des échantillons de taille n pour lesquels l'écart entre la moyenne μ recherchée et la moyenne $\bar{x}$ est plus grand que la marge d'erreur.

7.6 a) Le montant de 500 $ représente la marge d'erreur.

b) L'expression « 19 cas sur 20 » représente le pourcentage de confiance, soit 95 %.

7.7 a) 1° La marge d'erreur augmentera, puisque $ME = z\frac{s}{\sqrt{n}}$.

2° La marge d'erreur diminuera, puisque la cote z sera plus petite.

b) 1° L'intervalle de confiance sera plus grand.

2° L'intervalle de confiance sera plus petit.

7.8 a) $p = 0{,}63$ est une estimation ponctuelle de π. On estime le pourcentage de l'ensemble des Canadiens qui considèrent que le bulletin météo est important à leurs yeux à 63 %.

b) Intervalle de confiance :

$p - ME \leq \pi \leq p + ME$.

$p - 1{,}96\sqrt{\frac{p(1-p)}{n}} \leq \pi \leq p + 1{,}96\sqrt{\frac{p(1-p)}{n}}$.

$0{,}63 - 1{,}96\sqrt{\frac{0{,}63\,(1-0{,}63)}{2\,333}} \leq \pi \leq 0{,}63 + 1{,}96\frac{\sqrt{0{,}63\,(1-0{,}63)}}{2\,333}$

$= 0{,}63 - 0{,}0196 \leq \pi \leq 0{,}63 + 0{,}0196$

$= 0{,}6104 \leq \pi \leq 0{,}6496$.

Le pourcentage de l'ensemble des Canadiens qui considèrent que le bulletin météo est important à leurs yeux se situe entre 61,04 et 64,96 %, avec un intervalle de confiance à 95 %.

c) Il faut $n \geq \frac{1{,}96^2}{4 \cdot MEM^2}$, d'où $n \geq \frac{1{,}96^2}{4 \cdot 0{,}015^2}$.

On en déduit que $n \geq 4\,269$.

Pour obtenir une marge d'erreur qui n'excède pas 1,5 %, il faudrait prélever un échantillon d'au moins 4 269 Canadiens.

7.9 **a)** $p = \frac{132}{1\,200} = 0{,}1100$ est une estimation ponctuelle de π. On estime le pourcentage de l'ensemble des Canadiens âgés de 18 à 24 ans qui sont obèses à 11,00 %.

b) Intervalle de confiance :

$p - ME \leq \pi \leq p + ME.$

$p - 1{,}96\sqrt{\frac{p(1-p)}{n}} \leq \pi \leq p + 1{,}96\sqrt{\frac{p(1-p)}{n}}.$

$0{,}1100 - 1{,}96\sqrt{\frac{0{,}1100\,(1-0{,}1100)}{1200}} \leq \pi \leq$

$0{,}1100 + 1{,}96\sqrt{\frac{0{,}1100\,(1-0{,}1100)}{1200}}$

$= 0{,}1100 - 0{,}0177 \leq \pi \leq 0{,}1100 + 0{,}0177$

$= 0{,}0923 \leq \pi \leq 0{,}1277.$

Le pourcentage de l'ensemble des Canadiens âgés de 18 à 24 ans qui sont obèses se situe entre 9,23 et 12,77 %, avec un intervalle de confiance à 95 %.

7.10 **a)** $p = \frac{1\,460}{1\,850} = 0{,}7892.$

$ME = 1{,}96\sqrt{\frac{p(1-p)}{n}}$

$= 1{,}96\sqrt{\frac{0{,}7892(1-0{,}7892)}{1\,850}} = 0{,}0186.$

La marge d'erreur pour une estimation avec un intervalle de confiance à 95 % du pourcentage de l'ensemble des fonctionnaires provinciaux en « burnout » ou en dépression qui ont fait des réclamations en matière de santé mentale est de 1,86 %.

b) Intervalle de confiance :

$p - ME \leq \pi \leq p + ME.$

$0{,}7892 - 0{,}0186 \leq \pi \leq 0{,}7892 + 0{,}0186$

$= 0{,}7706 \leq \pi \leq 0{,}8078.$

Le pourcentage de l'ensemble des fonctionnaires provinciaux en « burnout » ou en dépression qui ont fait des réclamations en matière de santé mentale se situe entre 77,06 et 80,78 %, avec un intervalle de confiance à 95 %.

7.11 **a)** Une statistique, car la question se trouve dans le questionnaire long distribué à 20 % des Canadiens.

b) Une statistique.

c) Une statistique.

7.12 **a)** Faux. La marge d'erreur représente un écart et le risque d'erreur, un pourcentage.

b) Faux. Même raison.

c) Vrai.

d) Vrai.

e) Faux. Si le risque d'erreur augmente, la cote z diminue, donc la marge d'erreur diminue.

7.13 **Première étape : formuler les hypothèses statistiques**

$H_0 : \mu = 6$ minutes.

$H_1 : \mu \neq 6$ minutes.

Deuxième étape : indiquer le seuil de signification α

Le seuil de signification α est de 5 %.

Troisième étape : vérifier la taille de l'échantillon

$n = 1\,005 \geq 30.$

Quatrième étape : préciser la distribution utilisée

Puisque la taille de l'échantillon est de $1\,005 \geq 30$, on peut utiliser la loi normale.

Cinquième étape : définir la règle de décision

Si $z_{\bar{x}} < -1{,}96$ ou si $z_{\bar{x}} > 1{,}96$, la moyenne proposée dans l'hypothèse nulle H_0 est rejetée et, par conséquent, l'hypothèse alternative H_1 est acceptée.

Si $-1{,}96 \leq z_{\bar{x}} \leq 1{,}96$, la moyenne proposée dans l'hypothèse nulle H_0 n'est pas rejetée.

Sixième étape : calculer

$$z_{\bar{x}} = \frac{\bar{x} - \mu}{\frac{s}{\sqrt{n}}} = \frac{5{,}7 - 6}{\frac{2{,}3}{\sqrt{1\,005}}} = -4{,}14.$$

Cette cote z signifie que 5,7 est à 4,14 longueurs d'écart type sous la valeur de la moyenne proposée, laquelle est de 6 minutes.

Septième étape : appliquer la règle de décision

Puisque $-4{,}14 < -1{,}96$, la différence entre 5,7 et 6 minutes est jugée significative. On peut donc rejeter la moyenne proposée dans l'hypothèse nulle H_0 et accepter l'hypothèse alternative H_1.

Huitième étape : conclure

Le temps d'attente moyen des adultes québécois à la caisse des boutiques de vêtements n'est pas de 6 minutes ; le risque qu'une mauvaise décision soit prise est inférieur à 5 %, lequel est le seuil de signification.

7.14 Première étape : formuler les hypothèses statistiques

$H_0 : \mu = 9\,000$ km.

$H_1 : \mu > 9\,000$ km.

Deuxième étape : indiquer le seuil de signification α

Le seuil de signification α est de 5 %.

Troisième étape : vérifier la taille de l'échantillon

$n = 874 \geq 30$.

Quatrième étape : préciser la distribution utilisée

Puisque la taille de l'échantillon est de $874 \geq 30$, on peut utiliser la loi normale.

Cinquième étape : définir la règle de décision

Si $z_{\bar{x}} > 1{,}64$, la moyenne proposée dans l'hypothèse nulle H_0 est rejetée et, par conséquent, l'hypothèse alternative H_1 est acceptée.

Si $z_{\bar{x}} \leq 1{,}64$, la moyenne proposée dans l'hypothèse nulle H_0 n'est pas rejetée.

Sixième étape : calculer

$$z_{\bar{x}} = \frac{\bar{x} - \mu}{\frac{s}{\sqrt{n}}} = \frac{9\,181 - 9\,000}{\frac{2\,844}{\sqrt{874}}} = 1{,}88.$$

Cette cote z signifie que 9 181 km est à 1,88 longueur d'écart type au-dessus de la valeur de la moyenne proposée, laquelle est de 9 000 km.

Septième étape : appliquer la règle de décision

Puisque $1{,}88 > 1{,}64$, la différence entre 9 181 et 9 000 km est jugée significative. On peut donc rejeter la moyenne proposée dans l'hypothèse nulle H_0 et accepter l'hypothèse alternative H_1.

Huitième étape : conclure

Le kilométrage moyen fait annuellement par les Québécois est supérieur à 9 000 km ; le risque qu'une mauvaise décision soit prise est inférieur à 5 %, lequel est le seuil de signification.

7.15 Première étape : formuler les hypothèses statistiques

$H_0 : \mu = 50$ ans.

$H_1 : \mu < 50$ ans.

Deuxième étape : indiquer le seuil de signification α

Le seuil de signification α est de 5 %.

Troisième étape : vérifier la taille de l'échantillon

$n = 30\,000 \geq 30$.

Quatrième étape : préciser la distribution utilisée

Puisque la taille de l'échantillon est de $30\,000 \geq 30$, on peut utiliser la loi normale.

Cinquième étape : définir la règle de décision

Si $z_{\bar{x}} < -1{,}64$, la moyenne proposée dans l'hypothèse nulle H_0 est rejetée et, par conséquent, l'hypothèse alternative H_1 est acceptée.

Si $z_{\bar{x}} \geq -1{,}64$, la moyenne proposée dans l'hypothèse nulle H_0 n'est pas rejetée.

Sixième étape : calculer

$$z_{\bar{x}} = \frac{\bar{x} - \mu}{\frac{s}{\sqrt{n}}} = \frac{45 - 50}{\frac{7{,}4}{\sqrt{30\,000}}} = -117{,}03.$$

Cette cote z signifie que 45 ans est à 117,03 longueurs d'écart type sous la valeur de la moyenne proposée, laquelle est de 50 ans.

Septième étape : appliquer la règle de décision

Puisque $-117{,}03 < -1{,}64$, la différence entre 45 et 50 ans est jugée significative. On peut donc rejeter la moyenne proposée dans l'hypothèse nulle H_0 et accepter l'hypothèse alternative H_1.

Huitième étape : conclure

L'âge moyen de la déprime est inférieur à 50 ans ; le risque qu'une mauvaise décision soit prise est inférieur à 5 %, lequel est le seuil de signification.

7.16 Première étape : formuler les hypothèses statistiques

$H_0 : \mu = 31$ minutes.

$H_1 : \mu < 31$ minutes.

Deuxième étape : indiquer le seuil de signification α

Le seuil de signification α est de 5 %.

Troisième étape : vérifier la taille de l'échantillon

$n = 897 \geq 30$.

Quatrième étape : préciser la distribution utilisée

Puisque la taille de l'échantillon est de $897 \geq 30$, on peut utiliser la loi normale.

Cinquième étape : définir la règle de décision

Si $z_{\bar{x}} < -1{,}64$, la moyenne proposée dans l'hypothèse nulle H_0 est rejetée et, par conséquent, l'hypothèse alternative H_1 est acceptée.

Si $z_{\bar{x}} \geq -1{,}64$, la moyenne proposée dans l'hypothèse nulle H_0 n'est pas rejetée.

Sixième étape : calculer

$$z_{\bar{x}} = \frac{\bar{x} - \mu}{\frac{s}{\sqrt{n}}} = \frac{30 - 31}{\frac{15,9}{\sqrt{897}}} = -1,88.$$

Cette cote z signifie que 30 minutes est à 1,88 longueur d'écart type sous la valeur de la moyenne proposée, laquelle est de 31 minutes.

Septième étape : appliquer la règle de décision

Puisque $-1,88 < -1,64$, la différence entre 30 et 31 minutes est jugée significative. On peut donc rejeter la moyenne proposée dans l'hypothèse nulle H_0 et accepter l'hypothèse alternative H_1.

Huitième étape : conclure

Le temps moyen de déplacement pour aller travailler est inférieur à 31 minutes ; le risque qu'une mauvaise décision soit prise est inférieur à 5 %, lequel est le seuil de signification.

7.17 Première étape : formuler les hypothèses statistiques

$H_0 : \mu = 6,5$ kg.

$H_1 : \mu \neq 6,5$ kg.

Deuxième étape : indiquer le seuil de signification α

Le seuil de signification α est de 5 %.

Troisième étape : vérifier la taille de l'échantillon

$n = 1\,519 \geq 30$.

Quatrième étape : préciser la distribution utilisée

Puisque la taille de l'échantillon est de $1\,519 \geq 30$, on peut utiliser la loi normale.

Cinquième étape : définir la règle de décision

Si $z_{\bar{x}} < -1,96$ ou $z_{\bar{x}} > 1,96$, la moyenne proposée dans l'hypothèse nulle H_0 est rejetée et, par conséquent, l'hypothèse alternative H_1 est acceptée.

Si $-1,96 \leq z_{\bar{x}} \leq 1,96$, la moyenne proposée dans l'hypothèse nulle H_0 n'est pas rejetée.

Sixième étape : calculer

$$z_{\bar{x}} = \frac{\bar{x} - \mu}{\frac{s}{\sqrt{n}}} = \frac{6,4 - 6,5}{\frac{2,8}{\sqrt{1\,519}}} = -1,39.$$

Cette cote z signifie que 6,4 kg est à 1,39 longueur d'écart type sous la valeur de la moyenne proposée, laquelle est de 6,5 kg.

Septième étape : appliquer la règle de décision

Puisque $-1,96 \leq -1,39 \leq 1,96$, la différence entre 6,4 et 6,5 kg est jugée non significative. On ne peut donc rejeter la moyenne proposée dans l'hypothèse nulle H_0.

Huitième étape : conclure

La consommation de pâtes des habitants de votre région ne diffère pas de la moyenne canadienne. Si l'on rejetait l'hypothèse nulle H_0, le risque de prendre une mauvaise décision serait d'au moins 5 %.

7.18 a) Première étape : formuler les hypothèses statistiques

$H_0 : \mu = 38,9$ heures.

$H_1 : \mu < 38,9$ heures.

Deuxième étape : indiquer le seuil de signification α

Le seuil de signification α est de 5 %.

Troisième étape : vérifier la taille de l'échantillon

$n = 12\,000 \geq 30$.

Quatrième étape : préciser la distribution utilisée

Puisque la taille de l'échantillon est de $12\,000 \geq 30$, on peut utiliser la loi normale.

Cinquième étape : définir la règle de décision

Si $z_{\bar{x}} < -1,64$, la moyenne proposée dans l'hypothèse nulle H_0 est rejetée et, par conséquent, l'hypothèse alternative H_1 est acceptée.

Si $z_{\bar{x}} \geq -1,64$, la moyenne proposée dans l'hypothèse nulle H_0 n'est pas rejetée.

Sixième étape : calculer

$$z_{\bar{x}} = \frac{\bar{x} - \mu}{\frac{s}{\sqrt{n}}} = \frac{38,5 - 38,9}{\frac{9,4}{\sqrt{12\,000}}} = -4,66.$$

Cette cote z signifie que 38,5 heures est à 4,66 longueurs d'écart type sous la valeur de la moyenne proposée, laquelle est de 38,9 heures.

Septième étape : appliquer la règle de décision

Puisque $-4,66 < -1,64$, la différence entre 38,5 et 38,9 heures est jugée significative. On peut donc rejeter la moyenne proposée dans l'hypothèse nulle H_0 et accepter l'hypothèse alternative H_1.

Huitième étape : conclure

En 1976, la durée moyenne de la semaine de travail était inférieure à 38,9 heures ; le risque qu'une mauvaise décision soit prise est inférieur à 5 %, lequel est le seuil de signification.

b) Première étape : formuler les hypothèses statistiques

$H_0 : \mu = 35$ heures.

$H_1 : \mu > 35$ heures.

Deuxième étape : indiquer le seuil de signification α

Le seuil de signification α est de 5 %.

Troisième étape : vérifier la taille de l'échantillon

$n = 10\,753 \geq 30$.

Quatrième étape : préciser la distribution utilisée

Puisque la taille de l'échantillon est de $10\,753 \geq 30$, on peut utiliser la loi normale.

Cinquième étape : définir la règle de décision

Si $z_{\bar{x}} > 1{,}64$, la moyenne proposée dans l'hypothèse nulle H_0 est rejetée et, par conséquent, l'hypothèse alternative H_1 est acceptée.

Si $z_{\bar{x}} \leq 1{,}64$, la moyenne proposée dans l'hypothèse nulle H_0 n'est pas rejetée.

Sixième étape : calculer

$$z_{\bar{x}} = \frac{\bar{x} - \mu}{\frac{s}{\sqrt{n}}} = \frac{35{,}5 - 35}{\frac{12{,}7}{\sqrt{10\,753}}} = 4{,}08.$$

Cette cote z signifie que 35,5 heures est à 4,08 longueurs d'écart type au-dessus de la valeur de la moyenne proposée, laquelle est de 35 heures.

Septième étape : appliquer la règle de décision

Puisque $4{,}08 > 1{,}64$, la différence entre 35,5 et 35 heures est jugée significative. On peut donc rejeter la moyenne proposée dans l'hypothèse nulle H_0 et accepter l'hypothèse alternative H_1.

Huitième étape : conclure

En 2011, la durée moyenne de la semaine de travail est supérieure à 35 heures ; le risque qu'une mauvaise décision soit prise est inférieur à 5 %, lequel est le seuil de signification.

7.19 Première étape : formuler les hypothèses statistiques

$H_0 : \pi = 0{,}20$.

$H_1 : \pi \neq 0{,}20$.

Deuxième étape : indiquer le seuil de signification α

Le seuil de signification α est de 5 %.

Troisième étape : vérifier la taille de l'échantillon

$n = 5\,000 \geq 30$.

Quatrième étape : préciser la distribution utilisée

Puisque la taille de l'échantillon est de $5\,000 \geq 30$, on peut utiliser la loi normale.

Cinquième étape : définir la règle de décision

Si $z_p < -1{,}96$ ou si $z_p > 1{,}96$, la proportion proposée dans l'hypothèse H_0 est rejetée et, par conséquent, l'hypothèse alternative H_1 est acceptée.

Si $-1{,}96 \leq z_p \leq 1{,}96$, la proportion proposée dans l'hypothèse nulle H_0 n'est pas rejetée.

Sixième étape : calculer

$p = 0{,}18$.

$$z_p = \frac{p - \pi}{\sqrt{\frac{\pi(1-\pi)}{n}}} = \frac{0{,}18 - 0{,}20}{\sqrt{\frac{0{,}20(1 - 0{,}20)}{5\,000}}}$$

$= -3{,}54$.

Cette cote z signifie que 18 % est à 3,54 longueurs d'écart type sous la valeur de la proportion proposée, laquelle est de 20 %.

Septième étape : appliquer la règle de décision

Puisque $-3{,}54 < -1{,}96$, la différence entre 18 % et 20 % est jugée significative. On peut donc rejeter la proportion proposée dans l'hypothèse nulle H_0 et accepter l'hypothèse alternative H_1.

Huitième étape : conclure

Le pourcentage des travailleurs en détresse est différent de 20 % ; si l'on rejetait l'hypothèse nulle H_0, le risque qu'une mauvaise décision soit prise serait supérieur à 5 %, lequel est le seuil de signification.

7.20 Première étape : formuler les hypothèses statistiques

$H_0 : \pi = 0{,}33$.

$H_1 : \pi > 0{,}33$.

Deuxième étape : indiquer le seuil de signification α

Le seuil de signification α est de 5 %.

Troisième étape : vérifier la taille de l'échantillon

$n = 2\,000 \geq 30$.

Quatrième étape : préciser la distribution utilisée

Puisque la taille de l'échantillon est de $2\,000 \geq 30$, on peut utiliser la loi normale.

Cinquième étape : définir la règle de décision

Si $z_p > 1{,}64$, la proportion proposée dans l'hypothèse nulle H_0 est rejetée et, par conséquent, l'hypothèse alternative H_1 est acceptée.

Si $z_p \leq 1{,}64$, la proportion proposée dans l'hypothèse nulle H_0 n'est pas rejetée.

Sixième étape : calculer

$p = 0{,}4$.

$$z_p = \frac{p - \pi}{\sqrt{\frac{\pi(1-\pi)}{n}}} = \frac{0{,}40 - 0{,}33}{\sqrt{\frac{0{,}33(1 - 0{,}33)}{2\,000}}} = 6{,}66.$$

Cette cote z signifie que 40 % est à 6,66 longueurs d'écart type au-dessus de la valeur de la proportion proposée, laquelle est de 33 %.

Septième étape : appliquer la règle de décision

Puisque $6{,}66 > 1{,}64$, la différence entre 40 et 33 % est jugée significative. On peut donc rejeter la proportion proposée dans l'hypothèse nulle H_0 et accepter l'hypothèse alternative H_1.

Huitième étape : conclure

On peut conclure que le pourcentage des Canadiens souffrant de troubles du sommeil est supérieur à 33 %. Le risque qu'une mauvaise décision soit prise est inférieur à 5 %, lequel est le seuil de signification.

7.21 a) Première étape : formuler les hypothèses statistiques

$H_0 : \pi = 0{,}50.$

$H_1 : \pi > 0{,}50.$

Deuxième étape : indiquer le seuil de signification α

Le seuil de signification α est de 5%.

Troisième étape : vérifier la taille de l'échantillon

$n = 853 \geq 30.$

Quatrième étape : préciser la distribution utilisée

Puisque la taille de l'échantillon est de $853 \geq 30$, on peut utiliser la loi normale.

Cinquième étape : définir la règle de décision

Si $z_p > 1{,}64$, la proportion proposée dans l'hypothèse nulle H_0 est rejetée et, par conséquent, l'hypothèse alternative H_1 est acceptée.

Si $z_p \leq 1{,}64$, la proportion proposée dans l'hypothèse nulle H_0 n'est pas rejetée.

Sixième étape : calculer

$p = 0{,}53.$

$$z_p = \frac{p - \pi}{\sqrt{\dfrac{\pi(1-\pi)}{n}}} = \frac{0{,}53 - 0{,}50}{\sqrt{\dfrac{0{,}50\,(1 - 0{,}50)}{853}}} = 1{,}75.$$

Cette cote z signifie que 53 % est à 1,75 longueur d'écart type au-dessus de la valeur de la proportion proposée, laquelle est de 50 %.

Septième étape : appliquer la règle de décision

Puisque $1{,}75 > 1{,}64$, la différence entre 53 et 50 % est jugée significative. On peut donc rejeter la proportion proposée dans l'hypothèse nulle H_0 et accepter l'hypothèse alternative H_1.

Huitième étape : conclure

On peut conclure que plus de la moitié des Québécois trouvent que les automobilistes manquent de courtoisie ; le risque qu'une mauvaise décision soit prise est inférieur à 5 %, lequel est le seuil de signification.

b) Première étape : formuler les hypothèses statistiques

$H_0 : \pi = 0{,}60.$

$H_1 : \pi < 0{,}60.$

Deuxième étape : indiquer le seuil de signification α

Le seuil de signification α est de 5 %.

Troisième étape : vérifier la taille de l'échantillon

$n = 853 \geq 30.$

Quatrième étape : préciser la distribution utilisée

Puisque la taille de l'échantillon est de $853 \geq 30$, on peut utiliser la loi normale.

Cinquième étape : définir la règle de décision

Si $z_p < -1{,}64$, la proportion proposée dans l'hypothèse nulle H_0 est rejetée et, par conséquent, l'hypothèse alternative H_1 est acceptée.

Si $z_p \geq -1{,}64$, la proportion proposée dans l'hypothèse nulle H_0 n'est pas rejetée.

Sixième étape : calculer

$p = 0{,}58.$

$$z_p = \frac{p - \pi}{\sqrt{\dfrac{\pi(1-\pi)}{n}}} = \frac{0{,}58 - 0{,}60}{\sqrt{\dfrac{0{,}60\,(1 - 0{,}60)}{853}}}$$

$= -1{,}19.$

Cette cote z signifie que 58 % est à 1,19 longueur d'écart type sous la valeur de la proportion proposée, laquelle est de 60 %.

Septième étape : appliquer la règle de décision

Puisque $-1{,}19 \geq -1{,}64$, la différence entre 58 et 60 % n'est pas jugée significative. On ne peut donc rejeter la proportion proposée dans l'hypothèse nulle H_0.

Huitième étape : conclure

On ne peut conclure que le pourcentage des Québécois qui trouvent que les conducteurs québécois sont agressifs est inférieur à 60 % ; si l'on rejetait l'hypothèse nulle H_0, le risque qu'une mauvaise décision soit prise serait supérieur à 5 %, lequel est le seuil de signification ; 60 % est un pourcentage plausible.

c) Première étape : formuler les hypothèses statistiques

$H_0 : \pi = 0{,}50.$

$H_1 : \pi \neq 0{,}50.$

Deuxième étape : indiquer le seuil de signification α

Le seuil de signification α est de 5 %.

Troisième étape : vérifier la taille de l'échantillon

$n = 853 \geq 30.$

Quatrième étape : préciser la distribution utilisée

Puisque la taille de l'échantillon est de $853 \geq 30$, on peut utiliser la loi normale.

Cinquième étape : définir la règle de décision

Si $z_p < -1{,}96$ ou si $z_p > 1{,}96$, la proportion proposée dans l'hypothèse H_0 est rejetée et, par conséquent, l'hypothèse alternative H_1 est acceptée.

Si $-1{,}96 \leq z_p \leq 1{,}96$, la proportion proposée dans l'hypothèse nulle H_0 n'est pas rejetée.

Sixième étape : calculer

$p = 0{,}51.$

$$z_p = \frac{p - \pi}{\sqrt{\frac{\pi(1-\pi)}{n}}} = \frac{0{,}51 - 0{,}50}{\sqrt{\frac{0{,}50\,(1 - 0{,}50)}{853}}} = 0{,}58.$$

Cette cote z signifie que 51 % est à 0,58 longueur d'écart type au-dessus de la valeur de la proportion proposée, laquelle est de 50 %.

Septième étape : appliquer la règle de décision

Puisque $-1{,}96 \leq 0{,}58 \leq 1{,}96$, la différence entre 51 et 50 % n'est pas jugée significative. On ne peut donc rejeter la proportion proposée dans l'hypothèse nulle H_0.

Huitième étape : conclure

On ne peut conclure que le pourcentage de Québécois qui déplorent le comportement des cyclistes diffère de 50 % ; si l'on rejetait l'hypothèse nulle H_0, le risque qu'une mauvaise décision soit prise serait supérieur à 5 %, lequel est le seuil de signification ; 50 % est un pourcentage plausible.

d) Première étape : formuler les hypothèses statistiques

$H_0 : \pi = 0{,}75.$

$H_1 : \pi < 0{,}75.$

Deuxième étape : indiquer le seuil de signification α

Le seuil de signification α est de 5 %.

Troisième étape : vérifier la taille de l'échantillon

$n = 853 \geq 30.$

Quatrième étape : préciser la distribution utilisée

Puisque la taille de l'échantillon est de $853 \geq 30$, on peut utiliser la loi normale.

Cinquième étape : définir la règle de décision

Si $z_p < -1{,}64$, la proportion proposée dans l'hypothèse nulle H_0 est rejetée et, par conséquent, l'hypothèse alternative H_1 est acceptée.

Si $z_p \geq -1{,}64$, la proportion proposée dans l'hypothèse nulle H_0 n'est pas rejetée.

Sixième étape : calculer

$p = 0{,}72.$

$$z_p = \frac{p - \pi}{\sqrt{\frac{\pi(1-\pi)}{n}}} = \frac{0{,}72 - 0{,}75}{\sqrt{\frac{0{,}75(1 - 0{,}75)}{853}}} = -2{,}02.$$

Cette cote z signifie que 72 % est à 2,02 longueurs d'écart type sous la valeur de la proportion proposée, laquelle est de 75 %.

Septième étape : appliquer la règle de décision

Puisque $-2{,}02 < -1{,}64$, la différence entre 72 et 75 % est jugée significative. On peut donc rejeter la proportion proposée dans l'hypothèse nulle H_0 et accepter l'hypothèse alternative H_1.

Huitième étape : conclure

On peut conclure que moins de 3 Québécois sur 4 trouvent les cyclistes peu ou pas agressifs ; le risque qu'une mauvaise décision soit prise est inférieur à 5 %, lequel est le seuil de signification.

e) Première étape : formuler les hypothèses statistiques

$H_0 : \pi = 0{,}70.$

$H_1 : \pi \neq 0{,}70.$

Deuxième étape : indiquer le seuil de signification α

Le seuil de signification α est de 5 %.

Troisième étape : vérifier la taille de l'échantillon

$n = 853 \geq 30.$

Quatrième étape : préciser la distribution utilisée

Puisque la taille de l'échantillon est de $853 \geq 30$, on peut utiliser la loi normale.

Cinquième étape : définir la règle de décision

Si $z_p < -1,96$ ou si $z_p > 1,96$, la proportion proposée dans l'hypothèse H_0 est rejetée et, par conséquent, l'hypothèse alternative H_1 est acceptée.

Si $-1,96 \leq z_p \leq 1,96$, la proportion proposée dans l'hypothèse nulle H_0 n'est pas rejetée.

Sixième étape : calculer

$p = 0,68.$

$$z_p = \frac{p - \pi}{\sqrt{\frac{\pi(1-\pi)}{n}}} = \frac{0,68 - 0,70}{\sqrt{\frac{0,70(1-0,70)}{853}}} = -1,27.$$

Cette cote z signifie que 68 % est à 1,27 longueur d'écart type sous la valeur de la proportion proposée, laquelle est de 70 %.

Septième étape : appliquer la règle de décision

Puisque $-1,96 \leq -1,27 \leq 1,96$, la différence entre 68 et 70 % n'est pas jugée significative. On ne peut donc rejeter la proportion proposée dans l'hypothèse nulle H_0.

Huitième étape : conclure

On ne peut conclure que le pourcentage de Québécois qui n'ont rien à reprocher aux piétons est différent de 70 % ; si l'on rejetait l'hypothèse nulle H_0, le risque qu'une mauvaise décision soit prise serait supérieur à 5 %, lequel est le seuil de signification ; 70 % est un pourcentage plausible.

7.22 Première étape : formuler les hypothèses statistiques

H_0 : $\mu = 2,5$ amies.

H_1 : $\mu < 2,5$ amies.

Deuxième étape : indiquer le seuil de signification α

Le seuil de signification α est de 5 %.

Troisième étape : vérifier les conditions

La variable « Temps d'utilisation » obéit à une loi normale dont l'écart type pour la population est inconnu et dont $n = 26 < 30$.

Quatrième étape : préciser la distribution utilisée

On utilise la loi de Student avec $\upsilon = 26 - 1 = 25$ degrés de liberté.

Cinquième étape : définir la règle de décision

Si $t_{\bar{x}} < -1,71$, la moyenne proposée dans l'hypothèse nulle H_0 est rejetée et, par conséquent, l'hypothèse alternative H_1 est acceptée.

Si $t_{\bar{x}} \geq -1,71$, la moyenne proposée dans l'hypothèse nulle H_0 n'est pas rejetée.

Sixième étape : calculer

$$t_{\bar{x}} = \frac{\bar{x} - \mu}{\frac{s}{\sqrt{n}}} = \frac{2,3 - 2,5}{\frac{1,5}{\sqrt{26}}} = -0,68.$$

Cette cote t signifie que 2,3 amies est à 0,68 longueur d'écart type sous la valeur de la moyenne proposée, laquelle est de 2,5 amies.

Septième étape : appliquer la règle de décision

Puisque $-0,68 \geq -1,71$, la différence entre 2,3 et 2,5 amies n'est pas jugée significative. On ne peut donc rejeter la moyenne proposée dans l'hypothèse nulle H_0.

Huitième étape : conclure

On ne peut conclure que le nombre moyen d'amies chez les femmes adultes est inférieur à 2,5 ; si l'on rejetait l'hypothèse H_0, le risque qu'une mauvaise décision soit prise serait supérieur à 5 %, lequel est le seuil de signification ; 2,5 amies est une moyenne plausible.

7.23 Première étape : formuler les hypothèses statistiques

H_0 : $\mu = 2,5$ fois.

H_1 : $\mu \neq 2,5$ fois.

Deuxième étape : indiquer le seuil de signification α

Le seuil de signification α est de 1 %.

Troisième étape : vérifier les conditions

La variable « Temps d'utilisation » obéit à une loi normale dont l'écart type pour la population est inconnu et dont $n = 18 < 30$.

Quatrième étape : préciser la distribution utilisée

On utilise la loi de Student avec $\upsilon = 18 - 1 = 17$ degrés de liberté.

Cinquième étape : définir la règle de décision

Si $t_{\bar{x}} < -2,90$ ou si $t_{\bar{x}} > 2,90$, la moyenne proposée dans l'hypothèse nulle H_0 est rejetée et, par conséquent, l'hypothèse alternative H_1 est acceptée.

Si $-2,90 \leq t_{\bar{x}} \leq 2,90$, la moyenne proposée dans l'hypothèse nulle H_0 n'est pas rejetée.

Sixième étape : calculer

$$t_{\bar{x}} = \frac{\bar{x} - \mu}{\frac{s}{\sqrt{n}}} = \frac{2,2 - 2,5}{\frac{1,2}{\sqrt{18}}} = -1,06.$$

Cette cote *t* signifie que 2,2 fois est à 1,06 longueur d'écart type sous la valeur de la moyenne proposée, laquelle est de 2,5 fois.

Septième étape : appliquer la règle de décision

Puisque $-2,90 \leq -1,06 \leq 2,90$, la différence entre 2,2 et 2,5 fois n'est pas jugée significative. On ne peut donc rejeter la moyenne proposée dans l'hypothèse nulle H_0.

Huitième étape : conclure

On ne peut conclure que le nombre moyen de fois où les femmes ont été amoureuses est différent de 2,5 fois ; si l'on rejetait l'hypothèse nulle H_0, le risque qu'une mauvaise décision soit prise serait supérieur à 5 %, lequel est le seuil de signification ; 2,5 fois est une moyenne plausible.

Chapitre 8

8.1 a) Répartition des répondants en fonction du moment du départ à la retraite pour chacune des situations juste avant le départ à la retraite, en pourcentage.

b)

- 26,8 % des personnes qui avaient droit à la retraite et qui avaient un emploi ont pris leur retraite un peu plus tard qu'à la date à laquelle ils avaient le droit de le faire.
- 74,1 % des personnes qui avaient droit à la retraite ont pris leur retraite dès que possible.

c) Il y a 2 distributions conditionnelles et 1 distribution marginale.

Distributions conditionnelles :

la colonne « En emploi » et la colonne « Pas en emploi ».

Distribution marginale :

la colonne « Ensemble ».

8.2 a) Répartition des adultes québécois en fonction du fait d'avoir ri ou pas, et ce, pour chacune des catégories d'âge.

b)

- 54 % des adultes québécois interrogés ont dit ne pas avoir ri pendant au moins une minute aujourd'hui.
- 55 % des adultes québécois interrogés âgés de 25 à moins de 65 ans ont dit ne pas avoir ri pendant au moins une minute aujourd'hui.
- 56 % des adultes québécois interrogés âgés de 18 à moins de 25 ans ont dit avoir ri pendant au moins une minute aujourd'hui.

c) Il s'agit de la distribution sur la ligne de l'ensemble des adultes québécois.

d) Les distributions conditionnelles sont différentes de la distribution marginale. En effet, les adultes québécois âgés de 18 à moins de 25 ans sont plus nombreux à avoir ri pendant au moins une minute aujourd'hui.

8.3 a)

Répartition de 1 000 répondants en fonction de leur réponse et de leur sexe, en pourcentage

Sexe	Mentir		
	Oui	Non	Total
Hommes	8,40	41,0	49,4
Femmes	6,10	44,5	50,6
Total	14,5	85,5	100

b)

Répartition de 1 000 répondants en fonction de leur réponse, et ce, pour chaque sexe

Sexe	Mentir		
	Oui	Non	Total
Hommes	17,00	83,00	100,00
Femmes	12,06	87,94	100,00
Total	14,50	85,50	100,00

8.4 a) TABLEAU 8.10

Répartition des étudiants en fonction de leur sexe, en pourcentage

Sexe	(%)
Filles	60
Garçons	40
Total	100

b) TABLEAU 8.11

Répartition des garçons en fonction du secteur d'études, en pourcentage

Secteur - Garçons	(%)
Technique	65
Préuniversitaire	35
Total	100

c) TABLEAU 8.12

Répartition des filles en fonction du secteur d'études, en pourcentage

Secteur - Filles	(%)
Technique	45
Préuniversitaire	55
Total	100

d)

TABLEAU 8.13

Répartition des étudiants en fonction du secteur d'études et de leur sexe, en pourcentage

Sexe \ Secteur	Technique	Préuniversitaire	Total
Filles	27	33	60
Garçons	26	14	40
Total	53	47	100

e)

TABLEAU 8.14

Répartition des étudiants en fonction du secteur d'études, et ce, pour chaque sexe, en pourcentage

Sexe \ Secteur	Technique	Préuniversitaire	Total
Filles	45	55	100
Garçons	65	35	100
Ensemble	53	47	100

f)

TABLEAU 8.15

Répartition des étudiants en fonction de leur sexe, et ce, pour chaque secteur d'études, en pourcentage

Sexe \ Secteur	Technique	Préuniversitaire	Ensemble
Filles	50,94	70,21	60
Garçons	49,06	29,79	40
Total	100	100	100

8.5 **a)** La variable dépendante est la réponse du répondant sur le fait d'avoir menti ou pas.

b) La variable indépendante est l'âge du répondant.

8.6 **a)**

Répartition des 1 000 répondants en fonction de leur réponse, et ce, pour chacune des catégories d'âge

Âge	Mentir		
	Oui	Non	Total
De 18 à moins de 25 ans	46,67	53,33	100,00
De 25 à moins de 45 ans	17,94	82,06	100,00
45 ans ou plus	6,08	93,92	100,00
Total	16,20	83,80	100,00

b) Les distributions conditionnelles sont assez différentes de la distribution marginale. En effet, dans la catégorie des 18 à moins de 25 ans, la proportion de ceux qui ont menti aujourd'hui est beaucoup plus grande qu'elle ne l'est chez les 45 ans ou plus.

8.7

Répartition des 1 000 répondants en fonction de leur réponse et de leur âge, fréquences espérées

Âge	Mentir		
	Oui	Non	Total
De 18 à moins de 25 ans	24,30	125,70	150
De 25 à moins de 45 ans	55,08	284,92	340
45 ans ou plus	82,62	427,38	510
Total	162	838	1 000

8.8 $\chi^2 = 141{,}81$.

8.9 **a)** $C = \sqrt{\dfrac{\chi^2}{\chi^2 + n}} = \sqrt{\dfrac{141{,}81}{141{,}81 + 1\,000}} = 0{,}35.$

b) Il y aurait un lien moyennement faible entre la réponse obtenue et la catégorie d'âge.

8.10 **a)** $V = \sqrt{\dfrac{\chi^2}{n \cdot (k-1)}} = \sqrt{\dfrac{141{,}81}{1\,000 \cdot (2-1)}} = 0{,}38.$

b) Il y aurait un lien moyennement faible entre la réponse obtenue et la catégorie d'âge.

8.11 **a)** L'ensemble des adultes québécois.

b) Un adulte québécois.

c) La variable indépendante est le sexe de l'adulte québécois.

d) La variable dépendante est la perception de l'état de santé de l'adulte québécois.

e) **Première étape : formuler les hypothèses statistiques**

H_0 : La perception de l'état de santé est indépendante du sexe de l'adulte québécois.

H_1 : La perception de l'état de santé est dépendante du sexe de l'adulte québécois.

Deuxième étape : indiquer le seuil de signification α

Le seuil de signification α est de 5 %.

Troisième étape : construire le tableau des fréquences espérées et vérifier si les conditions sont respectées

Répartition des 1 546 adultes québécois en fonction de la perception de leur état de santé et de leur sexe (fréquences espérées)

Âge	Perception de l'état de santé			
	Excellent ou très bon	Bon	Passable ou mauvais	Total
Hommes	454,45	234,66	77,89	767
Femmes	461,55	238,34	79,11	779
Total	**916**	**473**	**157**	**1 546**

$n = 1\,546 \geq 30$ et chaque $f_e \geq 5$.

Quatrième étape : déterminer le nombre de degrés de liberté

On utilisera une distribution du khi deux avec :

$(2 - 1) \cdot (3 - 1) = 2$ degrés de liberté.

Cinquième étape : définir la règle de décision

La valeur critique est 5,99.

Si la valeur du χ^2 calculée > 5,99, alors on rejettera l'hypothèse d'indépendance H_0 des deux variables et l'on acceptera l'hypothèse alternative H_1.

Si la valeur du χ^2 calculée $\leq$ 5,99, alors on ne rejettera pas l'hypothèse d'indépendance H_0 des deux variables.

Sixième étape : calculer

$\chi^2 = 2{,}21$.

Septième étape : appliquer la règle de décision

Puisque la valeur du χ^2 qui a été calculée n'est pas plus grande que la valeur du χ^2 critique ($2{,}21 \leq 5{,}99$), on ne peut rejeter l'hypothèse d'indépendance H_0.

Huitième étape : évaluer la force du lien et conclure

Puisqu'il n'y a aucun lien statistique entre les deux variables, on n'a pas à calculer la force de ce lien.

On peut donc conclure que la perception de l'état de santé est indépendante du sexe de l'adulte québécois.

8.12 La prise de médicaments semble varier en fonction de l'âge de l'adulte québécois. En effet, les distributions conditionnelles des moins de 35 ans et des 55 ans et plus sont nettement différentes de la distribution marginale.

8.13 **a)** La variable dépendante est la tromperie de l'adulte québécois.

b) La variable indépendante est le sexe de l'adulte québécois.

c) La population est constituée de l'ensemble des adultes québécois.

d) L'unité statistique est un adulte québécois.

e) **Première étape : formuler les hypothèses statistiques**

H_0 : La tromperie est indépendante du sexe de l'adulte québécois.

H_1 : La tromperie est dépendante du sexe de l'adulte québécois.

Deuxième étape : indiquer le seuil de signification α

Le seuil de signification α est de 5 %.

Troisième étape : construire le tableau des fréquences espérées et vérifier si les conditions sont respectées

Répartition des 1 008 adultes québécois en fonction de la tromperie et de leur sexe (fréquences espérées)

Sexe	Tromperie		
	Oui	Non	Total
Femmes	113,90	394,10	508
Hommes	112,10	387,90	500
Total	**226**	**782**	**1 008**

$n = 1\,008 \geq 30$ et chaque $f_e \geq 5$.

Quatrième étape : déterminer le nombre de degrés de liberté

On utilisera une distribution du khi deux avec :

$(2 - 1) \cdot (2 - 1) = 1$ degré de liberté.

Cinquième étape : définir la règle de décision

La valeur critique est 3,84.

Si la valeur du χ^2 calculée > 3,84, alors on rejettera l'hypothèse d'indépendance H_0 des deux variables et l'on acceptera l'hypothèse alternative H_1.

Si la valeur du χ^2 calculée ≤ 3,84, alors on ne rejettera pas l'hypothèse d'indépendance H_0 des deux variables.

Sixième étape : calculer

$\chi^2 = 17,76$.

Septième étape : appliquer la règle de décision

Puisque la valeur du χ^2 qui a été calculée est plus grande que la valeur du χ^2 critique (17,76 > 3,84), il faut rejeter l'hypothèse d'indépendance H_0 et accepter l'hypothèse de dépendance H_1 entre « la tromperie » et « le sexe » de l'adulte québécois.

Si les deux variables sont indépendantes, seuls 5 % des échantillons ont un khi deux supérieur à 3,84. Alors, en rejetant l'hypothèse d'indépendance H_0, il y a un risque inférieur à 5 % de prendre une mauvaise décision.

Huitième étape : évaluer la force du lien et conclure

Puisqu'il y a un lien statistique entre les deux variables, on peut calculer la force de ce lien :

$$C = \sqrt{\frac{\chi^2}{\chi^2 + n}} = \sqrt{\frac{17,76}{17,76 + 1\,008}} = 0,13$$

ou

$$V = \sqrt{\frac{\chi^2}{n \cdot (k-1)}} = \sqrt{\frac{17,76}{1\,008\,(2-1)}} = 0,13.$$

Il y a donc un lien statistique de force faible entre « la tromperie » et « le sexe » de l'adulte québécois.

Cette conclusion peut être confirmée par l'observation du tableau des distributions conditionnelles et de la distribution marginale, de même que par celle du graphique basé sur ces distributions.

Répartition des 1 008 adultes québécois en fonction de la tromperie pour chacun des sexes, en pourcentage

Sexe	Tromperie		
	Oui	Non	Total
Femmes	16,93	83,07	100
Hommes	28,00	72,00	100
Total	22,42	77,58	100

Répartition des 1 008 adultes québécois en fonction de la tromperie pour chacun des sexes, en pourcentage

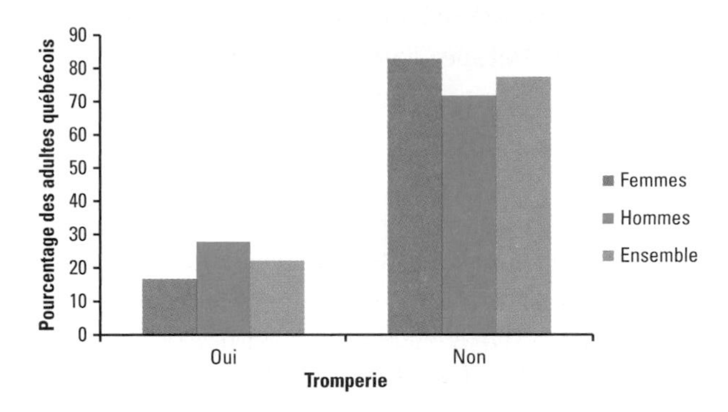

8.14 **Première étape : formuler les hypothèses statistiques**

H_0 : La fréquence du brossage de dents est indépendante du sexe de l'adulte québécois.

H_1 : La fréquence du brossage de dents est dépendante du sexe de l'adulte québécois.

Deuxième étape : indiquer le seuil de signification α

Le seuil de signification α est de 5 %.

Troisième étape : construire le tableau des fréquences espérées et vérifier si les conditions sont respectées

Répartition des 1 546 adultes québécois en fonction de la fréquence du brossage de dents et de leur sexe (fréquences espérées)

Sexe	Fréquence du brossage des dents			
	Au moins 2 fois par jour	1 fois par jour	Moins de 1 fois par jour	Total
Hommes	601,91	142,82	19,27	764
Femmes	616,09	146,18	19,73	782
Total	1 218	289	39	1 546

$n = 1\,546 \geq 30$ et chaque $f_e \geq 5$.

Quatrième étape : déterminer le nombre de degrés de liberté

On utilisera une distribution du khi deux avec :

$(2-1) \cdot (3-1) = 2$ degrés de liberté.

Cinquième étape : définir la règle de décision

La valeur critique est 5,99.

Si la valeur du χ^2 calculée > 5,99, alors on rejettera l'hypothèse d'indépendance H_0 des deux variables et l'on acceptera l'hypothèse alternative H_1.

Si la valeur du χ^2 calculée $\leq 5{,}99$, alors on ne rejettera pas l'hypothèse d'indépendance H_0 des deux variables.

Sixième étape: calculer

$\chi^2 = 86{,}57$.

Septième étape: appliquer la règle de décision

Puisque la valeur du χ^2 qui a été calculée est plus grande que la valeur du χ^2 critique ($86{,}57 > 5{,}99$), il faut rejeter l'hypothèse d'indépendance H_0 et accepter l'hypothèse de dépendance entre « la fréquence du brossage de dents » et « le sexe » de l'adulte québécois.

Si les deux variables sont indépendantes, seuls 5 % des échantillons ont un khi deux supérieur à 5,99. Alors, en rejetant l'hypothèse d'indépendance H_0, il y a un risque inférieur à 5 % de prendre une mauvaise décision.

Huitième étape: évaluer la force du lien et conclure

Puisqu'il y a un lien statistique entre les deux variables, on peut calculer la force de ce lien:

$$C = \sqrt{\frac{\chi^2}{\chi^2 + n}} = \sqrt{\frac{86{,}57}{86{,}57 + 1546}} = 0{,}23$$

ou

$$V = \sqrt{\frac{\chi^2}{n \cdot (k-1)}} = \sqrt{\frac{86{,}57}{1546 \cdot (2-1)}} = 0{,}24.$$

Il y a donc un lien statistique de force faible entre « la fréquence du brossage de dents » et « le sexe » de l'adulte québécois.

8.15 a) La variable dépendante est le fait de travailler durant les vacances pour le Québécois.

b) La variable indépendante est le niveau de scolarité du Québécois.

c) La population est constituée de l'ensemble des adultes québécois ayant un emploi et aptes à répondre en français.

d) L'unité statistique est un adulte québécois ayant un emploi et apte à répondre en français.

e) Première étape: formuler les hypothèses statistiques

H_0: Le fait de travailler durant les vacances est indépendant du niveau de scolarité du Québécois.

H_1: Le fait de travailler durant les vacances est dépendant du niveau de scolarité du Québécois.

Deuxième étape: indiquer le seuil de signification α

Le seuil de signification α est de 5 %.

Troisième étape: construire le tableau des fréquences espérées et vérifier si les conditions sont respectées

Répartition des 554 Québécois en fonction du fait de travailler durant les vacances et du niveau de scolarité (fréquences espérées)

Travail durant les vacances	Niveau de scolarité			
	De 0 à 12 ans	De 13 à 15 ans	16 ans et plus	Total
Oui	37,60	40,35	49,06	127
Non	126,40	135,65	164,94	427
Total	164	176	214	554

$n = 554 \geq 30$ et chaque $f_e \geq 5$.

Quatrième étape: déterminer le nombre de degrés de liberté

On utilisera une distribution du khi deux avec:

$(2 - 1) \cdot (3 - 1) = 2$ degrés de liberté.

Cinquième étape: définir la règle de décision

La valeur critique est 5,99.

Si la valeur du χ^2 calculée $> 5{,}99$, alors on rejettera l'hypothèse d'indépendance H_0 des deux variables et l'on acceptera l'hypothèse alternative H_1.

Si la valeur du χ^2 calculée $\leq 5{,}99$, alors on ne rejettera pas l'hypothèse d'indépendance H_0 des deux variables.

Sixième étape: calculer

$\chi^2 = 9{,}96$.

Septième étape: appliquer la règle de décision

Puisque la valeur du χ^2 qui a été calculée est plus grande que la valeur du χ^2 critique ($9{,}96 > 5{,}99$), il faut rejeter l'hypothèse d'indépendance H_0 et accepter l'hypothèse de dépendance H_1 entre « le fait de travailler durant les vacances » et « le niveau de scolarité » du Québécois.

Si les deux variables sont indépendantes, seuls 5 % des échantillons ont un khi deux supérieur à 5,99. Alors, en rejetant l'hypothèse d'indépendance H_0, il y a un risque inférieur à 5 % de prendre une mauvaise décision.

Huitième étape : évaluer la force du lien et conclure

Puisqu'il y a un lien statistique entre les deux variables, on peut calculer la force de ce lien :

$$C = \sqrt{\frac{\chi^2}{\chi^2 + n}} = \sqrt{\frac{9{,}96}{9{,}96 + 554}} = 0{,}13$$

ou

$$V = \sqrt{\frac{\chi^2}{n \cdot (k-1)}} = \sqrt{\frac{9{,}96}{554 \cdot (2-1)}} = 0{,}13.$$

On a donc un lien statistique de force faible entre « le fait de travailler durant les vacances » et « le niveau de scolarité » du Québécois.

Cette conclusion peut être confirmée par l'observation du tableau des distributions conditionnelles et de la distribution marginale, de même que par celle du graphique basé sur ces distributions.

Répartition des 554 Québécois en fonction du fait de travailler durant les vacances pour chacun des niveaux de scolarité, en pourcentage

Travail durant les vacances	Niveau de scolarité			
	De 0 à 12 ans	De 13 à 15 ans	16 ans et plus	Ensemble
Oui	15,85	21,59	29,44	22,92
Non	84,15	78,41	70,56	77,08
Total	100,00	100,00	100,00	100,00

Dans le tableau ou le graphique, on constate que le fait de travailler durant les vacances diffère légèrement selon le niveau de scolarité.

Répartition des 554 Québécois en fonction du fait de travailler durant les vacances pour chacun des niveaux de scolarité, en pourcentage

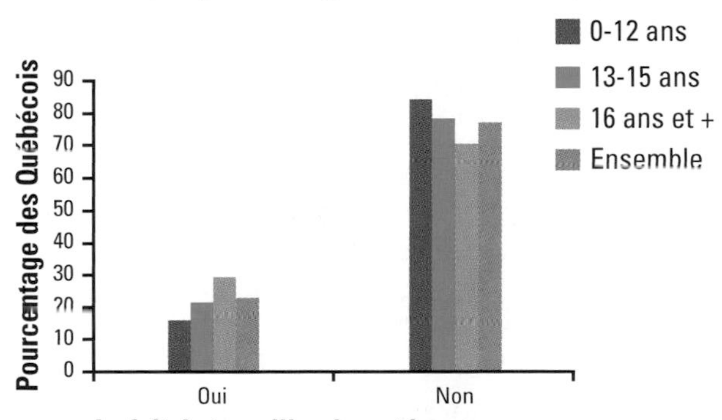

8.16 a) 1° Non, car le modèle utilisé, la loi du khi deux, est construit à partir de H_0, donc en supposant que les deux variables sont indépendantes.

2° On ne tient pas compte des fréquences des modalités de la variable indépendante, mais de la distribution de la variable dépendante pour chaque modalité de la variable indépendante. Avec une fréquence 2 fois plus élevée qu'une autre, on pourrait avoir des distributions identiques.

3° Au contraire, l'indépendance entre deux variables signifie que la distribution de la variable dépendante est la même (ou presque) pour chaque modalité de la variable indépendante. Dans ce cas, les distributions conditionnelles sont identiques (ou presque) à la distribution marginale. On a donc un lien de force nulle.

b) 1° La valeur du khi deux sera de 0, puisque $f_o = f_e$ pour chaque cellule du tableau.

2° Si le khi deux vaut 0, alors les coefficients de contingence valent aussi 0.

8.17 **Première étape : formuler les hypothèses statistiques**

H_0 : La fréquence du travail à la maison est indépendante du nombre d'heures travaillées par semaine.

H_1 : La fréquence du travail à la maison est dépendante du nombre d'heures travaillées par semaine.

Deuxième étape : indiquer le seuil de signification α

Le seuil de signification α est de 5 %.

Troisième étape : construire le tableau des fréquences espérées et vérifier si les conditions sont respectées

Répartition des 938 Canadiens en fonction de la fréquence du travail à la maison et du nombre d'heures de travail par semaine (fréquences espérées)

Heures de travail	Fréquence du travail				
	Souvent	Occasionnellement	Rarement	Jamais	Total
Moins de 35 heures	37,23	25,91	29,74	87,12	180,00
35 heures	14,48	10,07	11,57	33,88	70,00
Plus de 35 à moins de 40 heures	22,75	15,83	18,18	53,24	110,00
40 heures	74,04	51,52	59,16	173,28	358,00
Plus de 40 heures	45,50	31,66	36,35	106,48	220,00
Total	194,00	135,00	155,00	454,00	938,00

$\Sigma f_o = \Sigma f_e = n = 938 \geq 30.$

Toutes les $f_e \geq 5$.

Quatrième étape : déterminer le nombre de degrés de liberté

On utilisera une distribution du khi deux avec :

$(5 - 1) \cdot (4 - 1) = 12$ degrés de liberté.

Cinquième étape : définir la règle de décision

La valeur critique est 21,03.

Si la valeur du χ^2 calculée > 21,03, alors on rejettera l'hypothèse d'indépendance H_0 des deux variables et l'on acceptera l'hypothèse alternative H_1.

Si la valeur du χ^2 calculée ≤ 21,03, alors on ne rejettera pas l'hypothèse d'indépendance H_0 des deux variables.

Sixième étape : calculer

$\chi^2 = 11{,}4$.

Septième étape : appliquer la règle de décision

Puisque la valeur du χ^2 qui a été calculée n'est pas supérieure à la valeur du χ^2 critique ($11{,}4 \leq 21{,}03$), on ne peut rejeter l'hypothèse d'indépendance H_0 entre « la fréquence du travail à la maison » et « le nombre d'heures travaillées par semaine » du Canadien.

Si les deux variables sont indépendantes, plus de 5 % des échantillons ont un khi deux supérieur à 11,4 ; alors, en rejetant l'hypothèse d'indépendance H_0, le risque de prendre une mauvaise décision est d'au moins 5 %.

Huitième étape : évaluer la force du lien et conclure

Puisqu'il n'y a aucun lien statistique entre « la fréquence du travail à la maison » et « le nombre d'heures travaillées par semaine » du Canadien, on n'a pas à interpréter la force du lien.

Cette conclusion peut aussi être confirmée par l'observation du tableau des distributions conditionnelles et de la distribution marginale, de même que par celle du graphique basé sur ces distributions.

Répartition de 938 Canadiens en fonction de la fréquence du travail à la maison pour chacune des catégories du nombre d'heures de travail par semaine, en pourcentage

Heures de travail	Fréquence du travail				
	Souvent	Occasion-nellement	Rare-ment	Jamais	Total
Moins de 35 heures	23,33	16,11	17,22	43,33	100,00
35 heures	22,86	17,14	18,57	41,43	100,00
Plus de 35 à moins de 40 heures	22,73	14,55	19,09	43,64	100,00
40 heures	19,27	14,25	17,60	48,88	100,00
Plus de 40 heures	19,09	12,27	12,27	56,36	100,00
Ensemble	20,68	14,39	16,52	48,40	100,00

Répartition de 938 Canadiens en fonction de la fréquence du travail à la maison pour chacune des catégories du nombre d'heures de travail par semaine, en pourcentage

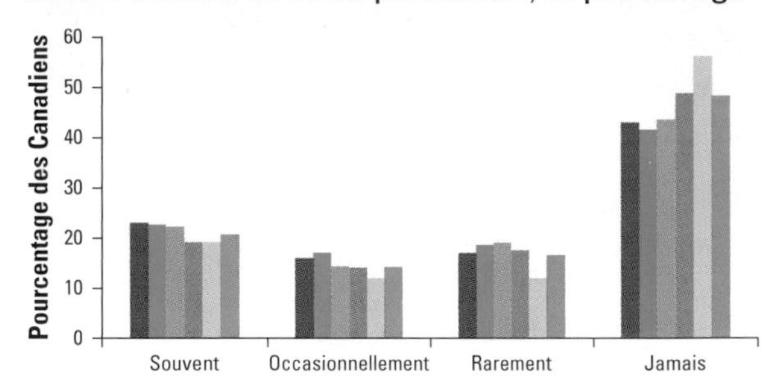

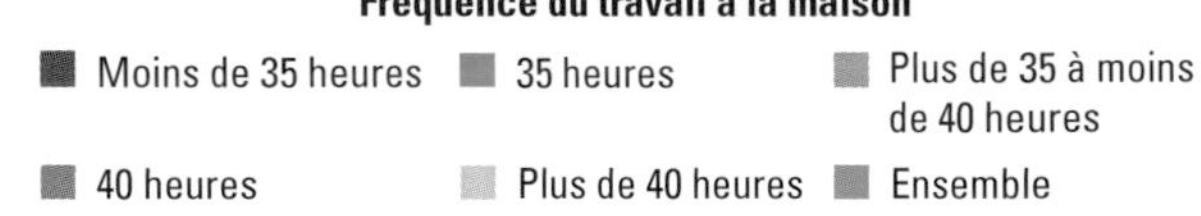

À partir du tableau ou du graphique, on constate que l'opinion ne diffère sensiblement pas d'une catégorie d'heures de travail à l'autre.

8.18 **a)** La variable dépendante est le poids du bébé à la naissance.

b) La variable indépendante est la durée de la grossesse.

c) Nuage de points :

Poids du bébé à la naissance en fonction de la durée de la grossesse

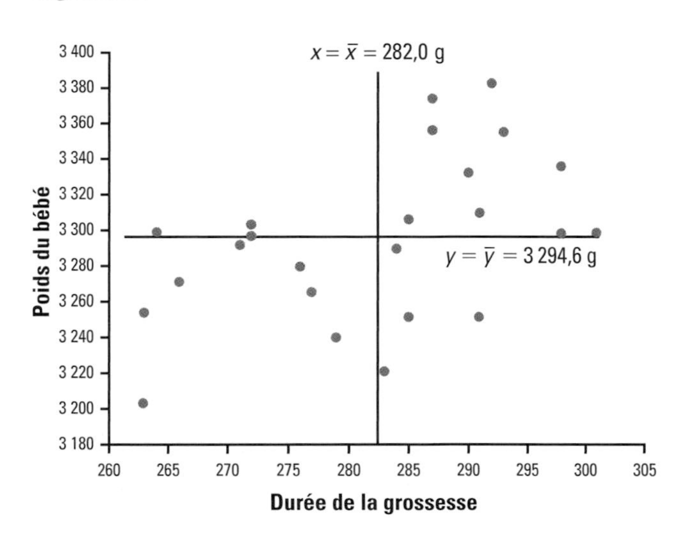

d) Voir graphique en c).

8.19 **a)** $y' = 2\,742,92 + 1,96 \cdot x$.

b)

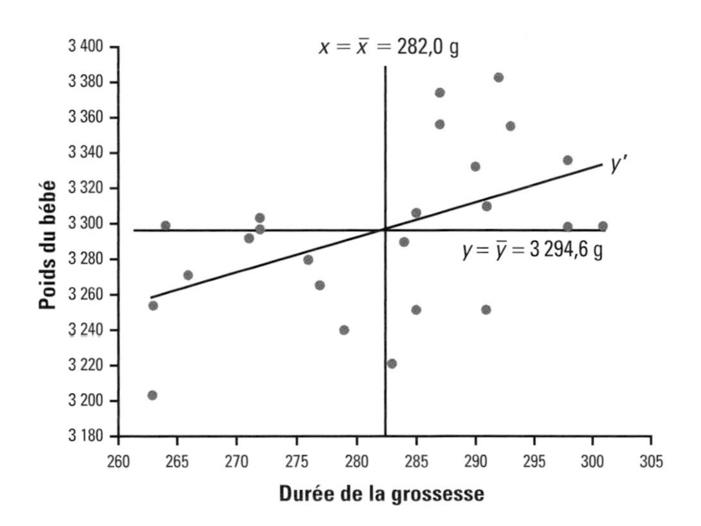

8.20 $r^2 = 0,2428$, ou 24,28 %. On peut donc dire que la durée de la grossesse explique environ 24,28 % de la dispersion du poids du bébé à la naissance, ce qui donne un lien linéaire faible.

8.21 **a)** **Première étape : formuler les hypothèses statistiques**

H_0 : Il n'y a pas de lien linéaire entre le poids du bébé à la naissance et la durée de la grossesse.

H_1 : Il y a un lien linéaire entre le poids du bébé à la naissance et la durée de la grossesse.

Deuxième étape : indiquer le seuil de signification α

Le seuil de signification α est de 5 %.

Troisième étape : énoncer les conditions d'application

On suppose que le poids du bébé à la naissance a une distribution normale, avec le même écart type, pour chaque durée de grossesse.

Quatrième étape : déterminer les bornes critiques pour t_r

$\upsilon = n - 2 = 24 - 2 = 22$.

Le seuil est de 5 %, ou 0,05, et l'on trouve les valeurs critiques dans la colonne 0,025.

Les valeurs critiques sont –2,07 et 2,07.

Cinquième étape : définir la règle de décision

Si $t_r < -2,07$ ou si $t_r > 2,07$ on peut rejeter l'hypothèse nulle H_0 selon laquelle il n'y a pas de lien linéaire entre les deux variables et accepter l'hypothèse alternative H_1.

Si $-2,07 \leq t_r \leq 2,07$, on ne peut rejeter l'hypothèse nulle H_0 selon laquelle il n'y a pas de lien linéaire entre les deux variables.

Sixième étape : calculer

$r = 0,493$.

$$t_r = \frac{0,493 \cdot \sqrt{24-2}}{\sqrt{1-0,493^2}} = 2,66.$$

Septième étape : appliquer la règle de décision

Puisque $2,66 > 2,06$, on peut rejeter l'hypothèse nulle H_0 selon laquelle il n'y a pas de lien linéaire entre les deux variables et accepter l'hypothèse alternative H_1.

Huitième étape : conclure

Il existe un lien linéaire entre le poids du bébé à la naissance et la durée de la grossesse. Ce lien peut être estimé par la droite de régression :

$y' = 2\,742,92 + 1,96 \cdot x$.

b) Pour une durée de grossesse de 292 jours,on a un poids moyen de 3 315,24 grammes.

$(y' = 2\,742,92 + 1,96 \cdot 292 = 3\,315,24)$.

8.22 a) La force du lien linéaire est la même, un coefficient négatif signifie seulement que lorsque la variable indépendante augmente, la variable dépendante diminue. Le signe du coefficient est le même que celui de la pente de la droite.

b) Un coefficient de détermination de 100 % indique que le nuage de points est une droite. Tous les points sont sur la droite. Donc, plus les points sont près de la droite de régression, plus la valeur du coefficient augmente.

c) La droite de régression linéaire donne une estimation de la moyenne de la variable Y pour une valeur donnée de X. Alors, si l'on n'a pas de variable indépendante X, la meilleure estimation de la moyenne pour la variable Y est la moyenne de l'échantillon.

d) C'est le contraire ; quand les points sont plus près de la droite, cela signifie que la variable X explique bien le comportement de la variable Y ; donc l'écart inexpliqué est petit.

e) En effet, rien ne garantit qu'à l'extérieur de cet intervalle le comportement de la variable Y va dans le même sens.

8.23 a) La variable dépendante est le résultat au test.

b) C'est une variable quantitative continue.

c) La variable indépendante est le temps pris pour lire le texte.

d) C'est une variable quantitative continue.

e) Tous les jeunes de la 4e secondaire de la polyvalente de votre région.

f) Un jeune de la 4e secondaire de la polyvalente de votre région.

g) Il y a 20 unités statistiques dans l'échantillon : $n = 20$.

h) Nuage de points :

Résultat au test en fonction du temps pris pour lire le texte

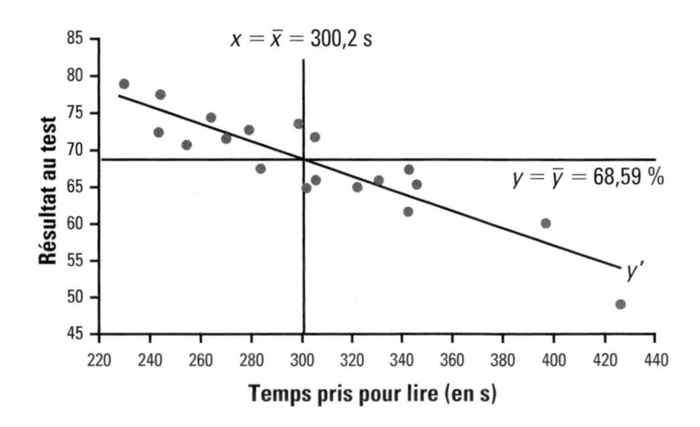

i) Voir graphique en h).

j) $y' = 103{,}27 - 0{,}116 \cdot x$.

k) Voir graphique en h).

l) $r = -0{,}911$. Une corrélation linéaire forte et négative existe entre le résultat au test et le temps pris pour lire le texte.

m) $r^2 = 0{,}8306$ ou 83,06 %. On peut donc dire que le temps pris pour lire le texte explique environ 83,06 % de la dispersion du résultat au test, ce qui donne un lien linéaire fort.

n) Première étape : formuler les hypothèses statistiques

H_0 : Il n'y a pas de lien linéaire entre le résultat au test et le temps pris pour lire le texte.

H_1 : Il y a un lien linéaire entre le résultat au test et le temps pris pour lire le texte.

Deuxième étape : indiquer le seuil de signification α

Le seuil de signification α est de 1 %.

Troisième étape : énoncer les conditions d'application

On suppose que le résultat au test a une distribution normale, avec le même écart type, pour chaque temps pris pour lire le texte.

Quatrième étape : déterminer les bornes critiques pour t_r

$\upsilon = n - 2 = 20 - 2 = 18$.

Le seuil est de 1 %, ou 0,01, et l'on trouve les valeurs critiques dans la colonne 0,005.

Les valeurs critiques sont –2,88 et 2,88.

Cinquième étape : définir la règle de décision

Si $t_r < -2{,}88$ ou si $t_r > 2{,}88$ on peut rejeter l'hypothèse nulle H_0 selon laquelle il n'y a pas de lien linéaire entre les deux variables et accepter l'hypothèse alternative H_1.

Si $-2{,}88 \leq t_r \leq 2{,}88$, on ne peut rejeter l'hypothèse nulle H_0 selon laquelle il n'y a pas de lien linéaire entre les deux variables.

Sixième étape : calculer

$r = -0{,}911$.

$$t_r = \frac{-0{,}911 \cdot \sqrt{20-2}}{\sqrt{1-(-0{,}911)^2}} = -9{,}37.$$

Septième étape : appliquer la règle de décision

Puisque $-9{,}37 < -2{,}88$, on peut rejeter l'hypothèse nulle H_0 selon laquelle il n'y a pas de lien linéaire entre les deux variables et accepter l'hypothèse alternative H_1.

Huitième étape : conclure

Il existe un lien linéaire entre le résultat au test et le temps pris pour lire le texte. On peut donc utiliser la droite de régression $y' = 103{,}27 - 0{,}116 \cdot x$ pour estimer le résultat moyen au test.

o) 1° Pour un temps de 420 secondes, on a un résultat moyen de 54,55 %.

$(y' = 103{,}27 - 0{,}116 \cdot 420 = 54{,}55)$.

2° Pour un temps de 310 secondes, on a un résultat moyen de 67,31 %.

$(y' = 103{,}27 - 0{,}116 \cdot 310 = 67{,}31)$.

8.24 a) 1° Le coefficient de corrélation entre la valeur marchande des maisons et l'évaluation municipale du bâtiment est de 0,6837.

2° Le coefficient de corrélation entre la valeur marchande des maisons et l'évaluation municipale totale est de 0,8301.

3° Le coefficient de corrélation entre la valeur marchande des maisons et le montant total payé en taxes est de 0,6768.

b) C'est donc l'évaluation municipale totale qui a le lien le plus fort avec la valeur marchande.

1° L'équation de la droite de régression entre l'évaluation municipale du bâtiment et la valeur marchande est :
$y' = 85\,626 + 1{,}2598 \cdot x$.

À partir de cette équation, si l'évaluation municipale du bâtiment est de 102 000 $, alors la valeur marchande moyenne est : $y' = 85\,626 + 1{,}2598 \cdot 102\,000 = 214\,125{,}60$ $.

2° L'équation de la droite de régression entre l'évaluation municipale totale et la valeur marchande est : $y' = 29\,688 + 1{,}2431 \cdot x$.

À partir de cette équation, si l'évaluation municipale totale est de 140 000 $, alors la valeur marchande moyenne est : $y' = 29\,688 + 1{,}2431 \cdot 140\,000 = 203\,722$ $.

3° L'équation de la droite de régression entre le montant total payé en taxes et la valeur marchande est : $y' = 83\,641 + 49{,}782 \cdot x$.

À partir de cette équation, si le montant total payé en taxes est de 2 400 $, alors la valeur marchande moyenne est : $y' = 83\,641 + 49{,}782 \cdot 2\,400 = 203\,117{,}80$ $.

8.25 a) La variable dépendante est le montant de la prime annuelle et la variable indépendante est le montant de l'assurance souscrite.

b) Nuage de points :

Prime annuelle en fonction du montant de l'assurance-vie souscrite

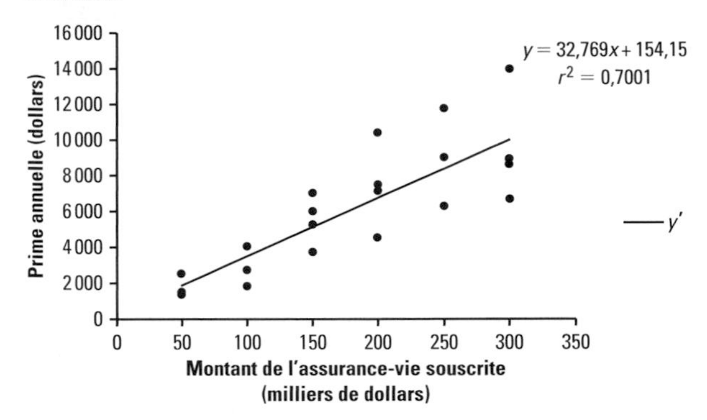

c) Première étape : formuler les hypothèses statistiques

H_0 : Il n'y a pas de lien linéaire entre la prime annuelle et le montant de l'assurance-vie souscrite.

H_1 : Il y a un lien linéaire entre la prime annuelle et le montant de l'assurance-vie souscrite.

Deuxième étape : indiquer le seuil de signification α

Le seuil de signification α est de 5 %.

Troisième étape : énoncer les conditions d'application

On suppose que la prime annuelle a une distribution normale, avec le même écart type, pour chaque montant souscrit.

Quatrième étape : déterminer les bornes critiques pour t_r

$\upsilon = n - 2 = 24 - 2 = 22$.

Le seuil est de 5 %, ou 0,05, et l'on trouve les valeurs critiques dans la colonne 0,025.

Les valeurs critiques sont –2,07 et 2,07.

Cinquième étape : définir la règle de décision

Si $t_r < -2{,}07$ ou si $t_r > 2{,}07$, on peut rejeter l'hypothèse nulle H_0 selon laquelle il n'y a pas de lien linéaire entre les deux variables et accepter l'hypothèse alternative H_1.

Si $-2{,}07 \leq t_r \leq 2{,}07$, on ne peut rejeter l'hypothèse nulle H_0 selon laquelle il n'y a pas de lien linéaire entre les deux variables.

Sixième étape : calculer

$r = 0{,}837$.

$$t_r = \frac{0{,}837\sqrt{24-2}}{\sqrt{1-(0{,}837)^2}} = 7{,}17.$$

Septième étape : appliquer la règle de décision

Puisque $7{,}17 > 2{,}07$, on peut rejeter l'hypothèse nulle H_0 selon laquelle il n'y a pas de lien linéaire entre les deux variables et accepter l'hypothèse alternative H_1.

Huitième étape : conclure

Il existe un lien linéaire entre la prime annuelle et le montant de l'assurance-vie souscrite. On peut donc utiliser la droite de régression $y' = 154{,}15 + 32{,}77 \cdot x$ (où x est en milliers) pour estimer la prime annuelle moyenne.

d) Pour une assurance de 100 000 $, on a en moyenne une prime annuelle de 3 431,15 $.

$(y' = 154{,}15 + 32{,}77 \cdot 100 = 3\,431{,}15)$.

8.26 Première étape : formuler les hypothèses statistiques

H_0 : Il n'y a pas de lien linéaire entre l'indice de fécondité et la densité d'habitants par km^2.

H_1 : Il y a un lien linéaire entre l'indice de fécondité et la densité d'habitants par km^2.

Deuxième étape : indiquer le seuil de signification α

Le seuil de signification α est de 5 %.

Troisième étape : énoncer les conditions d'application

On suppose que l'indice de fécondité a une distribution normale, avec le même écart type, pour chaque densité d'habitants par km^2.

Quatrième étape : déterminer les bornes critiques pour t_r

$\upsilon = n - 2 = 12 - 2 = 10.$

Le seuil est de 5 %, ou 0,05, et l'on trouve les valeurs critiques dans la colonne 0,025.

Les valeurs critiques sont $-2{,}23$ et $2{,}23$.

Cinquième étape : définir la règle de décision

Si $t_r < -2{,}23$ ou si $t_r > 2{,}23$, on peut rejeter l'hypothèse nulle H_0 selon laquelle il n'y a pas de lien linéaire entre les deux variables et accepter l'hypothèse alternative H_1.

Si $-2{,}23 \leq t_r \leq 2{,}23$, on ne peut rejeter l'hypothèse nulle H_0 selon laquelle il n'y a pas de lien linéaire entre les deux variables.

Sixième étape : calculer

$r = -0{,}129.$

$$t_r = \frac{-0{,}129\sqrt{12-2}}{\sqrt{1-(-0{,}129)^2}} = -0{,}41.$$

Septième étape : appliquer la règle de décision

Puisque $-2{,}23 \leq -0{,}41 \leq 2{,}23$, on ne peut rejeter l'hypothèse nulle H_0 selon laquelle il n'y a pas de lien linéaire entre les deux variables.

Huitième étape : conclure

Il n'existe pas de lien linéaire entre l'indice de fécondité et la densité d'habitants par km^2. On ne peut donc pas utiliser la droite de régression $y' = 2{,}6036 - 0{,}0008 \cdot x$ pour estimer l'indice de fécondité moyen en fonction de la densité d'habitants par km^2.

Annexe 1
Les données construites

On peut concevoir diverses mesures à partir des données recueillies dans un échantillon ou une population. Celles que propose la présente annexe sont les suivantes : la fréquence, le taux, le ratio, l'indice et le pourcentage de variation dans le temps. Il convient maintenant de différencier ces termes et d'en interpréter la valeur.

La fréquence (ou l'effectif)

La fréquence (ou l'effectif) indique la quantité (nombre) d'unités statistiques correspondant à la caractéristique étudiée dans un échantillon ou une population. Cette mesure est utilisée dans les chapitres 4 et 5 pour faire l'étude des données des variables.

Fréquence (ou effectif)
Quantité (nombre) d'unités statistiques correspondant à la caractéristique étudiée dans un échantillon ou une population.

Exemple 1 Les petites et moyennes entreprises manufacturières

En 2009, les petites et moyennes entreprises (PME) manufacturières représentaient 94,29 % des 24 154 établissements manufacturiers du Québec.

TABLEAU 1

Répartition des 1 493 établissements manufacturiers québécois et des 26 596 employés de production du secteur des produits du bois, selon la taille de l'établissement, en 2009

Taille de l'établissement	Nombre d'établissements	Nombre d'employés de production
PME	1 382	14 899
Grandes entreprises	111	11 697
Total	1 493	26 596

Source : Institut de la statistique du Québec. (2011). *Statistiques du secteur de la fabrication, activité totale, PME et grandes entreprises, par sous-secteur du SCIAN, Québec, 2009.* [En ligne]. www.stat.gouv.qc.ca/donstat/econm_finnc/sectr_manfc/profil_secteur/pme_2009_scian3_acttot.htm (page consultée le 3 février 2012).

Interprétation

- La fréquence des établissements manufacturiers québécois du secteur des produits du bois qui sont des PME était de 1 382 en 2009.
- La même année, la fréquence des employés de production du secteur des produits du bois au service d'une PME au Québec était de 14 899.

Le taux

Le taux indique, sur une base de 1, 10, 100, 1 000 ou autre, la partie de l'échantillon ou de la population qui correspond à la caractéristique étudiée. Le choix de la base dépend souvent d'une convention ou de la fréquence de l'occurrence de l'événement. Le taux permet de comparer une caractéristique commune à différents groupes qui ne sont pas de la même taille.

Taux
Sur une base de 1, 10, 100, 1 000 ou autre, partie de l'échantillon ou de la population qui correspond à la caractéristique étudiée.

La proportion (ou fréquence relative)

Proportion (ou fréquence relative)
Sur une base de un, partie de l'échantillon ou de la population qui correspond à la caractéristique étudiée.

La proportion (ou fréquence relative) indique, sur une base de un, la partie de l'échantillon ou de la population qui correspond à la caractéristique étudiée. La proportion est un taux indiqué sur une base de un.

On l'obtient en divisant le nombre d'unités possédant la caractéristique étudiée (fréquence) par le nombre total d'unités dans l'échantillon ou la population.

La proportion est une valeur qui se situe entre zéro et un. On l'écrit avec quatre décimales.

Exemple 2 Les établissements manufacturiers du secteur du vêtement

TABLEAU 2

Répartition des 1 512 établissements manufacturiers québécois du secteur du vêtement, selon la taille de l'établissement, en 2009

Taille de l'établissement	Nombre d'établissements
PME	1 496
Grandes entreprises	16
Total	**1 512**

Source : Institut de la statistique du Québec. (2011). *Statistiques du secteur de la fabrication, activité totale, PME et grandes entreprises, par sous-secteur du SCIAN, Québec, 2009*. [En ligne]. www.stat.gouv.qc.ca/donstat/econm_finnc/sectr_manfc/profil_secteur/pme_2009_scian3_acttot.htm (page consultée le 3 février 2012).

Si l'on calculait la proportion de PME parmi l'ensemble des établissements manufacturiers québécois en 2009 dans le secteur du vêtement, on obtiendrait :

$$\frac{1\,496}{1\,512} = \frac{x}{1} \Rightarrow x = 0{,}9894$$

Résultat 0,9894

Interprétation Dans le secteur du vêtement, les PME représentaient une proportion de 0,9894 de l'ensemble des établissements manufacturiers québécois en 2009.

Le pourcentage

Pourcentage
Sur une base de 100, partie de l'échantillon ou de la population qui correspond à la caractéristique étudiée.

Le pourcentage indique, sur une base de 100, la partie de l'échantillon ou de la population qui correspond à la caractéristique étudiée. On l'obtient en divisant le nombre d'unités présentant la caractéristique étudiée (fréquence) par le nombre total d'unités dans l'échantillon ou la population, puis en multipliant le résultat par 100.

On obtient donc le pourcentage en multipliant la **proportion** correspondante par 100. Il arrive souvent que l'on exprime des proportions en pourcentage plutôt que sous forme décimale. Ces deux notions se confondent souvent en une seule. On écrit le pourcentage avec deux décimales.

Exemple 3 Les établissements manufacturiers du secteur des produits informatiques et électroniques

TABLEAU 3

Répartition des 623 établissements manufacturiers québécois du secteur des produits informatiques et électroniques, selon la taille de l'établissement, en 2009

Taille de l'établissement	Nombre d'établissements
PME	593
Grandes entreprises	30
Total	623

Source : Institut de la statistique du Québec. (2011). *Statistiques du secteur de la fabrication, activité totale, PME et grandes entreprises, par sous-secteur du SCIAN, Québec, 2009*. [En ligne]. www.stat.gouv.qc.ca/donstat/econm_finnc/sectr_manfc/profil_secteur/pme_2009_scian3_acttot.htm (page consultée le 3 février 2012).

Pour obtenir le pourcentage des PME parmi les 623 établissements manufacturiers québécois du secteur des produits informatiques et électroniques en 2009, on procéderait comme suit :

$$\frac{593}{623} = \frac{x}{100} \Rightarrow x = 95{,}18$$

Résultat 95,18 %

Interprétation Dans le secteur des produits informatiques et électroniques, les PME représentaient 95,18 % de l'ensemble des établissements manufacturiers québécois en 2009.

Le symbole % signifie « sur 100 » ou « divisé par 100 ».

Lorsqu'on connaît le pourcentage des unités possédant une caractéristique donnée et la taille de l'échantillon ou de la population, on peut trouver le nombre d'unités statistiques (fréquence) auquel correspond ce pourcentage.

Exemple 4 Les établissements manufacturiers du secteur des meubles et produits connexes

TABLEAU 4

Répartition des 2 727 établissements manufacturiers québécois du secteur des meubles et produits connexes, selon la taille de l'établissement, en 2009

Taille de l'établissement	Pourcentage des établissements
PME	98,50
Grandes entreprises	1,50
Total	100,00

Source : Institut de la statistique du Québec. (2011). *Statistiques du secteur de la fabrication, activité totale, PME et grandes entreprises, par sous-secteur du SCIAN, Québec, 2009*. [En ligne]. www.stat.gouv.qc.ca/donstat/econm_finnc/sectr_manfc/profil_secteur/pme_2009_scian3_acttot.htm (page consultée le 3 février 2012).

À partir du pourcentage connu des PME parmi les 2727 établissements manufacturiers québécois du secteur des meubles et produits connexes en 2009, on procéderait comme suit pour connaître le nombre de PME :

$$\frac{x}{2727} = \frac{98,50}{100} \Rightarrow x = 2686$$

Résultat 2686 PME

Interprétation Dans le secteur des meubles et produits connexes, il y avait 2686 PME parmi l'ensemble des établissements manufacturiers québécois en 2009.

Exemple 5 Les établissements manufacturiers des secteurs du papier et du matériel de transport

TABLEAU 5

Répartition des établissements manufacturiers québécois des secteurs du papier et du matériel de transport, selon la taille de l'établissement, en 2009

Taille de l'établissement	Nombre d'établissements	
	Papier	Matériel de transport
PME	204	635
Grandes entreprises	87	56
Total	291	691

Source : Institut de la statistique du Québec. (2011). *Statistiques du secteur de la fabrication, activité totale, PME et grandes entreprises, par sous-secteur du SCIAN, Québec, 2009*. [En ligne]. www.stat.gouv.qc.ca/donstat/econm_finnc/sectr_manfc/profil_secteur/pme_2009_scian3_acttot.htm (page consultée le 3 février 2012).

On peut obtenir le pourcentage des PME québécoises du secteur du papier en 2009 en procédant comme suit :

$$\frac{204}{291} = \frac{x}{100} \Rightarrow x = 70,10$$

Résultat 70,10 %

Interprétation Le pourcentage des PME québécoises du secteur du papier était de 70,10 % en 2009.

De même, on obtient le pourcentage des PME québécoises du secteur du matériel de transport de la façon suivante :

$$\frac{635}{691} = \frac{x}{100} \Rightarrow x = 91,90$$

Résultat 91,90 %

Interprétation Le pourcentage des PME québécoises du secteur du matériel de transport était de 91,90 % en 2009.

Enfin, le pourcentage des PME québécoises des secteurs du papier et du matériel de transport réunis se calcule comme suit :

$$\frac{204 + 635}{291 + 691} = \frac{839}{982} = \frac{x}{100} \Rightarrow x = 85,44$$

Résultat 85,44 %

Interprétation Le pourcentage des PME québécoises des secteurs du papier et du matériel de transport réunis était de 85,44 % en 2009.

D'une part, le pourcentage des PME québécoises du secteur du papier était de 70,10 %, tandis que, dans le secteur du matériel de transport, il était de 91,90 %. D'autre part, le pourcentage des PME québécoises des secteurs du papier et du matériel de transport réunis était de 85,44 %. On remarque que les pourcentages des deux premières catégories ne peuvent être additionnés pour obtenir le pourcentage de la dernière catégorie. En effet, on ne peut additionner des pourcentages qui n'ont pas été calculés à partir du même ensemble référentiel.

Les autres bases

Pour avoir un taux sur une base de 1 000, 10 000, 100 000, etc., on procède de la même façon que dans le cas d'un pourcentage, mais on utilise 1 000, 10 000, 100 000, etc., au lieu de 100.

Exemple 6 Les habitants au Canada qui ne parlent ni le français ni l'anglais

En 2006, il y avait 520 380 habitants au Canada qui ne parlaient ni le français ni l'anglais sur une population de 31 241 030[1].

Si l'on voulait calculer le taux de ceux qui ne parlaient ni le français ni l'anglais au Canada en 2006 par 1 000 habitants, on procéderait ainsi :

$$\frac{520\,380}{31\,241\,030} = \frac{x}{1\,000} \Rightarrow x = 16,66$$

Résultat 16,66 habitants

Interprétation Il y avait donc 16,66 habitants par tranche de 1 000 qui ne parlaient ni le français ni l'anglais. On peut aussi dire que le taux d'habitants qui ne parlaient ni le français ni l'anglais au Canada était de 16,66 ‰.

Le symbole ‰ signifie « sur 1 000 » ou « divisé par 1 000 ».

Exemple 7 Des exemples de taux

Voici quelques exemples de taux fréquemment utilisés.

Le **taux de mortalité** correspond au nombre de décès enregistrés au cours d'une année pour 1 000 personnes. En 2010, au Canada, le taux de mortalité était de 7,87 pour 1 000 habitants[2], comparativement à la Guinée équatoriale, où il était de 9,26 pour 1 000 habitants[3].

Le **taux d'activité** est la proportion de la population active (ayant un emploi ou étant au chômage) par rapport à la population âgée de 15 ans et plus, exprimée en pourcentage (sur une base de 100). Au Canada, en 2011, le taux d'activité (hommes et femmes) était de 65,1 %[4].

1. Statistique Canada. (2007). *Population selon la connaissance des langues officielles, par province et territoire (Recensement de 2006)*. [En ligne]. www40.statcan.ca/l02/cst01/demo15-fra.htm (page consultée le 3 février 2012).
2. PopulationData.net. (2011). *Canada*. [En ligne]. www.populationdata.net/index2.php ?option=pays&pid=39&nom=Canada (page consultée le 3 février 2012).
3. *Id.* (2011). *Guinée équatoriale*. [En ligne]. www.populationdata.net/index2.php ?option=pays&pid=82&nom=guinee_equatoriale (page consultée le 3 février 2012).
4. Institut de la statistique du Québec. (2012). *Taux d'activité, d'emploi et de chômage, données désaisonnalisées, par région administrative, Québec, 4e trimestre 2010 au 4e trimestre 2011*. [En ligne]. www.stat.gouv.qc.ca/donstat/societe/march_travl_remnr/parnt_etudn_march_travl/pop_active/stat_reg/ra_taux_trim.htm#Ensemble_Quebec (page consultée le 3 février 2012).

Le **taux de chômage** est la proportion de chômeurs par rapport à la population active, exprimée en pourcentage (sur une base de 100). Au Canada, en novembre 2011, le taux de chômage était de 7,4 %[5].

Le **taux de syndicalisation** est le rapport entre le nombre de salariés visés par une convention collective (numérateur) et l'ensemble des salariés (dénominateur), exprimé en pourcentage (sur une base de 100). Le taux de syndicalisation se situait à 31,5 % au Canada en 2010. Il diminue légèrement au fil des ans ; en 1997, il était de 33,7 %[6].

Le **taux de placement** est la proportion des personnes occupant un emploi par rapport à l'ensemble des personnes disponibles pour occuper un emploi. Ce taux est généralement exprimé en pourcentage (sur une base de 100). En 2010, les finissants d'un DEC en techniques d'intervention en délinquance avaient un taux de placement de 87 %[7].

Le taux inversé

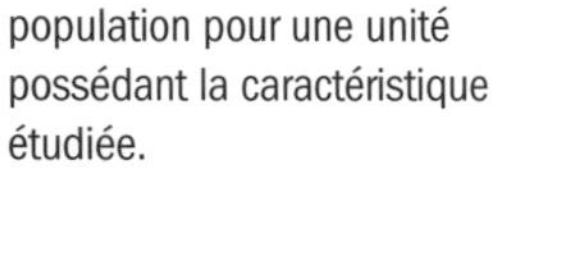

Taux inversé
Nombre d'unités dans l'échantillon ou dans la population pour une unité possédant la caractéristique étudiée.

Le **taux inversé** indique le nombre d'unités dans l'échantillon ou dans la population pour une unité possédant la caractéristique étudiée.

Il s'obtient en divisant le nombre total d'unités dans l'échantillon ou la population par le nombre d'unités possédant la caractéristique étudiée dans l'échantillon ou la population.

Plus la valeur du taux inversé est grande, plus la caractéristique est rare.

Exemple 8 Le nombre d'agents de police au Canada

Au Canada, en 2010, on comptait 34 108 752 habitants pour 69 299 agents de police. Si l'on voulait calculer le nombre d'habitants par agent de police, on procéderait comme suit :

$$\frac{34\,108\,752}{69\,299} = 492,2$$

Résultat 492 habitants par agent de police

Interprétation Au Canada, en 2010, on comptait environ 492 habitants pour 1 agent de police.

Au Québec, en 2010, on avait environ 507 habitants pour 1 policier, tandis qu'à Terre-Neuve, il y avait environ 543 habitants pour 1 policier et, en Ontario, environ 501 habitants pour 1 policier. La proportion de policiers est plus faible à Terre-Neuve qu'au Québec, car le taux inversé est plus grand à Terre-Neuve qu'au Québec. Cependant, la proportion de policiers est plus élevée en Ontario qu'au Québec, car le taux inversé est plus faible en Ontario qu'au Québec[8].

---

5. Statistique Canada. (2011). *Dernier communiqué de l'Enquête sur la population active*. [En ligne]. www.statcan.gc.ca/subjects-sujets/labour-travail/lfs-epa/lfs-epa-fra.htm (page consultée le 3 février 2012).
6. Ressources humaines et Développement des compétences Canada. (2012). *Indicateurs de mieux-être au Canada – Travail – Taux de syndicalisation*. [En ligne]. www4.hrsdc.gc.ca/.3ndic.1t.4r@-fra.jsp?iid=17 (page consultée le 3 février 2012).
7. Collège de Maisonneuve. (2011). *Statistiques : taux de placement et salaires moyens*. [En ligne]. http://placement.cmaisonneuve.qc.ca/etudiants/statistiques.shtml (page consultée le 3 février 2012).
8. Statistique Canada. (2010). *Policiers selon la province ou le territoire, 2010*. [En ligne]. www.statcan.gc.ca/pub/85-225-x/2010000/t002-fra.htm (page consultée le 3 février 2012).

Exemple 9 Le nombre de médecins de famille au Québec

Au Québec, en 2008, on comptait 7 788 585 habitants pour 17 057 médecins de famille. Calculons le nombre d'habitants par médecin de famille[9] :

$\frac{7\,788\,585}{17\,057} = \frac{x}{1}$, d'où $x = 456{,}6$

Résultat 457 habitants pour 1 médecin de famille

Interprétation En 2008, au Québec, on avait environ 457 habitants pour 1 médecin de famille.

Exemple 10 Le nombre de médecins dans d'autres pays

En 2009, l'Australie comptait 1 médecin par 334 habitants, l'Autriche en comptait 1 par 211 habitants, l'Irak en avait 1 par 1 449 habitants et le Royaume-Uni en comptait 1 par 365 habitants.

La proportion de médecins est plus faible en Irak qu'au Royaume-Uni, car le taux inversé est plus grand en Irak qu'au Royaume-Uni. Cependant, la proportion de médecins est plus élevée en Autriche qu'en Australie, car le taux inversé est plus faible en Autriche qu'en Australie[10].

Le ratio

On ne compare pas le nombre d'unités possédant une caractéristique précise dans un échantillon ou une population au nombre total d'unités possédant la même caractéristique dans l'échantillon ou dans la population étudiée, comme on le fait avec un taux. Ce n'est pas une relation entre une partie et un tout. On met plutôt en relation deux groupes différents dont l'un nous sert d'ensemble de référence en comparant sous forme de ratio (ou quotient) le nombre d'unités de chacun des groupes.

Le ratio s'obtient en déterminant d'abord le quotient des deux nombres d'unités des groupes étudiés au départ, en plaçant la plus grande valeur au numérateur. Ensuite, on cherche **deux entiers** (les plus petits possible) dont le quotient donne approximativement ce résultat. Le ratio s'exprime à l'aide des deux entiers trouvés. Il ne donne pas une relation précise entre deux groupes, mais un aperçu du rapport qui existe entre eux.

Ratio
Rapport entre le nombre d'unités de deux groupes différents, chaque groupe possédant des caractéristiques différentes.

Pour déterminer le ratio, on choisit le premier quotient dont la valeur au numérateur est à 0,1 près d'un entier. **Cependant, si après les cinq premiers quotients, aucun des numérateurs n'a une valeur à 0,1 près d'un entier, on choisit celui qui est le plus près d'un entier.**

9. Statistiques mondiales. (2012). *Nombre de médecins pour 1 000 habitants*. [En ligne]. www.statistiques-mondiales.com/medecins.htm (page consultée le 3 février 2012).

10. *Ibid.*

Exemple 11 Les langues officielles parlées au Canada

TABLEAU 6

Population selon les langues officielles parlées, par province et territoire, en 2006

Province ou territoire	Ensemble des langues	Anglais seulement	Français seulement	Français et anglais	Ni français ni anglais
Canada	31 241 030	21 129 945	4 141 850	5 448 850	520 380
Terre-Neuve-et-Labrador	500 610	475 985	90	23 675	850
Île-du-Prince-Édouard	134 205	116 990	60	17 100	55
Nouvelle-Écosse	903 090	805 690	1 000	95 010	1 385
Nouveau-Brunswick	719 650	405 045	73 750	240 085	765
Québec	7 435 905	336 785	4 010 880	3 017 860	70 375
Ontario	12 028 895	10 335 705	49 210	1 377 325	266 660
Manitoba	1 133 510	1 017 560	1 930	103 520	10 500
Saskatchewan	953 850	902 655	485	47 450	3 260
Alberta	3 256 355	2 990 805	2 200	222 885	40 470
Colombie-Britannique	4 074 385	3 653 365	2 070	295 645	123 305
Yukon	30 195	26 515	105	3 440	130
Territoires du Nord-Ouest	41 055	37 010	50	3 665	325
Nunavut	29 325	25 830	20	1 170	2 305

Source : Statistique Canada. (2007). *Population selon la connaissance des langues officielles, par province et territoire (Recensement de 2006).* [En ligne]. www40.statcan.ca/l02/cst01/demo15-fra.htm (page consultée le 3 février 2012).

a) En 2006, le ratio du nombre de personnes ne parlant ni le français ni l'anglais entre la Colombie-Britannique et l'Alberta était de :

$$\frac{123\,305}{40\,470} = \frac{3{,}047}{1} \approx \frac{3}{1}$$

Résultat $\frac{3}{1}$

Interprétation Ainsi, on peut dire qu'en 2006, il y avait environ 3 personnes ne parlant ni le français ni l'anglais en Colombie-Britannique pour 1 seule en Alberta.

b) En 2006, le ratio du nombre de personnes ne parlant que le français entre Terre-Neuve-et-Labrador et l'Île-du-Prince-Édouard était de :

$$\frac{90}{60} = \frac{1{,}5}{1} = \frac{3}{2}$$

Résultat $\frac{3}{2}$

Interprétation Ainsi, on peut dire qu'en 2006, il y avait 3 personnes ne parlant que le français à Terre-Neuve-et-Labrador pour 2 à l'Île-du-Prince-Édouard.

c) En 2006, le ratio du nombre de personnes ne parlant que l'anglais entre l'Ontario et la Colombie-Britannique était de :

$$\frac{10\,335\,705}{3\,653\,365} = \frac{2{,}829}{1} = \frac{5{,}658}{2} = \frac{8{,}487}{3} = \frac{11{,}316}{4} = \frac{14{,}145}{5}$$

Le choix est : $\frac{14{,}145}{5} \approx \frac{14}{5}$, puisque 14,145 est la valeur la plus près d'un entier.

Résultat $\frac{14}{5}$

Interprétation Ainsi, on peut dire qu'en 2006, il y avait environ 14 personnes ne parlant que l'anglais en Ontario pour 5 en Colombie-Britannique.

L'indice des prix à la consommation (IPC)

Dans la publication *Tendances sociales canadiennes*, diffusée par Statistique Canada, Alice Peters explique en quoi consiste l'indice des prix à la consommation et la façon de le calculer.

Indice
Mesure quantitative attribuée à une caractéristique ou à un phénomène qualitatif qui tient compte de plusieurs indicateurs de cette caractéristique ou de ce phénomène.

L'indice des prix à la consommation et la mesure de l'inflation

Il touche presque tous les Canadiens. Pourtant, la majorité des gens ignorent la place importante que l'Indice des prix à la consommation (IPC) occupe dans leur vie. Une variation de l'IPC peut notamment avoir des répercussions sur les conventions collectives, les prestations des programmes sociaux, les ententes de location et les pensions alimentaires pour les enfants. En outre, l'IPC sert souvent à estimer les fluctuations du pouvoir d'achat au Canada. Cet instrument est largement utilisé pour mesurer l'inflation (ou la déflation).

Quel est donc cet indice qui exerce sur nous une si grande influence ? L'**Indice des prix à la consommation** mesure le taux de variation dans le temps du coût moyen d'un grand panier de biens et de services qu'achètent les consommateurs canadiens.

La quantité et la qualité des biens et des services du panier restant les mêmes, la fluctuation du coût dans le temps résulte entièrement d'une modification des prix[11].

Comment calcule-t-on l'IPC ?

Les biens et les services du panier de l'IPC sont considérés comme des articles de consommation. On doit donc les associer au prix de détail que payerait le consommateur pour se procurer une quantité spécifique de biens ou de services d'une qualité déterminée. Il n'est pas question de faire une distinction entre les produits de luxe et les nécessités, et rien n'est omis pour des raisons morales ou sociales. Les articles exclus de l'IPC le sont parce qu'il est difficile, voire impossible, d'associer un prix à une quantité donnée de l'article. Ainsi, si les aliments sont quantifiables, on ne peut en dire autant de l'assurance-vie.

11. Peters, Alice. (Été 1997). *Tendances sociales canadiennes*, Statistique Canada, n° 45, p. 1. [En ligne]. www.statcan.gc.ca/kits-trousses/pdf/social/edu04_0034a-fra.pdf (page consultée le 3 février 2012).

C'est pourquoi l'impôt, les dons aux œuvres de bienfaisance, les cotisations aux régimes de pension ainsi que l'épargne et les placements des consommateurs ne font pas partie de l'IPC.

On se renseigne périodiquement sur les habitudes de consommation des ménages canadiens au moyen d'enquêtes sur les dépenses des familles. Des ménages sélectionnés au hasard sont priés d'indiquer en détail les aliments qu'ils achètent au cours d'une période de deux semaines, ainsi que les biens et les services qu'ils se sont procurés durant l'année civile précédente. Chaque article est pondéré afin que la fluctuation du prix d'un article ne représentant qu'une fraction du budget du ménage n'ait pas une incidence exagérée sur l'indice. Une hausse de 5 % du prix du lait, par exemple, aura beaucoup plus d'impact sur le budget moyen des consommateurs qu'une augmentation de 5 % du prix du thé, les gens achetant habituellement plus de lait que de thé.

La composition du panier de l'IPC est examinée et mise à jour à intervalles réguliers afin d'en garder la pertinence. On remplace aussi les facteurs de pondération (ou poids) existants par ceux des enquêtes les plus récentes sur les dépenses des familles. Les poids actuels reposent sur les dépenses des familles de 2011 (*voir la figure 1*). On calcule l'indice des prix pour chaque élément du panier tous les mois. Il existe un IPC détaillé pour le Canada, les 10 provinces, la ville de Whitehorse, au Yukon, et celle de Yellowknife, dans les Territoires du Nord-Ouest. On possède aussi des renseignements partiels sur 16 villes du Canada[12].

FIGURE 1

Pondération des composantes du panier pour le calcul de l'IPC, avril 2011

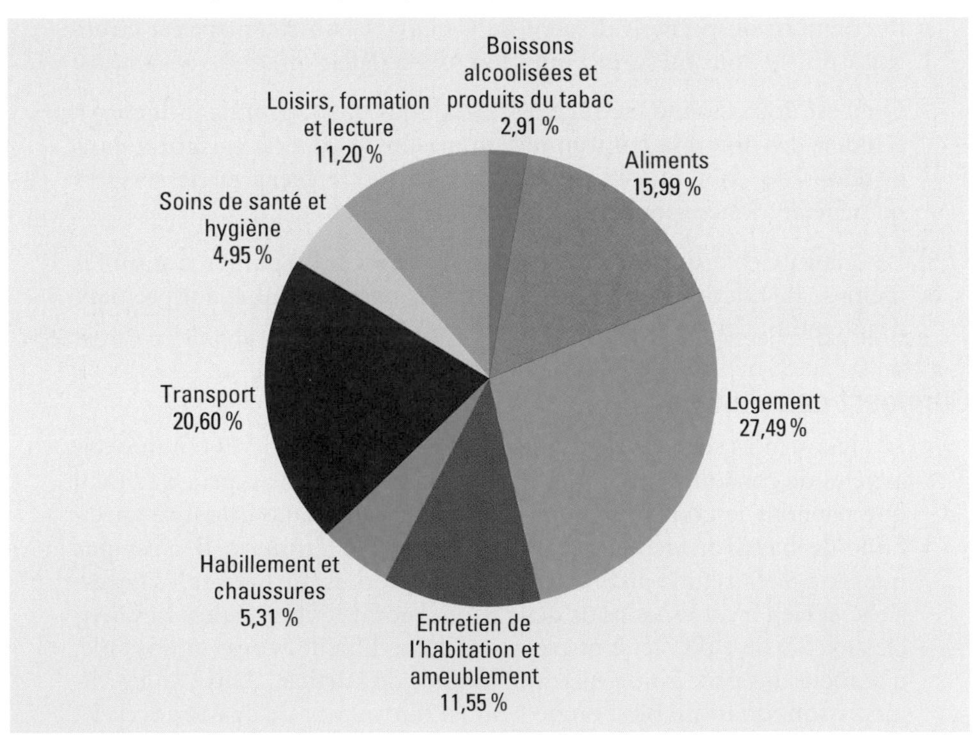

Source : Statistique Canada. (2011). *Indice des prix à la consommation et composantes principales, Canada – Données non désaisonnalisées.* [En ligne]. www.statcan.gc.ca/subjects-sujets/cpi-ipc/t111118a1-fra.htm (page consultée le 3 février 2012).

12. *Ibid.*, p. 1-2.

Exemple 12 Le calcul de l'IPC

Supposons que l'on veuille calculer un indice pour le coût d'utilisation d'un logement de 4 pièces et demie dans la région de Montréal et que l'on ne tienne compte que des éléments suivants : le coût mensuel du loyer, le coût de l'électricité, les frais de base mensuels pour le téléphone et le coût annuel de l'assurance habitation. Supposons, de plus, que les valeurs de ces coûts en 2002 et en 2012 soient celles que l'on trouve dans le tableau 7.

TABLEAU 7

Coûts d'utilisation d'un logement en 2002 et en 2012

Élément	2002	2012
Loyer	550,00 $	650,00 $
Électricité (kWh)	0,0527 $	0,0539 $
Assurance habitation	410,00 $	520,00 $
Téléphone	31,80 $	38,10 $

Source : Statistique Canada. (2011). *Indice des prix à la consommation et composantes principales, Canada – Données non désaisonnalisées.* [En ligne]. www.statcan.gc.ca/subjects-sujets/cpi-ipc/t111118a1-fra.htm (page consultée le 3 février 2012).

On pourrait calculer un indice comparant les coûts de 2012 par rapport à ceux de 2002 de la façon suivante :

$$I_t = \frac{\sum P_{it}}{\sum P_{i0}} \cdot 100$$

où P_{it} est le prix de l'élément i à la période t et P_{i0} est le prix de l'élément i à la période 0 (période de base).

Dans cet exemple, la période t est 2012 et la période de base est 2002, d'où :

$$I_{2012} = \frac{650{,}00 + 0{,}0539 + 520 + 38{,}10}{550{,}00 + 0{,}0527 + 410 + 31{,}80} \cdot 100 = \frac{1\,208{,}1539}{991{,}8527} \cdot 100 = 121{,}81$$

D'après ce calcul, on pourrait être tenté de croire que le coût d'utilisation d'un logement de 4 pièces et demie dans la région de Montréal a augmenté de 21,81 % (121,81 – 100) de 2002 à 2012. L'année de base a toujours une valeur de 100.

Cet indice est très peu sensible à l'augmentation du coût du kWh d'électricité ; il est surtout influencé par les prix du loyer et de l'assurance habitation. On préfère utiliser un indice qui attribue un poids à chaque élément selon son importance. Dans cet exemple, le poids est la quantité annuelle de chaque élément.

La formule pour calculer l'indice devient :

$$I_t = \frac{\sum (P_{it}\,Q_i)}{\sum (P_{i0}\,Q_i)} \cdot 100$$

où P_{it} est le prix de l'élément i à la période t, P_{i0} est le prix de l'élément i à la période 0 (période de base) et Q_i est la quantité annuelle de l'élément i.

TABLEAU 8

Informations requises pour le calcul de l'indice au temps *t*

Élément	2002	2012	Quantité annuelle
	P_{i0}	P_{it}	Q_i
Loyer	550,00 $	650,00 $	12
Électricité (kWh)	0,0527 $	0,0539 $	20 000
Assurance habitation	410,00 $	520,00 $	1
Téléphone	31,80 $	38,10 $	12

Source : Statistique Canada. (2011). *Indice des prix à la consommation et composantes principales, Canada – Données non désaisonnalisées.* [En ligne]. www.statcan.gc.ca/subjects-sujets/cpi-ipc/t111118a1-fra.htm (page consultée le 3 février 2012).

Ainsi, l'indice vaut :

$$I_{2012} = \frac{650{,}00 \cdot 12 + 0{,}0539 \cdot 20\,000 + 520{,}00 \cdot 1 + 38{,}10 \cdot 12}{550{,}00 \cdot 12 + 0{,}0527 \cdot 20\,000 + 410{,}00 \cdot 1 + 31{,}80 \cdot 12} \cdot 100$$

$$= \frac{9\,855{,}20}{8\,445{,}60} \cdot 100 = 116{,}69$$

Résultat 116,69

Interprétation On peut donc dire que le coût d'utilisation d'un logement de 4 pièces et demie dans la région de Montréal a augmenté de 16,69 % (116,69 – 100) de 2002 à 2012.

Dans cet exemple, on a supposé que le nombre de kWh consommés était le même en 2002 et en 2012. La quantité consommée d'un élément donné peut varier entre deux périodes pour différentes raisons : le coût unitaire peut inciter à en consommer plus ou moins, la performance des appareils peut entraîner la diminution de la consommation, etc. C'est pourquoi Statistique Canada se renseigne périodiquement sur les habitudes de consommation des Canadiens afin de déterminer le poids à allouer à chaque élément.

La formule pour calculer l'indice devient donc :

$$I_t = \frac{\sum\left(\frac{P_{it}}{P_{i0}} \cdot w_i\right)}{\sum w_i} \cdot 100$$

Alors,

$I_t = \sum\left(\frac{P_{it}}{P_{i0}} \cdot w_i\right)$, où w_i est le poids alloué à l'élément *i*, exprimé en pourcentage (puisque $\sum w_i = 100$).

Dans notre exemple, si l'on se base sur l'année 2002 pour déterminer le poids de chaque élément, on a la situation suivante :

TABLEAU 9

Informations requises pour le calcul de l'indice au temps *t*

Élément	2002	2012	Quantité annuelle		
	P_{i0}	P_{it}	Q_i	$P_{i0} \cdot Q_i$	w_i
Loyer	550,00 $	650,00 $	12	6 600,00	78,1472
Électricité (kWh)	0,0527 $	0,0539 $	20 000	1 054,00	12,4799
Assurance habitation	410,00 $	520,00 $	1	410,00	4,8546
Téléphone	31,80 $	38,10 $	12	381,60	4,5183
Total				**8 445,60**	**100**

Source : Statistique Canada. (2011). *Indice des prix à la consommation et composantes principales, Canada – Données non désaisonnalisées.* [En ligne]. www.statcan.gc.ca/subjects-sujets/cpi-ipc/t111118a1-fra.htm (page consultée le 3 février 2012).

où $w_i = \frac{P_{i0} \cdot Q_i}{\Sigma(P_{i0} \cdot Q_i)}$

$$I_{2012} = \left(\frac{650,00}{550,00} \cdot 78,1472 + \frac{0,0539}{0,0527} \cdot 12,4799 + \frac{520,00}{410,00} \cdot 4,8546 + \frac{38,10}{31,80} \cdot 4,5183\right)$$
$$= 116,69$$

Cet indice est le même que celui que l'on obtient à l'aide du tableau 8, car le poids w_i de chaque élément correspond à la consommation en 2002.

Exemple 13 Le calcul de l'IPC de 2011

Reprenons les poids des 8 composantes présentées dans la figure 1 (*voir p. 376*), calculés en 2011, et utilisons le quotient des indices des prix P_{it}/P_{i0} fournis par Statistique Canada pour chacune de ces composantes de 2002 à 2011, au Canada.

TABLEAU 10

Composantes du calcul de l'IPC$_{2011}$

Composantes	$\frac{P_{2011}}{P_{2002}}$	W_i (en pourcentage)
Aliments	1,28	15,99
Logement	1,265	27,49
Entretien de l'habitation et ameublement	1,119	11,55
Habillement et chaussures	0,961	5,31
Transport	1,265	20,60
Soins de santé et hygiène	1,174	4,95
Loisirs, formation et lecture	1,06	11,20
Boissons alcoolisées et produits du tabac	1,358	2,91

Source : Statistique Canada. (2011). *Indice des prix à la consommation et composantes principales, Canada – Données non désaisonnalisées.* [En ligne]. www.statcan.gc.ca/subjects-sujets/cpi-ipc/t111118a1-fra.htm (page consultée le 3 février 2012).

$$IPC_{2011} = (1,28 \cdot 15,99 + 1,265 \cdot 27,49 + 1,119 \cdot 11,55 + 0,961 \cdot 5,31 + 1,265 \cdot 20,60 + 1,174 \cdot 4,95 + 1,06 \cdot 11,20 + 1,358 \cdot 2,91)$$

Résultat $IPC_{2011} = 121,0$

Interprétation De 2002 à 2011, le coût de la vie a augmenté de 21,0 % (121,0 – 100).

Quelques idées préconçues au sujet de l'IPC

Dans l'extrait qui suit, Alice Peters nous fait part des idées préconçues qui circulent relativement à l'IPC.

> On croit souvent que l'Indice des prix à la consommation est la seule façon de mesurer la rapidité avec laquelle les prix changent. Cependant, l'IPC ne reflète que ce qu'éprouvent les Canadiens qui se procurent des biens et des services de consommation. Il ne s'agit que d'une des nombreuses mesures de la fluctuation des prix qui existent. Statistique Canada publie diverses mesures de la variation des prix à des fins variées, notamment des indices des prix pour les produits industriels, les matières brutes, les logements neufs et les produits agricoles.
>
> L'IPC n'est pas non plus un indice du coût de la vie, même si on le croit parfois. Un indice du coût de la vie mesurerait les fluctuations de prix que connaissent les consommateurs à un niveau de vie constant. Quand les prix changent, le consommateur peut choisir d'autres produits. Un indice du coût de la vie devrait tenir compte des effets de cette substitution. L'IPC suppose un ensemble de produits et de services fixe, un panier pour lequel les proportions restent les mêmes, sauf lors des mises à jour périodiques[13].

Le pourcentage de variation dans le temps

Pourcentage de variation dans le temps
Sur une base de 100, pourcentage que représente l'augmentation ou la diminution que subit dans le temps une variable ou une mesure par rapport à sa valeur initiale.

Pour obtenir le pourcentage de variation dans le temps, on calcule toujours le rapport suivant :

$$\frac{\text{Valeur au temps final} - \text{Valeur au temps initial}}{\text{Valeur au temps initial}} = \frac{x}{100}$$

où x représente le pourcentage.

Si le pourcentage de variation est positif, cela signifie qu'il y a eu une augmentation de la valeur entre les deux périodes. S'il est négatif, cela signifie qu'il y a eu une diminution de la valeur entre les deux périodes. Il est possible d'avoir un pourcentage de variation supérieur à 100 %.

Il est à noter que tous les pourcentages sont exprimés en utilisant deux décimales lorsque cela est possible.

13. *Ibid.*, p. 3.

Exemple 14 La population active au Canada

TABLEAU 11

Caractéristiques de la population active au Canada

	2003	2005	2010
Population âgée de 15 ans et plus	25 106 500	25 805 500	27 658 500
Population active	16 958 500	17 342 600	18 525 100
Personnes occupées	15 672 300	16 169 700	17 041 000
Chômeurs	1 286 200	1 172 800	1 484 100
Population inactive	8 148 000	8 462 900	9 133 400

Source : Statistique Canada. (2012). *Population active, occupée et en chômage, et taux d'activité et de chômage, par province (Terre-Neuve-et-Labrador, Île-du-Prince-Édouard, Nouvelle-Écosse, Nouveau-Brunswick).* [En ligne]. www40.statcan.gc.ca/l02/cst01/labor07a-fra.htm (page consultée le 3 février 2012).

a) Calculons le pourcentage de variation de la population active au Canada de 2003 à 2010.

$$\frac{18\,525\,100 - 16\,958\,500}{16\,958\,500} = \frac{x}{100}, \text{ d'où } x = 9{,}24$$

Résultat 9,24 %

Interprétation De 2003 à 2010, la population active au Canada a augmenté de 9,24 %.

b) Calculons le nombre de personnes occupées au Canada en 2001, sachant que de 2001 à 2005, le nombre de personnes occupées a augmenté de 8,19 %.

2001	2005
x personnes	16 169 700 personnes
100 %	108,19 %

C'est-à-dire :

$$\frac{x}{100} = \frac{16\,169\,700}{108{,}19}, \text{ d'où } x = 14\,945\,651$$

Résultat 14 945 651 personnes

Interprétation Sachant que de 2001 à 2005, le nombre de personnes occupées au Canada a augmenté de 8,19 %, le nombre de personnes occupées au Canada en 2001 était d'environ 14 945 651.

c) Calculons maintenant le nombre de chômeurs au Canada en 2002, sachant que le nombre de chômeurs a diminué de 7,57 % de 2002 à 2005.

2002	2005
x personnes	1 172 800 personnes
100 %	92,43 %

C'est-à-dire :

$$\frac{x}{100} = \frac{1\,172\,800}{92{,}43}, \text{ d'où } x = 1\,268\,852$$

Résultat 1 268 852 personnes

Interprétation Sachant que, de 2002 à 2005, le nombre de chômeurs au Canada a diminué de 7,57 %, le nombre de chômeurs au Canada était d'environ 1 268 852 en 2002.

Il est à remarquer que, dans les exemples b et c, l'année la plus ancienne est toujours associée à l'année de référence et qu'on la fait correspondre à 100 %. L'année la plus récente a subi une augmentation (comme dans l'exemple b) ou une diminution (comme dans l'exemple c) par rapport à l'année la plus ancienne. On parle toujours d'augmentation ou de diminution par rapport à une année antérieure, mais jamais par rapport à une année future.

Le taux d'inflation

Taux d'inflation
Pourcentage de variation dans le temps de l'IPC.

Le taux d'inflation est un pourcentage de variation dans le temps de l'IPC. Il indique le pourcentage d'augmentation ou de diminution qu'a subi le prix des produits et des services durant la période visée.

Exemple 15 Le taux d'inflation

Le tableau 12 donne la valeur de l'IPC pour les années 1995 à 2010. L'IPC de 100 établi pour 2002 signifie que c'est à l'année 2002 que sont comparés les IPC des autres années. Autrement dit, l'année 2002 a été choisie comme année de référence.

TABLEAU 12

Indices des prix à la consommation au Canada, de 1995 à 2010

Année	IPC	Année	IPC
1995	87,6	2003	102,8
1996	88,9	2004	104,7
1997	90,4	2005	107,0
1998	91,3	2006	109,1
1999	92,9	2007	111,5
2000	95,4	2008	114,1
2001	97,8	2009	114,4
2002	100,0	2010	116,5

Source : Statistique Canada. (2011). *Indice des prix à la consommation (IPC), Canada, provinces et villes sélectionnées, 1995 à 2010*. [En ligne]. www.statcan.gc.ca/pub/81-582-x/2011001/tbl/tblf1.3-fra.htm (page consultée le 3 février 2012).

a) Le taux d'inflation de 2000 à 2005 représente le pourcentage de variation de l'IPC de 2000 à 2005. Pour calculer ce taux, on procède comme suit :

$$\frac{IPC_{2005} - IPC_{2000}}{IPC_{2000}} = \frac{107{,}0 - 95{,}4}{95{,}4} = \frac{x}{100},$$

$$\text{d'où } x = \frac{107{,}0 - 95{,}4}{95{,}4} \cdot 100 = \frac{11{,}6}{95{,}4} \cdot 100 = 12{,}16$$

Résultat 12,16 %

Interprétation L'IPC a augmenté de 12,16 %. Ainsi, le taux d'inflation de 2000 à 2005 est de 12,16 %.

b) Le taux d'inflation de 2005 à 2010 représente le pourcentage de variation de l'IPC de 2005 à 2010. Pour calculer ce taux, on procède comme suit :

$$\frac{IPC_{2010} - IPC_{2005}}{IPC_{2005}} = \frac{116{,}5 - 107{,}0}{107{,}0} = \frac{x}{100},$$

$$\text{d'où } x = \frac{116{,}5 - 107{,}0}{107{,}0} \cdot 100 = \frac{9{,}5}{107{,}0} \cdot 100 = 8{,}88$$

Résultat 8,88 %

Interprétation L'IPC a augmenté de 8,88 %. Ainsi, le taux d'inflation de 2005 à 2010 est de 8,88 %.

c) Le taux d'inflation de 2000 à 2010 représente le pourcentage de variation de l'IPC de 2000 à 2010. Pour calculer ce taux, on procède comme suit :

$$\frac{IPC_{2010} - IPC_{2000}}{IPC_{2000}} = \frac{116{,}5 - 95{,}4}{95{,}4} = \frac{x}{100},$$

$$\text{d'où } x = \frac{116{,}5 - 95{,}4}{95{,}4} \cdot 100 = \frac{21{,}1}{95{,}4} \cdot 100 = 22{,}12$$

Résultat 22,12 %

Interprétation L'IPC a augmenté de 22,12 %. Ainsi, le taux d'inflation dc 2000 à 2010 est de 22,12 %.

Les taux d'inflation ne s'additionnent pas

En effet, le taux d'inflation de 2000 à 2005 est de 12,16 %, celui de 2005 à 2010 est de 8,88 % et, pourtant, celui de 2000 à 2010 est de 22,12 %. Une valeur de 100 $ en 2000 vaut 112,16 $ en 2005 (12,16 % d'inflation). Une valeur de 112,16 $ en 2005 vaut, en 2010, 8,88 % de plus, c'est-à-dire 8,88 % de 112,16 $ = 9,96 $ de plus. En 2010, sa valeur est donc de 112,16 $ + 9,96 $ = 122,12 $, ce qui représente 22,12 % d'augmentation (d'inflation) par rapport à 2000.

Il ne faut pas additionner les deux taux d'inflation (12,16 % et 8,88 %), car, ce faisant, on oublie de tenir compte de l'inflation (8,88 %) sur les 112,16 $ de 2005 à 2010.

d) Le taux d'inflation de 1990 à 1995 est de 11,68 %. Quelle était la valeur de l'IPC en 1990 ?

Un taux d'inflation de 11,68 % signifie une augmentation de 11,68 % par rapport à l'IPC de 1990.

1990	1995
IPC : x	IPC : 87,6
100 %	111,68 %

C'est-à-dire :

$$\frac{x}{100} = \frac{87,6}{111,68}, \text{ d'où } x = \frac{87,6}{111,68} \cdot 100 = 78,4$$

Résultat 78,4

Interprétation L'IPC de 1990 était de 78,4.

e) Si l'on suppose que le taux d'inflation de 2010 à 2015 sera de 12,45 %, quelle sera la valeur de l'IPC en 2015 ?

Un taux d'inflation de 12,45 % signifie une augmentation de 12,45 % par rapport à l'IPC de 2010.

2010	2015
IPC : 116,5	IPC : x
100 %	112,45 %

C'est-à-dire :

$$\frac{116,5}{100} = \frac{x}{112,45}, \text{ d'où } x = \frac{116,5}{100} \cdot 112,45 = 131,0$$

Résultat 131,0

Interprétation L'IPC de 2015 sera de 131,0.

f) Si l'on suppose que le taux d'inflation de 2010 à 2015 sera de −12,45 %, quelle sera la valeur de l'IPC en 2015 ?

Un taux d'inflation de −12,45 % signifie une diminution de 12,45 % par rapport à l'IPC de 2010.

2010	2015
IPC : 116,5	IPC : x
100 %	87,55 %

C'est-à-dire :

$$\frac{116,5}{100} = \frac{x}{87,55}, \text{ d'où } x = \frac{116,5}{100} \cdot 87,55 = 102,0$$

Résultat 102,0

Interprétation L'IPC de 2015 sera de 102,0.

Les dollars constants

Lorsqu'on veut comparer dans le temps des valeurs monétaires tels une dépense, un revenu et une autre transaction, on recourt à l'IPC pour supprimer l'effet de l'inflation d'une période à l'autre. Les valeurs ainsi corrigées sont dites « en dollars constants ». Les valeurs monétaires correspondant à chacune des périodes dans le temps sont dites « en dollars courants ».

Exemple 16 Les dollars constants

Le tableau 13 présente la valeur d'un revenu de 40 000 $ en dollars courants en 1995, 2000, 2005 et 2010 ; en dollars constants en 2002 et en 2010.

TABLEAU 13

Calcul et comparaison d'un revenu de 40 000 $ en dollars courants de 1995 à 2010 et en dollars constants de 2002 et de 2010

Revenu				
Année	IPC	Dollars courants, 1995-2010	Dollars constants, 2002	Dollars constants, 2010
1995	87,6	40 000,00	45 662,10	53 196,35
2000	95,4	40 000,00	41 928,72	48 846,96
2005	107,0	40 000,00	37 383,18	43 551,40
2010	116,5	40 000,00	34 334,76	40 000,00

Source : Statistique Canada. (2011). *Indice des prix à la consommation (IPC), Canada, provinces et villes sélectionnées, 1995 à 2010*. [En ligne]. www.statcan.gc.ca/pub/81-582-x/2011001/tbl/tblf1.3-fra.htm (page consultée le 3 février 2012).

a) Calculons la valeur d'un revenu en dollars constants de 2002, connaissant sa valeur de 40 000 $ en dollars courants de 1995.

1995	2002
40 000 $	x $
87,6	100

C'est-à-dire :

$$\frac{40\,000}{87{,}6} = \frac{x}{100}, \text{ d'où } x = \frac{40\,000}{87{,}6} \cdot 100 = 45\,662{,}10$$

Résultat 45 662,10 $

Interprétation La valeur d'un revenu de 40 000 $ en dollars courants de 1995 est de 45 662,10 $ en dollars constants de 2002.

b) Calculons la valeur d'un revenu en dollars constants de 2002, connaissant sa valeur de 40 000 $ en dollars courants de 2010.

2002	2010
x $	40 000 $
100	116,5

C'est-à-dire :

$$\frac{x}{100} = \frac{40\,000}{116{,}5}, \text{ d'où } x = \frac{40\,000}{116{,}5} \cdot 100 = 34\,334{,}76$$

Résultat 34 334,76 $

Interprétation La valeur d'un revenu de 40 000 $ en dollars courants de 2010 est de 34 334,76 $ en dollars constants de 2002.

Annexe 2
La codification

Le questionnaire est souvent le moyen utilisé pour recueillir des données auprès des unités statistiques de l'échantillon. Mais comment compiler et traiter rapidement les données obtenues si ce n'est à l'aide de l'ordinateur, un outil précieux, notamment lorsque les données sont nombreuses. La codification vise à simplifier l'entrée des données dans l'ordinateur. Voici quelques conseils utiles sur la codification informatique des données. La présente annexe n'aborde pas toutes les situations possibles; elle présente uniquement une façon simple d'organiser les données de telle sorte que l'ordinateur puisse les traiter. Sous forme d'exemples, nous traiterons des variables quantitatives et qualitatives ainsi que des échelles de mesure qui peuvent être utilisées.

Supposons qu'un sondage portant sur le mode de vie des Québécois a été effectué auprès de 10 personnes choisies au hasard. On a demandé à ces personnes de répondre à un questionnaire comportant les sept questions présentées dans le tableau 1 (l'ordre des questions ne correspond pas à celui d'une étude réelle).

TABLEAU 1

Question	Choix de réponses
1. Quel est votre sexe ?	01 Masculin 02 Féminin
2. Quel type de revues lisez-vous le plus souvent ?	01 Sport 02 Mode 03 Musique 04 Économie 05 Actualité 06 Autres
3. Êtes-vous tout à fait d'accord, plutôt d'accord, indifférent, plutôt en désaccord, tout à fait en désaccord avec l'instauration de ponts et de routes à péage ?	01 Tout à fait d'accord 02 Plutôt d'accord 03 Indifférent 04 Plutôt en désaccord 05 Tout à fait en désaccord
4. Quelle est votre taille, au centimètre près ?	
5. Dans votre ménage, combien de personnes travaillent à temps plein ?	
6. Dans quelle tranche de revenu vous situez-vous ?	01 De 0 $ à moins de 15 000 $ 02 De 15 000 $ à moins de 30 000 $ 03 De 30 000 $ à moins de 50 000 $ 04 50 000 $ et plus
7. Quel est votre âge ?	

Après avoir recueilli les questionnaires, il faut toujours les numéroter afin de pouvoir s'y reporter facilement au cas où une donnée aurait été mal inscrite dans l'ordinateur.

Le tableau 2 présente les réponses obtenues auprès de notre échantillon de 10 personnes.

TABLEAU 2

Numéro du questionnaire	Question 1	Question 2	Question 3	Question 4	Question 5	Question 6	Question 7
1	Masculin	Musique	Tout à fait d'accord	175	3	De 30 000 $ à moins de 50 000 $	34
2	Masculin	Économie	Plutôt en désaccord	180	2	De 0 $ à moins de 15 000 $	25
3	Féminin	Musique	Plutôt d'accord	167	1	De 15 000 $ à moins de 30 000 $	56
4	Féminin	Mode	Indifférent	162	5	De 15 000 $ à moins de 30 000 $	43
5	Féminin	Actualité	Plutôt d'accord	158	2	50 000 $ et plus	36
6	Masculin	Actualité	Tout à fait en désaccord	170	3	De 30 000 $ à moins de 50 000 $	42
7	Féminin	Autres	Plutôt d'accord	164	1	De 15 000 $ à moins de 30 000 $	28
8	Féminin	Actualité	Tout à fait d'accord	155	6	De 0 $ à moins de 15 000 $	30
9	Masculin	Économie	Plutôt en désaccord	186	2	De 15 000 $ à moins de 30 000 $	50
10	Féminin	Sport	Tout à fait d'accord	163	3	De 30 000 $ à moins de 50 000 $	47

Comme il est impossible d'entrer toutes les données telles qu'elles figurent dans ce tableau, on utilisera un code que l'ordinateur reconnaîtra.

Le tableau des codes

Le tableau 3 présente les codes et les valeurs qui seront utilisés pour entrer les données dans l'ordinateur.

TABLEAU 3

Numéro du questionnaire	Question 1	Question 2	Question 3	Question 4	Question 5	Question 6	Question 7
1	1	3	1	175	3	40 000	34
2	1	4	4	180	2	7 500	25
3	2	3	2	167	1	22 500	56
4	2	2	3	162	5	22 500	43
5	2	5	2	158	2	70 000	36
6	1	5	5	170	3	40 000	42
7	2	6	2	164	1	22 500	28
8	2	5	1	155	6	7 500	30
9	1	4	4	186	2	22 500	50
10	2	1	1	163	3	40 000	47

Les variables quantitatives discrètes

Habituellement, une variable quantitative discrète prend des valeurs entières; il n'est alors pas nécessaire de définir un code. Il suffit d'entrer chacune des valeurs obtenues par les unités statistiques (individus) de l'échantillon.

La question 5 définit une variable quantitative discrète: le nombre de personnes qui travaillent à temps plein dans le ménage. Ce nombre de personnes peut être: 1, 2, 3, 4, 5, etc.

Les variables quantitatives continues

La question 4 définit une variable quantitative continue. Cette question exige une réponse ayant une valeur précise. Dans ce cas, il faut entrer cette valeur en tant qu'information dans l'ordinateur, cette valeur étant traitée comme telle.

La question 6, même si elle définit une variable quantitative continue, n'exige pas une valeur précise en guise de réponse. Ce type de question peut être traité de différentes façons.

La première façon est d'utiliser une échelle ordinale. Dans ce cas, on définit des catégories de réponses et non des valeurs:

- catégorie 1: revenu allant de 0 $ à moins de 15 000 $;
- catégorie 2: revenu allant de 15 000 $ à moins de 30 000 $;
- catégorie 3: revenu allant de 30 000 $ à moins de 50 000 $;
- catégorie 4: revenu de 50 000 $ et plus.

Avec ce type de codification, on ne peut obtenir ni moyenne ni écart type. Si les classes ont de grandes amplitudes, ou si l'intérêt n'est pas de calculer des moyennes ou des écarts types, on optera alors pour ce type de codification. Il faut tenir compte de trois éléments: les classes sont établies avant la collecte des données et non après; le nombre de classes n'est souvent pas assez grand pour donner une bonne représentation de la distribution des données; des classes sont souvent ouvertes (par exemple, 50 000 $ et plus).

Par contre, si l'on veut tout de même obtenir plus d'information, notamment au sujet de la moyenne et de l'écart type, il faut alors utiliser le point milieu de chacune des classes pour représenter chaque donnée. En ce qui concerne l'entrée des données, il n'est pas vraiment nécessaire de définir un code; il suffit d'entrer la valeur centrale de la classe. Ainsi:

- pour un revenu allant de 0 $ à moins de 15 000 $, on entrera la valeur 7 500 $;
- pour un revenu allant de 15 000 $ à moins de 30 000 $, on entrera 22 500 $;
- pour un revenu allant de 30 000 $ à moins de 50 000 $, on entrera 40 000 $.

Que faire de la classe 50 000 $ et plus? Si l'on a opté pour une classe ouverte, c'est que l'on prévoit des valeurs assez grandes. Dans ce cas, on suggère de prendre une amplitude égale au double des autres amplitudes. Par exemple, on pourrait prendre 40 000 $ comme amplitude, ce qui donnerait la valeur centrale de 70 000 $. Ainsi, on entrerait la valeur 70 000 $ pour ceux qui ont un revenu de 50 000 $ et plus.

Les variables qualitatives à échelle ordinale

Dans le cas des variables qualitatives à échelle ordinale, il est préférable de choisir les codes de chacune des catégories ou modalités, de façon à conserver la même relation d'ordre, comme les chiffres 1, 2, 3, etc.

Ainsi, pour la question 3, où la variable «Opinion de la personne sur l'instauration de ponts et de routes à péage» a une échelle ordinale à cinq modalités, on utilisera la codification suivante:

- 1 représente «Tout à fait d'accord»;
- 2 représente «Plutôt d'accord»;
- 3 représente «Indifférent»;
- 4 représente «Plutôt en désaccord»;
- 5 représente «Tout à fait en désaccord».

L'ensemble des codes des modalités de la variable «Opinion de la personne sur l'instauration de ponts et de routes à péage» est {1, 2, 3, 4, 5}.

Il faut être prudent quand on se sert des résultats que fournit l'ordinateur. Même si la variable est qualitative, celui-ci donnera peut-être des moyennes et des écarts types. Il ne faudra donc pas interpréter tous les résultats fournis par l'ordinateur, mais sélectionner uniquement ceux qui sont réellement liés à la variable.

Les variables qualitatives à échelle nominale

Quand on utilise une variable qualitative à échelle nominale, il faut définir un ensemble de catégories. Chacune des catégories correspondra à une modalité de la variable étudiée, codée au moyen d'une lettre, d'un chiffre ou d'un ensemble de lettres et de chiffres.

La question 1 permet de définir une variable qualitative à échelle nominale : le sexe de la personne. Pour cette variable, la codification n'est pas difficile. On peut définir « 1 » pour masculin et « 2 » pour féminin. L'ensemble des codes des modalités pour la variable « Sexe » est {1, 2}.

Dans le cas de la question 2, on a six catégories à définir, soit une par modalité de la variable « Type de revues le plus souvent lues par la personne ». Il faut maintenant trouver un code pour chacune de ces catégories, sans oublier que l'objectif de la codification est de simplifier l'entrée des données dans l'ordinateur. Comme il y a six modalités, on utilise les chiffres 1 à 6 pour les représenter :

- catégorie 1 : lecture de revues de sport ;
- catégorie 2 : lecture de revues de mode ;
- catégorie 3 : lecture de revues de musique ;
- catégorie 4 : lecture de revues d'économie ;
- catégorie 5 : lecture de revues d'actualité ;
- catégorie 6 : lecture d'autres revues.

L'ensemble des codes des modalités pour la variable « Type de revues le plus souvent lues par la personne » est {1, 2, 3, 4, 5, 6}.

Des situations embarrassantes

Supposons que l'on ait la valeur 2 comme réponse à la question 4. Est-il possible qu'une personne mesure 2 cm ? Que faire d'une telle réponse ? Il faut d'abord vérifier si la donnée a été entrée correctement. Les questionnaires ayant été numérotés, on peut retrouver aisément celui qui pose problème. S'il s'agit d'une erreur d'entrée, il suffit de la corriger, mais si cette valeur a vraiment été donnée par le répondant, il se peut que celui-ci ait involontairement commis une erreur. Une étude plus approfondie du questionnaire aidera à décider s'il faut considérer que la personne n'a pas répondu à la question ou s'il faut écarter le questionnaire au complet.

À la question 5, « Dans votre ménage, combien de personnes travaillent à temps plein ? », on pourrait répondre « Tous ». Dans ce cas, quelle valeur faudrait-il entrer ? Comme l'élaboration d'un questionnaire demande de l'expérience, le fait de consulter un spécialiste pourrait alors s'avérer très profitable.

La représentativité

Certaines questions peuvent servir de critère de représentativité pour l'échantillon dans le cadre de l'étude portant sur le mode de vie des Québécois. Les questions 1, 6 et 7 pourraient jouer ce rôle. Si l'on connaît la répartition d'une variable dans la population, il est possible de vérifier, à l'aide d'un test statistique (ajustement à une distribution), si la répartition de la même variable dans l'échantillon concorde avec celle de la population.

Les variables explicatives

Pour comparer la distribution du revenu chez les hommes et les femmes, il faut connaître le sexe de chaque répondant. Par ailleurs, pour comparer la distribution des opinions en fonction de l'âge des répondants, on doit connaître l'âge de chacun. Il s'agit donc de prévoir les variables (questions) qui pourraient jouer le rôle de variable explicative dans l'étude.

Annexe 3
Pourquoi « $n-1$ » au dénominateur ?

L'un des objectifs de l'échantillonnage est d'obtenir, à partir des données d'un échantillon, une estimation des paramètres de la variable pour l'ensemble des données de la population : moyenne (μ), variance (σ^2) et écart type (σ). Il existe un très grand nombre d'échantillons de taille n que l'on peut prélever d'une population de taille N. Il y a donc un très grand nombre de valeurs pour $\bar{x}$ et s^2.

Il a été démontré que les formules utilisées pour $\bar{x} = \frac{\Sigma x_i \cdot n_i}{n}$ et $s^2 = \frac{\Sigma(x_i - \bar{x})^2 \cdot n_i}{n-1}$ procurent des estimations non biaisées pour μ et σ^2.

Une estimation non biaisée de μ signifie que si l'on faisait la moyenne de toutes les valeurs possibles pour $\bar{x}$, une par échantillon, cela donnerait μ.

Il en irait de même si l'on faisait la moyenne de toutes les valeurs possibles de s^2, une par échantillon : cela donnerait σ^2.

Ainsi, si l'on prenait n comme dénominateur de s^2, cela nous donnerait une estimation biaisée de σ^2.

Annexe 4
La quantité d'échantillons possibles

Les exemples suivants permettent de mieux comprendre ce qui se produit lorsqu'on prélève un échantillon d'une population de façon aléatoire. On dit qu'un échantillon est prélevé avec remise si, après chaque tirage, l'unité choisie est remise dans la population avant de tirer l'unité suivante. On dira que l'échantillon est prélevé sans remise si, après chaque tirage, l'unité choisie n'est pas remise dans la population avant de tirer l'unité suivante. L'échantillonnage sans remise est le plus souvent utilisé; on ne choisit pas deux fois la même personne pour faire partie de l'échantillon.

Exemple 1

Paul a quatre amis: Flavie, Thomas, Saïda et Manuel. Comme il doit en choisir deux pour former une équipe, il décide de procéder au hasard. La population est de taille $N = 4$ et il faut prendre un échantillon de taille $n = 2$.

Combien y a-t-il d'échantillons possibles?

Le choix peut être:

1. Flavie et Thomas;
2. Flavie et Saïda;
3. Flavie et Manuel;
4. Thomas et Saïda;
5. Thomas et Manuel;
6. Saïda et Manuel.

Il est donc possible de former six échantillons de taille 2 à partir d'une population de taille 4.

Pour que deux échantillons soient différents, il n'est pas nécessaire que toutes les unités soient différentes. Il suffit d'en changer une seule pour obtenir un nouvel échantillon, différent du premier. Ainsi, pour une population de quatre personnes, il n'y a pas seulement $4 \div 2 = 2$ échantillons possibles, mais six échantillons.

Pour obtenir directement le nombre d'échantillons de taille n qu'il est possible de prélever à partir d'une population de taille N, on peut utiliser la formule suivante:

$$\text{Nombre d'échantillons} = \frac{N\,!}{(N-n)\,!\,n\,!}$$

Le symbole factoriel, noté « ! », signifie qu'il faut multiplier tous les entiers allant de 1 jusqu'à l'entier indiqué:

$3\,! = 1 \cdot 2 \cdot 3 = 6$

$5\,! = 1 \cdot 2 \cdot 3 \cdot 4 \cdot 5 = 120$

Cette fonction existe sur la calculatrice.

Dans cet exemple, on a:

$$\text{Nombre d'échantillons} = \frac{4\,!}{(4-2)\,!\,2\,!} = \frac{24}{2 \cdot 2} = 6$$

Exemple 2

Un groupe est composé de 30 étudiants. Le professeur veut former un sous-groupe de 12 étudiants. Combien de possibilités s'offrent à lui ?

Il s'agit de former un échantillon de taille 12 à partir d'une population de taille 30.

$$\text{Nombre d'échantillons} = \frac{30\,!}{(30-12)\,!\;12\,!} = \frac{30\,!}{18\,!\;12\,!} = 86\,493\,225$$

Il y a donc 86 493 225 échantillons possibles.

Échantillons identiques

Deux échantillons sont identiques s'ils sont composés des mêmes unités. Sinon, il s'agit de deux échantillons différents.

Exemple 3

Si cinq millions de résidants du Québec ont le droit de vote, combien d'échantillons différents de taille 1 000 peut-on constituer pour effectuer un sondage sur les intentions de vote des Québécois ?

La mémoire de la calculatrice n'est pas assez puissante pour pouvoir calculer le nombre d'échantillons différents. Étant donné les deux valeurs en cause, on peut facilement dire que la quantité d'échantillons possibles est astronomique.

Annexe 5
Une autre approche pour le test du khi deux

FIGURE 1

Distribution du khi deux

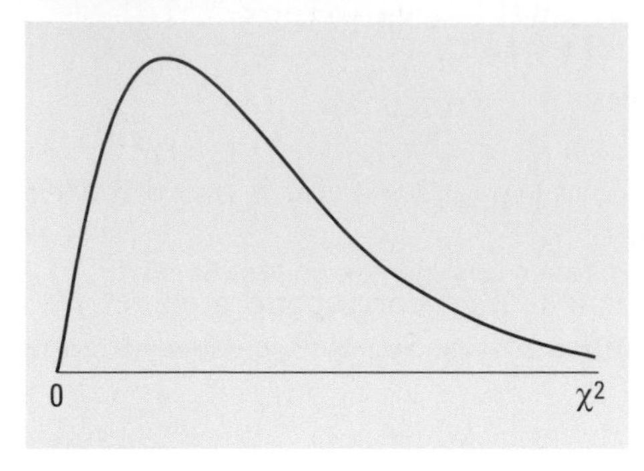

Puisque l'on peut prélever une très grande quantité d'échantillons possibles de taille n à partir d'une population de taille N, il existe aussi une très grande quantité de valeurs du khi deux (une par échantillon). L'ensemble de ces valeurs du khi deux a une distribution dont la forme ressemble à celle que présente la figure 1. Cette forme varie selon le nombre de degrés de liberté.

FIGURE 2

Distribution du khi deux avec quatre degrés de liberté

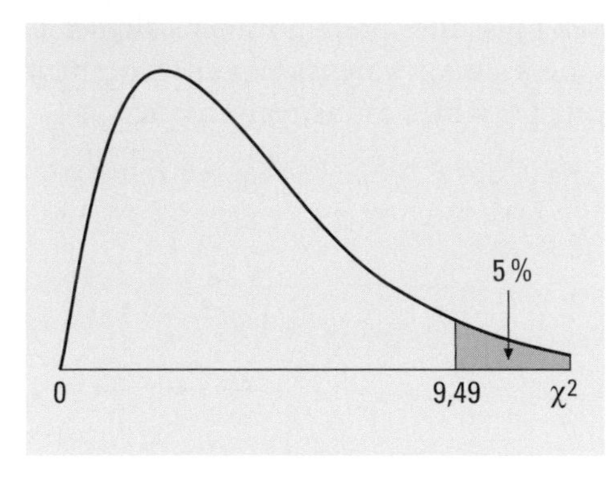

Le seuil de signification représente le pourcentage d'échantillons qui procure une valeur du khi deux supérieure à la valeur critique trouvée dans la table. Prenons, par exemple, une valeur critique de 9,49; cela signifie que, dans le cas d'une distribution du khi deux avec 4 degrés de liberté, 5 % des échantillons ont une valeur du khi deux supérieure à 9,49.

Lorsque la valeur du khi deux de l'échantillon sélectionné est supérieure à 9,49, on prend le risque de rejeter l'hypothèse H_0. Ce risque est d'au plus 5 %, car lorsque l'hypothèse H_0 est vraie, seuls 5 % des échantillons ont une valeur du khi deux supérieure à 9,49 et 95 % des échantillons ont une valeur du khi deux qui n'est pas supérieure à 9,49 (*voir la figure 2*).

Si l'hypothèse H_0 est vraie, il y a donc 95 % des chances d'obtenir un échantillon ayant une valeur du khi deux qui n'est pas supérieure à 9,49. Ainsi, si l'hypothèse H_0 est vraie, il est peu probable d'obtenir une valeur du khi deux supérieure à 9,49; c'est pourquoi, lorsque la valeur du khi deux de l'échantillon sélectionné est supérieure à 9,49, on considère que l'hypothèse H_0 est fausse et l'on prend alors le risque de la rejeter.

On dit aussi que la valeur du khi deux est significative lorsqu'elle est supérieure à 9,49, car, dans ce cas, on considère que l'écart entre les fréquences observées et les fréquences espérées est suffisamment grand pour conclure qu'il y a un lien statistique entre les deux variables.

FIGURE 3

Distribution du khi deux avec quatre degrés de liberté – Valeur critique : 9,49, Khi deux obtenu : 2,94

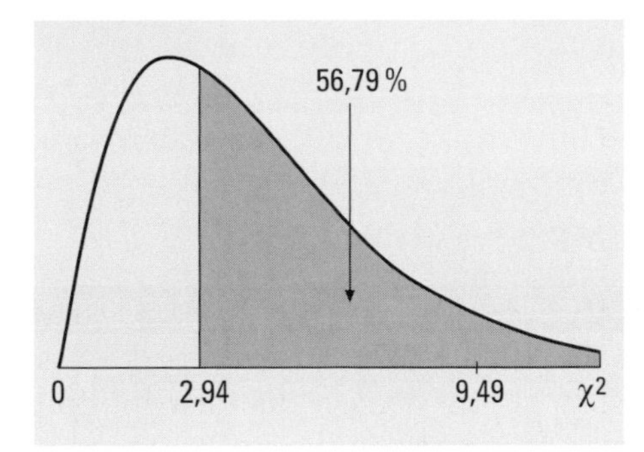

Il existe une autre façon de vérifier si la valeur du khi deux est significative. Cette méthode consiste à calculer le pourcentage de risque qui correspondrait à la valeur du khi deux calculé dans l'échantillon si l'on rejetait l'hypothèse H_0.

Supposons que la valeur du khi deux de l'échantillon est de 2,94. La figure 3 montre ce que serait le seuil de signification si l'on décidait de rejeter l'hypothèse H_0 à partir de 2,94 plutôt que d'utiliser 9,49.

La valeur 2,94 correspond à un seuil de signification de 56,79 %, c'est-à-dire que 56,79 % des échantillons ont une valeur du khi deux supérieure à 2,94. Alors, si les deux variables sont indépendantes, il est très probable (56,79 %) que l'on obtiendra un échantillon ayant un khi deux supérieur à 2,94. Dans le test, nous avons fixé le seuil de signification à 5 %. La valeur 2,94 correspondant à un seuil de 56,79 % ne permet pas de rejeter l'hypothèse H_0, car ce seuil est supérieur à 5 %, seuil fixé par le test.

Plusieurs logiciels spécialisés dans les statistiques donnent la valeur du seuil associé à la valeur du khi deux de l'échantillon. Pour prendre une décision, il suffit de comparer cette valeur, souvent appelée « valeur-*p* » (en anglais, *p-value*), avec la valeur du seuil fixé par le test. Si la valeur-*p* est inférieure au seuil fixé, on peut rejeter l'hypothèse H_0, sinon le risque de prendre une mauvaise décision est trop grand.

Annexe 6
Tables

TABLE 1 Distribution normale

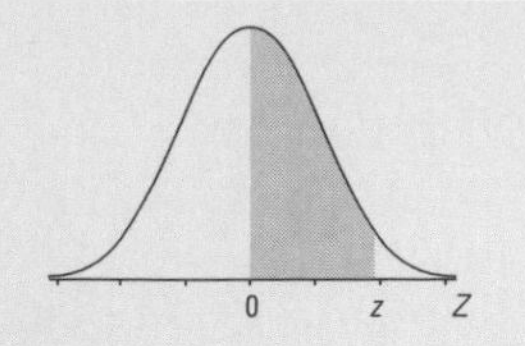

z	0,00	0,01	0,02	0,03	0,04	0,05	0,06	0,07	0,08	0,09
0,0	0,0000	0,0040	0,0080	0,0120	0,0160	0,0199	0,0239	0,0279	0,0319	0,0359
0,1	0,0398	0,0438	0,0478	0,0517	0,0557	0,0596	0,0636	0,0675	0,0714	0,0753
0,2	0,0793	0,0832	0,0871	0,0910	0,0948	0,0987	0,1026	0,1064	0,1103	0,1141
0,3	0,1179	0,1217	0,1255	0,1293	0,1331	0,1368	0,1406	0,1443	0,1480	0,1517
0,4	0,1554	0,1591	0,1628	0,1664	0,1700	0,1736	0,1772	0,1808	0,1844	0,1879
0,5	0,1915	0,1950	0,1985	0,2019	0,2054	0,2088	0,2123	0,2157	0,2190	0,2224
0,6	0,2257	0,2291	0,2324	0,2357	0,2389	0,2422	0,2454	0,2486	0,2517	0,2549
0,7	0,2580	0,2611	0,2642	0,2673	0,2704	0,2734	0,2764	0,2794	0,2823	0,2852
0,8	0,2881	0,2910	0,2939	0,2967	0,2995	0,3023	0,3051	0,3078	0,3106	0,3133
0,9	0,3159	0,3186	0,3212	0,3238	0,3264	0,3289	0,3315	0,3340	0,3365	0,3389
1,0	0,3413	0,3438	0,3461	0,3485	0,3508	0,3531	0,3554	0,3577	0,3599	0,3621
1,1	0,3643	0,3665	0,3686	0,3708	0,3729	0,3749	0,3770	0,3790	0,3810	0,3830
1,2	0,3849	0,3869	0,3888	0,3907	0,3925	0,3944	0,3962	0,3980	0,3997	0,4015
1,3	0,4032	0,4049	0,4066	0,4082	0,4099	0,4115	0,4131	0,4147	0,4162	0,4177
1,4	0,4192	0,4207	0,4222	0,4236	0,4251	0,4265	0,4279	0,4292	0,4306	0,4319
1,5	0,4332	0,4345	0,4357	0,4370	0,4382	0,4394	0,4406	0,4418	0,4429	0,4441
1,6	0,4452	0,4463	0,4474	0,4484	0,4495	0,4505	0,4515	0,4525	0,4535	0,4545
1,7	0,4554	0,4564	0,4573	0,4582	0,4591	0,4599	0,4608	0,4616	0,4625	0,4633
1,8	0,4641	0,4649	0,4656	0,4664	0,4671	0,4678	0,4686	0,4693	0,4699	0,4706
1,9	0,4713	0,4719	0,4726	0,4732	0,4738	0,4744	0,4750	0,4756	0,4761	0,4767
2,0	0,4772	0,4778	0,4783	0,4788	0,4793	0,4798	0,4803	0,4808	0,4812	0,4817
2,1	0,4821	0,4826	0,4830	0,4834	0,4838	0,4842	0,4846	0,4850	0,4854	0,4857
2,2	0,4861	0,4864	0,4868	0,4871	0,4875	0,4878	0,4881	0,4884	0,4887	0,4890
2,3	0,4893	0,4896	0,4898	0,4901	0,4904	0,4906	0,4909	0,4911	0,4913	0,4916
2,4	0,4918	0,4920	0,4922	0,4925	0,4927	0,4929	0,4931	0,4932	0,4934	0,4936
2,5	0,4938	0,4940	0,4941	0,4943	0,4945	0,4946	0,4948	0,4949	0,4951	0,4952
2,6	0,4953	0,4955	0,4956	0,4957	0,4959	0,4960	0,4961	0,4962	0,4963	0,4964
2,7	0,4965	0,4966	0,4967	0,4968	0,4969	0,4970	0,4971	0,4972	0,4973	0,4974
2,8	0,4974	0,4975	0,4976	0,4977	0,4977	0,4978	0,4979	0,4979	0,4980	0,4981
2,9	0,4981	0,4982	0,4982	0,4983	0,4984	0,4984	0,4985	0,4985	0,4986	0,4986
3,0	0,4987	0,4987	0,4987	0,4988	0,4988	0,4989	0,4989	0,4989	0,4990	0,4990
3,1	0,4990	0,4991	0,4991	0,4991	0,4992	0,4992	0,4992	0,4992	0,4993	0,4993
3,2	0,4993	0,4993	0,4994	0,4994	0,4994	0,4994	0,4994	0,4995	0,4995	0,4995
3,3	0,4995	0,4995	0,4995	0,4996	0,4996	0,4996	0,4996	0,4996	0,4996	0,4997
3,4	0,4997	0,4997	0,4997	0,4997	0,4997	0,4997	0,4997	0,4997	0,4997	0,4998
3,5	0,4998	0,4998	0,4998	0,4998	0,4998	0,4998	0,4998	0,4998	0,4998	0,4998
3,6	0,4998	0,4998	0,4999	0,4999	0,4999	0,4999	0,4999	0,4999	0,4999	0,4999
3,7	0,4999	0,4999	0,4999	0,4999	0,4999	0,4999	0,4999	0,4999	0,4999	0,4999
3,8	0,4999	0,4999	0,4999	0,4999	0,4999	0,4999	0,4999	0,4999	0,4999	0,4999
3,9	0,5000	0,5000	0,5000	0,5000	0,5000	0,5000	0,5000	0,5000	0,5000	0,5000
4,0	0,5000	0,5000	0,5000	0,5000	0,5000	0,5000	0,5000	0,5000	0,5000	0,5000
4,1	0,5000	0,5000	0,5000	0,5000	0,5000	0,5000	0,5000	0,5000	0,5000	0,5000
4,2	0,5000	0,5000	0,5000	0,5000	0,5000	0,5000	0,5000	0,5000	0,5000	0,5000
4,3	0,5000	0,5000	0,5000	0,5000	0,5000	0,5000	0,5000	0,5000	0,5000	0,5000
4,4	0,5000	0,5000	0,5000	0,5000	0,5000	0,5000	0,5000	0,5000	0,5000	0,5000
4,5	0,5000	0,5000	0,5000	0,5000	0,5000	0,5000	0,5000	0,5000	0,5000	0,5000
4,6	0,5000	0,5000	0,5000	0,5000	0,5000	0,5000	0,5000	0,5000	0,5000	0,5000
4,7	0,5000	0,5000	0,5000	0,5000	0,5000	0,5000	0,5000	0,5000	0,5000	0,5000
4,8	0,5000	0,5000	0,5000	0,5000	0,5000	0,5000	0,5000	0,5000	0,5000	0,5000
4,9	0,5000	0,5000	0,5000	0,5000	0,5000	0,5000	0,5000	0,5000	0,5000	0,5000
5,0	0,5000	0,5000	0,5000	0,5000	0,5000	0,5000	0,5000	0,5000	0,5000	0,5000

TABLE 2 Distribution du khi deux

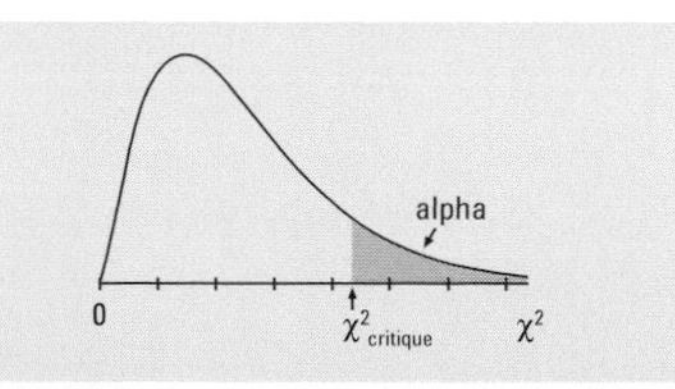

υ	α 0,005	0,010	0,025	0,050
1	7,88	6,63	5,02	3,84
2	10,60	9,21	7,38	5,99
3	12,84	11,34	9,35	7,81
4	14,86	13,28	11,14	9,49
5	16,75	15,09	12,83	11,07
6	18,55	16,81	14,45	12,59
7	20,28	18,48	16,01	14,07
8	21,96	20,09	17,53	15,51
9	23,59	21,67	19,02	16,92
10	25,19	23,21	20,48	18,31
11	26,76	24,72	21,92	19,68
12	28,30	26,22	23,34	21,03
13	29,82	27,69	24,74	22,36
14	31,32	29,14	26,12	23,68
15	32,80	30,58	27,49	25,00
16	34,27	32,00	28,85	26,30
17	35,72	33,41	30,19	27,59
18	37,16	34,81	31,53	28,87
19	38,58	36,19	32,85	30,14
20	40,00	37,57	34,17	31,41
21	41,40	38,93	35,48	32,67
22	42,80	40,29	36,78	33,92
23	44,18	41,64	38,08	35,17
24	45,56	42,98	39,36	36,42
25	46,93	44,31	40,65	37,65
26	48,29	45,64	41,92	38,89
27	49,64	46,96	43,19	40,11
28	50,99	48,28	44,46	41,34
29	52,34	49,59	45,72	42,56
30	53,67	50,89	46,98	43,77

TABLE 3 Distribution de Student

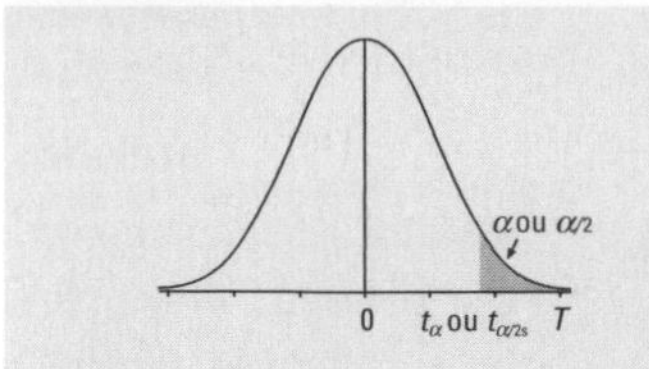

	α ou α/2				
v	**0,10**	**0,05**	**0,025**	**0,01**	**0,005**
1	3,08	6,31	12,71	31,82	63,66
2	1,89	2,92	4,30	6,96	9,92
3	1,64	2,35	3,18	4,54	5,84
4	1,53	2,13	2,78	3,75	4,60
5	1,48	2,02	2,57	3,37	4,03
6	1,44	1,94	2,45	3,14	3,71
7	1,42	1,90	2,37	3,00	3,50
8	1,40	1,86	2,31	2,90	3,36
9	1,38	1,83	2,26	2,82	3,25
10	1,37	1,81	2,23	2,76	3,17
11	1,36	1,80	2,20	2,72	3,11
12	1,36	1,78	2,18	2,68	3,06
13	1,35	1,77	2,16	2,65	3,01
14	1,34	1,76	2,14	2,62	2,98
15	1,34	1,75	2,13	2,60	2,95
16	1,34	1,75	2,12	2,58	2,92
17	1,33	1,74	2,11	2,57	2,90
18	1,33	1,73	2,10	2,55	2,88
19	1,33	1,73	2,09	2,54	2,86
20	1,33	1,73	2,09	2,53	2,85
21	1,32	1,72	2,08	2,52	2,83
22	1,32	1,72	2,07	2,51	2,82
23	1,32	1,71	2,07	2,50	2,81
24	1,32	1,71	2,06	2,49	2,80
25	1,32	1,71	2,06	2,49	2,79
26	1,32	1,71	2,06	2,48	2,78
27	1,31	1,70	2,05	2,47	2,77
28	1,31	1,70	2,05	2,47	2,76
29	1,31	1,70	2,05	2,46	2,76
30	1,31	1,70	2,04	2,46	2,75
∞	1,28	1,64	1,96	2,33	2,58

Bibliographie

Anderson, David, Dennis Sweeney et Thomas Williams. (1993). *Statistics for Business and Economics,* 5e éd., Eagan, West Publishing Company, 962 p.

Cochran, William. (1977). *Sampling Techniques,* 3e éd., New York, John Wiley & Sons, 428 p.

Corno, Christian. (2010). *IPMSH. Une approche multidisciplinaire de la recherche en sciences humaines,* Montréal, Chenelière Éducation, 208 p.

Dionne, Bernard. (2008). *Pour réussir. Guide méthodologique pour les études et la recherche,* 5e éd., Montréal, Beauchemin, 264 p.

Durand, Claire et Isabelle Valois. (2012). *Histoire des sondages,* p. 12. [En ligne]. www.webdepot.umontreal.ca/Enseignement/SOCIO/Intranet/Sondage/public/textes/Histoire.pdf (page consultée le 3 février 2012).

Fox, William. (1999). *Statistiques sociales,* traduit par Louis M. Imbeau, Bruxelles/Québec, De Boeck/Presses de l'Université Laval, 374 p.

Glass, Gene et Kenneth Hopkins. (1984). *Statistical Methods in Education and Psychology,* 2e éd., Englewood Cliffs, Prentice Hall, 578 p.

Grenon, Gilles et Suzanne Viau. (2003). *Statistique appliquée,* Boucherville, Gaëtan Morin Éditeur, 347 p.

Guérin, Gilles. (1983). *Des séries chronologiques au système statistique canadien,* Boucherville, Gaëtan Morin Éditeur, 470 p.

Haccoun, Robert R. et Denis Cousineau. (2010). *Statistiques. Concepts et applications,* Montréal, Presses de l'Université de Montréal, 456 p.

Hasard et probabilités. La science de l'aléa. (2004). Tangente hors-série, n° 17, Paris, Éditions POLE, coll. « Bibliothèque Tangente », 151 p.

Morin, Hervé. (1993). *Théorie de l'échantillonnage,* Québec, Presses de l'Université Laval, 178 p.

Scherrer, Bruno. (2007). *Biostatistique,* vol. 1, 2e éd., Boucherville, Gaëtan Morin Éditeur, 832 p.

Snedecor, George W. et William G. Cochran. (1967). *Statistical Methods,* 6e éd., Iowa City, University of Iowa Press, 593 p.

Tremblay, André. (1991). *Sondages : histoire, pratique et analyse,* Boucherville, Gaëtan Morin Éditeur, 492 p.

Glossaire

Centile Chacune des valeurs qui subdivisent le nombre de données placées par ordre croissant en tranches contenant chacune 1 % des données.

Classe médiane Classe vis-à-vis de laquelle on atteint le cumul de 50 % des données pour la première fois. C'est dans cette classe que se situe la médiane.

Classe modale Classe contenant la plus grande densité de données.

Coefficient de corrélation linéaire de Pearson Coefficient permettant de mesurer la force du lien linéaire entre deux variables quantitatives.

Coefficient de détermination Coefficient qui mesure la proportion de la dispersion de la variable dépendante qui est expliquée par l'utilisation de la variable indépendante.

Coefficient de variation Mesure de dispersion relative qui représente l'importance de la dispersion par rapport à la valeur de la moyenne.

Corrélation Lien statistique entre les données de deux variables quantitatives.

Corrélation linéaire Lien linéaire entre deux variables.

Cote *z* Cote donnant la position, en longueurs d'écart type, d'une donnée par rapport à la moyenne.

Décile Chacune des valeurs qui subdivisent le nombre de données placées par ordre croissant en tranches contenant chacune 10 % des données.

Distribution centrée et réduite Distribution dont la moyenne est de zéro et l'écart type, de un.

Distribution conditionnelle Distribution en pourcentage des résultats de la variable dépendante pour chacune des modalités de la variable indépendante.

Distribution marginale Distribution en pourcentage de la variable dépendante obtenue à partir de toutes les données de l'échantillon ou de la population.

Distribution normale Distribution dont la courbe est parfaitement symétrique et en forme de cloche.

Donnée Réponse (relative à une variable) obtenue de la part d'une unité statistique.

Droite de régression Droite qui minimise la somme des carrés des distances verticales entre chacun des points du nuage et la droite recherchée.

Écart interquartile Écart entre les quartiles Q_1 et Q_3.

Écart type Mesure de dispersion qui tient compte de la distance entre la valeur d'une donnée et la valeur de la moyenne, et ce, pour toutes les données.

Écart type Dans le cas des données groupées en classes, mesure de dispersion qui tient compte de la distance entre le point milieu d'une classe et la valeur de la moyenne, et ce, pour toutes les classes.

Échantillon Ensemble des unités statistiques prises en compte pour mener la recherche.

Échantillonnage accidentel (ou à l'aveuglette) Méthode qui consiste à choisir les unités qui, par un concours de circonstances, se trouvent au bon endroit au bon moment.

Échantillonnage aléatoire (ou probabiliste) Méthode qui consiste à prélever toutes les unités statistiques au hasard.

Échantillonnage aléatoire simple Méthode qui consiste à prélever chaque unité statistique au hasard à partir d'une liste de toutes les unités incluses dans la population et numérotées de 1 à N.

Échantillonnage au jugé Méthode qui consiste à laisser à l'enquêteur le choix arbitraire des unités, selon son jugement.

Échantillonnage de volontaires Méthode qui consiste à choisir des volontaires pour constituer l'échantillon.

Échantillonnage non aléatoire (ou non probabiliste) Méthode qui consiste à ne pas prélever toutes les unités au hasard.

Échantillonnage par grappes (ou amas) Méthode qui consiste à choisir de façon aléatoire un certain nombre de grappes.

Échantillonnage par quotas Méthode qui consiste à choisir de façon arbitraire un nombre d'unités déterminé dans chaque strate.

Échantillonnage stratifié Méthode qui consiste à choisir de façon aléatoire un certain nombre d'unités dans chaque strate de la population.

Échantillonnage systématique Méthode qui consiste à prélever chaque unité à intervalle constant.

Échelle d'intervalle Échelle servant à interpréter l'écart (différence) entre deux données.

Échelle de mesure Outil servant à déterminer le type de comparaison que l'on peut effectuer entre les données.

Échelle de rapport Échelle servant à interpréter le rapport (quotient) entre deux données.

Échelle nominale Échelle servant à classer la donnée dans une catégorie.

Échelle ordinale Échelle servant à établir une relation d'ordre entre deux données.

Estimation ponctuelle Estimation d'un paramètre de la population (moyenne μ, proportion π) en utilisant une statistique de l'échantillon ($\bar{x}$ pour la moyenne et p pour π)

Étendue Écart entre la plus petite donnée (ou borne inférieure de la première classe) et la plus grande (ou borne supérieure de la dernière classe).

Exclusivité Caractéristique que possède un ensemble de classes lorsque chaque donnée appartient à au plus une classe.

Exhaustivité Caractéristique que possède un ensemble de classes lorsque chaque donnée appartient à une classe.

Fréquence (ou effectif) Quantité (nombre) d'unités statistiques correspondant à la caractéristique étudiée dans un échantillon ou une population.

Fréquences espérées, ou théoriques (f_e) Fréquences que l'on aurait obtenues avec une relation d'indépendance parfaite entre les deux variables à l'étude.

Fréquences observées (f_o) Fréquences compilées dans l'échantillon.

Indice Mesure quantitative attribuée à une caractéristique ou à un phénomène qualitatif qui tient compte de plusieurs indicateurs de cette caractéristique ou de ce phénomène.

Inférence statistique sur une moyenne Procédure qui consiste à induire une moyenne pour une population à partir des données d'un échantillon.

Intervalle de confiance Intervalle construit autour de la moyenne échantillonnale $\bar{x}$ ou de la proportion p.

Marge d'erreur Écart calculé de part et d'autre de la moyenne échantillonnale $\bar{x}$ pour obtenir l'intervalle de confiance.

Médiane Valeur ou modalité qui occupe la position centrale dans la liste, classée par ordre croissant, de toutes les données de l'échantillon ou de la population.

Mesure de dispersion Mesure servant à évaluer la dispersion des données dans une distribution.

Mesure de position Mesure servant à déterminer la position d'une donnée dans une distribution.

Mesure de tendance centrale Valeur numérique utilisée pour représenter le centre d'une distribution de données. Les trois principales mesures sont le mode, la médiane et la moyenne.

Modalités Réponses ou choix de réponses possibles dans l'ensemble des données d'une variable qualitative.

Mode Valeur ou modalité de la variable qui a la plus grande fréquence ou le pourcentage des unités statistiques le plus élevé dans l'échantillon ou la population.

Mode brut Valeur centrale de la classe modale.

Moyenne Valeur unique que chaque unité statistique aurait si la somme des données était répartie à parts égales entre chaque unité statistique.

Paramètre Mesure qui décrit toutes les données de la population et qui est considérée comme fixe pour une population donnée.

Population Ensemble de tous les individus, groupes d'individus, objets ou phénomènes visés par une recherche en sciences humaines.

Pourcentage Sur une base de 100, partie de l'échantillon ou de la population qui correspond à la caractéristique étudiée.

Pourcentage de confiance Pourcentage d'échantillons possibles pour lesquels la moyenne μ se trouve dans l'intervalle de confiance calculé.

Pourcentage de variation dans le temps Sur une base de 100, pourcentage que représente l'augmentation ou la diminution que subit dans le temps une variable ou une mesure par rapport à sa valeur initiale.

Proportion (ou fréquence relative) Sur une base de un, partie de l'échantillon ou de la population qui correspond à la caractéristique étudiée.

Quantile Chacune des valeurs qui subdivisent le nombre de données placées par ordre croissant en tranches égales.

Quartile Chacune des valeurs qui subdivisent le nombre de données placées par ordre croissant en tranches contenant chacune 25 % des données.

Ratio Rapport entre le nombre d'unités de deux groupes différents, chaque groupe possédant des caractéristiques différentes.

Recensement Étude menée auprès de toutes les unités statistiques de la population.

Régression linéaire Équation d'une droite montrant le lien entre deux variables.

Risque d'erreur Pourcentage d'échantillons possibles pour lesquels la moyenne μ ne se trouve pas dans l'intervalle de confiance calculé.

Série chronologique Série qui contient les données d'une seule variable (d'une seule caractéristique ou d'un seul phénomène) observées à différents moments dans le temps.

Série statistique Ensemble des données obtenues sur une variable.

Statistique Mesure qui décrit les données d'un échantillon et qui varie en fonction des unités qui le constituent.

Strate Sous-ensemble d'unités de la population ayant une ou plusieurs caractéristiques communes.

Tableau à double entrée Tableau qui donne la répartition des données en fonction des deux variables étudiées conjointement.

Taux Sur une base de 1, 10, 100, 1 000 ou autre, partie de l'échantillon ou de la population qui correspond à la caractéristique étudiée.

Taux d'inflation Pourcentage de variation dans le temps de l'IPC.

Taux inversé Nombre d'unités dans l'échantillon ou dans la population pour une unité possédant la caractéristique étudiée.

Unité statistique Chacun des éléments de la population. Chaque unité statistique est considérée comme une source unique d'information. Il peut s'agir d'une personne, d'un objet, d'un groupe, d'un fait, d'un événement, etc.

Valeurs de la variable Quantités numériques ou choix de réponses possibles dans l'ensemble des données d'une variable quantitative.

Variable dépendante Variable que l'on cherche à expliquer.

Variable indépendante Variable qui sert à expliquer la variable à l'étude (variable dépendante).

Variable qualitative Variable pour laquelle les données obtenues sont des mots, symboles ou expressions ne correspondant pas à des quantités numériques.

Variable quantitative Variable pour laquelle les données obtenues sont des quantités numériques.

Variable quantitative continue Variable pour laquelle les données recueillies sont des quantités numériques approximatives ou arrondies.

Variable quantitative discrète Variable dont il est possible d'énumérer les valeurs.

Variable statistique Caractéristique étudiée au sujet d'une population donnée.

Zéro absolu Valeur zéro qui signifie « absence de... ».

Zéro arbitraire Valeur zéro qui ne signifie pas « absence de... ».